Lehrbuch der darstellenden Geometrie

von

Dr. Emil Müller †

weiland o. ö. Professor an der Technischen Hochschule in Wien

und

Dr. Erwin Kruppa

o. ö. Professor an der Technischen Hochschule in Wien

Sechste Auflage

Unveränderter Neudruck der fünften Auflage

Mit 375 Textabbildungen

Springer-Verlag Wien GmbH 1961

ISBN 978-3-211-80589-3   ISBN 978-3-7091-5847-0 (eBook)
DOI 10.1007/978-3-7091-5847-0

Aus dem Vorwort zur vierten Auflage.

Das *Lehrbuch der darstellenden Geometrie* von Emil Müller erscheint nun in gekürzter und auch inhaltlich wesentlich umgearbeiteter Form als neues Lehrbuch auf dem Büchermarkt. Durch Weglassen minderwichtiger Einzelheiten, durch sachliche und stilistische Vereinfachungen konnte der Umfang des Werkes stark herabgesetzt und Raum geschaffen werden für eine Reihe von Ergänzungen, wie *Reliefperspektive, Landkartenentwürfe*, einige *Anwendungsbeispiele aus dem Maschinenbau* u. a. m., so daß nunmehr alle Anwendungsgebiete berücksichtigt sind. Weggelassen wurde bloß ein größeres Stoffgebiet, nämlich die Lehre von den Lichtgleichen. Eine vollständige Umarbeitung erfuhren die Theorie und die konstruktive Behandlung der Kurven und Flächen. Das Operieren mit „unendlichkleinen Größen" und „unendlichbenachbarten Elementen" wurde grundsätzlich ausgeschaltet und durch exakte Grenzübergänge in den Figuren ersetzt. Solche Gedankengänge, die auf funktionalem Denken anschaulich-geometrischer Prägung beruhen, scheinen mir pädagogisch besonders wertvoll zu sein. Das Lehrbuch stellt sich damit an die Seite des Buches *Darstellende Geometrie* von J. Hjelmslev (Verlag B. G. Teubner, Leipzig-Berlin 1914), unterscheidet sich jedoch von diesem dadurch, daß es statt auf Sätzen axiomatischen Charakters auf einer analytischen Grundlage aufbaut. Die Behandlung der Flächenkrümmung (Sätze von Meusnier und Euler) dürfte im wesentlichen methodisch neu sein.

Schließlich sei hervorgehoben, daß die Bezeichnungsweise der allgemein üblichen angepaßt wurde.

Das Lehrbuch erscheint nunmehr in *einem* Band. ...

Wien, im Feber 1936. Erwin Kruppa.

Vorwort zur fünften Auflage.

Die durch den Ausgang des Krieges entstandenen außergewöhnlichen Verhältnisse haben mich gezwungen, den Verlag der notwendig gewordenen neuen Auflage des Buches dem Springer-Verlag, Wien zu übergeben. Aus diesem Anlaß ist es mir ein Bedürfnis, dem Verlag B. G. Teubner, Leipzig, der das Buch seit 1908 in vier Auflagen in entgegenkommender und verständnisvoller Weise auf den Büchermarkt gebracht hat, meinen Dank auszusprechen.

IV

Die neue, ergänzte, fünfte Auflage des Lehrbuches ist in der Hauptsache ein photomechanischer Abdruck der vierten Auflage. Sie unterscheidet sich aber von dieser, abgesehen von Druckfehlerberichtigungen, durch einige Ergänzungen. Der in der vierten Auflage in Nr. 124 behandelte Stoff wurde durch wesentliche Ergänzungen zu einem abgerundeten Kapitel: „*Geometrische Grundbegriffe der Photogrammetrie*" ausgestaltet. Die geometrischen Grundlagen der Photogrammetrie sind in der Hauptsache ein Bestandteil der darstellenden Geometrie. Das neue Kapitel ist als eine Vorschulung zum eingehenden Studium der Photogrammetrie gedacht. — Ein Anhang enthält *Ergänzungen zur Axonometrie: I. Konstruktion eines Schrägrisses mittels des Einschneideverfahrens* von L. Eckhart, das dem technischen Zeichnen besonders gut entspricht, und *II. Zur Konstruktion des normalaxonometrischen Dreibeins für die Verkürzungsverhältnisse* $1 : {}^1/_2 : 1$, eine Konstruktion*), die die Angaben des Normblattes DIN 5 durch eine einfache und einfach zu merkende Konstruktion ersetzt.

Dem Springer-Verlag, Wien, danke ich für die entgegenkommende Übernahme des Buches und für die Erfüllung meiner Wünsche bei der Bearbeitung der neuen Auflage. Die durch die Ergänzungen notwendig gewordenen 15 neuen Figuren hat Herr F. Wrtilek ebenso meisterhaft wie die Figuren der vierten Auflage gezeichnet.

Wien, im Juli 1948.   Erwin Kruppa.

---

*) A. Praetorius, Z. a. Math. u. Mech. Bd. 25 bis 27, Heft 5/6, S. 173. (Während der Drucklegung des Buches erschienen.)

Inhaltsverzeichnis.

Erster Teil.
Projektionen auf eine Bildebene.

Erstes Kapitel: Abbildung ebener Figuren.

Zweites Kapitel: Kurven. Flächen und ihre Abbildung auf eine Ebene.

Drittes Kapitel: Kotierte Grundrisse und Seitenrisse (kotierte Projektion).

Viertes Kapitel: Kurven, Kegel und Zylinder zweiter Ordnung.

Zweiter Teil.

Zugeordnete Normalrisse. Krumme Flächen.

Erstes Kapitel: Zugeordnete Normalrisse (Grund- und Aufrißverfahren).

Zweites Kapitel: Darstellende Geometrie besonderer Flächengattungen.

Drittes Kapitel: Darstellende Geometrie der Flächenkrümmung.

Dritter Teil.

Axonometrie. Perspektive. Photogrammetrie. Reliefperspektive. Landkartenentwürfe.

Erstes Kapitel: Schiefe Axonometrie.

Zweites Kapitel: Normale Axonometrie.

Bezeichnungsweise und Abkürzungen.

Punkte werden mit großen lateinischen Buchstaben, zuweilen mit Ziffern, *Linien* mit kleinen lateinischen Buchstaben, *Flächen* i. allg. mit kleinen griechischen, ausgezeichnete Flächen manchmal mit großen griechischen Buchstaben bezeichnet.

Werden die Zeichen für zwei Raumelemente in eine eckige Klammer geschlossen, so bedeutet dieses Symbol das Verbindungs- oder Schnittelement der beiden gegebenen Elemente, z. B. $[AB]$ die Verbindungsgerade der Punkte A und B, $[Ab]$ die Verbindungsebene des Punktes A mit der Geraden b, $[\alpha\beta]$ die Schnittgerade der Ebenen α und β usw.

Die in den Klammern stehenden Elemente können selbst durch Verbinden oder Schneiden hervorgegangen sein. Es entstehen dann zusammengesetzte Klammerausdrücke, die man jedoch meist in leicht verständlicher Weise vereinfachen kann. So ist $[ABC]$ die Ebene durch die Punkte A, B, C; $[\alpha\beta\gamma]$ der Schnittpunkt der Ebenen α, β, γ und etwa $[\alpha \cdot AB]$ der Schnittpunkt der Ebene α mit der Verbindungsgeraden von A und B.

Die zu einer Geraden a parallele Richtung und die zu einer Ebene α parallele Stellung werden mit $\| a$ bzw. $\| \alpha$ bezeichnet. Entsprechend bedeutet $\perp a$ die zu einer Geraden a normale Richtung oder Stellung und $\perp \alpha$ die zur Ebene α normale Richtung. Sinngemäß ist demnach z. B. unter $[A \| b]$ die durch den Punkt A gehende und zur Geraden b parallele Gerade zu verstehen; entsprechend ist $[A \perp \varepsilon]$ die durch den Punkt A gehende, zur Ebene ε normale Gerade.

Eine *Länge einer Strecke* mit den Endpunkten A und B wird mit $\overline{AB}$ bezeichnet, doch wird der Querstrich, falls er für das Verständnis eines Symboles unwesentlich ist, meist weggelassen. Winkel werden durch das Zeichen $\sphericalangle$ gekennzeichnet, das jedoch auch oft weggelassen wird, wie z. B. in $\sin ab$ statt $\sin \sphericalangle ab$. In den Figuren werden *rechte Winkel* durch einen Punkt gekennzeichnet, der in den Winkelraum in die Nähe des Scheitels gesetzt wird.

Schließlich sei erwähnt, daß (M, r) den Kreis mit der Mitte M und dem Halbmesser r bedeutet.

Erster Teil.

Projektion auf eine Bildebene.

Erstes Kapitel.

Abbildung ebener Figuren.

1. Zentral- und Parallelprojektion; Fernpunkte. *Die darstellende Geometrie lehrt, wie man Raumgebilde nach geometrischen Grundsätzen durch Zeichnung abbildet und Aufgaben über die dargestellten Gebilde auf Grund der Abbildung löst.*[1])

Zuweilen werden auch räumliche Gebilde wieder durch räumliche Gebilde dargestellt, z. B. wenn man ein etwa verkleinertes Modell oder ein Reliefbild eines Gegenstandes herstellt. Theoretisch lassen sich viele Abbildungs-

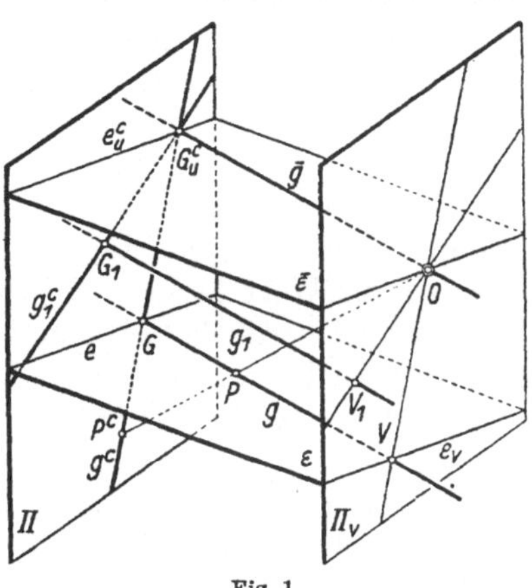

methoden ersinnen; bevorzugt werden indes diejenigen, die leicht herstellbare und möglichst anschauliche Bilder liefern.

Von den in der Technik verwendeten Methoden ist die *Zentralprojektion* oder *Perspektive* (von perspicere = klar sehen), die dem Sehprozeß angepaßt ist, die allgemeinste. Um einen Punkt P abzubilden (Fig. 1), verbinden wir ihn mit einem festen Punkt O, dem *Auge* oder *Projektionszentrum*, und bringen die Gerade $[OP]$, den *Seh-* oder *Projektionsstrahl*, mit einer festen, nicht durch O gehenden Ebene Π, der *Bild-*

Fig. 1.

oder *Projektionsebene*, in P^c zum Schnitt. Die so erhaltenen Bildpunkte P^c heißen die *Zentralrisse, Zentralprojektionen, Zentralbilder* oder *perspektiven Bilder* der Raumpunkte P. Werden so die charakteristischen Punkte und Linien eines Gegenstandes abgebildet, so erhält man ein Bild, das von O aus betrachtet unter gewissen Voraussetzungen einen ähnlichen Eindruck

---

1) Für die Weiterbildung der darstellenden Geometrie in der Richtung der höheren Geometrie: E. Müller, Vorlesungen über darstellende Geometrie, Leipzig und Wien; I. Die linearen Abbildungen, bearbeitet von E. Kruppa, 1923; II. Die Zyklographie, aus dem Nachlaß herausgegeben von J. Krames, 1929; III. Konstruktive Behandlung der Regelflächen, bearbeitet von J. Krames, 1931.

hervorruft wie der Gegenstand selbst, weil der vom Objektpunkt P ausgehende Lichtstrahl $[PO]$ mit dem durch den Bildpunkt P^c gehenden Lichtstrahl $[P^cO]$ zusammenfällt. Für die Anschaulichkeit eines Bildes sind indes verschiedene Umstände wichtig, mit denen wir uns erst später (Nr. 93, 114) beschäftigen werden.

Die vorhin angegebene Konstruktion des Bildpunktes P^c versagt, wenn der Raumpunkt P in der Ebene $\Pi_v = [O\|\Pi]$ liegt, d. h. in der Ebene, die man durch O parallel zu Π legen kann. In diesem Fall liegt P^c „unendlichfern", weil der Sehstrahl $[OP]$ zu Π parallel ist. Π_v heißt die *Verschwindungsebene*. Eine Sonderstellung hat auch O, dessen Bild unbestimmt ist.

Die Sehstrahlen nach den Punkten einer Geraden g, die nicht durch O geht, erfüllen eine Ebene, die *projizierende Ebene (Sehebene)* von g. Ihr Schnitt mit der Bildebene Π ist das Bild g^c von g (Fig. 1). Die Bilder von parallelen Geraden $g\|g_1$ sind i. allg. nicht parallel, denn die Sehebenen durch g und g_1 schneiden einander in der zu g und g_1 parallelen Geraden $\bar{g}$ durch O, deren Schnittpunkt mit Π den Bildern g^c und g_1^c gemeinsam ist. Diesen Punkt G_u^c nennen wir den *Fluchtpunkt* von g und von allen zu g parallelen Geraden. Die Bezeichnung G_u^c gründet sich auf den folgenden, für die Theorie der Zentralprojektion grundlegenden Gedanken.

Von allen zu g parallelen Geraden sagt man, daß sie dieselbe *Richtung* wie g haben; anderseits sahen wir, daß diese Geraden alle denselben Fluchtpunkt G_u^c haben. Dieser Fluchtpunkt ist daher der Richtung von g zugeordnet; er bestimmt durch den Sehstrahl $[G_u^cO]$ die Richtung von g und der zu g parallelen Geraden. Wir führen nun eine neue Sprechweise ein, indem wir an Stelle des Wortes *Richtung* ein neues künstliches Wort, nämlich das Wort *Fernpunkt*[1]), *unendlichferner* oder *uneigentlicher Punkt* setzen. Weil parallele Geraden g dieselbe Richtung haben, sagen wir demnach innerhalb des Lehrgebäudes der Zentralprojektion, *daß sie durch einen bestimmten Fernpunkt G_u gehen*. Der Fluchtpunkt erscheint damit als der dem Fernpunkt G_u zugeordnete Bildpunkt G_u^c. Läuft nämlich ein Punkt P auf g ins Unendliche, wofür wir auch sagen, daß er sich unbeschränkt dem Fernpunkt G_u nähert, so kommt sein Bild dem Fluchtpunkt G_u^c unbeschränkt nahe. Kürzer sagt man hiefür: *Wenn P auf g nach dem Fernpunkt G_u konvergiert, so konvergiert sein Bild P^c auf g^c nach dem Fluchtpunkt G_u^c.*

Wir betrachten nun in Fig. 1 eine Ebene ε allgemeiner Lage. Sie schneide Π und Π_v in den parallelen Geraden e und e_v; ferner schneide die zu ihr parallele Sehebene $\bar{\varepsilon} = [O\|\varepsilon]$ die Bildebene in einer (zu e parallelen) Geraden e_u^c. Jede Gerade g^c in Π kann als Bild einer Geraden g von ε aufgefaßt werden, ausgenommen die Gerade e_u^c, weil die durch e_u^c gehende Sehebene $\bar{\varepsilon}$ zu ε parallel ist. Wir nennen e_u^c die *Fluchtlinie* der Ebene ε. Nach ihrer Konstruktion ist sie zugleich die Fluchtlinie aller zu ε parallelen

---

1) Die Bezeichnungen „Fernpunkt, Ferngerade, Fernebene" gebraucht G. Kowalewski, Lehrbuch der höheren Mathematik. Berlin und Leipzig 1933.

Ebenen. Von parallelen Ebenen sagt man, daß sie dieselbe *Stellung* im Raum haben. Wir führen nun wieder eine neue Sprechweise ein, indem wir anstatt des Wortes *Stellung* ein neues künstliches Wort, nämlich das Wort *Ferngerade, unendlichferne* oder *uneigentliche Gerade* setzen. Von parallelen Ebenen ε sagt man demnach, *daß sie durch eine bestimmte Ferngerade e_u gehen.* Die Fluchtlinie erscheint damit als das der Ferngeraden e_u zugeordnete Bild $e_u{}^c$. Entfernt sich nämlich eine bewegliche Gerade in ε ins Unendliche, wofür wir auch sagen, daß sie nach der Ferngeraden e_u konvergiert, so geht ihr Bild in die Fluchtlinie $e_u{}^c$ über.

Will man besonders hervorheben, daß ein Punkt nicht unendlich fern ist, so nennt man ihn einen *eigentlichen* Punkt; in demselben Sinn spricht man von eigentlichen Geraden und von eigentlichen Ebenen.

Dem Schnittpunkt V einer Geraden g mit der Verschwindungsebene Π_v ist, wie man durch Fig. 1 einsieht, der Fernpunkt von g^c und der Schnittlinie e_v einer Ebene ε mit Π_v die Ferngerade der Bildebene als Bild zugeordnet. V ist der *Verschwindungspunkt* von g, e_v die *Verschwindungslinie* von ε.

Nach der Einführung der Fernpunkte und Ferngeraden läßt sich der Satz aussprechen: *Durch die Zentralprojektion aus O wird jede nicht durch O gehende Ebene ε „umkehrbar eindeutig" auf die Bildebene Π abgebildet;* d. h. jedem (eigentlichen oder uneigentlichen) Punkt P von ε entspricht ein einziger Bildpunkt P^c in Π, und umgekehrt jedem Punkt P^c von Π ein einziger Punkt von ε. Ebenso sind die Geraden von ε und Π durch die Zentralprojektion aus O einander umkehrbar eindeutig *(eineindeutig)* zugeordnet, wenn man Π und ε noch durch die Ferngeraden ergänzt.

Aus Fig. 1 entnehmen wir schließlich: *Wenn eine Gerade g in einer Ebene ε liegt oder zu ihr parallel ist, so liegt der Fluchtpunkt $G_u{}^c$ der Geraden auf der Fluchtlinie $e_u{}^c$ der Ebene.* Übertragen wir diese Bemerkung durch die Zentralprojektion auf die Fernelemente von g und ε, so folgt wegen der Eineindeutigkeit der Abbildung der Satz: *Liegt eine Gerade g in einer Ebene ε oder ist sie zu ihr parallel, so liegt der Fernpunkt G_u von g in der Ferngeraden e_u von ε.*

Zwei nicht parallele Ebenen des Raumes haben eine Schnittgerade gemeinsam. Daher haben zwei Ferngeraden stets einen Fernpunkt gemeinsam. Die Menge aller Ferngeraden ist demnach von der Beschaffenheit, daß sich je zwei von ihnen schneiden, jedoch nicht in einem und demselben Fernpunkt, weil es im Raum keine Gerade gibt, zu der alle Ebenen des Raumes parallel sind. Es ist daher sinnvoll zu sagen, *daß alle Ferngeraden des Raumes eine Ebene bilden, die „Fernebene", unendlichferne oder uneigentliche Ebene* des Raumes. In der Tat kann eine durch ihre Ferngerade ergänzte Ebene als Menge von Geraden aufgefaßt werden, von denen sich je zwei in einem Punkt schneiden, der nicht allen Geraden dieser Menge gemeinsam ist.

Man nennt eine durch ihren Fernpunkt ergänzte Gerade *projektive Gerade*, eine durch ihre Ferngerade ergänzte Ebene eine *projektive Ebene* und den durch seine *Fernebene* ergänzten Raum den *projektiven Raum*.

Wird das Projektionszentrum O als ein Fernpunkt gewählt (Fig. 2), so sind die Sehstrahlen parallel zu einer festen Richtung. Man spricht dann

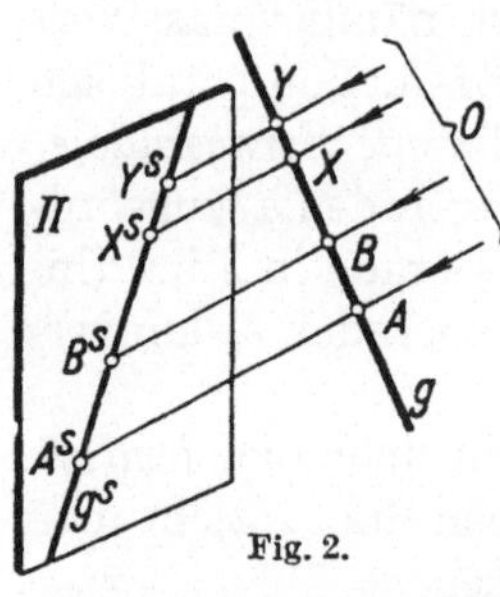

Fig. 2.

von einer *Parallelprojektion;* dabei muß angenommen werden, daß die Sehstrahlrichtung O nicht zur Bildebene parallel ist. Sind die Sehstrahlen zur Bildebene normal, so erhält man eine *normale (orthogonale) Projektion*, einen *Normalriß* oder ein *Normalbild*. Bei zur Bildebene schräger Lage der parallelen Sehstrahlen heißt das Bild eine *schiefe Projektion* oder ein *Schrägriß*. Bei Parallelprojektion sind die Sehebenen durch zwei parallele Geraden parallel. Daraus folgt:

Satz 1: *Bei Parallelprojektion haben parallele Geraden parallele Bilder, ausgenommen die Sehstrahlen, die sich als Punkte abbilden.* Dieser Umstand sichert der Parallelprojektion im technischen Zeichnen einen Vorrang vor der Perspektive. Sie zeichnet sich aber noch durch einen zweiten, nicht minder wichtigen Vorteil aus.

Betrachten wir auf g (Fig. 2) zwei beliebige Strecken AB und XY und ihre Schrägrisse A^sB^s und X^sY^s auf g^s. Es gilt die Proportion $AB:XY = A^sB^s:X^sY^s$, wofür wir sagen können:

Satz 2: *Bei Parallelprojektion ist das Verhältnis zweier Strecken einer Geraden gleich dem Verhältnis ihrer Bilder.*

Wir können die letzte Proportion auch in der Form $XY:X^sY^s = AB:A^sB^s =$ konst. anschreiben, wofür wir auch sagen können, daß bei Parallelprojektion die Längen aller Strecken einer Geraden in einem konstanten Verhältnis k, dem *Verzerrungsverhältnis*, verändert werden. Man nennt zwei gerade Punktreihen $(A, B, X, Y, \ldots)$ und $(A^s, B^s, X^s, Y^s, \ldots)$, zwischen deren Punktepaaren die obige Proportion besteht, *ähnliche Punktreihen*. Statt Satz 2 kann man daher auch sagen:

Satz 3: *Bei Parallelprojektion bildet sich jede gerade Punktreihe als eine zu ihr ähnliche Punktreihe ab; das Verzerrungsverhältnis ist von der Richtung der Punktreihe abhängig.*

2. Teilverhältnis und Doppelverhältnis. Wir betrachten nun in Fig. 3 drei Punkte A, B, X einer Geraden g. Dann bezeichnet man als das *Teilverhältnis* τ des Punktes X in bezug auf die Punkte A und B das Verhältnis $\tau = \dfrac{AX}{BX}$, wenn man τ noch mit dem Pluszeichen

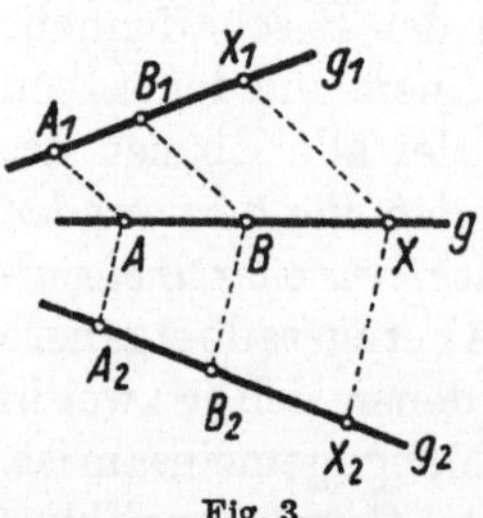

Fig. 3.

versieht, falls die gerichteten Strecken $\overrightarrow{AX}$ und $\overrightarrow{BX}$ gleichgerichtet sind, und mit dem Minuszeichen, wenn sie entgegengesetzt gerichtet sind. Für τ setzt man auch das Symbol $(AB \cdot X)$. Projiziert man nun mittels Parallelprojektion A, B, X auf irgendwelche andere Geraden $g_1, g_2, \ldots$, so erhält man Punktetripel (A_1, B_1, X_1) und (A_2, B_2, X_2), die nach Nr. 1, Satz 2 dasselbe Teilverhältnis bestimmen, so daß $(A B \cdot X) = (A_1 B_1 \cdot X_1) = (A_2 B_2 \cdot X_2)$ gilt. Diese Tatsache drückt man kurz durch den Satz aus:

Satz 1: *Das Teilverhältnis von drei Punkten einer Geraden ist bei Parallelprojektion „invariant" (d. h. unveränderlich).*

Man sieht leicht ein, wie sich das Teilverhältnis $(A B \cdot X)$ ändert, wenn X die ganze Gerade $g = [A B]$, von A nach B und über den Fernpunkt G_u nach A zurück durchläuft. Für X in A erhält man $\tau = 0$, im Mittelpunkt von $A B$ erhält man $\tau = -1$. Wenn X sich unbeschränkt B nähert, wächst der Betrag von τ über alle Grenzen; wir setzen dann $\tau = \mp \infty$, je nachdem die Annäherung an B in der Richtung $\overrightarrow{A B}$ oder entgegengesetzt erfolgt. Läßt man X auf g ins Unendliche wandern, so strebt τ dem Grenzwert $+1$ zu; dem Fernpunkt G_u ist also $\tau = 1$ zugeordnet. Wenn nun X die ganze Gerade im Laufsinn $\overrightarrow{A B}$ durcheilt, so ändert sich τ wie folgt: In A ist $\tau = 0$ und durchläuft dann monoton abnehmend auf der Strecke $A B$ alle negativen Zahlen bis $-\infty$; auf dem sich in B anschließenden Halbstrahl $B G_u$ durchläuft τ wieder monoton abnehmend alle positiven Zahlen von $+\infty$ bis 1 und schließlich auf dem restlichen Halbstrahl $G_u A$ monoton abnehmend alle positiven Zahlen von 1 bis Null. So sind die Punkte der Geraden umkehrbar eindeutig und stetig den reellen Zahlen zugeordnet, wenn man die Punkte der Geraden durch ihren Fernpunkt und die Menge der Zahlen durch das Symbol ∞ ergänzt, das dem Punkt B zugeordnet ist.

Aus Fig. 3 können wir noch eine andere Bemerkung ersehen. Es seien $A_1 B_1$ auf g_1 und $A_2 B_2$ auf g_2 gegeben. Ordnen wir nun jedem Punkt X_1 von g_1 denjenigen Punkt X_2 auf g_2 zu, für den das Teilverhältnis $(A_2 B_2 \cdot X_2)$ gleich $(A_1 B_1 \cdot X_1)$ ist, so sind die Punktreihen $(A_1, B_1, X_1, \ldots)$ und $(A_2, B_2, X_2, \ldots)$ ähnlich. Es gilt nun der

Satz 2: *Legt man durch zwei ähnliche Punktreihen einer Ebene je ein Parallelstrahlbüschel, so schneiden sich entsprechende Strahlen dieser Büschel auf einer Geraden.*

In der Tat: Es seien A und B die Schnittpunkte der entsprechenden Strahlen aus A_1, A_2 und B_1, B_2, ferner $g = [A B]$. Bringt man nun die durch X_1 und X_2 gehenden entsprechenden Strahlen mit g zum Schnitt, so erhält man auf g zwei Punkte, die nach Satz 1 dasselbe Teilverhältnis bezüglich A, B besitzen und daher wegen der Eindeutigkeit der Zuordnung der Punkte von g zu den Werten des Teilverhältnisses zusammenfallen müssen.

Wir betrachten nun in Fig. 4 vier Punkte A, B, C, D einer Geraden g in willkürlicher Lage und bilden für diese den Quotienten der Teilverhältnisse $(A B \cdot C)$ und $(A B \cdot D)$. Man nennt ihn das *Doppelverhältnis* der in der Reihenfolge A, B, C, D aufgezählten Punkte. Wir bezeichnen es symbolisch mit $(ABCD)$. Es ist also

$$\delta = (ABCD) = \frac{AC}{BC} : \frac{AD}{BD}.$$

Darin sind die beiden Teilverhältnisse mit den entsprechenden Vorzeichen einzusetzen. Diese können dadurch erhalten werden, daß man für

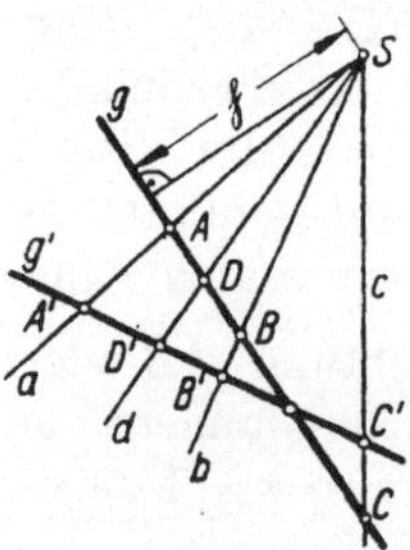

die Messung der Strecken auf g einen „positiven"
Laufsinn auszeichnet und dann die Maßzahl einer
Strecke XY positiv oder negativ nimmt, je nach-
dem Y auf X im positiven Sinn folgt oder nicht.

Wir verbinden nun die vier Punkte A, B, C, D
mit einem nicht auf g liegenden Punkt S durch
die Geraden a, b, c, d und bezeichnen die Entfernungen des Punktes S von A, B, C, D mit
$\mathfrak{a}, \mathfrak{b}, \mathfrak{c}, \mathfrak{d}$ und den Abstand Sg mit $\mathfrak{h}$. Die Flächen-
inhalte der Dreiecke mit der Ecke S können nun

Fig. 4.

auf doppelte Weise berechnet werden, wodurch sich die folgenden
Gleichungen ergeben:

$$\overline{AC}\,\mathfrak{h} = \mathfrak{a}\mathfrak{c} \sin ac,$$

$$\overline{BC}\,\mathfrak{h} = \mathfrak{b}\mathfrak{c} \sin bc,$$

$$\overline{AD}\,\mathfrak{h} = \mathfrak{a}\mathfrak{d} \sin ad,$$

$$\overline{BD}\,\mathfrak{h} = \mathfrak{b}\mathfrak{d} \sin bd.$$

Darin sind die links stehenden Strecken mit ihren dem gewählten Laufsinn entsprechenden Vorzeichen und rechts die Winkel im zugehörigen
Drehsinn zu messen. Aus diesen Gleichungen folgt sofort

$$(1) \qquad (ABCD) = \frac{AC}{BC} : \frac{AD}{BD} = \frac{\sin ac}{\sin bc} : \frac{\sin ad}{\sin bd}.$$

Der in (1) rechts vom zweiten Gleichheitszeichen stehende Ausdruck heißt
das *Doppelverhältnis der vier Geraden* a, b, c, d durch S. (1) besagt daher,
*daß das Doppelverhältnis von vier Geraden durch einen Punkt S gleich ist
dem Doppelverhältnis der vier Punkte A, B, C, D, in denen eine nicht durch
S gehende Gerade die Geraden a, b, c, d schneidet.* Werden a, b, c, d durch
eine zweite Gerade A', B', C', D' geschnitten so ist demnach

$$(2) \qquad (ABCD) = (A'B'C'D')$$

oder in Worten:

Satz 3: *Das Doppelverhältnis von vier Punkten einer Geraden ist bei
Zentralprojektion invariant (d. h. unveränderlich).* Natürlich gilt dieser
Satz auch für Parallelprojektion, wie aus Satz 1 hervorgeht.

Sind $\alpha, \beta, \gamma, \delta$ vier Ebenen durch eine gemeinsame Schnittgerade, so versteht
man unter ihrem Doppelverhältnis in entsprechender Weise den Ausdruck

$$(3) \qquad \frac{\sin \alpha\gamma}{\sin \beta\gamma} : \frac{\sin \alpha\delta}{\sin \beta\delta} = (\alpha\beta\gamma\delta),$$

und es gilt, wie man nach den letzten Bemerkungen sofort einsieht, der

Satz 4: *Das Doppelverhältnis von vier Ebenen $\alpha, \beta, \gamma, \delta$ durch eine gemeinsame Schnittgerade ist gleich dem Doppelverhältnis der vier Punkte A, B, C, D, in denen eine Gerade diese vier Ebenen schneidet, also* $(\alpha\beta\gamma\delta) = (ABCD)$.

Als Anwendung des Satzes 3 lösen wir die folgende

Aufgabe: Gegeben ist eine Zentralprojektion $g^c(A^c, B^c, C^c, D^c, E^c \ldots)$ einer geraden Punktreihe $g(A, B, C \ldots)$, z. B. eine Photographie[1]) einer geraden Straße, an der sich verschiedene Objekte, wie Bäume, Meilensteine, Brücken usw. befinden mögen. Sind uns nun die Abstände von drei Objekten A, B, C bekannt, so können wir die Abstände aller übrigen konstruieren. Die Durchführung zeigt Fig. 5. Wir verschieben $g(A, B, C)$

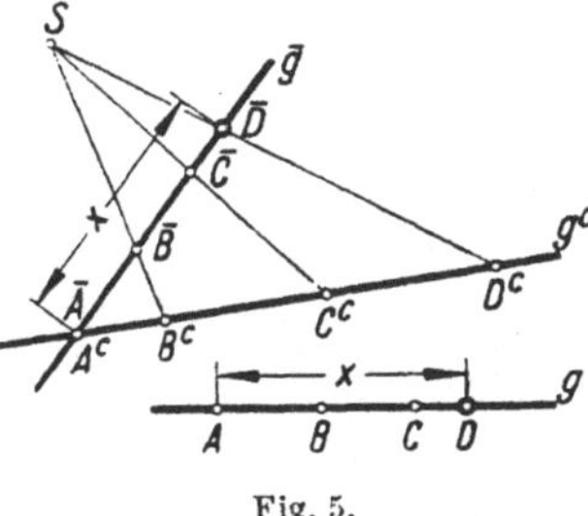

Fig. 5.

in eine solche Lage $\bar{g}(\bar{A}, \bar{B}, \bar{C})$, daß $\bar{A}$ mit A^c zusammenfällt, und suchen den Schnittpunkt S von $[B^c\bar{B}]$ mit $[C^c\bar{C}]$. Projiziert man nun D^c aus S auf $\bar{g}$ nach $\bar{D}$, so ist nach (2) $(A^cB^cC^cD^c) = (\bar{A}\bar{B}\bar{C}\bar{D})$. Führt man nun $\bar{g}$ in die ursprüngliche Lage g zurück, so geht $\bar{D}$ in den gesuchten Punkt D über.

Es ist noch eine Bemerkung notwendig für den Fall, daß einer der vier Punkte eines Doppelverhältnisses unendlichfern liegt. Ist etwa in (1) D ein Fernpunkt D_∞, so ist nach S. 5 $AD_\infty : BD_\infty = 1$ zu setzen, und es gilt demnach $(ABCD_\infty) = AC : BC$. Wiederholt man diese Überlegung für A, B oder C als Fernpunkt, so ergibt sich der

Satz 5: *Ist von den vier Punkten eines Doppelverhältnisses δ einer unendlichfern, so ist δ ein von den drei andern bestimmtes Teilverhältnis.*

3. Harmonische Punkte und Strahlen; die harmonischen Eigenschaften des vollständigen Vierecks. Hat das Doppelverhältnis von vier Punkten oder Strahlen den Wert -1, so sagt man, sie liegen *harmonisch*. Aus

$$(ABCD) = -1 \quad \text{oder} \quad \frac{AC}{BC} = -\frac{AD}{BD}$$

folgt, daß die Strecke AB von den Punkten C und D, ebenso die Strecke CD von den Punkten A und B, innerlich und äußerlich in demselben Verhältnis geteilt wird. *Jedes der beiden Punktepaare (A, B) und (C, D) trennt das andere harmonisch.* Zu jedem Punkt C gibt es in bezug auf A, B einen einzigen harmonischen Punkt D, dessen Lage durch den Wert des Teilverhältnisses $-AC : BC$ bestimmt ist. Ist demnach C der Fernpunkt von $[AB]$, so muß (Nr. 2) D der Mittelpunkt von AB sein. Also gilt der

Satz 1: *Ein Punktepaar A, B wird von seiner Mitte und dem Fernpunkt seiner Geraden harmonisch getrennt.*

---

1) Die Verwertung von Lichtbildern für Vermessungszwecke ist die Aufgabe der Photogrammetrie (s. Nr. 124).

Dieser Satz kann zur Konstruktion des vierten harmonischen Punktes D bezüglich (A, B), C verwendet werden (Fig. 6). Man macht C zur Mitte C' einer Strecke $A'B'$ und zeichnet den Schnittpunkt S von $[AA']$ mit $[BB']$. Die Parallele zu $g' = [A'B']$ durch S schneidet dann aus $g = [AB]$ den gesuchten Punkt D aus, da $(ABCD) = (A'B'C'G_u')$ $= -1$ ist, wenn mit G_u' der Fernpunkt von g' bezeichnet wird. Ferner gilt

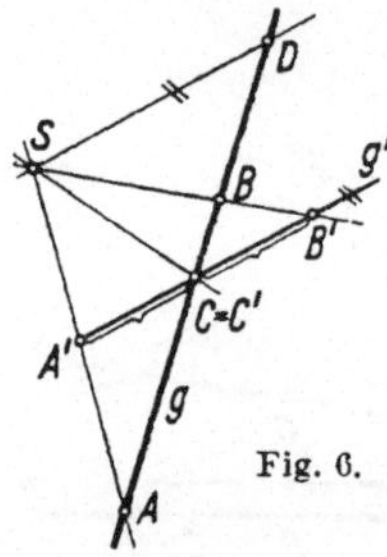

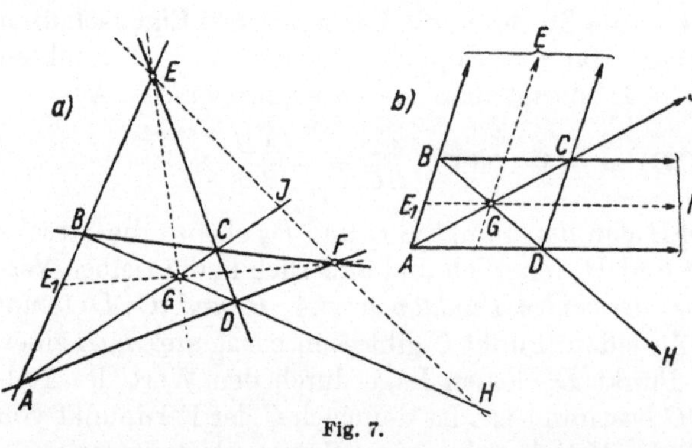

Fig. 6.

Satz 2: *Zwei Geraden werden durch ihre Winkelsymmetralen harmonisch getrennt.*

Schneidet man nämlich diese vier Strahlen mit einer zu einer Symmetralen parallelen Geraden, so erhält man ein Punktepaar samt Mitte und Fernpunkt, also vier harmonische Punkte. Es gilt auch umgekehrt:

Satz 3: *Trennen zwei normale Strahlen zwei andere harmonisch, so sind die ersteren die Symmetralen der letzteren.*

Ein wichtiger Satz über harmonische Punkte lautet:

Satz 4: *Ist M die Mitte eines Punktepaares A, B und ist C, D dazu harmonisch, so ist $MC \cdot MD = MA^2 = MB^2$.*

In der Tat folgt aus $\dfrac{AC}{BC} : \dfrac{AD}{BD} = -1$ oder $AC \cdot BD + BC \cdot AD = 0$ die Gleichung $(AM + MC)(BM + MD) + (BM + MC)(AM + MD) = 0$ und daraus unter Beachtung von $AM = -BM$ die behauptete Gleichung. Umgekehrt gelangt man von dieser zu $(ABCD) = -1$ zurück.

Unter einem *vollständigen Viereck* versteht man vier Punkte einer Ebene, von denen keine drei derselben Geraden angehören, samt ihren sechs Verbindungsgeraden (Fig. 7a). Diese Geraden heißen die *Seiten*, die gegebenen Punkte A, B, C, D die *Ecken* des vollständigen Vierecks. Die Seitenpaare $[AB]\,[CD]$, $[BC]\,[DA]$ und $[AC]\,[BD]$ werden *Gegenseiten* und die Schnittpunkte E, F, G je zweier Gegenseiten *Diagonalecken* genannt. Letztere bilden das *Diagonaldreieck*.

Fig. 7.

Wählt man insbesondere (Fig. 7b) $ABCD$ als Parallelogramm, so bilden die Paare paralleler Seiten und $[BD], [AC]$ die drei Gegenseitenpaare. Mit den obigen Bezeichnungen sind hier E und F die Fernpunkte der Seiten und G die Mitte des Parallelogramms. Die Seiten des Diagonaldreiecks sind also die Mittellinien des Parallelogramms und die Ferngerade.

Die zu $[BC]$ und $[AD]$ parallele Mittellinie schneidet die Seite AB in ihrer Mitte E_1. Nach Satz 1 liegen also A, B, E_1, E harmonisch. Ebenso kann die Tatsache, daß G die Mitte von AC ist, durch die Aussage ausgedrückt werden, daß AC von G und dem Fernpunkt J von $[AC]$ harmonisch getrennt werden. Wir überlegen uns nun, daß die soeben gemachten Bemerkungen über das als vollständiges Viereck aufgefaßte Parallelogramm keine Besonderheit der Parallelogramme sind, sondern daß vielmehr für alle vollständigen Vierecke der Satz gilt:

Satz 5: *Auf jeder Seite eines vollständigen Vierecks werden die beiden Ecken durch eine Diagonalecke und den Schnittpunkt mit der Verbindungslinie der beiden andern Diagonalecken harmonisch getrennt.*

Nach Nr. 2, Satz 3 ist dieser Satz einleuchtend, sobald es gelingt zu zeigen, daß sich jedes Viereck als Zentralprojektion eines Parallelogrammes auffassen läßt. Wir verbinden die Ecken A, B, C, D des Vierecks mit einem außerhalb seiner Ebene gelegenen Punkt O und stehen nun vor der Aufgabe, die Pyramide $O(ABCD)$ nach einem Parallelogramm $A_1 B_1 C_1 D_1$ zu schneiden. Da $[A_1 B_1] \parallel [C_1 D_1]$ sein soll, muß die schneidende Ebene zur Schnittlinie $[OE]$ der Ebenen $[OAB]$ und $[OCD]$ parallel sein, wenn E den Schnittpunkt von $[AB]$ mit $[CD]$ bedeutet. Ebenso muß die gesuchte Ebene zur Verbindungslinie von O mit dem Schnittpunkt F von $[BC]$ und $[AD]$ parallel sein. Dadurch ist ihre Stellung bestimmt und der Satz 5 bewiesen.

4. Perspektive Kollineation (Zentralkollineation) und perspektive Affinität in der Ebene. Es seien a, b, c drei durch einen Punkt S gehende Geraden, die nicht in derselben Ebene liegen sollen. Schneiden wir a, b, c mit zwei Ebenen α_1, α_2, so erhalten wir die Schnittdreiecke $A_1 B_1 C_1$ und $A_2 B_2 C_2$. Die Bezeichnung ist so getroffen, daß $[A_1 A_2] = a$, $[B_1 B_2] = b$ und $[C_1 C_2] = c$ ist. Fig. 8 zeigt eine Projektion dieser Raumfigur, wobei die Bilder ebenso beschriftet sind wie die Raumelemente selbst. Da durch drei Punkte, die nicht auf einer Geraden liegen, stets eine Ebene gelegt werden kann, erhält man sicher ein richtiges Bild einer solchen Raumfigur, wenn man in der Zeichenebene durch einen Punkt S drei Strahlen a, b, c wählt und auf diesen die Punktepaare $(A_1 A_2)$, $(B_1 B_2)$, $(C_1 C_2)$ annimmt. Dadurch ist aber auch das Bild s der Schnittlinie der Ebenen α_1 und α_2 bestimmt. Ebenso wie sich im Raum die Paare entspre-

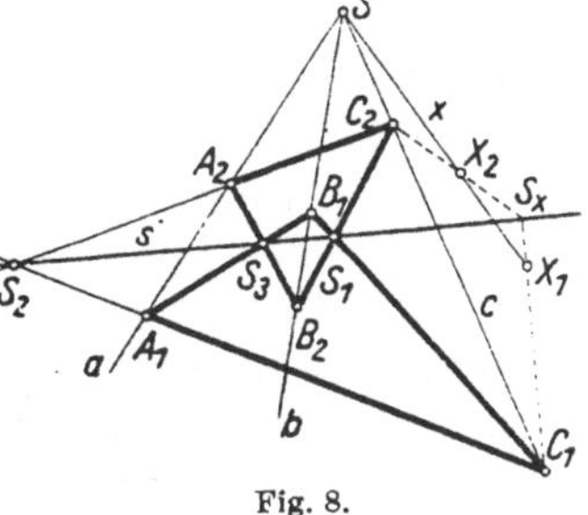

Fig. 8.

chender Seiten der beiden Dreiecke $A_1 B_1 C_1$ und $A_2 B_2 C_2$, wie z. B. $[A_1 B_1]$ und $[A_2 B_2]$, in je einem Punkt S_1, S_2, S_3 auf s schneiden, liegen auch die Bilder dieser Punkte S_1, S_2, S_3 auf dem Bild von s (Fig. 8). Sehen wir von der räumlichen Bedeutung dieser Bildfigur ab, so drückt sich in ihr ein wichtiger Lehrsatz der ebenen Geometrie aus, der *Desarguessche Satz:*

Satz 1: *Sind in einer Ebene die Ecken zweier Dreiecke $A_1 B_1 C_1$ und $A_2 B_2 C_2$ so gelegen und so einander zugeordnet, daß die Verbindungslinien entsprechender Ecken, d. i. $[A_1 A_2]$, $[B_1 B_2]$, $[C_1 C_2]$, durch einen Punkt S gehen, so liegen die Schnittpunkte entsprechender Seiten auf einer Geraden s, der Desarguesschen Achse der Dreiecke.*

Wir kehren nun zu der durch Fig. 8 dargestellten Raumfigur zurück und legen im Raum durch S einen beliebigen Strahl x, der α und β in X_1 und X_2 schneiden möge. Nehmen wir das Bild x von x und darauf das Bild X_1 von X_1 an, so läßt sich das Bild X_2 von X_2 konstruieren, denn im Raum schneiden $[C_1 X_1]$ und $[C_2 X_2]$ einander auf s, und dasselbe muß daher im Bild gelten. Man schneidet also $[C_1 X_1]$ mit s in S_x und dann $[S_x C_2]$ mit x in X_2. Ebenso hätten A_1, A_2 oder B_1, B_2 zur Konstruktion von X_2 verwendet werden können.

Wir sehen nun neuerdings von der räumlichen Bedeutung von Fig. 8 ab und wenden unsere Aufmerksamkeit der soeben erläuterten *Zuordnung* zu, nach der jedem Punkt X_1 ein ganz bestimmter Punkt X_2 zugeordnet wurde. Wenn zwei Ebenen ε_1 und ε_2 so einander zugeordnet sind, daß jedem Punkt X_1 von ε_1 ein bestimmter Punkt X_2 von ε_2 entspricht und jeder Punkt X_2 von ε_2 in dieser Zuordnung einem bestimmten Punkt X_1 von ε_1 zugewiesen ist, so sagt man, daß zwischen den Ebenen oder „*Punktfeldern*" ε_1 und ε_2 eine *Punktverwandtschaft* oder *Punkttransformation* besteht. In Fig. 8 fallen diese beiden Felder ε_1, ε_2 in der Zeichenebene zusammen. Jeder Punkt kann zum ersten oder zweiten Feld gezählt werden, was, wie bei X_1 und X_2, durch den Index angezeigt wird. Die hier in der Zeichenebene vorliegende Punktverwandtschaft heißt *perspektive Kollineation* oder *Zentralkollineation*. Sie wird durch folgende Eigenschaften gekennzeichnet:

1. *Den Punkten X_1 irgendeiner Geraden g_1, z. B. $g_1 = [C_1 S_x]$, entsprechen die Punkte X_2 auf einer Geraden g_2, nämlich $[C_2 S_x]$.*

2. *Die Verbindungslinien entsprechender Punkte $[X_1 X_2]$ gehen durch einen festen Punkt S.*

3. *Die Schnittpunkte entsprechender Geraden $[g_1 g_2]$ liegen auf einer festen Achse s.*

S ist das *Kollineationszentrum*, s die *Kollineationsachse;* die Geraden durch S heißen *Kollineationsstrahlen*.

Aus den Bedingungen 1, 2, 3 folgt, daß sich jeder Punkt der Kollineationsachse selbst entspricht. Wir sahen soeben, daß eine Zentralkollineation in der Ebene dadurch bestimmt werden kann, daß auf drei Strahlen durch das Zentrum S je ein Paar entsprechender Punkte $(A_1 A_2)$, $(B_1 B_2)$ und $(C_1 C_2)$ angenommen wird. Läßt man dabei B_1 mit B_2 in B und C_1 mit C_2 in C zusammenfallen, so ist $[BC] = s$ die Kollineationsachse, und es gilt der

Satz 2: *Eine perspektive Kollineation ist durch die Angabe des Zentrums, der Achse und eines Paares entsprechender Punkte auf einem Kollineationsstrahl bestimmt.*

Wir betrachten nun in Fig. 9 eine Kollineation mit dem Zentrum O, der Achse a und dem Paar entsprechender Punkte P_1, P_2. Verbinden wir P_1 und P_2 mit irgendeinem Punkt G von a, so erhalten wir ein Paar entsprechender Geraden g_1, g_2; diese werden von den Strahlen durch O in Paaren entsprechender Punkte X_1, X_2 geschnitten. Legt man insbesondere den zu g_1 parallelen Kollineationsstrahl, so schneidet er g_2 in jenem Punkt U_2, der dem Fernpunkt U_1 von g_1 entspricht. Entsprechend schneidet der Kollineationsstrahl $[O \parallel g_2]$ die Gerade g_1 im Punkt V_1, der dem Fernpunkt V_2 von g_2 zugeordnet ist. Legt man nun durch U_2 die Parallele u_2 zur Achse, so entspricht ihr im „ersten Feld‟ die Ferngerade, weil sie zwei Punkte enthält, deren zugeordnete Punkte unendlichfern liegen, nämlich U_2 und der Fernpunkt der Achse a, der sich selbst entspricht. Ebenso entspricht der Geraden $v_1 = [V_1 \parallel a]$ die Ferngerade des zweiten Feldes. Man nennt v_1 die *Gegenachse* des ersten Feldes und u_2 die *Gegenachse* des zweiten. *Die Gegenachse eines Feldes ist demnach der Ort der Punkte, deren entsprechende unendlichfern liegen.* Da nach der Konstruktion das Viereck $O U_2 G V_1$ ein Parallelogramm ist, gilt der

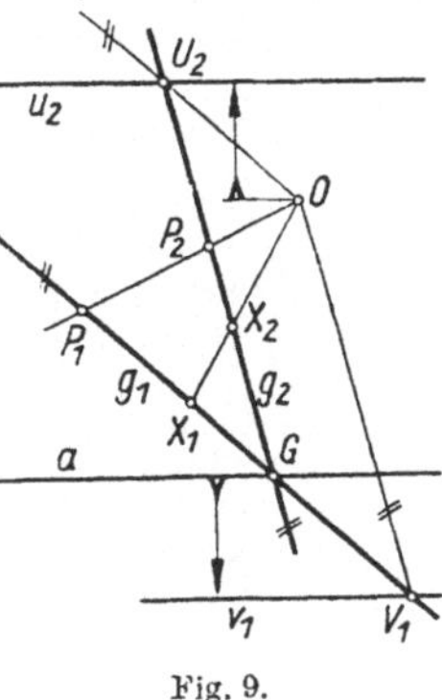

Fig. 9.

S a t z 3: *In einer Zentralkollineation ist der Abstand des Kollineationszentrums von der einen Gegenachse entgegengesetzt gleich dem Abstand der Kollineationsachse von der andern Gegenachse.*

Die Fig. 10 und 11 geben anschauliche Deutungen und zugleich typische Anwendungen der Zentralkollineation. Gegeben ist in Fig. 10 die Projektion einer Pyramide mit der ebenen Grundfläche $ABCD$ und der Spitze S. *Man schneide die Pyramide mit einer Ebene,* von der gegeben sind das Bild s ihrer Schnittlinie mit der Grundfläche und das Bild A_1 ihres Schnittpunktes mit der Kante $[AS]$. Wir wissen, daß das Bild $ABCD$ der Grundfläche zum Bild $A_1 B_1 C_1 D_1$ der Schnittfläche perspektivkollinear liegt. Die Kollineation ist bestimmt durch s als Achse, das Bild S der Pyramidenspitze als Zentrum und durch das Punktepaar A, A_1. Die Bilder der Seitenkanten der Pyramide sind die Kollineationsstrahlen, und die Bilder entsprechender Seiten der beiden Vierecke schneiden sich auf s, wodurch sich B_1, C_1, D_1 leicht ergeben.

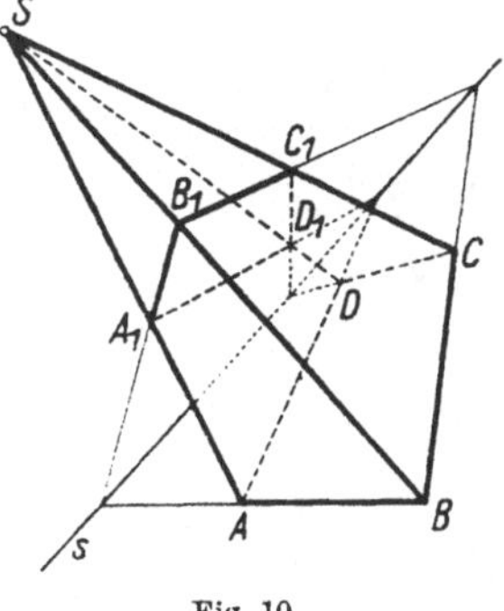

Fig. 10.

Fig. 11 zeigt uns die *Ermittlung des Schlagschattens einer ebenen Figur bei einer punktförmigen Lichtquelle L (Zentralbeleuchtung) auf einer Ebene α in einer Parallelprojektion.* Gegeben sei im Raum ein Parallelogramm $PQRS$, aus dem ein Dreieck ABC herausgeschnitten wurde; ferner eine punktförmige Lichtquelle L und eine Ebene α. Wir kommen überein, die Punkte und Geraden im Raum ebenso zu beschriften wie in der Projektion. Irgendein Punkt der gegebenen Figur $\mathfrak{F}$ und sein Schlagschatten, z. B. P und P_s, liegen auf einem Lichtstrahl; irgendeine Gerade von $\mathfrak{F}$ schneidet ihren Schlagschatten in einem Punkt, der auf der Schnittlinie s der Ebene von $\mathfrak{F}$ mit α liegt. Daraus folgt aber, daß das Bild von $\mathfrak{F}$ und das Bild ihres Schlagschattens in der Zeichenebene perspektivkollineare Figuren sind. Zentrum ist das Bild L der Lichtquelle, Achse das Bild von s. Zur Konstruktion des Schlagschattenbildes wird man s und

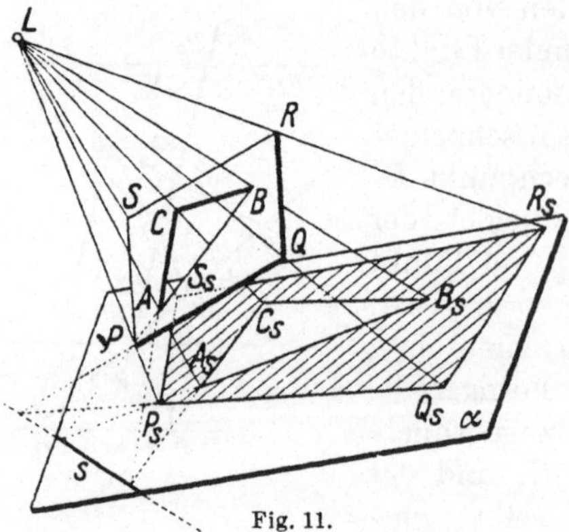

Fig. 11.

auf $[LP]$ P_s annehmen. Man könnte aber auch $A_s B_s C_s$ auf den Strahlen $[LA], [LB], [LC]$ wählen s ergibt sich dann als die Desarguessche Achse (Satz 1) der beiden Dreiecke ABC und $A_s B_s C_s$.

Wir betrachten nun in Fig. 12 eine perspektive Kollineation mit dem Zentrum O und der Achse a. Sind P_1, P_2 und Q_1, Q_2 zwei Paare entsprechender Punkte und P_0 und Q_0 die Schnittpunkte ihrer Kollineationsstrahlen mit der Achse a, so sind nach Nr. 2, Satz 2 die Doppelverhältnisse $(OP_0 P_1 P_2)$ und $(OQ_0 Q_1 Q_2)$ gleich, weil die zweite Punktgruppe aus der ersten durch Projektion aus dem Achsenschnittpunkt von $[P_1 Q_1]$ und $[P_2 Q_2]$ erhalten werden kann. Projiziert man nun Q_1 und Q_2 aus einem beliebigen Punkt der Achse auf den Kollineationsstrahl $[P_1 P_2]$, so erhält man ein Paar R_1, R_2 entsprechender Punkte, für welches nun wieder das Doppelverhältnis $(OP_0 R_1 R_2)$ gleich den beiden früheren ist. Das Doppelverhältnis $(OP_0 P_1 P_2)$ ist demnach für alle Paare entsprechender Punkte $P_1 P_2$ konstant und heißt die *charakteristische Konstante* der Zentralkollineation. Es gilt demnach der

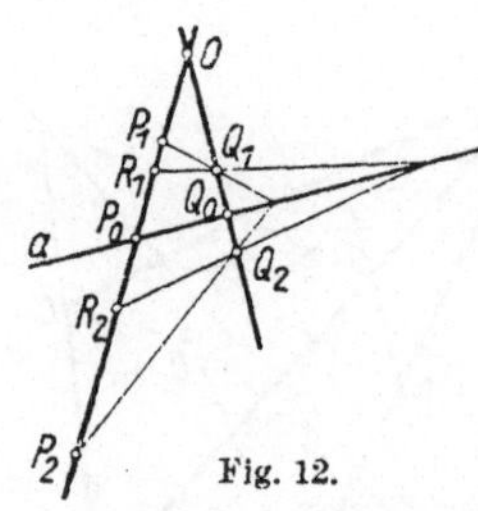

Fig. 12.

Satz 4: *Für alle Punktepaare $P_1 P_2$ einer Zentralkollineation mit dem Zentrum O ist das Doppelverhältnis $(OP_0 P_1 P_2)$, worin P_0 den Schnittpunkt von $[P_1 P_2]$ mit der Achse bedeutet, konstant.*

Die Zentralkollineation in der Ebene ist eine Verallgemeinerung einer in der Elementargeometrie sehr bekannten Punktverwandtschaft, der *zentrischen Ähnlichkeit.* Nimmt man nämlich die Kollineationsachse unendlichfern an, so sind je zwei entsprechende Geraden parallel. Entsprechende Punkte $A_1 A_2$ liegen auf einem Strahl durch das *Ähnlichkeitszentrum O*, und es ist das Verhältnis $O A_1 : O A_2 =$ konst. das *Ähnlichkeitsverhältnis*. Diese Konstante ist die in Satz 4 erklärte charakteristische Konstante, wie sich sofort ergibt, wenn man beachtet, daß A_0 unendlichfern liegt.

Liegt das Zentrum O_u einer perspektiven Kollineation unendlichfern, so spricht man von einer *perspektiven Affinität* (Fig. 13). Die Verbindungslinien entsprechender Punkte sind hier parallel und heißen *Affinitätsstrahlen*. Die Achse, auf der entsprechende Gerade einander schneiden, heißt die *Affinitätsachse*. Dem Satz 2 entsprechend gilt der

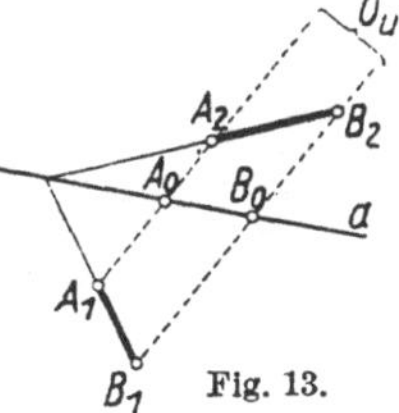
Fig. 13.

Satz 5: *Eine perspektive Affinität in der Ebene ist durch die Angabe der Affinitätsachse a und eines Paares entsprechender Punkte A_1, A_2 bestimmt.*

Schneidet der Affinitätsstrahl $[A_1 A_2]$ die Achse in A_0 (Fig. 13), der Affinitätsstrahl durch ein anderes Paar entsprechender Punkte B_1, B_2 in B_0. so ist $A_0 A_1 : A_0 A_2 = B_0 B_1 : B_0 B_2 =$ konst. Es gilt also der

Satz 6: *Ändert man die parallel zu einer festen Richtung gemessenen Abstände der Punkte einer ebenen Figur von einer festen Achse in einem konstanten Verhältnis, so erhält man eine zu ihr perspektivaffine Figur.*

Die Affinitätsstrahlen können auch zur Affinitätachse parallel sein. Dann erkennt man sofort, daß in diesem Fall die Reihen entsprechender Punkte auf den Affinitätsstrahlen kongruent sind und daß je zwei in einer solchen Affinität entsprechende Flächenstücke denselben Inhalt haben. Diese Affinitäten sind also *flächentreu*.

Sonderfälle der perspektiven Affinität sind, wie man mittels Satz 2 erkennt, die aus der Elementargeometrie bekannte *schiefe* bzw. *gerade Symmetrie* bezüglich einer Achse. — Läßt man in Fig. 13 die Affinitätsachse a ins Unendliche rücken, so sind je zwei entsprechende Geraden parallel. Weil überdies die Verbindungslinien entsprechender Punkte parallel sind, entsteht die einer Figur entsprechende durch eine *Parallelverschiebung (Schiebung, Translation)*.

Wir haben den Begriff einer perspektiven Kollineation durch Projektion einer gewissen Raumfigur gewonnen, die in den Fig. 10 und 11 besonders anschaulich erscheint. Diese räumliche Deutung ist nämlich die folgende. *Wenn im Raum eine ebene Figur $\mathfrak{F}_1$ aus einem festen Punkt O auf irgendeine Ebene projiziert wird, so erhält man eine Figur $\mathfrak{F}_2$; werden nun $\mathfrak{F}_1$, $\mathfrak{F}_2$ auf eine Zeichenebene projiziert, so erhält man daselbst zwei perspektivkollineare Figuren. Zentrum ist das Bild von O und Achse das Bild der Schnittlinie der Ebenen von $\mathfrak{F}_1$ und $\mathfrak{F}_2$.*

Ausnahmsweise kann das Bild von O unendlichfern liegen (S. 2); dann haben wir in der Zeichenebene eine perspektive Affinität.

Eine perspektive Affinität wird auch immer dann entstehen, wenn O ein Fernpunkt ist und die beiden Figuren $\mathfrak{F}_1$ und $\mathfrak{F}_2$ durch Parallelprojektion

auf die Zeichenebene projiziert werden. Zwei solche Figuren sind z. B. zwei ebene Schnitte eines Prismas (Fig. 14) oder eine ebene Figur und ihr Schlagschatten auf eine Ebene bei einer Beleuchtung mittels paralleler Lichtstrahlen *(Parallelbeleuchtung)* (Fig. 15). Die Fig. 14 und 15 zeigen die Konstruktion einer zu einer gegebenen Figur perspektivaffinen Figur, wenn die Affinitätsachse und zu einem Punkt der entsprechende gegeben sind.

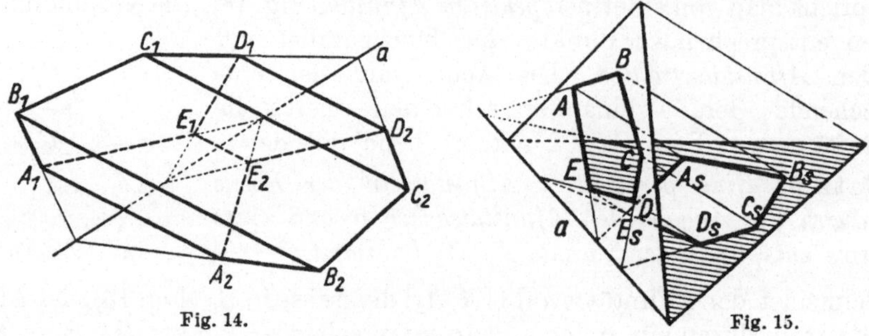

Fig. 14. Fig. 15.

Da wir jetzt $\mathfrak{F}_2$ als eine Parallelprojektion von $\mathfrak{F}_1$ auffassen und von beiden Figuren eine Parallelprojektion zeichnen, übertragen sich die in Nr. 2 für Parallelprojektion ausgesprochenen Sätze auf perspektivaffine Figuren. Wir können demnach sagen:

Satz 7: *Bei einer perspektivaffinen Umformung einer Figur gehen parallele Geraden in parallele Geraden über und das Teilverhältnis von drei Punkten einer Geraden ist gleich dem Teilverhältnis ihrer entsprechenden Punkte; insbesondere geht der Mittelpunkt einer Strecke in den Mittelpunkt der entsprechenden über.*

Für spätere Anwendungen beweisen wir noch den

Satz 8: *In zwei perspektivaffinen (nicht geradsymmetrischen) Feldern gibt es in jedem Punkt des einen Feldes einen einzigen rechten Winkel, dem im andern Feld wieder ein rechter Winkel entspricht.*

In Fig. 16 sind a die Affinitätsachse und P_1, P_2 zwei entsprechende Punkte. Legt man durch P_1 und P_2 den Kreis, dessen Mitte auf a liegt, so

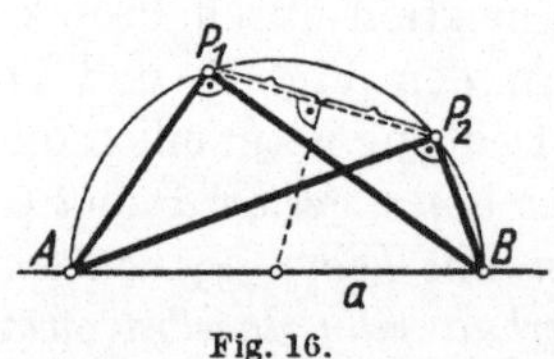

Fig. 16.

schneidet dieser a in zwei Punkten A und B, die aus P_1 und P_2 durch entsprechende rechte Winkel projiziert werden. Nur in einer geraden Symmetrie entspricht jedem rechten Winkel ein rechter. — Ermittelt man in einem andern Punkt Q_1 den rechten Winkel, dem ein rechter Winkel in Q_2 entspricht, so sind die beiden rechten Winkel in P_1 und Q_1 parallel, ebenso die in P_2 und Q_2, wie man mittels der Sätze 7 und 8 sofort erkennt. Wir können daher sagen:

Satz 9: *In jedem von zwei perspektivaffinen (nicht geradsymmetrischen) Feldern gibt es zwei aufeinander normale Richtungen, denen im andern Feld ebensolche entsprechen.*

5. Allgemeine Kollineation und allgemeine Affinität zwischen ebenen Feldern. In Nr. 4 wurde bereits der Begriff einer *Punktverwandtschaft* zwischen zwei Ebenen (Feldern) ε_1 und ε_2 eingeführt. Wir sagten, zwischen ε_1 und ε_2 besteht eine Punktverwandtschaft, wenn jedem Punkt X_1 von ε_1 ein Punkt X_2 in ε_2 entspricht und umgekehrt jedem Punkt X_2 von ε_2 ein Punkt X_1 von ε_1 in dieser Zuordnung entspricht. Man sagt nun: *Zwischen zwei durch ihre Ferngeraden ergänzten (projektiven) Ebenen ε_1, ε_2 besteht eine Kollineation, wenn ihre Punkte derart einander eindeutig zugeordnet sind, daß ein Punkt X_2 von ε_2 stets eine Gerade g_2 von ε_2 stetig durchläuft, wenn sein entsprechender Punkt X_1 in ε_1 eine Gerade g_1 stetig durchläuft. Insbesondere heißt eine Kollineation, die die Ferngeraden der beiden Felder einander zuordnet, eine Affinität.*

Aus dieser Erklärung folgt unmittelbar: *Ist ε_1 auf ε_2 und ε_2 auf eine Ebene ε_3 kollinear (affin) bezogen, so wird durch die Aufeinanderfolge dieser beiden Kollineationen (Affinitäten) eine Kollineation (Affinität) zwischen ε_1 und ε_2 hergestellt.*

Beispiele für Kollineationen und Affinitäten zwischen verschiedenen Ebenen können wir leicht angeben. Wenn man die Punkte einer Ebene ε_1 aus einem (eigentlichen) Zentrum auf eine Ebene ε_2 projiziert und jedem Punkt A_1 von ε_1 sein Bild A_2 in ε_2 zuordnet, so erhält man gemäß obenstehender Definition eine Kollineation zwischen ε_1 und ε_2. Bezieht man die beiden Punktfelder $\varepsilon_1(A_1)$ und $\varepsilon_2(A_2)$ durch eine Parallelprojektion aufeinander, so sind sie *affin* verwandt. Zu den Affinitäten gehören offenbar auch die *kongruenten* und die *ähnlichen Übertragungen* (Ähnlichkeiten) zwischen zwei Feldern ε_1 und ε_2. — Die beiden Felder ε_1 und ε_2 können auch, wie z. B. bei den perspektiven Kollineationen und Affinitäten, in einer Ebene zusammenfallen.

Die Theorie der Kollineation, auf die hier nicht näher eingegangen werden kann, lehrt den folgenden grundlegenden

Satz 1: *In zwei kollinearen Figuren ist das Doppelverhältnis von vier Punkten einer Geraden stets gleich dem Doppelverhältnis der vier entsprechenden Punkte.*

Ein bekannter Sonderfall dieses Satzes ist der Satz 3 in Nr. 2, der das Doppelverhältnis als eine *Invariante* der Zentralprojektion erscheinen läßt. Die Aufsuchung entsprechender Punkte in allgemein kollinearen Feldern wird uns im Teil III näher beschäftigen. Hier stellen wir noch einige Betrachtungen über affine Felder an.

Sind g_1 und g_2 zwei entsprechende Geraden in zwei affinen Feldern ε_1 und ε_2, so entspricht gemäß der an die Spitze gestellten Definition affiner Felder dem Fernpunkt U_1 von g_1 der Fernpunkt U_2 von g_2. Sind nun A_1, B_1, C_1 drei Punkte von g_1 und A_2, B_2, C_2 ihre entsprechenden auf g_2, so ist nach Satz 1 $(A_1 B_1 C_1 U_1) = (A_2 B_2 C_2 U_2)$. Da aber U_1 und U_2 Fernpunkte sind, besagt diese Gleichung nach Nr. 2, Satz 5, daß $A_1 C_1 : B_1 C_1 = A_2 C_2 : B_2 C_2$ ist, wofür man in Worten sagen kann:

Satz 2: *In affinen Feldern sind entsprechende gerade Punktreihen einander ähnlich zugeordnet.*

Mittels dieses Satzes ist es leicht möglich, zu jedem Punkt P_1 des einen von zwei affinen Feldern den entsprechenden P_2 im andern zu finden, sobald zu drei Punkten A_1, B_1, C_1, die nicht in einer Geraden liegen, die entsprechenden A_2, B_2, C_2 gegeben sind (Fig. 17). Verbinden wir P_1 etwa mit A_1 und sei Q_1 der Schnittpunkt $[B_1 C_1 \cdot A_1 P_1]$. Nach Satz 2 muß der Q_1 entsprechende Punkt Q_2 mit B_2, C_2 dasselbe Teilverhältnis bestimmen

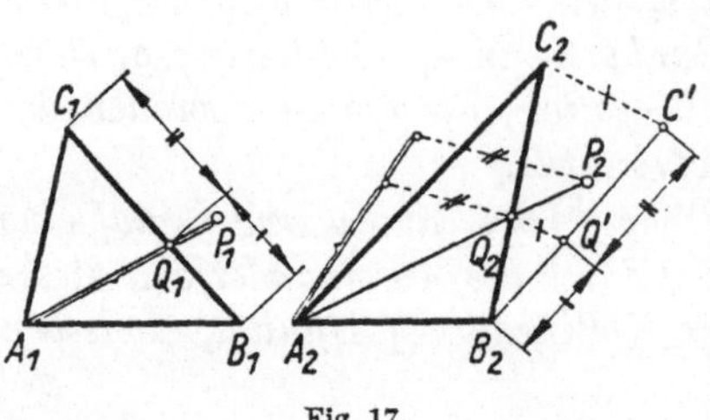

Fig. 17.

wie Q_1 mit B_1, C_1. Dadurch ist aber Q_2 bestimmt. Zur Konstruktion von Q_2 trägt man auf einer beliebigen Geraden durch B_2 die Strecke $B_2 Q' = B_1 Q_1$ und die Strecke $Q' C' = Q_1 C_1$ so ab, daß die Punkte B_2, Q', C' in derselben Reihenfolge liegen wie die Punkte B_1, Q_1, C_1. Verbindet man nun C' mit C_2 und zieht man dazu durch Q' die Parallele, so schneidet diese $[B_2 C_2]$ im gesuchten Punkt Q_2. Der dem Punkt P_1 entsprechende Punkt P_2 muß nun auf $[A_2 Q_2]$ liegen, und zwar nach Satz 2 wieder so, daß das Teilverhältnis von P_2 bezüglich A_2, Q_2 gleich ist dem Teilverhältnis von P_1 bezüglich A_1, Q_1. Es ist also zur Konstruktion von P_2 das soeben erläuterte Verfahren zu wiederholen.

Zum Abschluß dieses Kapitels beweisen wir noch für eine spätere Anwendung den

Satz 3: *Eine Affinität zwischen zwei Ebenen kann durch die willkürliche Angabe von zwei einander entsprechenden Dreiecken gegeben werden.*

Es seien $A_1 B_1 C_1$ und $A_2 B_2 C_2$ die gegebenen Dreiecke in den Ebenen ε_1 und ε_2. Wir denken uns in ε_1 über $A_1 B_1$ ein Dreieck $A_1 B_1 C'$ errichtet, das zu $A_2 B_2 C_2$ ähnlich ist. Es gibt nun nach Nr. 4, Satz 5 in ε_1 eine perspektive Affinität mit $[A_1 B_1]$ als Achse, in der C_1 und C' zugeordnete Punkte sind und in der jedem Punkte X_1 ein bestimmter Punkt X' entspricht. Bezeichnen wir nun die Ebene ε_1 mit ε_1 oder mit ε', je nachdem wir sie als das Feld der Punkte X_1 oder als Feld der Punkte X' auffassen! Es besteht mithin zwischen ε_1 und ε' eine Affinität $\mathfrak{A}$, nämlich die genannte perspektive Affinität, in der die Dreiecke $A_1 B_1 C_1$ und $A_1 B_1 C'$ einander entsprechen. Da aber die Dreiecke $A_1 B_1 C'$ und $A_2 B_2 C_2$ ähnlich sind, bestimmen sie eine Ähnlichkeit $\mathfrak{B}$ zwischen dem gesamten Feld ε' und dem Feld ε_2. Wir können nun eine Punktverwandtschaft zwischen ε_1 und ε_2 auf folgende Weise konstruieren. Um zu einem Punkt X_1 von ε_1 den entsprechenden X_2 in ε_2 zu erhalten, suchen wir zunächst den X_1 in der Affinität $\mathfrak{A}$ entsprechenden Punkt X' in ε' und hierauf den X' in der Ähnlichkeit $\mathfrak{B}$ entsprechenden Punkt X_2 in ε_2. Da eine Ähnlichkeit nur ein Sonderfall einer affinen Verwandtschaft ist, bestimmen die so erhaltenen Punktepaare $X_1 X_2$ nach S. 15 eine Affinität zwischen ε_1 und ε_2. Nach unserer Konstruktion sind in dieser Affinität die beiden Dreiecke $A_1B_1C_1$ und $A_2B_2C_2$ zugeordnet. Man kann daher nach Fig. 17 zu jedem Punkt X_1 den entsprechenden X_2 in eindeutiger Weise konstruieren; also wird durch die willkürlich angenommenen Dreiecke $A_1B_1C_1$ und $A_2B_2C_2$ tatsächlich eine und nur eine Affinität bestimmt.

Aus dieser Betrachtung und dem Satz 8 in Nr. 4 folgt unmittelbar der

Satz 4: *In zwei affinen, aber nicht ähnlichen Feldern gibt es in jedem Punkt des einen Feldes einen einzigen rechten Winkel, dem im andern Feld wieder ein rechter Winkel entspricht.*

Weiter folgt aus der obigen Betrachtung der

Satz 5: *Sind in jedem von zwei affinen Feldern zwei rechte Winkel in nicht paralleler Lage feststellbar, denen im andern Feld wieder rechte Winkel entsprechen, dann ist die Affinität zwischen den beiden Feldern eine Ähnlichkeit.*

Zweites Kapitel.

Kurven, Flächen und ihre Abbildung auf eine Ebene.

6. Die n-mal stetig differenzierbare ebene Kurve. Wir stellen uns vor, daß ein Punkt P den in Fig. 18 gezeichneten Bogen c durchlaufe, und wollen uns mit der Aufgabe beschäftigen, diese Punktmenge c durch mathematische Begriffsbildungen sinnvoll zu beschreiben. Die Ebene von c sei auf ein rechtwinkliges Achsenkreuz xy bezogen. Wenn ein Punkt P den Bogen c durchläuft, so ändern sich dabei seine Koordinaten x, y in einer durch die Gestalt von c be-stimmten Weise. Man sagt dafür: Zwischen x und y besteht ein funk-tionaler Zusammenhang

$$(1) \qquad F(x, y) = 0,$$

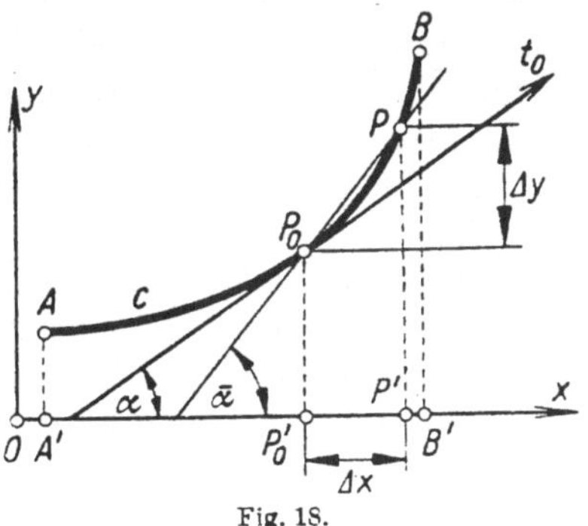

Fig. 18.

den man die *Gleichung* von c nennt. Wir wollen annehmen, daß die Pro-jektion (Normalriß) des Punktes P auf die x-Achse ein Stück $A'B'$ *(Intervall)* der x-Achse einmal in positiver Richtung stetig durchläuft, wenn P den Bogen c einmal vom Anfangspunkt A bis zum Endpunkt B durchläuft. Jedem x aus dem Intervall $A'B'$ ist dann ein einziges y zu-geordnet, wenn das Koordinatenpaar (x, y) stets einen Punkt P von c vorstellen soll. An Stelle von (1) schreiben wir dann

$$(2) \qquad\qquad y = f(x)$$

im Intervall $a \leqq x \leqq b$, wenn a und b die Abszissen von A' und B' sind. Wir sagen dafür, daß c im Intervall (Definitionsintervall) $a \leqq x \leqq b$ durch eine *eindeutige Funktion* $f(x)$ dargestellt wird.

Von der Anschauung geleitet, müssen wir zunächst der Funktion $f(x)$ eine Eigenschaft zuerkennen, die wir als die *Stetigkeit* von $f(x)$ und des durch $f(x)$ dargestellten Bogens c bezeichnen wollen. Betrachten wir auf c einen festen Punkt P_0 und einen beweglichen Punkt P! P_0' und P' seien ihre Projektionen auf der x-Achse. Wir verlangen nun von c folgendes: Wenn sich P' auf x dem Punkt P_0' unbeschränkt nähert (man sagt dafür auch: P' *konvergiert* auf x gegen P_0'), so soll sich auf c der Punkt P dem Punkt P_0 unbeschränkt nähern. Analytisch lautet diese Forderung der *Stetigkeit* so: Es soll stets $f(x) - f(x_0)$ dem Grenzwert Null zustreben, wenn $x - x_0$ den Grenzwert Null hat, und diese Eigenschaft soll $f(x)$ in jedem Punkt x_0 des Intervalls $A'B'$ haben. Setzen wir

$$(3) \qquad f(x) - f(x_0) = y - y_0 = \Delta y$$

und

$$(3\,\mathrm{a}) \qquad x - x_0 = \Delta x,$$

so verlangt demnach die Eigenschaft der *Stetigkeit*, daß ein *Grenzübergang* $\Delta x \to 0$ stets auch $\Delta y \to 0$ zur Folge habe. Zum Verständnis der Bezeichnung „Stetigkeit" überlege man sich, daß die Bedingung der Stetigkeit der eindeutigen Funktion $y = f(x)$ der Forderung entspringt, den Bogen c in einem Zuge durchlaufen zu können.

Beim Zeichnen eines Bogens c hat der Zeichner in jedem Augenblick das Empfinden, daß sich die zeichnende Hand in einer bestimmten, sich freilich allmählich ändernden Richtung bewegt. Die Gerade, die in einem Punkt P_0 von c die ihm zugehörige Bewegungsrichtung hat, heißt die *Tangente* t_0 von c im *Berührpunkt* P_0. Um sie mathematisch zu kennzeichnen, haben wir offenbar folgendermaßen vorzugehen. Wir wählen auf c einen von P_0 verschiedenen Punkt P und legen die Gerade (Sehne, Sekante) $[P_0 P]$. *Um zur Tangente in P_0 zu gelangen, haben wir zu fordern, daß die Gerade $[P_0 P]$ in eine und dieselbe Gerade t_0 übergeht, wenn sich P auf c in beliebiger Weise unbeschränkt dem Punkt P_0 nähert oder anders ausgedrückt, wenn P auf c gegen P_0 konvergiert.*

Unter Anwendung der Bezeichnungen (3) und (3a) erhält man für den Neigungswinkel $\overline{\alpha}$ der von P_0 nach P gerichteten Geraden $[P_0 P]$ gegen die positive x-Achse

$$(4) \qquad \operatorname{tg} \alpha = \frac{\Delta y}{\Delta x} = \frac{f(x) - f(x_0)}{x - x_0}.$$

Der Neigungswinkel α der im Sinne der zunehmenden x-Werte gerichteten Tangente t_0 ergibt sich mithin als der *Grenzwert* (Limes, abgekürzt lim) von $\overline{x}$ für $x \to x_0$ durch die Gleichung

$$(5) \qquad \operatorname{tg} \alpha = \lim_{\Delta x \to 0} \frac{\Delta y}{\Delta x} = \lim_{x \to x_0} \frac{f(x) - f(x_0)}{x - x_0}.$$

Im Hinblick auf die Funktion $f(x)$ heißt dieser Wert der *Differentialquotient* von $f(x)$ an der Stelle x_0. Man nennt eine Funktion, die an jeder

Stelle ihres Intervalls einen Differentialquotienten besitzt, eine *differenzierbare Funktion*.[1]) Die Forderung, daß c in jedem Punkt eine Tangente besitzen soll, ist daher identisch mit der Forderung, daß die c darstellende Funktion $f(x)$ differenzierbar sei.

Ist $y = f(x)$ eine differenzierbare Funktion, so gehört zu jedem x des Definitionsintervalls ein bestimmter Wert des Differentialquotienten, den wir mit $f'(x)$ bezeichnen. So gibt jede differenzierbare Funktion $y = f(x)$ Veranlassung zur Bildung einer neuen Funktion

$$(6) \qquad y = f'(x),$$

die man ihre *abgeleitete Funktion*, auch kurz *Ableitung* nennt. Ist nun $f'(x)$ wieder eine differenzierbare Funktion, so kann man ihre Ableitung $f''(x)$ bilden; dieses Verfahren fortsetzend, erhält man $f'''(x), f^{\mathrm{IV}}(x), \ldots, f^{(n)}(x)$. Man nennt die so erhaltenen Funktionen $f'(x), f''(x), \ldots, f^{(n)}(x)$ die 1., 2., $\ldots$, n-te Ableitung von $f(x)$. Besitzt eine Funktion $f(x)$ eine n-te Ableitung $f^{(n)}(x)$ und ist $f^{(n)}(x)$ eine stetige Funktion, so heißt $f(x)$ „n-mal stetig differenzierbar". Es sind dann auch alle Ableitungen niederer Ordnung stetig.

Wie wir sehen werden, verlangen bereits die einfachsten Begriffsbildungen der Theorie ebener Kurven, daß die sie darstellenden Funktionen $f(x)$ außer der ersten Ableitung auch Ableitungen höherer Ordnung besitzen. Besitzt $f(x)$ eine stetige Ableitung n-ter Ordnung, so heißt die Kurve $y = f(x)$ eine n-mal stetig differenzierbare Kurve.

Grundlegend für die Theorie der ebenen Kurven ist der folgende Satz *(Taylorsche Lehrsatz)* der Differentialrechnung:

Ist $f(x)$ eine n-mal stetig differenzierbare Funktion im Intervall $a \leqq x \leqq b$ und ist x_0 ein Wert desselben, so läßt sich $y = f(x)$ in der folgenden Form darstellen:

$$(7) \quad y = f(x) = a_0 + a_1(x - x_0) + a_2(x - x_0)^2 + \cdots + a_{n-1}(x - x_0)^{n-1}$$
$$+ (x - x_0)^n \varphi_n(x);$$

darin bedeuten:

$$a_0 = f(x_0),$$

$$(7\,\mathrm{a}) \qquad a_l = \frac{f^{(l)}(x_0)}{l!} \qquad (l = 1, 2, \ldots, n-1),$$

$$(7\,\mathrm{b}) \qquad \varphi_n(x) = \frac{f^{(n)}(\xi)}{n!},$$

worin ξ einen von x abhängigen, jedoch nicht näher bekannten Wert zwischen x_0 und x bedeutet.

(7) ist also die Gleichung einer n-mal stetig differenzierbaren Kurve. Meistens wird es uns genügen zu wissen, daß sich eine n-mal stetig diffe-

---

1) **Jede differenzierbare Funktion ist stetig, dagegen ist eine stetige Funktion nicht notwendig differenzierbar.**

renzierbare Kurve „in der Umgebung einer Stelle x_0" gemäß (7) so darstellen läßt:

$$(8) \qquad y = a_0 + a_1(x - x_0) + a_2(x - x_0)^2 + \cdots$$
$$+ a_{n-1}(x - x_0)^{n-1} + (x - x_0)^n \varphi_n(x),$$

worin $\varphi_n(x)$ n-mal stetig differenzierbar ist. Man nennt das letzte Glied in (8) das *Restglied*. Die rechte Seite von (8) läßt sich nach jedem beliebigen Glied durch ein Restglied abschließen, ohne daß sich die in den vorangehenden Gliedern stehenden Koeffizienten a_i ändern, da diese nach (7a) eine von n unabhängige Bedeutung haben. Somit können wir die Kurve (8) auch so anschreiben:

$$(8a) \qquad y = a_0 + a_1(x - x_0) + (x - x_0)^2 \varphi_2(x).$$

Die geometrische Bedeutung der Koeffizienten a_0 und a_1 ist unmittelbar zu erkennen, ohne auf (7a) Bezug zu nehmen. Für $x = x_0$ erhält man aus (8a) $y = a_0$. Es ist also a_0 die Ordinate des Kurvenpunktes P_0 mit der Abszisse x_0. Bilden wir nach (5) die Tangente in P_0, so ergibt sich ihr Richtungstangens zufolge (8a) als

$$(9) \qquad \operatorname{tg} \alpha = \lim_{x \to x_0} \frac{y - a_0}{x - x_0} = a_1.$$

Wir erhalten daher die *Gleichung der Tangente* in P_0 durch Weglassung des Restgliedes in (8a); sie lautet also

$$(10) \qquad y = a_0 + a_1(x - x_0);$$

darin ist $\qquad a_0 = f(x_0) \quad$ und $\quad a_1 = f'(x_0).$

Daraus und aus (8a) folgt, daß die Kurve in der Umgebung von P oberhalb oder unterhalb[1]) der Tangente liegt, je nachdem $\varphi_2(x_0)$ größer oder kleiner als Null ist.

7. Reguläre und singuläre Punkte ebener Kurven. Nach (5) in Nr. 6 ist der Differentialquotient $f'(x_0)$ von $f(x)$ für $x = x_0$ definiert durch

$$(1) \qquad f'(x_0) = \lim_{x \to x_0} \frac{f(x) - f(x_0)}{x - x_0}.$$

Nehmen wir nun an, $f'(x_0)$ sei positiv. Dann ist es nach (1) einleuchtend, daß in einem genügend kleinen, x_0 enthaltenden Teilintervall J der x-Achse für jedes x, das größer als x_0 ist, auch $f(x) > f(x_0)$ gelten muß. Ebenso muß in J die Annahme $x < x_0$ die Ungleichung $f(x) < f(x_0)$ nach sich ziehen. Nehmen wir nun an, daß im ganzen Definitionsintervall von $f(x)$ die abgeleitete Funktion $f'(x)$ entweder überall positiv oder überall negativ ist, so gilt der

Satz 1: *Ist die Ableitung $f'(x)$ einer Funktion $f(x)$ in einem Intervall überall positiv (negativ), so vergrößern (verkleinern) sich die Funktionswerte $f(x)$ mit wachsendem x.*

---

1) Die x-Achse waagerecht und die positive y-Achse nach aufwärts.

Wir betrachten nun eine mindestens zweimal stetig differenzierbare Kurve; ihre Gleichung lautet nach (7) in Nr. 6

$$(2) \qquad y = f(x_0) + f'(x_0)\,(x - x_0) + \frac{f''(\xi)}{2}(x - x_0)^2.$$

Wir nehmen nun an, daß $f''(x)$ in einem x_0 enthaltenden Intervall der x-Achse oder, wie wir kürzer sagen wollen, *in der Umgebung von* x_0, durchaus positiv ist. Beachtet man, daß nach Nr. 6, Gl. (10) $y = f(x_0) + f'(x_0)\,(x - x_0)$ die Tangente in P_0 bedeutet, so erkennt man aus (2), da das Restglied nach unserer Annahme nur positiver Werte fähig ist, daß die Kurve in der Umgebung von P_0 ganz oberhalb der Tangente t_0 von P_0 liegt (Fig. 18); für durchaus negatives $f''(x)$ würde sie ganz unterhalb der Tangente liegen.

Wenden wir den Satz 1 auf die zweite Ableitung $f''(x)$ einer Funktion $f(x)$ an, so besagt er, daß die Funktionswerte der ersten Ableitung $f'(x)$ mit wachsendem x zunehmen (abnehmen), wenn $f''(x)$ im betrachteten Intervall durchaus positiv (negativ) ist. Da aber $f'(x)$ den Richtungstangens oder die *Steigung* der Tangente bedeutet, nimmt bei durchaus positivem $f''(x)$ die Steigung der Tangente bei wachsendem x zu, dagegen bei durchaus negativem $f''(x)$ ab. Wir können daher sagen:

Satz 2: *Hat eine zweimal stetig differenzierbare Kurve* $y = f(x)$ *eine durchaus positive oder durchaus negative zweite Ableitung, so ändert sich beim Durchlaufen der Kurve die Richtung der Tangente stetig und monoton, d. h. in einem beständigen Winkeldrehsinn.*

Solche Kurven heißen *regulär*. Ein Punkt einer Kurve heißt *regulär*, wenn sich die Kurve wenigstens in der Umgebung dieses Punktes regulär verhält. Als *regulären Bogen* bezeichnen wir eine reguläre Kurve $y = f(x)$ über einem abgeschlossenen Intervall $a \leqq x \leqq b$.

Nehmen wir nun an, daß die sich für wachsendes x stetig ändernde zweite Ableitung $f''(x)$ und daher auch $\varphi_2(x)$ in Nr. 6, Gl. (8a) an der Stelle x_0 das Vorzeichen wechselt, indem $f''(x)$ etwa von negativen zu positiven Werten übergeht. Ist die positive x-Achse nach rechts gerichtet, so wird nach dem Gesagten (Fig. 19) die Kurve links von $P_0(x_0, y_0)$ unterhalb der Tangente, rechts von P_0 oberhalb der Tangente liegen müssen, und es wird sich der Drehsinn der Tangente t_0 in P_0 umkehren. t_0 ist daher eine *singuläre Tangente* und heißt *Wendetangente;* ihr Berührpunkt P_0 ist ein *Wendepunkt.*

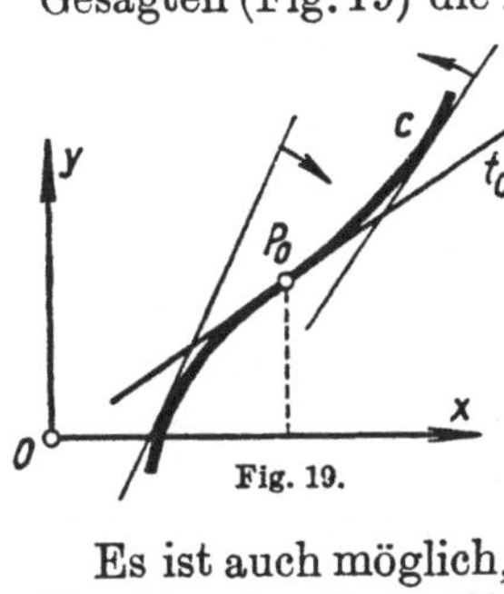

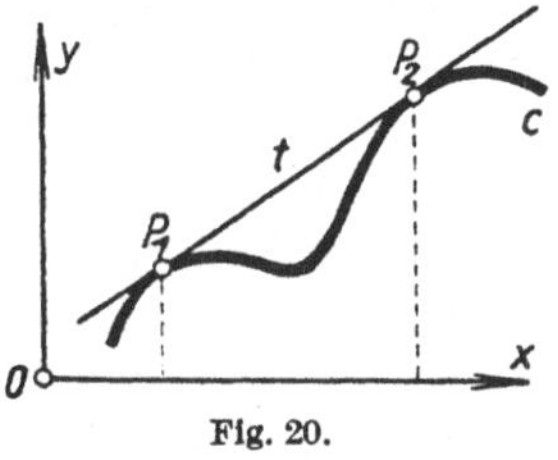

Fig. 19.

Fig. 20.

Es ist auch möglich, daß eine Tangente die Kurve in zwei oder mehreren Punkten berührt. Eine solche Tangente heißt eine *mehrfache Tangente.* Fig. 20 zeigt eine *Doppeltangente.*

Wenn ein Punkt P in der Ebene eine Kurve c beschreibt, so hat er in jedem Zeitpunkt u ein bestimmtes Koordinatenpaar (x, y) in bezug auf ein rechtwinkliges Achsenkreuz xy. x und y sind daher Funktionen der Zeit u. Als analytische Darstellung der Kurve schreiben wir daher

$$(3) \qquad x = x(u), \quad y = y(u)$$

und nennen (3) eine Parameterdarstellung der Kurve mit dem Parameter u. Die Deutung von u als Zeit ist vom mathematischen Standpunkt belanglos; wichtig ist dagegen, daß die beiden Funktionen $x(u)$ und $y(u)$ in einem gemeinsamen Intervall stetig differenzierbar sind. Denkt man sich aus den Gleichungen (3) u eliminiert, so erhält man eine Gleichung

$$(4) \qquad f(x, y) = 0$$

zwischen x und y. Denkt man sich weiterhin aus (4) y als Funktion von x berechnet, so erhält die Kurvengleichung die Form

$$(5) \qquad y = f(x).$$

Hier muß aber $f(x)$ durchaus nicht eine eindeutige Funktion von x sein, da es eintreten kann, wie etwa bei einem Kreis, daß für jede beliebige Richtung der y-Achse die die Kurve schneidenden Parallelen zur y-Achse i. allg. mehr als einen Punkt mit der Kurve gemeinsam haben. Die Parameterdarstellung (3), in der man $x(u)$ und $y(u)$ als n-mal stetig differenzierbare Funktionen in einem gemeinsamen u-Intervall annimmt, liefert also einen allgemeineren Kurvenbegriff als der in Nr. 6 eingeführte. *In der Kurventheorie wird aber gezeigt, daß sich eine Kurve (3) bei den eben ausgesprochenen Voraussetzungen als eine Aufeinanderfolge von regulären Bögen auffassen läßt.*

Eine aus regulären Bögen zusammengesetzte Kurve kann auch Punkte besitzen, in denen sie sich selbst schneidet. Solche Punkte heißen *mehrfache Punkte* oder *Knotenpunkte*. Fig. 21 a zeigt einen *Doppelpunkt,* 21 b einen *dreifachen Punkt.* Fig. 22 zeigt in P einen *Berührknoten;* P ist daselbst Doppelpunkt und seine Tangente t an den einen Zweig der Kurve ist zugleich Tangente an den andern.

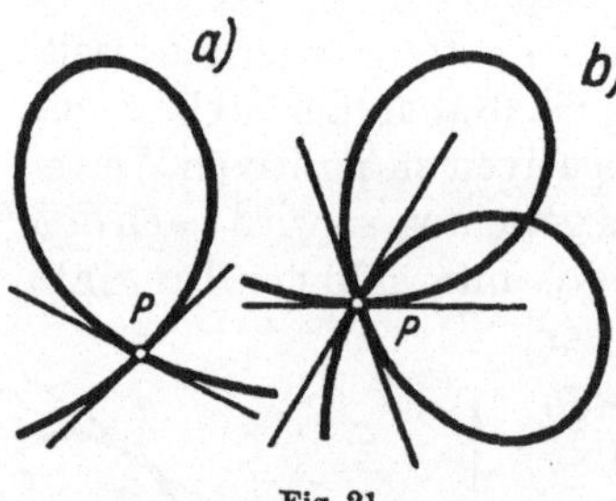

Fig. 21.

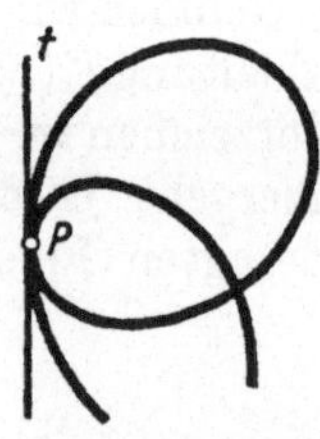

Fig. 22.

Sind die Funktionen $x(u)$ und $y(u)$ in (3) mindestens zweimal stetig differenzierbar und nehmen wir an, daß der Ursprung P des Achsenkreuzes auf der Kurve liege und daß ihm der Wert $u = 0$ zukomme, Annahmen, die wir ohne Einschränkung der Allgemeinheit machen dürfen, so entsteht auf Grund der Taylorschen Formel Nr. 6 (7) die Darstellung

$$(6) \qquad \begin{aligned} x &= a_1 u + u^2 \varphi_2(u), \\ y &= b_1 u + u^2 \psi_2(u). \end{aligned}$$

Verbinden wir P mit einem Punkt Q der Kurve, so ist der Richtungstangens der Sehne $[PQ]$ gleich $(y:x)$. Lassen wir Q auf der Kurve gegen P konvergieren, so geht $[PQ]$ in die Tangente von P mit dem Richtungstangens

$$(7) \qquad \mathrm{tg}\,\alpha = \lim_{u \to 0} \frac{y}{x} = \lim_{u \to 0} \frac{b_1 + u\psi_2(u)}{a_1 + u\varphi_2(u)} = \frac{b_1}{a_1}$$

über. Für $b_1 = 0$, $a_1 \neq 0$ ist die x-Achse Tangente im Ursprung P, und die Kurve (6) läßt dort, falls $y(u)$ dreimal stetig differenzierbar ist, die Darstellung

$$(6\,\mathrm{a}) \qquad \begin{aligned} x &= a_1 u + u^2 \varphi_2(u), \\ y &= b_2 u^2 + u^3 \psi_3(u) \end{aligned}$$

zu. Ist darin $b_2 \neq 0$, so liegt die Kurve bei P auf einer der beiden Seiten der x-Achse, und P ist ein *regulärer Punkt*. Ist aber $b_2 = 0$ und $y(u)$ viermal stetig differenzierbar, so zeigt

$$(6\,\mathrm{b}) \qquad \begin{aligned} x &= a_1 u + u^2 \varphi_2(u), \\ y &= b_3 u^3 + u^4 \psi_4(u), \end{aligned}$$

daß für $b_3 \neq 0$ P ein *Wendepunkt* ist.

Wir nehmen nun an, es seien $x(u)$ und $y(u)$ viermal stetig differenzierbar und $a_0 = a_1 = b_0 = b_1 = b_2 = 0$. Dann ergibt die Taylorsche Entwicklung

$$(8) \qquad \begin{aligned} x &= a_2 u^2 + u^3 \varphi_3(u), \\ y &= b_3 u^3 + u^4 \psi_4(u). \end{aligned}$$

Für den Richtungstangens $\lim(y:x)$ ergibt sich nach (8) der Wert Null. Die x-Achse ist also im Ursprung Tangente. Wir überlegen uns nun, daß die Kurve in P eine *Spitze* hat von der Art, wie sie in Fig. 23a dargestellt ist. Nehmen wir an, es sei $a_2 > 0$. Dann ist x für alle u, deren absoluter Betrag $|u|$ genügend klein ist, sicher positiv, weil dann auf der rechten Seite der ersten Gleichung (8) das erste (positive) Glied größer ist als der Betrag des zweiten. Für das Vorzeichen von y wird für genügend kleines $|u|$ das erste Glied der zweiten Gleichung (8) maßgebend sein. Dieses ist aber etwa bei $b_3 > 0$ für positive u positiv, für negative u negativ.

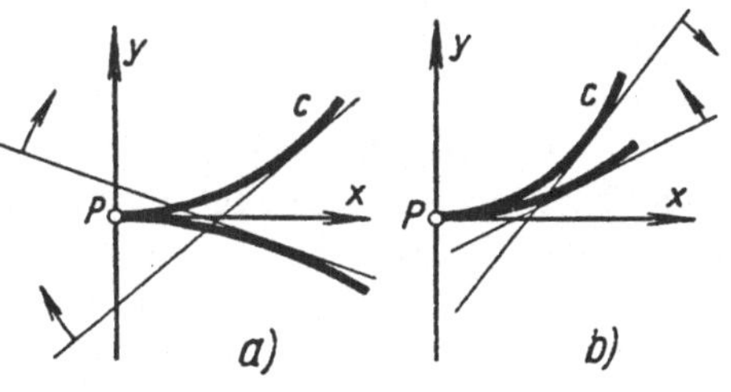

Fig. 23.

Also liegt für $a_2 > 0$ die Kurve bei P zu beiden Seiten der Tangente x, jedoch bloß auf jener Seite der y-Achse, welche die positive x-Achse enthält. (8) liefert uns für $u = 0$ den analytisch einfachsten Fall einer *Spitze 1. Art*. Wie wir sahen, haben die beiden Restglieder in (8) auf das Auftreten der Spitze in $u = 0$ keinen Einfluß. Es hat also auch die Kurve $x = a u^2$, $y = b u^3$ für $u = 0$ eine Spitze 1. Art. Durch Elimination von u folgt $y^2 = k x^3$. Diese Kurve heißt *Neilsche Parabel*.

Nehmen wir nun an, die Entwicklung von $x(u)$ und $y(u)$ ergebe

$$
(9) \qquad
\begin{aligned}
x &= a_2 u^2 + u^3 \varphi_3(u), \\
y &= b_4 u^4 + b_5 u^5 + u^6 \psi_6(u).
\end{aligned}
$$

Wieder stellt man leicht fest, daß die Kurve im Ursprung $P(u=0)$ die x-Achse berührt. Sind a_2 und b_4 positiv, so werden für u-Werte, deren absoluter Betrag genügend klein ist, sowohl x als auch y positiv sein. Läßt man demnach u einmal durch die positiven Werte, einmal durch die negativen Werte nach Null laufen, so wird der die Kurve beschreibende Punkt beide Male Kurvenzweige beschreiben, die in der Nähe des Ursprungs ganz im Quadranten $x > 0$, $y > 0$ liegen. Diese beiden Zweige bilden in P eine *Spitze 2. Art* (Fig. 23 b). In (9) sind die Restglieder für das Auftreten dieser Spitze nicht maßgebend. Lassen wir sie weg und eliminieren wir u, so ergibt sich $(y - b x^2)^2 = a x^5$ als die einfachste Kurve, die im Ursprung $(0, 0)$ eine Spitze 2. Art hat.[1]

Im Falle eines Wendepunktes machten wir die Wahrnehmung, daß sich beim Durchlaufen der Kurve in einem bestimmten Sinn der Tangentendrehsinn im Wendepunkt umkehrt. Untersuchen wir den Tangentendrehsinn in den Spitzen der Fig. 23 a, b, so bemerken wir, daß er in einer Spitze 1. Art beständig bleibt, während er sich in einer Spitze 2. Art umkehrt.

Wird ein Bogen $\widehat{AB}$ von A nach B durchlaufen, so zerlegt ihn ein Zwischenpunkt P in zwei Teile $\widehat{AP}$ und $\widehat{PB}$. Wir nennen dann $\widehat{AP}$ die negative, $\widehat{PB}$ die positive Seite von P. Konvergiert nun ein Punkt Q auf der positiven Seite nach P, so nennen wir die Grenzlage, die der von P nach Q gerichtete Halbstrahl annimmt, die *positive* oder *vorwärtslaufende Halbtangente*. Durch den entsprechenden Prozeß auf der negativen Seite gewinnen wir die *negative* oder *rückwärtslaufende Halbtangente*. Wir bemerken nun: *In einem regulären Punkt und in einem Wendepunkt ergeben die beiden Halbtangenten eines Punktes zusammen die ganze Tangente, in einer Spitze dagegen fallen die beiden Halbtangenten zusammen.* Für dieses Verhalten einer Spitze sagt man auch, *daß der Laufsinn daselbst rückläufig wird.* Zusammenfassend kann bezüglich des Laufsinnes und des Tangentendrehsinnes gesagt werden:

Satz 3: *In einer Spitze zweiter Art werden Laufsinn und Drehsinn gleichzeitig rückläufig; dagegen wechselt in einer Spitze erster Art bloß der Laufsinn und in einem Wendepunkt bloß der Drehsinn.*

8. Ebene algebraische Kurven. Kurven, deren Gleichung die Form hat

$$
(1) \qquad
\begin{aligned}
&a_0 + (a_{10} x + a_{01} y) + (a_{20} x^2 + a_{11} x y + a_{02} y^2) \\
&\quad + (a_{30} x^3 + a_{21} x^2 y + a_{12} x y^2 + a_{03} y^3) + \cdots \\
&\quad + (a_{n0} x^n + a_{n-1,1} x^{n-1} y + \cdots + a_{0n} y^n) = 0,
\end{aligned}
$$

---

1) Die Gleichungspaare (8) und (9) sind nicht die einzigen Ansätze für Spitzen 1. bzw. 2. Art, jedoch diejenigen in den niedrigsten Potenzen von u.

heißen *algebraische Kurven*. Die Glieder auf der linken Seite von (1) sind Potenzprodukte $a_{rs}x^r y^s$. In (1) wurden die Glieder, für die die Summe $r + s$ der Reihe nach die Werte $1, 2, 3 \ldots$ hat, in Klammern zusammengefaßt. Wir nennen diese Klammerausdrücke die Glieder 1., 2., 3., $\ldots$ n-ten Grades; zu ihnen tritt a_0 als Glied nullten Grades. a_0 und die a_{rs} sind beliebige reelle Zahlen. Sind nicht alle Koeffizienten der Glieder n-ten Grades gleich Null, so heißt die algebraische Kurve *„von n-ter Ordnung"*.

Da die Algebra bekanntlich in das Gebiet der komplexen Zahlen führt, sieht man sich in der Theorie der algebraischen Kurven veranlaßt, auch dann von einem Punkt der Kurve zu sprechen, wenn ein Paar komplexer Koordinaten $x = x_1 + i x_2$, $y = y_1 + i y_2$ $(i = \sqrt{-1})$ die Gleichung (1) befriedigt. *Man bezeichnet also ein Paar komplexer Zahlen, die die Gleichung (1) erfüllen, als einen komplexen Punkt der Kurve* (1). Statt komplex wird auch oft *imaginär* gesagt. Zwei komplexe Punkte, wie $(x_1 + i x_2, y_1 + i y_2)$ und $(x_1 - i x_2, y_1 - i y_2)$, mit konjugiert komplexen Koordinaten heißen *konjugiert komplexe Punkte*.

Liegt die Aufgabe vor, die Schnittpunkte einer algebraischen Kurve (1) mit einer Geraden $y = a x + b$ zu ermitteln, so hat man diesen Ausdruck für y in (1) einzusetzen und erhält damit i. allg. eine algebraische Gleichung n-ten Grades für die Abszissen der Schnittpunkte. Nach dem Fundamentalsatz der Algebra hat aber eine solche Gleichung genau n (reelle oder komplexe) Wurzeln, wenn man jede Wurzel mit dem ihr zukommenden Grad der Vielfachheit zählt. Diesen n Wurzeln entsprechen n (reelle oder komplexe) Schnittpunkte der Geraden mit der Kurve, wenn man jeden mit seinem Vielfachheitsgrad zählt. Dieser hat eine einfache geometrische Bedeutung: Man hat jeden Schnittpunkt, in welchem bei einer Bewegung der Geraden r sonst getrennte Schnittpunkte zusammenfallen, r-fach zu zählen. So wird der Berührpunkt der Tangente in einem regulären Punkt bei der Abzählung ihrer Schnittpunkte mit der Kurve doppelt gezählt; ist die Gerade Wendetangente, so zählt der Wendepunkt i. allg. dreifach; geht sie durch einen s-fachen Punkt, ohne daselbst Tangente zu sein, so zählt er s-fach. Ist dieser s-fache Punkt der Fernpunkt der Geraden, so reduziert sich die oben erklärte algebraische Gleichung n-ten Grades auf eine Gleichung $(n - s)$-ten Grades. Unter s-facher Zählung dieses Fernpunktes hat sie aber auch in diesem Sonderfall n (reelle und komplexe) Schnittpunkte mit der Kurve im Sinne der erläuterten Zählung. Es gilt also der

Satz 1: *Eine algebraische Kurve n-ter Ordnung in einer (projektiven) Ebene wird von jeder Geraden derselben in n (reellen und komplexen) Punkten geschnitten; dabei wird jeder Schnittpunkt mit dem ihm zukommenden Vielfachheitsgrad gezählt.*

Sind die Koeffizienten in (1) reell und wird (1) von einem komplexen Koordinatenpaar befriedigt, so erfüllt auch das konjugiert komplexe Koordinatenpaar die Gleichung. Komplexe Schnittpunkte einer reellen

Geraden mit einer algebraischen Kurve treten daher immer paarweise als konjugiert komplexe Punktepaare auf. Eine algebraische Kurve ungerader Ordnung wird daher von jeder Geraden in mindestens einem reellen Punkt geschnitten. Dagegen braucht eine Gerade bei gerader Ordnung der Kurve gar keine reellen Schnittpunkte zu besitzen.

Die einzigen Kurven 1. O. sind die Geraden. Die Kegelschnitte (Ellipse, Hyperbel und Parabel) sind Kurven 2. O.

Kurven zweiter und höherer Ordnung können auch *zerfallen*. Läßt sich etwa die linke Seite von (1) in ein Produkt von k Polynomen $f_1, f_2, \ldots, f_k$ zerlegen, so zerfällt die Kurve (1) in die k Kurven $f_1 = 0, f_2 = 0, \ldots, f_k = 0$. Die Kurve 2. O. $xy = 0$ zerfällt in die y-Achse ($x = 0$) und in die x-Achse ($y = 0$).

Stellt man die Aufgabe, an eine algebraische Kurve (1) aus einem gegebenen Punkt die Tangenten zu legen, so erhält man für die Richtungskonstanten dieser Tangenten eine algebraische Gleichung. Ist der Grad dieser Gleichung m, so hat sie im Sinne des Fundamentalsatzes der Algebra m (reelle und komplexe) Wurzeln, die mit ihrem Vielfachheitsgrad zu zählen sind. Man nennt m die *Klasse* der Kurve. Es gilt also

Satz 2: *An eine algebraische Kurve m-ter Klasse in einer (projektiven) Ebene lassen sich aus jedem Punkt derselben m (reelle und komplexe) Tangenten legen; dabei ist jede Tangente mit dem ihr zukommenden Vielfachheitsgrad zu zählen.*

Bei reellen Koeffizienten in (1) können komplexe Tangenten nur paarweise als konjugiert komplexe Tangentenpaare auftreten. Es kann auch vorkommen, daß ein reeller Kurvenpunkt ein *Doppelpunkt mit zwei konjugiert komplexen Tangenten ist*. In seiner unmittelbaren Nähe können keine reellen Punkte der Kurve liegen. Er heißt dann ein *isolierter Doppelpunkt (Einsiedlerpunkt)*. Z. B. hat die Kurve 3. O. $y^2 = x^2(x - k)$, wo $k > 0$ sei, im Ursprung $(0, 0)$ einen isolierten Doppelpunkt; denn $(0, 0)$ befriedigt die Gleichung, während die Abszissen aller übrigen reellen Kurvenpunkte $\geq k$ sind. Man findet weiter, daß die Kurve im Ursprung der beiden konjugiert komplexen Tangenten $y = \pm\, i\, \sqrt{k}\, x$ hat.

Von großer Wichtigkeit sind die beiden folgenden Sätze:

Satz 3: *Zwei algebraische Kurven p-ter und q-ter Ordnung (ohne gemeinsame Teilkurve) derselben Ebene haben pq Punkte gemeinsam.*[1]

Satz 4: *Zwei algebraische Kurven r-ter und s-ter Klasse (ohne gemeinsame Teilkurve) haben rs Tangenten gemeinsam.*

Wir ergänzen den Satz 3 durch den folgenden

Satz 5: *Haben zwei algebraische Kurven p-ter und q-ter Ordnung derselben Ebene mehr als pq Punkte gemeinsam, so sind sie identisch oder haben, falls sie zerfallen, eine Teilkurve gemeinsam.*

---

1) *Bezoutsches Theorem;* vgl. Enc. d. math. Wiss. Art. III C 4, Berzolari Nr. 2, Fußnote 23.

Als eine Anwendung dieses Satzes überlegen wir uns, daß eine Kurve 2. O. mit einem Doppelpunkt zerfallen muß. Ist nämlich D ein Doppelpunkt, so hat eine Gerade g, die D mit einem Punkt P der Kurve verbindet, bereits drei Punkte mit der Kurve 2. O. gemeinsam, nämlich P und den zweifach zu zählenden Punkt D. g ist demnach nach Satz 5 ein Bestandteil der Kurve; deren Rest ist eine zweite Gerade.

Hat eine algebraische Kurve n-ter O. und m-ter Kl. d Doppelpunkte (reelle, isolierte und komplexe), r Spitzen, t Doppeltangenten, i Wendepunkte und sonst keine anderen Punkt- und Tangentensingularitäten, so bestehen zwischen diesen sechs Zahlen die *Plückerschen Formeln*[1]:

$$m = n(n-1) - 2d - 3r \qquad n = m(m-1) - 2t - 3i$$
$$i = 3n(n-2) - 6d - 8r \qquad r = 3m(m-2) - 6t - 8i,$$

von denen aber nur drei voneinander unabhängig sind. Bei der Abzählung der Singularitäten sind die komplexen mitzuzählen.

9. Krümmung ebener Kurven. Es sei eine dreimal stetig differenzierbare Kurve gegeben (Fig. 24). Wir verlegen den Ursprung des Achsenkreuzes in einen beliebig vorgegebenen, regulären Punkt P von c und die x-Achse in die Tangente von c. Nach Nr. 6, Gl. (8) hat dann die Gleichung von c in der Umgebung von P die Form

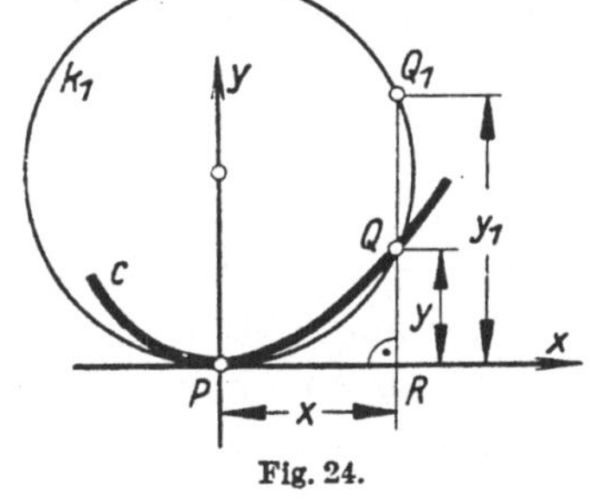

Fig. 24.

$$(1) \qquad y = a x^2 + x^3 \varphi(x).$$

Wir wählen auf c einen Punkt $Q(x, y)$, legen durch ihn den Kreis k_1, der c in P berührt, und *untersuchen nun, ob dieser Kreis k_1 in einen bestimmten Kreis k übergeht, wenn sich Q auf c in beliebiger Art dem Punkt P unbeschränkt nähert.*

Die y-Parallele durch Q schneide k_1 in $Q_1(x, y_1)$ und die Tangente x in R. Es ist dann $x^2 = y y_1$. Ist r der Halbmesser des gesuchten Kreises k, so ist $2r = \lim\limits_{Q \to P} y_1$, also

$$(2) \qquad 2r = \lim_{P \to Q} \frac{\overline{PR}^2}{RQ} = \lim_{x \to 0} \frac{x^2}{y}.$$

Dividiert man (1) durch x^2 und läßt dann x gegen Null konvergieren, so erhält man

$$(3) \qquad \frac{1}{2r} = a.$$

Damit haben wir eine geometrische Deutung des Koeffizienten a erhalten.

Der durch den eben erklärten Grenzprozeß entstandene Kreis k, der c in P berührt und den durch (2) und (3) bestimmten Radius r hat, heißt

---

1) J. Plücker, System der anal. Geometrie. Berlin 1835, S. 243f., 264, 292; Enc. der math. Wiss. Bd. III 2 (Art. III C 4), L. Berzolari, Nr. 8.

der *Krümmungskreis* von c in P; r ist der *Krümmungsradius* in P. Die Mitte des Krümmungskreises heißt *Krümmungsmittelpunkt*, kürzer *Krümmungsmitte* von P.

Der Krümmungskreis eines Kurvenpunktes läßt sich, worauf hier nicht näher eingegangen werden soll, auch durch andere Grenzprozesse einführen. So hätte man k_1 als jenen Kreis erklären können, der durch P geht und c in Q berührt. Wenn dann wieder Q auf c nach P konvergiert, so geht k_1 in k über. Wählt man auf c zwei von P verschiedene Punkte Q und R, so geht durch P, Q, R ein bestimmter Kreis k_1 (ausnahmsweise eine Gerade). Läßt man nun Q und R auf c gegen P konvergieren, so geht k_1 wieder in den Krümmungskreis k über.

Die Erklärung der Tangente in P als Grenzlage der Sehne $[PQ]$ für $Q \rightarrow P$ und die Erklärung des Krümmungskreises in P als Grenzlage des Kreises durch P und zwei weitere Kurvenpunkte Q, R für $Q \rightarrow P$ und $R \rightarrow P$ begründet die Sprechweise: Die Tangente hat im Berührpunkt (im einfachsten Fall) eine *zweipunktige Berührung*, der Krümmungskreis eine *dreipunktige Berührung*. In der angewandten Mathematik wird auch vielfach die Ausdrucksweise gebraucht: *Eine Tangente ist die Verbindungslinie von zwei „unendlich benachbarten" Kurvenpunkten und ein Krümmungskreis ist der Kreis, der drei „unendlich benachbarte" Kurvenpunkte verbindet.* Die moderne Mathematik lehnt jedoch diese Ausdrucksweise ab, weil sie leicht zu Mißverständnissen und damit zu allerlei Unfug verleitet.

Wendet man die Definition des Krümmungskreises auf einen Kreis selbst an, so sieht man, daß ein Kreis in jedem seiner Punkte sein eigener Krümmungskreis ist. Nehmen wir nun eine viermal stetig differenzierbare Kurve an, so können wir sie nach (3) in der Umgebung von P mit P als Ursprung und der Tangente als x-Achse so darstellen:

$$(4) \qquad y = \frac{1}{2r} x^2 + a_3 x^3 + x^4 \varphi_4(x).$$

Eine Darstellung derselben Art existiert aber auch für den Krümmungskreis in der Umgebung von P, da ein Kreisbogen beliebig oft differenzierbar ist. Für diesen gilt demnach

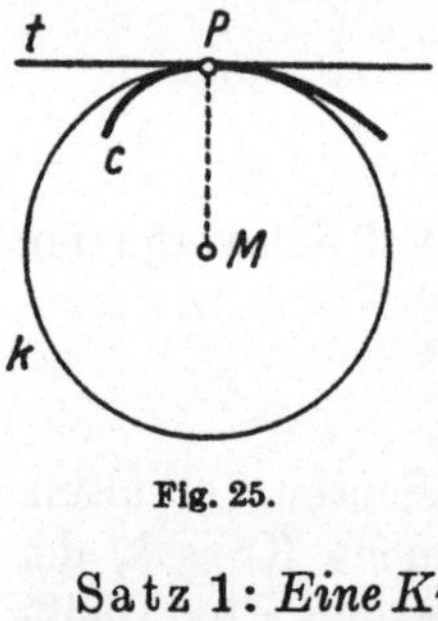

$$(4\,\text{a}) \qquad y_1 = \frac{1}{2r} x^2 + b_3 x^3 + x^4 \psi_4(x).$$

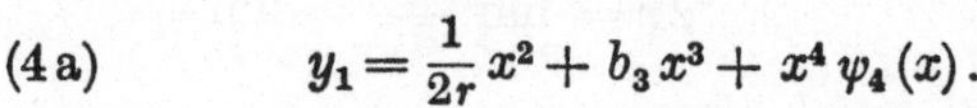

Fig. 25.

Bilden wir für jedes x die Ordinatendifferenz $y - y_1$, so sehen wir, daß sie bei $a_3 \neq b_3$ für genügend kleine $|x|$ zu verschiedenen Seiten des Ursprungs entgegengesetztes Vorzeichen hat. Es gilt daher (Fig. 25) der

Satz 1: *Eine Kurve tritt i. allg. im Berührpunkte mit einem Krümmungskreis aus dem Inneren in das Äußere desselben über.*

Dieser Satz kann zu einer (freilich nur ungenauen) Ermittlung des Krümmungskreises in einem Punkt einer gezeichnet vorliegenden Kurve durch Versuch mit dem Zirkel verwendet werden. Eine theoretisch exakte Konstruktion wird in Nr. 11 erläutert werden.

Ist jedoch in (4) und (4a) $a_3 = b_3$ und $\varphi_4(0) \neq \psi_4(0)$, so findet der in Satz 1 ausgesprochene Gebietswechsel nicht statt, weil dann die Ordinatendifferenz $y - y_1$ nächst dem Ursprung P zu beiden Seiten desselben beständiges Vorzeichen hat. Solche Kurvenpunkte P heißen *Scheitel*. Sie werden vom Krümmungskreis (falls $\varphi_4(0) \neq \psi_4(0)$) *vierpunktig* berührt.

Ist in (1) $a = 0$, so hat die Kurve im Ursprung im allgemeinen einen Wendepunkt, falls nämlich $\varphi(x)$ beiderseits desselben beständiges Vorzeichen hat. Nach (3) muß dann $r = \infty$ sein. Die Wendetangente ist als Krümmungskreis anzusehen. Kurvenpunkte, deren Krümmungskreise in ihre Tangenten ausarten, heißen, falls sie nicht Wendepunkte sind, *Flachpunkte*. Die Kurve wird in einem Flachpunkt von ihrer Tangente mindestens *vierpunktig* berührt.

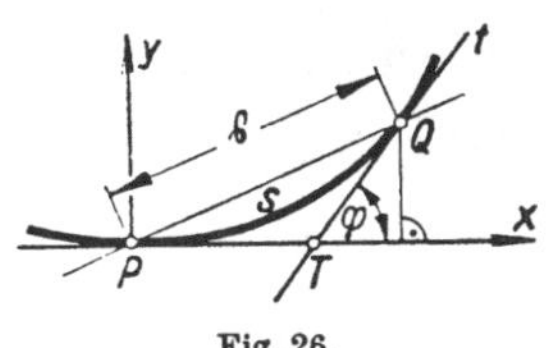

Fig. 26.

Wir wollen nun (Fig. 26) der durch (2) gegebenen Definition des Krümmungshalbmessers r eine neue an die Seite stellen. Bezeichnet φ den Neigungswinkel der Tangente t in einem Kurvenpunkt $Q(x, y)$ gegen die x-Achse, so ist $\operatorname{tg}\varphi$ der Differentialquotient der rechten Seite von (1), also

$$(5) \qquad \operatorname{tg}\varphi = 2ax + 3x^2\,\varphi(x) + x^3\,\varphi'(x).$$

Dividieren wir (5) durch x und machen wir den Grenzübergang $x \to 0$, so erhalten wir unter Beachtung von (3)

$$(6) \qquad \lim_{x \to 0} \frac{\operatorname{tg}\varphi}{x} = 2a = \frac{1}{r}.$$

Bezeichnen wir die Länge der Sehne PQ mit $\mathfrak{s}$, so ist $(x : \mathfrak{s})$ der Kosinus des Neigungswinkels der Sehne gegen die x-Achse; also ist

$$(7) \qquad \lim_{x \to 0} \frac{x}{\mathfrak{s}} = 1.$$

Anderseits ist aber auch

$$(8) \qquad \lim_{\varphi \to 0} \frac{\operatorname{tg}\varphi}{\varphi} = 1.$$

Da nun in (6) $x \to 0$ auch $\varphi \to 0$ und $\sigma \to 0$ zur Folge hat, so gilt auch

$$(9) \qquad \lim_{\mathfrak{s} \to 0} \frac{\varphi}{\mathfrak{s}} = \frac{1}{r}.$$

In (9) läßt sich schließlich die Sehnenlänge $\mathfrak{s}$ durch die Bogenlänge s des Bogens $\widehat{PQ}$ ersetzen. Die Integralrechnung definiert nämlich diese Bogenlänge als den Grenzwert der Längen der dem Bogen eingeschriebenen Sehnenzüge bei einem solchen Grenzübergang, bei welchem die Längen der verwendeten Sehnen durch schrittweises Einschalten von Zwischenpunkten als neuen Eckpunkten alle nach Null streben. Aus dieser Definition folgt dann sofort, daß

$$(10) \qquad \lim_{s \to 0} \frac{s}{\mathfrak{s}} = 1$$

ist, weshalb man (9) auch schließlich so schreiben kann:

$$(11) \qquad \lim_{s \to 0} \frac{\varphi}{s} = \frac{1}{r}\,.$$

Man nennt den Winkel φ, den zwei vorwärtslaufende Halbtangenten einschließen, *Kontingenzwinkel*. $\varphi : s$ ist demnach offenbar ein Maß für die Abweichung des Bogens $\overset{\frown}{PQ}$ von der Tangente; demnach ist $\lim\limits_{Q \to P} \frac{\varphi}{s} = \frac{1}{r}$ als Maß der *Krümmung* der Kurve in P anzusehen. Bezeichnen wir sie mit $\varkappa$, so gilt also

$$(12) \qquad \varkappa = \lim_{s \to 0} \frac{\varphi}{s} = \frac{1}{r}\,.$$

Die Krümmungsmitte läßt sich auch unmittelbar durch den folgenden Grenzübergang[1]) erzeugen. Es seien n und n_1 (Fig. 27) die *Normalen* einer Kurve c in den Punkten P und Q, d. h. die Geraden, die in P und Q auf den Tangenten von c normal stehen. N sei ihr Schnittpunkt. Lassen wir nun Q auf c gegen P konvergieren, wobei n_1 nach n gelangt, so geht N, wie nun bewiesen werden soll, in die Krümmungsmitte M von P über.

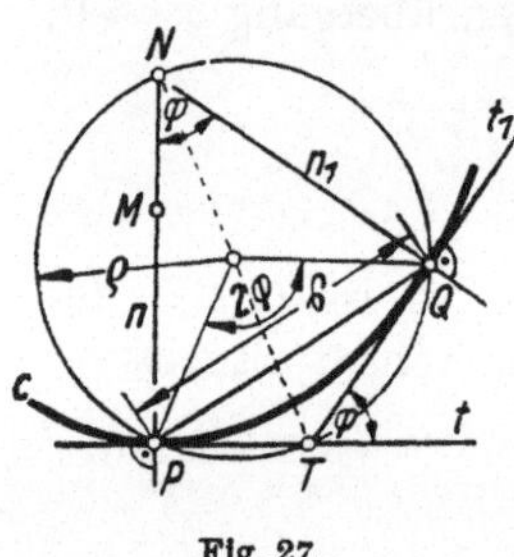

Fig. 27.

Bezeichnen wir den Schnittpunkt der Tangenten t und t_1 in P und Q mit T, so ist NT der Durchmesser 2ϱ eines Kreises, der durch P und Q geht. Wenn Q genügend nahe an P gewählt wird, so ist der Winkel bei T im Dreieck PTQ stumpf, und sein spitzer Nebenwinkel φ strebt für $Q \to P$ nach Null. Mit $\mathfrak{s} = PQ$ entnimmt man aus Fig. 27, daß $\mathfrak{s} = 2\varrho \sin\varphi$ ist, wofür wir auch $\mathfrak{s} = NT \sin\varphi$ schreiben können. Beim Grenzübergang $Q \to P$ konvergiert T nach P und N nach einem Punkt M auf n, dessen Abstand r von P gleich $\lim NT$ ist. Wegen $\mathfrak{s} = NT \sin\varphi$ ist demnach

$$(13) \qquad r = PM = \lim NT = \lim_{\mathfrak{s} \to 0} \frac{\mathfrak{s}}{\sin\varphi} = \lim_{s \to 0} \frac{s}{\varphi}\,.$$

Da die Normalenschnittpunkte N und daher auch M auf jener Seite der Tangente t von P liegen, auf der auch die Kurve in der Umgebung von P liegt (hohle Seite), ist M nach (13) die Krümmungsmitte von P.

---

1) Vgl. J. Hjelmslev, Darstellende Geometrie. Leipzig und Berlin 1914, S. 144. Dieses Buch gibt u. a. eine *rein geometrische* Einführung in die Anfangsgründe der Kurven- und Flächentheorie.

Es gilt daher der

Satz 2: *Konvergiert eine Kurvennormale n_1 gegen die Kurvennormale n eines festen Kurvenpunktes P, so konvergiert der Schnittpunkt $[n\,n_1]$ nach der Krümmungsmitte von P.*[1])

10. Der momentane Bewegungszustand einer in ihrer Ebene bewegten ebenen Figur. Wir nehmen an, eine ebene Figur führe in ihrer Ebene eine stetige Bewegung aus. Da die verschiedenen Lagen der Figur gleich-sinnig kongruent sind, genügt es zu-nächst, die Bewegung einer Strecke AB in einer Ebene zu betrachten (Fig. 28). A beschreibe dabei die Bahn-kurve a und B die Bahnkurve b. Befindet sich A in einem Zeitpunkt t in A_t, so befindet sich B in diesem Zeitpunkt in einem Punkt B_t, wobei stets $AB = A_t B_t$ gilt. Ist C irgendein dritter Punkt der bewegten Figur, so deckt er sich im Zeitpunkt t mit einem Punkt C_t, und es sind die Drei-ecke ABC und $A_t B_t C_t$ gleichsinnig kongruent. Sind demnach die Lagen,

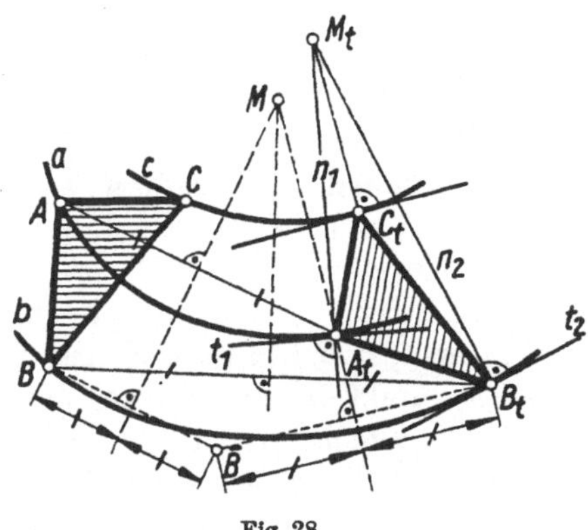

Fig. 28.

die AB im Verlauf der Bewegung annimmt, bekannt, so läßt sich die Bahnkurve c eines jeden Punktes C punktweise konstruieren.

Wir betrachten nun die Anfangslage der Strecke AB und ihre Lage $A_t B_t$ im Zeitpunkt t. Wir machen uns zunächst klar, daß es eine Drehung (ausnahmsweise Parallelverschiebung) gibt, die AB nach $A_t B_t$ befördert. Übt man (Fig. 28) auf AB zunächst die Spiegelung an der Symmetralen von $A A_t$ aus, so gelangt A nach A_t und B in einen Punkt $\bar B$. Spiegelt man nun $A_t \bar B$ an der durch A_t gehenden Symmetralen von $\bar B B_t$, so geht $A_t \bar B$ in $A_t B_t$ über. Es ist also durch diese beiden Spiegelungen AB nach $A_t B_t$ gelangt. Die Wirkung der Aufeinanderfolge von zwei Spiege-lungen ist aber offenbar eine *Drehung* um den Schnittpunkt M der beiden Spiegelungsachsen. Nachdem somit die Existenz der Drehung, die AB nach $A_t B_t$ befördert, festgestellt ist, ist es klar, daß man das Drehzentrum M am besten als den Schnittpunkt der Symmetralen von $A A_t$ und $B B_t$ konstruiert. Wir lassen nun die Strecke AB nach der Lage $A_t B_t$ kon-vergieren, wobei A auf a gegen A_t und B auf b gegen B_t konvergiert, und zeigen nun, daß bei diesem Grenzprozeß das Drehzentrum M nach einer leicht konstruierbaren Grenzlage M_t konvergiert. Die Gerade $[A A_t]$ geht dabei in die Tangente (Bahntangente) t_1 von a in A_t und die Symmetrale von $A A_t$ in die zu t_1 in A normale Gerade (*Bahnnormale*) n_1 über. Ebenso geht die Symmetrale von $B B_t$ in die Bahnnormale n_2

---

1) Kurz, aber unexakt sagt man dafür, daß die Krümmungsmitte der Schnitt-punkt zweier unendlich benachbarten Kurvennormalen ist.

des Punktes B_t über. M konvergiert demnach nach dem Schnittpunkt M_t der Bahnnormalen n_1 des Punktes A_t mit der Bahnnormalen n_2 des Punktes B_t. Wiederholen wir dieselbe Überlegung für irgendein drittes Paar entsprechender Punkte C, C_t, so geht auch die Symmetrale von CC_t durch M und daher ihre Grenzlage, d. i. die Bahnnormale von C_t, durch den Punkt M_t. Diese Grenzlage M_t der Drehzentren M nennen wir den *Momentanpol* der Bewegung im Zeitpunkt t. Als Ergebnis dieser Betrachtung können wir mithin den Satz aussprechen:

Satz 1: *Bei einer ebenen Bewegung gehen in jedem Zeitpunkt die Bahnnormalen durch einen festen Punkt, den zu diesem Zeitpunkt gehörigen Momentanpol.*

11. Gleiten und Rollen einer Kurventangente; Tangentialkurven, Traktrix; Evolventen, Evolute.

Bewegt man eine Gerade (Lineal) t längs einer Kurve c (Fig. 29) derart, daß *ein auf t fester Punkt P* die Kurve c beschreibt, während t stets in die jeweilige Tangente von P fällt, so sagt man, *daß t längs c gleitet*. Dabei beschreibt irgendein zweiter auf t fester Punkt Q eine Kurve, die man eine *Tangentialkurve, Tangentiale* oder *Äquitangentialkurve* von c nennt. Man zeichnet mithin punktweise eine Tangentiale q von c, indem man auf den vorwärtslaufenden Halbtangenten von den Berührpunkten P aus eine konstante Strecke aufträgt. c heißt dann eine *Traktrix* oder *Zuglinie* von q.

Mittels einer Tangentiale q läßt sich leicht die Krümmungsmitte M von c in einem gegebenen Punkt P konstruieren (Konstruktion von Nikolaides).[1] Es seien (Fig. 30) t und t_1 die dem Laufsinn von P nach Q entsprechend gerichteten Halbtangenten in P und Q. Ferner seien n und n_1 die nach der hohlen Seite von c gerichteten Halbnormalen in P und Q. Wenn nun t nach t_1 gleitet, so gelangt der Halbstrahl n in den Halbstrahl n_1. Nun wissen wir aber (Nr. 10), daß es eine Drehung gibt, die n nach n_1 befördert. Das Zentrum dieser Drehung ist offenbar

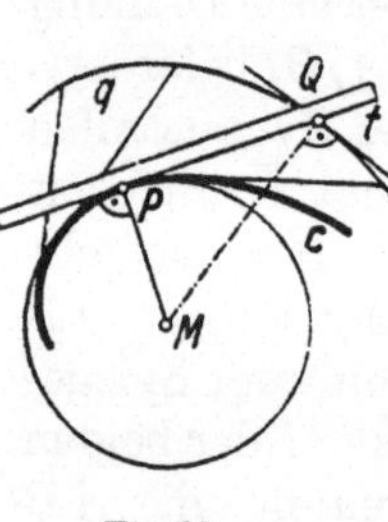

Fig. 29.

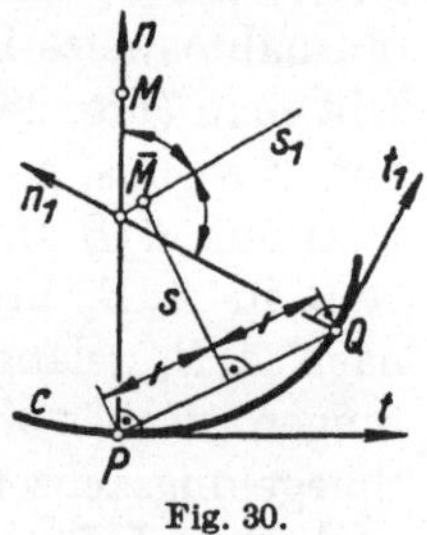

Fig. 30.

der Schnittpunkt $\overline{M}$ der Symmetralen s von PQ und der Symmetralen s_1 des Außenwinkels der beiden gerichteten Normalen. Wenn nun Q auf c nach P konvergiert, so geht s in n über und aus s_1 wird nach Nr. 9, Satz 2 die Gerade, die in der Krümmungsmitte M von P auf n normal steht. $\overline{M}$ konvergiert daher nach der Krümmungsmitte M, die sich damit als der Momentanpol der Gleitbewegung für die Lage (P, t) erweist. Beschreibt

---

1) Nouv. Ann. Math. (2) 5 (1866), S. 383; L. Burmester, Lehrbuch der Kinematik. 1. Bd. Leipzig 1888, S. 63. R. Mehmke, Z. Math. Phys. 49 (1903), S. 464 bis 465, wo sich analoge Konstruktionen für die Krümmungsachse und die Mitte der Schmiegkugel einer Raumkurve finden.

nun beim Gleiten von t längs c ein von P verschiedener Punkt Q von t die Tangentialkurve q (Fig. 29), so muß nach Nr. 10, Satz 1 die Normale von q in Q durch M gehen. *Man konstruiert demnach die Krümmungsmitte M von P, indem man die Kurvennormale in P mit der Normalen der Tangentialkurve in Q zum Schnitt bringt.*

Aus unserer Betrachtung hat sich auch der folgende Satz ergeben:

Satz 1: *Wenn eine Gerade auf einer Kurve gleitet, so ist in jedem Zeitpunkt die Krümmungsmitte ihres jeweiligen Berührpunktes der Momentanpol dieser Bewegung.*

Wir betrachten nun die als das Rollen einer Geraden t auf einer Kurve c wohlbekannte Bewegung. Zunächst[1]) ist der folgende, gefühlsmäßig fast selbstverständliche Satz zu beweisen:

Satz 2: *Beim Rollen einer Geraden auf einer Kurve ist in jedem Zeitpunkt ihr jeweiliger Berührpunkt der Momentanpol.*

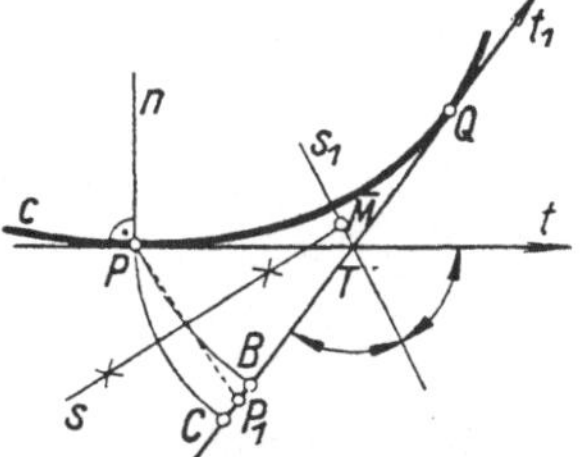
Fig. 31.

Es seien (Fig. 31) t und t_1 zwei Lagen der Tangente, P und Q die zugehörigen Berührpunkte; t und t_1 seien im Sinne der Durchlaufung von P nach Q gerichtet (orientiert). Jener auf der rollenden Geraden feste Punkt, der für die Lage t in den Berührpunkt P von t fällt, gelangt in der Lage t_1 in einen Punkt P_1, für den $P_1 Q = \overset{\frown}{PQ}$ ist und Q im Richtungssinn von t_1 auf P_1 folgt. Es gibt nun eine Drehung, die den Halbstrahl (Pt) in den Halbstrahl $(P_1 t_1)$ überführt. Zentrum dieser Drehung ist der Schnittpunkt $\overline{M}$ der Symmetralen s von PP_1 mit der Symmetralen s_1 des Nebenwinkels der genannten Halbstrahlen. Der gesuchte Momentanpol ist die Grenzlage von $\overline{M}$ für $Q \rightarrow P$. Der Tangentenschnittpunkt T konvergiert nach P, $\overset{\rightarrow}{t_1}$ nach $\vec{t}$, daher s_1 in die Normale n des Punktes P. Wenn wir nun noch zeigen, daß s in die Tangente t übergeht, so ist damit bewiesen, daß $\overline{M}$ nach P konvergiert, also P tatsächlich der Momentanpol ist. Um die Grenzlage von s zu erkennen, machen wir $QB = QP$ und $TC = TP$. Dann liegt P_1 wegen $PQ < \overset{\frown}{PQ} < PT + TQ$ zwischen C und B. Da aber im gleichschenkligen Dreieck PQB und im gleichschenkligen Dreieck PTC die Winkel an den Scheiteln Q und T für $Q \rightarrow P$ Null werden, gehen die Geraden $[PB]$ und $[PC]$ nach n über. Demnach konvergiert $[PP_1]$ auch nach n und s nach t, w. z. b. w.

Da nach Nr. 10, Satz 1 in jedem Zeitpunkt die Bahnnormalen aller Punkte durch den Momentanpol gehen, beschreibt beim Rollen einer Geraden t auf einer Kurve c irgendein Punkt A von t eine Kurve c_1, deren Tangente in A auf t normal steht (Fig. 32). Man nennt die Bahnkurven der Punkte einer auf einer Kurve c rollenden Tangente die *Evolventen* von c. Wir können demnach den Satz aussprechen:

Satz 3: *Die Tangenten einer Kurve sind die Normalen ihrer Evolventen.*

---

1) J. Hjelmslev, a. a. O. S. 156, woselbst man weitergehende Untersuchungen über die Rollbewegung findet.

Betrachten wir (Fig. 32) zwei Evolventen c_1, c_2 einer Kurve c, so folgt aus ihrer obigen Entstehung, daß sie auf den Tangenten von c, also auf ihren gemeinsamen Normalen, gleichlange Stücke AB ausschneiden. Zwei Kurven c_1 und c_2 mit diesen Eigenschaften heißen auch *Parallelkurven*. Um also zu einer Kurve m zwei Parallelkurven in gegebenem „Abstand" $\pm\, r$ zu konstruieren, trägt man von jedem Punkt der Kurve m

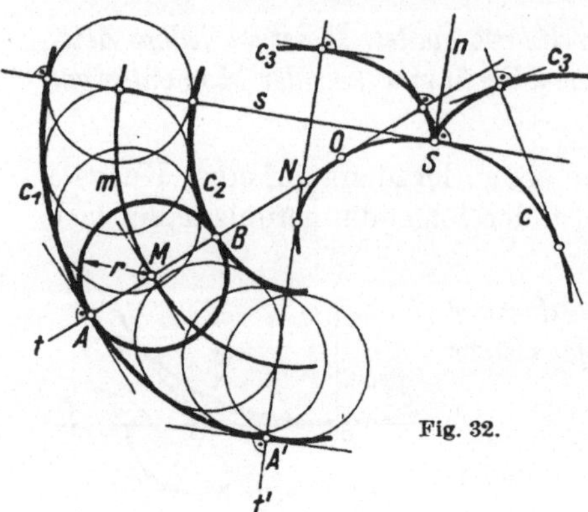

aus die Strecke r auf seiner Normalen auf. Erhält man so auf der Normalen die Punkte A, B, so berührt der Kreis über dem Durchmesser AB die beiden Parallelkurven in diesen Punkten. Ist nun ein System von unendlichvielen Kurven, hier das System der Kreise, gegeben und existieren eine oder mehrere Kurven, hier c_1, c_2, die in jedem ihrer Punkte von einer Kurve des Systems berührt werden, so nennt man sie *Hüllkurven*

Fig. 32.

des Kurvensystems. Mit Benutzung dieses Wortes können wir demnach den Satz aussprechen:

Satz 4: *Bewegt man in der Ebene einen Kreis mit dem Halbmesser r und beschreibt seine Mitte dabei eine Kurve m, so erhält man ein Kreissystem, dessen Hüllkurven die Parallelkurven von m im Abstand $\pm\, r$ sind.*

Wir lassen nun eine Gerade s auf einem regulären Bogen c rollen und verlegen den eine Evolvente von c beschreibenden Punkt von s in den Berührpunkt S der Anfangslage (Fig. 32). Wenn wir nun das Rollen von s in dem einen oder andern Tangentendrehsinn einleiten, erhalten wir zwei Evolventenbögen c_3, die in S eine Spitze 1. Art bilden, deren Tangente n auf c normal steht. Es gilt demnach der

Satz 5: *Die von einem regulären Punkt S einer Kurve c ausgehenden Evolventenbögen bilden in S eine Spitze 1. Art, die auf c normal steht.*

Mit großer Genauigkeit lassen sich die Punkte einer *Kreisevolvente* konstruieren, weil es für den Kreisumfang Näherungskonstruktionen gibt, deren Fehler unter den unvermeidlichen Zeichenfehlern liegen. Eine der einfachsten hat A. Kochansky[1]) angegeben (Fig. 33). Die Tangente in einem beliebigen Punkt A des Kreises $c = (M, r)$ wird mit dem gegen $[MA]$ unter 30^0 geneigten Halbstrahl aus M in B geschnitten, dann wird auf ihr von B aus über A die Strecke $BC = 3r$ abgetragen. Bezeichnet S den Gegenpunkt von A auf c, dann unterscheidet sich CS,

---

1) Acta Erud. Lips. 1685, S. 394—398.

wie eine einfache Rechnung lehrt, vom halbem Kreisumfang $\frac{u}{2}$ bloß um angenähert $0{,}000\,06\,r$. Teilt man nun die Kreisperipherie in eine beliebige Anzahl, etwa 12 (Fig. 33), gleicher Teile und trägt man auf den Tangenten der Teilpunkte $1, 2, 3, \ldots$ in dem zur Bezifferung entgegengesetzten Laufsinn die Strecken $1\,P_1 = \frac{u}{12}$, $2\,P_2 = \frac{2u}{12}$, $3\,P_3 = \frac{3u}{12}, \ldots$ ab, so gehören $P_1, P_2, P_3, \ldots$ der Evolvente c_1 des Kreises c an.

Wir betrachten nun nochmals die Fig. 32. In Satz 3 wurde festgestellt, daß die Normalen t der Evolventen c_1 der gegebenen Kurve c die Tangenten von c sind. Es seien t und t' die Normalen von c_1 in den Punkten A und A'. Lassen wir A' auf c_1 gegen A und damit t' gegen t konvergieren, so konvergiert der Schnittpunkt $N = [tt']$ nach dem Punkt O,

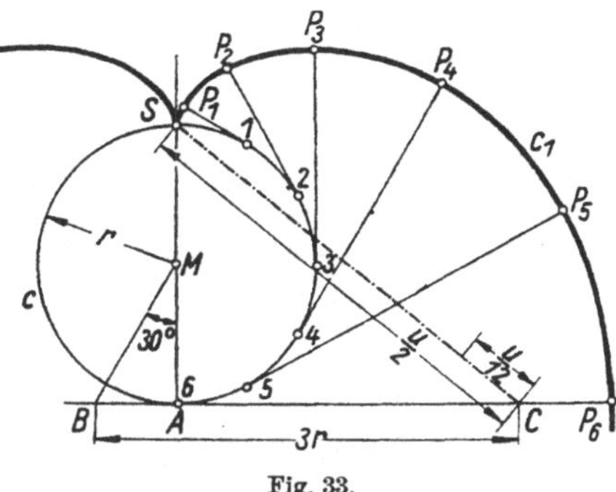

Fig. 33.

in welchem t die Kurve c berührt. Nach Nr. 9, Satz 2 ist dieser Punkt zugleich die Krümmungsmitte von c_1 in A. Es ist also c der Ort der Krümmungsmitten von c_1. Man nennt den Ort der Krümmungsmitten einer Kurve ihre *Evolute*. Wir haben also den

Satz 6: *Alle Evolventen c_1 einer gegebenen Kurve c haben c als gemeinsame Evolute; Parallelkurven haben daher eine gemeinsame Evolute.*

Es kann gezeigt werden, *daß eine dreimal stetig differenzierbare Kurve eine einmal stetig differenzierbare Evolute besitzt.*

12. Kegel und Zylinder; Abbildung ebener Kurven. Verbindet man alle Punkte einer ebenen Kurve k mit einem festen, nicht in ihrer Ebene liegenden Punkt S, so erzeugen diese Verbindungsgeraden e eine *Kegelfläche (Kegel)*; e sind die Erzeugenden, k ist eine Basislinie des Kegels. Als solche kann jede ebene Schnittkurve des Kegels gewählt werden, deren Ebene nicht durch die Spitze geht. Ist S ein Fernpunkt, so sind die Erzeugenden e parallel, und es entsteht eine *Zylinderfläche (Zylinder)*.

Wir beschäftigen uns nun mit der Konstruktion eines Bildes eines ebenen Schnittes k_1 eines Kegels (Fig. 34). Wir nehmen dabei zunächst an, daß die schneidende Ebene ε_1 zu keiner Erzeugenden des Kegels (S, k) parallel sei; ε sei die Ebene von k. Die Aufgabe ist nicht wesentlich verschieden von der in Nr. 4, Fig. 10 behandelten Aufgabe, einen ebenen Schnitt einer Pyramidenfläche zu zeichnen. Wählt man nämlich auf k in einem Laufsinn eine Reihe von Punkten $A, B, C, \ldots$, so bilden die durch sie gehenden Erzeugenden die Kanten einer dem Kegel eingeschriebenen Pyramide und die Schnittpunkte $A_1, B_1, C_1, \ldots$ dieser Kanten mit ε_1 sind die Ecken eines k_1 eingeschriebenen Polygons.

Läßt man B dem Punkte A unbeschränkt nahe kommen, so geht die Gerade $[AB]$ in die Tangente t von k in A über; zugleich entsteht aber aus $[A_1 B_1]$ die Tangente t_1 von k_1 in A_1. Da bei diesem Grenzübergang $[AB]$ und $[A_1 B_1]$ stets in einer Ebene liegen, befinden sich auch die Tangenten t und t_1 in einer Ebene τ. Bei dieser Überlegung könnte A_1 auch mit A zusammenfallen. Es liegen daher die Tangenten des Punktes A aller durch ihn gehenden ebenen Schnitte des Kegels in τ. Man sagt dafür, *daß τ den Kegel in A berührt.* Nach dem Gesagten berührt sie den Kegel in jedem Punkt der durch A gehenden Erzeugenden a. τ heißt die *Tangentialebene* längs a. Es gilt also der

Satz 1: *Ein Kegel (Zylinder) wird in allen Punkten einer Erzeugenden von einer und derselben Tangentialebene berührt.*

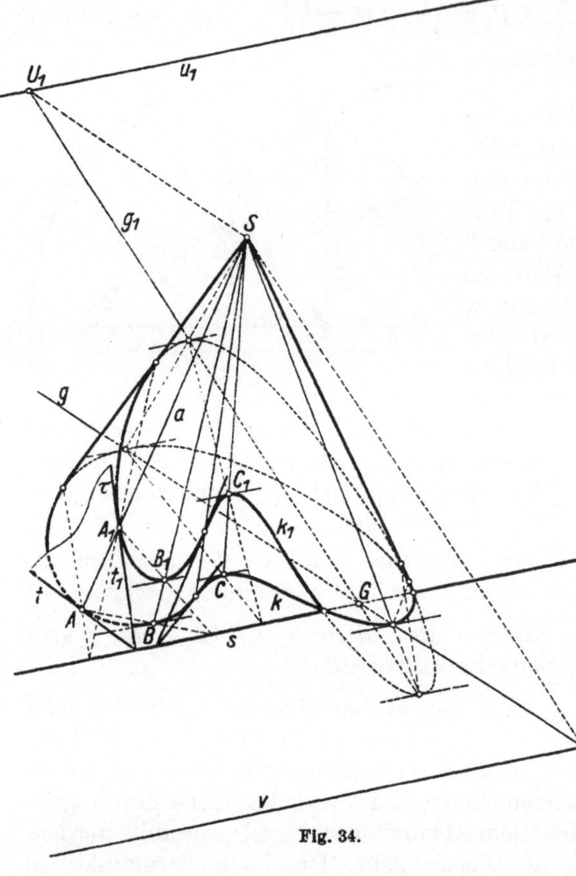

Fig. 34.

Es sei uns nun (Fig. 34) der Kegel (S, k) in einer Zentral- oder Parallelprojektion gegeben und die Aufgabe gestellt, das Bild eines ebenen Schnittes k_1 zu zeichnen. Nach dem Gesagten und den Überlegungen, die wir in Nr. 4 anstellten, wissen wir, daß die Bilder von k und k_1 perspektiv-kollineare Figuren sind. Kollineationszentrum ist das Bild S der Kegelspitze und Kollineationsachse das Bild s der Schnittlinie der Ebenen ε und ε_1 von k und k_1. Die Aufgabe ist demnach (Nr. 4, Satz 2) bestimmt, sobald noch das Bild eines einzigen Punktes A_1 von k_1 angegeben wird. Die Bilder der Erzeugenden sind die Kollineationsstrahlen; sie tragen entsprechende Punkte (A, A_1), (B, B_1) usw. der Bilder von k und k_1. Um also etwa B_1 zu ermitteln, nachdem B auf k gewählt wurde, hat man $[AB]$ mit der Achse s zu schneiden, diesen Schnittpunkt mit A_1 zu verbinden und diese Verbindungslinie mit dem Kollineationsstrahl $[BS]$

in B_1 zu schneiden. Auch die Tangenten an k und k_1 in entsprechenden Punkten A, A_1 müssen sich nach den durchgeführten Überlegungen entsprechen. Um also die Tangente in A_1 zu finden, hat man bloß den Achsenschnittpunkt der Tangente von A mit A_1 zu verbinden.

Wir ermitteln nun die Gegenachse v des Feldes $\{k\}$ und die Gegenachse u_1 des Feldes $\{k_1\}$ (Nr. 4, Satz 3). Zu diesem Zweck haben wir zu einem Paar entsprechender Geraden g, g_1, die sich in einem Punkt G der Achse s schneiden mögen, die parallelen Kollineationsstrahlen zu legen. So entsteht ein Parallelogramm $GVSU_1$ (V auf g, U_1 auf g_1), durch dessen Ecken V und U_1 parallel zu s die gesuchten Gegenachsen v und u_1 gehen. Nun ist v der Ort aller Punkte des Feldes $\{k\}$, deren entsprechende unendlichfern liegen. Wenn daher die Bildkurve k die Gegenachse v schneidet, muß sich k_1 ins Unendliche erstrecken; wenn dagegen k_1 die Gegenachse u_1 schneidet, muß k ins Unendliche laufen.

Wenn sich aus S an k im Bilde Tangenten legen lassen, wie in Fig. 34, so nennt man sie den *scheinbaren Umriß* des Kegels. Die entsprechenden Erzeugenden im Raum sind der *wahre Umriß*. Im Bilde berühren k und k_1 den scheinbaren Umriß, weil die Tangentialebenen längs der Umrißerzeugenden durch das Auge gehen.

Verbindet man die Punkte einer ebenen Kurve k mit einem nicht in seiner Ebene liegenden Auge O, so erhält man einen *projizierenden Kegel (Zylinder)* $\varkappa$. Der Schnitt von $\varkappa$ mit einer Bildebene Π ist die Projektion k' von k. Aus der obigen Betrachtung über die Tangenten der ebenen Schnitte eines Kegels (Zylinders) folgt, daß sich i. allg. jede Tangente von k als Tangente von k' abbildet. Dieser Satz gilt für Parallelprojektion ausnahmslos; schneidet indes bei Zentralprojektion k die Verschwindungsebene $\Pi_v = [O \parallel \Pi]$ (Nr. 1, Fig. 1) in einem Punkt P, so ist dessen Bild P' unendlichfern, und das Bild t' der Tangente t von P heißt dann eine *Asymptote* von k', falls t' nicht selbst unendlichfern ist. Liegt t in Π_v, so ist t' die Ferngerade der Bildebene, und man nennt sie auch in diesem Fall eine Tangente von k'.

Es sei nun P ein in Π_v liegender regulärer Punkt einer Kurve k, dessen Tangente t nicht in Π_v liegt. Ist nun Q ein auf c beweglicher Punkt, so dreht sich die Ebene $[OPQ]$ in einem bestimmten Sinn, wenn Q die Umgebung von P in einem bestimmten Sinn durchläuft. Die Bilder der Sehnen $[PQ]$ sind somit parallel und gehen in dem Augenblick, wo $[PQ]$ in die Tangente fällt, von der einen Seite der Asymptote auf die andere über. Das Bild von k in der Umgebung von P besteht daher aus zwei Ästen, die sich auf verschiedenen Seiten der Asymptote a unbeschränkt nähern, und zwar, wie man leicht erkennt, in der durch Fig. 35a gekennzeichneten Art. Wir wollen nun annehmen, daß sich ein Wendepunkt, eine Spitze 1. Art oder eine Spitze 2. Art von k in der Verschwindungsebene Π_v befindet, jedoch die Tangente nicht in Π_v liegt. Dann zeigt Fig. 35b einen *unendlichfernen Wendepunkt*, Fig. 35c eine *unendlichferne Spitze 1. Art* und Fig. 35d eine *unendlichferne Spitze 2. Art.* Fig. 35e zeigt einen *unendlichfernen Doppelpunkt*, Fig. 35f einen *unendlichfernen Inflexionsknoten*. Als *Inflexionsknoten* oder *Wendedoppelpunkt* bezeichnet man nämlich einen Doppelpunkt, wenn die beiden durch ihn gehenden Kurvenzüge in ihm Wendepunkte haben.

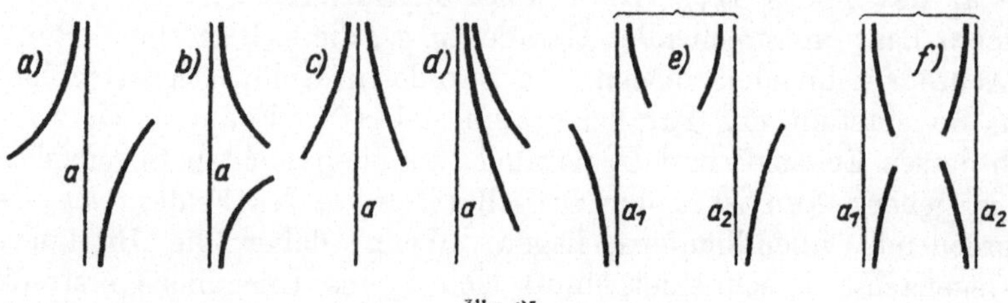

Fig. 35.

Bei Parallelprojektion gehen die Asymptoten einer Kurve in die Asymptoten ihres Bildes über.

Schließlich stellen wir noch den folgenden Satz über die Abbildung ebener algebraischer Kurven (Nr. 8) fest:

Satz 2: *Ordnung und Klasse einer ebenen algebraischen Kurve bleiben bei Zentral- und Parallelprojektion aus einem Auge, das nicht in der Kurvenebene liegt, erhalten.*

13. Raumkurven; Tangente, Schmiegebene, begleitendes Dreikant. Bezieht man den Raum auf ein rechtwinkliges Achsenkreuz, so sind die Koordinaten x, y, z eines sich im Raume bewegenden Punktes P Funktionen der Zeit u:

$$(1) \qquad x = x(u), \quad y = y(u), \quad z = z(u),$$

d. h. für jeden Zeitpunkt u geben die zugehörigen Funktionswerte die Koordinaten x, y, z des Raumpunktes an, in welchem sich P im Zeitpunkt u befindet. Die Gleichungen (1) geben die analytische Darstellung der Bahnkurve c des Punktes P. Sieht man von der Deutung der Veränderlichen u als Zeit ab, dann nennt man u einen variablen Parameter und (1) eine *Parameterdarstellung einer Raumkurve c*; dabei beziehen sich die drei Funktionen $x(u), y(u), z(u)$ auf ein und dasselbe Intervall von u-Werten. Genau so wie in der Ebene (Nr. 7) nehmen wir an, daß diese Funktionen sovielmal differenzierbar seien, als es für unsere Untersuchungen notwendig ist.

Zunächst können wir, genau so wie in der Ebene, die *Tangente t* von c in einem Punkt $P(u_0)$ erklären. Es sei $Q(u)$ ein anderer Kurvenpunkt. Wir verlangen nun, daß die Gerade $[PQ]$ eine und dieselbe Grenzlage t annimmt, wenn sich Q auf c in beliebiger Weise unbeschränkt dem Punkt P nähert. Wir werden sofort sehen, daß t tatsächlich existiert, wenn wir annehmen, daß die drei Funktionen (1) an der Stelle u_0 differenzierbar sind. Bedeuten x, y, z die Koordinaten von $Q(u)$, x_0, y_0, z_0 die von

$P(u_0)$, so bestimmen die Koordinatendifferenzen $\Delta x = x - x_0$, $\Delta y = y - y_0$, $\Delta z = z - z_0$ die Richtung der Geraden $[PQ]$. Da nämlich die positive Wurzel $\sqrt{\Delta x^2 + \Delta y^2 + \Delta z^2}$ die Entfernung PQ ist, geben die Gleichungen

$$(2) \qquad \cos \bar\alpha = \frac{\Delta x}{+\sqrt{\Delta x^2 + \Delta y^2 + \Delta z^2}}, \qquad \cos \bar\beta = \frac{\Delta y}{+\sqrt{\Delta x^2 + \Delta y^2 + \Delta z^2}},$$
$$\cos \bar\gamma = \frac{\Delta z}{+\sqrt{\Delta x^2 + \Delta y^2 + \Delta z^2}}$$

die Kosinus der Winkel $\bar\alpha, \bar\beta, \bar\gamma$ an, welche die von P nach Q gerichtete Gerade $[PQ]$ mit den positiven Koordinatenachsen bildet. Um nun den Grenzübergang $Q \to P$ zu vollziehen, dividieren wir in (2) die Koordinatendifferenzen Δx, Δy, Δz durch die Differenz $\Delta u = u - u_0$, wodurch die Werte (2) unverändert bleiben oder ihr Vorzeichen zugleich umkehren. Beachtet man nun, daß $Q \to P$ durch $u \to u_0$ bewirkt wird und daß die Grenzwerte von $\frac{\Delta x}{\Delta u}$, $\frac{\Delta y}{\Delta u}$, $\frac{\Delta z}{\Delta u}$ die Differentialquotienten $x'(u_0)$, $y'(u_0)$, $z'(u_0)$ von $x(u)$, $y(u)$, $z(u)$ an der Stelle u_0 sind, so folgt aus (2) für die Richtungskosinus der Tangente t von P

$$(3) \qquad \cos \alpha = \frac{x'}{+\sqrt{x'^2 + y'^2 + z'^2}}, \qquad \cos \beta = \frac{y'}{+\sqrt{x'^2 + y'^2 + z'^2}},$$
$$\cos \gamma = \frac{z'}{+\sqrt{x'^2 + y'^2 + z'^2}},$$

worin die Ableitungen x', y', z' für u_0 zu nehmen sind; der durch (3) bestimmte Richtungssinn der Tangente ist, wie man sich nach dem Gesagten leicht klar macht, derjenige, der wachsenden u-Werten entspricht.

Aus (3) folgt

$$(3\,\mathrm{a}) \qquad \cos \alpha : \cos \beta : \cos \gamma = x'(u_0) : y'(u_0) : z'(u_0).$$

Man nennt drei Zahlen, die zu den Richtungskosinus einer Geraden proportional sind, *Richtungsparameter* dieser Geraden. Nach (3a) sind demnach die Differentialquotienten $x'(u_0)$, $y'(u_0)$, $z'(u_0)$ Richtungsparameter der Tangente des Punktes $P(u_0)$.

Sind nun $x(u)$, $y(u)$, $z(u)$ zweimal stetig differenzierbar, so kann (1) auf Grund der Taylorschen Formel (Nr. 6, Gl. (7), (7a), (7b)) in der Umgebung von P so dargestellt werden:

$$(4) \qquad \begin{aligned} x &= x(u_0) + x'(u_0)(u - u_0) + (u - u_0)^2\, \xi_2(u), \\ y &= y(u_0) + y'(u_0)(u - u_0) + (u - u_0)^2\, \eta_2(u), \\ z &= z(u_0) + z'(u_0)(u - u_0) + (u - u_0)^2\, \zeta_2(u). \end{aligned}$$

Nehmen wir an, daß P der Ursprung des Achsenkreuzes ist und daß ihm der Parameterwert $u_0 = 0$ zukommt, so hat (4) die Form

$$(5) \qquad x = a_1 u + u^2\, \xi_2(u); \quad y = b_1 u + u^2\, \eta_2(u), \quad z = c_1 u + u^2\, \zeta_2(u),$$

und es ist nach (4) und (3a)

$$(6) \qquad \cos \alpha : \cos \beta : \cos \gamma = a_1 : b_1 : c_1.$$

Wir nehmen weiterhin an, daß die x-Achse mit der Tangente t im Ursprung zusammenfällt. Für diese Lage muß $b_1 = \cos\beta = 0$ und $c_1 = \cos\gamma = 0$ sein, weil β und γ dann rechte Winkel sind. Vorausgesetzt, daß x, y, z dreimal stetig differenzierbar sind, können wir (5) so darstellen[1]):

$$(7) \quad x = a_1 u + u^2 \xi_2(u), \quad y = b_2 u^2 + u^3 \eta_3(u), \quad z = c_2 u^2 + u^3 \zeta_3(u).$$

Es ist nun von besonderer Wichtigkeit, daß sich das Achsenkreuz durch eine Drehung um die x-Achse in eine solche Lage bringen läßt, daß der Koeffizient c_2 in der dritten Gl. (7) verschwindet. Ist φ der Drehungswinkel und hat ein Punkt (x, y, z) in bezug auf das neue Achsenkreuz die Koordinaten x_1, y_1, z_1, so lauten die Übergangsformeln:

$$(8) \quad x_1 = x, \quad y_1 = y\cos\varphi + z\sin\varphi, \quad z_1 = -y\sin\varphi + z\cos\varphi.$$

Man erhält demnach die neue analytische Darstellung unserer Kurve, indem man in (8) für x, y, z die Ausdrücke (7) einsetzt. So ergibt sich für $z_1 = (-b_2\sin\varphi + c_2\cos\varphi)\,u^2 + (-\eta_3\sin\varphi + \zeta_3\cos\varphi)\,u^3$. Setzt man darin den mit u^2 multiplizierten Klammerausdruck gleich Null, so erhält man eine Gleichung für jenen Winkel φ, für den die Taylorsche Entwicklung von z_1 mit u^3 beginnt. Bezeichnen wir dieses ausgezeichnete Achsenkreuz wieder mit xyz und nehmen wir an, daß $x(u)$, $y(u)$, $z(u)$ viermal stetig differenzierbar seien, so läßt sich die Kurve schließlich in der Umgebung des Ursprungs P so darstellen:

$$(9) \quad \begin{aligned} x &= Au + u^2\,\xi(u), \\ y &= Bu^2 + u^3\,\eta(u), \\ z &= Cu^3 + u^4\,\zeta(u). \end{aligned}$$

P heißt dann ein *regulärer* Kurvenpunkt. Je zwei von den drei Gleichungen (9) bestimmen eine Kurve in einer Koordinatenebene, nämlich den Normalriß (die normale Projektion) der Kurve auf diese Koordinatenebene. Die Ebene $[xy]$ (Fig. 36) des besonderen Achsenkreuzes der Kurvendarstellung (9) heißt die *Schmiegebene* σ, die Ebene $[yz]$ die *Normalebene* ν und die Ebene $[zx]$ die *rektifizierende Ebene* ϱ des Punktes P. Ferner ist die x-Achse, wie wir bereits wissen, die *Tangente* t von P; die y-Achse heißt die *Hauptnormale* h und die z-Achse die *Binormale* b der Kurve in P. Über die geometrische Bedeu-

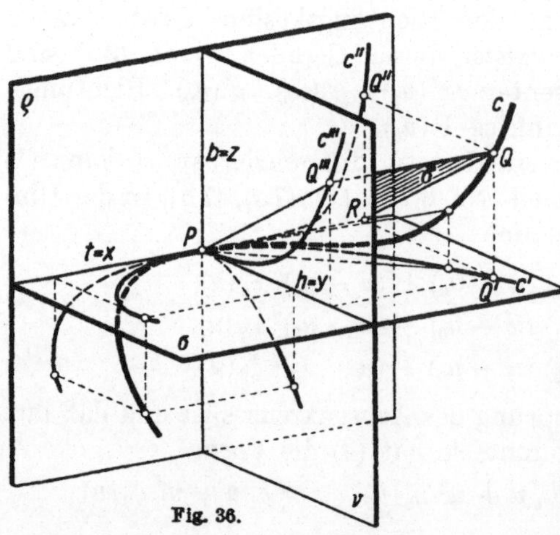

Fig. 36.

---

tung dieser Begriffsbildungen und über die Rechtfertigung dieser Benennungen wird noch zu sprechen sein. Man nennt das aus der Tangente, der Hauptnormalen und der Binormalen eines Kurvenpunktes gebildete Achsenkreuz das *begleitende Dreikant* dieses Punktes. Vergleichen wir nun die Gleichungen (9) mit den in Nr. 7 aufgestellten Gleichungen (6a), (6b) und (8), so ergeben sich folgende Sätze:

Satz 1: *Der Normalriß einer Kurve auf die Schmiegebene eines ihrer regulären Punkte hat in ihm einen regulären Punkt.*

Satz 2: *Der Normalriß einer Kurve auf die rektifizierende Ebene eines ihrer regulären Punkte hat in ihm einen Wendepunkt.*

Satz 3: *Der Normalriß einer Kurve auf die Normalebene eines ihrer regulären Punkte hat in ihm eine Spitze 1. Art.*

Fig. 36 zeigt die Normalrisse c', c'', c''' von c auf die Schmiegebene σ, die rektifizierende Ebene ϱ und die Normalebene ν.

Es soll nun eine rein geometrische, d. h. eine von der analytischen Darstellung (9) unabhängige Erklärung der *Schmiegebene* angegeben werden. Wir legen durch die Tangente t von P und einen weiteren Punkt Q eine Ebene $\bar{\sigma}$ (Fig. 36). Ist Q''' der Normalriß von Q auf die Normalebene ν, so schneidet die Ebene $\bar{\sigma} = [tQ]\ \nu$ in der Geraden $[PQ''']$. Wenn nun Q auf c gegen P konvergiert, muß $\bar{\sigma}$ in die Schmiegebene σ übergehen, weil aus $[PQ''']$ die Tangente der Spitze von c''', die Hauptnormale h, wird. Es gilt daher folgende geometrische Erklärung der Schmiegebene:

Satz 4: *Wenn ein Punkt Q auf einer Kurve gegen einen festen Punkt P konvergiert, so geht die Ebene, die Q mit der Tangente von P verbindet, in die Schmiegebene von P über.*

Aus Satz 2 folgt unmittelbar der

Satz 5: *Im Berührpunkt der Schmiegebene eines regulären Punktes tritt die Kurve von der einen Seite der Schmiegebene auf die andere über.*

Durch den Satz 4 findet die Wahl des Namens Schmiegebene eine ohne weiters verständliche Rechtfertigung. Alle Geraden, die in P auf der Tangente t normal stehen, heißen die *Normalen* der Kurve in P. Sie liegen in der *Normalebene*. Insbesondere ist die in der Schmiegebene liegende Normale die *Hauptnormale*. Jene Kurvennormale, welche auf der Schmiegebene normal steht, heißt *Binormale*. Der Name *rektifizierende Ebene* kann erst später (Nr. 80) gerechtfertigt werden.

14. Krümmung der Raumkurven. Die analytische Darstellung einer Kurve c in der Umgebung eines Punktes P lautet, bezogen auf das begleitende Dreikant, nach Nr. 13, (9):

$$(1) \qquad x = Au + u^2\xi(u), \quad y = Bu^2 + u^3\eta(u), \quad z = Cu^3 + u^4\zeta(u).$$

Wir wollen nun durch Wiederholung des in Nr. 9 erklärten Verfahrens den *Krümmungskreis* von c in P ermitteln. Zu diesem Zweck hat man zunächst auf c einen von P verschiedenen Punkt $Q\,(x, y, z)$ zu wählen und den Kreis zu betrachten, der c in P berührt und durch Q geht. Nach Nr. 9 (Fig. 24) ist dann $x^2 = RQ \cdot RQ_1$. Wenn nun Q auf c gegen P konvergiert, geht der Kreis in den Krümmungskreis und RQ_1 in einen Durchmesser über. Bezeichnen wir den Halbmesser des Krümmungskreises mit r und beachten wir, daß RQ den Abstand des Punktes Q von der x-Achse bedeutet, also im vorliegenden räumlichen Fall (Fig. 36) den Wert $\sqrt{y^2 + z^2}$ hat, so ist nach dem Gesagten

$$(2) \qquad 2r = \lim_{Q \to P} \frac{\overline{PR^2}}{RQ} = \lim_{u \to 0} \frac{x^2}{\sqrt{y^2 + z^2}}$$

Wenn man darin die Ausdrücke (1) einsetzt, durch u^2 kürzt und hierauf u gegen Null führt, so erhält man

$$(3) \qquad r = \frac{A^2}{2B}.$$

Wir können den *Krümmungsradius* r auch durch eine der Grenzwertformel (11) in Nr. 9 entsprechende Formel erhalten. Zu diesem Zweck legen wir an die Kurve in einem von P verschiedenen Punkt Q die Tangente t_1. Bezeichnet s die Länge des Bogens PQ, φ den (spitzen) Winkel. den t_1 mit der Tangente t von P einschließt, so ist zu beweisen, daß

$$4) \qquad r = \lim_{s \to 0} \frac{s}{\varphi}$$

gilt. Nach Nr. 13 (3) ist $\cos^2 \varphi = \dfrac{x'^2}{x'^2 + y'^2 + z'^2}$. Somit ist $\sin^2 \varphi = \dfrac{y'^2 + z'^2}{x'^2 + y'^2 + z'^2}$. Differenziert man die Gleichungen (1), so ergibt sich

$$(5) \qquad \sin^2 \varphi = \frac{4B^2 u^2 + *}{A^2 + 4B^2 u^2 + *};$$

darin bedeuten die Sternchen Glieder, die u mindestens in der dritten Potenz als Faktor enthalten.

Aus (5) und der ersten Gleichung (1) folgt nun

$$\lim_{u \to 0} \frac{\sin^2 \varphi}{x^2} = \lim_{u \to 0} \frac{\varphi^2}{x^2} = \lim_{u \to 0} \frac{4B^2 u^2 + *}{(A^2 u^2 + *)(A^2 + 4B^2 u^2 + *)}.$$

Kürzt man den Ausdruck unter dem letzten Limeszeichen durch u^2, so erhält man

$$(6) \qquad \lim_{u \to 0} \frac{\varphi}{x} = \frac{2B}{A^2}.$$

In (6) dürfen wir offenbar statt x die Sehne und daher auch die Bogenlänge s setzen, was bereits auf S. 29 f. begründet wurde. Es ist daher nach (3)

$$(7) \qquad \lim_{s \to 0} \frac{\varphi}{s} = \frac{1}{r} = \varkappa,$$

womit (4) bewiesen ist. Man nennt ebenso wie in der Ebene $\frac{1}{r} = \varkappa$ die *Krümmung* der Kurve in P. Sie ist also definiert durch

$$(7\,\text{a}) \qquad\qquad \lim_{s \to 0} \frac{\varphi}{s} = \varkappa.$$

Nach dem beschriebenen Grenzprozeß liegt der Krümmungskreis in der Schmiegebene von P und berührt dort die Kurve c. Sein Mittelpunkt, die „Krümmungsmitte" von P, liegt daher auf der Hauptnormalen, und zwar auf jener Seite der rektifizierenden Ebene, auf der c liegt.

Von der Formel (2) für den Krümmungsradius machen wir sogleich eine Anwendung (Fig. 37). Wir projizieren die Kurve c normal auf eine Ebene Π, die zur Tangente t des Punktes P parallel ist und mit dessen

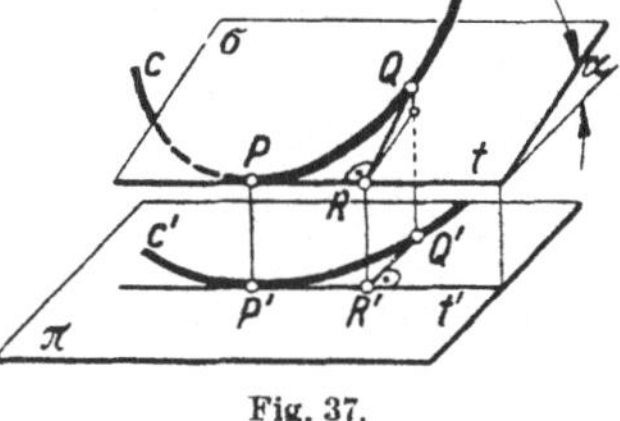

Fig. 37.

Schmiegebene σ einen Winkel α einschließt, und fragen nach dem Krümmungsradius r_1 des Normalrisses c' in P'. Nun ist aber nach Nr. 9, (2)

$$(8) \qquad\qquad 2\,r_1 = \lim_{Q' \to P'} \frac{\overline{P'R''}^2}{\overline{R'Q'}},$$

somit wegen $PR = P'R'$ nach (2) und (8) $r : r_1 = \lim_{Q \to P} (R'Q' : RQ)$. Das in der runden Klammer stehende Streckenverhältnis konvergiert aber gegen $\cos \alpha$. Also ist

$$(9) \qquad\qquad r_1 = \frac{r}{\cos \alpha}.$$

Projiziert man dagegen die Kurve c (Fig. 38) normal auf eine Ebene Π, die zur Hauptnormalen des Punktes P parallel ist und mit der Tangente t von P den Winkel β einschließt, so erhält man auf demselben Wege

$$(10) \qquad\qquad r_1 = r \cos^2 \beta.$$

Haben nämlich P, Q, R dieselbe Bedeutung wie vorhin, so ist im Normalriß auf Π der Winkel $P'R'Q'$ i. allg. zwar kein rechter, er konvergiert aber für $Q \to P$ gegen einen rechten, weil dabei aus $[QR]$

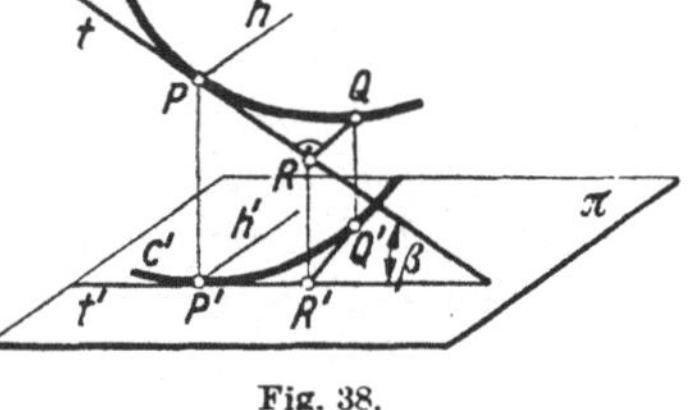

Fig. 38.

die zu Π parallele Hauptnormale von P entsteht. Da demnach $\lim_{Q \to P} (RQ : R'Q') = 1$ und ferner $P'R' : PR = \cos \beta$ ist, folgt durch Division aus (2) und (8) die zu beweisende Gleichung (10).

Ohne Beweis sei schließlich hervorgehoben, daß (9) und (10) Sonderfälle der allgemeinen Gleichung[1]

$$(11) \qquad\qquad r_1 = \frac{r \cos^3 \beta}{\cos \alpha}$$

---

1) Bellavitis. Lezioni di geometria descrittiva. Padova 1851, S. 241.

zwischen den Krümmungsradien in entsprechenden Punkten von c und c' sind, wenn α den Neigungswinkel der Schmiegebene und β den Neigungswinkel der Tangente gegen die Bildebene Π bedeutet. Aus (11) entsteht (9) für $\beta = 0$ und (10) für $\alpha = \beta$.

15. Torsion, konische Krümmung, singuläre Punkte einer Raumkurve. Durchläuft ein Punkt Q eine Kurve c in einem bestimmten Sinn, so zerlegt jeder Punkt P von c die Kurve in zwei Teile, die Menge aller Punkte Q_1, die früher als P, und die Menge aller Punkte Q_2, die später

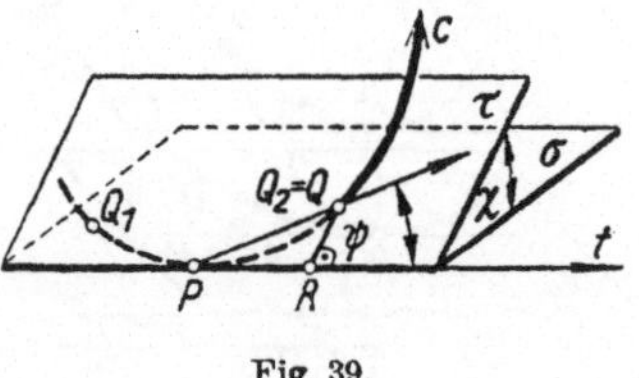

Fig. 39.

als P durchlaufen werden (Fig. 39). Wenn sich nun Q_2 im umgekehrten Laufsinn unbeschränkt P nähert, so konvergiert der Halbstrahl $\overrightarrow{PQ_2}$ in die *vorwärtslaufende Halbtangente t* von P. Durch Umkehrung des Laufsinnes erhält man ebenso die *rückwärtslaufende Halbtangente* des ursprünglichen Laufsinnes. Diese Begriffsbildung wurde bereits in Nr. 7 für ebene Kurven eingeführt. Ebenso wie dort nennen wir auch bei Raumkurven solche Punkte, in denen die beiden Halbtangenten zusammenfallen. *Spitzen* und gebrauchen die Sprechweise, daß in einer Spitze der Laufsinn *rückläufig* wird.

Zur weiteren Charakterisierung der singulären Punkte *ebener Kurven* wurde in Nr. 7 der *Tangentendrehsinn* eingeführt, d. h. der Drehsinn, in dem sich die Richtung der Tangente beim Durchlaufen der Kurve ändert. Um diesen zu beobachten, denkt man sich etwa durch einen festen Punkt die Parallelen t zu den Tangenten t der ebenen Kurve gelegt. Dieselben Dienste zur Charakterisierung von singulären Punkten *ebener Kurven* leistet aber auch ein anderer Drehsinn, den wir den *Sehnendrehsinn* nennen wollen. Darunter verstehen wir den Drehsinn der Sehne $[PQ]$ um den festen Kurvenpunkt P, wenn Q die Kurve durchläuft. Man sieht sofort, daß der Sehnendrehsinn, ebenso wie der Tangentendrehsinn, in der Umgebung von P beständig ist, falls P ein regulärer Punkt oder eine Spitze 1. Art ist, und daß er *rückläufig* wird, falls in P ein Wendepunkt oder eine Spitze 2. Art liegt.

Der Begriff des *Sehnendrehsinnes* läßt sich auf *Raumkurven* in der folgenden Weise übertragen (Fig. 39). Es sei wieder P ein fester Punkt der Kurve c, die von Q in einem bestimmten Sinn durchlaufen werde. Dabei wird sich die Ebene τ, die die Tangente t von P mit Q verbindet, um t drehen, und es wird sich gleichzeitig die Sehne $[PQ]$, wenn man sie als Gerade der (variablen) Ebene τ auffaßt, in τ um P drehen. Diesen letzteren Drehsinn nennen wir den *Sehnendrehsinn* in P. Den Drehsinn, in welchem die Drehung der c in P berührenden Ebenen τ und t erfolgt, nennen wir den *Berührebenendrehsinn*. Es heißt nun ein Kurvenpunkt *regulär*, wenn in ihm keiner der drei besprochenen Bewegungssinne rückläufig wird; er ist *singulär*, wenn von ihnen wenigstens einer rückläufig wird. Wird der Laufsinn in P rückläufig, so ist P eine *Spitze* (*Rückkehrpunkt*); wird in der Tangente t von P der Sehnendrehsinn rückläufig, so heißt t eine *Rückkehrtangente;* wird schließlich in der Schmiegebene σ von P der Berührebenendrehsinn rückläufig, so heißt σ eine *Rückkehrebene.* Da die Rückläufigkeit der drei Bewegungssinne auch kombiniert auftreten kann, ergeben sich auf diesem Wege sieben verschiedene Arten singulärer Punkte.[1])

Legt man in Q die Tangente t_1 und die Schmiegebene σ_1 an c und ist φ der spitze Winkel tt_1 und ω der Winkel $\sigma\sigma_1$, so gilt für die Krümmung $\varkappa$ in P nach Nr. 14 (7)

$$(1) \qquad \varkappa = \lim_{s \to 0} \frac{\varphi}{s}.$$

Den Grenzwert

$$(2) \qquad \tau = \lim_{s \to 0} \frac{s}{\omega}$$

nennt man den *Torsionsradius* von c in P. Schließlich bezeichnet man daselbst als *konische Krümmung* den Grenzwert

$$(3) \qquad \varkappa_1 = \lim_{s \to 0} \frac{\omega}{\varphi}.$$

Wegen der Identität $\dfrac{\omega}{s} = \dfrac{\varphi}{s}\dfrac{\omega}{\varphi}$ gilt nach (1), (2), (3)

$$(4) \qquad \frac{1}{\tau} = \varkappa\varkappa_1.$$

Der Wert (4) heißt die Torsion von c in P. Es gilt also der

Satz 1: *Die Torsion einer Raumkurve in einem Punkt ist gleich dem Produkt aus der Krümmung und der konischen Krümmung.*

$\varkappa$, τ und $\varkappa_1$ lassen sich auch, was hier nicht näher ausgeführt werden soll, durch s, den spitzen Winkel $\psi = \sphericalangle\,QPR$ (Fig. 39) und den spitzen Winkel χ, den die Schmiegebene σ mit der Ebene τ einschließt, folgendermaßen ausdrücken:

$$(5) \qquad \begin{aligned} \varkappa &= 2 \lim_{s \to 0} \frac{\psi}{s}, \\ \tau &= \frac{1}{3} \lim \frac{s}{\chi}, \\ \varkappa_1 &= \frac{3}{2} \lim \frac{\chi}{\psi}. \end{aligned}$$

Nach Nr. 13, Satz 5 liegt jede Raumkurve in der Umgebung eines regulären Punktes P zu beiden Seiten der Schmiegebene σ von P. Steht

---

1) G. K. Chr. v. Staudt, Geometrie der Lage. Nürnberg 1847. Chr. Wiener, Lehrbuch I, Nr. 257, 259; J. Hjelmslev, Darst. Geom., Nr. 264. Namen für diese Singularitäten haben sich noch nicht eingebürgert; vgl. die Vorschläge von R. Mehmke, Z. Math. Phys. 49 (1903), S. 62—68 und K. Zindler, S. B. Akad. Wien, math.-nat. Kl. IIa 127 (1918). Modelle dazu sind im Verlag von L. Brill (Darmstadt), jetzt M. Schilling (Leipzig) erschienen.

nun ein Beobachter in P auf σ, den Blick gegen die Krümmungsmitte von P gerichtet, so sind zwei Fälle möglich: Entweder verläuft die Kurve nach seinem Urteil von links unten nach rechts oben oder von rechts unten nach links oben. Auf welcher Seite von σ sich dabei der Beobachter befindet, ist für das Ergebnis dieser Beobachtung belanglos. Im ersten Fall nennt man die Kurve *rechtsgewunden,* im zweiten *linksgewunden.* Aus der neuerlichen Betrachtung der Fig. 39 entnimmt man sofort, daß es von dem Drehsinn der Berührebenen τ um t abhängt, welcher der beiden Fälle eintritt. Nach (5) kann man daher durch das *Vorzeichen der Torsion* zum Ausdruck bringen, ob die Kurve in einem Punkt *rechts-* oder *linksgewunden* ist.

16. Projektionen von Raumkurven. Wird eine Raumkurve c aus einem Auge O auf eine Ebene nach c' projiziert und liegt O auf keiner Tangente von c, so folgt aus der Erklärung der Halbtangenten in einem Punkt von c (Nr. 15) der

Satz 1: *Liegt das Auge auf keiner Tangente der Raumkurve c, so hat ihr Bild c' nur in solchen Punkten Spitzen, denen Spitzen von c entsprechen; umgekehrt entspricht jeder Spitze von c eine Spitze in c'.*

Nehmen wir an, es sei P ein regulärer Punkt von c, dessen Schmiegebene σ *nicht* durch das Auge O gehe. Es wird sich dann aus c ein genügend kurzes, P enthaltendes Stück abgrenzen lassen, so daß auch die Ebene $\tau = [tQ]$ in Fig. 39, wenn Q dieses Bogenstück durchläuft, niemals durch O geht. Daraus folgt dann, daß der Sehnendrehsinn (S. 44) von c mit dem Sehnendrehsinn von c' übereinstimmt. Liegt dagegen O in σ, so wird sich der Sehnendrehsinn von c' in dem Augenblick umkehren, wo bei beständigem Sehnendrehsinn von c die Ebene τ die Schmiegebene durchschreitet. Daraus und aus Satz 1 folgen die Sätze:

Satz 2: *Liegt das Auge nicht in der Schmiegebene eines regulären Punktes P von c, so ist das Bild P' ein regulärer Punkt von c'.*

Satz 3: *Liegt das Auge in der Schmiegebene eines regulären Punktes P von c, jedoch nicht in der Tangente von P, so ist das Bild P' ein Wendepunkt von c'.*

Nun beweisen wir den

Satz 4: *Liegt das Auge auf der Tangente t eines regulären Punktes P von c, jedoch nicht im Berührpunkte von t, so ist das Bild P' eine Spitze 1. Art von c'; seine Tangente ist das Bild der Schmiegebene von P.*

In diesem Fall sind die Ebenen $\tau = [tQ]$ in Fig. 39 Sehebenen, die sich als die Sehnen von c' abbilden. Da P regulär ist, ist der Drehsinn der Ebenen τ in der Umgebung von P beständig; daher gilt dies auch vom Sehnendrehsinn von c' in P'. Diese Überlegung schließt bereits einen Wendepunkt und eine Spitze 2. Art in P' aus. Wir zeigen, daß P' kein regulärer Punkt von c' sein kann. Legt man nämlich durch einen regulären Punkt einer ebenen Kurve in ihrer Ebene eine von der Tangente verschiedene Gerade, so liegt sie in der Umgebung dieses Punktes zu beiden Seiten dieser Geraden. Wenn nun P ein regulärer Punkt von c ist, so liegt c in der Umgebung von P wegen Nr. 13, Satz 1 ganz auf einer Seite der rektifizierenden Ebene ϱ von P. Da ferner das Auge nicht in P liegt, so befindet sich c' in der Umgebung von P' ganz auf einer Seite der Spur, die ϱ aus der Bildebene ausschneidet. Nun ist aber die Spur der Schmiegebene σ von P die Tangente von c' in P', weil τ nach σ fällt, falls Q nach P rückt; demnach kann P' kein regulärer Punkt sein. Er muß daher eine Spitze 1. Art sein, w. z. b. w.

Schließlich beweisen wir den

Satz 5: *Liegt das Auge in einem regulären Punkt P von c, so ist P' ein regulärer Punkt von c'; seine Tangente ist das Bild der Schmiegebene von P.*

Da sich hier das Auge in P befindet, lehrt der zuletzt durchgeführte Gedankengang, daß sich c' in der Umgebung von P' zu beiden Seiten der Spur der rektifizierenden Ebene befinden muß und daß im übrigen alles wie vorhin gilt. P' ist demnach ein regulärer Punkt von c'.

Bei den voranstehenden Überlegungen kann das Auge O auch ein Fernpunkt sein. Die Sätze 1, 2, 3 in Nr. 13 sind Sonderfälle der eben bewiesenen Sätze 2, 3, 4.

17. Die Tangentenfläche einer Raumkurve. Wir beweisen zunächst den folgenden

Satz 1: *Legt man durch zwei Punkte A, B einer regulären Kurve c eine Ebene ε, so gibt es auf c zwischen A und B mindestens einen Punkt C, dessen Tangente zu ε parallel ist.*

Da c eine stetige Kurve ist, gibt es auf c zwischen A und B einen Punkt C, dessen Abstand von ε der größte unter den Abständen der Punkte des Bogens $\overset{\frown}{AB}$ von ε ist. In diesem Punkt muß aber die Tangente zu ε parallel sein; denn wäre dies nicht der Fall, so würde der Bogen $\overset{\frown}{AB}$ die Ebene $[C \| \varepsilon]$ schneiden, und es gäbe dann Punkte von $\overset{\frown}{AB}$, die von ε einen noch größeren Abstand als C besitzen müßten, im Widerspruch zur Bedeutung von C. Damit ist Satz 1 bewiesen.

Legt man durch einen Raumpunkt R die Parallelen $\bar{t}$ zu allen Tangenten t einer Raumkurve c, so erhält man einen Kegel $\varkappa$, der *Richtkegel* von c heißt, weil seine Erzeugenden die Richtungen der Tangenten von c angeben. Jeder Tangente t von c ist demnach eine parallele Erzeugende $\bar{t}$ von $\varkappa$ zugeordnet. Es sei P der Berührpunkt von t, τ die durch t gehende Schmiegebene und $\bar{\tau}$ die Tangentialebene des Richtkegels längs der zu t parallelen Erzeugenden $\bar{t}$. Wir können nun leicht den folgenden wichtigen Satz beweisen:

Satz 2: *Ist t die Tangente und τ die Schmiegebene in einem Punkt P einer Kurve c, so ist die Tangentialebene $\bar{\tau}$ des Richtkegels längs der zu t parallelen Erzeugenden $\bar{t}$ zu τ parallel.*

Es sei Q ein auf c gegen P konvergierender Punkt; dann gibt es auf dem Bogenstück $\widehat{PQ}$ nach Satz 1 sicher einen Punkt Q_1, dessen Tangente t_1 zur Ebene $[tQ]$ parallel ist. Ist $\bar{t}_1$ die zu t_1 parallele Erzeugende des Richtkegels, so sind daher die Ebenen $[tQ]$ und $[t\bar{t}_1]$ beim Grenzübergang $Q \to P$ stets parallel. Nun konvergiert aber die Ebene $[tQ]$ nach der Schmiegebene τ und die Ebene $[t\bar{t}_1]$ nach der Tangentialebene $\bar{\tau}$ des Kegels; es sind demnach τ und τ parallel. w. z. b. w.

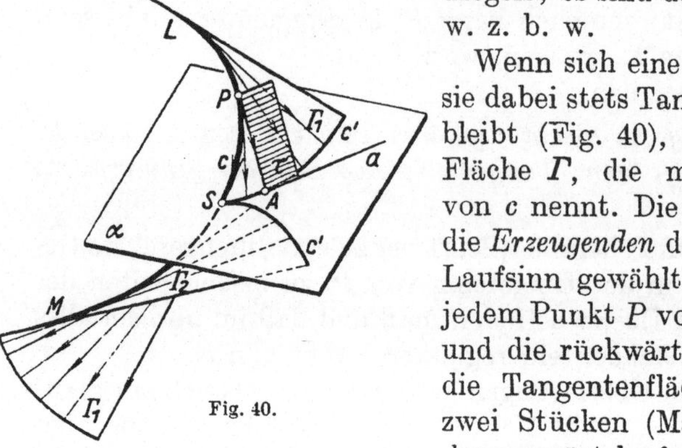

Fig. 40.

Wenn sich eine Gerade t so bewegt, daß sie dabei stets Tangente einer Raumkurve c bleibt (Fig. 40), so überstreicht sie eine Fläche Γ, die man die *Tangentenfläche* von c nennt. Die Tangenten von c heißen die *Erzeugenden* der Fläche. Wird auf c ein Laufsinn gewählt, so bestimmt dieser in jedem Punkt P von c die vorwärtslaufende und die rückwärtslaufende Halbtangente: die Tangentenfläche besteht daher aus zwei Stücken (Mänteln), dem Mantel Γ_1 der vorwärtslaufenden Halbtangenten und dem Mantel Γ_2 der rückwärtslaufenden Halbtangenten. Γ_1 und Γ_2 hängen längs c zusammen, und ein Blick auf Fig. 40 legt sofort die Vermutung nahe, daß sich Γ_1 und Γ_2 längs c berühren und daselbst eine scharfe Kante bilden. Diese Vermutung ist, wie wir beweisen werden, tatsächlich richtig. Man nennt daher c die *Gratlinie* der Tangentenfläche Γ. Irgendeine c in einem Punkt S schneidende (nicht berührende) Ebene α schneidet daher Γ nach einer Kurve c', die in S eine *Spitze* hat.

Es sei P ein Punkt von c, t seine Tangente und τ seine Schmiegebene. Eine Ebene α schneide t in A, τ in a und die Tangentenfläche Γ in einer Kurve c'. Dann ist, wie sogleich bewiesen werden wird, a die Tangente von c' in A. Man nennt daher a eine Tangente von Γ in A. Legt man durch A irgendeine andere Ebene α, so hat ihr Schnitt mit Γ in A eine Tangente, die wieder in τ liegen muß. Also liegen alle Tangenten des Punktes A in τ. Man sagt dafür, *daß τ die Tangentenfläche in A berührt.* Beachtet man weiter, daß A ein beliebiger Punkt von t ist, so ergibt sich

Satz 3: *Die Tangentenfläche einer Raumkurve c wird längs jeder Tangente t von c von der Schmiegebene des Berührpunktes von t berührt.*

Die *Tangentenflächen* verhalten sich demnach in dieser Hinsicht ebenso wie *Kegel-* und *Zylinderflächen* (Nr. 12). Sie teilen mit diesen aber eine andere wichtige Eigenschaft. *Tangentenflächen, Kegel* und *Zylinder* lassen sich nämlich, zumindest stückweise, ohne Faltung, Dehnung und Zerreißung in einer Ebene ausbreiten, wovon aber erst in Nr. 80 eingehend die Rede sein wird. Diese Flächen heißen daher auch *abwickelbare Flächen*. Man nennt sie auch *Torsen*.[1])

Der Beweis der voranstehenden, noch unbewiesenen Behauptungen ergibt sich aus Fig. 41. Ein Bogen $c = \widehat{LM}$ werde von L nach M durchlaufen und es mögen alle vorwärtslaufenden Halbtangenten von c eine Ebene α schneiden. Insbesondere sei A der Schnittpunkt der Halbtangente des regulären Punktes P. Wir haben nun zu beweisen: *Die Tangentenfläche von c schneidet α in einer Kurve c′, deren Tangente in A die Spur a der Schmiegebene τ des Punktes P in der Ebene α ist.* Projiziert man c aus P auf α, so erhält man nach Nr. 16, Satz 5 eine Kurve c'', für die A ein regulärer Punkt ist und deren Tangente in A a ist. Ist nun Q ein Punkt des Bogens, Q'' seine Projektion aus P auf α und Q' der Spurpunkt seiner vorwärtslaufenden Halbtangente mit α, so liegt Q' auf der vorwärtslaufenden Halbtangente von c'' in Q'', wenn man den Laufsinn von c durch die Projektion aus P auf c'' überträgt. Wir orientieren nun die Tangenten von c' und c'' in A bzw. Q''

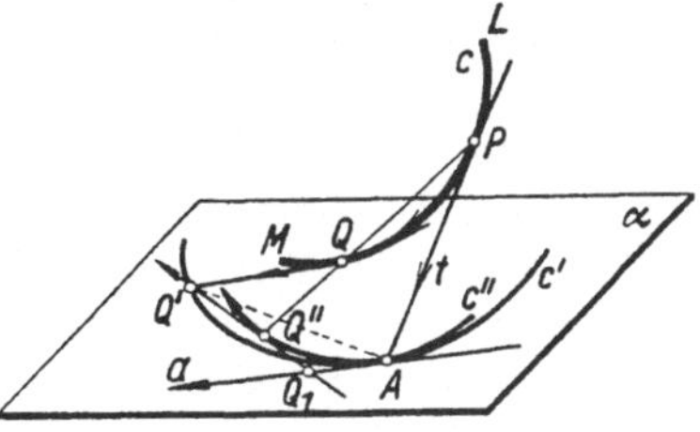

Fig. 41.

in diesem Laufsinn, bezeichnen ihren Schnittpunkt mit Q_1 und beobachten das Verhalten des Dreieckes $Q'Q_1A$, wenn Q auf c gegen P konvergiert. Da der Winkel dieses Dreieckes bei Q_1 in einen gestreckten übergeht, konvergiert der Winkel bei A gegen Null. Die Sehne $[AQ']$ von c' konvergiert also nach a, und es ist demnach a tatsächlich die Tangente von c' in A.

Die Ebene α schneide c in S (Fig. 40), ohne daselbst c zu berühren. α wird dann von den vorwärtslaufenden Halbtangenten des Bogens $\widehat{LS}$ und den rückwärtslaufenden Halbtangenten von $\widehat{SM}$ geschnitten. Der Schnitt c' der Tangentenfläche mit α setzt sich daher aus zwei Teilbögen zusammen, die in S eine gemeinsame Tangente, nämlich die Schnittlinie von α mit der Schmiegebene von S haben. Es ist leicht einzusehen, daß S eine Spitze von c' ist. Da der Normalriß von c auf die Schmiegebene von S in der Umgebung von S nach Nr. 16, Satz 5 ein Bogen ist, der in S einen regulären Punkt hat, wird die rektifizierende Ebene ϱ von S von den vorwärtslaufenden Halbtangenten von $\widehat{LS}$ und den rückwärtslaufenden Halbtangenten von $\widehat{SM}$ geschnitten, vorausgesetzt, daß L und M in genügender Nähe von S liegen. In der Umgebung von S muß demnach c' ganz auf einer Seite der Schnittlinie $[\alpha\varrho]$ liegen. Da diese Gerade aber nicht die Tangente von c' ist, muß S eine Spitze von c' sein.

Eine noch eingehendere Untersuchung führt zu folgenden Ergebnissen:

Satz 4: *Wird eine Raumkurve c von einer Ebene α in einem regulären Punkt S getroffen und schneidet α die Tangentenfläche von c nach einer Kurve c′, so ist S auf c′ a) eine Spitze 1. Art, falls α die Kurve c in S nicht berührt. b) ein Wendepunkt, falls α c in S berührt, ohne in die Schmiegebene zu fallen, c) ein regulärer Punkt, falls α die Schmiegebene von c in S ist.*

---

1) Dieser Name stammt von A. Cayley.

18. Krumme Flächen, Tangentialebene. Wir gehen vom anschaulichen Begriff einer krummen Fläche Φ aus, wie er uns in der Körperwelt als glatte Oberfläche eines Körpers entgegentritt, und stellen die Aufgabe, diesen Begriff mathematisch zu fassen. Wir legen einen vollkommen biegsamen Faden c auf die Fläche Φ, so daß er mit allen seinen Punkten auf ihr ruht. Diesen Faden können wir nun in mannigfacher Weise auf Φ bewegen, wobei er natürlich im allgemeinen seine Gestalt stetig ändern und ein Stück von Φ überstreichen wird. In jedem Zeitpunkt v ist der Faden eine auf der Fläche liegende Kurve c_v, die wir nach Nr. 13 (1) durch eine Parameterdarstellung in einem variablen Parameter u darstellen können. Stellen wir uns vor, daß durch jeden Punkt des überstrichenen Flächenstückes Φ nur eine Kurve c_v geht, so ist jedem Punkt von Φ ein Zahlenpaar zugeordnet: Ein Wert v, den wir als den Zeitpunkt deuten können, in welchem c_v den Punkt überstreicht, und der Parameterwert u, der ihm als Punkt von c_v in einer Parameterdarstellung dieser Lage von c_v zukommt. Die Koordinaten des überstrichenen Flächenstückes sind demnach Funktionen von zwei unabhängigen Variablen u und v, also

$$(1) \qquad x = x(u, v), \quad y = y(u, v), \quad z = z(u, v),$$

die in einem gemeinsamen Bereich von Werten u, v definiert sein müssen.

Man nennt (1) eine Parameterdarstellung einer Fläche. Setzt man darin für v einen zulässigen konstanten Wert v, so liefert (1) die Parameterdarstellung einer Kurve c_v der Fläche, wie dies eben erklärt wurde. Erteilt man indes u einen zulässigen konstanten Wert, so ist in (1) nur mehr v variabel, und man erhält eine auf der Fläche liegende Kurve c_u. So erscheint unsere Fläche von zwei Kurvenscharen überdeckt: der Schar der c_v (v = konst.) und der Schar der c_u (u = konst.), die man die *Parameterkurven* der Fläche nennt.

Nehmen wir an, daß sich aus den beiden ersten Gleichungen (1) u und v als Funktionen von x und y ausdrücken lassen, so erhält man durch Einsetzen dieser Funktionen in die dritte Gleichung (1) die *Gleichung der Fläche*

$$(2) \qquad z = f(x, y).$$

Wir können auch sagen: (2) entstand aus (1) durch Elimination der Parameter u und v. Ohne Bevorzugung einer Koordinate wird man das Eliminationsresultat von u und v aus (1) als *Gleichung der Fläche* in der Form

$$(3) \qquad F(x, y, z) = 0$$

anschreiben.

Im folgenden wird angenommen, daß ein Flächenstück Φ durch eine Gleichung (2) gegeben sei. Wir können der Gleichung (2) sofort eine Parameterdarstellung der Fläche Φ an die Seite stellen, indem wir setzen

$$(2\,\mathrm{a}) \qquad x = u, \quad y = v, \quad z = f(u, v).$$

Hier sind die Parameterkurven c_v ($v =$ konst.) die Schnitte der Fläche mit
den zur Koordinatenebene $[xz]$ parallelen Ebenen und die c_u ($u =$ konst.)
die zur $[yz]$-Ebene parallelen ebenen Schnitte der Fläche. Verlangen wir,
daß diese ebenen Schnitte c_v n-mal differenzierbare Kurven sind (Nr. 6),
so muß sich die Funktion $f(x,y)$ bei konstant gehaltenem y n-mal nach
x differenzieren lassen. Ebenso muß $f(x,y)$ bei konstant gehaltenem x
n-mal nach y differenzierbar sein, wenn die c_u n-mal differenzierbare
Kurven sein sollen. Wir bezeichnen nun mit f_x die aus $f(x,y)$ durch Differentiation nach x bei konstantem y entstehende Funktion; ebenso entsteht f_y aus $f(x,y)$ durch Differentiation nach y bei konstantem x. f_x und
f_y heißen die *ersten partiellen Ableitungen* von $f(x,y)$ nach x bzw. y.
f_x und f_y sind nun selbst wieder Funktionen von x und y. Besitzt jede
von ihnen wieder partielle Ableitungen, so erhalten wir die *zweiten par-
tiellen Ableitungen* von $f(x,y)$, nämlich f_{xx}, f_{xy}, f_{yx}, f_{yy}. Läßt sich dieses
Verfahren der *partiellen Differentiation* n-mal wiederholen und sind die
n-ten partiellen Ableitungen stetige Funktionen[1]) von x, y, so heißt
$f(x,y)$ n-mal stetig differenzierbar, und $z = f(x,y)$ eine n-mal stetig
differenzierbare Fläche. Für die gemischten Ableitungen stetig differenzier-
barer Funktionen besteht der Satz, daß bei der Bildung einer gemischten
Ableitung die Reihenfolge der Differentiationen nach x und nach y
belanglos ist; es ist also $f_{xy} \equiv f_{yx}$.

Wir haben in Nr. 6 gesehen, daß für die Theorie der ebenen Kurven
$y = f(x)$ die Entwicklung von $f(x)$ nach der Taylorschen Formel von
grundlegender Bedeutung war. Eine entsprechende Entwicklung gestatten
aber auch die differenzierbaren Funktionen $f(x,y)$ von zwei Veränderlichen. Es seien $(x_0 y_0)$ und $(x y)$ zwei Wertepaare — wir sagen dafür geometrisch zwei Punkte $P_0(x_0 y_0)$ und $P(x y)$ der $[x y]$-Ebene — aus dem
Definitionsbereich der Funktion $f(x,y)$, und es werde $h = x - x_0$ und
$k = y - y_0$ gesetzt. Dann lautet die *Taylorsche Formel* für eine zweimal
stetig differenzierbare Funktion $f(x,y)$:

$$(4) \quad f(x,y) = f(x_0,y_0) + [f_x(x_0,y_0)h + f_y(x_0,y_0)k]$$
$$+ \tfrac{1}{2}[f_{xx}(\xi,\eta)h^2 + 2f_{xy}(\xi,\eta)hk + f_{yy}(\xi,\eta)k^2],$$

worin (ξ, η) einen nicht näher bekannten Punkt der Strecke $P_0 P$ bedeutet. Ist $f(x y)$ dreimal stetig differenzierbar, so lautet die Taylorsche
Formel

$$(5) \quad f(x,y) = f(x_0,y_0) + [f_x(x_0,y_0)h + f_y(x_0,y_0)k]$$
$$+ \tfrac{1}{2}[f_{xx}(x_0,y_0)h^2 + 2f_{xy}(x_0,y_0)hk + f_{yy}(x_0,y_0)k^2]$$
$$+ \tfrac{1}{6}[f_{xxx}(\xi,\eta)h^3 + 3f_{xxy}(\xi,\eta)h^2k + 3f_{xyy}(\xi,\eta)hk^2 + f_{yyy}(\xi,\eta)k^3],$$

worin (ξ, η) wieder einen nicht näher bekannten Punkt der Strecke
$P_0 P$ bedeutet. Ist nun $z = f(x,y)$ die Gleichung einer Fläche, die wir in

---

1) Sind (x_1, y_1) und (x_2, y_2) zwei Wertepaare aus dem Definitionsbereich von
$f(x,y)$, so soll stets $|f(x_1,y_1) - f(x_2,y_2)| \to 0$ konvergieren, wenn $x_2 \to x_1$ und
$y_2 \to y_1$ konvergieren.

der Umgebung eines Punktes betrachten wollen, dessen Normalriß auf $[xy]$ die Koordinaten x_0, y_0 haben soll, so können wir ohne Einschränkung der Allgemeinheit annehmen, daß dieser Flächenpunkt der Ursprung des Achsenkreuzes ist. Es ist dann $x_0 = y_0 = 0$, $f(x_0, y_0) = 0$, $h = x$ und $k = y$, und die Werte ξ und η sind in nicht näher bekannter Weise von x und y abhängig. Nach (4) gestattet demnach eine in der Umgebung des Ursprungs zweimal stetig differenzierbare Fläche daselbst die Darstellung

$$(6) \qquad z = (a_1 x + a_2 y) + (x^2 \lambda + x y \mu + y^2 \nu),$$

worin λ, μ, ν zweimal stetig differenzierbare Funktionen von x und y bedeuten. Ein Flächenpunkt, der die Darstellung (6) zuläßt, heißt *regulär*. Ist die Fläche in der Umgebung des Ursprungs dreimal stetig differenzierbar, so entsteht aus (5) die Darstellung der Fläche:

$$(7) \quad z = (a_1 x + a_2 y) + (b_1 x^2 + 2 b_2 x y + b_3 y^2) + (x^3 \varphi + x^2 y \chi + x y^2 \psi + y^3 \omega),$$

worin φ, χ, ψ, ω dreimal stetig differenzierbare Funktionen von x und y sind.

Man nennt die Tangenten aller Kurven, die auf einer Fläche liegen, *Tangenten der Fläche*, kurz *Flächentangenten*. Es gilt nun der

Satz 1: *Die Flächentangenten in einem regulären Flächenpunkt P liegen in einer Ebene τ, der Tangentialebene des Punktes P.*

τ heißt auch die *Berührebene* von P, P der *Berührpunkt von τ*.

Dieser Satz kann unmittelbar als ein Kennzeichen des naiven anschaulichen Flächenbegriffes angesehen werden. Denn legt man etwa ein Hühnerei auf einen Tisch, so ist es selbstverständlich, daß die durch den Berührpunkt P gehenden, auf dem Ei verlaufenden Kurven in P Tangenten haben, die in der Tischfläche liegen. Wir wollen nun den Satz 1 aus der Gleichung (6) der Fläche herleiten und damit zeigen, *daß (6) tatsächlich eine vernünftige mathematische Fassung des durch die Anschauung gegebenen Flächenbegriffes ist.*

Es sei c eine durch den Ursprung P des Achsenkreuzes gehende Kurve auf der Fläche (6) und Q ein Punkt auf c. Der Halbstrahl $\overrightarrow{PQ}$ möge mit den Achsen die Winkel α_1, α_2, α_3 einschließen; die Entfernung PQ sei r. Sind x, y, z die Koordinaten von Q, so ist

$$(8) \qquad x = r \cos \alpha_1, \quad y = r \cos \alpha_2, \quad z = r \cos \alpha_3.$$

$$(8\,\mathrm{a}) \qquad r = \sqrt{x^2 + y^2 + z^2}.$$

Führt man die Ausdrücke (8) in (6) ein, so erhält man

$$(9) \qquad \cos \alpha_3 = (a_1 \cos \alpha_1 + a_2 \cos \alpha_2) + r (* * *).$$

Wenn Q auf c gegen P konvergiert, so wird r Null und $[PQ]$ geht in die Tangente t von c in P über. Sind φ_1, φ_2, φ_3 die Richtungswinkel der Tangente t, so ergibt sich für diese aus (9)

$$(10) \qquad \cos \varphi_3 = a_1 \cos \varphi_1 + a_2 \cos \varphi_2.$$

Ist nun (x, y, z) ein Punkt auf der Tangente t, so erhält man aus (10) mittels (8), indem man daselbst die α_i durch die φ_i ersetzt,

$$(11) \qquad z = a_1 x + a_2 y.$$

Nun stellt eine lineare Gleichung (11) in x, y, z eine Ebene τ analytisch dar. Also liegt die Tangente t in der Ebene τ. Diese ist aber von der Auswahl der Flächenkurve c unabhängig. Also liegen alle Flächentangenten des Punktes P in τ, womit der Satz 1 bewiesen ist. Ist die $[xy]$-Ebene selbst die Tangentialebene in P, so muß sich (11) als $z = 0$ ergeben, und es muß daher $a_1 = 0$ und $a_2 = 0$ sein. Da a_1, a_2 in (6) und (7) nach (4) und (5) dieselbe Bedeutung haben, läßt sich nach (7) eine dreimal stetig differenzierbare Fläche in der Umgebung eines regulären Punktes P, indem man ihn zum Ursprung und seine Tangentialebene zur $[xy]$-Ebene des Achsenkreuzes macht, folgendermaßen anschreiben:

$$(12) \qquad z = (b_1 x^2 + 2 b_2 x y + b_3 y^2) + (x^3 \varphi + x^2 y \chi + x y^2 \psi + y^3 \omega),$$

worin b_1, b_2, b_3 nicht gleichzeitig verschwinden sollen.

Wir untersuchen nun die Schnittkurve dieser Fläche mit der Tangentialebene in P, also mit $z = 0$. Ihre Gleichung ist demnach

$$(13) \qquad (b_1 x^2 + 2 b_2 x y + b_3 y^2) + (x^3 \varphi + x^2 y \chi + x y^2 \psi + y^3 \omega) = 0.$$

Führen wir darin Polarkoordinaten durch $x = r \cos\alpha$, $y = r \sin\alpha$ ein, so erhält sie nach Kürzung durch r^2 die Gestalt

$$(13\,\mathrm{a}) \qquad b_1 \cos^2\alpha + 2 b_2 \cos\alpha \sin\alpha + b_3 \sin^2\alpha + r(* * *) = 0.$$

Läßt man nun auf c einen Punkt Q gegen P konvergieren, so wird in (13a) r Null und die Sehne $[PQ]$ strebt einer Grenzlage mit einem Richtungswinkel φ, für den sich aus (13a) die Gleichung

$$(14) \qquad b_3 \operatorname{tg}^2\varphi + 2 b_2 \operatorname{tg}\varphi + b_1 = 0$$

ergibt. Nach dem Verhalten dieser quadratischen Gleichung sind nun drei Fälle zu unterscheiden:

a) $b_1 b_3 - b_2{}^2 > 0$. Für den Richtungstangens $\operatorname{tg}\varphi$ der Grenzlage von $[PQ]$ ergeben sich hier konjugiert komplexe Werte, woraus wir schließen, daß die Tangentialebene $[xy]$ die Fläche zumindest in der unmittelbaren Umgebung des Berührpunktes P gar nicht schneidet. Die Fläche liegt dort ganz auf einer Seite der Tangentialebene. Ein solcher Flächenpunkt heißt *elliptisch* (Fig. 42).

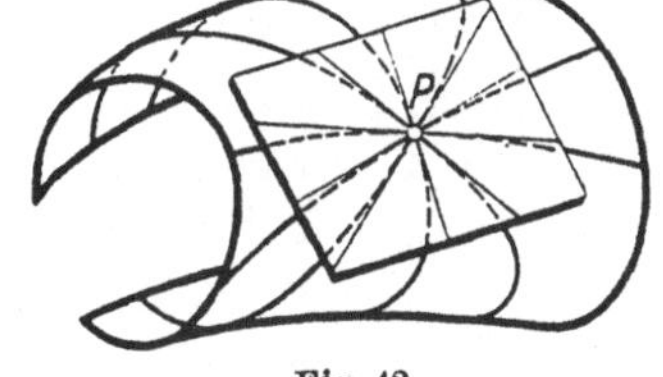

Fig. 42.

b) $b_1 b_3 - b_2{}^2 < 0$. Für den Richtungstangens $\operatorname{tg}\varphi$ der Grenzlage von $[PQ]$ ergeben sich hier zwei verschiedene reelle Werte, woraus wir schließen, daß die Tangentialebene $[xy]$ die Fläche nach einer Kurve schneidet, die im Berührpunkt P einen *Doppelpunkt* besitzt. Die Wurzeln von (14) sind die Richtungstangens der Doppelpunktstangenten. Ein solcher Punkt P heißt *hyperbolisch* (Fig. 43).

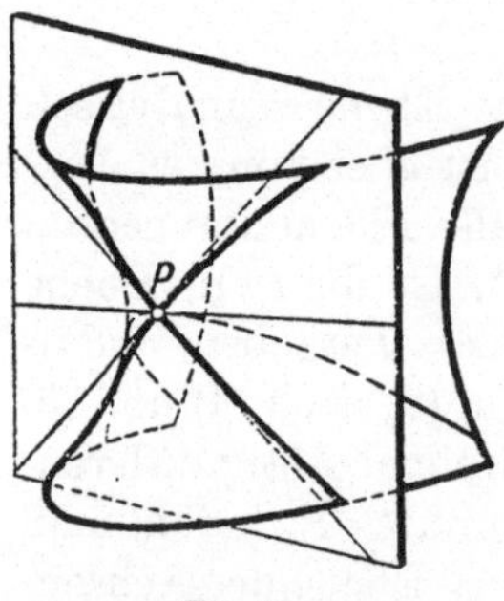

Fig. 43.

c) $b_1 b_3 - b_2^2 = 0$. In diesem Fall hat die quadratische Gleichung (14) eine Doppelwurzel. Durch eine Drehung des Achsenkreuzes um die z-Achse können wir erreichen, daß diese Doppelwurzel den Wert Null hat; es wird dann $b_1 = b_2 = 0$ und $b_3 \neq 0$ sein. Die Gleichung der Schnittkurve mit der Tangentialebene $z = 0$ hat dann nach Kürzung durch b_3, wenn $\alpha, \beta, \gamma, \delta$ dreimal stetig differenzierbare Funktionen sind, die Form

$$(15) \qquad y^2 - (x^3\alpha + x^2 y\beta + x y^2\gamma + y^3\delta) = 0.$$

Zur Untersuchung dieser Kurve in der Umgebung des Ursprungs P schneiden wir sie mit den durch P gehenden Geraden $y = ux$. Setzen wir diesen Ausdruck für y in (15) ein, so erhält man für die Abszissen der Schnittpunkte die Gleichung

$$(16) \qquad x = \frac{u^2}{\alpha + u(\beta + u\gamma + u^2\delta)}.$$

Die Kurve (15) berührt die x-Achse im Ursprung, weil für sie (14) die Doppelwurzel Null hat. Da x nach (16) zugleich mit u verschwindet ($\alpha(00) \neq 0$ angenommen), genügt es dort, beliebig kleine Werte von u zu betrachten. Vernachlässigt man daher das zweite Glied im Nenner von (16), so ergibt sich näherungsweise $u = \pm \sqrt{x\alpha}$ und wegen $y = ux$

$$(17) \qquad y = \pm x\sqrt{x\alpha}.$$

Nach der Herleitung der Kurve (17) ist ihr Charakter im Ursprung derselbe wie jener von (15). Die Kurve (17) berührt in P die x-Achse, weil für $x \to 0$ auch $(y:x) \to 0$ gilt, sie liegt ganz auf einer Seite der y-Achse, nämlich auf derjenigen, auf der der Radikand in (17) positiv ist, und wegen des doppelten Vorzeichens zu beiden Seiten der x-Achse. Also haben (17) und (15) in P i. allg. eine Spitze 1. Art. Ein solcher Punkt P heißt *parabolisch* (Fig. 44).

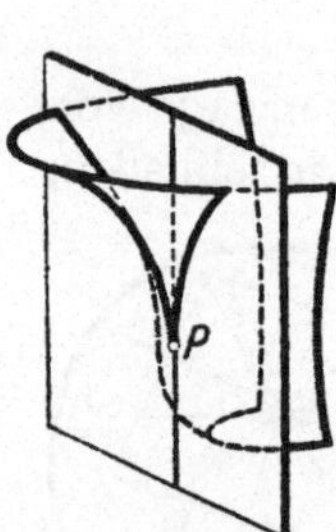

Fig. 44.

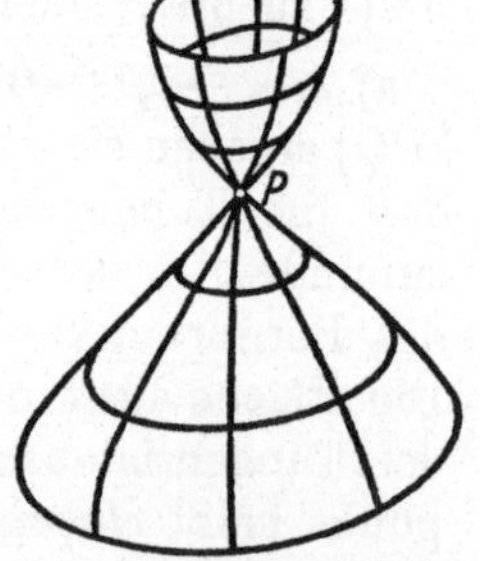

Fig. 45.

Nichtreguläre Flächenpunkte heißen *singuläre Punkte*. Bilden z. B. die Tangenten in einem Punkt P einen Kegel, so heißt P ein Knotenpunkt (Fig. 45). Wenn sich eine Fläche längs einer Kurve c selbst durchschneidet, so ist c eine *Doppelkurve* oder eine *mehrfache Kurve* der Fläche.

Erstreckt sich eine Fläche ins Unendliche, und liegen die Tangenten eines Fernpunktes der Fläche in einer eigentlichen Ebene, so ist diese eine *Asymptotenebene*.

Haben zwei Flächen Φ, Φ' in einem Punkt P eine gemeinsame Tangentialebene τ, so sagt man, daß sich die Flächen in ihm berühren. Für P als Ursprung und τ als $[xy]$-Ebene haben die Flächen die Taylorschen Darstellungen

$$(18) \qquad \begin{aligned} z &= b_1 x^2 + 2b_2 xy + b_3 y^2 + (*\ *) \\ z &= b_1' x^2 + 2b_2' xy + b_3' y^2 + (*\ *). \end{aligned}$$

Durch Subtraktion erhält man daraus den Normalriß ihrer Schnittkurve auf die $[xy]$-Ebene, also

$$(19) \qquad (b_1 - b_1') x^2 + 2(b_2 - b_2') xy + (b_3 - b_3') y^2 + (*\ *\ *) = 0.$$

Für den Charakter der Schnittkurve ist in der nächsten Umgebung von P nach obigem die quadratische Gleichung

$$(20) \qquad (b_1 - b_1') x^2 + 2(b_2 - b_2') xy + (b_3 - b_3') y^2 = 0$$

maßgebend. Führen wir wie vorhin die Wurzeldiskussion durch, so ergeben sich drei Fälle: a) die Flächen schneiden sich in der Umgebung des Berührpunktes P nicht; b) die Schnittkurve hat in P einen Doppelpunkt (Fig. 46); c) die Schnittkurve hat in P im einfachsten Fall eine Spitze. Dabei muß vorausgesetzt werden, daß in (20) nicht gleichzeitig $b_1 = b_1'$, $b_2 = b_2'$, $b_3 = b_3'$ stattfindet. In diesem Sonderfall sagt man, daß Φ und Φ' einander *oskulieren*.

Von besonderer Wichtigkeit sind die Flächen, die sich durch Bewegung einer starren Kurve erzeugen lassen, z. B. die *Dreh-* oder *Rotationsflächen* (Nr. 66 ff.) und die *Schraubflächen* (Nr. 75 ff.). Entsteht eine Fläche durch die Bewegung einer Geraden, so nennt man sie eine *Regelfläche*. Zu diesen gehören die

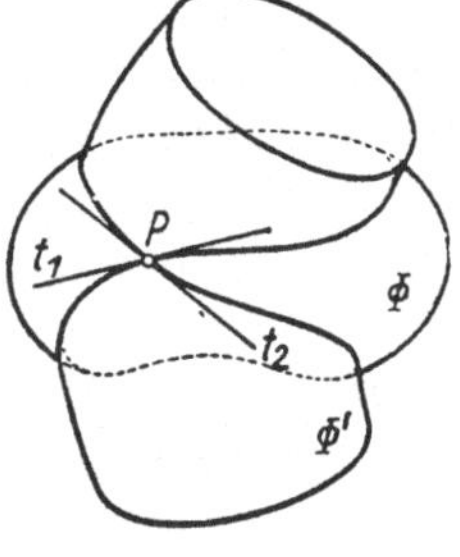

Fig. 46.

bereits behandelten *Kegel*, *Zylinder* und *Tangentenflächen (Torsen)*. Regelflächen, die nicht zu diesen Gattungen gehören, heißen *windschiefe Regelflächen*, auch kurz *windschiefe Flächen*. Mit diesen werden wir uns in Nr. 79 beschäftigen.

Ist eine Schar von unendlichvielen Flächen gegeben, und existiert eine Fläche Φ, die in jedem ihrer Punkte von einer Fläche der Schar berührt wird, so nennt man Φ die *Hüllfläche* der Schar. So können alle Flächen als Hüllflächen ihrer Tangentialebenen aufgefaßt werden. Drehkegel und Zylinder sind Hüllflächen der ihnen eingeschriebenen Kugeln.

19. Algebraische Flächen und algebraische Raumkurven. Ist die Gleichung $F(xyz) = 0$ einer Fläche so beschaffen, daß $F(xyz)$ eine *ganze rationale Funktion (Polynom)* von x, y, z, also eine *Summe von endlichvielen Potenzprodukten* $a_{\alpha\beta\gamma}\, x^\alpha y^\beta z^\gamma$ ist, so heißt die Fläche *algebraisch.* Ihre Gleichung hat also die Form

$$\sum a_{\alpha\beta\gamma}\, x^\alpha y^\beta z^\gamma = 0;$$

Darin bedeuten die $a_{\alpha\beta\gamma}$ reelle Koeffizienten; α, β, γ sind natürliche Zahlen[1]), einschließlich Null. Ist n die größte unter den Exponentensummen $\alpha + \beta + \gamma$ der einzelnen Glieder, so heißt die Fläche von der n-ten *Ordnung.* Die Theorie der algebraischen Flächen erfordert ebenso wie die Theorie der ebenen algebraischen Kurven (Nr. 8) die Einführung komplexer Elemente (Punkte, Geraden und Ebenen), um auch den komplexen Wurzeln der auftretenden algebraischen Gleichungen geometrische Deutungen an die Seite stellen zu können. Dabei sind, wie in Nr. 8 näher ausgeführt wurde, geometrische Elemente, die algebraischen Gleichungen genügen, im Sinne des Fundamentalsatzes der Algebra abzuzählen, d. h. jedes reelle oder komplexe Element mit dem ihm zukommenden Grad der Vielfachheit. In diesem Sinn ist sogleich der folgende Satz zu verstehen:

Satz 1: *Eine algebraische Fläche n-ter Ordnung wird von jeder (ihr nicht angehörigen) Geraden in n Punkten geschnitten.*

Wenn etwa die Gerade die Fläche berührt, so zählt der Berührpunkt in der Summe ihrer Schnittpunkte mindestens doppelt.

Die einzige Fläche 1. O. ist die Ebene. Zu den Flächen 2. O. (Nr. 78) gehören u. a. die Kugel und der Drehkegel.

Multipliziert man ein Polynom $F_n(xyz)$ n-ten Grades mit einem Polynom $F_m(xyz)$ m-ten Grades, so erhält man ein Polynom $(n+m)$-ten Grades. Nun sind die Gleichungen $F_n = 0$ und $F_m = 0$ die Gleichungen zweier algebraischer Flächen Φ_1, Φ_2 n-ter bzw. m-ter Ordnung. $F_n F_m = 0$ ist demnach die Gleichung einer Fläche $(n+m)$-ter Ordnung Φ. Da die Gleichung von Φ sowohl von den Punkten von Φ_1 als auch von den Punkten von Φ_2 und nur von diesen Punkten befriedigt wird, sagt man, Φ *zerfällt in Φ_1 und Φ_2.* In diesem Sinn ist z. B. ein Ebenenpaar als eine zerfallene Fläche 2. O. anzusehen.

Aus Satz 1 folgt der

Satz 2: *Jeder ebene Schnitt einer algebraischen Fläche n-ter Ordnung ist eine algebraische Kurve n-ter Ordnung.* Die Raumkurven, die sich als Schnittkurven von algebraischen Flächen erzeugen lassen, heißen *algebraische Raumkurven.* Ist eine algebraische Raumkurve der vollständige Schnitt einer Fläche Φ_1 p-ter Ordnung mit einer Fläche Φ_2 q-ter Ordnung, so kann die Anzahl ihrer Schnittpunkte mit einer beliebigen Ebene ε leicht abgezählt werden. Nach Satz 2 schneidet ε Φ_1 in einer Kurve p-ter Ordnung, Φ_2 in einer Kurve q-ter Ordnung. Nach Nr. 8, Satz 3 schneiden

---

1) Positive ganze Zahlen.

sich diese beiden Kurven in pq Punkten, den gesuchten Schnittpunkten der beliebigen Ebene ε mit der Schnittkurve der beiden Flächen. Man nennt diese konstante Zahl die *Ordnung* der algebraischen Raumkurve. Wir haben diesen Begriff demnach durch den folgenden Satz zu kennzeichnen:

Satz 3: *Eine nicht zerfallende algebraische Raumkurve wird von jeder Ebene in gleichviel Punkten geschnitten; diese beständige Anzahl heißt die Ordnung der Raumkurve.*

Wie immer, so sind auch hier die Punkte unter Berücksichtigung ihrer allfälligen Vielfachheit zu zählen. Der Satz 3 kann durch den folgenden ergänzt werden:

Satz 4: *Hat eine Ebene mit einer algebraischen Kurve n-ter Ordnung mehr als n Punkte gemeinsam, so enthält die Ebene einen Teil der Raumkurve oder die ganze Kurve.*

Aus der obigen Überlegung über den Schnitt zweier algebraischer Flächen hat sich der folgende Satz ergeben:

Satz 5: *Zwei algebraische Flächen p-ter und q-ter Ordnung (ohne gemeinsame Teilfläche) schneiden sich in einer algebraischen Kurve pq-ter Ordnung.*

Die Untersuchung der gemeinsamen Wurzeltripel xyz von drei algebraischen Gleichungen in diesen Unbekannten liefert den

Satz 6: *Drei algebraische Flächen mit den Ordnungszahlen p, q, r, die keine Kurve oder Fläche gemeinsam haben, schneiden sich in pqr Punkten.*

Aus 5 und 6 folgt

Satz 7: *Eine algebraische Fläche p-ter Ordnung und eine algebraische Kurve n-ter Ordnung schneiden sich in np Punkten, falls die Kurve nicht ganz oder mit einem Teil der Fläche angehört.*

Aus Satz 3 folgert man leicht den

Satz 8: *Wird eine algebraische Raumkurve n-ter Ordnung aus einem kurvenfremden Punkt auf eine Ebene projiziert, so erhält man eine ebene algebraische Kurve n-ter Ordnung.*

20. Eigenschatten und Schlagschatten einer Fläche; wahrer und scheinbarer Umriß. Es sollen zunächst einige Grundbegriffe aus der Beleuchtungslehre unter der Annahme einer punktförmigen Lichtquelle L entwickelt werden. Wir sprechen von *Parallelbeleuchtung*, wenn L ein Fernpunkt ist. Die Lichtstrahlen sind dann parallel, und es ist auf ihnen ein gemeinsamer Laufsinn, die *Einfallsrichtung* (Fortpflanzungsrichtung) der Lichtstrahlen auszuzeichnen. Ist L ein eigentlicher Punkt, so sprechen wir von *Zentralbeleuchtung*. Das Licht pflanzt sich in den von L ausgehenden Halbstrahlen fort; je zwei solche entgegengesetzt gerichtete Halbstrahlen bestimmen eine volle Gerade durch L, die wir einen Lichtstrahl nennen.

Den „Schlagschatten" P_s eines Punktes P auf eine ebene oder krumme Fläche erhält man, indem man durch P den Lichtstrahl legt und dessen Schnitt mit der Fläche aufsucht. Je nachdem die Richtung von P nach P_s mit der Fortpflanzungsrichtung übereinstimmt oder nicht, heißt P_s „wirklicher" bzw. „ideeller Schlagschatten".

Der Schlagschatten, den eine Kurve auf eine Fläche wirft, wird erhalten, indem man den durch die Kurve gehenden Lichtstrahlenkegel (Zylinder) mit der Fläche zum Schnitt bringt.

Wir betrachten nun den Schlagschatten einer Fläche Φ auf eine Ebene Π. Fig. 47 veranschaulicht den Fall einer Parallelbeleuchtung, Fig. 48 eine Zentralbeleuchtung. Wird Φ von einem Lichtpunkt L beleuchtet, so werden die Φ treffenden Lichtstrahlen von den Φ nicht treffenden Lichtstrahlen durch Lichtstrahlenkegel (Zylinder, Ebenen) getrennt, deren Erzeugende Φ berühren oder längs gewissen Randkurven oder Kanten streifen. Der Schnitt dieses Lichtstrahlenkegels (Zylinders) mit Π liefert die Begrenzung des Schlagschattens der Fläche.

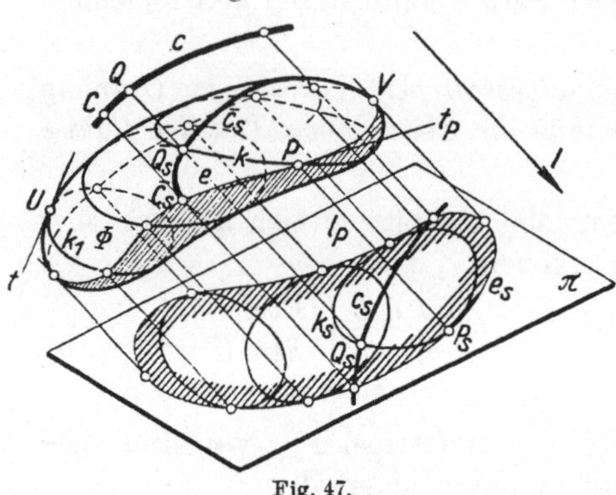

Fig. 47.

In Fig. 47 wird die Fläche von einem Lichtstrahlenzylinder berührt, der Π in der Schlagschattengrenze e_s schneidet. Der Schlagschatten eines Kegels mit der Spitze S und der ebenen Basiskurve b auf die Basisebene Π läßt sich (Fig. 48) leicht angeben. Ist S_s der Schlagschatten der Spitze, so besteht der Schlagschatten aus dem Gebiet von Π, das von den Verbindungsstrecken der Punkte von b mit S_s überdeckt wird.

Die Punkte, in denen eine Fläche von Lichtstrahlen berührt oder gestreift wird, bilden die Eigenschattengrenze der Fläche. Sehen wir vorläufig von dem Fall ab, daß die Fläche auf sich selbst einen Schlagschatten wirft, so trennt die Eigenschattengrenze die beleuchteten Teile der Fläche von den unbeleuchteten. Von den letzteren sagen wir, daß sie sich im Eigenschatten befinden.

Ist P ein Punkt der Eigenschattengrenze e einer stetig gekrümmten Fläche Φ (Fig. 47), l_P der durch P gehende Lichtstrahl und t_P die Tangente von e in P, so ist die Ebene $[l_P t_P]$ die Tangentialebene von Φ in P, zugleich aber die Tangentialebene des die Fläche berührenden Lichtstrahlenkegels (Zylinders) längs l_P. Nennt man jede durch den Lichtpunkt L gehende Ebene eine *Lichtebene*, so kann man sagen, *daß die Eigenschattengrenze der Ort der Punkte ist, in denen die Fläche von Lichtebenen berührt (gestreift) wird.* Da eine Tangentialebene eines Kegels diesen in allen Punkten einer Erzeugenden berührt, besteht die Eigenschattengrenze eines Kegels aus Erzeugenden. So bilden in Fig. 48 die

Erzeugenden T_1S, T_2S die Eigenschattengrenze, zu der wir aber auch die Randerzeugende AS rechnen müssen, weil die Fläche längs ihr von Lichtstrahlen gestreift wird. Auch sie trennt in gewissem Sinn das beleuchtete Gebiet der Fläche vom unbeleuchteten, wenn wir nämlich die beiden Seiten der Kegelfläche unterscheiden. Ist ein Flächenstück auf der einen Seite beleuchtet, so ist es auf der andern im Eigenschatten.

Fig. 48 zeigt noch das besondere Vorkommnis, daß eine Fläche auf sich selbst einen Schlagschatten wirft. So schneidet die längs T_1S berührende Lichtebene den Kegel in der Erzeugenden P_sS. Der zwischen der Eigenschattengrenze T_3S und P_sS befindliche Teil der Kegelfläche trägt einen Schlagschatten, der von dem zwischen AS und T_3S liegenden Kegelstück herrührt. Würde man dieses Kegelstück entfernen, so wäre das Kegelstück über T_3P_s beleuchtet. Es gilt allgemein: *Auf eine im Eigenschatten befindliche Fläche kann niemals ein Schlagschatten fallen.*

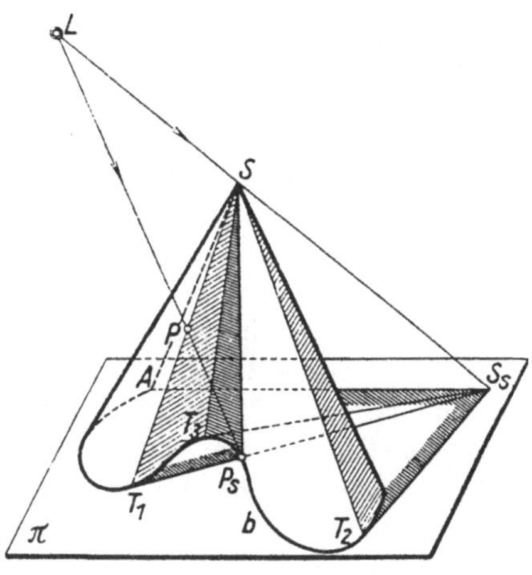

Fig. 48.

Besteht eine Fläche aus ebenen Flächenstücken, so besteht die Eigenschattengrenze aus Kanten. Es kann auch vorkommen, daß die Ebene einer ebenen Begrenzungsfläche eines Körpers durch die Lichtquelle geht, dann liegt sie im *Streiflicht.* Die Dunkelheit der im Schatten befindlichen Flächenteile läßt sich in einer Abbildung durch Schraffieren oder durch Auftragen von Tuschlagen mit dem Pinsel nachahmen. *Es empfiehlt sich zur Erhöhung der plastischen Bildwirkung die Schlagschatten etwa doppelt so stark zu schraffieren oder zu tuschen wie die Eigenschatten.*

Ein allgemeines Konstruktionsprinzip zur *Ermittlung des Schlagschattens einer krummen Fläche* auf eine Ebene ist das folgende (Fig. 47). Liegt auf Φ eine Kurve k, die die Eigenschattengrenze e in einem Punkte P schneidet, so gehören die Tangenten in P an e und k der Φ in P berührenden Lichtebene an. Daher muß der Schlagschatten k_s von k die Schlagschattengrenze e_s in P_s berühren. Nehmen wir nun an, es gehe durch jeden Punkt der Fläche eine solche Kurve k, dann gilt der

Satz 1: *Ist eine Fläche von einem System von Kurven k überdeckt, die die Eigenschattengrenze schneiden, so ist die Begrenzung des Schlagschattens der Fläche auf eine gegebene Ebene die Hüllkurve der Schlagschatten der Kurven k oder ein Bestandteil dieser Hüllkurve.*

Ermittelt man demnach von einer hinreichenden Anzahl von Kurven k den Schlagschatten auf die gegebene Ebene, so kann man auch ihre Hüllkurve, den Schlagschatten der Fläche, mit genügender Sicherheit einzeichnen.

Zur konstruktiven *Ermittlung des Schlagschattens* $\bar{c}_s$ *einer Kurve c auf eine krumme Fläche* Φ läßt sich das folgende allgemeine Verfahren anwenden (Fig. 47). Wir denken uns, ebenso wie vorhin, die Fläche von einem System von Kurven k überzogen und ermitteln von einer hinreichenden Anzahl dieser Kurven ihre Schlagschatten k_s auf eine willkürlich gewählte Ebene Π, sowie auch den Schlagschatten c_s von c auf Π. Schneidet c_s eine solche Kurve k_s in einem Punkt Q_s, so geht durch diesen ein Lichtstrahl, der c in einem Punkt Q schneidet, dessen Schlagschatten $\bar{Q}_s$ auf k liegt. So läßt sich punktweise der Schlagschatten $\bar{c}_s$ finden, den c auf Φ wirft. Da die Richtung von dem zuerst ermittelten Punkt Q_s nach Q zur Fortpflanzungsrichtung des Lichtes entgegengesetzt ist, nennt man dieses Verfahren das *Zurückführen des Lichtstrahls.*

Besondere Aufmerksamkeit erfordern diejenigen Punkte, wo Schlagschattengrenzen auf einer krummen Fläche Φ an die Eigenschattengrenze von Φ herantreten. In Fig. 47 ist C ein Punkt von c, dessen Schatten $\bar{C}_s$ auf die Eigenschattengrenze e fällt. Die Tangente an den Schlagschatten $\bar{c}_s$ von c in $\bar{C}_s$ liegt in der Tangentialebene des Lichtkegels (hier Zylinder) durch c längs $[C\bar{C}_s]$ und in der Tangentialebene von Φ in $\bar{C}_s$, demnach in der Schnittlinie dieser beiden Ebenen. Diese ist aber der durch $\bar{C}_s$ gehende Lichtstrahl. $\bar{c}_s$ *wird also in* $\bar{C}_s$ *vom Lichtstrahl berührt.* Diese Überlegung versagt indes, wenn der Lichtstrahlenkegel (Zylinder) durch c die Fläche Φ in $\bar{C}_s$ berührt. Dann hat der Schnitt $\bar{c}_s$ dieser beiden Flächen in $\bar{C}_s$ nach Nr. 18, S. 55 i. allg. einen Doppelpunkt. Es gilt also

Satz 2: *In jedem Punkt, wo eine Schlagschattengrenze auf einer krummen Fläche deren Eigenschattengrenze trifft, berührt i. allg. der Lichtstrahl den Schlagschatten.*

Die Aufsuchung des Schlagschattens eines Punktes P auf eine Ebene Π ist identisch mit der Aufgabe, P aus einem festen Punkt auf Π zu projizieren. Vom geometrischen Standpunkt aus ist es belanglos, ob man diesen festen Punkt als Lichtquelle oder als Auge (Projektionszentrum) deutet, ebenso, ob man die durch ihn gehenden Strahlen Lichtstrahlen oder Sehstrahlen nennt. Die voranstehenden Betrachtungen über Eigen- und Schlagschatten krummer Flächen behalten demnach ihre Bedeutung, wenn man den Lichtpunkt L als ein Auge O auffaßt; man hat bloß die Namensgebung und die Sprechweise sinngemäß abzuändern. Die früher als Eigenschattengrenze einer krummen Fläche für einen Lichtpunkt L bezeichnete Kurve ist für das Auge $O = L$ als der *wahre Umriß u* der Fläche zu bezeichnen, da u die sichtbaren von den unsichtbaren Teilen der Fläche trennt. Die Begrenzung des Schlagschattens der Fläche auf eine Ebene Π muß für $O = L$ als der *scheinbare Umriß* (Kontur) der Fläche angesprochen werden, da u^s i. allg. die Grenze jenes Gebietes liefert, das die Projektionen der Flächenpunkte enthält. Je nachdem ob der Umriß einer Fläche in Normalprojektion, in schräger Parallelprojektion oder in Zentralprojektion ermittelt wird, spricht man vom *Normalumriß, Schrägumriß* oder *Zentralumriß* der Fläche.

Schneidet eine auf Φ liegende Kurve k_1 den wahren Umriß in einem Punkt U, so geht die Tangentialebene τ dieses Punktes durch das Auge und erscheint daher im Bild als eine Gerade t. Da τ die Tangente von k_1 und die Tangente des wahren Umrisses in U enthält, müssen im Bild der scheinbare Umriß und das Bild von k im Bild des Punktes berühren (Fig. 47). Es gilt also der

Satz 3: *Schneidet eine Flächenkurve den wahren Umriß der Fläche in einem Punkt, so berührt der scheinbare Umriß das Bild der Kurve im Bild dieses Punktes.*

Wir nehmen nun an, eine Fläche Φ werde von einem Lichtpunkt L aus beleuchtet, und aus einem von L verschiedenen Punkt O auf eine Ebene projiziert. Gibt es eine Tangentialebene τ, die zugleich O und L enthält, so ist ihr Berührpunkt V ein Schnittpunkt der Eigenschattengrenze mit dem wahren Umriß. τ enthält demnach die Tangenten dieser Kurven in V, sowie auch den durch V gehenden Lichtstrahl. Nach Satz 3 wird demnach das Bild der Eigenschattengrenze den scheinbaren Umriß in einem Punkt berühren, in welchem das Bild eines Lichtstrahls die gemeinsame Tangente dieser beiden Kurven ist. Es gilt also der

Satz 4: *Die Umrißpunkte der Eigenschattengrenze sind im Bild die Berührpunkte des scheinbaren Umrisses mit berührenden Bildern von Lichtstrahlen.*

Drittes Kapitel.

Kotierte Grundrisse und Seitenrisse (kotierte Projektion).

21. Abbildung des Punktes. Wählt man als Projektionszentrum den Fernpunkt O_1 der zur Bildebene Π_1 normalen Geraden, also $O_1 = \perp \Pi_1$, so nennt man die Projektion einer Figur ihren *Normalriß*. Aus praktischen Gründen denken wir uns im folgenden Π_1 stets waagerecht und nennen Π_1 *Grundrißebene*. Die Normalrisse auf Π_1 heißen *Grundrisse*. Die zu Π_1 normalen Sehstrahlen sind lotrecht. Ist P' der Grundriß eines Raumpunktes P, so ist durch P' allein die Lage von P im Raum noch nicht vollständig bestimmt; es muß dazu außer P' noch bekannt sein, in welchem Abstand z oberhalb oder unterhalb der Grundrißebene der Punkt P liegt. Ist für die Messung dieser Höhen ein Längenmaßstab gewählt worden, so lassen sich die Höhen z durch Zahlen, die man *Koten* nennt, angeben. Wir setzen noch fest, daß die Punkte über der Bildebene *positive*, unter der Bildebene *negative* Koten haben sollen. Die Kote eines Raumpunktes schreiben wir in einer runden Klammer neben seinen Grundriß. Dadurch haben wir eine eineindeutige Abbildung der Raumpunkte auf ihre kotierten Grundrisse gewonnen. Angewendet auf einen Gegenstand besteht dieses Verfahren, die *kotierte Projektion*[1]), darin,

---

1) Die Methode, einen Punkt durch Grundriß und Kote zu bestimmen, fand schon seit dem Mittelalter bei See- und Geländekarten Anwendung; J. L. Lička, Zur

seinen Grundriß zu zeichnen und eine hinreichende Anzahl von Punkten zu kotieren. *Damit der kotierte Grundriß den Gegenstand eindeutig bestimme, ist die Angabe des Längenmaßstabes notwendig, der den angeschriebenen Koten die entsprechenden Strecken zuordnet.* Wird der Gegenstand verkleinert oder vergrößert dargestellt, so müssen das *Verzerrungsverhältnis* oder der zugehörige *Verzerrungsmaßstab* dem kotierten Grundriß hinzugefügt werden. Fig. 49a zeigt einen in diesem Sinn ausgestatteten kotierten Grundriß einer Gruppe von Punkten $A, B, C. \ldots$

Ein anderes Verfahren, die Höhen der dargestellten Raumpunkte anzugeben und mit ihnen zu konstruieren, besteht in der Einführung von *Profilebenen.* Wir wollen die lotrechten, also zu Π_1 normalen Ebenen, Profilebenen nennen. Es sei Π_2 eine solche Profilebene, die Π_1 in einer Geraden x schneide (Fig. 49b). Alle Punkte von Π_2 haben Grundrisse, die auf x liegen. Ist P ein Punkt von Π_2 und klappen wir Π_2 um x nach Π_1, so gelangt P in eine Lage P^0. *Dabei ist* $[P'P^0]$ *normal zu* x*, und es ist die Entfernung* $P'P^0$ *gleich dem Betrag der Kote* z *des Punktes* P. Die Punkte von Π_2, die oberhalb von Π_1 liegen, haben positive Koten und bilden die „*positive Halbebene*" von Π_2. Durch die Umklappung nach Π_1 kommt sie mit einer der beiden Halbebenen zur Deckung, in die x die Grundrißebene Π_1 teilt. Wir kennzeichnen diese Halbebene, indem wir in ihr einen zu x normalen Pfeil zeichnen, der von x wegweist. x ist die *Grundlinie* der Profilebene. Fig. 49b zeigt weiter die Darstellung eines in einer Profilebene liegenden Dreiecks PQR samt seiner Umklappung $P^0Q^0R^0$. Die Umklappung gibt die (maßstäblich) wahre Größe des Dreieckes an, und auch die Neigungswinkel α, β, γ der Dreiecksseiten QR, RP, PQ gegen die Grundrißebene erscheinen in der Umklappung in der wahren Größe; so ist α gleich dem Winkel, den $[Q^0R^0]$ mit x einschließt.

22. Abbildung der Geraden. Man erhält den Grundriß g' einer Geraden g allgemeiner Lage, indem man die durch g gehende lotrechte Ebene (Profilebene, projizierende Ebene) mit Π_1 schneidet. g' ist also eine Gerade; nur wenn g lotrecht ist, ist g' ein Punkt. Durch g' allein ist die Gerade g noch nicht bestimmt. g ist aber eindeutig bestimmt, wenn wir von zwei Punkten P und Q der Geraden g die Grundrisse und die

Geschichte der Horizontallinien oder Isohypsen. Die erste zusammenfassende Darstellung der kotierten Projektion gab der Geniehauptmann F. Noizet, Mémoire sur la géométrie appliquée au dessin de la fortification, Mémorial de l'Officier du Génie, Nr. 6 (Paris 1823). Eine breite Ausführung dieser Abbildungsmethode von G. A. V. Peschka, Kotierte Ebenen und deren Anwendung. Brünn 1877.

Koten angeben (Fig. 50). Klappen wir die durch g gehende Profilebene nach Π_1 um, so geht g in eine Gerade g^0 über, deren Winkel gegen g' gleich ist dem *Neigungswinkel* α der Geraden, d. h. dem Winkel, den die Gerade mit Π_1 einschließt. Aus Fig. 50 entnimmt man ferner: $P'Q' = P^0Q^0 \cos\alpha$, in Worten:

Satz 1: *Die Länge des Normalrisses einer Strecke geht aus ihrer wahren Länge durch Multiplikation mit dem Kosinus des Neigungswinkels gegen die Bildebene hervor.*

Den Schnittpunkt einer Geraden g mit der Grundrißebene nennt man ihren *Spurpunkt G*. Es ist $G = [g'\,g^0]$.

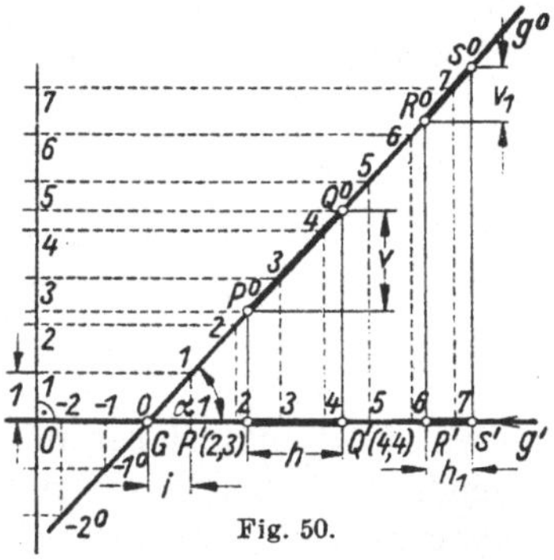

Wird ein Gebilde durch einen kotierten Grundriß dargestellt, so bevorzugt man bei der Kotierung jene Punkte, die ganzzahlige Koten besitzen oder auch Koten, die Vielfache eines bestimmten rationalen Teiles oder eines bestimmten Vielfachen der Einheit sind (wie 0,25 m, 0,5 m, 5 m, 10 m, usw.). Diese ausgezeichneten Punkte nennt man Hauptpunkte des Gebildes. Alle Punkte mit derselben Kote liegen in einer zur Grundrißebene parallelen Ebene. Solche Ebenen heißen Schichtenebenen, die Schichtenebenen mit den genannten ausgezeichneten Koten *Hauptschichtenebenen*.

Das Aufsuchen der Grundrisse der Hauptpunkte einer Geraden nennt man das *Graduieren* der Geraden (Fig. 50). Wir klappen die Gerade g mit ihrer Profilebene nach Π_1 und erhalten die umgeklappten Lagen $\ldots -2^0, -1^0, 0^0, 1^0, 2^0, \ldots$ ihrer Hauptpunkte, indem wir auf der umgeklappten Geraden g^0 die Punkte suchen, deren Abstände von $g' \ldots -2, -1, 0, 1, 2, \ldots$ betragen. Die Grundrisse der Hauptpunkte, die wir mit den entsprechenden Koten $\ldots -2, -1, 0, 1, 2, \ldots$ beschriften wollen, erhält man nun, indem man die Punkte $-2^0, -1^0, 0^0, 1^0, 2^0, \ldots$ auf g' normal projiziert. Die so erhaltenen Grundrisse der Hauptpunkte bilden auf g' einen Maßstab, den man den *Böschungsmaßstab* der Geraden nennt. Seine Einheit heißt das *Intervall i* der Geraden. Die Definition von i ist also die folgende:

Satz 2: *Das Intervall i einer Geraden ist die Entfernung des Grundrisses zweier Punkte der Geraden, deren Höhenunterschied eine Längeneinheit beträgt.*

Denken wir uns auf g zwei solche Punkte, und ist α der Neigungswinkel von g, so ist

$$\operatorname{tg}\alpha = \frac{1}{i}.$$

Man nennt $\operatorname{tg}\alpha$ die *Böschung* oder die *Steigung* der Geraden und hat mithin den

Satz 3: *Böschung und Intervall einer Geraden sind reziprok.*

Wir wollen nun die eben behandelte Aufgabe, *die Graduierung einer Geraden zu ermitteln, wenn der Grundriß und die Koten von zwei Punkten A und B gegeben sind,* noch auf eine andere Art durchführen. Hierzu machen wir zunächst die folgende Bemerkung. Sind P und Q zwei Raumpunkte (Fig. 50), so nennen wir die Entfernung $P'Q'$ ihrer Grundrisse den *horizontalen Abstand h* von P und Q und den absoluten Betrag ihrer Kotendifferenz ihren *vertikalen Abstand v*. Es ist dann $v : h = \operatorname{tg} \alpha$ die Böschung der Geraden $[PQ]$. Sind nun auf einer Geraden zwei Strecken PQ und RS gegeben, so gilt demnach für die horizontalen und vertikalen Abstände h, v und h_1, v_1 ihrer Enden die Proportion

$$h : v = h_1 : v_1 \quad \text{oder} \quad h : h_1 = v : v_1.$$

Ist nun (Fig. 51) die durch die Punkte $A\,(4{,}2)$ und $B\,(9{,}5)$ bestimmte Gerade zu graduieren, so muß nach der letzten Proportion

$$\overline{A'5} : \overline{56} : \overline{67} : \overline{78} : \overline{89} : \overline{9B'} = 0{,}8 : 1 : 1 : 1 : 1 : 0{,}5$$

gelten. Legt man daher in Fig. 51 durch A' in irgendeiner von g' verschiedenen Richtung einen beliebigen Längenmaßstab, dessen Punkt 4,2 mit A' zusammenfällt, und verbindet man seinen Punkt $9{,}5 = B^0$ mit B', so schneiden die Parallelen zu $[B^0 B']$ durch die Teilpunkte 5, 6, 7, 8, 9 des Maßstabes den Grundriß g' in den Teilpunkten des Böschungsmaßstabes.

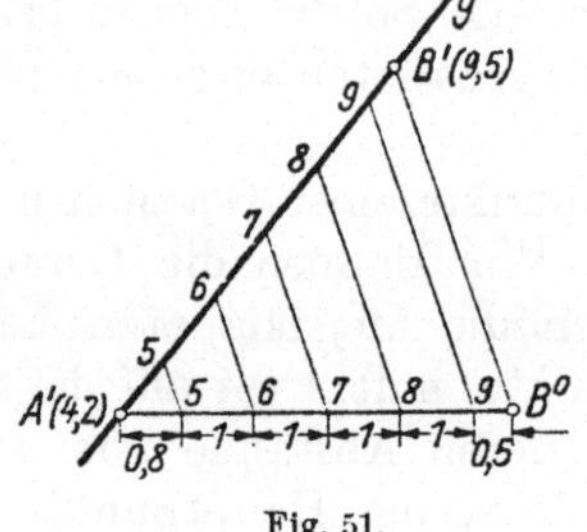

Fig. 51.

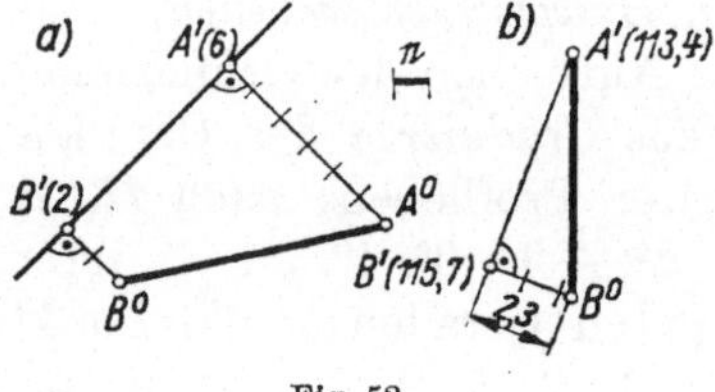

Fig. 52.

Wir besprechen nun die *Ermittlung der Länge einer Strecke A B*, deren Endpunkte durch ihre kotierten Grundrisse gegeben sind (Fig. 52a). Zu diesem Zweck wird, wie bereits erklärt wurde, die Strecke AB mit ihrer Profilebene nach Π_1 umgeklappt. Die umgeklappte Lage $A^0 B^0$ bildet mit dem Grundriß $A'B'$ ein Trapez, dessen Parallelseiten $A'A^0$ und $B'B^0$ auf $[A'B']$ normal stehen und den Höhen der Punkte A und B gleich sind.

Die Durchführung dieser Konstruktion läßt sich durch einen Gedanken von grundsätzlicher Bedeutung vereinfachen. Wir haben bisher als Grundrißebene Π_1 die Hauptschichtenebene mit der Kote Null (Nullebene) verwendet. *Bei vielen Aufgaben ist es zweckmäßig, als Grundrißebene Π_1 irgendeine im Hinblick auf die Aufgabe besonders geeignete Schichtenebene zu wählen.*

Wir wenden diesen Gedanken auf die soeben besprochene Aufgabe an, die Länge der Strecke $A\,(113{,}4)$, $B\,(115{,}7)$ zu ermitteln (Fig. 52b). Legen wir die Grundrißebene Π_1 anstatt in die Nullebene in die Schichtenebene des Punktes A (113,4) und fassen wir Π_1 als Nullebene einer neuen Höhenmessung auf, so hat A in bezug auf Π_1 die Kote 0 und B (115,7) die neue Kote $115,7 - 113,4 = 2,3$. Zur Ermittlung der Länge von $A B$ haben wir nun das rechtwinklige Dreieck $A B B'$ nach Π_1 umzuklappen. Seine umgeklappte Lage $A B^0 B'$ hat bei B' den rechten Winkel, es ist $B' B^0 = 2,3$, und $A B^0$ gibt die Länge von $A B$ an.

Bei der Berechnung der neuen Kote von B haben wir von der folgenden Bemerkung Gebrauch gemacht:

Satz 4: *Wird eine Schichtenebene mit der Kote z zur Nullebene einer neuen Höhenmessung gemacht, so sind die alten Koten um z zu vermindern.*

Wie man unmittelbar einsieht, besteht für parallele Geraden (Fig. 53) der

Satz 5: *Parallele Geraden des Raumes haben kongruente und gleich gerichtete Böschungsmaßstäbe.*

Als Richtung einer geneigten Geraden wollen wir hier immer den Laufsinn nach abwärts ansehen.

Fig. 53 zeigt die Lösung der Aufgabe: *Durch einen gegebenen Punkt P (6,3), zu einer durch ihren Böschungsmaßstab gegebenen Geraden g die Parallele zu legen.*

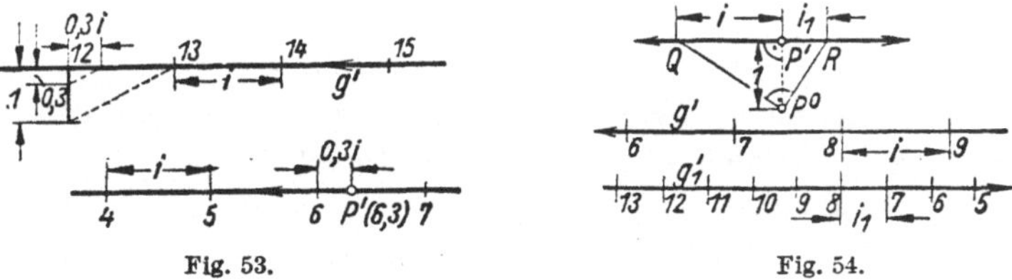

Fig. 53.   Fig. 54.

Um den Punkt 6 der Parallelen zu finden, hat man $0,3\,i$ zu ermitteln, was auf die in Fig. 53 ersichtliche Weise durchgeführt wird.

Schließlich beantworten wir die Frage: *Wann stehen zwei Geraden g, g_1 mit parallelen Grundrissen aufeinander normal?*

Man denke sich (Fig. 54) durch einen beliebigen Punkt P die Parallelen zu g und g_1 gelegt und die lotrechte Ebene, in der sich die Parallelen befinden, in die um eine Längeneinheit unterhalb P liegende Schichtenebene Π_1 umgeklappt. So erhält man ein rechtwinkliges Dreieck $P^0 Q R$, wenn Q, R die Schnittpunkte dieser Parallelen mit Π_1 bedeuten. Da $P' Q = i$ und $P' R = i_1$ die Intervalle von g und g_1 sind, ergibt sich aus dem genannten Dreieck die Beziehung $i i_1 = 1$; also gilt

Satz 6: *Zwei Geraden mit parallelen Grundrissen stehen dann und nur dann aufeinander normal, wenn ihre Intervalle reziprok und ihre Böschungsmaßstäbe entgegengesetzt gerichtet sind.*

23. Abbildung der Ebene. Wir betrachten eine Ebene σ, die die Grundrißebene Π_1 in einer Geraden s_1, ihrer *Spur*, schneiden möge und nicht zur Π_1 normal sein soll (Fig. 55). Irgendeine zur Spur s_1 normale und daher lotrechte Profilebene Π_2 schneidet σ in einer Geraden f und Π_1 im Grund-

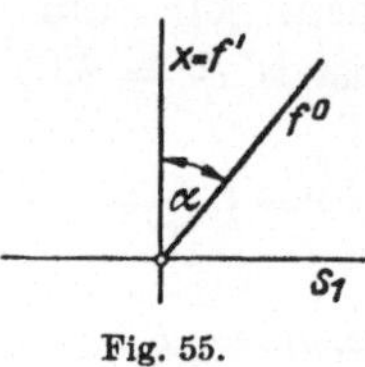

Fig. 55.

riß f' von f. f und f' stehen auf der Spur s_1 normal und bestimmen den *Neigungswinkel (Böschungswinkel)* der Ebene, d. h. ihren Winkel gegen Π_1. f ist eine *Fallinie* der Ebene, da f die Bahn eines materiellen Punktes ist, welcher, der Schwerkraft überlassen, auf der Ebene hinunterrollt. Klappt man f mit der Profilebene in die Grundrißebene nach f^0 um, so gibt der Winkel $f'f_0$ den Neigungswinkel von σ an. Die Fallinien einer Ebene heißen auch *Spurnormalen*, weil sie zur Spur s_1 der Ebene normal sind.

Schneidet man σ mit irgendeiner Schichtenebene, so erhält man eine *Schichtenlinie* von σ; insbesondere nennen wir die Schnitte mit den Hauptschichtenebenen *Hauptschichtenlinien*. Die Schichtenlinien einer Ebene σ sowie auch ihre Grundrisse sind zur Spur s_1 parallel und heißen daher auch *Spurparallele*.

Eine Schichtenlinie h und eine Fallinie f einer Ebene σ schließen einen rechten Winkel ein, der sich im Grundriß wieder als rechter Winkel darstellt. Nun sind nach Nr. 5 eine ebene Figur und ihr Grundriß affine Figuren. Nach Nr. 5, Satz 4 gibt es in jedem von zwei affinen Feldern i. allg. nur zwei aufeinander normale Richtungen, denen im andern Feld wieder normale Richtungen entsprechen. Also gilt der

Satz 1: *Der Normalriß eines rechten Winkels mit einem zur Rißebene parallelen Schenkel ist wieder ein rechter Winkel; solche rechte Winkel sind die einzigen, deren Normalriß wieder ein rechter ist.*

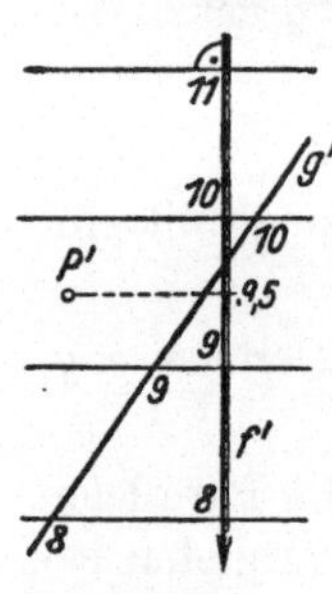

Fig. 56.

Ist eine Ebene σ zu Π_1 parallel, so ist jede in ihr liegende Figur zu ihrem Grundriß kongruent. Steht σ auf Π_1 normal, so ist ihr Grundriß die Schnittlinie $[\sigma\,\Pi_1]$; σ ist dann eine *projizierende Ebene*.

Eine Ebene allgemeiner Lage ist durch eine Fallinie vollständig bestimmt. Da der Neigungswinkel α der Fallinie zugleich der Neigungswinkel der Ebene ist, bezeichnet man die Böschung $\operatorname{tg}\alpha$ der Fallinie zugleich als die *Böschung der Ebene*. Als Darstellung einer Ebene kann daher eine *graduierte Fallinie* gezeichnet werden, die wir den *Böschungsmaßstab der Ebene* nennen. Böschungsmaßstäbe von Ebenen sollen durch Doppellinien gekennzeichnet werden (Fig. 56). Die Normalen zum Böschungsmaßstab durch dessen Teilpunkte sind die Grundrisse der Hauptschichtenlinien.

Um von einem Punkt P der Ebene σ aus dem gegebenen Grundriß P' die Kote zu erhalten, hat man die durch P gehende Schichtenlinie im Grundriß zu zeichnen (Fig. 56) und im Schnitt mit dem Böschungsmaßstab die Kote abzulesen.

Gehört eine Gerade g der Ebene σ an, so geben die Schnittpunkte von g' mit den Grundrissen der Hauptschichtenlinien schon die Graduierung der Geraden. Gehören zwei Geraden einer Ebene σ an, so sind die Verbindungslinien gleichkotierter Punkte dieser Geraden die Schichtenlinien von σ. Somit gilt

Satz 2: *Zwei durch ihre Böschungsmaßstäbe gegebene Geraden schneiden sich (im Endlichen oder Unendlichen) dann und nur dann, wenn die Verbindungslinien zweier Paare gleich kotierter Punkte zueinander parallel sind.*

Dieser Satz ist ein bequemes Kriterium für das Schneiden zweier Geraden.

24. Grundaufgaben. 1. Aufgabe: *Verbindungsebene dreier Punkte* (Fig. 57).

Soll eine durch drei Punkte A (8,8), B (— 1,3), C (5) bestimmte Ebene dargestellt werden, so wird man zunächst nach Nr. 22, Fig. 51 den Böschungsmaßstab der Verbindungsgeraden $[A\,B]$ zeichnen. Verbindet man nun C' mit dem gleichkotierten Punkt dieses Maßstabes, so erhält man den Grundriß einer Schichtenlinie der gesuchten Ebene. Die Parallelen dazu durch die Teilpunkte des Böschungsmaßstabes geben die Darstellung der Ebene.

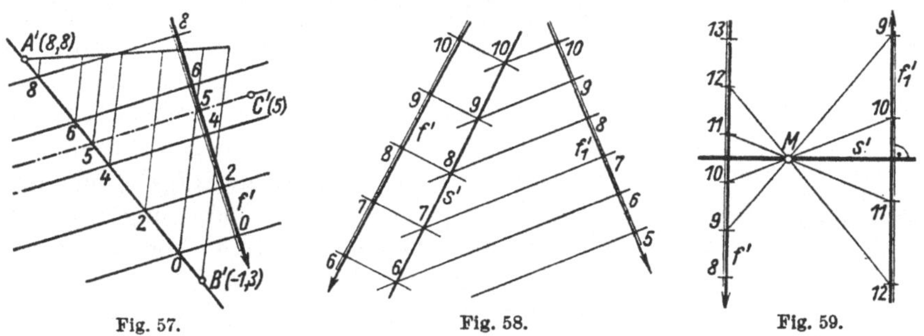

Fig. 57.   Fig. 58.   Fig. 59.

2. Aufgabe: *Schnittlinie zweier Ebenen* (Fig. 58).

Haben die Schichtenlinien zweier Ebenen ε und ε_1 nicht dieselbe Richtung, so ergeben die Schnittpunkte gleich kotierter Hauptschichtenlinien die *Hauptpunkte* der Schnittlinie $s = [\varepsilon\,\varepsilon_1]$. Haben insbesondere ε und ε_1 gleiche Böschung gegen Π_1, so gilt der

Satz 1: *Haben zwei Ebenen gleiche Böschung, so halbiert der Grundriß ihrer Schnittlinie den Winkel der Schichtenlinien.*

Haben die Schichtenlinien beider Ebenen dieselbe Richtung, ohne daß die Ebenen parallel sind, so versagt die in Fig. 58 angegebene Lösung. In diesem Fall sind die Böschungsmaßstäbe f' und f_1' der beiden Ebenen zueinander parallel (Fig. 59), und die Verbindungslinien gleich bezifferter Punkte schneiden sich alle in einem Punkt M. Durch diesen Punkt geht also auch der Grundriß der Schnittlinie s, die selbst eine Schichtenlinie ist.

5*

Haben die beiden Ebenen gleiche Böschung und parallele Schichtenlinien, so gilt als Ergänzung zum Satz 1 der einleuchtende

Satz 2: *Haben zwei Ebenen gleicher Böschung parallele Schichtenlinien, so sind sie entweder parallel, oder es ist der Grundriß ihrer Schnittlinie die gemeinsame Mittellinie der Grundrisse gleichkotierter Schichtenlinien.*

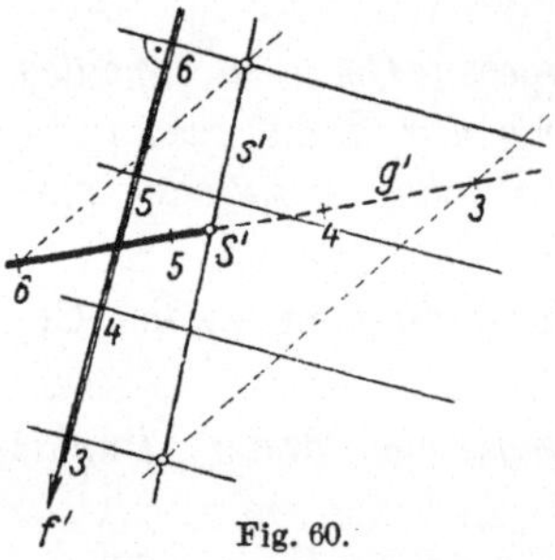

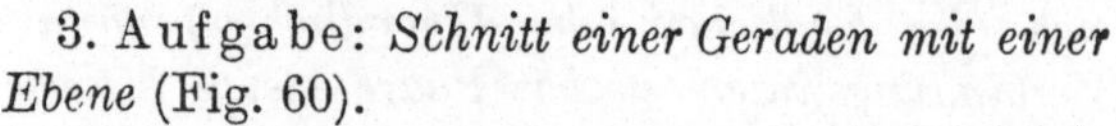

3. Aufgabe: *Schnitt einer Geraden mit einer Ebene* (Fig. 60).

Der Schnittpunkt einer Geraden g mit einer Ebene ε ergibt sich, wenn man durch g eine beliebige Hilfsebene legt, sie mit ε zum Schnitt bringt und den Schnittpunkt S der erhaltenen Schnittgeraden s mit g sucht. Die möglichen Sonderfälle lassen sich leicht erledigen.

Fig. 60.

4. Aufgabe: *In einer gegebenen Ebene sind die Geraden mit gegebener Böschung zu ermitteln.*

In Fig. 61 ist die Ebene ε durch den Böschungsmaßstab f' gegeben; die gegebene Böschung der Geraden sei $\frac{2}{3}$. Nach Nr. 22, Satz 3 ist somit ihr Intervall $i = \frac{3}{2}$. Stellen wir die weitere Bedingung, daß die gesuchte Gerade durch den Punkt S der Schichtenlinie 10 gehe, und bezeichnen wir mit R ihren Schnittpunkt mit der Schichtenlinie 7, so muß

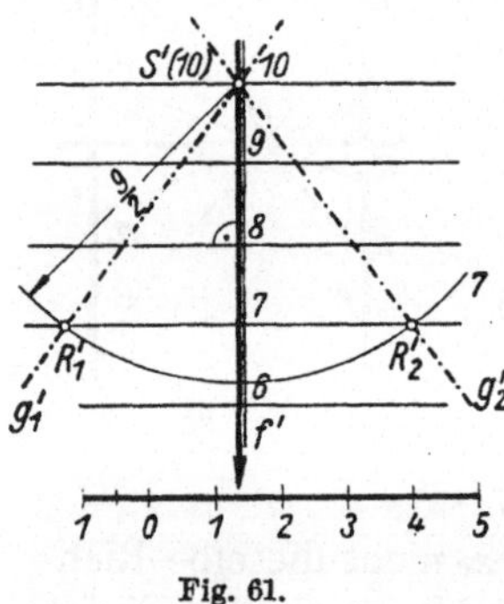

$S'R' = 3i = \frac{9}{2}$ betragen. Schneidet man daher die Schichtenlinie 7 mit dem Kreis $(S', \frac{9}{2})$, so erhält man die beiden möglichen Lagen R_1', R_2' von R im Grundriß. Die Aufgabe hat zwei reelle Lösungen, wenn die Böschung der Geraden kleiner als die Böschung der Ebene ist; dagegen nur eine Lösung, wenn diese beiden Böschungen übereinstimmen. $[S'R_1']$ und $[S'R_2']$ geben die beiden Lösungen durch S an. Alle andern sind zu ihnen parallel.

Fig. 61.

Dieser Lösung läßt sich auch eine räumliche Deutung geben. Alle Geraden durch $S(10)$ von der gegebenen Böschung $\frac{2}{3}$ liegen auf einem Drehkegel mit lotrechter Achse *(Böschungskegel)*. Die gesuchten Geraden durch S sind daher seine Schnitterzeugenden mit ε. Um sie zu finden, zeichnen wir den Schnittkreis (Schichtenkreis) des Kegels mit der Schichtenebene 7 im Grundriß; das ist aber der obige Kreis $(S', \frac{9}{2})$. Dieser Schichtenkreis schneidet die gleichhohe Schichtenlinie in den Punkten R_1 und R_2 der gesuchten Geraden.

5. Aufgabe: *Durch die gegebene Gerade g sind die Ebenen von gegebener Horizontalneigung α zu legen* (Fig. 62).

g sei durch den Böschungsmaßstab g' gegeben, der Winkel α liege gezeichnet vor. Mittels dieses Winkels kann leicht das Intervall i des

Böschungsmaßstabes der gesuchten Ebene angegeben werden. In Fig. 62 wurde aus Genauigkeitsgründen die Strecke $5i$ ermittelt. Da der Grundriß der Schichtenlinie 8 vom Punkt $S'(13)$ des Böschungsmaßstabes g' den Abstand $5i$ haben muß, erhält man den Grundriß dieser Schichtenlinie, indem man aus dem Punkt 8 von g' die Tangenten an den Kreis $(S', 5i)$ legt. Die beiden Lösungen sind reell, zusammenfallend oder konjugiert komplex, je nachdem die Böschung der Ebene größer, gleich oder kleiner als die von g ist.

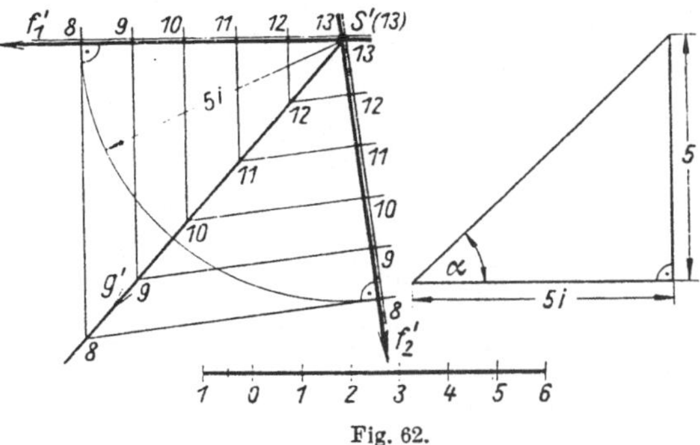

Fig. 62.

Auch dieser Lösung läßt sich eine räumliche Deutung mittels eines *Böschungskegels* geben. Alle Ebenen durch $S(13)$ mit der gegebenen Horizontalneigung α umhüllen einen Böschungskegel. An diesen sind durch g die möglichen Tangentialebenen zu legen. Die Durchführung geschieht wie vorhin im Schnitt mit der Schichtenebene 8.

6. **Aufgabe:** *Auf eine Ebene ist eine normale Gerade zu fällen (oder die umgekehrte Aufgabe).*

Eine Normale n zu einer Ebene ε und die durch ihren Fußpunkt gehende Schichtenlinie h von ε bilden einen rechten Winkel, von dem der Schenkel h zur Bildebene parallel ist. Also gilt nach Nr. 23, Satz 1 der

Satz 3: *Steht eine Gerade auf einer Ebene normal, so ist ihr Grundriß zum Grundriß der Schichtenlinien normal.*

n' ist demnach zum Böschungsmaßstab f' der Ebene parallel (Fig. 63).

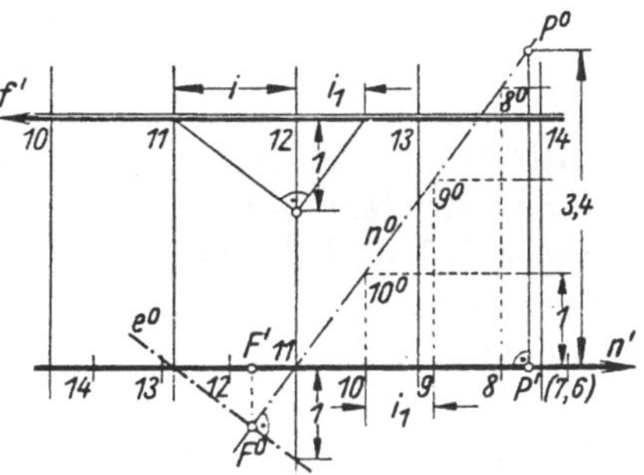

Fig. 63.

Nach Nr. 22, Satz 6 ist das Intervall i_1 von n zum Intervall i der Ebene reziprok und kann daher nach Fig. 54 gefunden werden; ferner sind die Graduierungen auf n' und f' ungleichlaufend. Ist die Normale n durch den gegebenen Punkt $P(7,6)$ zu legen, so empfiehlt sich die Einführung der lotrechten Profilebene Π_2 durch n. ε schneidet Π_2 in einer Geraden e, deren Umklappung e^0 in die Schichtenebene 11, die wir hier als Grundrißebene Π_1 wählen, ohne weiteres angegeben werden kann. Aber auch die umgeklappte Lage P^0 von P läßt sich mittels seiner Höhenkote $7,6-11 = -3,4$ einzeichnen. Das Lot $[P^0 \perp e^0]$ ist die Umklappung n^0 der gesuchten Normalen. Auf n^0 können die umgeklappten Hauptpunkte $\ldots 8^0, 9^0, 10^0, \ldots$ angegeben werden, aus denen durch normale Projektion auf n' die Graduierung von n' entsteht. Auch der Fußpunkt F von n in der Ebene ε ist aus der Umklappung der Profilebene Π_2 zu entnehmen.

7. Aufgabe: *Paralleldrehung und Rückdrehung ebener Figuren.*

Um die Gestalt einer der Ebene ε angehörigen Figur zu ermitteln, dreht man die Ebene um ihre Schnittlinie (Spur) e_1 mit der Grundrißebene Π_1 nach Π_1 oder um eine Schichtenlinie in eine zu Π_1 parallele Lage; hat man umgekehrt das Bild einer ebenen Figur von gegebener Gestalt zu zeichnen,

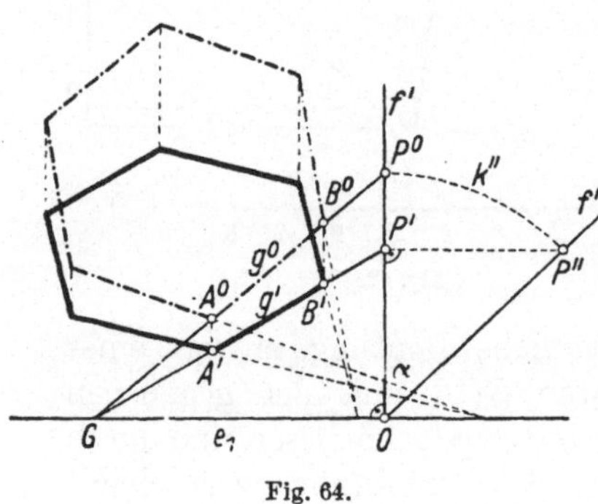

Fig. 64.

so zeichnet man zuerst die Figur in dieser Parallelstellung zur Bildebene und dreht hierauf zurück. Dieses *Paralleldrehen* und *Rückdrehen* ebener Figuren gehört zu den wichtigsten Operationen der darstellenden Geometrie. *Die Anwendbarkeit dieses Konstruktionsprinzips beruht darauf, daß das Bild einer zur Bildebene parallelen Figur bei Parallelprojektion zu ihr kongruent, bei Zentralprojektion zu ihr ähnlich ist.*

Die Ebene ε sei durch eine Fallinie f gegeben, von der in Fig. 64 der Grundriß f' und die mit ihrer Profilebene Π_2 umgeklappte Lage f'' gegeben ist. f' und f'' schneiden sich im Spurpunkt O von f, und die Gerade $[O \perp f']$ ist die Spur e_1 von ε. Irgendein Punkt P von f beschreibt, wenn die Ebene ε um e_1 gedreht wird, einen in Π_2 befindlichen Kreis k, dessen Mitte O ist und dessen umgeklappte Lage k'' sofort gezeichnet werden kann, nachdem man sich aus dem Grundriß P' die umgeklappte Lage P'' ermittelt hat. Gelangt bei der Drehung ε nach Π_1, so gelangt P in einen der beiden Schnittpunkte P^0 des Kreises k'' mit f', je nachdem man die Drehung in dem einen oder andern Drehsinn ausführt. Wir stellen sofort fest: Der Grundriß P' eines Punktes P der Ebene und seine nach Π_1 gedrehte Lage P^0 haben eine zu e_1 normale Verbindungslinie. *Demnach sind für alle Punkte P der Ebene die Verbindungslinien $[P'P^0]$ parallel.* Ist nun g eine in ε liegende Gerade durch P, so ist der Schnittpunkt $G = [e_1 g']$ der Spurpunkt von g. G bleibt als Punkt der Drehachse e_1 bei der Drehung fest, und es ist daher $[G P^0]$ die gedrehte Lage g^0 von g. *Der Grundriß g' einer Geraden g und ihre gedrehte Lage g^0 schneiden sich daher auf e_1.* Aus diesen Bemerkungen folgt nach S. 13 der

Satz 4: *Wird eine ebene Figur $\mathfrak{F}$ um die Spur e_1 ihrer Ebene in die Grundrißebene gedreht, so sind ihr Grundriß $\mathfrak{F}'$ und ihre gedrehte Lage $\mathfrak{F}^0$ perspektivaffine Figuren; e_1 ist die Affinitätsachse, und die Affinitätsstrahlen sind zu e_1 normal.*

Aus Fig. 64 entnimmt man die Beziehung $O P' : O P^0 = O P' : O P'' = \cos\alpha$, wenn α den Neigungswinkel der Ebene ε bedeutet. Das Verhältnis der Abstände entsprechender Punkte P', P^0 von der Affinitätsachse hat also den konstanten Wert $\cos\alpha$. Die Affinität zwischen $\mathfrak{F}'$ und $\mathfrak{F}^0$ kann daher als *normale Streckung an der Achse e_1* bezeichnet werden.

Fig. 64 zeigt weiterhin die Konstruktion des Grundrisses eines regelmäßigen Sechseckes über einer durch ihren Grundriß gegebenen Seite AB. Man ermittelt zunächst A^0B^0 als die $A'B'$ affin entsprechende Strecke, zeichnet über A^0B^0 das Sechseck in seiner nach Π_1 gedrehten Lage und konstruiert das diesem regelmäßigen Sechseck im Grundrißfeld affin entsprechende Sechseck. Zur Vereinfachung und Überprüfung der Konstruktion verwertet man dabei auch die geometrischen Eigenschaften des regelmäßigen Sechseckes (die Diagonalen schneiden sich in einem Punkt, gegenüberliegende parallele Seiten sind auch im Bild parallel und gleich lang).

25. Konstruktion einer Straßenausweichstelle an einem ebenen Hang.

In Fig. 65 sei im Maßstab 1: 300 $A'B'C'\ldots H'$ der Grundriß einer Ausweichstelle einer 3 m breiten Straße; B habe die Kote 10, die Straße habe von G gegen H hin das Gefälle 1 : 20. Das umliegende Gelände kann als geneigte Ebene betrachtet werden, deren Böschungsmaßstab f' ist. Die Böschungsebenen des herzustellenden Objekts sollen im Auftrag (Damm) 2 : 3, im Abtrag (Einschnitt) 4 : 5 geneigt sein. Man konstruiere die Verschneidungen dieser Böschungsebenen untereinander und mit dem Gelände.

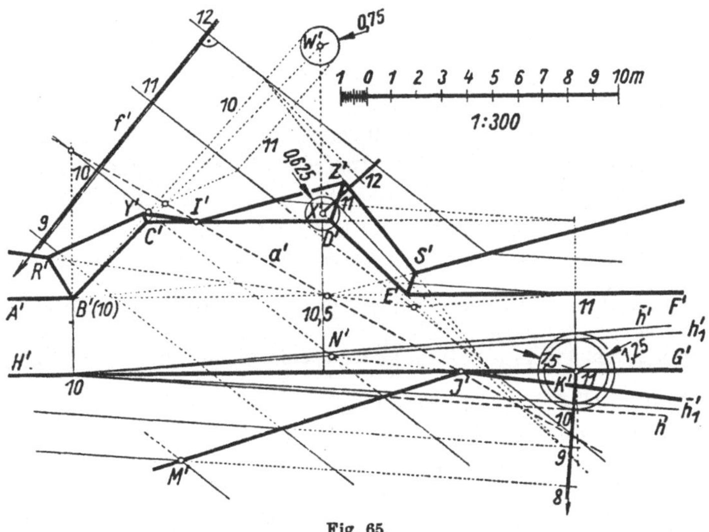

Fig. 65.

Zuerst zeichne man die Hauptschichtenlinien des *Straßenplanums*. Da $[AF]$ eine Fallinie desselben ist, hat man nach Nr. 22, Satz 3 den reziproken Wert des Straßengefälles, also 20 m auf $[A'F']$ von B' aus wiederholt aufzutragen und durch die erhaltenen Punkte die Schichtenlinien normal zu $[A'F']$ zu ziehen. Auch die Schichtenlinie 10,5 wurde für späteren Bedarf eingezeichnet.

Nun ermitteln wir die Schnittlinie a des Straßenplanums mit dem Gelände, die sogenannte *Anschnittlinie* oder *Nullinie*, als Verbindungslinie der Schnittpunkte der Schichtenlinien 10 bzw. 11 von Gelände und Planum. I, J sind die Schnittpunkte von a mit dem Straßenrand. Links von $[IJ]$ ist das Planum höher, rechts davon tiefer als das Gelände; es ist daher links ein Damm, rechts ein Einschnitt notwendig. Zunächst sind die Böschungsebenen darzustellen. Längs HJ kommt eine Dammebene (2:3), deren Intervall mithin 1,5 beträgt (Nr. 24, 5. Aufgabe). Der Grundriß der Schichtenlinie $h(10)$ dieser Ebene ist also diejenige Tangente h' aus dem Punkt 10 von $[H'G']$ an den Kreis mit dem Radius $i_1 = 1,5$ und der Mitte $K'(11)$ auf $[H'G']$, die außerhalb des Straßenplanums liegt. Damit kann jetzt ihr Böschungsmaßstab und ihr Schnitt $[MJ]$ mit dem Gelände gezeichnet werden. Ebenso zeichnet man die Schichtenlinie $h_1(10)$ der Einschnittebene (4:5) längs JG, indem man aus dem Punkt 10 von $[H'G']$ diejenige Tangente h_1' an den Kreis mit dem Radius $i_2 = \frac{5}{4} = 1,25$ und der Mitte $K'(11)$ legt, die innerhalb des Planums liegt. Ist N der Schnittpunkt von h_1 mit der Schichtenlinie 10 des Geländes, so ist $[NJ]$ der Schnitt des Geländes mit der Einschnittebene.

Die Hauptschichtenlinien der Böschungsebenen durch AB, CI einerseits, durch ID, EF andrerseits haben, weil diese Strecken zu HG parallel sind, die Richtungen der zweiten Tangenten $\bar{h}'$ und $\bar{h}_1'$, die sich aus dem Punkt 10 auf $[H'G']$ an die früher gezeichneten Kreise $(K', 1,5)$ und $(K', 1,25)$ noch legen lassen. Es sei daran erinnert, daß sich diese Kreise auch als die Schichtenkreise 10 der Böschungskegel mit der Spitze K und den gegebenen Böschungen 2:3 und 4:5 auffassen lassen. An diese Böschungskegel wurden durch $[HG]$ die Tangentialebenen gelegt. Um schließlich die Böschungsebenen durch BC (Auftrag) und DE (Abtrag) durch Schichtenlinien darzustellen, zeichnen wir um den Schnittpunkt W' von $[B'C']$ mit der Schichtenlinie 10,5 des Planums den Kreis $\left(W', \frac{i_1}{2} = 0,75\right)$ und um den Schnittpunkt X' dieser Schichtenlinie mit $[D'E']$ den Kreis $\left(X', \frac{i_2}{2} = 0,625\right)$ und ziehen aus $B'(10)$ bzw. aus dem Punkt 11 von $[D'E']$ die entsprechenden Tangenten an diese Kreise; sie sind die Schichtenlinien 10 bzw. 11 der Böschungsebenen durch BC bzw. DE. Nun können die Schnitte aller Böschungsebenen mit dem Gelände gefunden werden, indem man gleichkotierte Schichtenlinien zum Schnitt bringt. Beim Einzeichnen der Schnittlinien benachbarter Böschungsebenen beachte man als Kontrolle, daß $[R'B'] \parallel [Y'C']$ und $[S'E'] \parallel [Z'D']$ sein müssen.

26. Seitenrisse. Es ist eine wichtige Aufgabe der darstellenden Geometrie, aus einer gegebenen Abbildung eines Objektes neue Abbildungen zu ermitteln. Wir wollen uns nun mit der Aufgabe beschäftigen, *von einem Objekt, das durch einen kotierten Grundriß gegeben ist, einen Normal-*

riß auf eine lotrechte Bildebene Π_2 zu konstruieren. Da die auf Π_2 normalen Sehstrahlen waagerecht sind, ist es naheliegend, ein solches Bild einen *Seitenriß* zu nennen. Die Beigabe eines Seitenrisses zu einem kotierten Grundriß erleichtert die anschauliche Erfassung des dargestellten Ob-

jektes ungemein; es wird sich aber auch sogleich zeigen, daß zur Konstruktion eines Grundrisses ein zweckmäßig eingeführter Seitenriß vorzügliche Dienste leisten kann.

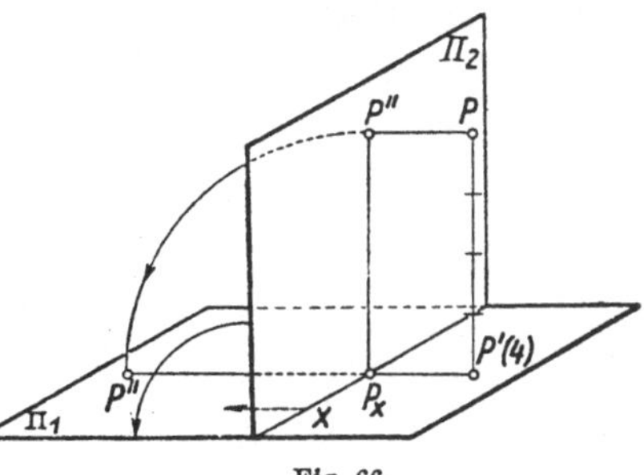

Fig. 66.

Fig. 66 erläutert die Bildung des Seitenrisses eines Punktes P auf die *Seitenrißebene Π_2*, die Π_1 in einer Geraden x, die man die *Rißachse* nennt, schneidet. Der Raumpunkt P wird demnach nicht bloß auf Π_1 in den

Grundriß P', sondern auch normal auf Π_2 in den Seitenriß P'' projiziert. Es ist zweckmäßig, den Seitenriß in der Lage zu zeichnen, die man erhält, wenn man Π_2 um die Rißachse x nach Π_1 klappt. Ein zu x normaler Pfeil in Π_1 gibt ebenso wie für eine Profilebene (S. 62) die Lage der umgeklappten positiven Halbebene von Π_2 an. Die Ebene durch P und die beiden Sehstrahlen schneidet x in einem Punkt P_x, und es ist sowohl vor als nach der Umklappung $P_x P'' = P' P = z$ die Höhenkote des Punktes P. Ferner

bemerken wir, daß P' und der nach Π_1 geklappte Seitenriß P'' eine Verbindungslinie haben, die auf x normal steht. Diese zu x normalen Geraden nennen wir *Ordnungslinien*, kurz *Ordner*.

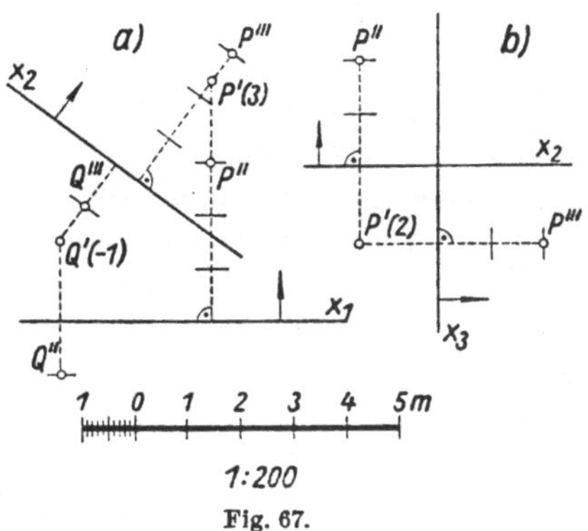

Fig. 67.

Aus Fig. 67 a entnimmt man den Übergang vom kotierten Grundriß eines Punktepaares P, Q zu seinen Seitenrissen für zwei verschiedene Annahmen der Seitenrißebenen durch die Rißachsen x_1 und x_2. Hat die Seitenrißebene zum Zeichner frontale

Stellung, verläuft also die Rißachse x von links nach rechts, so heißt sie *Aufrißebene*. Eine auf der Grundrißebene und der Aufrißebene zugleich normale Seitenrißebene heißt *Kreuzrißebene*. In Fig. 67 b wird der Punkt $P(2)$ durch den *Grundriß P'*, den *Aufriß P''* und den *Kreuzriß P'''* dargestellt.

Die Einführung eines Seitenrisses als Hilfsbild zwecks Konstruktion eines Grundrisses kann mit Vorteil bei der folgenden Aufgabe angewendet werden (Fig. 68). *Gegeben ist eine regelmäßige fünfseitige Pyramide mit der Grundfläche in Π_1 und der Spitze $S(7)$. Man schneide dieselbe mit einer Ebene ε, von der die Spur e_1 und ein Punkt $P(6)$ gegeben sind.*

Wir wählen eine Seitenrißebene Π_2, die auf ε normal steht, durch eine Rißachse x, die demnach zu e_1 normal ist. Dadurch erreichen wir, daß sich im Seitenriß die Ebene ε als eine Gerade ε'' abbildet. ε'' verbindet den Schnittpunkt $E = [e_1 x]$ mit P'' und läßt sich zugleich als die Schnittlinie (Spur) e_2 der Ebene ε in Π_2 auffassen. Der Seitenriß der Pyramide läßt sich leicht angeben, da die Seitenrisse der Basiseckpunkte auf der Rißachse x liegen und mittels der Ordner gefunden werden. Ist A_1 der

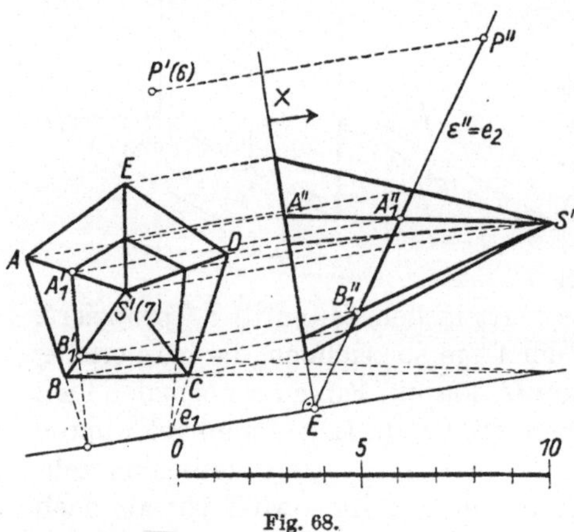

Fig. 68.

Schnittpunkt von ε mit der Kante AS, so erhält man zunächst seinen Seitenriß $A_1'' = [\varepsilon'' \cdot A''S'']$ und hierauf mittels des Ordners den Grundriß A_1'. Die Basis der Pyramide und der Grundriß des ebenen Schnittes sind perspektiv-kollineare Figuren mit der Kollineationsachse e_1 und dem Kollineationszentrum S' (Nr. 4, Fig. 10). Es müssen sich daher $[AB]$ und $[A_1'B_1']$ auf e_1 schneiden. Der zur Erklärung der Umklappung der positiven Halbebene von Π_2 verwendete Pfeil kann zugleich die

Blickrichtung für den Seitenriß angeben. Dadurch ergibt sich im Seitenriß die Unterscheidung der sichtbaren und unsichtbaren Kanten der Pyramide. *Als Blickrichtung für den Grundriß verwendet man grundsätzlich die Richtung von oben nach unten.*

27. Dachausmittlungen. Wir behandeln nun ein praktisches Gebiet, das zum Teil der darstellenden Geometrie angehört, die sogenannte *Dachausmittlung*[1]), worunter man die Überdachung eines Gebäudes von gegebenem Grundriß versteht. Diese Aufgabe liegt, soweit es sich um bautechnische und ästhetische Gesichtspunkte handelt, außerhalb der darstellenden Geometrie; dagegen ist die Ermittlung der Verschneidungen der Dachflächen eine geometrische Aufgabe. *Wir beschränken uns hier auf das Schema dieser geometrischen Konstruktionen.*

Die unterste, meist waagerecht verlaufende Grenze des Daches heißt *Dachsaum* oder *Trauflinie*. Die oberste, ebenfalls meist waagerechte Schnittlinie zwischen gegenüberliegenden Dachflächen heißt *First*. Sehr oft werden sämtliche Flächen eines Daches als Ebenen von gleicher Neigung angenommen. Es gelten dann die Sätze (Nr. 24, Sätze 1, 2):

Satz 1: *Haben zwei ebene Dachflächen mit sich schneidenden waagerechten Trauflinien gleiche Neigung, so hälftet der Grundriß ihrer Schnittlinie den Winkel der beiden Trauflinien* (Fig. 69a, b).

1) G. Peschka, Kotierte Ebenen (kotierte Projektionen) und deren Anwendungen. Brünn 1877, S. 86—122. A. Opderbecke, Dachausmittlungen usw. Leipzig 1912.

Satz 2: *Haben zwei sich schneidende, ebene Dachflächen, deren Trauflinien in derselben Horizontalebene parallel verlaufen, die gleiche Neigung, so fällt der Grundriß ihrer zu den Trauflinien parallelen Schnittlinie (First) in die Mittellinie der parallelen Trauflinien (Fig. 70).*

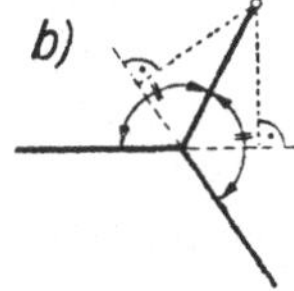

Je nachdem der Winkel der Trauflinien ein ausspringender oder ein einspringender ist, heißt der Schnitt der Dachflächen ein *Grat* (Fig. 69 a) oder eine *Kehle*, auch Yxe (Fig. 69 b).

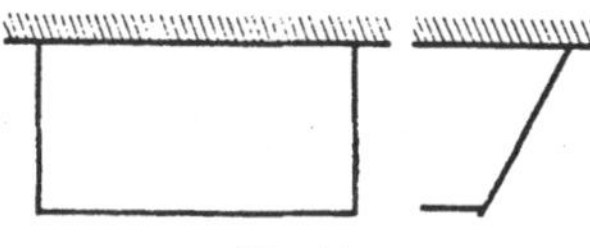

Fig. 69.   Fig. 70.   Fig. 71.

Die einfachste Dachform ist das aus einer einzigen Dachfläche bestehende Pultdach (Fig. 71, Grundriß und Kreuzriß). Es wird meist dann verwendet, wenn das Gebäude geringe Tiefe besitzt und mit einer Längsseite angebaut ist.

Die gebräuchlichste Dachform ist das *Satteldach*, das aus zwei Dachflächen gleicher Neigung besteht, die sich in einem waagerechten First schneiden. Bei rechteckigem Grundriß erhalten die Mauern an den zum First normalen Gebäudeseiten dreieckige *Giebel* (Fig. 72, Grundriß und Aufriß). Ersetzt man die Giebel ganz oder teilweise durch geneigte Dachflächen, *Walme* genannt, so entsteht ein *Walmdach* (Fig. 73; Fig. 74, *Krüppelwalmdach*).

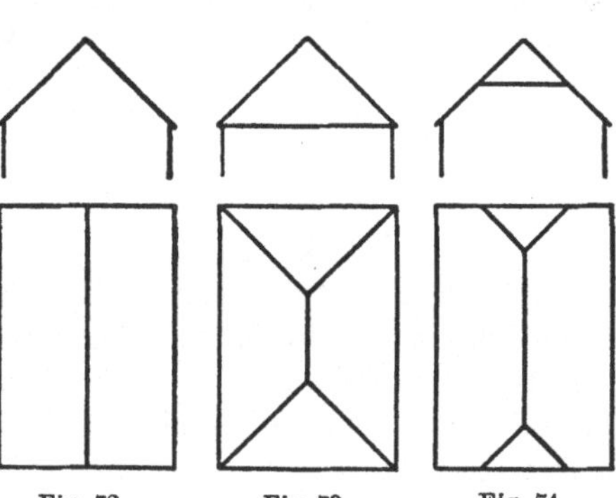

Fig. 72.   Fig. 73.   Fig. 74.

Handelt es sich um die Überdachung eines *trapezförmigen Grundrisses* A'B'C'D', so kann die Eindeckung mit gleichgeneigten Dachflächen nur dann vorgenommen werden, falls die Parallelseiten so lang sind, daß die durch sie gehenden Dachflächen eine waagerechte Firstkante bilden (Fig. 75, Grundriß, Aufriß, Kreuzriß). Die Grundrisse der Grate hälften die Winkel bei A', B', C', D';

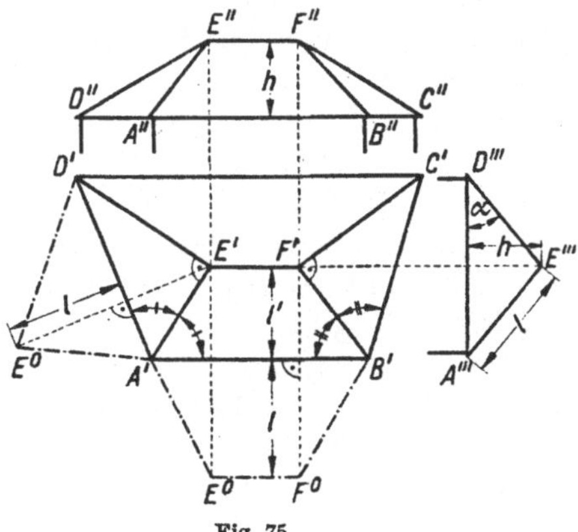

Fig. 75.

der Grundriß $E'F'$ der Firstkante liegt in der Mitte zwischen $[A'B']$ und $[C'D']$. Im Kreuzriß erscheinen der Neigungswinkel α der Dachflächen, die Länge l der *Dachsparren* und die Höhe h der Firstkante in wahrer Größe. Aus dem Grundriß und dem Kreuzriß kann nun der Aufriß gefunden werden. Die Gestalten der Dachflächen können durch Drehung in die Ebene der Trauflinien ermittelt werden. Dazu verwendet man, wie aus Fig. 75 ersichtlich, die Länge l der Dachsparren durch E und F.

Wollte man dagegen den trapezförmigen Grundriß (Fig. 76) mit gleichgeneigten Dachflächen überdecken, so würde eine lange *schräge* Firstkante entstehen, was man aus praktischen und ästhetischen Gründen

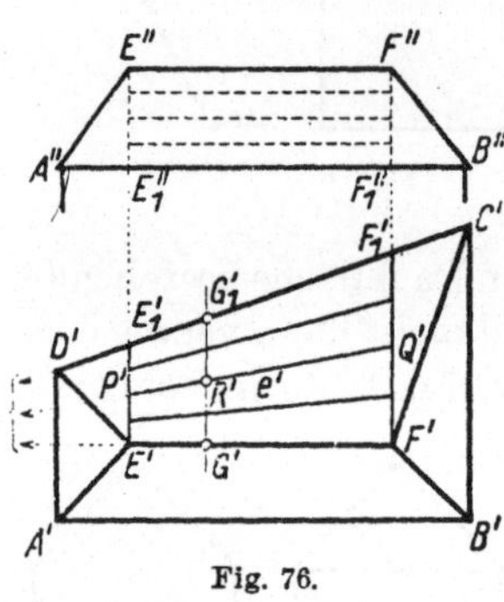

Fig. 76.

vermeiden wird. Man kann hier eine *windschiefe Dachfläche* verwenden (windschiefe Regelfläche, Nr. 18, 79). Zunächst werden durch die Trauflinien $[AD]$, $[BC]$ und $[AB]$ gleichgeneigte Dachflächen gelegt und in der letzteren eine waagerechte Firstkante EF gewählt. Hierauf führt man von E und F normal zur Firstkante Dachsparren EE_1 und FF_1 zur Trauflinie CD hinunter. Das windschiefe Viereck $CDEF$ wird nun durch die beiden Dreiecksflächen EE_1D, FF_1C und eine geeignet zu wählende windschiefe Regelfläche im Viereck EFF_1E_1 gedeckt. Wir erzeugen diese Fläche dadurch, daß wir eine Gerade (Latte) so längs der Sparren $[EE_1]$ und $[FF_1]$ gleiten lassen, daß sie stets waagerecht bleibt. Die so entstehende Regelfläche ist ein *hyperbolisches Paraboloid* (Nr. 78). Wir zeigen, daß jeder Schnitt dieser Fläche mit einer zur Firstkante normalen Ebene eine Gerade ist, so daß also nicht bloß gerade Latten, sondern auch gerade Sparren zur Anwendung kommen, obwohl die Dachfläche gekrümmt ist. Es sei e eine beliebige waagerechte Erzeugende der Fläche; eine zum First normale Ebene schneide diesen in G, e in R und die Trauflinie CD in G_1; h sei die Höhe des Firstes, h_1 die Höhe von R über der Ebene der Trauflinien. Um zu beweisen, daß G, R, G_1 auf einer Geraden liegen, zeigen wir, daß $G_1'R' : G_1'G' = h_1 : h$ gilt. Sind P, Q die Schnittpunkte von e mit den Sparren EE_1 und FF_1, so gilt wegen der waagerechten Lage der Latten $h_1 : h = E_1'P' : E_1'E' = F_1'Q' : F_1'F''$. Aus der Gleichheit der letzten beiden Verhältnisse folgt, daß e' durch den Schnittpunkt von $[E'F']$ mit $[C'D']$ geht und daß somit tatsächlich auch $h_1 : h = G_1'R' : G_1'G'$ gilt.

Unter Hintansetzung aller technischen und ästhetischen Gesichtspunkte soll nun die Aufgabe gelöst werden, zu einem gegebenen Grundriß das Dach zu ermitteln, wenn sämtliche Dachebenen gleiche Neigung haben und alle Trauflinien einer waagerechten Ebene angehören (Fig. 77). Ist $A'B' \ldots H'$ ein beliebig geformter Grundriß, wobei das schraffierte

Rechteck nicht überdacht werden soll, so sind die Winkelsymmetralen nach Satz 1 die Grundrisse der Grate und Kehlen, in denen sich aufeinanderfolgende Dachflächen schneiden. Zur Gesamtverschneidung der Dachflächen gehören aber auch Schnittlinien von Dachflächen, die nicht durch benachbarte Trauflinienstücke gehen. Außer den bereits genannten Sätzen verwendet man zur Ermittlung der Verschneidungen noch die beiden einleuchtenden Sätze:

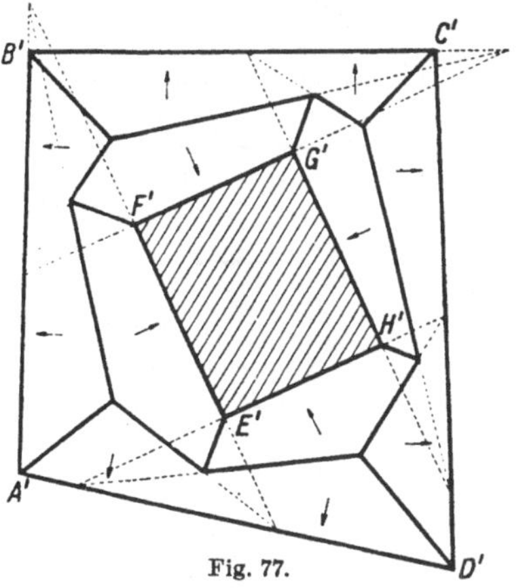

Satz 3: *Die Schnittlinie zweier beliebiger Dachebenen geht durch den Schnittpunkt ihrer, nötigenfalls verlängerten, Trauflinien.*

Satz 4: *Treffen sich zwei Schnittlinien von Dachflächen (Grate, Kehlen, Firste) in einem Punkt, so geht von ihm noch eine dritte Schnittlinie aus.*

Fig. 77.

Diese Sätze reichen zur Lösung der Aufgabe aus. Die Pfeile in Fig. 77 deuten die zu den Trauflinien normalen Abflußrichtungen des Wassers an. Man ersieht aus dem Beispiel, daß die Anwendung von gleichgeneigten Dachflächen bei gleichhohen Trauflinien zu unschönen und schwer herstellbaren Dachformen führen kann. Zu den Mitteln, befriedigende Dachformen zu erhalten, gehört die Verwendung *verschieden hoher Trauflinien.* Dadurch ergibt sich die Möglichkeit, eine Aufgabe der Dachausmittlung auf verschiedene Arten zu lösen. Fig. 78 zeigt im Grundriß eine *rechtwinklige Wiederkehr mit Risalit* und eine Dachausmittlung mit einem Giebel nach dem Prinzip der gleichgeneigten Dachflächen bei gleichhohen Trauflinien. Sie erweist sich als brauchbar. Lösungen derselben Aufgabe unter Zulassung verschieden hoher Trauflinien geben die Fig. 79 und 80. Die Fig. 78, 79, 80 zeigen auch einen Seitenriß der Dächer. Die Lage der

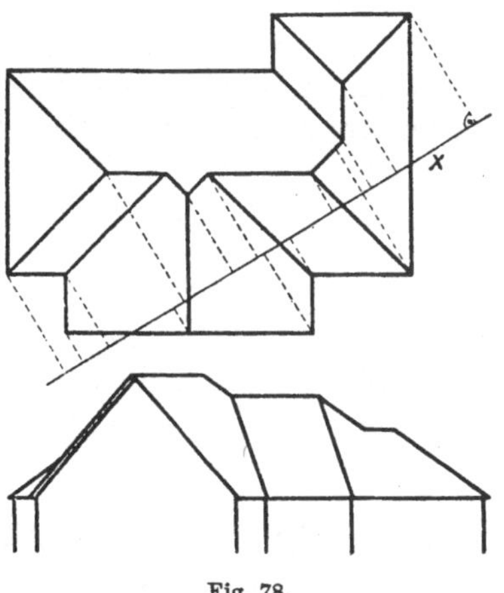

Fig. 78.

gewählten Seitenrißebene ist durch die angenommene Rißachse x ersichtlich. Der Seitenriß wurde aber nicht in der Stellung gezeichnet, wie er sich durch Umklappung der Seitenrißebene um die Achse x ergeben würde, sondern so, daß die Bilder der Firstkanten von links nach rechts verlaufen. Als Neigung α der Dachflächen wurde 45° angenommen.

Aufgabe: Man zeichne Seitenrisse dieser Dachformen für verschiedene Blickrichtungen und verschiedene Werte des Neigungswinkels α.

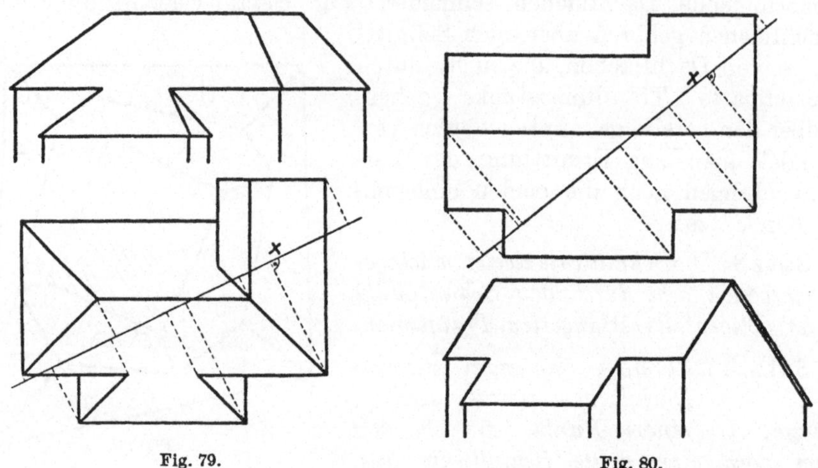

Fig. 79.   Fig. 80.

Wir haben bisher angenommen, daß das zu überdachende Gebäude frei steht. Grenzt es hingegen an andere an, so muß bei der Dachausmittlung dafür Sorge getragen werden, *daß das vom Dach abfließende Wasser den Nachbar nicht schädigt.* Dies wird manchmal durch *eingeschaltete Dachflächen* erreicht. Fig. 81 zeigt den einfachen Fall, daß die eingeschalteten Dachflächen GHC und GHD eine zur Mauer DC des Nachbargebäudes normale Firstkante GH bilden, so daß das Wasser parallel zu dieser Mauer abfließen muß. Auch in Fig. 82 wird das Regenwasser durch die eingeschaltete Dachfläche AGF gezwungen, parallel zur Mauer AD des Nachbargebäudes abzulaufen. Um dies zu erreichen, muß die Ebene $[AGF]$ normal zur Mauer AD gewählt werden. Es wurde ihr in Fig. 82 die Neigung der übrigen Dachflächen gegeben, so daß die Kehle AF nach Satz 1 im Grundriß als Winkelsymmetrale gezeichnet werden konnte.

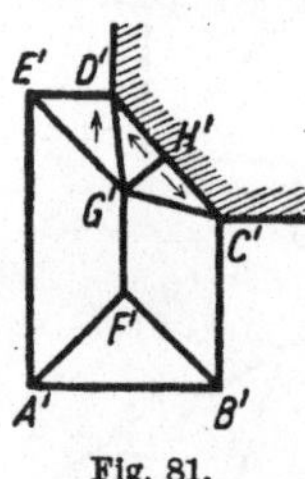

Fig. 81.

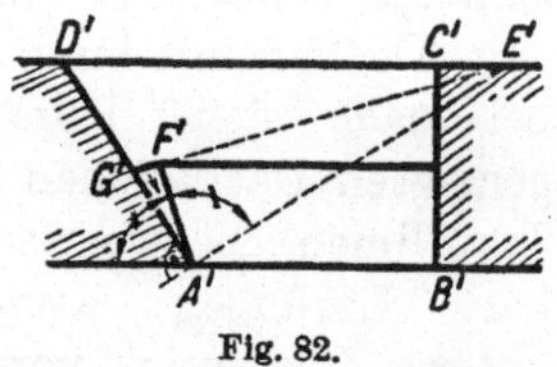

Fig. 82.

28. Die Geländefläche und ihre Darstellung. Der Techniker hat oft Konstruktionen an Flächen auszuführen, die durch kein mathematisches Gesetz definiert sind, sondern bloß durch eine Schar auf der Fläche verlaufender, graphisch gegebener Kurven angenähert bestimmt werden. Solche Flächen kann man *graphische Flächen* nennen. Da man nur eine beschränkte Zahl von Flächenkurven angeben kann, haftet der konstruktiven Behandlung einer graphischen Fläche notwendigerweise ein gewisses Maß von Willkür an. Diese Willkür kann jedoch durch die Annahme, daß sich die Fläche wie eine nach Nr. 18 definierte mathematische

Fläche verhalten soll, genügend eingeschränkt werden. Ein besonders wichtiges Beispiel für eine solche Behandlung einer Fläche ist die Darstellung der *Geländefläche*. Betrachtet man einen so kleinen Teil dieser Fläche, daß die Lotrichtungen als parallel betrachtet werden können, so besitzt sie die Eigenschaft, *daß sie von jeder lotrechten Geraden nur in einem Punkt getroffen wird.*

Die Geländefläche wird dargestellt, indem man ihre Schnittlinien mit den Hauptschichtenebenen im Grundriß unter Beifügung der Koten zeichnet. Diese Linien heißen *Schichten-* oder *Höhenlinien*[1]), auch *Isohypsen;* wenn sie unter dem Meeresspiegel verlaufen, nennt man sie *Tiefenlinien* oder *Isobathen.* Aus der oben genannten Grundeigenschaft der Geländefläche folgt, daß in ihrem *Schichtenplan* sich niemals zwei Schichtenlinien verschiedener Kote schneiden können, da sonst die lotrechte Gerade durch diesen Punkt mit der Fläche zwei verschiedene Punkte gemeinsam hätte. Hingegen kann die zu einer bestimmten Kote gehörige Schichtenlinie *Doppel-* oder *Mehrfachpunkte* (Nr. 7) besitzen.

Die Geländefläche ist durch ihre Hauptschichtenlinien um so genauer bestimmt, je geringer die Schichtenhöhe h, der Abstand benachbarter Hauptschichtenebenen, gewählt wird. Gebräuchliche Annahmen sind: Bei technischen Plänen für Maßstäbe etwa bis 1 : 5000 ist $h = 1$ m bis 5 m (in Meliorationsplänen sinkt sie bis auf 0,25 m), für 1 : 25000 ist $h = 10$ m (bei starker Böschung 20 m), für 1 : 75000 ist $h = 100$ m, im Flachland 50 m.

Bei der Ausführung von Konstruktionen ist zu beachten, daß der zwischen benachbarten Hauptschichtenlinien liegende Flächenstreifen unbestimmt ist. Man setzt voraus, daß eine Strecke, die mit einem Ende normal auf einer Hauptschichtenlinie steht und im andern Ende die nächste fast rechtwinklig trifft, nur wenig vom Gelände abweicht.

Wir nehmen an, daß die Geländefläche in jedem Punkt P eine Tangentialebene ε habe (Nr. 18). Unter den Flächentangenten des Punktes P befinden sich zwei ausgezeichnete: die Tangente h an die Schichtenlinie durch P und die dazu normale Tangente f. f ist die durch P gehende Fallinie von ε und heißt die *Falltangente* von P. *Unter der Böschung der Geländefläche in einem Punkt P versteht man die Böschung der Tangentialebene, also die Böschung der Falltangente f.*

Unter den Tangenten von P ist die Falltangente die steilste. Eine Flächenkurve, deren Tangenten Falltangenten sind, heißt *Fallinie.*[2]) Aus dem Gesagten folgt unmittelbar der

Satz 1: *Die Fallinien der Geländefläche schneiden die Schichtenlinien sowohl im Raum als auch im Grundriß rechtwinklig.*

---

1) Zuerst vom niederländischen Wasserbauinspektor N. S. Cruquius zur Darstellung des Flußbettes der *Mervede* (1729) verwendet, 1733 veröffentlicht. J. L. Lička, Zur Geschichte der Horizontallinien oder Isohypsen, Z. f. Vermessungswesen 9, Stuttgart 1880.

2) Nach Ch. Dupin, Essai hist. S. 139 sollen diese Kurven von G. Monge eingeführt worden sein.

Um daher in einem gegebenen Schichtenplan Fallinien darzustellen, zeichne man (die gestrichelten Linien in den Fig. 83, 84, 85) nach dem Augenmaße Kurven, die die Schichtenlinien normal schneiden *(normale Trajektorien)*. Das zwischen zwei Hauptschichtenlinien des Schichten-

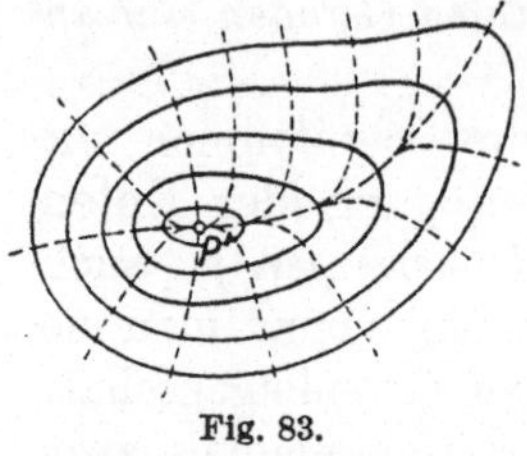

Fig. 83.

planes liegende Stück des Grundrisses einer Falllinie gibt näherungsweise das Intervall der Falltangente an der betrachteten Stelle an. *Die Böschung der Geländefläche ist demnach um so größer, je mehr sich die Hauptschichtenlinien nähern.*

Wenn die Geländefläche in der Umgebung eines Punktes P ganz oberhalb oder ganz unterhalb der Tangentialebene von P liegt, so sagt man, sie ist in P *konkav* bzw. *konvex;* schneidet sie die Tangentialebene in einer durch P gehenden Kurve (Nr. 18, Fig. 43, 44), so heißt sie *konkav-konvex.* Hat P eine waagerechte Tangentialebene und ist das Gelände in P konvex, so ist P ein höchster Punkt oder *Gipfelpunkt;* ist es dagegen in P konkav, so ist P ein tiefster Punkt oder *Muldenpunkt.* Im Schichtenplan können solche Punkte nur durch Beachtung der Kotierung unterschieden werden. Der einen Gipfel- oder Muldenpunkt umgebende Geländeteil erhält nach seinen verschiedenen Formen in der technischen Terrainlehre verschiedene Namen: *Kuppe, Rücken, Plateau bzw. Mulde, Kessel, Tal.*[1])

Die Schichtenlinien in der Umgebung eines Gipfel- oder Muldenpunktes P sind im Grundriß geschlossene Linien, die seinen Grundriß umschließen. Fig. 83 zeigt ihren Verlauf sowie den der (gestrichelten) Falllinien. *Alle Fallinien gehen durch den Gipfelpunkt P und haben daselbst ersichtlich eine gemeinsame Tangente.* (Für einen Beweis dieser Behauptung muß freilich angenommen werden, daß die Fläche in der Umgebung von P dreimal stetig differenzierbar ist).

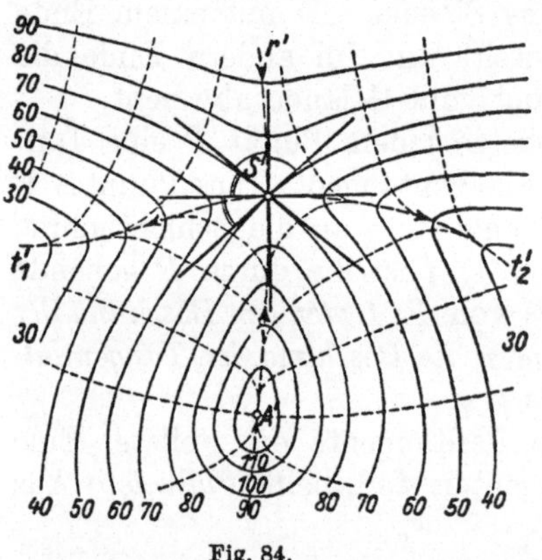

Fig. 84.

Fig. 84 zeigt einen Schichtenplan mit einem Doppelpunkt S in einer Schichtenlinie. Die Tangentialebene σ in S ist waagerecht, weil sie die beiden waagerechten Doppelpunktstangenten verbindet. S ist ein hyperbolischer Punkt der Fläche (Nr. 18, Fig. 43). Die Schichtenlinie durch S teilt die Umgebung von S in vier Sektoren, von denen zwei gegenüberliegende oberhalb und die beiden übrigen unterhalb σ liegen. Man ersieht aus dem Verlauf der Schichtenlinien, daß durch S zwei Fallinien r und t gehen, von

---

1) Hartner-Doleźal, Hand- und Lehrbuch der niederen Geodäsie, 2. Bd. 10. Aufl. Wien 1900, S. 320—337; V. v. Reitzner, Die Terrainlehre. Wien 1898.

denen r oberhalb σ liegt und in S den tiefsten Punkt hat, während t unterhalb σ liegt und in S den höchsten Punkt hat. Da demnach das Gelände in der Umgebung von S eine sattelförmige Gestalt besitzt, heißt S *Sattel-* oder *Jochpunkt*. Unter der Annahme, daß die Fläche um S dreimal stetig differenzierbar ist, kann gezeigt werden, daß r und t in S den Winkel der Doppelpunktstangenten hälften.

Die Betrachtung von Fig. 84 führt zu den folgenden Bemerkungen. r teilt die Umgebung von S, zu der wir vorläufig das Gebiet des Gipfels nicht hinzurechnen, in zwei Gebiete I und II, und es sei t_1 der Teil von t, der zu I, t_2 der Teil von t, der zu II gehört. Man bemerkt, daß die Falllinien von I sich t_1 von beiden Seiten nähern, während in II diese Annäherung an t_2 stattfindet. Da die Fallinien ungefähr die Richtung des Abflusses des Regenwassers angeben und die Fallrichtungen von t_1 und t_2 entgegengesetzt verlaufen, werden sich möglicherweise in t_1 und t_2 zwei Flüsse (Bäche) ausbilden. Es ist demnach verständlich, t als *Tallinie* und r als *Wasserscheide* zu bezeichnen.

Wir nehmen nun zur Umgebung des Sattelpunktes einen Gipfelpunkt A hinzu (Fig. 84). Er gehört einem der beiden oben genannten Sektoren an, die sich oberhalb σ befinden, denen daher auch r angehört. Da aber alle Fallinien dieses Sektors nach dem oben Gesagten durch den Gipfelpunkt A gehen, geht r durch A. Die Wasserscheide r heißt demnach auch *Kammlinie*, als eine Fallinie, die Gipfelpunkte mit Sattelpunkten verbindet. S teilt r in zwei Kammlinienteile r_1 und r_2. Ist S ein dreifacher (n-facher) Punkt der Schichtenlinie, so gehen von S $3(n)$ Tallinien und $3(n)$ Kammlinien aus. Wir sprechen demnach (mit C. Jordan) die folgende Erklärung[1] aus:

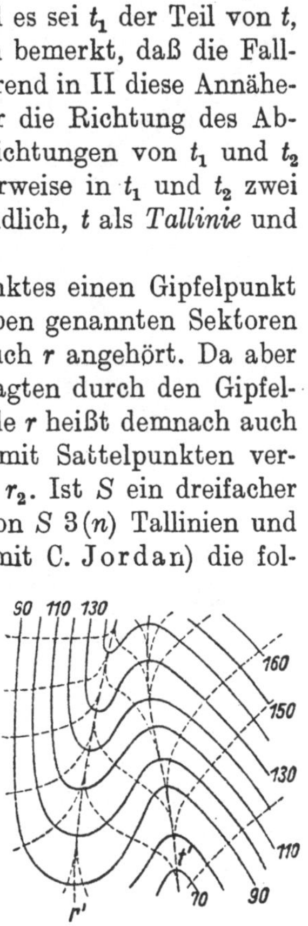

Satz 2: *Kammlinien sind die von einem Sattelpunkt aufsteigenden, Tallinien die von einem Sattelpunkt absteigenden Fallinien.*

Zuweilen ist eine Fallinie f eines Gebietes, das keinen Sattelpunkt enthält, dadurch ausgezeichnet, daß sich ihr die Fallinien beiderseits so stark nähern, daß man praktisch von einem Einmünden der Fallinien in f sprechen kann. Man nennt dann f eine Kammlinie, wenn diese Annäherung an f steigend, dagegen eine Tallinie, wenn sie fallend stattfindet.

Fig. 85.

Freilich fehlt dieser Erklärung die theoretische Schärfe. In diesem Sinn ist in Fig. 85 r eine Kammlinie, t eine Tallinie.

---

1) Der Aufklärung der scheinbar so einfachen Begriffe „Kammlinie und Tallinie" sind zahlreiche Arbeiten gewidmet: P. Breton de Champ, C. R. Ac. sc. Paris 39 (1854), 53 (1861), 64 (1867), 70 (1870); J. Boussinesq, ebenda 73 (1871), 75 (1872); C. Jordan, ebenda 74 (1872), 75 (1872) u. a. Eine umfassende Klarlegung des Problems in mathematischer Hinsicht enthält die Arbeit von R. Rothe, Zum Problem des Talwegs, S. B. Berl. Math. Ges. 14 (1915), S. 51—68).

29. Konstruktionsaufgaben an einer Geländefläche. a) Ebene Profile, Kotierung eines Punktes, Interpolation einer Schichtenlinie. Die Schnitte des Geländes mit lotrechten Ebenen, den Profilebenen, heißen Profile. In Fig. 86 wurde das im Maßstab 1 : 4000 mit einer Schichtenhöhe von 2 m dargestellte Gelände mittels einer lotrechten Ebene Π_2 geschnitten, die sich im Grundriß als die Gerade x darstellt.

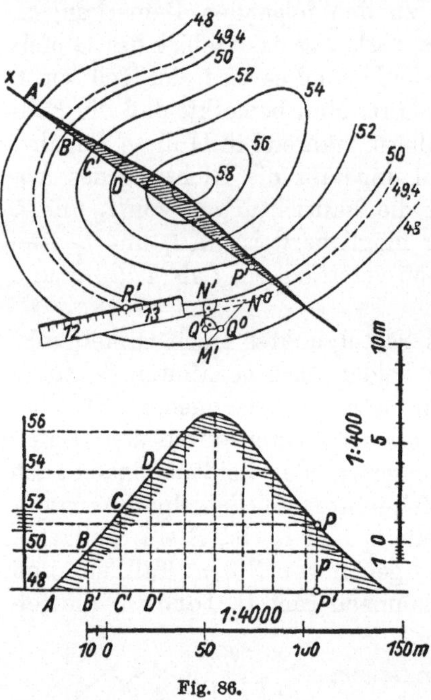

Fig. 86.

Um die Gestalt des Profils zu erhalten, klappt man Π_2 etwa in die tiefste Schichtenebene 48 um. Man hat zu diesem Zweck in den Schnittpunkten von x mit den einzelnen Schichtenlinien, deren Höhen über der Schichtenebene 48 normal zu x abzutragen und die erhaltenen Punkte durch eine stetige (möglichst glatte) Kurve zu verbinden. Besitzen diese Punkte zu geringe Höhenunterschiede, so zeichnet man, um die Form des Profils besser hervortreten zu lassen, die Höhen in einem größeren Maßstab und spricht dann von einer *Überhöhung des Profils*. Die auf diese Weise erhaltene Profilkurve ist mit der unverzerrten perspektivaffin, und zwar geht sie aus dieser durch eine normale Streckung an x hervor. Will man den Schichtenplan von Konstruktionslinien möglichst frei halten, so klappt man das Profil nicht um, sondern legt es an irgendeine passende Stelle des Zeichenblattes wie in Fig. 86, wo die Höhen im Maßstab 1 : 400 aufgetragen wurden. Da der Schichtenplan im Maßstab 1 : 4000 gedacht ist, liegt also eine *10-fache Überhöhung des Profils* vor. Zur Ausführung sei erwähnt, daß das Übertragen der Punkte A', B', C', … ins Profil am schnellsten mit einem Papierstreifen geschieht. Aus einem gezeichneten Profil lassen sich die Koten seiner Punkte am Höhenmaßstab leicht ablesen. So entnimmt man aus Fig. 86, daß der Punkt P die Kote 51,4 hat. Zur Kotierung eines Punktes Q wird es indes meistens genügen (Fig. 86), durch ihn eine Strecke zu legen, die in ihren Enden M, N benachbarte Hauptschichtenlinien (48 und 50) möglichst rechtwinklig trifft. Diese Strecke kann als in der Fläche liegend angesehen werden, woraus sich die Höhe von Q leicht ergibt. Man trägt zu diesem Zweck $N'N^0 = 2$ m im Höhenmaßstab normal zu $[M'N']$ ab und mißt den Abstand des umgeklappten Punktes Q^0 von Q'; er gibt die Höhe von Q über der Vergleichsebene 48.

Recht brauchbar, wenngleich weniger genau, ist für diese Aufgabe die Verwendung eines Maßstabes.[1] Man legt diesen an den zu kotierenden Punkt R so an, daß zwei Hauptteilstriche auf die dem Punkt benachbarten Hauptschichtenlinien fallen. Sind dies z. B. in Fig. 86 die Teilstriche 12 und 13 eines Zentimetermaßstabes und fällt R' auf den Punkt 12,7, so liegt R um $0{,}7 \cdot 2 = 1{,}4$ m oberhalb der Vergleichsebene 48, hat also die Kote 49,4. Bewegt man nun den Maßstab so, daß die Punkte 12 und 13 auf den durch sie gehenden Hauptschichtenlinien bleiben, so beschreibt der Punkt 12,7, falls diese Schichtenlinien nicht zu stark gekrümmt sind, die *Zwischenschichtenlinie* 49,4. Man nennt das Einschalten von Zwischenschichtenlinien *interpolieren*.

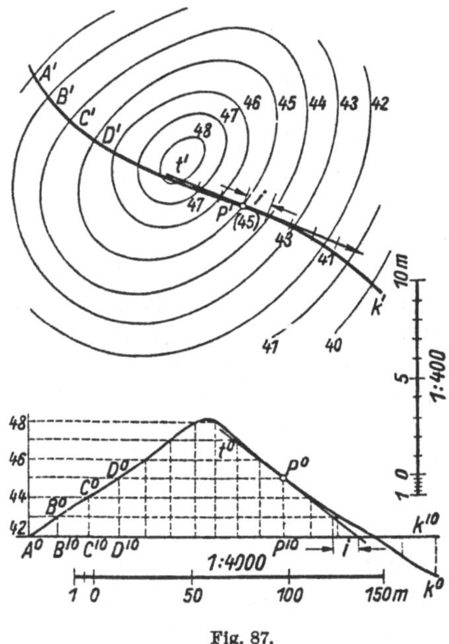

Fig. 87.

b) **Längenprofile** (Fig. 87). k sei eine im Gelände verlaufende Kurve, etwa ein Fußweg. Um die Höhen- und Steigungsverhältnisse längs k bequem überblicken zu können, ermittelt man das sogenannte *Längenprofil* k^0 des Geländes längs k. Zu diesem Zweck legt man durch k den projizierenden (lotrechten) Zylinder und ermittelt die aus k durch Verebnung (S. 48) dieses Zylinders entstehende Kurve k^0. Der Schichtenplan des Geländes bestimmt auf k' die Graduierung von k. Da k' ein Normalschnitt des projizierenden Zylinders ist, geht k' durch seine Verebnung in eine Gerade k'^0 über, während aus den Erzeugenden Normale zu k'^0 werden. Zur Konstruktion des Längenprofils überträgt man zuerst die Grundrisse der Hauptpunkte $A, B, \ldots$ von k auf die Gerade k'^0 mittels des Zirkels, indem man k' durch ein Sehnenpolygon mit genügend kleinen Seiten annähert. Nun hat man auf den Normalen zu k'^0 durch die übertragenen Punkte die durch die Koten angegebenen Höhen aufzutragen und die so erhaltenen Punkte $A^0, B^0, \ldots$ durch eine möglichst glatte Kurve k^0 zu verbinden. Die Auftragung der Höhen wird manchmal in einem vom Maßstab des Schichtenplanes verschiedenen Maßstab durchgeführt; so wird man bei sanften Bodenerhebungen ein *überhöhtes Längenprofil* zeichnen.

---

1) **Hartner-Doležal**, Hand- und Lehrbuch der niederen Geodäsie, II., 10. Aufl. Wien 1910, S. 315.

Mittels des Längenprofils lassen sich leicht die Koten beliebiger Punkte von k angeben und umgekehrt die Punkte von k ermitteln, die eine gegebene Kote haben. Auf der Verwendung von Längenprofilen beruht auch die Lösung der Aufgabe, *den Schichtenplan eines Geländes zu zeichnen, von dem ein System geodätisch vermessener Punkte gegeben ist.* Zu diesem Zweck verbindet man diese Punkte durch Kurven, ermittelt deren Längenprofile und bestimmt aus ihnen die in den Hauptschichtenebenen liegenden Punkte dieser Kurven.

Der Begriff „*Längenprofil*", der im Voranstehenden im Hinblick auf eine Geländekurve eingeführt wurde, kann natürlich auf beliebige Raumkurven bezogen werden. Ein technisches Beispiel hierfür ist eine Straße oder Eisenbahn, die infolge ungünstiger Steigungsverhältnisse des Geländes über Dämme und Viadukte, durch Einschnitte und Tunnels geführt werden muß. Dem Längenprofil k^0 entnimmt man auch die Steigungsverhältnisse längs der Kurve k. Unter der Steigung der Kurve k im Punkt P versteht man die Steigung ihrer Tangente t in P (Fig. 87). Nun ist der Winkel, den t mit der Zylindererzeugenden $[PP']$ einschließt, gleich dem Winkel, den die Tangente t^0 an k^0 in P^0 mit $[P^0P'^0]$ bildet. *Also kann man die Böschung der Tangente aus dem Profil entnehmen.* Ist das Profil n-fach überhöht, so erscheint die Böschung $\mathrm{tg}\,\alpha$ der Tangente t im Längenprofil n-mal so groß als in Wirklichkeit. Projiziert man zwei Punkte von t^0, deren Höhenunterschied eine Einheit des Höhenmaßstabes beträgt, auf die Grundlinie k'^0 des Profils, so erhält man ein Intervall von t und kann t graduieren.

c) Schnitte der Geländefläche mit ebenen und krummen Flächen. Sind ein Gelände und eine Ebene durch ihre Schichtenlinien gegeben, so gehören die Schnittpunkte gleichkotierter Schichtenlinien der Schnittlinie beider Flächen an. In Fig. 88 schneiden sich die Schichten-

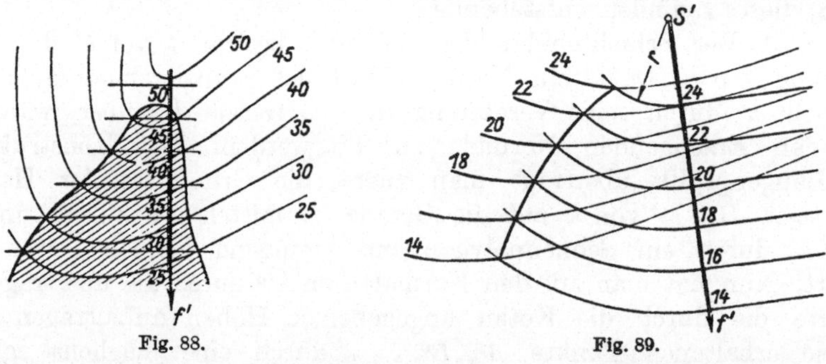

Fig. 88.   Fig. 89.

linien 50 nicht mehr; es reicht daher die Schnittlinie nicht bis zu der Schichtenlinie 50 heran. Um sie daher in der Höhe zwischen 45 und 50 genau zu zeichnen, muß man Zwischenschichtenlinien interpolieren oder Profile legen.

Ebenso erhält man den Schnitt einer Geländefläche mit einer beliebigen krummen Fläche Φ, indem man die Hauptschichtenlinien von Φ zeichnet und sie mit den gleichhohen Schichtenlinien des Geländes zum Schnitt bringt. Soll z. B. (Fig. 89) an die durch den Böschungsmaßstab f' gegebene

Ebene der berührende lotrechte Drehkegel mit der Spitze S gelegt und sein Schnitt mit dem Gelände aufgesucht werden, so zeichnet man seine Schichtenkreise 24, 22, . . ., schneidet sie mit den entsprechenden Schichtenlinien des Geländes und verbindet diese Punkte durch eine möglichst glatte Kurve.

d) **Schnittpunkte der Geländefläche mit einer Kurve (Geraden)** (Fig. 90). Diese Kurve k sei durch ihren *graduierten Grundriß* gegeben, d. h. auf k' seien die Grundrisse ihrer Hauptpunkte eingezeichnet. Die Schnittpunkte von k mit dem Gelände ergeben sich, wenn man durch k eine passend gewählte Hilfsfläche legt und deren Schnittkurve s mit dem Ge-

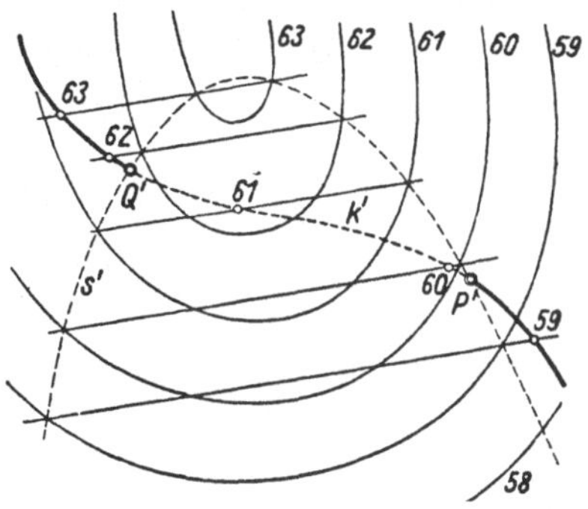

Fig. 90.

lände aufsucht; die Schnittpunkte von k und s sind die gesuchten Punkte. Als Hilfsfläche verwendet man vorteilhaft einen *waagerechten Zylinder*, für den die Richtung der Erzeugenden im Grundriß frei wählbar bleibt. Auf diesem Wege wurden in Fig. 90 die Schnittpunkte P, Q der Kurve k mit dem Gelände gefunden. — Ist k eine Gerade, so legt man durch sie eine Hilfsebene und sucht ihren Schnitt s mit dem Gelände.

e) **Berührungsaufgaben, Sichtbarkeits- und Umrißbestimmungen an einer Geländefläche.** Die Tangentialebene ε in einem Geländepunkt P wird durch zwei beliebige, durch P gehende Flächentangenten bestimmt, am raschesten durch die Tangente h an die (i. allg. durch Interpolation zu gewinnende) Schichtenlinie und durch die Falltangente f. Die Durchführung ist aus Fig. 91 ersichtlich. Die lotrechte Profilebene durch f schneidet das Gelände nach einer Kurve k, deren Tangente f in P die gesuchte Falltangente ist. Um den Böschungsmaßstab der Tangentialebene $[hf]$ zu erhalten, haben wir f' zu graduieren. Dies geschieht mittels eines Seitenrisses auf eine zur Profilebene parallele Seitenrißebene Π_2 $(x \| f')$,

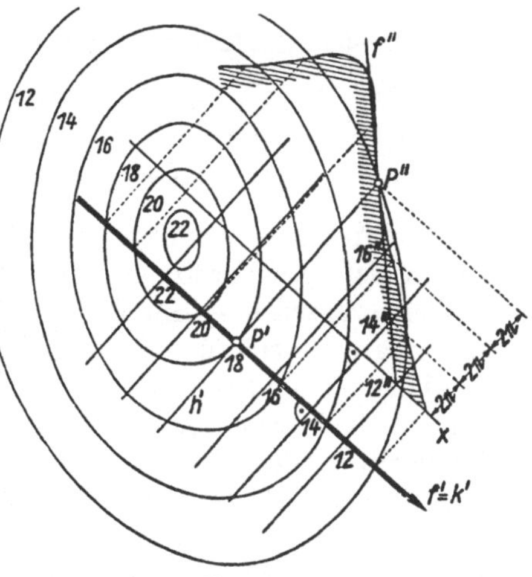

Fig. 91.

woselbst die Seitenrisse 12″, 14″, 16″, . . . der Hauptpunkte von f auf der Tangente f'' von k'' in P'' unmittelbar angegeben werden können. Für die Konstruktion des Profils kann dabei ein ganz beliebiger Höhenmaßstab benutzt werden. Ändert man nämlich den Höhenmaßstab, so erfährt der Seitenriß bloß eine normale Streckung an der Achse x, und es ergibt sich demnach derselbe Schichtenplan der Tangentialebene.

Legt man aus einem über (oder auf) dem Gelände befindlichen Punkt O, den wir als das Auge eines Beobachters auffassen, alle die Geländefläche berührenden Sehstrahlen, den berührenden Sehstrahlenkegel, so bilden die Berührpunkte dieser Sehstrahlen den *wahren Umriß* u (Nr. 20) des Geländes für das Auge O. Schneidet man diesen Kegel mit irgendeiner Bildebene Π, so erhält man in Π *den scheinbaren Umriß* des Geländes für das Auge O. Der wahre Umriß u trennt, soweit er sichtbar ist, jene Gebiete des Geländes, die von O aus *sichtbar* sind, von den *unsichtbaren*. Für die Konstruktion dieser Sichtbarkeitsgrenzen legt man durch O eine hinreichende Anzahl von Profilebenen und ermittelt in ihnen mittels Umklappung in die Grundrißebene die berührenden Sehstrahlen

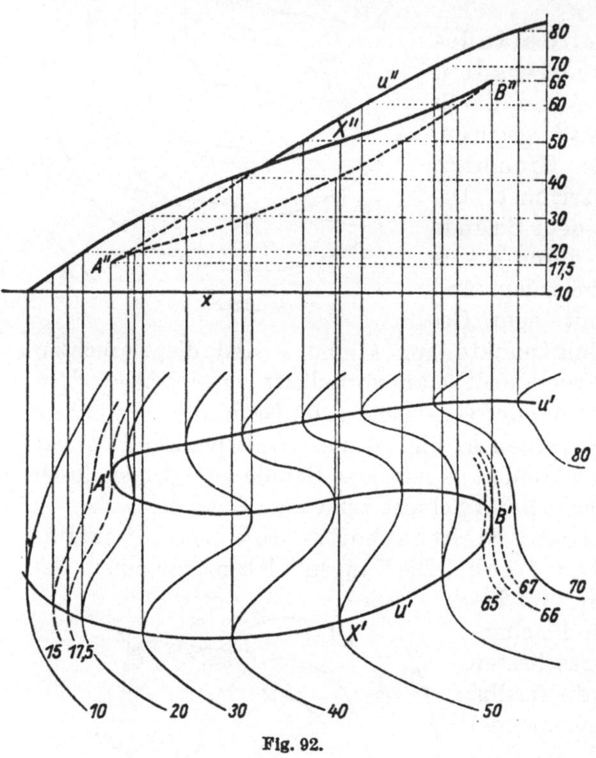

Fig. 92.

aus O, deren Berührpunkte und allfällige Schnittpunkte mit dem Gelände. Durch richtiges Verbinden der erhaltenen Punkte erhält man die Sichtbarkeitsgrenzen u. — Sinngemäß können die Sichtbarkeitsgrenzen und der scheinbare Umriß für ein unendlichfernes Auge O ermittelt werden. Die Profilebenen sind nun zur Richtung O parallel zu wählen. Fig. 92 zeigt einen Aufriß einer Geländefläche auf eine frontale Bildebene Π_2 und den Grundriß u' des zugehörigen wahren Umrisses u. Die Punkte von u sind hier einfach die Berührpunkte der Schichtenlinien mit ihren normal zu Π_2 gerichteten Tangenten. Man wird demnach zuerst u' und hierauf u'' ermitteln. Fig. 92 zeigt ferner das Vorkommnis, daß u' in den Punkten A und B Tangenten besitzt, die Sehstrahlen sind. Nach Nr. 16, Satz 4 hat mithin der scheinbare Umriß u'' in A'' und B'' *Spitzen*.

Nach diesen Betrachtungen ist auch die Aufgabe leicht lösbar, die *durch eine eigentliche Gerade g gehenden Tangentialebenen der Geländefläche zu finden*. Man legt am einfachsten parallel zu g den die Fläche berührenden Zylinder und konstruiert an ihn (mittels eines lotrechten Querschnittes) die Tangentialebenen aus g. Besonders einfach gestaltet sich diese Aufgabe für eine waagerechte Gerade g.

f) **Böschungslinien auf Geländeflächen.** Wege, Straßen, Eisenbahnen und Kanäle werden aus leicht verständlichen Gründen so angelegt, daß sie auf möglichst lange Strecken hin konstantes Gefälle besitzen. Die Mittellinie einer Straße oder Bahn bildet also in einem solchen Stück eine *Linie konstanter Neigung,* eine *Böschungslinie.* Da das Längenprofil einer Raumkurve in jedem Punkt die Steigung der Kurve angibt, gilt für eine Böschungslinie der

Satz 1: *Das Längenprofil einer Böschungslinie ist eine Gerade.* Daraus folgt aber weiter der

Satz 2: *Die Teilpunkte des graduierten Grundrisses c' einer Böschungslinie teilen c' in gleich lange Teilbögen.*

Ist der Grundriß einer Böschungslinie c ein Kreis, so ist c eine Schraublinie (Nr. 74).

Böschungslinien einer Geländefläche lassen sich in einem Schichtenplan leicht näherungsweise eintragen (Fig. 93). Be-

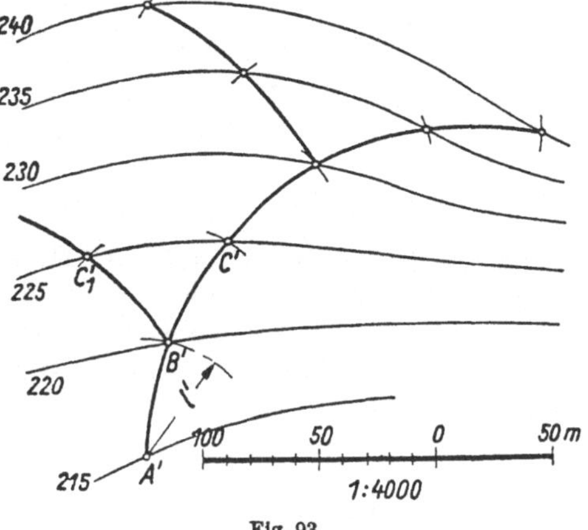

Fig. 93.

trachtet man die zwischen je zwei benachbarten Hauptschichtenlinien liegenden Stücke einer Böschungslinie mit der Böschung $\operatorname{tg}\gamma$ als gerade, so haben ihre Grundrisse die konstante Länge $l' = h \cot\gamma = hi$, wo h die Schichtenhöhe und i das der gegebenen Steigung entsprechende Intervall bedeutet. Um in dem durch Fig. 93 gegebenen Schichtenplan (1 : 4000, Schichtenhöhe 5 m) eine von A (215) ausgehende Böschungslinie, etwa mit der Böschung 1 : 10, einzuzeichnen, ermittelt man die Länge $l' = 5 \cdot 10$ m im Maßstab der Zeichnung, nimmt sie in den Zirkel, setzt in A' ein und schneidet die nächste Schichtenlinie 220 in B', setzt dann in B' ein und schneidet die Schichtenlinie 225 in C' usw. Der die Punkte A', B', C', ... verbindende stetige Linienzug wird angenähert der Grundriß der gesuchten Böschungslinie sein. Sie fällt um so genauer aus, je geringer die Schichtenhöhe h ist. Man wird daher nötigenfalls vorerst Zwischenschichtenlinien interpolieren.

Wenn ein bei dieser Konstruktion verwendeter Kreis mit dem Radius l' die nächste Schichtenlinie nicht schneidet, so geht durch seinen Mittelpunkt keine Böschungslinie von der vorgegebenen Steigung, weil das Gelände zu geringe Neigung hat. Besitzt er jedoch Schnittpunkte (Berührpunkte), so werden von seinem Mittelpunkt Lösungen unserer Aufgabe ausgehen.[1]) Soll die gesuchte Böschungslinie innerhalb eines gegebenen

---

1) Sämtliche zu einer bestimmten Horizontalneigung gehörigen Böschungs-

Gebietes verlaufen, so wird man von dieser Mehrdeutigkeit der Lösung Gebrauch machen. Die Böschungslinie erhält dann in einigen Punkten *Kehren (Ecken)*, in denen dann eine Unstetigkeit hinsichtlich der Tangente eintritt.

Die Aufgabe: *Zwei Punkte des Geländes durch eine Böschungslinie zu verbinden*, läßt sich näherungsweise durch wiederholte Versuche ausführen (Fig. 94). Sind A und B die gegebenen Punkte, so ermittelt man durch Versuch das vorhin mit l' bezeichnete Stück des Grundrisses des Weges zwischen zwei Hauptschichtenlinien. Eine erste rohe Annäherung dieser Länge erhält man, indem man die Horizontalentfernung $A'B'$ der gegebenen Punkte durch ihren in Schichtenhöhen ausgedrückten Höhenunterschied dividiert.

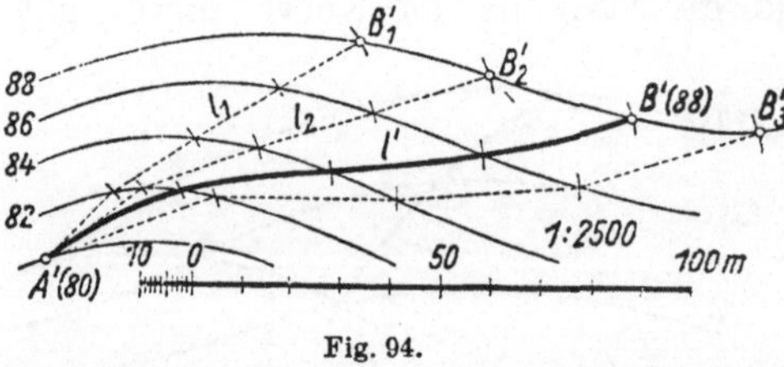

Fig. 94.

Ist diese Länge l_1, so konstruiert man damit wie oben eine von A ausgehende Böschungslinie; sie wird die durch B gehende Schichtenlinie i. allg. in einem von B verschiedenen Punkt B_1 treffen. Nun vergrößere oder verkleinere man l_1 und wiederhole den Versuch mit der neuen Strecke l_2. Nach einigen Versuchen wird man einen Linienzug erhalten, der genau in B endigt.

30. Böschungsflächen. Als eine *Böschungslinie* wurde in Nr. 29 eine Raumkurve erklärt, deren Tangenten gegen eine waagerechte Ebene Π_1 gleiche Neigung haben. Sie wurde deshalb auch eine *Kurve konstanter Neigung* genannt. Wir wollen uns jetzt mit den Tangentenflächen (Nr. 17) der Böschungslinien beschäftigen und stellen die folgende Erklärung an die Spitze:

Satz 1: *Eine Böschungsfläche*[1]) *ist die Tangentenfläche einer Böschungslinie.*

Der Richtkegel $\varkappa$ der Böschungsfläche Φ ist demnach ein Drehkegel, dessen Achse zu Π_1 normal ist. Ist t eine Erzeugende von Φ, $\bar{t}$ die zu t parallele Erzeugende des Richtkegels $\varkappa$, so ist die Tangentialebene τ

---

linien einer Geländefläche bilden ein **Kurvennetz**. Man kann von jedem Punkt P der Fläche zu jedem andern Q auf unendlichvielen Wegen in solcher Art gelangen, daß man nur auf Böschungslinien fortschreitet. Solche Wege mögen **Netzwege** heißen. Setzt man einen P, Q verbindenden Netzweg aus den Teilstücken s_i zusammen, längs denen der Weg nur steigt bzw. nur fällt, und rechnet ihre Längen s_i im einen Fall positiv, im andern negativ, so ist $\Sigma\,s_i$ und auch die Summe ihrer ebenso mit Vorzeichen genommenen Grundrisse $\Sigma\,s_i'$ für alle P, Q verbindenden Netzwege konstant. G. Scheffers hat solche Netze **Kurvennetze ohne Umwege** genannt; vgl. Ber. Ges. Lpz. (math.-phys.) 57 (1905); Jber. Dtsch. Math.-Ver. (1907).

1) G. Scheffers, Einführung i. d. Theorie der Kurven. Leipzig 1901, S. 293. G. Monge, Appl. de l'analyse à la géometrice, 4e ed., Paris 1809, § VIII.

von Φ längs t zur Tangentialebene $\bar{\tau}$ von $\varkappa$ längs i parallel (Nr. 17, Sätze 2, 3). Da i Fallinie von $\bar{\tau}$ ist, ist auch t Fallinie von τ. Also gilt der

Satz 2: *Die Erzeugenden einer Böschungsfläche sind ihre Fallinien.*

Ist c die Gratlinie von Φ, so sind nach Satz 1 die Grundrisse der Fallinien die Tangenten des Grundrisses c' der Gratlinie. Daraus folgt, daß die Grundrisse der Schichtenlinien der Böschungsfläche die Evolventen von c' sind. Wir können dafür auch sagen (Nr. 11):

Satz 3: *Die Grundrisse der Schichtenlinien einer Böschungsfläche Φ sind Parallelkurven, die den Grundriß der Gratlinie von Φ zur gemeinsamen Evolute haben.*

Böschungsflächen werden im Straßen- und Eisenbahnbau als Begrenzungsflächen von Dämmen und Einschnitten ausgeführt. Geometrisch liegt dabei die Aufgabe vor, *durch eine gegebene Kurve k, den Rand der (gekrümmten) Fahrbahn, eine Böschungsfläche Φ von vorgeschriebener Böschung b zu legen.* Der Grundriß von k wird meistens als Kreisbogen gewählt.

Eine Böschungsfläche läßt sich als Hüllfläche ihrer Tangentialebenen auffassen. Hat man daher durch eine gegebene Raumkurve k eine Böschungsfläche zu legen, so muß man eine Ebene derart stetig bewegen, daß sie k stets berührt und konstante Horizontalneigung besitzt. Die Hüllfläche aller Lagen, die die Ebene bei dieser Bewegung annimmt, ist die gesuchte Böschungsfläche Φ. Wir setzen zunächst die Existenz von Φ voraus und werden im folgenden die dazu notwendigen Bedingungen angeben.

Wählt man einen Punkt K von k als Spitze eines Böschungskegels $\varkappa$, der die Böschung von Φ hat, so ist $\varkappa$ ein Richtkegel von Φ. Da seine Spitze K auf Φ liegt, haben $\varkappa$ und Φ eine gemeinsame Erzeugende e und längs e eine gemeinsame Tangentialebene τ. Daraus folgt der

Satz 4: *Eine Böschungsfläche der Böschung b durch eine Kurve k ist die Hüllfläche aller Böschungskegel der Böschung b, die ihre Spitzen auf k haben.*

Ferner der

Satz 5: *Die Schichtenlinien einer Böschungsfläche der Böschung b durch eine Kurve k sind die Hüllkurven der Schichtenkreise gleicher Kote der Böschungskegel der Böschung b, die ihre Spitzen auf k haben.*

Um die durch einen Punkt K von k gehende Erzeugende e von Φ zu erhalten, hat man nach dem oben Gesagten durch die Tangente von k in K die Ebene τ mit der gegebenen Böschung zu legen; *dann ist nach Satz 2 die durch K gehende Fallinie von τ die Erzeugende e von Φ.* Damit die Konstruktion ausführbar sei, *muß die Steigung von k überall kleiner als die Böschung von Φ sein.* Zugleich sehen wir: *Geht durch eine Kurve k eine Böschungsfläche, so geht durch sie noch eine zweite Böschungsfläche derselben Böschung.*

Auf Grund des Satzes 5 wurden in Fig. 95 die Böschungsflächen mit der Böschung 2 : 3 durch die Ränder k_1, k_2 einer gekrümmten Straße mit konstanter Steigung eingezeichnet. Zuerst wurden die Hauptschichtenlinien der Böschungsflächen als Hüllkurven gleichkotierter Schichtenkreise der Böschungskegel ermittelt, und hierauf die Verschneidung der Böschungsflächen mit dem durch einen Schichtenplan gegebenen Gelände durchgeführt.

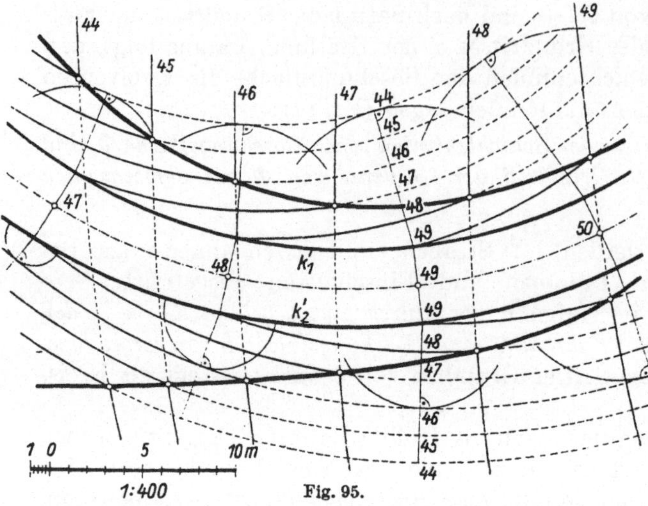

Fig. 95.

Es wurde oben gezeigt, wie sich die Erzeugenden e der Fläche Φ konstruieren lassen. Wir haben noch zu zeigen, daß sie tatsächlich eine Böschungsfläche nach der in Satz 1 gegebenen Definition bilden. Es sei K_1 ein weiterer Punkt auf k, e_1 die durch K_1 gehende Erzeugende und τ_1 die k berührende Tangentialebene des Richtkegels mit der Spitze K_1. Läßt man K_1 auf k gegen K konvergieren, so konvergiert die Schnittlinie $[\tau\,\tau_1]$ gegen e, weil die zu ihr parallele Schnittlinie von τ mit der zu τ_1 parallelen Tangentialebene des Richtkegels $\varkappa$ mit der Spitze K gegen e konvergiert. *Die Fläche Φ mit den Erzeugenden e ist demnach die Hüllfläche der Ebenen τ.* Da in jeder Ebene τ die Berührerzeugende von τ eine Fallinie ist, sind die Grundrisse der Erzeugenden die Normalen der Grundrisse der Schichtenlinien. Diese bilden demnach ein System von Parallelkurven, wie es Satz 3 verlangt. Nehmen wir nun an, daß die Grundrisse der Erzeugenden eine Kurve c', die Evolute der Grundrisse der Schichtenlinien, umhüllen, so ist c' der Grundriß einer Kurve c von Φ, von der wir noch zu zeigen haben, daß ihre Tangenten die Erzeugenden e von Φ sind. c ist der Schnitt von Φ mit dem lotrechten Zylinder durch c'. Ist A ein Punkt von c, so erhält man seine Tangente an c, indem man die Tangentialebenen von A an Φ und an den Zylinder zum Schnitt bringt. Diese beiden Ebenen gehen aber durch die Erzeugende e durch A, die demnach Tangente der Gratlinie c der Böschungsfläche ist.

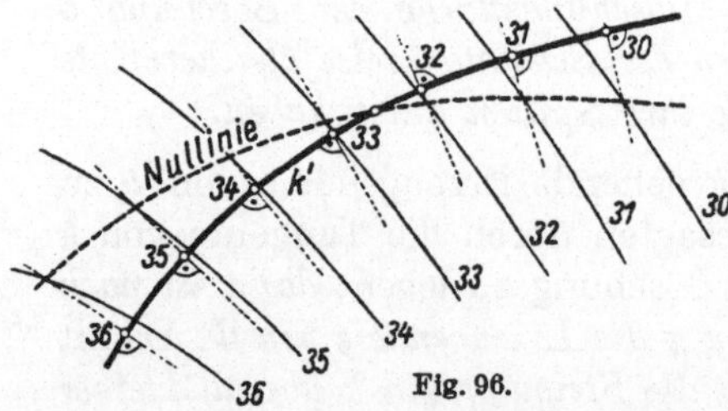

Fig. 96.

31. Aufgaben aus dem Straßenbau.

Ist die Mittellinie k einer Straße eine Raumkurve, so wird die Straßenfläche (Straßenplanum) so angelegt, *daß ihre Schichtenlinien waagerechte Gerade sind, die k rechtwinklig schneiden.* In starken Kurven erhält diese *Planierungsfläche* noch eine Erhöhung gegen den äußeren Rand wegen der Fliehkraft, die auf die Fahrzeuge wirkt. In Fig. 96 wurde die Schnittkurve der Planierungsfläche einer Kurve k

mit einem Gelände ermittelt. Diese Schnittkurve heißt im Straßenbau *Nullinie* oder *Anschnittlinie*. Von ihrer Lage hängen die beim Bau der Straße vorzunehmenden Erdbewegungen ab.

Zum Abschluß dieses Kapitels behandeln wir die folgende praktische Aufgabe:

In dem durch den Schichtenplan (Fig. 97) im Maßstab 1 : 300 gegebenen Gelände ist eine gerade Straße von 4 m Breite so zu führen, daß ihre Achse m durch den Punkt A (13,5) geht und in der Pfeilrichtung das Gefälle 5 % hat.

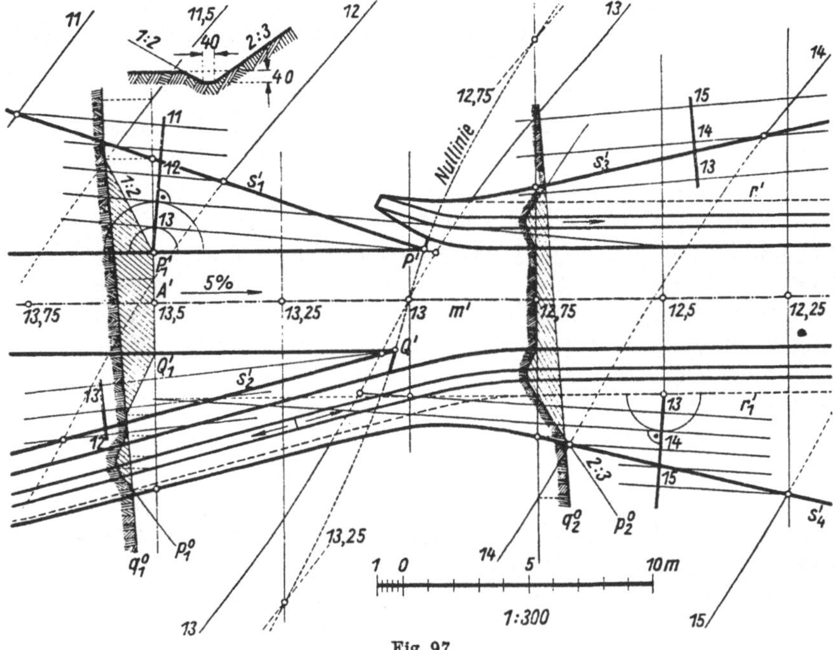

Fig. 97.

Man suche die Verschneidungen der Straßenböschungen mit dem Gelände unter der Annahme, daß sie im Auftrag (Damm) die Neigung 1 : 2, im Abtrag (Einschnitt) die Neigung 2 : 3 besitzen. Ferner sollen die nötigen Wassergräben angeordnet werden (Grabentiefe mindestens 40 cm).

Wir zeichnen zuerst den Böschungsmaßstab des Straßenplanums auf dem Grundriß m' der Straßenmitte. Das Intervall beträgt wegen des Gefälles von 5 % 100 : 5 = 20 m. Trägt man daher 10 m im Maßstab der Zeichnung von A' in der Pfeilrichtung auf, so erhält man den Hauptpunkt 13. Nun ermittelt man die Anschnitt- oder Nullinie, das ist die Schnittlinie des Straßenplanums mit dem Gelände. Sie schneidet die Straßenränder in P und Q. Man sieht aus dem Schichtenplan, daß der Teil der Straße, der von PQ aus ansteigt, auf einem Damm, der andre in einem Einschnitt zu führen ist. Wir haben daher durch den Straßenrand $[P P_1]$ eine Ebene mit der Böschung 1 : 2 zu legen (Nr. 24, Aufgabe 5). Das Intervall ihres Böschungsmaßstabes beträgt somit $i = 2$ m. Die

Schichtenlinie 13 der Böschungsebene ergibt sich mithin aus der Bedingung, daß sie durch den Punkt 13 des Straßenrandes $[P P_1]$ geht und vom Punkt P_1' (13,5) den Abstand $\frac{1}{2}i = 1$ m hat. Jetzt kann man auch die Schichtenlinien 12 und 11 dieser Böschungsebene und ihren Schnitt s_1 mit dem Gelände zeichnen. Ebenso wurde die Böschungsebene (1 : 2) durch $[Q Q_1]$ gelegt und ihr Schnitt s_2 mit dem Gelände bestimmt. Im Einschnitt (von PQ nach abwärts) müssen wir zu beiden Seiten der Straße Gräben anlegen, da sonst das Regenwasser von den Böschungen auf die Straße fließen würde. Wir werden daher das Straßenplanum in der Zeichnung um die obere Grabenweite verbreitern, hierauf durch die neuen Randlinien r und r_1 die Einschnittebenen mit der vorgeschriebenen Böschung 2 : 3 (also $2i = 3$ m) legen und sie mit dem Gelände in s_3 bzw. s_4 zum Schnitt bringen. Die obere Grabenbreite hängt von der Grabentiefe, der Breite der Grabensohle und den Grabenböschungen ab und kann am besten aus diesen Bestimmungsstücken aus einem Grabenprofil ermittelt werden. Dabei kann als Regel gelten, daß die Grabentiefe mindestens 40 cm und das Grabengefälle mindestens 1 : 200 (gepflastert 1 : 300) betragen soll. Wir entnehmen die Grabenbreite für den Grabenanfang aus der Nebenfigur. Wo ein Graben an einem Damm endigen würde, erteilt man diesem Ende (insbesondere, wenn dort ein Ausfluß des Grabenwassers stattfindet) eine Ablenkung von der geraden Richtung (Fig. 97). Der Schichtenplan des Geländes zeigt, daß die fallend orientierten Fallinien des Geländes unter einem ziemlich großen Winkel auf s_2 aufstehen. Um eine Unterwaschung des Dammes zu vermeiden, wird man daher auch längs s_2 einen Wassergraben anlegen, den man hier mit konstanter Tiefe führen kann. Es ist zweckmäßig, zwischen dem Damm und dem ihn begleitenden Graben einen Geländestreifen von 0,5 m bis 1 m, die sogenannte *Berme*, zu belassen. Dieser Graben läßt sich mit dem längs r_1 geführten Graben verbinden; die Grabensohle hat dann in der Nähe der Nullinie einen höchsten Punkt.

In der Praxis bevorzugt man jedoch für solche Aufgaben die nun zu besprechende *Profilmethode*, die freilich bloß für ein waagerechtes Straßenplanum exakt ist, jedoch bei geringer Steigung der Straße als Näherungsverfahren angewendet werden darf. Fig. 97 zeigt auch den Vorgang bei dieser Methode. Wir legen normal zum Grundriß der Straßenachse (lotrechte) Profilebenen in hinreichender Anzahl und denken uns ihre Schnittkurven q_i mit dem Gelände aufgesucht. Diese Profilebenen gehen durch Schichtenlinien des Straßenplanums, und wir können sie um diese Schichtenlinien parallel zur Grundrißebene drehen. In diesen Umklappungen zeichnen wir die Geländeprofile q_i^0 und die vorgeschriebenen Profile p_i^0 der projektierten Straße samt Gräben auf Grund der gegebenen Bedingungen über Böschungen, Breiten und Tiefen. Die Schnittpunkte eines jeden q_i^0 mit dem p_i^0 gibt die Umklappung jener Punkte der gesuchten Verschneidungslinien, die in der Profilebene liegen. Dieses Verfahren ist auch bei gekrümmten Straßenzügen anwendbar. In Fig. 97

wurden solche Profile durch die Punkte 12,75 und 13,5 gelegt. — Die
Unexaktheit dieser Methode besteht darin, daß die verwendeten Profilebenen die Böschungsebenen bei geneigtem Straßenplanum (Grabensohlen
sind immer geneigt) nicht nach Fallinien schneiden. *Trotzdem gibt man diesen
Schnittlinien die vorgeschriebenen Böschungen der Böschungsebenen, als ob sie
deren Fallinien wären.* Da aber die zulässigen Steigungen von Straßen und
Eisenbahnen nur gering sind, darf dieses Verfahren angewendet werden.

Aufgabe: Man beweise: Hat die Straßenachse die Böschung b_a, die
Damm- oder Einschnittebene ε die Böschung b_e und ist b_n die Böschung
der Schnittlinie, die eine zum Grundriß der Straßenachse normale Profilebene aus ε ausschneidet, so ist $b_e{}^2 = b_a{}^2 + b_n{}^2$. Für $b_a = 0$ ist demnach
$b_n = b_e$; also ist für $b_a = 0$ die Profilmethode exakt.

Viertes Kapitel.

Kurven, Kegel und Zylinder zweiter Ordnung.

32. Die Ellipse als ebener Schnitt eines Drehzylinders und als Normalriß des Kreises. Als „*Brennpunktsdefinition der Ellipse*" bezeichnen
wir den

Satz 1: *Die Ellipse ist der Ort der Punkte einer
Ebene, deren Entfernungen von zwei festen Punkten
F_1, F_2 (Brennpunkte) dieser Ebene eine gegebene konstante Summe haben.*

Mittels einer Betrachtung von G. P. Dandelin[1])
läßt sich auf diese Definition der Ellipse der folgende Satz zurückführen:

Satz 2: *Ein Drehzylinder wird von jeder Ebene,
die zur Achse nicht parallel und nicht normal ist,
nach einer Ellipse geschnitten.*

Zum Beweise dieses Satzes werden die beiden
(Dandelinschen) Kugeln $\varkappa_1$, $\varkappa_2$ herangezogen, die den
Zylinder längs Parallelkreisen k_1, k_2 und die schneidende Ebene ε in den Punkten F_1, F_2 berühren. Um
eine einfache Abbildung dieser Raumfigur zu erhalten, wählen wir (Fig. 98) einen Normalriß (Grundriß)
auf die Ebene Π_1, die durch die Zylinderachse a
geht und auf ε normal steht. Die Schnittkurve c des
Zylinders mit ε stellt sich in diesem Bild als eine
Strecke AB dar. Die Kugeln $\varkappa_1$, $\varkappa_2$ schneiden Π_1
nach den Großkreisen $k_1{}^0$, $k_2{}^0$, die zugleich als die

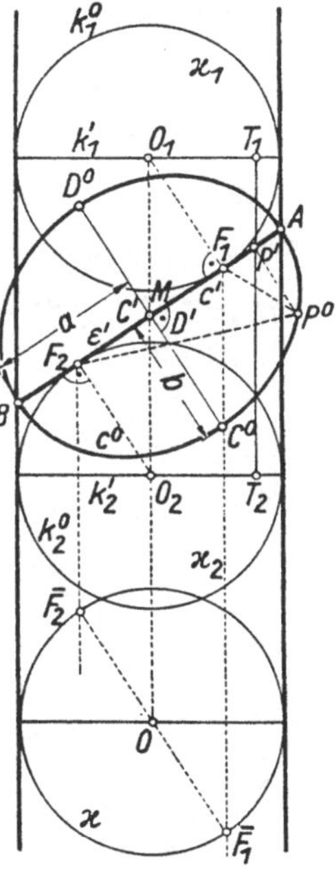

Fig. 98.

Umklappungen der Berührkreise k_1, k_2 aufgefaßt werden können. Ist
P ein Punkt von c, so berührt die durch P gehende Zylindererzeugende $\varkappa_1$

---

1) Nouv. Mém. Acad. Belg. 2 (1822), S. 172f.

und $\varkappa_2$ in den Punkten T_1 und T_2. Aus der Tatsache, daß die aus einem Punkt an eine Kugel legbaren Tangentenstrecken gleiche Längen haben, folgt: $PF_1 = PT_1$, $PF_2 = PT_2$; daher $PF_1 + PF_2 = PT_1 + PT_2 = T_1T_2$. Da aber T_1T_2 eine konstante Länge $(2a)$ ist, folgt nun aus Satz 1 der Satz 2. F_1, F_2 sind die *Brennpunkte* der Ellipse, $AB = 2a$ ist die *Hauptachse*. Die Zylinderachse schneidet ε im *Mittelpunkt* M der Ellipse. Diese schneidet aus der in ε liegenden Normalen zu AB durch M die *Nebenachse* $CD = 2b$ aus. A, B heißen die *Hauptscheitel*, C, D die *Nebenscheitel* der Ellipse. $F_1M = MF_2 = e$ ist die *lineare Exzentrizität*, und es gilt bekanntlich $a^2 = b^2 + e^2$.

Verschiebt man (Fig. 98) die beiden Kugeln $\varkappa_1$, $\varkappa_2$ in der Richtung der Zylinderachse in eine Kugel $\varkappa$ mit der Mitte O, so gelangen die mitverschobenen Radien O_1F_1 und O_2F_2 in den zu ε normalen Durchmesser von $\varkappa$; seine Endpunkte $\overline{F_1}$, $\overline{F_2}$ liegen mit F_1 bzw. F_2 auf Parallelen zu den Zylindererzeugenden. Faßt man nun die zu den Erzeugenden parallelen Geraden als Sehstrahlen oder als Lichtstrahlen auf, so ist die Ellipse c der scheinbare Umriß bzw. der Schlagschatten der Kugel $\varkappa$ auf die Ebene ε. Es gilt demnach der wichtige

Satz 3: *Der scheinbare Umriß einer Kugel bei Parallelprojektion (der Schlagschatten einer Kugel bei Parallelbeleuchtung) auf einer Ebene ε ist eine Ellipse, deren Brennpunkte die Projektionen (Schlagschatten) der Endpunkte des zu ε normalen Kugeldurchmessers sind; die kleine Halbachse der Ellipse hat die Länge des Kugelradius.*

Wir geben nun dem Zylinder eine lotrechte Stellung, so daß sein Grundriß ein Kreis c' ist (Fig. 99), und führen eine Seitenrißebene Π_2

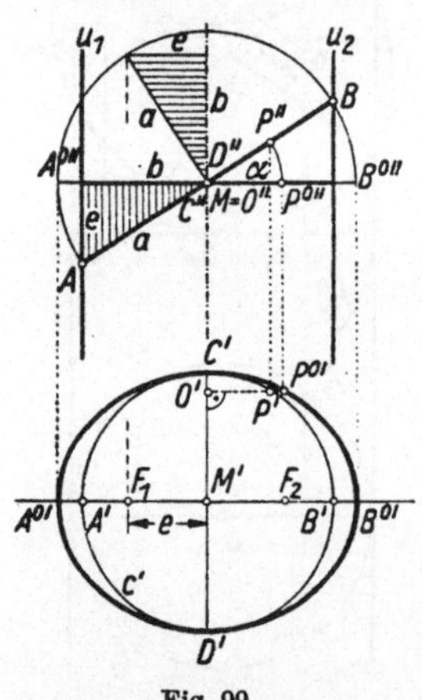
Fig. 99.

ein, die durch die Zylinderachse geht und auf der den Zylinder schneidenden Ebene ε normal steht. Der Seitenriß der Schnittellipse c ist dann eine Strecke, die zwei Punkte A, B der Umrißerzeugenden u_1, u_2 verbindet. AB ist die Hauptachse der Ellipse c. Der Seitenriß der Nebenachse CD fällt in den Mittelpunkt M. Um die wahre Gestalt der Ellipse zu erhalten, drehen wir sie um $[CD]$ parallel zur Grundrißebene (Nr. 24, S. 70). Der Seitenriß P'' eines Punktes P von c beschreibt dabei einen Kreis um M, der Grundriß P' eine Gerade normal $[C'D']$. Ist O die Mitte des Bahnkreises, P^0 die gedrehte Lage von P, so ist wegen $O'P^{0\prime} = MP''$ das Verhältnis $O'P' : O'P^{0\prime} = \cos\alpha$, wenn α den Neigungswinkel von ε bezeichnet. Läßt man P in den Hauptscheitel B fallen, so ergibt sich $\cos\alpha = \dfrac{b}{a}$. Wir können also sagen, *daß eine Ellipse aus einem Kreis erzeugt werden kann, indem man die Abstände seiner Punkte von einem Durchmesser in einem konstanten Verhältnis $\dfrac{a}{b}$ vergrößert.*

Danach kann eine Ellipse mit den Halbachsen a, b folgendermaßen konstruiert werden (Fig. 100). Man zeichnet zwei konzentrische Kreise k_1, k_2 mit a und b als Radien (den *großen* und den *kleinen Scheitelkreis*). Irgendein Halbstrahl aus der Mitte M schneide k_1 und k_2 in P_1 und P_2; dann treffen sich $[P_1 \perp AB]$ und $[P_2 \perp CD]$ in einem Punkt P der Ellipse. In der Tat folgt mit $Q_1 = [AB \cdot PP_1]$ und $Q_2 = [CD \cdot PP_2]$, $Q_2P_2 : Q_2P = b : a$, wie es die obige Bemerkung verlangt.

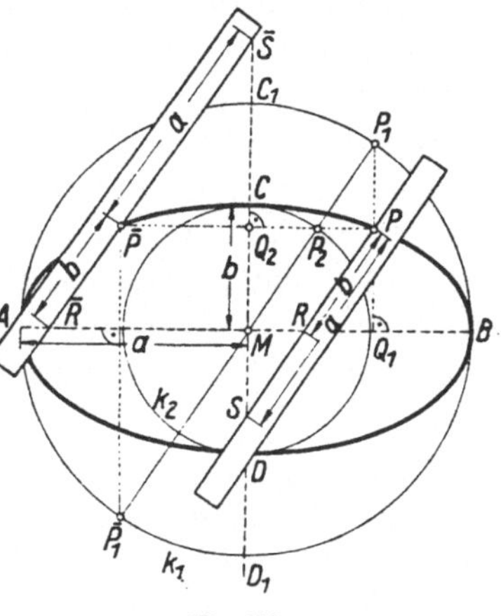
Fig. 100.

Es gilt aber auch $Q_1P_1 : Q_1P = a : b$, so daß wir auch sagen können, *daß eine Ellipse aus einem Kreis erzeugt werden kann, indem man die Abstände seiner Punkte von einem Durchmesser in einem konstanten Verhältnis $\dfrac{b}{a}$ verkleinert.*

Wir bezeichnen nun mit C_1D_1 den zu AB normalen Durchmesser (Fig. 100) des Kreises k_1 und drehen k_1 um $[AB]$ aus der Zeichenebene (Grundrißebene) Π_1 durch einen Winkel α soweit heraus, daß der Normalriß von C_1D_1 auf Π_1 sich mit CD deckt. Dann muß sich der Normalriß von k_1 mit der Ellipse decken; denn k_1 entsteht aus der Ellipse, indem man die Abstände ihrer Punkte von $[AB]$ im Verhältnis $a : b$ vergrößert, und der Normalriß des herausgedrehten Kreises entsteht, indem man diese Abstände im Verhältnis $MC : MC_1 = b : a$ verkleinert. Wir haben mithin den

Satz 4: *Der Grundriß eines Kreises, dessen Ebene ε mit Π_1 den Winkel α einschließt, ist eine Ellipse (a, b), deren Hauptachse auf dem Grundriß der durch den Mittelpunkt gehenden Schichtenlinie von ε liegt. a ist dem Kreisradius gleich, und es ist $b = a \cos \alpha$.*

Faßt man in Fig. 99 AB als Durchmesser eines in ε liegenden Kreises auf, so entsteht dessen Grundriß, wenn man die in Fig. 99 gezeichnete Ellipse um M' durch 90° dreht. Trägt man nun auf der Normalen zur Ebene ε durch M von M aus die große Halbachse a ab, so sind die beiden schraffierten rechtwinkligen Dreiecke mit den Katheten b und e und der Hypotenuse a kongruent und lassen sich durch eine Vierteldrehung ineinander überführen. Im Grundriß ergibt sich daraus der

Satz 5: *Die lineare Exzentrizität einer als Normalriß eines Kreises aufgefaßten Ellipse ist gleich der Länge des Normalrisses einer Strecke von der Länge des Kreishalbmessers, die auf der Kreisebene normal steht.*

Die Parallele zu $[MP_1]$ (Fig. 100) durch P schneidet die Achsen in R und S derart, daß $SP = MP_1 = a$, $RP = MP_2 = b$ ist. Daraus folgt die für den Zeichner empfehlenswerteste Konstruktion von Ellipsenpunkten aus den Achsen *(Papierstreifenkonstruktion)*. Man trägt auf dem Rand eines geraden Papierstreifens von einem Punkt P aus nach derselben Seite hin die kleine Halbachse b bis R und die große Halbachse a bis S auf. Legt man nun diesen Papierstreifen derart, daß R auf der Hauptachse und S auf der Nebenachse liegt, so bestimmt P einen Punkt der Ellipse. *So lassen sich durch Verschieben des. Papierstreifens beliebig viele Punkte der Ellipse unmittelbar finden.*

Wählt man in Fig. 100 statt P_1 den diametral gegenüberliegenden Punkt $\bar{P}_1$, so erhält man als Schnittpunkt von $[\bar{P}_1 \perp AB]$ mit $[P \perp CD]$ den Ellipsenpunkt $\bar{P}$. Die Parallele durch $\bar{P}$ zu $[M\bar{P}_1]$ schneidet die Achsen in $\bar{R}$ und $\bar{S}$ derart, daß $\bar{R}\bar{P} = MP_2 = b$ und $\bar{S}\bar{P} = M\bar{P}_1 = a$ ist. Auch diese Tatsache liefert eine Papierstreifenkonstruktion. Hier liegt indes der die Ellipse beschreibende Punkt $\bar{P}$ zwischen den beiden von ihm um b bzw. a entfernten Punkten $\bar{R}, \bar{S}$. Es gilt somit in jedem Fall der

Satz 6: *Bewegt sich eine Gerade derart, daß zwei ihrer Punkte R und S auf zwei zueinander normalen*[1]*) Geraden gleiten, so beschreibt jeder von R und S verschiedene Punkt P dieser Geraden eine Ellipse mit den Halbachsenlängen PR und PS.*

Auf diesem Satz 6 beruhen viele Instrumente zum Zeichnen von Ellipsen, sogenannte *Ellipsenzirkel* oder *Ellipsographen.*[2])

Der praktische Zeichner wird weiterhin mittels des oben erläuterten Papierstreifens die Schnittpunkte einer Geraden mit einer Ellipse suchen.

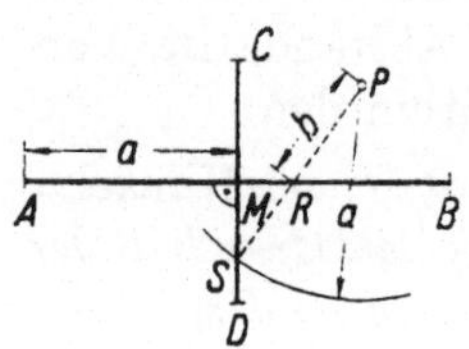

Fig. 101.

Auch die Lösung der folgenden häufig vorkommenden Aufgabe ergibt sich aus der obigen Betrachtung: *Von einer Ellipse ist die eine Achse (AB oder CD) und ein Punkt P gegeben; man konstruiere die zweite Achse.*

Es seien z. B. (Fig. 101) die große Achse AB und der Punkt P gegeben. Schlägt man mit $a = \frac{1}{2}\overline{AB}$ um P einen Kreisbogen, der die Symmetrale von AB in dem mit P nicht auf derselben Seite von $[AB]$ liegenden Punkt S schneidet, und bedeutet R den Punkt $[SP \cdot AB]$, so ist $RP = b$.[3])

---

1) Der Satz gilt auch, wenn die Leitgeraden nicht normal sind (Proclus, 410 bis 485 n. Chr.), ja es beschreibt auch jeder mit der beweglichen Geraden fest verbundene Punkt eine Ellipse (F. van Schooten, 1657). Die Gerade selbst umhüllt im obigen Fall die Astroide $x^{\frac{2}{3}} + y^{\frac{2}{3}} = l^{\frac{2}{3}}$, wo $l = a - b$ ist.

2) F. Derand, L'architecture des voûtes etc. Paris 1643, S. 305. — Zur Geschichte dieser Apparate: A. v. Braunmühl, Historische Studien über die organische Erzeugung ebener Kurven usw. in dem von W. Dyck herausgegebenen Katalog math. usw. Modelle. München 1892, S. 54—88. — Enzykl. math. Wissenschaften III₂ (Art. III C₁, F. Dingeldey), Nr. 45.

3) S. Stevin (1548—1620). Vgl. M. Cantor, Geschichte d. Math. 2. Bd., 2. Aufl. Leipzig 1900, S. 575.

33. Konjugierte Durchmesser einer Ellipse. Konstruktion der Achsen aus konjugierten Durchmessern. Normalenkonstruktion. Jede Gerade durch den Mittelpunkt einer Ellipse in deren Ebene heißt *Durchmesser*. Faßt man die Ellipse als Normalriß eines Kreises auf (Nr. 32), so sind die Ellipsendurchmesser die Normalrisse der Kreisdurchmesser. *Zwei Ellipsendurchmesser, die Normalrisse rechtwinkliger Kreisdurchmesser sind, heißen zueinander konjugiert oder „konjugierte Durchmesser".*

Zwei normale Kreisdurchmesser besitzen die Eigenschaft, daß die zu dem einen Durchmesser parallelen Sehnen durch den andern halbiert werden und daß die Tangenten in den Endpunkten des einen Durchmessers zu dem andern parallel sind. Faßt man daher die Ellipse als Normalriß eines Kreises auf, so folgt daraus der

S a t z 1: *Zwei konjugierte Durchmesser einer Ellipse besitzen die Eigenschaft, daß die zu dem einen parallelen Sehnen durch den andern halbiert werden und daß die Tangenten in den Endpunkten des einen Durchmessers zu dem andern parallel sind.*

Da in einem Kreis nur normale Durchmesser diese Eigenschaft haben und deshalb *konjugiert* genannt werden können, gilt auch die Umkehrung:

S a t z 2: *Haben zwei Durchmesser einer Ellipse die Eigenschaft, daß die zu dem einen parallelen Sehnen durch den andern halbiert werden, oder daß die Tangenten in den Endpunkten des einen zum andern parallel laufen, so sind sie zueinander konjugiert.*

Die Achsen einer Ellipse sind das einzige Paar konjugierter Durchmesser, die aufeinander normal stehen.

Wir wollen nun eine *Konstruktion der Achsen einer Ellipse aus zwei konjugierten Durchmessern* ableiten.

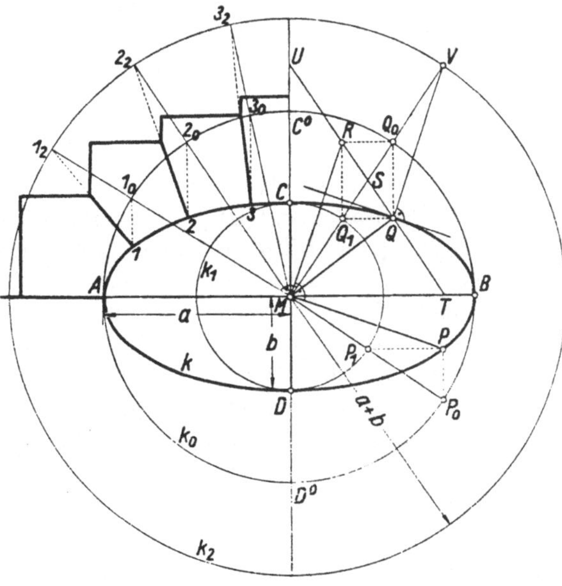

Fig. 102.

Sind von einer Ellipse k die Achsen AB und CD gegeben (Fig. 102), so können wir den Kreis k_0 über der großen Achse AB als den in die Ellipsenebene gedrehten Kreis $\bar{k}$ betrachten, von dem die Ellipse der Normalriß ist. Ist $M\bar{P}$ und $M\bar{Q}$ ein Paar normaler Radien von $\bar{k}$, demgemäß MP_0 und MQ_0 ein Paar normaler Radien von k_0, so können die Normalrisse P und Q von $\bar{P}$ und $\bar{Q}$

aus P_0 und Q_0 nach Nr. 32 auf die aus Fig. 100 ersichtliche Art bestimmt werden. MP und MQ bilden nach ihrer Entstehung ein Paar konjugierter Halbmesser der Ellipse. Dreht man die Figur MPP_0P_1 in der Zeichenebene um M durch 90^0, so daß P_0 nach Q_0 gelangt, so erhält sie die Lage MRQ_0Q_1, und es ist QQ_0RQ_1 ein Rechteck, dessen Seiten zu den Achsen der Ellipse parallel sind. Man entnimmt aus Fig. 102 $SM = ST = SU$, $QT = UR = MQ_1 = b$ und $QU = TR = MQ_0 = a$.

Danach sind die Achsen einer Ellipse aus konjugierten Halbmessern MP, MQ leicht erhältlich (Rytzsche Konstruktion)[1] (Fig. 103). Man

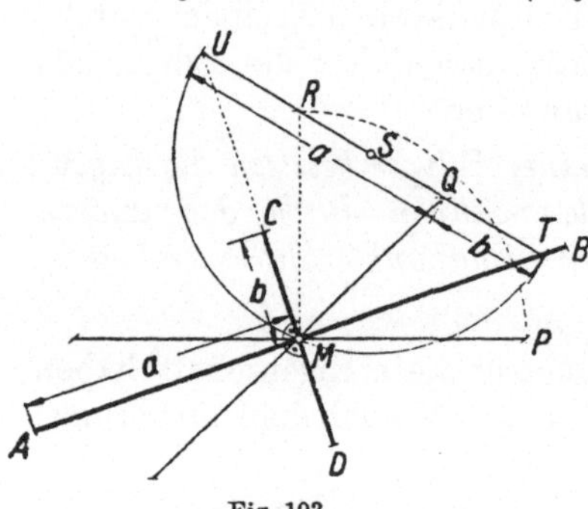

Fig. 103.

macht $MR \perp MP$, zieht $[QR]$ und trägt darauf von der Mitte S der Strecke QR aus beiderseits die Strecke SM bis T bzw. U ab. $[MU]$ und $[MT]$ sind dann die Träger der Achsen. Die Bezeichnung sei so gewählt, daß $[MT]$ innerhalb der spitzen Winkel liegt, die die konjugierten Durchmesser bilden; $[MT]$ ist dann der Träger der großen Achse; für die Achsenlängen gilt wie oben $QU = a$, $QT = b$.

Zieht man in Fig. 102 durch Q die Parallele zu $[MR]$, bis sie $[MQ_0]$ in V trifft, so ist $MSR \cong VSQ$; daher gilt $SV = MS$, also auch $Q_0V = MQ_1 = b$. *V liegt demnach auf dem mit dem Radius $a + b$ um M beschriebenen Kreis k_2.* Weil die Ellipsentangente in Q und der Durchmesser $[MP]$ parallel sind, ist $[VQ]$ als Parallele zu der zu $[MP]$ normalen Geraden $[MR]$ die *Ellipsennormale* in Q. Die Punkte V der Ellipsennormalen liegen demnach auf dem Kreis k_2 $(M, a + b)$ und können zur Konstruktion der Normalen verwendet werden. Der linke Teil der Fig. 102 zeigt eine Anwendung dieser Konstruktion[2] beim Zeichnen der Lagerfugen eines aus Stein herzustellenden elliptischen Bogens, die auf der Wölblinie normal stehen müssen.

34. Die Ellipse als affines Bild (Schrägriß) des Kreises. In einer Ebene ε des Raumes liege ein Kreis k. Drehen wir ε um ihre Spur e in die Zeichenebene Π (Fig. 104), so gehe k in k^0 über. Alle Punkte von ε beschreiben bei dieser Drehung Kreisbögen, deren Sehnen parallel sind und *Drehsehnen* heißen sollen. *k^0 kann also als eine Parallelprojektion von k aus dem Fernpunkt der Drehsehnen aufgefaßt werden.* Es sei ferner k^s die Parallelprojektion (Schrägriß) von k auf Π aus einem beliebigen Fernpunkt O_∞. Wir zeigen nun, *daß k^s eine Ellipse ist, die k^0 in einer perspektiven Affinität*

---

1) L. Moosbrugger, Größtenteils neue Aufgaben a. d. Gebiete d. Géométrie descriptive. Zürich 1845, S. 125, Fußnote. Für andre Lösungen: C. Pelz, Progr. Staatsrealschule Teschen, 1876.

2) L. Paillotte, Nouv. Ann. (2) 8 (1869), S. 269.

entspricht (Nr. 4, S. 13). Ist X irgendein Punkt von ε, X^0 seine gedrehte Lage und X^s sein Schrägriß aus O_∞, so ist die Verbindungsstrecke X^0X^s der Schrägriß der Drehsehne X^0X. Da die Drehsehnen parallel sind, so sind auch ihre Schrägrisse $[X^0X^s]$ parallel. Beschreibt X in ε eine Gerade g, dann beschreiben X^0 und X^s in Π zwei Geraden g^0 und g^s, die sich auf der Spur e schneiden. Demnach sind k^0 und k^s tatsächlich perspektiv-affine Figuren mit e als Affinitätsachse.

Es sei nun M^0, M^s das dem Mittelpunkt M von k zugeordnete Punktepaar. Nach Nr. 4, Satz 8 gibt es zwei aufeinander normale Durchmesser A^0B^0 und C^0D^0 von k^0, denen zwei normale Strecken A^sB^s und C^sD^s entsprechen, die sich in M^s hälften. Ihre Konstruktion (Fig. 104) erfolgt ebenso wie in Fig. 16 mittels des Kreises, der durch M^0 und M^s geht und dessen Mitte O auf e liegt.

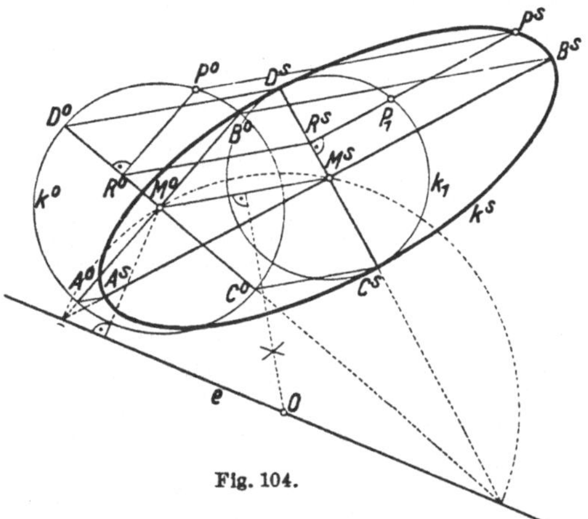

Fig. 104.

Sucht man nun zu einer auf $[C^0D^0]$ normalen Ordinate R^0P^0 von k^0 die entsprechende Strecke R^sP^s, so gilt $R^0P^0 : R^sP^s = M^0B^0 : M^sB^s =$ konst., weil bei einer affinen Übertragung das Verhältnis von Strecken auf parallelen Geraden unveränderlich (invariant) ist. Zeichnen wir nun über C^sD^s als Durchmesser einen Kreis k_1, dann können wir diesen als eine zu k^0 ähnliche Figur ansehen, wobei die Halbmesser M^0D^0 und M^sD^s einander entsprechen. Ist P_1 der P^0 in dieser Ähnlichkeit zugeordnete Punkt von k_1, so gilt für diese Punktepaare (P_1P^0) $R^0P^0 : R^sP_1 =$ konst. Daraus und aus der zuletzt erhaltenen Gleichung folgt durch Division $R^sP_1 : R^sP^s =$ konst. Demnach ist nach S. 94 k^s tatsächlich eine Ellipse. Es gilt mithin der

Satz 1: *Jeder Schrägriß (Schlagschatten auf eine Ebene bei Parallelbeleuchtung) eines Kreises ist eine Ellipse.*

Fig. 104 zeigt uns, daß jede perspektivaffine Umformung eines Kreises eine Ellipse ist. Da sich aber (Nr. 5, S. 16) allgemein affine Felder in perspektive Lage bringen lassen, wenn man zuvor auf eines von ihnen eine gewisse Ähnlichkeit ausübt, so gilt als Verallgemeinerung des Satzes 1 der

Satz 2: *Jedes affine Bild eines Kreises ist eine Ellipse.*

Aus diesem Satz und aus Nr. 33, Satz 2 ergibt sich unmittelbar der

Satz 3: *Ist eine Ellipse einem Kreis affin zugeordnet, so entspricht jedem Paar normaler Durchmesser des Kreises ein Paar konjugierter Durchmesser der Ellipse.*

7*

35. Lösung von Aufgaben über die Ellipse mittels Affinität. Die Auffassung einer Ellipse als affines Bild eines Kreises ist ein überaus wirksames Konstruktionsprinzip zur Lösung von Aufgaben über die Ellipse. Die folgenden Aufgaben sollen dies zeigen.

1. Aufgabe: *Es sind Punkte und Tangenten der durch die konjugierten Durchmesser AB und CD gegebenen Ellipse k zu konstruieren* (Fig. 105).

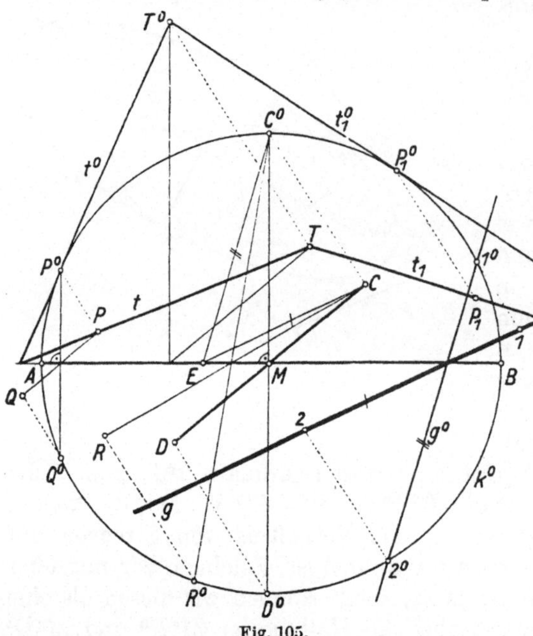

Fig. 105.

Zeichnet man den Kreis k^0 über AB und seinen zu AB normalen Durchmesser C^0D^0, so sind (CC^0) ein Paar entsprechender Punkte und $[AB]$ die Achse einer perspektiven Affinität zwischen k und k^0. Wählt man nun eine Sehne $P^0Q^0 \parallel C^0D^0$ von k^0, dann entspricht ihr eine zu CD parallele Sehne von k, die sich mit jener auf der Affinitätsachse $[AB]$ schneidet. Sie wird von den zu $[C^0C]$ parallelen Affinitätsstrahlen durch P^0 und Q^0 in den k angehörigen Punkten P und Q getroffen. Die Tangente t an k in P ergibt sich aus der Bemerkung, daß sie sich mit der Kreistangente in P^0 auf der Affinitätsachse $[AB]$ schneiden muß. — Weichen die Affinitätsstrahlen von der Richtung $[CD]$ nur wenig ab, dann findet man zu einem Punkt R^0 von k^0 den entsprechenden R genauer, indem man etwa die der Geraden $[R^0C^0]$ entsprechende Gerade $[CR]$ verwendet.

2. Aufgabe: *Aus einem Punkt T sind an die durch die konjugierten Durchmesser AB und CD gegebene Ellipse die Tangenten zu legen* (Fig. 105). Zu T, als dem Feld von k angehörig, suche man im Feld von k^0 den entsprechenden Punkt T^0 und lege aus ihm an k^0 die Tangenten t^0, t_1^0. Diese treffen die gesuchten Ellipsentangenten auf der Affinitätsachse $[AB]$. Die Berührpunkte P, P_1 liegen auf den Affinitätsstrahlen durch die Berührpunkte P^0, P_1^0 von t^0, t_1^0.

3. Aufgabe: *Von einer Ellipse ist ein Durchmesser AB, ein Punkt P und die Richtung des zu AB konjugierten Durchmessers gegeben; man konstruiere seine Endpunkte C, D.* Die Lösung läßt sich aus Fig. 105 herauslesen. Man sucht zunächst den P affin entsprechenden Punkt P^0

und schneidet den Träger des Durchmessers CD mit den durch C^0 und D^0 gehenden, zu $[PP^0]$ parallel laufenden Affinitätsstrahlen.

4. Aufgabe: *Es sind die Schnittpunkte einer Geraden g mit der durch die konjugierten Durchmesser AB und CD gegebenen Ellipse zu suchen* (Fig. 105). Zu g als dem Feld der Ellipse k angehörig, suche man im Feld des Kreises k^0 die entsprechende Gerade g^0. Schneidet etwa $[C \parallel g]$ die Affinitätsachse in E, dann ist g^0 zu $[C^0 E]$ parallel. Wird k^0 von g^0 in 1^0, 2^0 geschnitten, so sind die entsprechenden Punkte 1, 2 die gesuchten Schnittpunkte.

5. Aufgabe: *In der durch die konjugierten Durchmesser AB und CD gegebenen Ellipse ist der zur Richtung der Geraden g konjugierte Durchmesser zu suchen.* Man bestimmt im Feld von k^0 die der Richtung von g entsprechende Richtung, legt den zu ihr normalen Kreisdurchmesser und führt diesen mittels der Affinität in das Feld von k über.

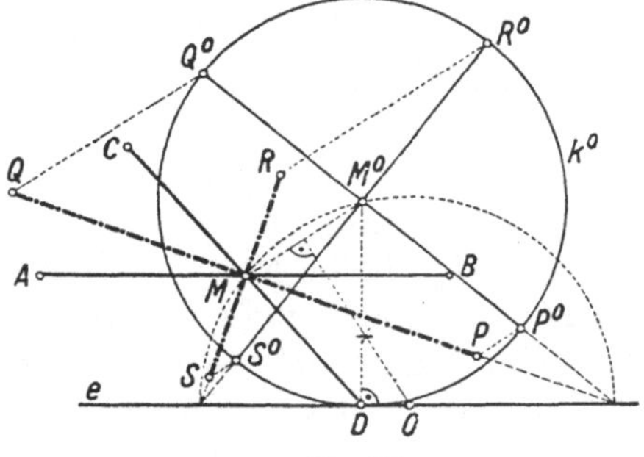

Fig. 106.

6. Aufgabe: *Es sind die Achsen der durch die konjugierten Durchmesser AB und CD gegebenen Ellipse zu ermitteln* (Fig. 106). Wir wählen die zu $[AB]$ parallele Ellipsentangente in D als Affinitätsachse e und zeichnen mit dem Halbmesser MB den e in D berührenden Kreis k^0 mit der Mitte M^0. Betrachtet man M^0 und M als affin entsprechende Punkte, so entspricht dem Kreis k^0 als affine Figur die gegebene Ellipse k. Durch Konstruktion der entsprechenden rechten Winkel in den Punkten M^0 und M erhält man, wie in Fig. 106 ersichtlich, die Achsen von k.

Weitere Aufgaben, die sich mit diesen Hilfsmitteln leicht lösen lassen, sind die folgenden:

Eine Ellipse zu konstruieren, wenn gegeben sind: a) Ein Durchmesser, die Richtung des konjugierten und eine Tangente; b) Ein Durchmesser und zwei Tangenten; c) Ein Durchmesser und eine Tangente samt Berührpunkt; d) Die Trägergeraden zweier konjugierten Durchmesser und zwei Punkte oder zwei Tangenten.

36. Ellipse, Hyperbel und Parabel als ebene Schnitte von Drehkegeln.

Wir betrachten jetzt die *ebenen Schnitte von Drehkegeln*, wobei wir von den Schnitten durch die Spitze und den Schnitten normal zur Drehachse absehen. Der Charakter des ebenen Schnittes eines Drehkegels hängt wesentlich davon ab, ob der Drehkegel Erzeugende enthält, die zur schneidenden Ebene ε parallel sind. Um das Vorhandensein solcher Erzeugenden festzustellen, legen wir durch die Kegelspitze eine zu ε parallele Ebene ϱ. Je nachdem ϱ mit dem Kegel keine Erzeugende gemeinsam hat oder ihn nach zwei Erzeugenden schneidet oder ihn berührt, besitzt die Schnittkurve dementsprechend keinen Fernpunkt, zwei Fernpunkte oder einen Fernpunkt. Wir werden zeigen, daß die Schnittkurve in diesen Fällen eine *Ellipse*, eine *Hyperbel* bzw. eine *Parabel* ist. Wir haben demnach zu beweisen:

Satz 1: *Eine Ebene schneidet einen Drehkegel nach einer Ellipse, Hyperbel oder Parabel, je nachdem die Parallelebene durch die Spitze den Kegel nicht schneidet, schneidet oder berührt.*

In jedem der drei Fälle schreiben wir nach Dandelin[1]) dem Kegel jene Kugeln ein, die zugleich die schneidende Ebene ε berühren. Um eine einfache Abbildung dieser Raumfigur zu erhalten, zeichnen wir ihren Normalriß auf die Ebene Π_1 (Grundrißebene), die durch die Kegelachse geht und zu ε normal ist (Fig. 107, 108, 109). Die Ebene ε und die zu ihr parallele Ebene ϱ durch die Spitze S sind projizierende Ebenen und bilden sich demnach als Geraden ε', ϱ' ab.

a) ϱ *enthält keine Erzeugende* (Fig. 107). Die beiden Dandelinschen Kugeln $\varkappa_1$, $\varkappa_2$ berühren ε in F_1, F_2 und den Kegel längs zwei Parallelkreisen k_1, k_2, die im Normalriß als Strecken k_1', k_2' erscheinen. Der Normalriß der Schnittkurve k des Kegels mit ε ist die Strecke AB. Die durch einen Punkt P von k gehende Kegelerzeugende berühre die Kugeln $\varkappa_1$ und $\varkappa_2$ in den auf k_1, k_2 liegenden Punkten T_1, T_2. Wegen $PF_1 = PT_1$ und $PF_2 = PT_2$ ist $PF_1 + PF_2 = PT_1 + PT_2 = T_1 T_2$. Nun ist die

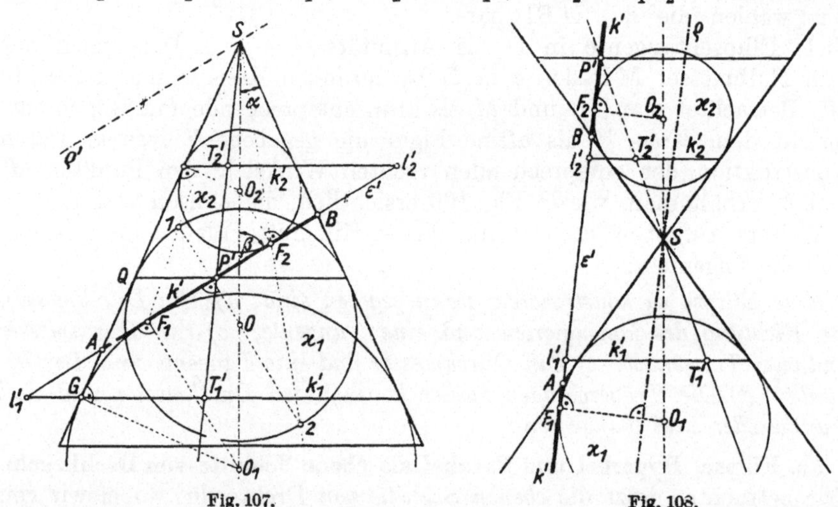

Fig. 107.Fig. 108.

Länge $T_1 T_2$ unabhängig von der Wahl des Punktes P auf k, also gilt $PF_1 + PF_2 =$ konst. $= 2a$. k ist daher nach Nr. 32, Satz 1 eine *Ellipse*. AB ist die Hauptachse von k, F_1, F_2 sind die Brennpunkte.

b) ϱ *enthält zwei Erzeugende* (Fig. 108). Die Schnittkurve k des Kegels mit ε enthält daher die Fernpunkte dieser Erzeugenden. Der Normalriß

---

1) Vgl. Fußnote S. 93.

von k auf Π_1 besteht aus zwei Halbstrahlen, die auf ε' liegen und von den Punkten A und B ausgehen. Die durch einen Punkt P von k gehende Erzeugende berühre die Dandelinschen Kugeln $\varkappa_1$ und $\varkappa_2$ in den auf k_1, k_2 liegenden Punkten T_1, T_2. Wegen $PF_1 = PT_1$ und $PF_2 = PT_2$ ist $|PF_2 - PF_1| = |PT_2 - PT_1| = T_1T_2 = $ konst. Nun ist aber $|PF_2 - PF_1| = $ konst. $= 2a$ die bekannte *Brennpunktsdefinition der Hyperbel*. k ist also eine Hyperbel mit den Brennpunkten F_1, F_2 und der *reellen Achse* $AB = 2a$.

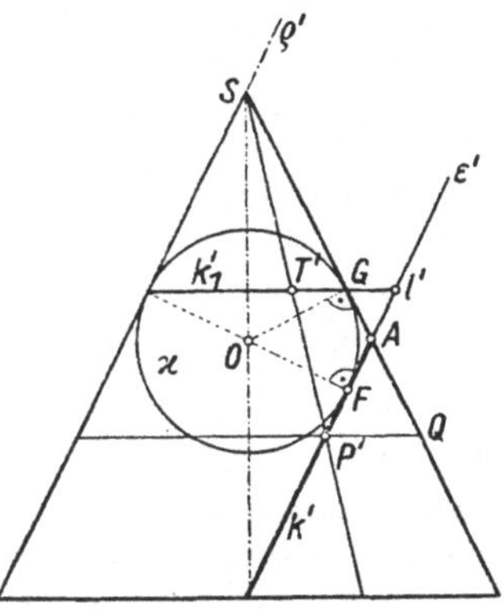

Fig. 109.

c) ϱ *berührt den Kegel* (Fig. 109). Die Schnittkurve k des Kegels mit ε enthält den Fernpunkt der Erzeugenden, längs der ϱ den Kegel berührt. Hier gibt es nur eine dem Kegel eingeschriebene Kugel $\varkappa$, die ε berührt. F sei der Berührpunkt von $\varkappa$ mit ε und k_1 der Berührkreis von $\varkappa$ mit dem Kegel. Ferner bezeichnen wir mit l die Schnittlinie von ε mit der Ebene von k_1. In Fig. 109 erscheint l als der Punkt l'. Die durch einen Punkt P von k gehende Erzeugende berührt die Kugel $\varkappa$ in einem auf k_1 liegenden Punkt T. Wegen $PF = PT = QG = P'l'$ *haben sämtliche Punkte der Schnittkurve* k *von* F *denselben Abstand wie von der Geraden* l. Dies ist aber die bekannte *Brennpunktsdefinition der Parabel mit dem Brennpunkt* F *und der Leitlinie* l.

Zusammenfassend können wir den Dandelinschen Satz aussprechen:

Satz 2: *Die Brennpunkte eines ebenen Schnittes eines Drehkegels ergeben sich als die Berührpunkte der schneidenden Ebene mit solchen Kugeln, die zugleich dem Kegel eingeschrieben sind.*

Zur Konstruktion dieser Brennpunkte genügt es, dem Kegel irgendeine Kugel mit der Mitte O (Fig. 107) einzuschreiben und die Endpunkte 1, 2 ihres zu ε normalen Durchmessers aus S auf ε zu projizieren. Denn diese Kugel ist mit den obigen Kugeln $\varkappa_1$, $\varkappa_2$ zentrisch-ähnlich in bezug auf S; 1 und 2 entsprechen in diesen Ähnlichkeiten den Punkten F_1 und F_2, liegen also mit ihnen auf Geraden durch S. Für spätere Verwendung sprechen wir dieses, den Satz 3 in Nr. 32 als Sonderfall enthaltende Ergebnis in folgender Form aus:

Satz 3: *Umschreibt man einer Kugel einen Kegel mit der Spitze S, so schneidet er irgendeine Ebene ε nach einer Ellipse, Hyperbel oder Parabel, deren Brennpunkte sich ergeben, wenn man die Endpunkte des zu ε normalen Kugeldurchmessers aus S auf ε projiziert.*

Auf diesen Satz läßt sich die Ermittlung des Zentralumrisses einer Kugel gründen (Nr. 122).

Wir können nun leicht ein einheitliches Erzeugungsgesetz der drei Kegelschnittarten ableiten. Ist (Fig. 107) l_1 die zu Π_1 normale Schnittlinie von ε mit der Ebene von k_1, so ist der Abstand $P l_1 = P' l_1'$. Wegen $PF_1 = P T_1 = QG$ hat man $PF_1 : P l_1 = QG : P' l_1' = AG : A l_1'$; das letzte Streckenverhältnis ist aber eine von P unabhängige Konstante c. Es ist also $PF_1 : P l_1 = c$. Schließt ε mit der Kegelachse den Winkel β und diese mit den Erzeugenden den Winkel α ein, so folgt nach dem Sinussatz aus dem Dreieck $AG l_1'$, wegen $\sphericalangle l_1' = 90^0 - \beta$ und $\sphericalangle G = 90^0 + \alpha$, $c = AG : A l_1' = \cos\beta : \cos\alpha$. Es ist also $c \lesseqgtr 1$, je nachdem $\beta \gtreqless \alpha$, d. h. der Schnitt eine *Ellipse*, *Parabel* oder *Hyperbel* ist. l_1 heißt die zum Brennpunkt F_1 gehörige *Leitlinie*. Dies gibt den

Satz 4: *Der Ort aller Punkte , deren Abstände von einem festen Punkt F und einer festen Geraden l in einem festen Verhältnis c stehen, ist eine Ellipse, Parabel oder Hyperbel, je nachdem c kleiner, gleich oder größer als 1 ist.*

37. Fokalkegelschnitte.

Von den Brennpunktsdefinitionen der Kegelschnitte ausgehend, läßt sich leicht zeigen, *daß durch einen Kegelschnitt unendlich viele Drehkegel legbar sind* (Fig. 110). Es sei eine Ellipse e mit den Brennpunkten F_1, F_2 und den Hauptscheiteln A, B in der Grundrißebene Π_1 gegeben. Nun nehmen wir eine Π_1 in F_2 berührende Kugel $\varkappa$ an und ziehen in der durch $[AB]$ gehenden Seitenrißebene Π_2 an deren Schnittkreis mit $\varkappa$ die Tangenten aus A und B, die sich in S treffen mögen.

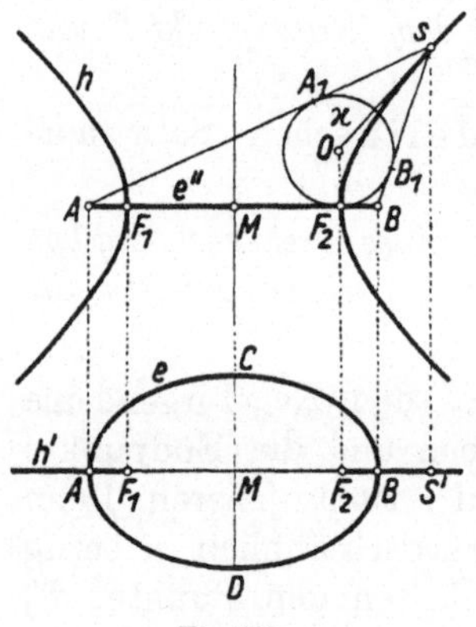

Fig. 110.

Die Fig. 110 zeigt im oberen Teil die in Π_2 liegende Figur in einer nach aufwärts gerückten Lage. Nach Nr. 36, Sätze 1 und 3, schneidet der aus S der Kugel $\varkappa$ umschriebene Kegel die Grundrißebene Π_1 nach einer Ellipse mit der großen Achse AB und dem Brennpunkt F_2; diese Ellipse muß also mit e identisch sein. Analog führt man den Beweis für eine Hyperbel oder Parabel. Es gilt daher:

Satz 1: *Jede Ellipse, Hyperbel und Parabel darf als ebener Schnitt eines Drehkegels und daher auch als Zentralriß eines Kreises angesehen werden.*

Für die Spitzen S der durch die Ellipse e legbaren Drehkegel gelten mit den Bezeichnungen in Fig. 110 die folgenden Beziehungen:

$$AS = A A_1 + A_1 S = AF_2 + A_1 S, \quad BS = B B_1 + B_1 S = BF_2 + B_1 S,$$

woraus wegen $A_1 S = B_1 S$ die Gleichung $|AS - BS| = |AF_2 - BF_2| = F_1 F_2$ folgt. Die Punkte S liegen demnach auf einer Hyperbel h in Π_2, die $F_1 F_2$ zur reellen Achse und A, B zu Brennpunkten hat. Ebenso zeigt man, daß alle Drehkegel durch h ihre Spitzen auf e haben. Es gilt mithin der

Satz 2: *Wenn eine Hyperbel und eine Ellipse derart in zwei aufeinander normalen Ebenen liegen, daß die Scheitel der einen Linie die Brennpunkte der andern sind, so ist jede der Ort der Spitzen der durch die andre legbaren Drehkegel.*

Für die Parabel gilt der analoge

Satz 3: *Wenn zwei Parabeln in zwei aufeinander normalen Ebenen derart liegen, daß der Scheitel einer jeden der Brennpunkt der andern ist, so ist jede der Ort der Spitzen der durch die andre legbaren Drehkegel.*

Man sagt von zwei Kegelschnitten der Sätze 2 bzw. 3, daß jeder der *Fokalkegelschnitt* des andern ist. Aus Fig. 110 ersieht man, daß die Achse $[OS]$ des Drehkegels den Winkel ASB halbiert. Da A und B die Brennpunkte der Hyperbel sind, folgt bekanntlich, daß $[OS]$ die Tangente der Hyperbel in S ist. Es gilt allgemein der

Satz 4: *Die Achsen der durch einen Kegelschnitt legbaren Drehkegel sind die Tangenten seines Fokalkegelschnittes.*

38. Tangentenkonstruktionen an Kegelschnitten; Asymptoten einer Hyperbel. Eine *Ellipse* sei durch die Brennpunkte F_1, F_2 und die Hauptachse AB gegeben. Auf Grund der Gleichung $PF_1 + PF_2 = AB$ kann die Ellipse punktweise konstruiert werden (Fig. 111). Man nennt die Strecken PF_1 und PF_2 die Leitstrahlen des Ellipsenpunktes P. Bekanntlich gilt der Satz, daß die Ellipsentangente t von P den Nebenwinkel der Leitstrahlen hälftet. Ist nun G das Spiegelbild von F_1 bezüglich t, also t die Symmetrale von GF_1, so ist $PF_1 = PG$ und demnach $F_2G = AB = 2a$. Man nennt G den *Gegenpunkt* des Brennpunktes F_1 bezüglich der Tangente t.

Ist ebenso (Fig. 112) eine *Hyperbel* durch die Brennpunkte F_1, F_2 und die reelle Achse AB gegeben, so kann sie auf Grund der Gleichung

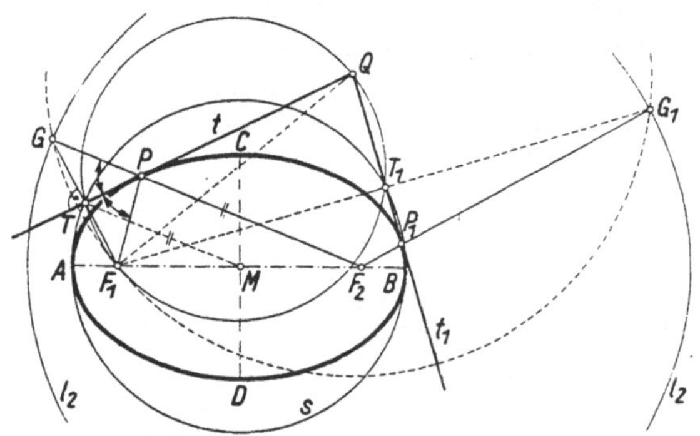

Fig. 111.

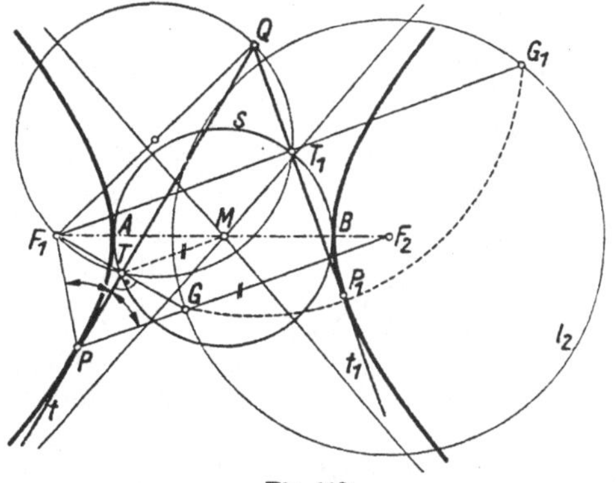

Fig. 112.

$|PF_1 - PF_2| = AB$ leicht punktweise konstruiert werden. *Bekanntlich gilt der Satz, daß die Hyperbeltangente t des Punktes P den Winkel der*

Leitstrahlen PF_1, PF_2 *hälftet.* Ist nun G das Spiegelbild, der *Gegenpunkt*, von F_1 bezüglich t, so ist wie oben $PF_1 = PG$ und $F_2G = AB$. Die Gegenpunkte G haben demnach von F_2 die konstante Entfernung $AB = 2a$. Es gilt daher für die Ellipse und für die Hyperbel gemeinsam der

Satz 1: *Die Gegenpunkte G eines Brennpunktes F_1 einer Ellipse oder einer Hyperbel bezüglich ihrer Tangenten liegen auf dem „Leitkreis"* $(F_2, 2a)$.

Man bezeichnet den Fußpunkt T des Lotes aus einem Brennpunkt F_1 auf die Tangente t kurz als den *Fußpunkt von t.* Wegen $MT = \frac{1}{2}F_2G = a$ liegen die Fußpunkte auf dem Kreis (M, a); also gilt

Satz 2: *Die Fußpunkte der Tangenten einer Ellipse liegen auf dem großen Scheitelkreis; die Fußpunkte der Tangenten einer Hyperbel liegen auf dem Scheitelkreis.*

Diese beiden Sätze führen unmittelbar zu Lösungen der Aufgabe, *aus einem gegebenen Punkt Q die Tangenten an eine Ellipse oder eine Hyperbel zu legen.* Wir entnehmen aus den Fig. 111 und 112 folgendes: Da eine Tangente t durch Q die Symmetrale der Strecke ist, die zwischen F_1 und dem Gegenpunkt G von t liegt, ist $QF_1 = QG$. Man erhält demnach die Gegenpunkte G, G_1 der beiden durch Q gehenden Tangenten, indem man den Leitkreis $l_2 = (F_2, 2a)$ mit dem Kreis $(Q, \overline{QF_1})$ zum Schnitt bringt. Ist aber G bekannt, so ist die zugehörige Tangente t die Normale aus Q auf $[GF_1]$; ihr Berührpunkt P liegt im Schnitt mit $[GF_2]$.

Eine andere Lösung derselben Aufgabe liefert der Satz 2. Ist T der zu F_1 gehörige Fußpunkt einer Tangente t durch Q, so ist F_1TQ ein rechter Winkel. Demnach liegen die Fußpunkte T, T_1 der beiden durch Q gehenden Tangenten in den Schnittpunkten des Scheitelkreises (M, a) mit dem Kreis über dem Durchmesser QF_1. Es sind nun $[TQ]$ und $[T_1Q]$ die gesuchten Tangenten. Den Berührpunkt von t erhält man, indem man t mit der Parallelen zu $[MT]$ durch F_2 schneidet.

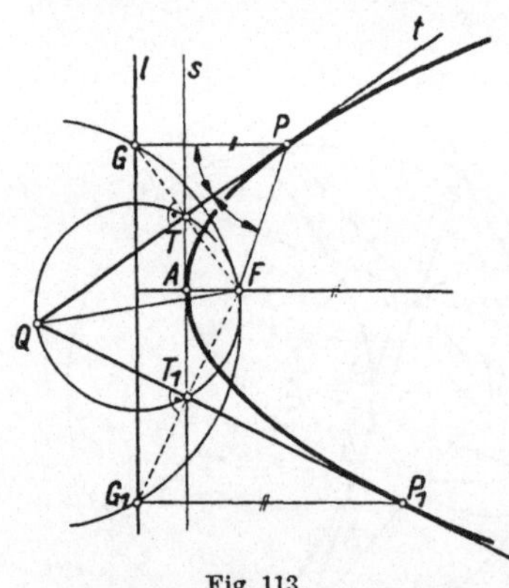

Fig. 113.

Fig. 113 zeigt die Tangentenkonstruktionen für eine *Parabel,* die durch den Brennpunkt F und die Leitlinie l gegeben ist. Für einen Punkt P der Parabel gilt $PF = Pl$, wonach sich die Parabel leicht punktweise konstruieren läßt. Ist G der Fußpunkt des Lotes aus P auf l, *so ist bekanntlich die Symmetrale des Winkels FPG die Parabeltangente t von P.* G liegt demnach zu F bezüglich t symmetrisch und heißt daher der *Gegenpunkt* von F bezüglich der Tangente t. $[FG]$ schneidet die Scheiteltangente s im *Fußpunkt T* von t, da $[FT] \perp t$ ist. Für die Parabel gilt also

Satz 3: *Die Gegenpunkte des Brennpunktes einer Parabel bezüglich ihrer Tangenten liegen auf der Leitlinie, und die Fußpunkte der Parabeltangenten liegen auf der Scheiteltangente.*

Zur Konstruktion der Parabeltangenten aus einem gegebenen Punkt Q schneidet man demnach die Leitlinie l mit dem Kreis $(Q, \overline{QF})$, wodurch man die Gegenpunkte G, G_1 erhält. Die gesuchten Tangenten sind dann die Lote aus Q auf $[FG]$ und $[FG_1]$. Um die Berührpunkte zu erhalten, hat man sie mit den Parallelen zur Parabelachse durch G und G_1 zu schneiden. Man kann aber auch zuerst die Fußpunkte T, T_1 der gesuchten Tangenten ermitteln. Diese sind die Schnittpunkte der Scheiteltangente mit dem Kreis über dem Durchmesser QF. $[QT]$ und $[QT_1]$ sind dann bereits die gesuchten Tangenten.

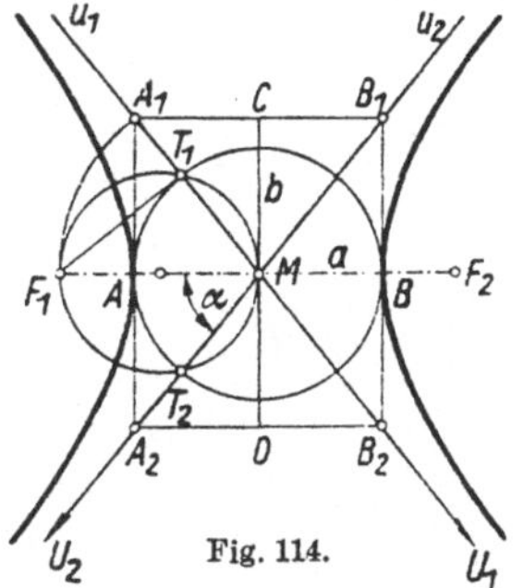

Fig. 114.

Die in Fig. 112 enthaltene Konstruktion der Tangenten aus einem Punkt an eine Hyperbel mittels des Scheitelkreises wenden wir nun auf die Aufgabe an, *die durch den Mittelpunkt M einer Hyperbel gehenden Tangenten zu konstruieren.* Es wird sich zeigen, daß ihre Berührpunkte unendlichfern liegen. Diese ausgezeichneten Tangenten heißen die *Asymptoten* der Hyperbel. Die etwa zu F_1 gehörigen Fußpunkte T_1, T_2 dieser Tangenten ergeben sich nach dem genannten Verfahren als Schnittpunkte des Scheitelkreises und des Kreises mit dem Durchmesser MF_1. $u_1 = [MT_1]$ und $u_2 = [MT_2]$ sind dann die gesuchten Tangenten (Fig. 114). Um den Berührpunkt U_1 von u_1 zu erhalten, hat man u_1 mit der Parallelen zu $[T_1M] = u_1$ durch F_2 zu schneiden. U_1 ist demnach der Fernpunkt von u_1; ebenso ergibt sich als Berührpunkt der Asymptote u_2 deren Fernpunkt U_2. Aus Fig. 114 können wir nun eine einfachere Konstruktion der Asymptoten ableiten. Es sei A_1 der Schnittpunkt der Scheiteltangente in A mit u_1. Dann sind die rechtwinkligen Dreiecke MT_1F_1 und MAA_1 kongruent, und es ist daher $MA_1 = MF_1 = e$ die Exzentrizität der Hyperbel. u_1 trägt demnach die Hypotenuse des rechtwinkligen Dreiecks MAA_1 mit der Kathete $MA = a$ und der Hypotenuse $MA_1 = e$ und kann dadurch konstruiert werden. Setzt man $AA_1 = b$, so ist $e^2 = a^2 + b^2$. Man nennt die zu den Scheiteltangenten parallele Mittellinie CD des Rechteckes $A_1A_2B_1B_2$ die *imaginäre Achse* der Hyperbel. Ihre Länge ist $2b$. $AB = 2a$ heißt die *reelle Achse*. Zwischen den beiden Halbachsen a, b und dem Winkel α der Asymptoten gegen die reelle Achse besteht also die Gleichung $\operatorname{tg}\alpha = \dfrac{b}{a}$.

Aus den besprochenen Konstruktionen ergibt sich, daß durch einen Punkt Q zwei, eine oder keine Tangenten an einen Kegelschnitt legbar sind, je nachdem Q im *Außengebiet*, auf der Kurve oder im *Innengebiet* desselben gelegen ist. Vom Standpunkt der algebraischen Geometrie

(Nr. 8) sagt man jedoch, daß aus einem Punkt an einen Kegelschnitt stets zwei Tangenten legbar sind; sie sind a) reell und verschieden, b) sie fallen zusammen, c) sie sind konjugiert komplex.

39. Das Polarsystem der Kegelschnitte. Es sei P ein beliebiger Punkt in der Ebene eines Kreises k mit der Mitte M (Fig. 115). Schneidet $[MP]$ den Kreis in A, B, so suchen wir den zu P bezuglich A, B harmonischen Punkt[1] S und ziehen durch ihn die Gerade p normal zu $[PM]$. *p heißt die Polare von P bezüglich k.* Für den Abstand Mp der Polaren von der Kreismitte gilt deshalb nach Nr. 3, Satz 4 $MP \cdot MS = MA^2 = MB^2$.

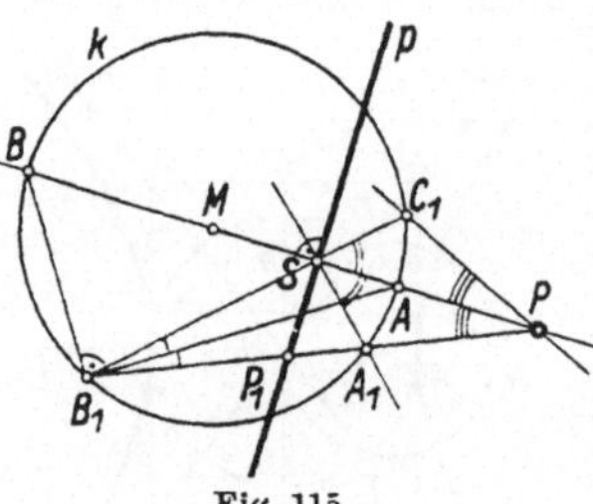

Fig. 115.

Jedem Punkt der Ebene des Kreises ist dadurch eine einzige Gerade als Polare zugeordnet. Je nachdem P außerhalb oder innerhalb k liegt, schneidet p den Kreis in reellen oder in konjugiert komplexen Punkten. Liegt P auf k, so ist p die Tangente dieses Punktes. Für einen Fernpunkt P wird p der zur Richtung P normale Durchmesser des Kreises. Für $P = M$ ist p die Ferngerade. Umgekehrt ist jede Gerade p die Polare eines einzigen Punktes P, den man den *Pol von p bezüglich des Kreises k* nennt. Wir wollen nun eine wichtige Eigenschaft von p ableiten.[2]

Wir legen durch P eine beliebige, k in A_1, B_1 und p in P_1 schneidende Gerade und zeigen, *daß auch P, P_1 von A_1, B_1 harmonisch getrennt werden*, also $(A_1 B_1 P P_1) = -1$ gilt. Da A, B, P, S *harmonisch liegen*, haben auch die vier Geraden, die B_1 mit A, B, P, S verbinden, harmonische Lage. Weil aber der Winkel $B B_1 A$ ein rechter ist, sind die Winkel $S B_1 A$ und $A B_1 P$ nach Nr. 3, Satz 2 einander gleich. Schneidet $[B_1 S]$ den Kreis noch in C_1, so sind mithin die Bogen $\overset{\frown}{C_1 A}$ und $\overset{\frown}{A A_1}$ gleich lang. Es sind daher die Winkel $A_1 S A$ und $A S C_1$ einander gleich. Da ferner p auf $[AB]$ normal steht, liegen nach dem eben benutzten Satz die vier durch S gehenden Geraden harmonisch, und daraus folgt nun unmittelbar, daß A_1, B_1 von P, P_1 harmonisch getrennt wird, w. z. b. w. Liegt P innerhalb k, so findet man dasselbe Ergebnis.

Nach Nr. 37 (Satz 1) kann man jeden Kegelschnitt als Zentralprojektion von Kreisen auffassen. Da aber harmonische Punkte durch Zentralprojektion wieder in harmonische Punkte übergehen, läßt sich die im voranstehenden für den Kreis entwickelte Begriffsbildung „*Pol und Polare*" auf alle Kegelschnitte durch den folgenden Satz ausdehnen:

S a t z 1: *Sucht man zu einem Punkt P in der Ebene eines Kegelschnittes k bezüglich der Schnittpunktpaare von k mit den Geraden durch P die vierten harmonischen Punkte, so liegen diese auf einer Geraden p; p ist die Polare von P, P der Pol von p.*

---

1) Der Anfänger wiederhole zuerst Nr. 3.
2) J. Steiner, Ges. Werke, I, S. 478ff.

Wichtige Eigenschaften des Polarenbegriffes ergeben sich aus den in Nr. 3 betrachteten harmonischen Eigenschaften des vollständigen Vierecks. Wir wählen auf einem Kegelschnitt k die Ecken A, B, C, D eines vollständigen Vierecks und zeichnen das Diagonaldreieck PQR, dessen Seiten p, q, r heißen mögen (Fig. 116). Aus dem Satz 1 und nach Nr. 3, Satz 5 folgt unmittelbar der

Satz 2: *Liegen die Ecken eines vollständigen Vierecks auf einem Kegelschnitt k, so ist jede Seite des Diagonaldreiecks die Polare der gegenüberliegenden Ecke desselben bezüglich k.*

Man nennt ein Dreieck, wie PQR, von dem jede Seite die Polare der gegenüberliegenden Ecke ist, ein *Poldreieck* von k.

Es seien jetzt X ein beliebiger Punkt auf p und C_1, P_2, P_3 die aus Fig. 116 ersichtlichen Punkte. Projiziert man

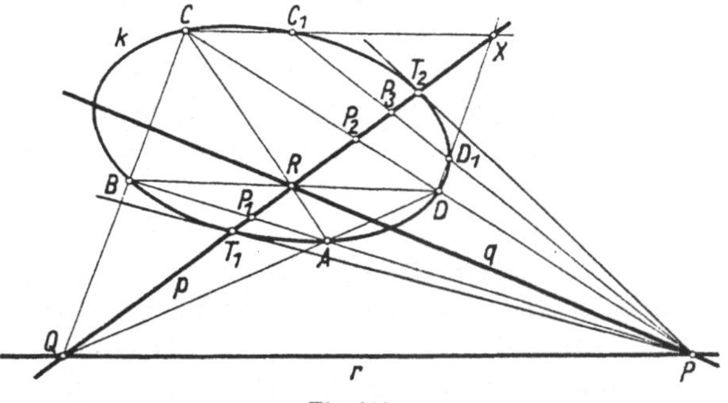

Fig. 116.

die vier harmonischen Punkte P, P_2, C, D aus X auf $[C_1 P]$, so erhält man die vier harmonischen Punkte P, P_3, C_1, D_1. Da aber p die Polare von P ist, liegt der zu C_1 bezüglich P, P_3 harmonische Punkt, also D_1, auf k. Von dem k eingeschriebenen vollständigen Viereck CDD_1C_1 sind also X und P Diagonalecken; daher geht nach Satz 2 die Polare von X durch P, und wir können sagen:

Satz 3: *Die Polaren der Punkte einer Geraden p gehen durch den Pol P von p.*

Wir können dies auch so aussprechen:

Satz 4: *Liegt ein Punkt Q auf der Polare p eines Punktes P, so liegt auch P auf der Polare q von Q; geht eine Gerade q durch den Pol P einer Geraden p, so geht auch p durch den Pol Q von q.*

Solche Punktepaare P, Q und solche Geradenpaare p, q heißen *konjugiert* bezüglich des Kegelschnittes k. Lassen sich aus P zwei (reelle) Tangenten an k legen, so fallen für jede die beiden Schnittpunkte mit k im Berührpunkt zusammen. Dieser ist dann aber auch der zu P bezüglich der Schnittpunkte harmonische Punkt. Es gilt demnach der

Satz 5: *Die Polare eines dem Außengebiet eines Kegelschnittes k angehörigen Punktes P ist die Verbindungsgerade der Berührpunkte der durch P an k legbaren Tangenten.*

Man nennt die durch einen Kegelschnitt k hervorgerufene Zuordnung zwischen den Punkten und Geraden seiner Ebene, wonach jedem Punkt seine Polare zugeordnet wird, die *Polarität* oder das *Polarsystem* von k.

Faßt man, wie bereits hervorgehoben wurde, den Kegelschnitt als Zentral-projektion eines Kreises auf, so geht durch diese Zentralprojektion das Polarsystem des Kreises in das Polarsystem des Kegelschnittes über. Da, wie bereits erwähnt, die Tangenten eines Kreises die Polaren ihrer Berührpunkte sind, *sind auch die Tangenten irgendeines Kegelschnittes als die Polaren ihrer Berührpunkte aufzufassen.*

k sei nun eine Ellipse oder eine Hyperbel. *Der Mittelpunkt M von k ist der Pol der Ferngeraden der Ebene.* In der Tat liegen die Schnittpunkte eines Durchmessers d mit k zu M symmetrisch, also zu M und dem Fern-punkt von d harmonisch. Im Polarsystem von k sind demnach die Durch-messer die Polaren der Fernpunkte. *Zwei Durchmesser von k heißen kon-jugiert, wenn der eine durch den (unendlichfernen) Pol des andern geht,* woraus dann unmittelbar folgt, *daß jeder von zwei konjugierten Durch-messern die zu dem andern parallelen Sehnen halbiert,* wie dies bereits für den Fall der Ellipse in Nr. 33 besprochen wurde.

40. Ergänzende Betrachtungen über die Hyperbel. Eine Hyperbel k schneidet die Ferngerade u ihrer Ebene in zwei reellen Punkten U_1, U_2, deren Tangenten u_1, u_2 durch den Pol von u, also durch den Mittelpunkt M von k gehen. Dies ist die bekannte Tatsache: *Die Asymptoten der Hy-perbel schneiden sich im Mittelpunkt.*

Je zwei zu U_1, U_2 harmonische Punkte Q_u, R_u von u geben, mit M verbunden, konjugierte Durchmesser r, q. Daraus ergibt sich der

Satz 1: *Je zwei konjugierte Durchmesser einer Hyperbel trennen die Asymptoten harmonisch.*

Bei einer *gleichseitigen Hyperbel* stehen die Asymptoten aufeinander normal. Aus Satz 1 und Nr. 3, Satz 2 folgt dann, daß die Paare kon-jugierter Durchmesser einer gleichseitigen Hyperbel zu den Asymptoten symmetrisch liegen.

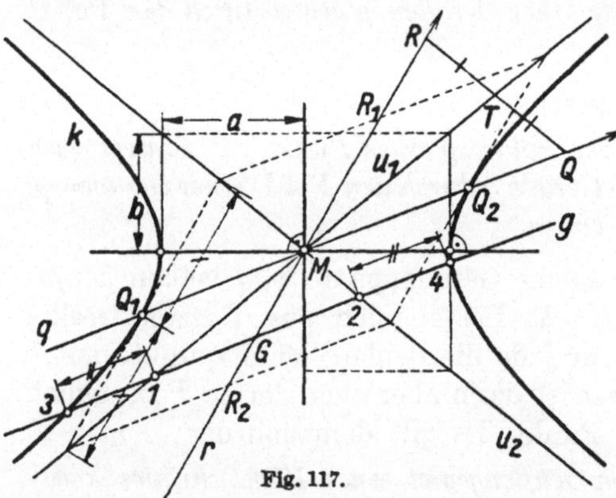

Fig. 117.

Auf Grund des Satzes 1 kann man leicht die Paare konjugierter Durchmesser kon-struieren (Fig. 117). Sind näm-lich die Asymptoten u_1, u_2 und der Durchmesser q gegeben und schneidet man u_1 und q durch eine zu u_2 parallele Gerade in T und Q, dann gehört der zu Q bezüglich T symmetrische Punkt R dem zu q konjugierten Durchmesser $r = [MR]$ an.

Schneidet eine beliebige Gerade $g \parallel q$ die Asymptoten in den Punkten $1, 2$, die Hyperbel in $3, 4$ und r in G, so ist G die Mitte von $\overline{12}$ und $\overline{34}$. Mithin ist $\overline{13} = \overline{24}$ und $\overline{14} = \overline{23}$. Es gilt also

Satz 2: *Auf jeder Hyperbelsekante sind die zwischen der Hyperbel und den Asymptoten gelegenen Abschnitte einander gleich. Insbesondere ist auf jeder Tangente der Berührpunkt die Mitte des zwischen den Asymptoten gelegenen Stückes.*

Daraus ergibt sich die aus Fig. 118 ersichtliche Konstruktion einer Hyperbel aus den Asymptoten u_1, u_2 und einem Punkt P. Um Q und R zu erhalten, wurde nach Satz 2 $P1 = 2Q$ und $P3 = 4R$ gemacht. Schneidet die Parallele zu u_1 durch P u_2 in P_1 und macht man auf u_2 $MP_1 = P_1P_2$, so ist nach dem zweiten Teil des Satzes 2 $[PP_2]$ die Tangente von P.

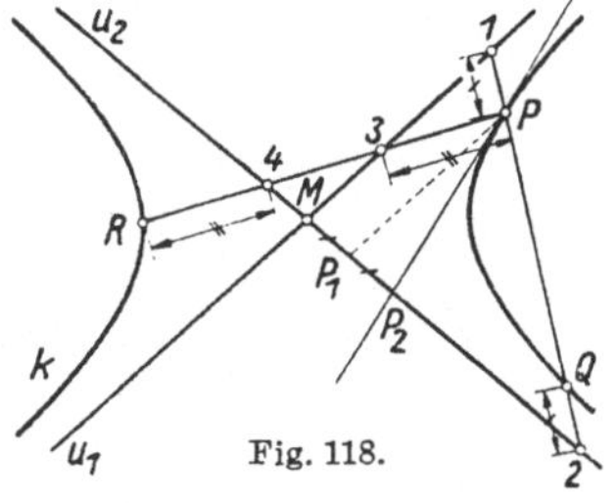

Fig. 118.

Aus der harmonischen Lage der Asymptoten zu irgendeinem Paar konjugierter Durchmesser q, r folgt, daß nur einer von ihnen (q in Fig. 117) die Hyperbel in reellen Punkten schneidet. Die zu r parallelen Tangenten schneiden die Asymptoten in den Ecken eines Parallelogramms, dessen auf r liegende Mittellinie R_1R_2 der zum *reellen Durchmesser* Q_1Q_2 auf q konjugierte *imaginäre Durchmesser* heißt. Auch die reelle und die imaginäre Achse, deren Längen meist mit $2a$ und $2b$ bezeichnet werden, sind konjugierte Durchmesser. Die Symmetrieachsen der Hyperbel, auf denen die reelle und die imaginäre Achse liegen, können als *Hauptachse* und *Nebenachse* unterschieden werden.

Es soll noch eine *Konstruktion der Längen der Halbachsen a, b einer Hyperbel k aus ihren Asymptoten* u_1, u_2 *und einem Punkt P* abgeleitet werden (Fig. 119). Zieht man durch P und den zu P bezüglich der Hauptachse symmetrischen Punkt Q die Parallelen zu den Asymptoten, so schneiden sie sich noch außer in den Fernpunkten U_1, U_2 der Hyperbel in zwei auf der Hauptachse liegenden Punkten P_1, P_2. Faßt man U_1U_2PQ als ein der Hyperbel eingeschriebenes vollständiges Viereck auf, so sind P_1, P_2 zwei Ecken des zugehörigen Diagonaldreiecks, daher nach Nr. 39, Satz 2 konjugierte Punkte bezüglich k. Sie trennen also die Scheitel A, B harmonisch, und es besteht nach Nr. 3, Satz 4 die Gleichung $MP_1 \cdot MP_2 = a^2$. Schneidet ferner $[P \| AB]$ die Asymptoten in E_1, E_2 und die Nebenachse in N, so zeigt die Figur, daß $MP_1 = E_1P$, $MP_2 = E_2P$, mithin $a^2 = E_1P \cdot E_2P = E_1P \cdot E_1\overline{P}$

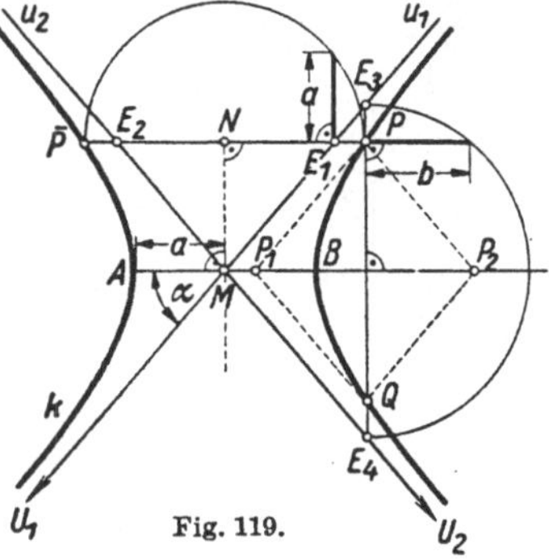

Fig. 119.

ist. *Es schneidet daher der Kreis $(N, \overline{NP})$ auf der Parallelen zur Nebenachse durch E_1 einen Punkt aus, der von E_1 die gesuchte Entfernung a hat.*

Schneidet die Parallele zur Nebenachse durch P die Asymptoten in E_3, E_4 und ist α der Neigungswinkel der Asymptoten gegen die Hauptachse, so ist $\overline{PE_3} = \overline{E_1P}\,\mathrm{tg}\,\alpha$ und $\overline{PE_4} = \overline{E_2P}\,\mathrm{tg}\,\alpha$. Aus der obigen Gleichung $a^2 = \overline{E_1P} \cdot \overline{E_2P}$ folgt demnach $\overline{PE_3} \cdot \overline{PE_4} = a^2\,\mathrm{tg}^2\alpha = b^2$. Die daraus folgende Konstruktion von b ist aus Fig. 119 ersichtlich.

41. Ergänzende Betrachtungen über die Parabel. Wir haben (S. 110) den Mittelpunkt einer Ellipse bzw. einer Hyperbel als den Pol der Ferngeraden ihrer Ebene erkannt. Eine *Parabel* k berührt die Ferngerade ihrer Ebene im Fernpunkt U ihrer Achse, weil sie nur diesen einen Fernpunkt

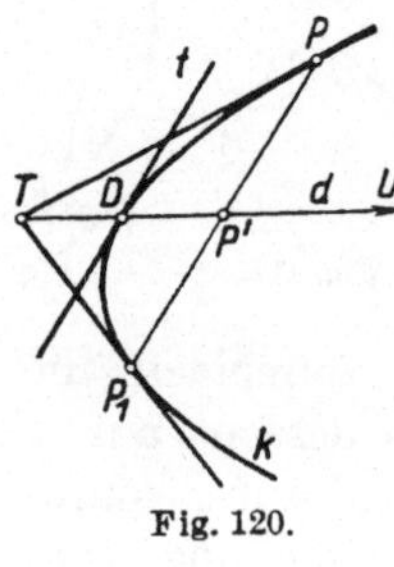

Fig. 120.

besitzt. Da U der Pol von u ist, müssen wir U als den Mittelpunkt der Parabel ansehen und die durch ihn gehenden Geraden als ihre *Durchmesser* bezeichnen. Es gilt also:

Satz 1: *Die Durchmesser einer Parabel, zu denen auch die Achse gehört, sind untereinander parallel.*

Jeder Parabeldurchmesser d (Fig. 120) besitzt daher nur einen eigentlichen (endlichfernen) Endpunkt D. Die Tangente t in D heißt die zum Durchmesser d *konjugierte Tangente*. Ihr Fernpunkt ist der Pol von d bezüglich der Parabel. Daraus folgt aber, daß jede zu t parallele Sehne PP_1 durch ihren Schnittpunkt P' mit d gehälftet wird. Wir haben also den

Satz 2: *Jeder Durchmesser einer Parabel hälftet die zu seiner konjugierten Tangente parallelen Sehnen.*

Jede Sehne heißt *konjugiert* zu dem sie hälftenden Durchmesser, und umgekehrt heißt dieser zu ihr konjugiert. Legt man durch einen Punkt T des Außengebietes einer Parabel das Tangentenpaar und den Durchmesser d, so ist (Fig. 120) die Berührsehne $[PP_1]$ die Polare von T, und

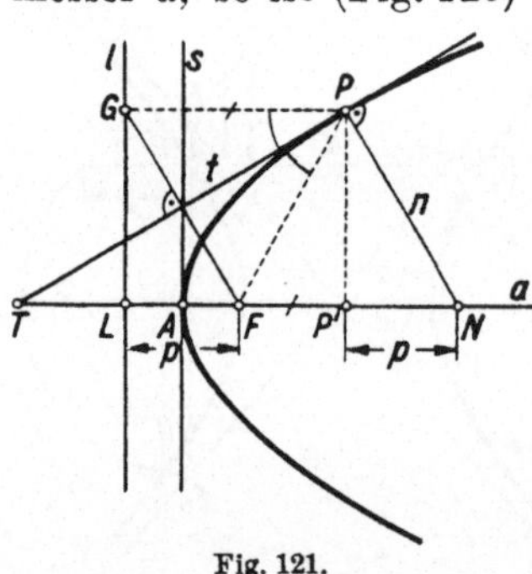

Fig. 121.

es gilt mit den aus Fig. 120 ersichtlichen Bezeichnungen $TD = DP'$, weil T, P' durch D und den Fernpunkt von d harmonisch getrennt werden.

Aus Fig. 121 lassen sich leicht einige wichtige Parabeleigenschaften herauslesen. Es sei P' der Normalriß eines Parabelpunktes P auf die Achse a. Diese schneide die Tangente t von P in T und die Normale n von P in N. Die Strecke TP' heißt *Subtangente*, $P'N$ heißt *Subnormale*. In Fig. 121 sind ferner der Brennpunkt F, die Scheiteltangente s und die Leitlinie l eingezeichnet. Der Gegenpunkt G des Brennpunktes F bezüglich t liegt auf l; es ist $[GP] \parallel a$ und t die Symmetrale des Winkels GPF. Der Abstand FL des Brennpunktes F von der Leitlinie l heißt der *Parameter* der Parabel und wird meist mit p bezeichnet. Da der Scheitel A diesen

Abstand hälftet, *ist offenbar die Leitlinie die Polare des Brennpunktes.* Aus der Kongruenz der rechtwinkligen Dreiecke GLF und $PP'N$ folgt $LF = P'N$, also der

Satz 3: *Für alle Parabelpunkte ist die Subnormale konstant, nämlich gleich dem Parameter.*

Die Gerade $[PP']$ ist die Polare von T. Da demnach T, P' von A und dem Fernpunkt der Achse harmonisch getrennt werden, gilt

Satz 4: *Die Subtangente jedes Para-belpunktes wird vom Scheitel gehälftet.*

42. Die Krümmungskreise der Kegelschnitte. Um den Krümmungs-radius ϱ_1 für die Hauptscheitel A, B einer Ellipse mit den Halbachsen a, b zu erhalten, verwenden wir die Grenzwertformel (2) in Nr. 9. Ist P ein Punkt der Ellipse (Fig. 122), R sein Normalriß auf die Tangente von A und R_1 sein Normalriß auf die Hauptachse, so ist nach dieser

Formel $\quad 2\varrho_1 = \lim\limits_{P\to A} \dfrac{\overline{AR}^2}{RP} = \lim\limits_{P\to A} \dfrac{\overline{R_1P}^2}{AR_1}.$

Fig. 122.

Faßt man die Ellipse k als Normal-riß eines Kreises k_1 auf, für den die Hauptachse AB von k ein Durch-messer ist, und ist P_1 der Punkt von k_1, dessen Normalriß P ist, dann ist $R_1P = R_1P_1 \cos \alpha = R_1P_1\dfrac{b}{a}$, wenn α den spitzen Winkel zwischen der Kreisebene und der Ellipsenebene bedeutet. Also gilt $2\varrho_1 = \lim\limits_{P_1\to A} \dfrac{b^2\overline{R_1P_1}^2}{a^2AR_1}.$ Nun ist aber $\lim \dfrac{\overline{R_1P_1}^2}{AR_1} = 2a$, weil der Krümmungsradius des Kreises k_1 sein Halbmesser a ist; demnach ergibt sich

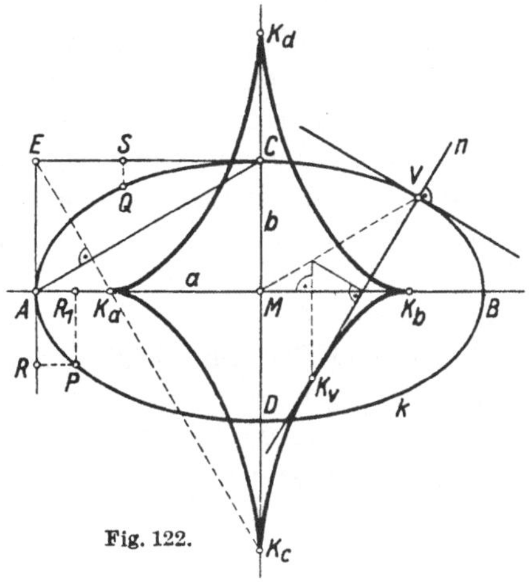

$$(1) \qquad\qquad\qquad \varrho_1 = \frac{b^2}{a}.$$

Durch dasselbe Verfahren ermitteln wir nun den Krümmungsradius ϱ_2 für die Nebenscheitel C, D. Ist Q ein Punkt der Ellipse, S sein Normalriß auf die Tangente des Scheitels C, so ist $2\varrho_2 = \lim\limits_{Q\to C} \dfrac{\overline{CS}^2}{SQ}.$ Sind Q_1, C_1 die Punkte des früher erklärten Kreises k_1, deren Normalrisse nach Q bzw. C fallen, und S_1 der Punkt auf der Kreistangente von C_1, dessen Normalriß S ist, so ist $CS = C_1S_1$ und $SQ = S_1Q_1 \cos \alpha = S_1Q_1\dfrac{b}{a}.$ Der obige Grenzwert für $2\varrho_2$ kann daher auch so geschrieben werden:

$2\varrho_2 = \lim\limits_{Q_1\to C_1} \dfrac{a\overline{C_1S_1}^2}{b\,S_1Q_1}.$ Nun ist aber wie vorhin $\lim\limits_{Q_1\to C_1} \dfrac{\overline{C_1S_1}^2}{S_1Q_1} = 2a$, also ergibt sich

$$(2) \qquad\qquad\qquad \varrho_2 = \frac{a^2}{b}.$$

Die durch die Gleichungen (1) und (2) bestimmten Strecken sind auch leicht konstruierbar. Bezeichnet nämlich E den Schnittpunkt der Tangenten in A und C, so schneidet das aus E auf $[AC]$ gefällte Lot aus den Achsen die Krümmungsmitten K_a und K_c der Scheitel A und C aus. Aus der Ähnlichkeit der Dreiecke K_aAE und AEC folgt nämlich $K_aA : b = b : a$, also tatsächlich $K_aA = b^2 : a = \varrho_1$. Ebenso ergibt sich aus der Ähnlichkeit der Dreiecke K_cCE und CEA die Proportion $K_cC : a = a : b$ und daher $K_cC = a^2 : b = \varrho_2$.

Da sich die Krümmungskreise der Kurve gut anschmiegen, empfiehlt es sich, beim Zeichnen einer Ellipse die Scheitelkrümmungskreise zu verwenden, da man, falls a und b nicht sehr verschieden sind, die Ellipse in den Umgebungen der Scheitel recht gut durch Krümmungskreisbögen annähern kann. Beim Ausziehen einer Ellipse in größerer Strichstärke erweist es sich indes als vorteilhaft, statt der Krümmungskreise andre Kreise zu verwenden, deren Mitten auf den Achsen etwas näher gegen die Ellipsenmitte hin liegen.[1])

Auch die Krümmungskreise in den Scheiteln A, B einer Hyperbel mit den Brennpunkten F_1, F_2 lassen sich leicht ermitteln. Normale und Tangente eines Hyperbelpunktes P (Fig. 123) trennen die beiden *Leitstrahlen* $[PF_1]$, $[PF_2]$ als deren Symmetralen harmonisch, treffen also die Hauptachse in zwei zu F_1, F_2 harmonischen Punkten N und T. Nähert sich nun P unbeschränkt dem Scheitel A, so konvergiert auch T nach A, während N nach Nr. 9, Satz 2 in die Krümmungsmitte K_a für den Scheitel A übergeht. Dieselbe Überlegung hätten wir auch für die Hauptscheitel einer Ellipse ausführen können. Wir können daher sagen:

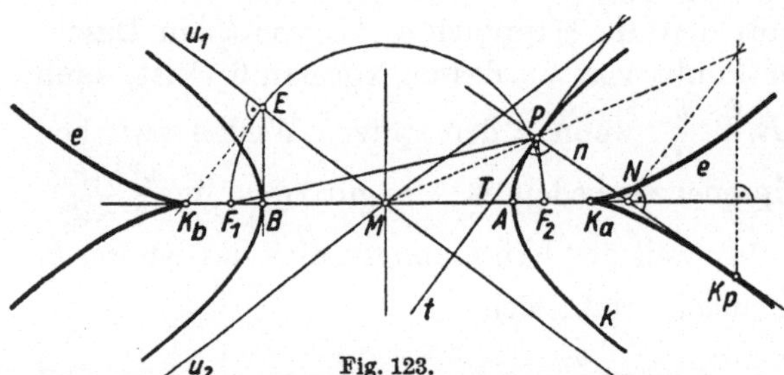

Fig. 123.

Satz 1: *Ein auf der Hauptachse einer Ellipse oder Hyperbel liegender Scheitel wird von seiner Krümmungsmitte durch die beiden Brennpunkte harmonisch getrennt.*

Um demnach die Krümmungsmitte K_b für den Scheitel B einer Hyperbel zu finden (Fig. 123), schneidet man die Asymptote u_1 mit der Tangente von B, errichtet in diesem Schnittpunkt E die Normale auf u_1

---

1) Diese Bemerkung pflegte R. Staudigl (1838—1891) in seinen an der Technischen Hochschule in Wien gehaltenen Vorlesungen zu machen. Für die Begründung: W. Ludwig, Über die Annäherung einer Ellipse durch ihre Scheitelkrümmungskreise, Abh. naturw. Ges. Isis, Dresden 1910, S. 67—80; E. Kruppa, Graphische Krümmungskreise, S.-B. Akad. Wiss. Wien, math.-nat. Kl., Abt. IIa, 127 (1918), S. 633—652.

und bringt diese mit der Hauptachse im gesuchten Punkt K_b zum Schnitt. Es ist dann nämlich $MB \cdot MK_b = \overline{ME}^2 = e^2 = \overline{MF_1}^2$, weshalb nach Nr. 3, Satz 4 die Punkte B, K_b, F_1, F_2 eine harmonische Punktgruppe bilden, wie dies Satz 1 für die Krümmungsmitte K_b von B verlangt.

Die Tangente t und die Normale n eines Parabelpunktes P (Fig. 124) hälften bekanntlich die Winkel der Leitstrahlen l_1, l_2, die P mit dem Brennpunkt F bzw. dem Fernpunkt U der Achse verbinden. Die Strahlen t, n werden demnach von l_1, l_2 harmonisch getrennt, und dasselbe gilt daher für ihre Schnittpunktpaare T, N und F, U mit der Achse. T und N liegen daher zu F symmetrisch. Wenn nun P gegen A konvergiert, so geht wieder T in A und N in die Krümmungsmitte K_a des Scheitels A über. Es gilt demnach

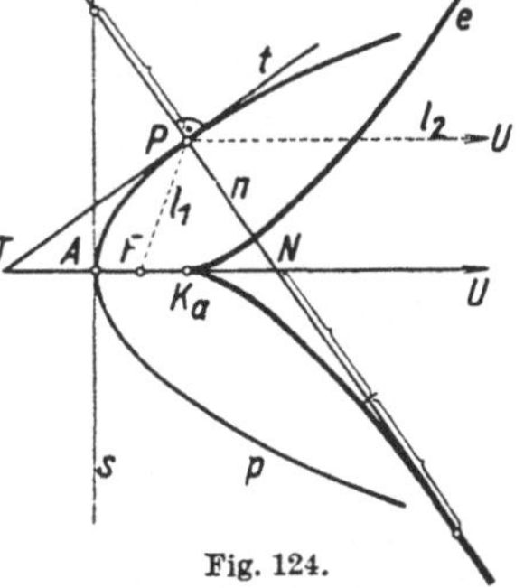

Fig. 124.

Satz 2: *Die Krümmungsmitte des Scheitels einer Parabel liegt zum Scheitel bezüglich des Brennpunktes symmetrisch.*

Satz 2 läßt sich als Sonderfall von Satz 1 auffassen, indem man den Fernpunkt der Parabelachse als den zweiten Brennpunkt der Parabel ansieht.

Aus den Fig. 122, 123, 124 entnimmt man ferner die Konstruktionen der Krümmungsmitte eines beliebigen Punktes einer Ellipse, Hyperbel bzw. Parabel.[1]) Schließlich enthalten diese Figuren die Evoluten der in ihnen gezeichneten Kegelschnitte. Die Krümmungsmitten der Scheitel sind Spitzen der Evoluten.

43. Kurven und Kegel 2. O. (analytisch). Eine Kurve 2. O. (Nr. 8) ist das einer quadratischen Gleichung in rechtwinkligen Koordinaten x, y entsprechende Punktgebilde. Die Kurven 2. O. haben also die Gleichung

$$(1) \qquad a_1 x^2 + a_2\, xy + a_3 y^2 + a_4 x + a_5 y + a_6 = 0.$$

Die analytische Geometrie lehrt, daß man jede Gleichung von der Form (1) durch eine geeignete Wahl eines neuen Achsenkreuzes auf eine der folgenden Formen bringen kann, wodurch man die nachstehend benannten Typen von Kurven 2. O. erhält.

$$(1\,\text{a}) \qquad \frac{x^2}{a^2} + \frac{y^2}{b^2} = 1, \qquad \text{Ellipse (für } a = b \text{ Kreis);}$$

$$(1\,\text{b}) \qquad \frac{x^2}{a^2} - \frac{y^2}{b^2} = 1, \qquad \text{Hyperbel;}$$

$$(1\,\text{c}) \qquad y^2 = 2\,p\,x, \qquad \text{Parabel;}$$

$$(1\,\text{d}) \qquad \alpha^2 x^2 + \beta^2 y^2 + 1 = 0.$$

---

1) J. Steiner, J. f. Math. 49 (1854), S. 339 = Ges. Werke II, S. 629; C. Pelz, S.-B k. böhm. Ges. d. W. (1879), S. 205—246.

α und β sind darin und im folgenden reelle und von Null verschiedene Zahlen; die Gleichung (1d) kann von keinem reellen Punkt befriedigt werden. (1d) ist die Gleichung eines *nullteiligen Kegelschnittes*. *Ellipse, Hyperbel* und *Parabel* heißen auch *einteilige* Kegelschnitte.

$$(1\,\mathrm{e}) \qquad \alpha^2 x^2 - \beta^2 y^2 = 0.$$

Diese Gleichung kann auch in der Form $(\alpha x + \beta y)(\alpha x - \beta y) = 0$ geschrieben werden und stellt daher das *Paar reeller Geraden* $\alpha x + \beta y = 0$ und $\alpha x - \beta y = 0$ dar.

$$(1\,\mathrm{f}) \qquad \alpha^2 x^2 + \beta^2 y^2 = 0.$$

Diese Gleichung kann auch in der Form $(\alpha x + i\,\beta y)(\alpha x - i\,\beta y) = 0$ mit $i = \sqrt{-1}$ geschrieben werden und stellt daher das *Paar konjugiert komplexer Geraden* $\alpha x + i\,\beta y = 0$ und $\alpha x - i\,\beta y = 0$ dar.

$$(1\,\mathrm{g}) \qquad x^2 = 0.$$

Diese Gleichung stellt eine doppelt zu zählende Gerade *(Doppelgerade)*, nämlich die y-Achse dar.

(1a, b, c, d) sind die *irreduziblen*, (1e, f, g) die *reduziblen* oder *zerfallenden Kurven 2. O.*

Wir beweisen nun den

Satz 1: *Jede Kurve 2. O. geht durch Zentralprojektion (Parallelprojektion) aus einem Auge, das nicht in ihrer Ebene liegt, in eine Kurve 2. O. über.*

Zu diesem Zweck wollen wir zuerst die Zentralprojektion des Raumes, den wir auf ein Achsenkreuz XYZ beziehen, aus einem Auge $O\,(a, b, c)$ auf die XY-Ebene analytisch ansetzen. Es sei $P(X, Y, Z)$ ein Raumpunkt; sein Zentralriß aus O auf die XY-Ebene sei $P^c(x, y)$. Der Normalriß des Sehstrahls $s = [OP]$ auf die XZ-Ebene ist die Gerade durch die beiden Punkte (a, c) und (X, Z) und hat daher in laufenden Koordinaten $\mathfrak{x}, \mathfrak{z}$ die Gleichung

$$(2) \qquad \mathfrak{z} - c = \frac{Z - c}{X - a}\,(\mathfrak{x} - a).$$

Der Normalriß von s auf die YZ-Ebene ist die Verbindungsgerade der Punkte (b, c) und (Y, Z) und hat daher in den laufenden Koordinaten $\mathfrak{y}, \mathfrak{z}$ die Gleichung

$$(3) \qquad \mathfrak{z} - c = \frac{Z - c}{Y - b}\,(\mathfrak{y} - b).$$

Man erhält nun die Koordinaten x, y des Bildpunktes P^c, indem man in (2) und (3) $\mathfrak{x} = x$, $\mathfrak{y} = y$ und $\mathfrak{z} = 0$ setzt. Zwischen den Koordinaten X, Y, Z eines Raumpunktes P und den Koordinaten x, y seines Zentralrisses P^c aus $O\,(a, b, c)$ auf die XY-Ebene gelten daher die Gleichungen

$$(4) \qquad x = \frac{aZ - cX}{Z - c} \quad \text{und} \quad y = \frac{bZ - cY}{Z - c}.$$

Wir stellen uns nun vor, daß wir einen Kegelschnitt k einer Ebene Π aus einem Raumpunkt O auf eine Ebene ε zu projizieren haben. Wir beziehen den Raum auf ein Achsenkreuz XYZ, dessen X-Achse in die Schnittlinie $[\Pi\varepsilon]$ falle und dessen Y-Achse in Π liege. Ist α der Winkel der Ebene ε gegen Π und bezieht man ε auf ein Achsenkreuz $x_1 y_1$, dessen Achse x_1 mit X zusammenfällt und dessen Achse y_1 die Schnittlinie von ε mit der YZ-Ebene des räumlichen Achsenkreuzes ist, so hat ein Punkt $P(x_1, y_1)$ von ε als Raumpunkt die Koordinaten $X = x_1$, $Y = y_1 \cos\alpha$, $Z = y_1 \sin\alpha$. Wir setzen dies in (4) ein und erhalten dadurch die *Formeln für die Zentralprojektion der Ebene* $\varepsilon\,(x_1, y_1)$ *auf die Ebene* $\Pi\,(x, y)$:

$$(5) \qquad x = \frac{a\,y_1 \sin\alpha - c\,x_1}{y_1 \sin\alpha - c}, \qquad y = \frac{b \sin\alpha - c \cos\alpha}{y_1 \sin\alpha - c}\,y_1.$$

Der in Π gegebene Kegelschnitt k hat eine Gleichung von der Form (1). Setzt man darin für x, y die Ausdrücke (5) ein, so erhält man nach Wegschaffung der Nenner eine quadratische Gleichung in x_1 und y_1. Also ist der Zentralriß von k aus O auf ε tatsächlich eine Kurve 2. O.

Wenn der Halbstrahl, der den Ursprung U des Achsenkreuzes XYZ mit dem Auge $O\,(a, b, c)$ verbindet, mit den positiven Achsen die Winkel φ_1, φ_2, φ_3 einschließt, und wenn $UO = r$ gesetzt wird, so ist: $a = r \cos\varphi_1$, $b = r \cos\varphi_2$, $c = r \cos\varphi_3$. Setzt man diese Werte in (5) ein und läßt man dann, nachdem man zuerst Zähler und Nenner durch r dividiert hat, r bei konstanten φ_1, φ_2, φ_3 über alle Grenzen wachsen, so erhält man die *Formeln für die Parallelprojektion der Ebene* ε *aus dem Fernpunkt* $(\varphi_1, \varphi_2, \varphi_3)$ *auf die Ebene* $\Pi\,(x, y)$:

$$(6) \qquad x = \frac{x_1 \cos\varphi_3 - y_1 \cos\varphi_1 \sin\alpha}{\cos\varphi_3}, \qquad y = \frac{\cos\varphi_3 \cos\alpha - \cos\varphi_2 \sin\alpha}{\cos\varphi_3}\,y_1.$$

Ebenso wie vorhin erkennt man aus (6), daß jede Kurve 2. O. auch durch Parallelprojektion auf eine Ebene in eine Kurve 2. O. übergeht, wodurch nun der Satz 1 vollständig bewiesen ist.

Wird eine Kurve 2. O. k aus einem eigentlichen Auge O auf eine Ebene Π projiziert, so ist die Art des entstehenden Bildes k^c davon abhängig, ob die Verschwindungsebene $\Pi_v = [O \,\|\, \Pi]$ (Nr. 1) k (reell) schneidet, nicht schneidet oder berührt. Es gilt darüber unter Beschränkung auf die Ellipse, Hyperbel und Parabel der

Satz 2: *Die Zentralprojektion einer Ellipse, Hyperbel oder Parabel k ist a) eine Ellipse, b) eine Hyperbel oder c) eine Parabel, je nachdem k von der Verschwindungsebene a) in zwei konjugiert komplexen, b) in zwei reellen Punkten geschnitten oder c) berührt wird; dagegen ist die Parallelprojektion einer Kurve 2.O. k stets von derselben Art wie k.*

Wird ein (eigentlicher) Punkt S mit allen Punkten einer Kurve 2. O. k, deren Ebene nicht durch S geht, durch Geraden verbunden, so entsteht ein *Kegel 2.O.* mit der Spitze S; die genannten Geraden sind seine *Erzeugenden.* Ist S ein Fernpunkt, so entsteht ebenso ein *Zylinder 2.O.* Aus dem Satz 1 folgt, daß die ebenen Schnitte eines Kegels (Zylinders)

2. O. stets Kurven 2. O. sind. *Wir wollen aber im folgenden unter Kegeln (Zylindern) 2. O. stets bloß solche verstehen, deren ebene Schnitte Ellipsen, Hyperbeln, Parabeln oder Erzeugende sind.*

Auf Grund des Satzes 2 gilt dann die folgende Verallgemeinerung des Satzes 1 in Nr. 36:

Satz 3: *Eine Ebene schneidet einen Kegel 2. O. nach einer a) Ellipse, b) Hyperbel, c) Parabel, je nachdem die Parallelebene durch die Spitze den Kegel a) in zwei konjugiert komplexen Erzeugenden, b) in zwei reellen Erzeugenden schneidet, c) ihn berührt. — Dagegen wird ein Zylinder 2. O. von allen Ebenen, die nicht zu seinen Erzeugenden parallel sind, nach Kurven 2. O. derselben Art geschnitten.*

Die Zylinder 2. O. lassen sich demnach in *elliptische, hyperbolische* und *parabolische Zylinder* einteilen, je nachdem ihre ebenen Schnitte Ellipsen, Hyperbeln oder Parabeln sind. Der hyperbolische Zylinder besitzt zwei unendlichferne Erzeugenden, längs denen er von den *Asymptoten-ebenen* berührt wird.

44. Projektionen der Kegel und Zylinder 2. O. und ihrer ebenen Schnitte.
Im folgenden betrachten wir die Darstellung von Kegeln und Zylindern 2. O. und ihrer ebenen Schnitte in Parallel- und Zentralprojektion. Wird ein Kegel mit zwei ebenen Schnitten in Zentral- oder Parallelprojektion dargestellt und ist S' das Bild der Kegelspitze, so sind nach den Überlegungen in Nr. 4 die Bilder der Schnittkurven perspektivkollineare Figuren mit S' als Kollineationszentrum. Liegt S' unendlichfern, dann liegen die Bilder der beiden Schnittkurven perspektivaffin, wobei die Bilder der Erzeugenden die Affinitätsstrahlen sind. Letzteres ist auch der Fall, wenn ein Zylinder mit zwei ebenen Schnitten in Parallelprojektion dargestellt wird. Kollineationsachse bzw. Affinitätsachse ist das Bild der Schnittlinie der Ebenen der beiden Schnittkurven.

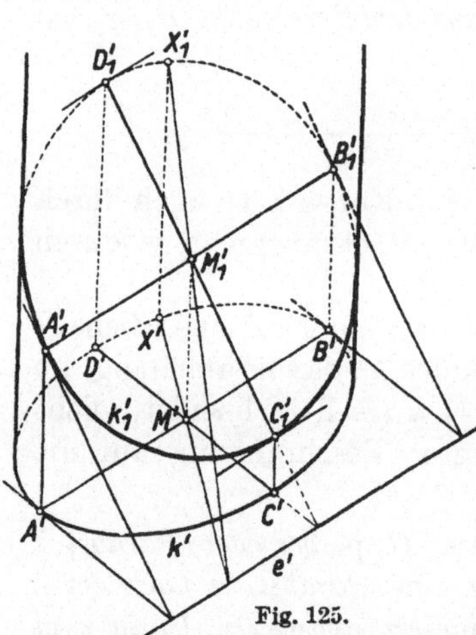
Fig. 125.

Fig. 125 zeigt eine *Parallelprojektion eines elliptischen Zylinders mit zwei ebenen Schnitten k, k_1.* Als gegeben nehmen wir das Bild k' von k, das Bild e' der Schnittgeraden der Ebenen von k und k_1 und die Bilder X' und X_1' der auf einer Erzeugenden liegenden Punkte X, X_1 von k und k_1 an. Die oben erklärte Affinität zwischen k' und dem Bild k_1' von k_1 ist nun durch e' als Achse und das Punktepaar X', X_1' bestimmt. Dem Mittelpunkt M' von k' entspricht der Mittelpunkt M_1' von k_1', ebenso entsprechen die Paare konjugierter Durchmesser von k' und k_1' einander in dieser Affinität. Insbesondere ist dem zu e' parallelen Durchmesser $A'B'$ von k' der zu e' parallele Durchmesser $A_1'B_1'$ zugeordnet.

Die Mittelpunkte M aller ebenen Schnitte eines Zylinders 2. O. liegen auf einer zu den Erzeugenden parallelen Geraden, der *Achse des Zylinders.*

Wir konstruieren nun eine *Projektion eines Kegels 2. O. mit zwei ebenen Schnitten* k, k_1 (Fig. 126, 127, 128). Es bleibt dabei unbestimmt, ob das Bild eine Parallel- oder Zentralprojektion ist; doch soll das Bild der Kegelspitze S ein eigentlicher Punkt sein. Gegeben sei zunächst das Bild k' eines ebenen Schnittes, das Bild S' der Kegelspitze und das Bild e' der Schnittlinie der Ebenen von k und k_1. Für die perspektive Kollineation zwischen den Bildern k' und k_1' ist S' das Zentrum, e' die Achse. Um diese Kollineation vollständig zu bestimmen, wurden in Fig. 126 auf einem Kollineationsstrahl noch zwei einander entsprechende Punkte X' und X_1' angenommen (Nr. 4, Satz 2). X' ist das Bild eines Punktes X der Ebene von k, X_1' das Bild eines Punktes X_1 der Ebene von k_1; X und X_1 liegen auf einer Geraden durch S. Zur Konstruktion von k_1' benötigt man die Gegenachse v' im Felde von k' (S. 11). Um v' zu erhalten, wurde in Fig. 126 durch X' eine Gerade g' gelegt und die entsprechende g_1' durch X_1' gezeichnet; dann schneidet der zu g_1' parallele Kollineationsstrahl g' in einem Punkt der Gegenachse v', die zu e' parallel ist. In den Fig. 127, 128 wurde statt X', X_1' gleich die Gegenachse $v' \parallel e'$ angenommen.

In Fig. 126, 127, 128 wurden die Annahmen so getroffen, daß k' in allen Fällen eine Ellipse ist, während k_1' in Fig. 126 als Ellipse, in Fig. 127 als Hyperbel und in Fig. 128 als Parabel herauskommt. Wir wenden uns nun der Konstruktion von k_1' in diesen drei Fällen zu. Dabei erweist sich die Lage von v' bezüglich k' entscheidend.

a) v' schneidet k' nicht (nicht reell, Fig. 126). k_1' schneidet daher die Ferngerade der Zeichenebene nicht und ist demnach eine *Ellipse.* Wir wählen zwei Tangenten von k', die sich auf v' in einem Punkt V' schneiden; ihre Berührpunkte seien E', F'. Da V' dem Fernpunkt von $[V'S']$ entspricht, sind die

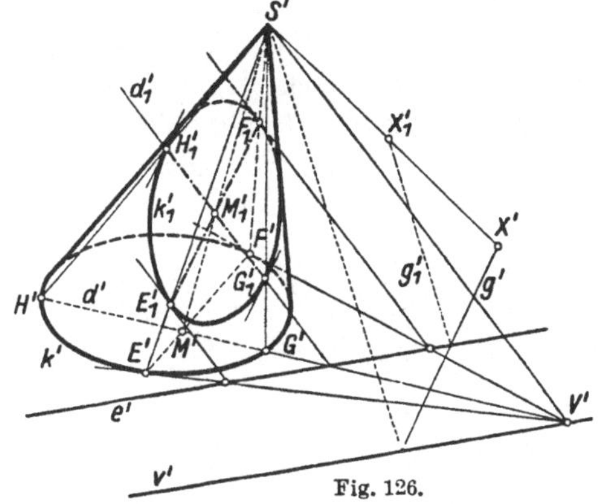

Fig. 126.

den gewählten Tangenten von k' entsprechenden Tangenten von k_1' parallel und haben die Richtung von $[V'S']$. Ihre den Punkten E', F' entsprechenden Berührpunkte E_1', F_1' sind daher die Endpunkte eines Durchmessers von k_1'. Der Mittelpunkt M_1' der Strecke $E_1'F_1'$ ist deshalb die Mitte von k_1'. Der zum Durchmesser $E_1'F_1'$ konjugierte Durchmesser $G_1'H_1'$ liegt demnach auf der durch M_1' gehenden und zu $[S'V']$ parallelen Geraden d_1'. Ihre entsprechende Gerade d' verbindet V' mit dem Achsenschnittpunkt $[e'd_1']$. d' schneidet k' in zwei Punkten G', H', denen die Endpunkte G_1', H_1' des gesuchten Durchmessers entsprechen. — Nach S. 110 ist der Mittelpunkt M_1' von k_1' der Pol der Ferngeraden der Zeichenebene bezüglich k_1'. Daraus folgt, *daß M' der Pol von v' bezüglich k' ist.*

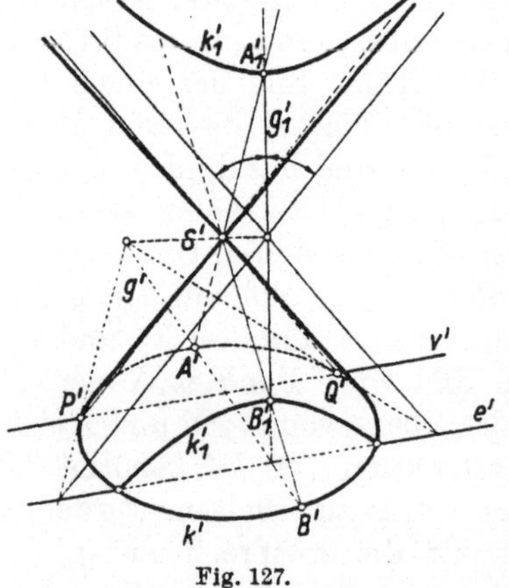
Fig. 127.

b) v' schneidet k' in zwei reellen Punkten P', Q' (Fig. 127). k_1' schneidet daher die Ferngerade der Zeichenebene in zwei reellen Punkten und ist deshalb eine *Hyperbel*. Legt man in P' und Q' die Tangenten an k', so sind ihre kollinear entsprechenden Geraden die Asymptoten von k_1', weil P' und Q' Fernpunkten entsprechen. Sucht man zu der die reelle Achse der Hyperbel tragenden Symmetrale g_1' des Asymptotenwinkels die entsprechende Gerade g', die durch den Schnittpunkt der Tangenten von P' und Q' geht, so schneidet diese k' in den Punkten A', B', denen kollinear auf g_1' die Scheitel der Bildhyperbel zugeordnet sind.

c) v' berührt k' in einem Punkt U' (Fig. 128). k_1' berührt daher die Ferngerade der Zeichenebene und ist demnach eine *Parabel*. In der wieder durch S', e', v' bestimmten Kollineation entspricht U' dem Fernpunkt U_1' des Kollineationsstrahls $[U'S']$, welcher deshalb zur Achse der Parabel k_1' parallel ist. Dem Fernpunkt der Scheiteltangente von k_1' entspricht daher jener Punkt T' auf v', in welchem der auf $[U'S']$ normale Kollineationsstrahl v' schneidet. Zieht man nun aus T' die zweite Tangente s' an k', so ist die ihr zugeordnete Gerade die gesuchte Scheiteltangente s_1'; dem Berührpunkt A' von s' mit k' entspricht der Scheitel A_1' der Parabel. Die Gerade $[A_1' \parallel U'S']$ ist nach dem früher Gesagten die Parabelachse. Zur weiteren Konstruktion der Parabel

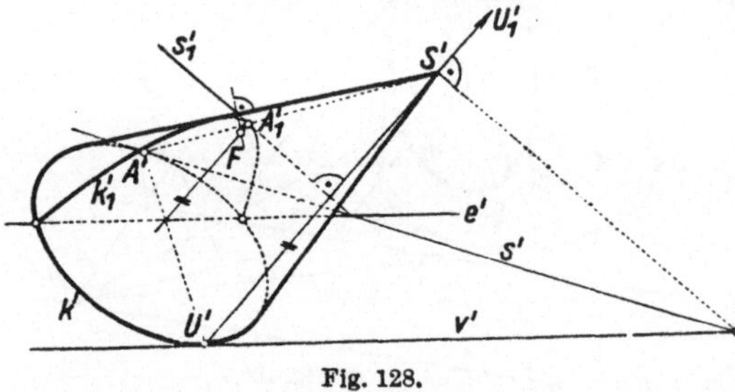
Fig. 128.

verschaffe man sich etwa noch eine Tangente, als die einer Tangente von k' entsprechende Gerade. Lassen sich, wie in Fig. 128, aus S' an k' reelle Tangenten legen, so bilden diese den scheinbaren Umriß des Kegels und sind auch zugleich Tangenten der Parabel. Errichtet man im Schnittpunkt einer Parabeltangente mit der Scheiteltangente das Lot auf jene Parabeltangente, so schneidet dieses bekanntlich die Parabelachse im Brennpunkt F der Parabel.

45. Die Schnittkurve 4. O. zweier Kegel (Zylinder) 2. O. Zwei Kegel 2. O. Φ_1, Φ_2 schneiden sich als algebraische Flächen 2. O. nach Nr. 19, Satz 5 in einer Raumkurve 4. O.[1] Wenn jede Erzeugende des einen Kegels den anderen in zwei verschiedenen reellen Punkten schneidet, so besteht die Schnittkurve k aus zwei getrennten Zügen *(Durchdringung)*. k hat dagegen bloß einen Zug, wenn jeder der beiden Kegel Erzeugende enthält, die den andern Kegel nicht schneiden *(Eindringung)*. Diese Kurvenzüge sind entweder ganz im Endlichen liegende geschlossene Raumkurven, oder sie schließen sich in Fernpunkten. Eine Kurve 4. O. besitzt (Nr. 19, Satz 3) vier Fernpunkte, von denen entweder alle oder bloß zwei reell oder auch alle komplex sind. Diese Punkte können noch in verschiedener Weise zusammenfallen. Ein Fernpunkt der Schnittkurve der beiden Kegel Φ_1, Φ_2 entsteht als Schnittpunkt einer Erzeugenden e_1 von Φ_1 mit einer parallelen Erzeugenden e_2 von Φ_2. Die Schnittlinie der Tangentialebenen längs e_1 und e_2 ist eine *Asymptote* der Kurve.

Besitzen die beiden Kegel eine gemeinsame Tangentialebene τ, so hat die Schnittkurve im Schnittpunkt der beiden in τ liegenden Berührerzeugenden einen *Doppelpunkt* (S. 55). Ein solcher entsteht aber offenbar auch dann, wenn die Spitze des einen Kegels auf dem andern liegt.

Wird eine Raumkurve 4. O. k aus einem Auge, das nicht auf k liegt, auf eine Ebene projiziert, so erhält man i. allg. eine ebene Kurve 4. O., da jede Sehebene die Kurve k in vier Punkten schneidet, deren Bilder auf einer Geraden liegen (Nr. 19, Satz 8). Ist k der Schnitt von zwei Kegeln 2. O. und projiziert man k aus der Spitze eines dieser Kegel auf eine Ebene Π, so ergibt sich als Bild der Schnitt dieses Kegels mit Π. *Dieser Kegelschnitt ist aber doppelt überdeckt zu denken*, da jeder Punkt desselben das Bild von zwei Punkten von k ist. In diesem Sinn ist er als Kurve 4. O. aufzufassen. — Schließlich sei ohne Beweis hervorgehoben, *daß sich durch die Schnittkurve von zwei Kegeln 2. O. i. allg. noch zwei weitere Kegel 2. O. legen lassen.*

Wichtig für das technische Zeichnen ist die folgende

Aufgabe: *Es ist die Schnittkurve zweier Drehzylinder Φ_1, Φ_2 zu ermitteln unter der Annahme, daß sich die Achsen schneiden (Fig. 129).*

Wir wählen die Ebene der Zylinderachsen a_1, a_2 als Grundrißebene Π_1 und ermitteln den Grundriß der Schnittkurve k. Da beide Flächen bezüglich Π_1 symmetrisch liegen, gilt dasselbe auch für die Schnittkurve k. Die vier Schnittpunkte, in denen eine Sehebene k schneidet, liegen daher zu zweien auf zwei Sehstrahlen. *Der Grundriß k' von k ist demnach ein doppelt überdeckter Kegelschnitt.*

Um die *Schnittkurve zweier Kegel- oder Zylinderflächen* zu ermitteln, führt man ein System von Hilfsebenen ein, die beide Flächen nach Er-

---

1) Nicht alle Raumkurven 4. O. lassen sich auf diese Art erzeugen; die als Schnitt von zwei Flächen 2. O. bestimmten heißen Raumkurven 4. O., 1. Art.

zeugenden schneiden. Diese Hilfsebenen gehen durch die Spitzen der beiden Kegel bzw. sind zu den Erzeugenden der Zylinder parallel. In jeder solchen Hilfsebene schneiden i. allg. zwei Erzeugende der einen Fläche zwei Erzeugende der andern in vier Punkten der Schnittkurve.

Im vorliegenden Fall haben wir diese Hilfsebenen parallel zu Π_1 zu legen. Zur konstruktiven Durchführung dieses Verfahrens wählen wir Normalschnittebenen der Zylinder Φ_1 und Φ_2 als Seitenrißebenen Π_2, Π_3.

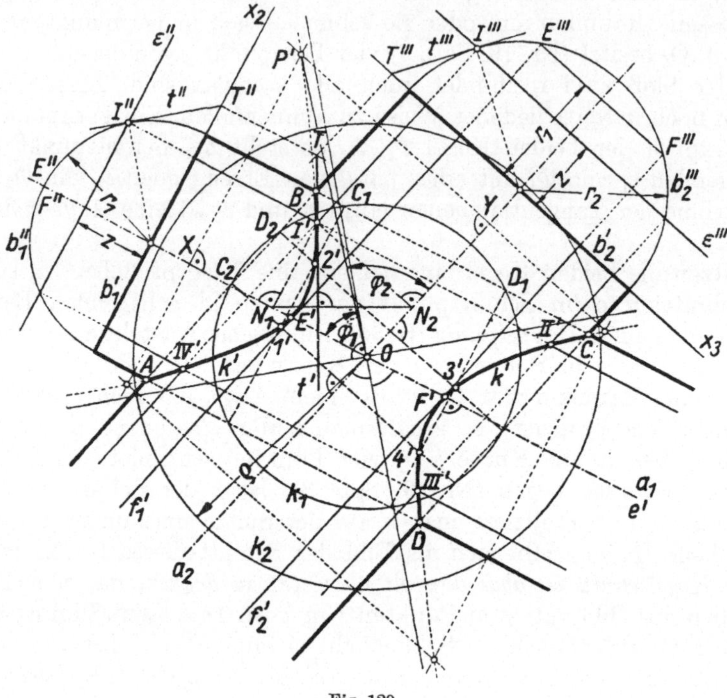

Fig. 129.

Die Rißachsen x_2, x_3 sind demnach in Π_1 normal zu den Zylinderachsen a_1 bzw. a_2 zu legen. In jedem dieser Seitenrisse stellt sich eine zu Π_1 im Abstand z parallele Hilfsebene ε als Gerade ε'' bzw. ε''' dar, die zu x_2 bzw. x_3 im Abstand z parallel ist. Die Schnittpunkte dieser Geraden ε'', ε''' mit den Seitenrissen b_1'', b_2''' der betreffenden Zylinder sind die Seitenrisse der in der Hilfsebene liegenden Zylindererzeugenden, die sich im Grundriß in den vier Punkten I', II', III', IV' von k' schneiden. Da b_1'' und b_2''' zugleich die Seitenrisse der Schnittkurve sind, stellt sich deren Tangente t im Punkt I in den Seitenrissen als die Tangente t'' an b_1'' in I'' und als die Tangente t''' an b_2''' in I''' dar. $T'' = [x_2 t'']$ und $T''' = [x_3 t''']$ sind dann die Seitenrisse des Spurpunktes $T = [t\Pi_1]$ der gesuchten Tangente, der sich demnach als der Schnittpunkt der Ordner durch T'' und T''' ergibt. $[TI']$ ist mithin die Tangente t' an k' in I'. Wir können diese Konstruktion der Tangente t auch als die Ermittlung der Schnittlinie der Tangentialebenen deuten, die Φ_1 bzw. Φ_2 in I berühren. Noch einfacher läßt sich t' durch folgende Überlegung erhalten (Fig. 129). Da t auf den beiden Zylindernormalen n_1, n_2 des Punktes I normal steht, ist die Ebene $[n_1 n_2]$ die Normalebene ν von k in I. t' ist demnach zur Spur von ν in Π_1 normal. Diese Spur kann aber als die Verbindungsgerade der Spurpunkte N_1, N_2 der Normalen n_1 und n_2 leicht gezeichnet werden. Da alle Zylindernormalen die Zylinderachse schneiden, ist N_1 der Schnittpunkt von a_1 mit der Geraden $[I' \perp a_1]$. Entsprechend findet man N_2; schließlich ist $t' = [I' \perp N_1 N_2]$.

Die Halbmesser von Φ_1 und Φ_2 seien r_1 und r_2. Wir nehmen an, es sei $r_1 < r_2$. Legt man eine Hilfsebene im Abstand r_1 von Π_1, so berührt diese Φ_1 längs einer Erzeugenden e, deren Grundriß sich mit a_1 deckt, und schneidet Φ_2 in zwei Erzeugenden f_1, f_2, die e in zwei Punkten E, F von k schneiden. Dabei ist f_1 die Tangente von k in E und f_2 die Tangente in F, denn es ist f_1 der Schnitt der Tangentialebenen an die Zylinder in E und f_2 der Schnitt der Tangentialebenen in F. Zur Schnittkurve k gehören auch die Schnittpunkte A, B, C, D der in Π_1 liegenden Zylindererzeugenden. Aus der Lage dieser Punkte zu den parallelen Tangenten f_1', f_2' von k' erkennt man, daß der Kegelschnitt k' eine Hyperbel sein muß. Die reellen Punkte von k bilden zwei geschlossene Züge, die sich im Grundriß als die beiden Hyperbelbögen $A E' B$ und $C F' D$ darstellen.

Die eben erläuterte Konstruktion von k mittels der Seitenrisse b_1'' und b_2''' läßt sich stets anwenden, wenn die Zylinderachsen a_1, a_2 zu Π_1 parallel sind. Dagegen macht das nun folgende Verfahren von der Annahme Gebrauch, daß a_1 und a_2 einander schneiden (Fig. 129). Es verwendet nämlich *Hilfskugeln um den Schnittpunkt O der Zylinderachsen*. Eine solche genügend große Hilfskugel schneidet jeden der beiden Zylinder nach zwei Parallelkreisen. Diese vier auf der Hilfskugel liegenden Kreise besitzen acht Schnittpunkte, die paarweise zu $\Pi_1 = [a_1 a_2]$ symmetrisch liegen und daher vier Punkte von k' liefern. Es sei ein um den Achsenschnittpunkt O gezeichneter Kreis k_1 der Schnitt einer solchen Hilfskugel $\varkappa$ mit Π_1. Trifft k_1 die Erzeugende $[BC]$ von Φ_1 in C_1, D_1, die Erzeugende $[AB]$ von Φ_2 in C_2, D_2, so schneidet $\varkappa$ den Zylinder Φ_1 nach den durch C_1 und D_1 gehenden Normalschnitten c_1, d_1, ferner den Zylinder Φ_2 nach den durch C_2 und D_2 gehenden Normalschnitten c_2, d_2. Die Grundrisse dieser Normalschnitte sind die Geradenpaare $[C_1 \perp a_1]$, $[D_1 \perp a_1]$ und $[C_2 \perp a_2]$, $[D_2 \perp a_2]$, die sich in den vier Punkten $1'$, $2'$, $3'$, $4'$ von k' schneiden.

Diese Methode[1]) ergibt reelle Punkte von k', auch wenn man den

---

1) *Diese Methode der Hilfskugeln, die sich allgemein zur Konstruktion der Schnittkurve von Drehflächen mit sich schneidenden Achsen anwenden läßt*, findet sich zuerst bei G. Monge, Géometrie descriptive, 1re éd., Paris 1798/99, Art. 83. Vgl. die deutsche Ausgabe von R. Haußner, Leipzig 1900 (Ostwalds Klassiker, Nr. 117), S. 116. Bezüglich der Deutung der ganzen Kurve k' vgl. J. V. Poncelet, Traité des propriétés projectives des figures, 2e éd., Paris 1865, t. I, p. 34 und Fußnote.

Halbmesser der Hilfskugel beliebig vergrößert; sie liefert also die ganze Hyperbel k'. Ein Hyperbelpunkt, der nicht den bereits genannten Bögen $AE'B$ und $CF'D$ angehört, ist der Grundriß eines Paares konjugiert komplexer Punkte von k, die zu Π_1 symmetrisch liegen.

Wir zeigen nun noch, *daß die Asymptoten von k' die Symmetralen des Winkels $a_1 a_2$ sind.* Es seien P' ein nach dem Verfahren der Hilfskugeln ermittelter Punkt von k' und X, Y die Fußpunkte der aus P' auf a_1 und a_2 errichteten Lote. Wenn nun $[OP']$ mit a_1 und a_2 die spitzen Winkel φ_1, φ_2 einschließt, gilt $\dfrac{\cos \varphi_1}{\cos \varphi_2} = \dfrac{OX}{OY}$. Ist ϱ der Halbmesser der Hilfskugel, so ist $OX = \sqrt{\varrho^2 - r_1{}^2}$ und $OY = \sqrt{\varrho^2 - r_2{}^2}$. Daraus folgt aber, daß für unendlich groß werdendes ϱ das obige Verhältnis dem Grenzwert 1 zustrebt; daher ist $\lim \varphi_1 = \lim \varphi_2$. Beachtet man noch, daß $[E'F']$ ein

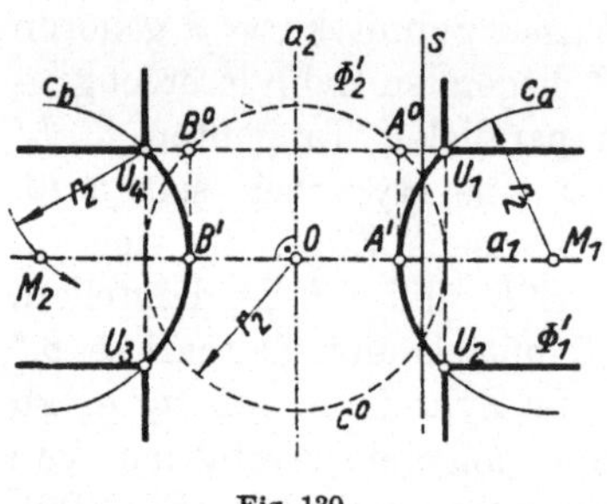

Fig. 130.

Durchmesser von k' ist, weil die Tangenten in E' und F' parallel sind, und daß O die Mitte von $E'F'$, also auch der Mittelpunkt der Hyperbel ist, so ist die Behauptung erwiesen.

Lassen wir von jedem der beiden Zylinder Φ_1, Φ_2 jenen Teil weg, der innerhalb des andern liegt, dann können wir sie als eine *Rohrkreuzung* auffassen. Schneiden sich die Zylinderachsen a_1, a_2 rechtwinklig, so sind a_1 und a_2 die Achsen der Hyperbel k'. Ihre Scheitel A', B' ergeben sich für $r_1 < r_2$ auf die in Fig. 130 ersichtliche Weise aus dem durch a_1 gelegten Normalschnitt c (umgeklappt c^0) von Φ_2. Es seien U_1, U_2 und U_3, U_4 die Schnittpunkte der Umrißerzeugenden von Φ_2 mit dem Zylinder Φ_1. Spiegelt man den Kreis c^0 an der Geraden s, die den Abstand des Punktes A' von $[U_1 U_2]$ hälftet und zu $[U_1 U_2]$ parallel ist, so geht c^0 in einen Kreis c_a durch die drei Punkte U_1, A', U_2 über. *Näherungsweise* können, wenn r_2 klein ist, die Kreisbögen $U_1 A' U_2$ und $U_3 B' U_4$ als Grundriß der Schnittkurve der Zylinder angesehen werden. Man beachte, daß man diese im Maschinenzeichnen oft benötigte Konstruktion, wie aus Fig. 130 ersichtlich, ohne Hilfslinien ausführen kann.[1]

Besonders bemerkenswert ist der Fall, daß die Halbmesser der Zylinder (Rohre) gleich groß sind und die Achsen einander schneiden. Diese beiden Drehzylinder besitzen zwei gemeinsame, zur Verbindungsebene Π_1 der Achsen parallele Tangentialebenen im Abstand $\pm r$. Wir beweisen nun den

---

1) A. E. **Mayer**, Z. öst. Ing.- u. Arch.-Vereins 77 (1925).

Satz 1: *Haben zwei Kegel (Zylinder) 2. O. in zwei gemeinsamen Punkten P, Q auch gemeinsame Tangentialebenen, so zerfällt ihre Schnittkurve in zwei durch P und Q gehende Kegelschnitte.*

Nach S. 55 hat die Schnittkurve 4. O. k in P und Q Doppelpunkte. Legt man nun durch P, Q und einen weiteren Punkt von k eine Ebene ε, so hat diese bereits fünf Punkte mit k gemeinsam, weil P und Q als Doppelpunkte doppelt zu zählen sind. Nach Nr. 19, Satz 4 muß also ε einen ebenen Bestandteil von k enthalten, der als ebener Schnitt eines Kegels 2. O. nur eine Kurve 2. O. sein kann. Mittels eines weiteren, der Teilkurve nicht angehörigen Punktes schließt man auf eine zweite Teilkurve 2. O., die mit jener die gesamte Schnittkurve 4. O. liefert.

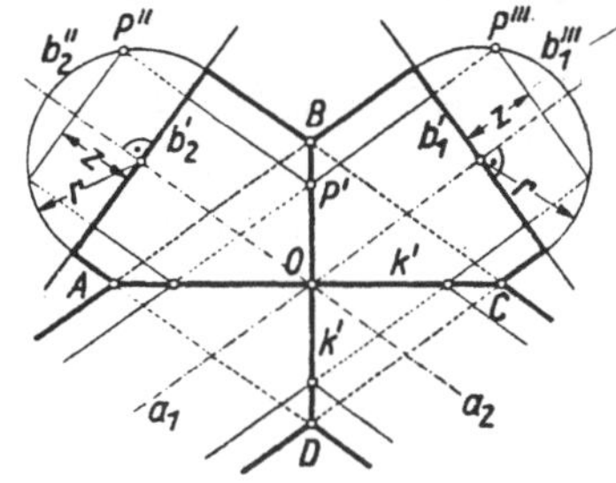

Fig. 131.

In Fig. 131 zerfällt k in zwei Ellipsen, deren Ebenen wegen der zu Π_1 symmetrischen Lage der beiden Zylinder auf Π_1 normal stehen und sich daher im Grundriß als die (aufeinander normalen) Strecken AC und BD darstellen. Auch ohne Kenntnis des Satzes 1 kommt man sofort zu diesem Ergebnis, wenn man zur Konstruktion von k das eingangs erläuterte Verfahren mittels der zu Π_1 parallelen Hilfsebenen anwendet.

Wir wollen jetzt annehmen (Fig. 132a, b), daß sich die Achsen der beiden kongruenten Zylinder rechtwinklig schneiden, und betrachten bloß die halben Zylinder oberhalb Π_1, soweit sie über dem Quadrat $ABCD$ liegen. Behält man nun von jedem der Zylinder bloß jene Teile bei, die sich innerhalb des andern befinden, so entsteht ein das Quadrat überdeckendes *Gewölbe*, das man *Kloster-* oder *Kappengewölbe* (Fig. 132a) nennt[1]. Behält man hingegen von jedem der Zylinder jene Teile bei, die sich außerhalb des andern befinden, so entsteht das *Kreuzgewölbe* (Fig. 132b).

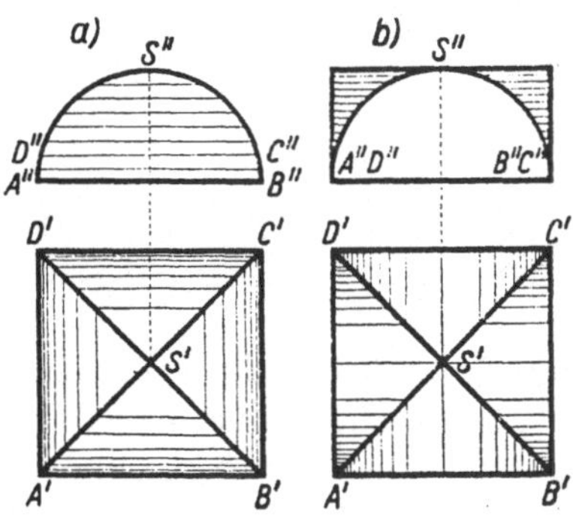

Fig. 132.

---

1) Die Fig. 132a, b stellen bloß idealisierte Formen dieser Gewölbearten dar. Bezüglich der wirklichen Ausführung: E. Kruppa, Technische Übungsaufgaben für darstellende Geometrie (Verlag F. Deuticke, Wien), Blätter 4, 18, 19, 28.

46. Die Schnittkurve 3. O. zweier Kegel 2. O., die eine Erzeugende gemeinsam haben. Es gilt der

Satz 1: *Haben zwei Kegel 2. O. eine und nur eine Erzeugende gemeinsam, so besteht ihre Schnittkurve 4. O. aus einer Raumkurve 3. O. und dieser Erzeugenden.*

Fig. 133 zeigt ihre Konstruktion in einem Zentral- oder Parallelriß unter der Annahme, daß die Basiskurven b_1, b_2 der beiden Kegel in einer Ebene β liegen. Zur Konstruktion der Schnittkurve k wendet man das

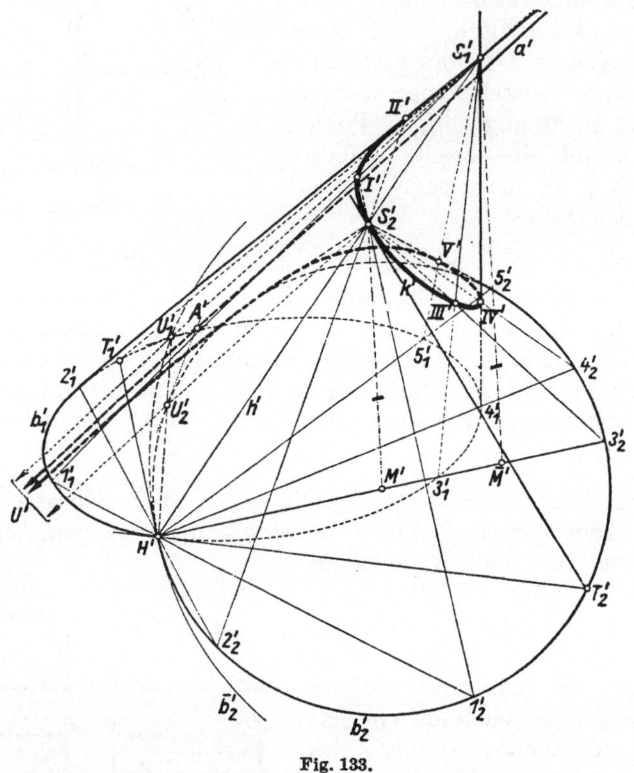

Fig. 133.

auf S. 122 f. erläuterte Verfahren der Hilfsebenen durch die Kegelspitzen S_1, S_2 an. Hier schneidet jede solche Ebene die Kegel in der gemeinsamen Erzeugenden $h = [S_1 S_2]$ und in noch je einer Erzeugenden, die sich in einem Punkt von k treffen. In Fig. 133 wurden auf diesem Wege die Punkte I, II, III, IV, V ermittelt, von denen II, IV und V Umrißpunkte sind.

Die Kurve k geht auch durch die Scheitel der Kegel. Die Tangentialebene an den Kegel $\Phi_1 = (S_1, b_1)$ längs $[S_1 S_2]$ schneidet aus dem Kegel $\Phi_2 = (S_2, b_2)$ die Tangente $[S_2 T_2]$ von k in S_2 aus, und ebenso schneidet die Tangentialebene an Φ_2 längs $[S_1 S_2]$ Φ_1 in der Tangente in S_1.

Für die weitere Betrachtung fassen wir Fig. 133 als eine Parallelprojektion auf und stellen die Frage nach den Fernpunkten und den *Asymptoten* der Kurve 3. O. k. Zu diesem Zweck verschieben wir Φ_2 parallel, so daß S_2 nach S_1 gelangt. Dieser Parallelkegel zu Φ_2 heiße $\bar{\Phi}_2$. Seine Basis $\bar{b}_2$ in β ist ein zu b_2 zentrisch-ähnlicher Kegelschnitt, der aus b_2 durch eine zentrische Ähnlichkeit mit dem Zentrum $H = [h\beta]$ und dem Verzerrungsverhältnis $HS_2 : HS_1$ hervorgeht. In Fig. 133 wurde b_2' als Kreis mit der Mitte M' angenommen. $\bar{b}_2'$ ist daher der b_2' in H' berührende Kreis, dessen Mitte $\bar{M}'$ aus $[M'H']$ von der durch S_1' gehenden Parallelen zu $[S_2'M']$ ausgeschnitten wird. $\bar{b}_2$ schneidet b_1 außer in H noch in drei Punkten, von denen in Fig. 133 zwei konjugiert komplex sind. Der dritte, reelle Schnittpunkt wurde mit U_1 bezeichnet. Ist U_2 sein ähnlich entsprechender Punkt auf b_2, so sind $[S_1 U_1]$ und $[S_2 U_2]$ die beiden nach dem reellen Fernpunkt U von k gerichteten parallelen Erzeugenden von Φ_1 und Φ_2. Die Tangenten in U_1 an b_1 und in U_2 an b_2 schneiden sich in A; dann ist $a = [A\,U] = [A \parallel [S_1\,U_1]]$ die zu U gehörige Asymptote von k. Ihr Bild ist die reelle Asymptote der Bildkurve k', die (Nr. 19, Satz 8) eine ebene Kurve 3. O. ist.

Projiziert man eine Raumkurve 3. O. k aus einem ihrer Punkte, so erhält man eine Kegelfläche 2. O.; aus jedem Fernpunkt von k wird k durch einen Zylinder 2. O. projiziert.

Die Raumkurven 3. O. teilt man, ähnlich wie die Kegelschnitte, nach Zahl und gegenseitiger Lage ihrer reellen Fernpunkte ein. Man nennt eine Raumkurve 3. O. a) *Kubische Ellipse*, wenn sie nur einen reellen Fernpunkt hat; sie gehört in diesem Fall einem elliptischen Zylinder an. b) *Kubische Hyperbel*, wenn sie drei getrennte, reelle Fernpunkte hat; sie gehört in diesem Fall drei hyperbolischen Zylindern an. c) *Kubische parabolische Hyperbel*, wenn von den drei reellen Fernpunkten zwei zusammenfallen; sie gehört in diesem Fall einem hyperbolischen und einem parabolischen Zylinder an. d) *Kubische Parabel*, wenn die Fernebene ω Schmiegebene ist; hier sind die drei Fernpunkte im Berührpunkt von ω zusammengefallen; k gehört in diesem Fall einem parabolischen Zylinder an.

47. Schattenkonstruktionen an Kegeln und Zylindern zweiter Ordnung. In Fig. 134 wurde das Bild der Lichtquelle unendlichfern angenommen, so daß die Lichtstrahlen im Bilde parallel erscheinen. Die Lichtquelle befindet sich demnach bei Zentralprojektion in der Verschwindungsebene, bei Parallelprojektion unendlichfern. Der Pfeil auf dem Bild des Lichtstrahls durch die Spitze S des Kegels Φ gibt die Einfallsrichtung des Lichtes im Bilde an. Bei der in Fig. 134 getroffenen Annahme wirft S auf die Ebene β des Basiskegelschnittes b einen ideellen Schatten S_1 (S. 58). Legt man aus S_1 an b die Tangenten mit den Berührpunkten T_1 und T_2, so bilden $[S\,T_1]$ und $[S\,T_2]$ die Eigenschattengrenzen. Denkt man sich den Kegel hohl und durch b abgegrenzt, dann wird b einen Schlagschatten b_s auf Φ werfen, der, soweit er ein wirklicher Schlagschatten ist, zusammen mit der Eigenschattengrenze den im Schlagschatten befindlichen Teil der Kegelfläche begrenzt (Nr. 20). b_s gehört dem Schnitt von Φ mit dem Lichtkegel(-zylinder) λ durch b an. Da aber Φ und λ beide durch die Kurve 2. O. b gehen, kann ihr Restschnitt nur eine Kurve 2. O. b_s sein. Es folgt dies auch aus Nr. 45, Satz 1, wenn man beachtet, daß Φ und λ in T_1 und T_2 gemeinsame Tangentialebenen haben. Es gilt also der

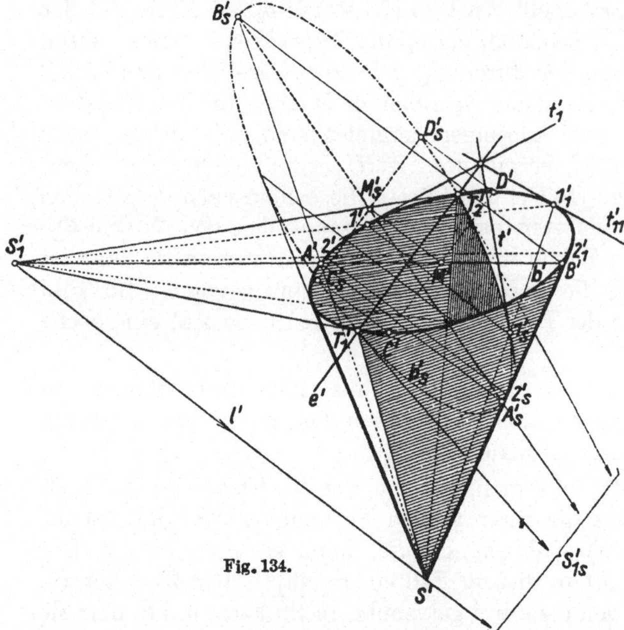

Fig. 134.

Satz 1: *Der Schlagschatten eines ebenen Schnittes eines Kegels 2. O.*[1]) *auf diesen Kegel selbst ist eine Kurve 2. O.*

Um von irgendeinem Punkt 1 der Randkurve b den Schlagschatten auf Φ zu erhalten, legen wir durch 1 den Lichtstrahl — sein Bild ist parallel $[S'S_1']$ — und suchen dessen zweiten Schnittpunkt 1_s mit Φ. Die zu diesem Zweck durch 1, S und S_1 gelegte Ebene schneidet β in $[1 S_1]$ und, wenn 1_1 der zweite Schnittpunkt von $[1 S_1]$ mit b ist, den Kegel in $[1_1 S]$. Der Schnitt dieser Erzeugenden mit dem Lichtstrahl durch 1 ist 1_s. Aus Fig. 134 ist auch leicht ersichtlich, wie durch das umgekehrte Verfahren der Punkt 2_s auf der Umrißerzeugenden $[S 2_1]$ ermittelt wurde. Die Tangente an den Schlagschatten b_s in 1_s ist die Schnittlinie der Tangentialebenen in diesem Punkt an den Lichtzylinder durch b und an Φ. Da die Spuren dieser Ebenen auf β die Tangenten t_1 und t_{11} in 1 bzw. 1_1 an b sind, ist die Verbindungsgerade von 1_s mit dem Punkt $[t_1 t_{11}]$ die gesuchte Tangente. Man beachte, daß die Gerade $e = [T_1 T_2]$ die Polare von S_1 bezüglich b ist; daher liegt der eben genannte Punkt $[t_1 t_{11}]$ auf e.

b und b_s sind zwei ebene Schnitte des durch b gehenden Lichtzylinders. Ordnet man jedem Punkt 1 von b seinen auf b_s liegenden Schlagschatten 1_s zu, so sind b und b_s affin aufeinander bezogen. Im Bilde ist daher b_s' zu b' perspektivaffin mit $(1' 1_s')$ als Paar entsprechender Punkte und

---

1) Der Satz gilt ebenso für jede Fläche 2. O.

$e' = [T_1 T_2']$ als Affinitätsachse. Sucht man daher zu einem Paar konjugierter Durchmesser $A'B'$, $C'D'$ von b' — am besten $[C'D'] \parallel e'$ — die entsprechenden Strecken, so erhält man ein Paar konjugierter Durchmesser von b_s'. In der Affinität entspricht S_1' einem Punkt S_{1s}' auf $[A_s'B_s']$, und den Tangenten aus S_1' an b' die Tangenten aus S_{1s}' an b_s' in den Punkten T_1', T_2'. In Fig. 134 ist b' eine Ellipse; daher ist auch b_s' als eine zu b' affine Kurve eine Ellipse.

Fig. 135 zeigt dieselbe Aufgabe unter der Annahme, daß das Bild S' der Kegelspitze und das Bild der Lichtquelle unendlichfern liegen; es ist somit auch S_1' unendlichfern. *Wir können aber auch Fig. 135 als Schattenkonstruktion an einem Zylinder 2. O. bei Parallelbeleuchtung und Parallelprojektion deuten* und wollen die Konstruktion unter dieser Annahme erläutern. Die Schlagschatten der Zylindererzeugenden auf die Ebene β der Randkurve b sind parallel in einer Richtung S_1. Projiziert man irgendeinen Raumpunkt Q einerseits in der Richtung der Erzeugenden, anderseits in der Richtung der Lichtstrahlen auf β, so erhält man zwei Punkte Q_1, Q_s, deren Verbindungsgerade die Richtung S_1 hat. In der Nebenfigur zu Fig. 135 wurde die Richtung S_1' beliebig gewählt. Legt man nun in der Richtung S_1 die Tangenten an b mit den Berührpunkten T_1, T_2, so sind die Erzeugenden durch diese Punkte die Eigenschattengrenze. Die Konstruktion von Punkten und Tangenten der Schlagschattengrenze b_s erfolgt wie in Fig. 134. b' und b_s' haben den Durchmesser $T_1 T_2$ gemeinsam. Ist daher $A'B'$ der zu $T_1'T_2'$ konjugierte Durchmesser von b', so entspricht diesem in der oben erklärten perspektiven Affinität zwischen b' und b_s' der zu $T_1'T_2'$ konjugierte Durchmesser $A_s'B_s'$, weil sich $T_1'T_2'$ als Strecke auf der Affinitätsachse selbst entspricht.

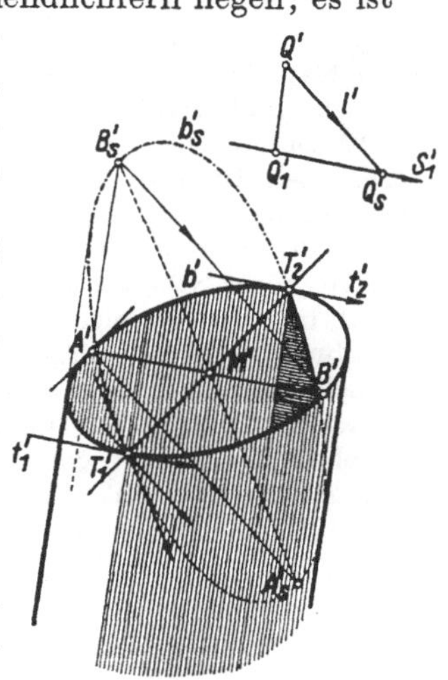

Fig. 135.

48. Übungsaufgaben zum ersten Teil.

a) Anwendungsbeispiele über Geländeflächen, Böschungen und Einschnitte im Gelände und Dachausmittlungen findet man in der Aufgabensammlung E. Kruppa, Technische Übungsaufgaben für darstellende Geometrie (Verlag F. Deuticke, Wien-Leipzig, 3 Mappen, Blätter auch einzeln erhältlich), Blätter 1, 2, 3, 13, 14, 15, 16, 25, 26, 27.

b) Theoretische Aufgaben. Nachstehende Aufgaben sind in einem kotierten Grundriß, nötigenfalls unter Einführung von Seitenrissen zu lösen. Man bevorzuge hierbei solche Annahmen, bei denen die Konstruktion möglichst einfach ausfällt.

1. Man ermittle den kürzesten Abstand (Gemeinlot) zweier windschiefer Geraden.

2. Eine unregelmäßige vierseitige Pyramide ist nach einem Parallelogramm so zu schneiden, daß eine Seite desselben eine gegebene Länge hat.

3 Ein windschiefes Viereck ist nach einem Parallelogramm von vorgeschriebenem Umfang zu schneiden.

4. In einer Ebene sind eine Strecke AB und eine sie in ihrer Verlängerung schneidende Gerade t gegeben. Man stelle die Ellipse dar, die AB als Achse hat und t berührt.

5. In einer Ebene sind eine Strecke PQ und zwei sie nicht schneidende Geraden t_1 und t_2 gegeben. Man konstruiere die t_1 und t_2 berührende Ellipse mit dem Durchmesser PQ.

6. Ein gegebener Drehkegel ist durch eine Ebene derart zu schneiden, daß die Schnittkurve zu einem gegebenen Kegelschnitt kongruent ist.

7. Gegeben sind zwei Ebenen α und β und in α ein Kegelschnitt k. Man suche in β die Spitzen der durch k legbaren Drehkegel.

8. Durch eine gegebene Gerade sind jene Ebenen zu legen, die einen gegebenen Kegel 2. O. nach Parabeln schneiden.

9. Man stelle einen Drehkegel dar, von dem die Spitze, eine Tangente mit ihrem Berührpunkt und eine Erzeugende gegeben sind.

10. Durch eine gegebene Gerade sollen jene Ebenen gelegt werden, die einen gegebenen Drehkegel nach einer Hyperbel schneiden, deren Asymptotenwinkel gegeben ist.

11. Im Innern eines gegebenen Drehkegels (Zylinders) liege ein Punkt F als Brennpunkt ebener Schnitte dieses Kegels. Man konstruiere diese Schnitte.

12. In einer beliebigen Ebene liege ein Kegelschnitt k. Man lege durch ihn eine Böschungsfläche Φ vorgegebener Neigung, ermittle deren Gratlinie und einige Schichtenlinien. k sei etwa a) ein Kreis; b) eine Hyperbel, von der eine Asymptote Schichten- oder Fallinie ihrer Ebene ist; c) eine Parabel. Was ergibt sich, wenn die Parabelachse Fallinie der Parabelebene ist und deren Neigung mit der Böschung von Φ übereinstimmt?

Zweiter Teil.

Zugeordnete Normalrisse. Krumme Flächen.

Erstes Kapitel.

Zugeordnete Normalrisse (Grund- und Aufrißverfahren).

49. Erläuterungen und Benennungen. In der im dritten Kapitel des ersten Teiles behandelten *kotierten Projektion* wird das darzustellende Objekt durch lotrechte Sehstrahlen auf die waagerechte Grundrißebene Π_1 projiziert, und hierauf wird das so erhaltene Bild, der *Grundriß*, durch *Kotierung* ergänzt.

Dieses Abbildungsverfahren wurde dann in Nr. 26 durch die Einführung von *Seitenrissen* weiter ausgestaltet. Darunter verstehen wir Normalrisse auf zu Π_1 normale, also lotrechte Ebenen Π_2 (Fig. 136a). Ein Seitenriß wird meistens in der Lage gezeichnet, in die er gelangt, wenn man die Seitenrißebene Π_2 um ihre Schnittlinie x_{12} mit Π_1 nach Π_1 klappt. Wählt man Π_1 als Vergleichs-

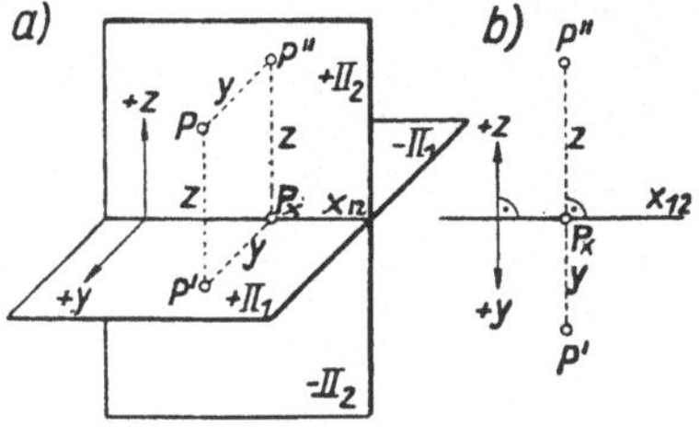

Fig. 136.

ebene (Nullebene) der Höhenmessung, so ist der Abstand des Seitenrisses P'' eines Punktes P von der „Rißachse" x_{12} gleich dem Abstand z des Raumpunktes P von Π_1. Nach der Umklappung von Π_2 nach Π_1 liegen P' und P'' auf einer zu x_{12} normalen Geraden, die man *Ordnungslinie* oder *Ordner* nennt. Wird schließlich durch einen zur Rißachse x_{12} normalen Pfeil $+z$ (Fig. 136b) die Halbebene gekennzeichnet, in welche die oberhalb Π_1 liegende Halbebene von Π_2 nach der Umklappung fällt, so gibt der Abstand $\overrightarrow{x_{12}P''}$ die Kote z von P auch dem Vorzeichen nach an. Die so entstandene Bildfigur (136b) bestimmt dann die Lage des Punktes P im Raum eindeutig. Bei gegebener Rißachse x_{12} ersetzt demnach der Seitenriß die Höhenkotierung des Grundrisses. Es ist daher ein naheliegender Gedanke, die Kotierung des Grundrisses durch einen Seitenriß zu ersetzen und das gegebene Objekt durch seinen Grundriß und seinen Seitenriß auf eine *bestimmt gewählte* Seitenrißebene abzubilden.

Dieser ausgezeichneten Seitenrißebene Π_2 gibt man gewöhnlich die zum Zeichner frontale Stellung und nennt sie die *Aufrißebene*. Die Rißachse x_{12} verläuft dann für den vor Π_2 stehenden Zeichner waagerecht.

Der Normalriß auf die Aufrißebene heißt *Aufriß*, und die Abbildung durch Grund- und Aufriß kann als das *Grund- und Aufrißverfahren* bezeichnet werden. Während in der Lehre von der kotierten Projektion Seitenrisse bloß die Rolle von Hilfsbildern spielen, sind hier der Grundriß und der Aufriß grundsätzlich gleichwertige Bilder. Vom theoretischen Standpunkt ist die Annahme, daß Π_1 waagerecht sei, belanglos, wesentlich ist bloß, daß Π_1 und Π_2 aufeinander normal stehen und daß der darzustellende Gegenstand auf Π_1 und Π_2 normal projiziert wird. Jene Annahme beruht auf den Bedürfnissen des technischen Zeichnens und erleichtert das Verständnis.

Normalrisse auf zwei beliebige aufeinander normale Ebenen Π_1, Π_2 *wollen wir allgemein „zugeordnete Normalrisse" nennen.* Die zu Π_1 normalen Strahlen heißen *erste* oder *erstprojizierende Seh-* oder *Projektionsstrahlen*. Die *zweitprojizierenden Sehstrahlen* sind zu Π_2 normal. Der Normalriß auf Π_1 (Grundriß) heißt auch *erstes Bild*, jener auf Π_2 (Aufriß) *zweites Bild*. Um die zugeordneten Normalrisse in einer Zeichenebene Π konstruieren zu können, müssen wir Π_1 und Π_2 irgendwie in die Ebene Π legen. Die Art, wie das geschieht, ist an sich willkürlich. Es ist jedoch bequem, Π mit einer der beiden *Projektionsebenen (Bildebenen)* Π_1 oder Π_2 vereinigt zu denken und die andere in diese um die Rißachse x_{12} zu klappen.

Geschichtliches. Die Keime dieser Methode reichen in das Altertum zurück, da schon den Bauten der Ägypter Zeichnungen mit Maßangaben zugrunde lagen. Der zur Zeit Christi lebende römische Baumeister M. Vitruvius spricht in seinem Buch „De architectura" (Ausg. von V. Rose, Leipzig 1899, S. 10) von Grund- und Aufriß unter den Namen „*Ichnographie* und *Orthographie*", die man noch im 18. Jahrhundert findet. Diese „Kunst" gelangte im Mittelalter (Bauhütten) zur Blüte, besonders in der Anwendung auf den *Steinschnitt*. Das erste Werk über Steinschnitt schrieb Philibert de l'Orme, Architecture, t. I, Paris 1567; dem Steinschnitt ist auch das für die darstellende Geometrie bedeutsame Werk von A. F. Frézier, La théorie et la pratique de la coupe des pierres et des bois, ou traité de stéréotomie, Strasbourg 1738—39 gewidmet. Auf seine heutige Form wurde das Grund- und Aufrißverfahren durch Gaspard Monge (1746—1818) gebracht, der oft als Schöpfer der darstellenden Geometrie bezeichnet wird. Monge wurde mit 19 Jahren Repetitor, später Professor der Mathematik und Physik an der Genieschule in *Mézières*. Hier hat er zuerst darstellende Geometrie gelehrt, durfte aber darüber nichts veröffentlichen. Erst 1795 trug er an der neugegründeten *École normale* seine *Géométrie descriptive* vor, welche Vorlesungen nach stenographischen Aufzeichnungen im Journal des écoles normales, Bd. I—IV, veröffentlicht wurden. Aus seinem bewegten Lebenslauf sei hervorgehoben, daß er nach der Entthronung Ludwigs XVI. von der Nationalversammlung 1792 zum Marineminister ernannt, doch 1793 seiner Stellungen enthoben wurde, nachdem er es gewagt hatte, im Konvent gegen das über Ludwig XVI. verhängte Todesurteil zu sprechen. Durch Flucht ins Ausland entzog er sich der ihm drohenden Verurteilung. Später erwarb sich Monge die Freundschaft Napoleons, nach dessen Sturz er aller seiner Ämter und Würden verlustig erklärt wurde. Infolge dieser Schicksalschläge verfiel er in geistige Umnachtung. Die erste Ausgabe der *Géométrie descriptive* in Buchform erschien 1798/99; nach ihr wurde eine deutsche Übersetzung von R. Haußner, Leipzig 1900 (Ostwalds Klassiker der exakten Wissenschaften, Nr. 117) herausgegeben, die unter den Anmerkungen des Herausgebers auch eine ausführliche Biographie mit Quellenangaben enthält.

Monge gebührt aber auch das Verdienst, der darstellenden Geometrie einen hervorragenden Platz als Unterrichtsgegenstand in der nach seinen Plänen eingerichteten *École polytechnique* angewiesen zu haben, die 1795 nach Schließung der École normale eröffnet wurde. Dadurch erhielt die darstellende Geometrie auch an den etwas später gegründeten technischen Hochschulen Deutschlands und Österreichs eine wichtige Stellung.

Zusammenfassende Darstellungen der Geschichte der darstellenden Geometrie sind: Chr. Wiener, Lehrbuch d. darst. Geom. 1. Bd., Leipzig 1884, 1. Abschnitt. F. J. Obenrauch, Geschichte der darstellenden u. projektiven Geometrie, Brünn 1897. E. Müller, Geschichte der darst. Geom. usw., Zeitschr. Österr. Ing.- u. Arch.-Ver. 1919, Heft 10, 13, 17. G. Loria, Storia delle geometria descrittiva, Mailand 1921. E. Papperitz, Darstellende Geometrie, Encyklopädie d. math. Wissenschaften. III AB 6.

50. Die Abbildung des Punktes. Der Raum wird durch Π_1 und Π_2 (Fig. 136a) in vier Gebiete (rechte Raumwinkel) $\Re_\mathrm{I}, \Re_\mathrm{II}, \Re_\mathrm{III}, \Re_\mathrm{IV}$ geteilt. Die Zugehörigkeit eines Raumpunktes P zu einem dieser vier Gebiete, die wir *1., 2., 3. oder 4. Raum* nennen, kann durch die Vorzeichen seiner Abstände von Π_1 und Π_2 gekennzeichnet werden. Der Abstand des Punktes P von Π_1, der *erste Tafelabstand* $z = P'P$, erhält das Pluszeichen, wenn sich P oberhalb Π_1 befindet; der Abstand des Punktes P von Π_2, der *zweite Tafelabstand* $y = P''P$, erhält das Pluszeichen, wenn sich P (für den Zeichner) vor Π_2 befindet. Die positive z-Richtung weist daher nach aufwärts, die positive y-Richtung nach vorn. In Fig. 136a wurden diese Richtungen durch Pfeile normal zu x_{12} gekennzeichnet.

Die vier Räume $\Re_i$ werden nun durch die Vorzeichen der Tafelabstände z, y ihrer Punkte gemäß der nebenstehenden Tabelle gekennzeichnet:

	z	y
$\Re_\mathrm{I}$	$+$	$+$
$\Re_\mathrm{II}$	$+$	$-$
$\Re_\mathrm{III}$	$-$	$-$
$\Re_\mathrm{IV}$	$-$	$+$

Durch die Rißachse x_{12} werden Π_1 und Π_2 in Halbebenen zerlegt, die wir als *positive* bzw. *negative Halbebenen* $\pm \Pi_1$, $\pm \Pi_2$ unterscheiden; $+ \Pi_1$ ist die Halbebene von Π_1, deren Punkte positive zweite Tafelabstände y haben, die Punkte von $+ \Pi_2$ haben positive erste Tafelabstände z.

Wir denken uns in der Folge Π_1 um x_{12} stets derart nach Π_2 geklappt, daß $+ \Pi_1$ auf $- \Pi_2$ fällt, mithin $+ \Pi_1$ und $+ \Pi_2$ zu verschiedenen Seiten von x_{12} liegen und die Richtungspfeile für $+ z$ und $+ y$ nach verschiedenen Seiten von x_{12} weisen (Fig. 136).

Wir untersuchen nun, wie die Zugehörigkeit eines Punktes P zu einem der vier Räume $\Re_i$ durch seinen Grundriß P' und seinen Aufriß P'' zum Ausdruck kommt. Die Ebene $[PP'P'']$ (Fig. 136) schneidet die Rißachse in einem Punkt P_x, und es gilt auch dem Vorzeichen nach $P'P = P_xP'' = z$ und $P''P = P_xP' = y$. Nach der eben erklärten Zusammenklappung der beiden Bildebenen liegen P' und P'' auf dem zu x_{12} normalen Ordner durch P_x, und es ist $P_xP' = x_{12}P' = y$ und $P_xP'' = x_{12}P'' = z$. Daraus ersieht man, daß die Abstände der Bildpunkte P' und P'' von der Rißachse den *zweiten Tafelabstand* y und den *ersten Tafelabstand* z des dargestellten Raumpunktes angeben, wenn ihre Messung unter Beachtung der eingeführten positiven Richtungen stattfindet.

Mittels der obigen Vorzeichentabelle erkennt man, daß Punkte P_i in den verschiedenen Räumen $\Re_i$ Bildpaare $P_i{}'$, $P_i{}''$ haben, die gegen x_{12}

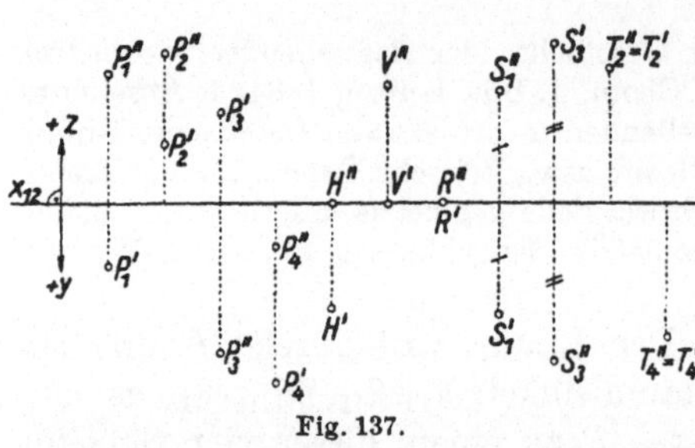

Fig. 137.

die in Fig. 137 angegebene Lage besitzen, wo P_i einen Punkt im $\Re_i$ bezeichnet. Man beachte insbesondere: *Befindet sich der Punkt H in Π_1 ($z = 0$), so ist $H' = H$, und es liegt H'' auf x_{12}; befindet sich V in Π_2 ($y = 0$), so ist $V'' = V$, und es liegt V' auf x_{12}; für einen Punkt R der Rißachse ist $R' = R'' = R$.*

Die Punkte, für die $y = z$ gilt, gehören der Ebene Σ an, die den Winkel $\Pi_1 \Pi_2$ hälftet und $\Re_\mathrm{I}$, $\Re_\mathrm{III}$ durchsetzt. Für einen in Σ befindlichen Punkt liegen daher Grundriß und Aufriß zu x_{12} symmetrisch (Punkte S_1, S_3 in Fig. 137). Σ heißt daher *Symmetrieebene*.

Die Punkte, für die $y = -z$ gilt, erfüllen die Ebene Γ, die den Winkel $\Pi_1 \Pi_2$ hälftet und $\Re_\mathrm{II}$, $\Re_\mathrm{IV}$ durchsetzt. Für einen in Γ liegenden Punkt fallen daher Grundriß und Aufriß zusammen (Punkte T_2, T_4 in Fig. 137). Γ heißt daher *Koinzidenz-* oder *Deckebene*.

51. Die Abbildung der Geraden und der Ebene. Man nennt die Geraden und Ebenen, die auf Π_1 normal stehen, *erstprojizierend*, die Geraden und Ebenen, die auf Π_2 normal sind, *zweitprojizierend*. Die Bilder einer nicht

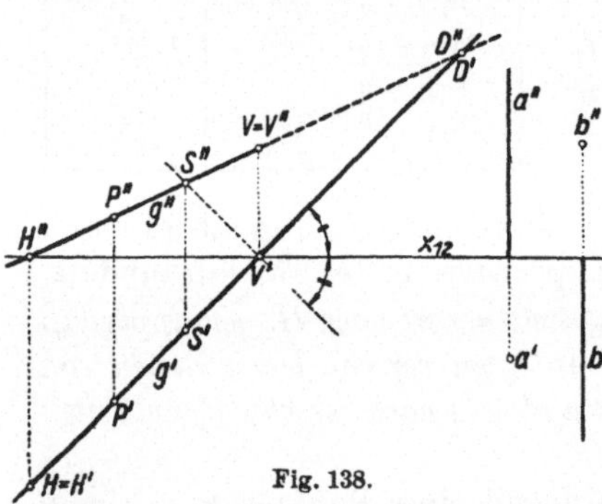

Fig. 138.

projizierenden Geraden g sind die Schnittgerade g' der durch g gehenden erstprojizierenden Ebene mit Π_1 und die Schnittgerade g'' der durch g gehenden zweitprojizierenden Ebene mit Π_2. Werden in Π_1 und Π_2 je eine Gerade g' bzw. g'' willkürlich (aber nicht normal x_{12}) gewählt (Fig. 138), so schneiden sich die durch sie gehenden projizierenden Ebenen in der durch g', g'' dargestellten Raumgeraden. Die Schnittpunkte H, V von g mit Π_1 bzw. Π_2 heißen der *erste bzw. zweite Spurpunkt der Geraden*. Es ist $H'' = [x_{12}g'']$ und $V' = [x_{12}g']$. In Fig. 138 sind außer den Spurpunkten H, V auch die Schnittpunkte S und D mit der Symmetrieebene und der Koinzidenzebene eingezeichnet. Eine erstprojizierende Gerade a stellt sich im Grundriß als Punkt a', im Aufriß als $a'' = [a' \perp x_{12}]$ dar, eine zweitprojizierende Gerade b im Aufriß als Punkt b'' und im Grundriß als $b' = [b'' \perp x_{12}]$.

Wenn eine Gerade g die Rißachse normal kreuzt, ohne projizierend zu sein, so fallen sowohl g' als g'' in eine Ordnungslinie. Durch dieses zusammenfallende Bildpaar ist aber die Gerade g nicht bestimmt. Wir werden in Nr. 57 zeigen, wie man in diesem Fall g bestimmt.

Schneiden sich zwei Geraden p, q in einem eigentlichen Punkt R, so ist $R' = [p'q']$, $R'' = [p''q'']$, *und es liegen R' und R'' auf einem Ordner. Parallele Geraden haben parallele Bilder.*

Eine Ebene ε kann durch die Angabe der Bilder von drei Punkten oder zwei sich schneidenden oder parallelen Geraden dargestellt werden. Manchmal verwendet man dazu ihre Schnittlinien mit Π_1 und Π_2, ihre *erste bzw. zweite Spur* e_1, e_2. Die Spuren e_1, e_2 schneiden sich i. allg. auf der Rißachse x_{12} (allgemeiner Fall). Sie sind zu ihr parallel, wenn $\varepsilon \parallel x_{12}$ ist; insbesondere ist e_1 parallel zu x_{12} und e_2 unendlichfern, wenn $\varepsilon \parallel \Pi_2$; e_2 ist parallel zu x_{12} und e_1 unendlichfern, wenn $\varepsilon \parallel \Pi_1$. *Für eine ,,erstprojizierende und Π_2 schneidende Ebene"* ε *ist* $e_2 \perp x_{12}$, *für eine ,,zweitprojizierende und Π_1 schneidende Ebene"* ε *ist* $e_1 \perp x_{12}$, *für eine ,,doppelprojizierende Ebene"*, — d. h. eine Ebene, die auf Π_1 und Π_2, daher auch auf x_{12} normal steht — *fallen beide Spuren in eine zu x_{12} normale Gerade.* Die Spuren einer Ebene ε durch x_{12} fallen in x_{12} zusammen.

Liegt eine Gerade g in einer Ebene ε, so liegt ihr erster Spurpunkt H auf der ersten Spur e_1, der zweite Spurpunkt V auf der zweiten Spur e_2. Nimmt man daher (Fig. 139) etwa g' willkürlich an, dann ist g'' durch die Bedingung, *daß g in ε liegen soll*, bestimmt. Liegt ein Punkt P in der Ebene ε und nimmt man etwa P' an, so kann demnach P'' mittels einer durch P gehenden, in ε liegenden Geraden bestimmt werden.

Die Geraden in einer Ebene ε, die zur ersten Spur e_1 parallel sind, nennt man *erste Hauptlinien* oder *erste Spurparallele;* die Geraden von ε, die zu e_2 parallel sind, heißen *zweite Hauptlinien* oder *zweite Spurparallele.* Die ersten Hauptlinien h_1 sind demnach zu Π_1 parallel; sie sind die im dritten Kapitel des ersten Teiles als Schichtenlinien bezeichneten Geraden von ε. Es ist $h_1' \parallel e_1$ und $h_1'' \parallel x_{12}$, sofern ε nicht zweitprojizierend ist.

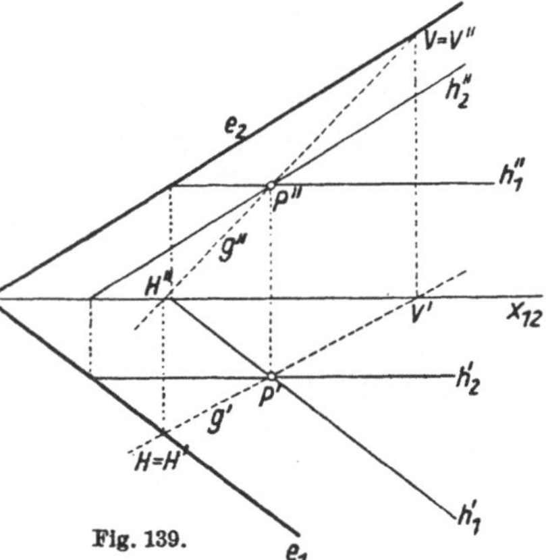

Fig. 139.

Die zweiten Hauptlinien h_2 sind zu Π_2 parallel. Es ist $h_2' \parallel x_{12}$ und $h_2'' \parallel e_2$, sofern ε nicht erstprojizierend ist. Fig. 139 zeigt die beiden durch P gehenden Hauptlinien h_1, h_2 der Ebene ε.

52. Seitenrisse.[1]) Es wurde bereits im dritten Kapitel des ersten Teiles gezeigt, wie man die Einführung von Seitenrissen zur Lösung von Aufgaben

---

1) Schon von D e s a r g u e s verwendet; vgl. Chr. W i e n e r, Lehrbuch der darstellenden Geometrie, 1. Bd., S. 23.

und zur deutlicheren Veranschaulichung der dargestellten Körper benutzt. Während aber dort nur zu Π_1 normale Seitenrißebenen eingeführt werden konnten, wollen wir jetzt aber auch Seitenrißebenen verwenden, die auf der Aufrißebene Π_2 normal stehen.

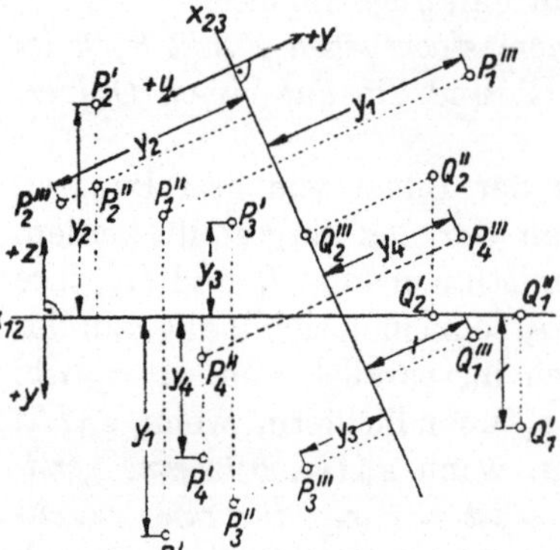

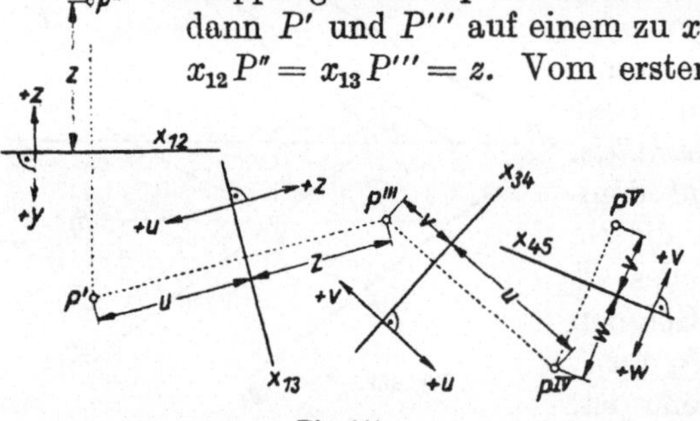

Fig. 140.

Wir betrachten zunächst die Einführung einer zu Π_2 normalen, also Π_2 zugeordneten (Nr. 49) Seitenrißebene Π_3 (Fig. 140). Die Schnittlinie $[\Pi_2\Pi_3]$ ist die *Rißachse* x_{23}. Die Abstände der Raumpunkte von Π_3, ihre *dritten Tafelabstände u*, werden auf der einen Seite von Π_3 positiv, auf der andern negativ bezeichnet. Der positive Sinn für die Messung der u wird in Π_2 durch einen auf x_{23} normalen Pfeil festgelegt. Ist P_1''' der Normalriß eines Punktes P_1 auf Π_3 und *klappt man* Π_3 *um* x_{23} *nach* Π_2, so liegen P_1'' und P_1''' auf einem zu x_{23} normalen Ordner, und es ist der Abstand $x_{23}P_1'' = u_1$ und der Abstand $x_{23}P_1''' = y_1$. (Vgl. die entsprechenden Beziehungen für Grund- und Aufriß: $x_{12}P_1' = y_1$, $x_{12}P_1'' = z_1$.) Die Umklappung von Π_3 nach Π_2 kann auf zwei Arten erfolgen, und es muß daher noch die umgeklappte positive y-Richtung durch einen Pfeil gekennzeichnet werden. Fig. 140 zeigt die Ermittlung der Seitenrisse von Punkten P_i aus den vier Räumen $\Re_i$ und von Punkten Q_i aus Π_1 und Π_2 nach Wahl einer Rißachse x_{23} und der Normalenpfeile für u und y.

In Fig. 141 wird zunächst durch eine Rißachse x_{13} und die Normalenpfeile für u und z eine Π_1 zugeordnete Seitenrißebene Π_3 und ihre Umklappung nach Π_1 bestimmt. Für einen Raumpunkt P liegen dann P' und P''' auf einem zu x_{13} normalen Ordner, und es ist $x_{12}P'' = x_{13}P''' = z$. Vom ersten und dritten Riß als zugeordneten Normalrissen ausgehend (ebenso von einem zweiten und zugeordneten dritten Riß), läßt sich jetzt auf dieselbe Weise der Normalriß auf eine zu Π_3 normale Ebene Π_4, dann auf eine zu Π_4 normale Ebene Π_5 usw. finden. Die Annahme einer solchen *Kette zugeordneter Normalrisse* erfolgt durch die Annahme der Rißachsen $x_{13} = [\Pi_1\Pi_3]$, $x_{34} = [\Pi_3\Pi_4]$, $x_{45} = [\Pi_4\Pi_5]$ ... und der auf ihnen normalen Pfeile für die umgeklappten positiven Normalenrichtungen der Bildebenen. Man entnimmt nun aus Fig. 141 die Konstruktion der Kette zugeordneter Normalrisse P'', P', P''', P^{IV}, P^V ... eines Raumpunktes P. Die Abstände von Π_3, Π_4, Π_5 wurden mit u, v, w bezeichnet. Bei der

Fig. 141.

Konstruktion eines Seitenrisses aus zwei zugeordneten Normalrissen wird die „neue" Seitenrißebene in eine der beiden „alten" Bildebenen umgeklappt. Nennt man nun den Normalriß auf die andere den *wegfallenden Riß*, so kann man die Konstruktion eines Seitenrisses in folgender Regel ausdrücken[1]):

Satz 1: *Der Abstand des neuen Risses eines Punktes von der neuen Achse ist gleich dem Abstand seines wegfallenden Risses von der alten Achse.*

Der im technischen Zeichnen am häufigsten angewendete Seitenriß ist der auf eine zur Rißachse x_{12} normale Ebene Π_3, die man *Kreuzrißebene* nennt. Der Normalriß auf Π_3 heißt *Kreuzriß*. Je nachdem Π_3 nach Π_1 oder nach Π_2 geklappt wird, ist die zu x_{12} normale Rißachse mit x_{13} oder x_{23} zu bezeichnen. Fig. 142 zeigt die Ermittlung des Kreuzrisses P''' eines Raumpunktes P für beide Arten der Umklappung.

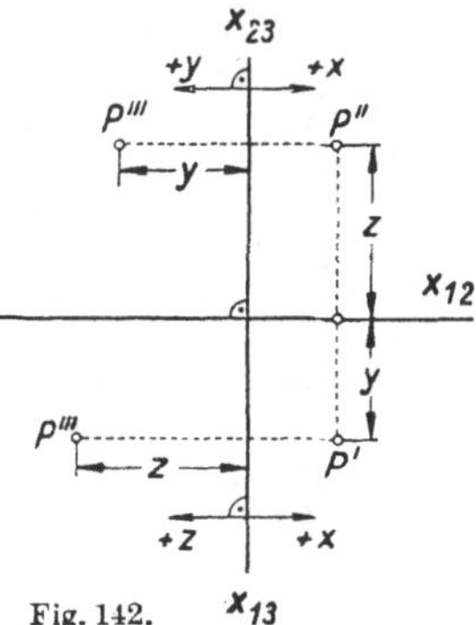

Fig. 142.

Die drei Bildtafeln Π_1, Π_2, Π_3 bilden die Koordinatenebenen eines Systems rechtwinkliger Koordinaten. Die Tafelabstände eines Punktes P von Π_3, Π_2, Π_1 sind seine Koordinaten x, y, z. $[\Pi_1\Pi_2]$ ist die x-, $[\Pi_1\Pi_3]$ die y- und $[\Pi_2\Pi_3]$ die z-Achse.

53. Blickrichtung, Sichtbarkeit. Die Anschaulichkeit irgendeines Risses eines Körpers kann dadurch gesteigert werden, daß man denselben beim Ausziehen im Hinblick auf die Sichtbarkeit vom Projektionszentrum O aus behandelt. Sichtbare Kanten, wie auch der scheinbare Umriß werden voll ausgezogen, unsichtbare Linien gestrichelt oder sonstwie als unauffällige Hilfslinien ausgeführt.

Wenn eine Parallelprojektion als eine Ansicht eines Objektes aus einem unendlichfernen Auge angesehen wird, so muß man zur Beantwortung von Fragen betreffend die Sichtbarkeit oder Unsichtbarkeit gewisser Teile der Oberfläche des Objektes einen Richtungssinn im Bündel der parallelen Sehstrahlen auszeichnen, den wir die *Blickrichtung* nennen. Diejenige Seite der Projektionsebene Π, auf der wir den Parallelriß zeichnen, nennen wir ihre *Bildseite*, die andere Seite die *Rückseite*. Von der Blickrichtung wird nun verlangt, daß ein Punkt, der einen Sehstrahl in der Blickrichtung durchläuft, auf Π auf der Bildseite auftrifft und aus Π aus der Rückseite austritt. Für Normalrisse setzen wir i. allg. fest:

Satz 1: *Die Blickrichtung ist der positiven Richtung für die Messung der Tafelabstände entgegengesetzt. Für den Grundriß läuft daher die Blickrichtung von oben nach unten, für den Aufriß von vorne nach hinten.*

---

1) R. Haußner, Darst. Geometrie I. Leipzig 1902, 2. Aufl. (Samml. Göschen), S. 124.

In Fig. 143 sind zwei sich kreuzende Geraden a, b dargestellt. Wir betrachten die Punkte 1 und 2 von a bzw. b, deren Grundriß nach $[a'b']$

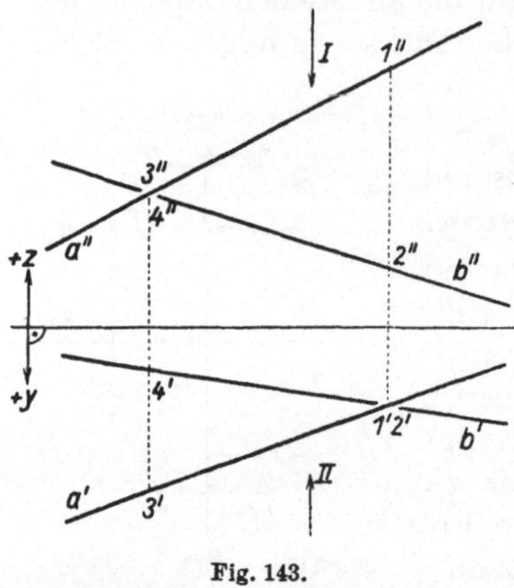

fällt. Weil 1″ oberhalb 2″ liegt, ist somit im Grundriß der Punkt 1 von a sichtbar, der Punkt 2 von b durch 1 verdeckt. Diese Sachlage wurde in der Figur durch eine kurze Unterbrechung der Linie b' an der Stelle $1' = 2'$ gekennzeichnet. 3 und 4 seien die Punkte von a bzw. b, deren Aufriß nach $[a''b'']$ fällt. Da die Blickrichtung für den Aufriß die Richtung $-y$ ist und 4′ auf 3′ in dieser Richtung folgt, verdeckt im Aufriß der Punkt 3 auf a den Punkt 4 auf b.

Fig. 144 zeigt eine regelmäßige, sechsseitige Pyramide, die mit der Basis auf Π_1 aufsteht, in einer Kette von vier

Fig. 143.

Normalrissen samt Sichtbarkeit. Die Pfeile I bis IV bedeuten die Blickrichtungen. Im Grundriß sind alle Kanten sichtbar. Welche Kanten im Aufriß sichtbar sind, entnimmt man aus dem Grundriß mittels der Blickrichtung II. Die Sichtbarkeit im dritten Bild ergibt sich daraus,

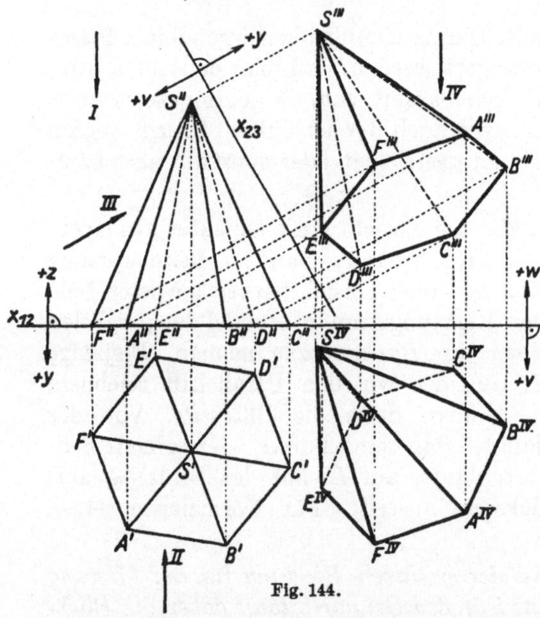

daß außer dem Umriß auch der Punkt F sichtbar ist, der, wie man aus dem Aufriß erkennt, von Π_3 die größte Entfernung hat. Im vierten Bild ($x_{34} = x_{12}$ angenommen) entscheidet man mittels der in Fig. 143 erläuterten Methode, daß D unsichtbar ist.

Eine weitere Frage ist, *ob eine Ebene ε in Grundriß und Aufriß dieselbe Seite sichtbar erscheinen läßt oder nicht.* Wir denken uns in der Ebene einen Drehsinn ϑ durch einen krummen Pfeil (Oval mit Umlaufsinn) festgelegt; sein Grundriß bestimmt dann in Π_1 einen

Fig. 144.

Drehsinn ϑ', in Π_2 einen Drehsinn ϑ''. Bei einer Bewegung von ε bleiben beide Drehsinne ϑ' und ϑ'' erhalten, falls dabei ε niemals eine projizierende Stellung annimmt. Wird aber etwa ε in einem Augenblick erstprojizierend und läßt dabei ε vor und nachher für die Blickrichtung von oben nach unten verschiedene Seiten sichtbar erscheinen, so kehrt sich ϑ' um. Denken wir uns nun ein veränderliches Dreieck ABC zunächst in der Koinzidenzebene (also $A' = A''$, $B' = B''$, $C' = C''$) gelegen, so können wir die Ebene $[ABC]$ des Dreieckes hierauf in alle möglichen Lagen, ausgenommen in zweitprojizierende, dadurch bringen, daß wir bei festgehaltenem Aufriß $A''B''C''$ die Punkte A', B', C' beliebig und unabhängig voneinander auf den Ordnungslinien durch A'', B'', C'' verschieben. Der Umlaufsinn ϑ'' von $A''B''C''$ ist der Aufriß eines festen Drehsinnes ϑ in der bewegten Ebene ε, weil ε niemals eine zweitprojizierende Lage annehmen kann. Wohl kann sich aber bei der Verschiebung von A', B', C' auf den Ordnungslinien der Grundriß ϑ' dieses Drehsinnes, d. i. der Umlaufsinn von $A'B'C'$, umkehren, was dann zur Folge hat, daß im Grundriß die sichtbare Seite wechselt. Beachtet man noch, daß in der Anfangslage des Dreiecks in der Koinzidenzebene im Grundriß und im Aufriß dieselbe Seite sichtbar ist und ϑ' und ϑ'' übereinstimmen, so folgt der

Satz 2: *Eine Ebene wird in zwei zugeordneten Normalrissen von derselben oder von verschiedenen Seiten gesehen, je nachdem die einem Drehsinn in der Ebene entsprechenden Drehsinne in den Rissen gleich- oder gegensinnig sind.*

54. Die Anwendung von Seitenrissen. *Durch die Einführung von Seitenrissen kann jede beliebige Ebene zu einer Projektionsebene gemacht werden.* Ist nämlich (Fig. 145) ε eine durch ihre Spuren e_1, e_2 dargestellte Ebene, so ist eine zu e_1 normale Seitenrißebene Π_3 auf ε normal. ε kann also als eine zu Π_3 normale Bildebene Π_4 angesehen werden, und x_{13} ist demnach normal zu e_1 anzunehmen. x_{34} ist dann die mit Π_3 in die Grundrißebene geklappte Schnittlinie $[\varepsilon\Pi_3]$. Die Figur zeigt die Umklappung des zweiten Spurpunktes E_2 dieser Schnittlinie. Sucht man daher von einem Objekt den vierten Riß auf $\varepsilon = \Pi_4$, so hat man die Aufgabe gelöst: *Den Normalriß eines Objektes auf eine beliebige Ebene zu zeichnen.* In Fig. 145 ist diese Konstruktion für einen

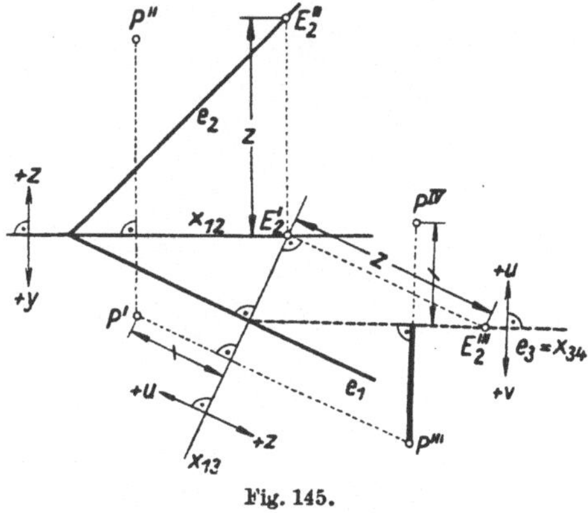

Fig. 145.

Punkt P durchgeführt worden. Beachtet man, daß die Entfernung $x_{34}P'''$ den vierten Tafelabstand angibt, so hat man die Lösung der Aufgabe: *Den Normalabstand eines Punktes von einer beliebigen Ebene zu ermitteln.*

Durch die Einführung von Seitenrissen kann jede beliebige Gerade g zu einer projizierenden gemacht werden (Fig. 146). Wählt man etwa die erstprojizierende Ebene durch g (oder eine dazu parallele) als Π_3, also $x_{13} = g'$, so ist jede zu g normale Ebene Π_4 auch zu Π_3 normal. Um x_{34} zu erhalten, klappt man zuerst g mit Π_3 nach Π_1,

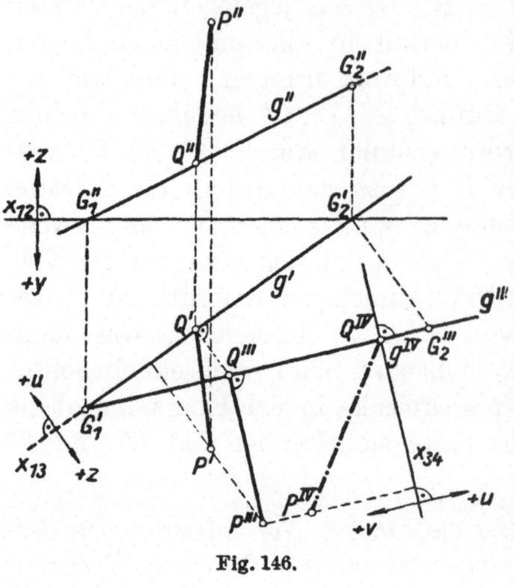

wodurch g in g''' übergeht, und legt dann $x_{34} \perp g'''$. Der Punkt $g^{IV} = [g''' x_{34}]$ ist der vierte Riß der viertprojizierenden Geraden g. Wir können nun leicht die Aufgabe lösen, *den Abstand eines Punktes P von einer beliebigen Geraden zu finden*. Das Lot PQ, das sich von P auf g fällen läßt, ist zu Π_4 parallel, erscheint daher im vierten Riß in wahrer Länge, und sein dritter Riß ist parallel x_{34}. Werden also aus P', P'' die Bilder P''', P^{IV} gefunden, so ist $P^{IV} g^{IV}$ die wahre Länge des Abstandes Pg. Q''' ist der Fußpunkt des Lotes von P''' auf g'''. Eine andere

Fig. 146.

Lösung dieser Aufgabe wird uns in Nr. 60 beschäftigen.

Die Anwendung des Seitenrißprinzips in einem praktischen Beispiel zeigt die Fig. 147. *Ein Gratsparren eines Dachstuhles mit gegebenem Quer*

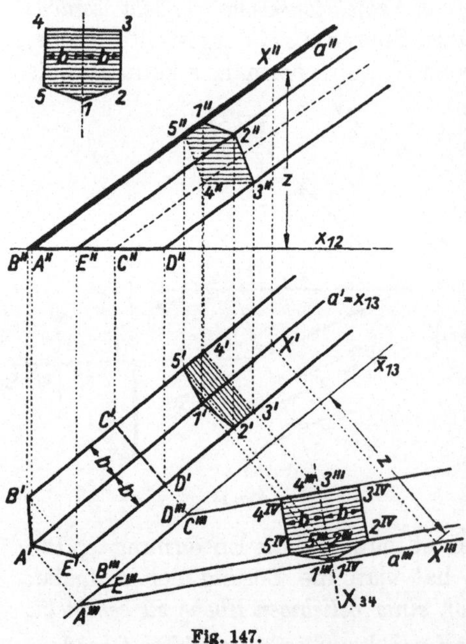

schnitt (Normalschnitt) soll bei gegebener Kantenrichtung in Grund und Aufriß dargestellt werden; ferner sollen die Risse eines Normalschnittes und eine waagerechte Schnittfläche bestimmt werden. Die durch den Punkt 1 des nebenstehenden Profils 1 2 3 4 5 gehende Längskante a des Sparrens sei in Grund- und Aufriß gegeben; der Sparren habe ferner eine solche Lage, daß [3 4] waagerecht ist. Wir führen die erstprojizierende Ebene durch a als dritte Bildebene Π_3 und eine zu a normale Ebene als vierte Bildebene Π_4 ein. Um jedoch eine Überdeckung mit dem Grundriß zu vermeiden, wurden der dritte und vierte Riß in der zu a' normalen Richtung parallel verschoben. Es ist demnach vor der Verschiebung

Fig. 147.

$a' = x_{13}$, nachher $\bar{x}_{13} \parallel a'$ und $x_{34} \perp a'''$. Da Π_4 eine Normalschnittebene des Balkens ist, erscheint der Querschnitt 1, 2, ..., 5 bei der Umklappung von Π_4 nach Π_3 in wahrer Größe und kann daher als 1^{IV}, 2^{IV}, ..., 5^{IV} eingezeichnet werden. Die dritten Risse dieser Punkte befinden sich auf x_{34}. Da [3 4] waagerecht, also drittprojizierend ist, fallen $3'''$ und $4'''$ zusammen. Grund- und Aufriß des Normalschnittes ergeben sich nach Nr. 52, Satz 1 nun so: $2'$ liegt auf dem zu x_{13} normalen Ordner durch $2'''$, und es ist $2'''\,2^{IV} = 2'\,x_{13}$, weiter ist $\overline{x}_{13}\,2''' = x_{12}\,2''$; entsprechend für aie andern Punkte. Schließlich wurde der Schnitt $ABCDE$ mit der Grundrißebene eingezeichnet.

55. Drehungen. Es sei (Fig. 148) a eine zu Π_2 normale Achse und φ der Winkel, durch den der Punkt S in gegebenem Sinn um a gedreht werden soll. S beschreibt bei der Drehung einen Kreis, dessen Ebene auf a normal steht und daher zu Π_2 parallel ist. Der Aufriß des Bahnkreises ist demnach der Kreis mit der Mitte a'' und dem Halbmesser $\overline{aS}$. Dieser und der Drehwinkel φ erscheinen im Aufriß in wahrer Größe. Wir erhalten daher den Aufriß S_1'' der neuen Lage S_1, indem wir auf dem vorhin gezeichneten Kreis von S'' im vorgeschriebenen Sinn um den Zentriwinkel φ weitergehen. Der Grundriß S_1' ergibt sich zufolge der weiteren Bemerkung, daß S' bei der Drehung von S eine Parallele zur Rißachse beschreibt. Die gedrehte Lage des Aufrisses einer aus mehreren Punkten $PQR\ldots$ bestehenden Figur erhält man bequemer, wenn man die Punkte des gegebenen Aufrisses $P''Q''R''\ldots$ gegen irgendeine durch a'' gehende Gerade g mittels darauf gefällter Lote festlegt und dann g samt diesen Loten dreht. Fig. 148 zeigt auch die auf diese Art durchgeführte Drehung eines Dreieckes PQR um die zu Π_2 normale Achse a.

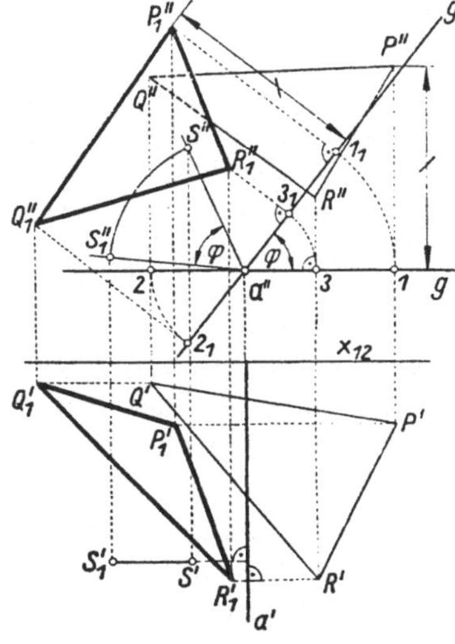

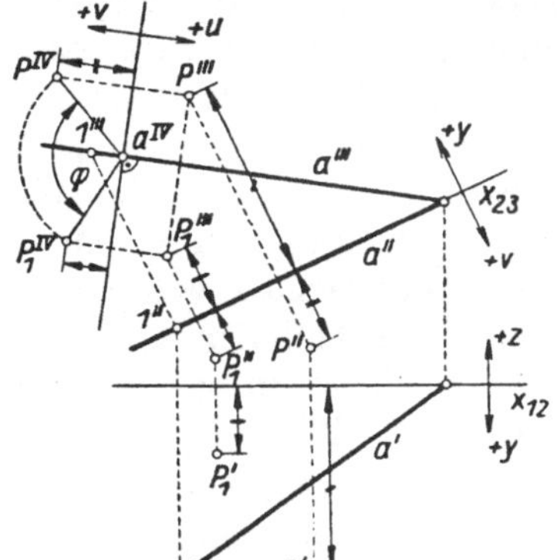

Fig. 148.   Fig. 149.

Ist die Drehachse a weder erst- noch zweitprojizierend, so läßt sich die Drehung durch zweckmäßige Einführung von Seitenrißebenen nach dem eben besprochenen Verfahren durchführen. Wenn etwa $a \parallel \Pi_2$ ist, ohne zu Π_1 normal zu sein, führt man eine zu a normale Seitenrißebene Π_3 ein, die wegen $a \parallel \Pi_2$ zu Π_2 normal sein muß. Die Konstruktion verläuft dann im zweiten und dritten Riß ebenso wie in Fig. 148 im ersten und zweiten Riß. Fig. 149 zeigt die

Drehung eines Punktes P um eine Achse a allgemeinster Lage. Um wiederum die Bahnkreisbögen leicht zeichnen zu können, hat man nach Nr. 54 die Drehachse zu einer viertprojizierenden Geraden zu machen. Zu diesem Zwecke wurde in Fig. 149 zuerst Π_3 durch a und normal zu Π_2 gelegt ($x_{23} = a''$), dann der Seitenriß a''' ermittelt und x_{34} normal zu a''' gewählt. Da a in Π_3 liegt, ist der vierte Riß a^{IV} von a der Schnittpunkt von a''' mit x_{34}. Die Ausführung der Drehung verläuft nun im dritten und vierten Riß so wie in Fig. 148 im ersten und zweiten. Aus dem vierten und dritten Riß des gedrehten Punktes P_1 findet man dann (Nr. 52, Satz 1) den zweiten und schließlich den ersten Riß.

56. Das Weglassen der Rißachse. Verschiebt man die Rißachse x_{12} parallel um eine Strecke a nach abwärts, so erfahren die ersten Tafelabstände z eine Vergrößerung um a, die zweiten y eine Verkleinerung um a. Nun liegen aber offenbar zwei Punkte $P(x, y, z)$ und $P_1(x, y - a, z + a)$ auf einer Geraden, die zur Symmetrieebene Σ (d. i. die Ebene, die $\Re_1$ und $\Re_3$ hälftet) normal ist, und ihre Entfernung beträgt $a\sqrt{2}$. Entsprechendes ergibt sich bei einer Parallelverschiebung von x_{12} um eine Strecke a nach aufwärts, also gilt der

Satz 1: *Bei einer Parallelverschiebung der Rißachse erfährt das dargestellte Objekt gegenüber den Bildebenen eine Parallelverschiebung in der zur Symmetrieebene normalen Richtung.*

Die Parallelverschiebung der Rißachse beeinflußt demnach lediglich die Lage der Bildebenen zum Objekt. Es ist daher ein an sich berechtigtes und oft auch nützliches *Prinzip, den Raum auf kein festes Bildebenenpaar zu beziehen und demgemäß in der Zeichnung bloß die Richtung der Ordnungslinien zu wählen.* Bei vielen Aufgaben kommt man ganz ohne Rißachse aus, bei anderen kann man durch zweckentsprechende Wahl der Rißachse, natürlich normal zu den Ordnungslinien, Vereinfachungen erzielen. Im folgenden wollen wir die Grundaufgaben nach diesem Prinzip behandeln. Wir befinden uns dabei in Übereinstimmung mit dem technischen Zeichnen, in welchem Pläne und Entwürfe stets ohne feste Rißachse hergestellt werden.[1]

57. Das Ineinanderliegen (Inzidenz) von Punkten, Geraden und Ebenen. Werden die Raumpunkte P durch zugeordnete Normalrisse P', P'' in der Zeichenebene dargestellt, so sind die Verbindungslinien $[P' P'']$ (Ordner) zu einer festen Richtung parallel. Die Bedeutungen von P' und P'' dürfen nicht vertauscht werden, da der Raumpunkt Q, für den

---

1) Vgl. hierzu F. A. Klingenfeld, Lehrbuch der darstellenden Geometrie. Nürnberg 1851, Vorrede; A. Mannheim, Nouv. Ann. Math. (3) 1 (1882), S. 385 bis 400, 433—450. Für den Elementarunterricht in der darstellenden Geometrie ist es aber angezeigt, zuerst mit festen Rißebenen zu arbeiten.

$Q' \equiv P''$ und $Q'' \equiv P'$ ist, i. allg. von P verschieden ist. Wir können dafür auch sagen, *daß die Reihenfolge der Punkte P', P'' eines Bildpaares zu beachten* ist. Man nennt solche Punktepaare *geordnet* oder *orientiert*. Die Punkte P', P'' können auch zusammenfallen (P in der Koinzidenzebene). Es gilt also der

Satz 1: *Die eigentlichen Punkte P des Raumes werden umkehrbar eindeutig auf die orientierten Punktepaare $(P'P'')$ der Zeichenebene abgebildet, für die die Verbindungslinien $[P'P'']$ zu einer festen Richtung parallel sind.*

In Nr. 51 wurde gezeigt, daß jedes Geradenpaar g', g'', falls keine dieser Geraden auf x_{12} normal ist, eindeutig eine Gerade im Raum bestimmt. Wenn P die Gerade g durchläuft, so durchlaufen P' und P'', weil sich dabei $[P'P'']$ parallel verschiebt, auf g' und g'' *ähnliche Punktreihen:* $g'(P') \sim g''(P'')$. Diese Punktreihen sind beide ähnlich zur Punktreihe $g(P)$, die P auf g beschreibt. Diese Bemerkung hat man anzuwenden, wenn es sich um die Darstellung der Punkte einer Geraden handelt, welche die Rißachse normal kreuzt, ohne indes projizierend zu sein. Ihr Bildpaar $(g'g'')$ fällt dann in einen Ordner. Durch diese Abbildung allein ist aber die in der doppelprojizierenden Ebene durch diesen Ordner liegende Gerade g noch nicht bestimmt. Zur Bestimmung von g müssen zwei Punkte A, B von g durch ihre Bilder angegeben werden (Fig. 150). Durch die Punktepaare $(A'A'')$ und $(B'B'')$ ist aber die Ähnlichkeit zwischen den beiden Punktreihen $g'(P') \sim g''(P'')$ bestimmt. Ist daher etwa P' als Grundriß eines Punktes P von g gegeben, so zieht man, um P'' zu erhalten, durch A' und B' in irgendeiner Richtung R_1 ein Parallelenpaar, hierauf durch A'' und B'' in einer anderen Richtung R_2 ein Parallelenpaar und bringt die Strahlen durch A' und A'' in $\bar{A}$ und die Strahlen durch B' und B'' in $\bar{B}$ zum Schnitt. Durch Projizieren eines Punktes $\bar{P}$ von $[\bar{A}\bar{B}]$ in den Richtungen R_1 und R_2 auf $g' = g''$ erhält man nun das Bildpaar $(P'P'')$ eines Punktes P von g. Ist also P' gegeben, so sucht man zuerst $\bar{P}$ und dann P''.

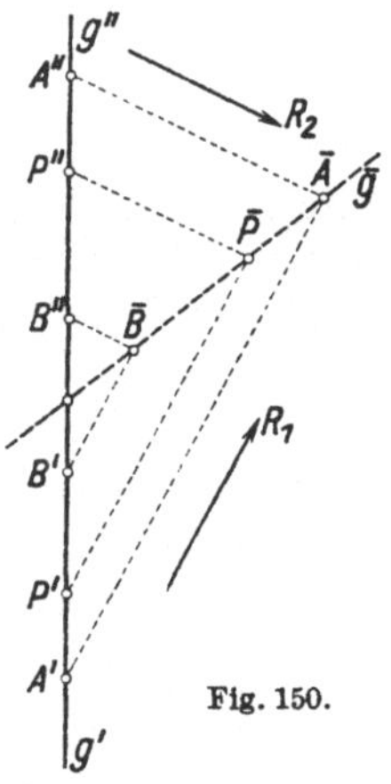

Fig. 150.

Auch wenn g' oder g'' mit den Ordnern sehr spitze Winkel einschließen, also „schleifende Schnitte" mit ihnen liefern, wird man diese oder eine andere Hilfskonstruktion anwenden, um Bildpaare von Punkten von g zu ermitteln. Die Ähnlichkeit $g'(P') \sim g''(P'')$ artet aus, wenn g projizierend wird. Für eine erstprojizierende Gerade g ist g' ein Punkt P', dem jeder Punkt P'' des durch g' gehenden Ordners entspricht; ist g zweitprojizierend, so ist g'' ein Punkt P'', dem jeder Punkt P' des durch g'' gehenden Ordners entspricht. Liegt g in der Koinzidenzebene, dann fällt g' mit g'' zusammen, und zwar so, daß jeder Punkt P' mit seinem entsprechenden P'' zusammenfällt. Die Ähnlichkeit $g'(P') \sim g''(P'')$ ist hier die Identität.

Wir können daher zusammenfassend sagen:

Satz 2: *Die Bildpaare (P' P'') der eigentlichen Punkte einer nicht projizierenden Geraden g erfüllen zwei gerade Linien g', g'' (ihr Bildpaar) und bilden auf ihnen ähnliche Punktreihen.*

Eine Ebene ist durch die Bilder dreier ihrer Punkte bestimmt, die nicht derselben Geraden angehören. Dafür kann man auch die Bilder von zwei in ihr liegenden Geraden wählen, die sich schneiden oder auch parallel sein können. In Fig. 151 wird eine Ebene ε durch zwei sich in einem Punkt S schneidende Gerade a und b bestimmt. Wird ε durch zwei parallele Gerade a und b bestimmt, so ist $a' \parallel b'$ und $a'' \parallel b''$. Der Fall, daß ε projizierend ist, bleibe zunächst ausgeschlossen.

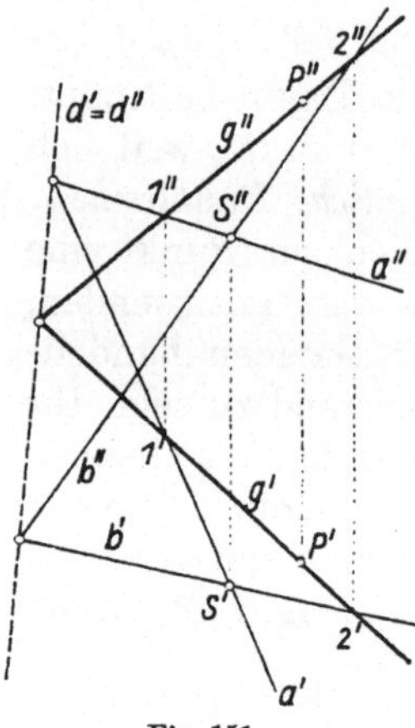

Fig. 151.

Von einer der Ebene $\varepsilon = [ab]$ angehörenden Geraden g ist ein Bild willkürlich wählbar, das andere dadurch bestimmt (vgl. Nr. 51). Für gegebenes g'' (Fig. 151) sind $1'' = [a''g'']$ und $2'' = [b''g'']$ die zweiten Bilder der Schnittpunkte $1, 2$ von g mit a und b. Ermittelt man nun $1', 2'$ auf a' bzw. b', so ist $g' = [1'2']$.

Von einem der Ebene $\varepsilon = [ab]$ angehörigen Punkt P ist ein Bild willkürlich wählbar, das andere dadurch bestimmt.

Ist etwa (Fig. 151) P' gegeben und P'' zu ermitteln, so legt man in ε durch P eine Gerade g, deren erstes Bild so durch P' gewählt wird, daß es a' und b' in zugänglichen Punkten $1', 2'$ schneidet; die zweiten Bilder $1'', 2''$ der Schnittpunkte $1, 2$ von g mit a und b liegen auf a'' bzw. b''. Schließlich findet man P'' auf $[1''2'']$.

Der Schnittpunkt (Fig. 138) des Bildpaares (g' g'') ist das zusammenfallende Bildpaar des Schnittpunktes der Geraden mit der Koinzidenzebene $\varGamma$. Ist $g' \parallel g''$, so ist daher g zur Koinzidenzebene parallel.

Wir betrachten nun die Bildpaare (g', g'') aller Geraden g, die sich in einer Ebene ε allgemeiner Lage befinden. Da ε die Koinzidenzebene in einer Geraden d schneidet, müssen alle Schnittpunkte $[g'g'']$ auf der Geraden $d' = d''$ liegen. Während also die Bildpaare $(P'P'')$ der Punkte P von ε an die parallelen Ordnungslinien gebunden sind, schneiden sich die Bildpaare (g', g'') der in ε liegenden Geraden auf einer festen Geraden. Das Punktfeld $\varepsilon(P)$ bildet sich also in der Zeichenebene $\varPi$ als das „Grundrißfeld" $\varPi(P')$ und das „Aufrißfeld" $\varPi(P'')$ ab, zwischen denen nach dem Gesagten (Nr. 4) eine perspektive Affinität besteht. Wir können dieses Ergebnis so zusammenfassen:

Satz 3: *Die Risse P', P'' der eigentlichen Punkte einer nicht projizierenden Ebene ε entsprechen einander in einer perspektiven Affinität, deren*

Affinitätsstrahlen die Ordner sind, und deren Achse das zusammenfallende Bildpaar der Schnittlinie von ε mit der Koinzidenzebene Γ ist. Für $\varepsilon \parallel \Gamma$ geht diese Affinität in eine Schiebung in der Richtung der Ordner über.

Für eine projizierende Ebene ε artet diese Affinität aus. Ist z. B. ε erstprojizierend, so ist der Grundriß aller ihrer eigentlichen Punkte eine Gerade ε'. Durch einen Punkt P' von ε' ist indes P'' nicht bestimmt; vielmehr bildet P' mit jedem Punkt P'' des durch P' gehenden Ordners das Bildpaar eines Punktes von ε.

58. Die Grundaufgaben über Lagenbeziehungen. Sämtliche geometrischen Aufgaben über Punkte, Geraden und Ebenen lassen sich in zwei Gruppen einteilen. Zur ersten Gruppe gehören diejenigen, in denen keine Maßgrößen (Längen, Winkel, Flächen- und Rauminhalte) auftreten, die also bloß von Lagenbeziehungen zwischen Punkten, Geraden und Ebenen handeln. Wir nennen sie *Aufgaben über Lagenbeziehungen* oder kürzer *Lagenaufgaben*. Alle übrigen, in denen also Maßgrößen auftreten, heißen Aufgaben über *Maßverhältnisse* oder kürzer *Maßaufgaben*.[1]) Es sei noch hervorgehoben, daß Aufgaben über parallele Geraden und Ebenen zu den Maßaufgaben gerechnet werden (Winkel 0°).

Stellt man von den Elementen: Punkten, Geraden und Ebenen irgend zwei zusammen, und fragt man, ob diese beiden Elemente ein drittes Element bestimmen, so erhält man die *sechs Grundaufgaben über Lagenbeziehungen im Raum.*

Man ermittle:

a) Die Verbindungsgerade zweier Punkte.	*a') Die Schnittlinie zweier Ebenen.*
b) Die Verbindungsebene einer Geraden und eines Punktes.	*b') Den Schnittpunkt einer Geraden und einer Ebene.*
c) Die Verbindungsebene zweier Geraden durch einen Punkt.	*c') Den Schnittpunkt zweier Geraden in einer Ebene.[2])*

---

1) Die Lagenaufgaben heißen auch „deskriptive Aufgaben", die Maßaufgaben auch „metrische Aufgaben". Diese Scheidung stammt von J. V. Poncelet, Traité des propriétés projectives des figures. Paris 1822. 2ᵉ éd., T. 1, 1865, art. 5, 7.

2) Diese sechs Aufgaben wurden hier zu drei Paaren (aa'), (bb'), (cc') angeordnet. Man beachte, daß jeder Satz eines solchen Paares in den andern übergeht, wenn man bloß die Ausdrücke „Punkt und Ebene", „Verbinden und Schneiden" vertauscht. In diesen Aufgaben drücken sich aber die Grundgesetze der Verknüpfung der geometrischen Grundelemente aus; somit wird die *„Geometrie der Lage"* (für den Raum) oder wie man heute allgemein sagt, die *„projektive Geometrie"* vom *«Dualitätsgesetz»* beherrscht, welches aussagt, *daß aus jedem geometrischen Satz über Lagenbeziehungen ein anderer hervorgeht, indem man die Ausdrücke Punkt und Ebene, Verbinden und Schneiden vertauscht.* Vgl. etwa F. Enriques, Vorl. üb. projektive Geometrie, deutsch von H. Fleischer, Leipzig 1903 (2. Aufl. 1915), Kap. 1 u. 2. Auch für die Ebene gilt ein *Dualitätsprinzip*, nach welchem *Verbinden* und *Schneiden*, *Punkt* und *Gerade* vertauschbar sind. Dieses Gesetz hat J. V. Poncelet erkannt und Gergonne, Ann. math. p. appl. (1825 u. 1826), S. 209—231 begründet.

Wir haben nun diese Aufgaben in zugeordneten Normalrissen zu lösen. Die Aufgaben a), b), c), c') können nach den Betrachtungen in Nr. 57 als erledigt betrachtet werden. Es sind daher bloß die Aufgaben a') und b') zu behandeln:

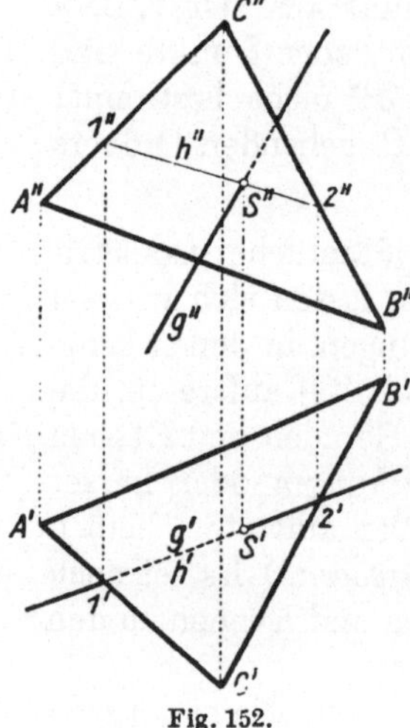

Schnittpunkt einer Geraden g mit einer Ebene ε. ε sei durch die Bilder des Dreiecks ABC gegeben. Man legt durch g eine der beiden projizierenden Ebenen (Fig. 152), z. B. die erstprojizierende. Sie schneidet ε nach einer Geraden h, für die $h' = g'$ ist und h'' nach Nr. 57, Fig. 151 gefunden wird. Dann ist $[h'' g'']$ der Aufriß S'' des gesuchten Schnittpunktes $[g\varepsilon]$, während S' dem Bild g' angehört. In der Ausführung der Fig. 152 wurde auch die Sichtbarkeit (Nr. 53) berücksichtigt.

Die Bestimmung des Schnittpunktes einer Geraden g mit einer projizierenden Ebene liegt auf der Hand.

Fig. 152.

Schnittlinie zweier Ebenen ε und φ. In Fig. 153 sind ε durch die schneidenden Geraden a und b, φ durch c und d gegeben und im Aufriß sowie in einem zugeordneten Kreuzriß gezeichnet. Da die Punkte $A = [a\varphi], B = [b\varphi]$, $C = [c\varepsilon]$, $D = [d\varepsilon]$ in der gesuchten Schnittlinie $[\varepsilon\varphi]$ liegen, so braucht man nur zwei von ihnen, etwa A und B zu ermitteln, wie dies in Fig. 152 gezeigt wurde.

Wenn eine Ebene projizierend ist, so deckt sich das als Gerade erscheinende Bild dieser Ebene mit dem einen Bild der Schnittlinie, während das andre nach Nr. 57 gefunden werden kann. Über die Schnittlinie einer Ebene mit der Koinzidenzebene wurde bereits in Nr. 57 gesprochen.

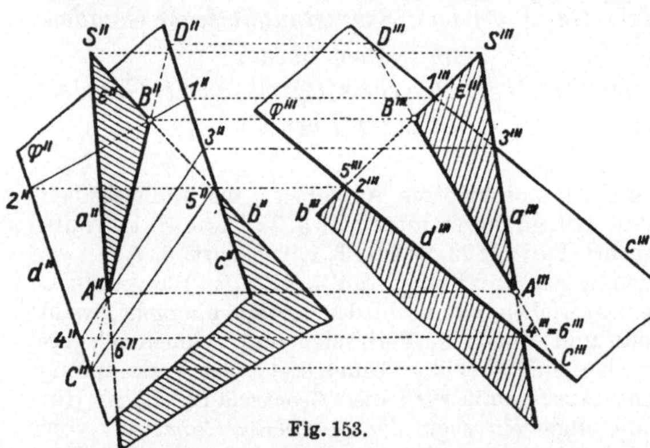

Fig. 153.

Die Sätze 1, 2, 3 in Nr. 57 sagen aus: 1. daß sich die Raumpunkte P als orientierte Punktepaare $(P' P'')$ abbilden, derart, daß die Geraden $[P' P'']$ zu einer festen Richtung, der Ordnerrichtung, parallel sind; 2. daß sich die Geraden g als Paare ähnlicher Punktreihen $g'(P') \sim g''(P'')$ abbilden und 3. daß sich die Ebenen als perspektive Affinitäten darstellen, deren Affinitätsstrahlen die Ordner sind. Es wird sich zeigen, daß diese drei Gesetze nicht bloß bei zugeordneten Normalrissen, sondern auch in später zu behandelnden Abbildungsverfahren (3. Teil) auftreten. Diese

Abbildungsverfahren, für welche also die drei genannten Gesetze gelten, gehören zu den sogenannten *linearen Zweibildersystemen*.[1])

Aus der Gleichartigkeit der Abbildung der Grundelemente ergibt sich unmittelbar die Möglichkeit, die Lagenaufgaben in den linearen Zweibildersystemen mit denselben Hilfslinien zu lösen. Dies ist der Inhalt des Satzes von R. Staudigl[2]):

Satz 1: *Die Lagenaufgaben lassen sich in allen gebräuchlichen linearen Zweibildersystemen mit denselben Linien lösen.*

59. Schattenbestimmungen an ebenflächigen Körpern in zugeordneten Normalrissen. Wir wenden nun die allgemeinen Betrachtungen über die Beleuchtung von Flächen in Nr. 20 auf die Schattenbestimmung an ebenflächigen Körpern in zugeordneten Normalrissen an. Der Kürze halber beschränken wir uns auf den Fall der Parallelbeleuchtung. Zur Festlegung der Beleuchtung wird ein Lichtstrahl l in Grund- und Aufriß angenommen und auf einem seiner beiden Bilder die Einfallsrichtung des Lichtes festgelegt. Sehr gebräuchlich ist die in Fig. 154 gekennzeichnete Annahme, bei der l' und l'' unter 45⁰ gegen x_{12} geneigt sind und die Lichtstrahlen von links-oben-vorn einfallen. Diese Beleuchtungsart heißt *45⁰-Beleuchtung* oder *Diagonalbeleuchtung*, was daran erinnern soll, daß die Lichtstrahlen die Richtung einer Diagonale eines Würfels haben, dessen Flächen zu Grund-, Auf- und Kreuzrißebene parallel sind. Auch der Kreuzriß des Lichtstrahls schließt mit der x_{12}-Achse 45⁰ ein. Je nachdem Π_3 nach Π_1 oder nach Π_2 umgeklappt wird, fallen die Trägergeraden von l''' mit denen von l'' oder l' zusammen.

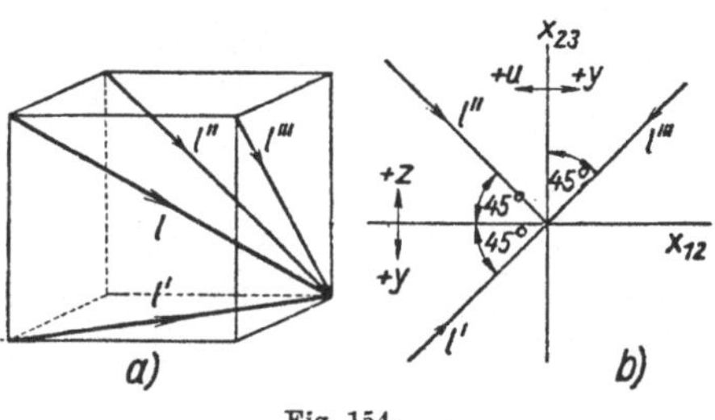

Fig. 154.

---

1) Die linearen Abbildungen, d. h. die auf Zentral- und Parallelprojektion beruhenden Abbildungsverfahren, haben in neuerer Zeit eine weitgehende Bearbeitung erfahren: E. Müller, Vorlesungen über darst. Geometrie, 1. Bd.: Die linearen Abbildungen, bearbeitet von E. Kruppa, Leipzig u. Wien 1923. Ferner: E. Müller, Die darst. Geom. als eine Versinnlichung der abstrakten projektiven Geometrie, Jahrb. D. M.-V. 14 (1905), S. 569—574. L. Eckhart, Über die Abbildungsmethoden der darst. Geometrie, S. B. Ak. Wien, math.-nat. Kl., Abt. IIa, 132 (1923) und Konstruktive Abbildungsverfahren, Wien 1926 (Verlag Springer). F. Rehbock, Die linearen Punkt-, Ebenen- und Strahlabbildungen d. darst. Geometrie, Z. f. ang. Math. u. Mech. 6 (1926), S. 379—400. Auch in Italien wurde dieses Gebiet eingehend bearbeitet; vgl. A. Comessatti, Considerazioni intorno ai metodi generali dei rappresentazione della Geometria descrittiva, ed al theorema di Pohlke. Ist Veneto, Bd. 87 (1928), S. 579—614.

2) Über die Identität von Konstruktionen in perspektivischer, schiefer und orthogonaler Projektion. S. B. Ak. Wien, 64, 2. Abt. (1871), S. 490—494; auch „Die axonometrische und schiefe Projektion". Wien 1875, S. 32f.

Schatten eines Punktes auf eine Ebene (Fig. 155). Die Ebene sei durch zwei parallele Gerade a, b gegeben. Es wird der Lichtstrahl durch P mit der Ebene nach Nr. 58, Fig. 152 zum Schnitt gebracht. Der Schnittpunkt P_s ist hier ein *wirklicher Schlagschatten* (Nr. 20) von P, weil der Pfeil $\overrightarrow{PP_s}$ die Einfallsrichtung der Lichtstrahlen hat.

Es taucht nun die Frage auf, *ob die beleuchtete oder die im Eigenschatten befindliche Seite der Ebene in den Bildern sichtbar ist.* Offenbar gilt für jeden Riß der

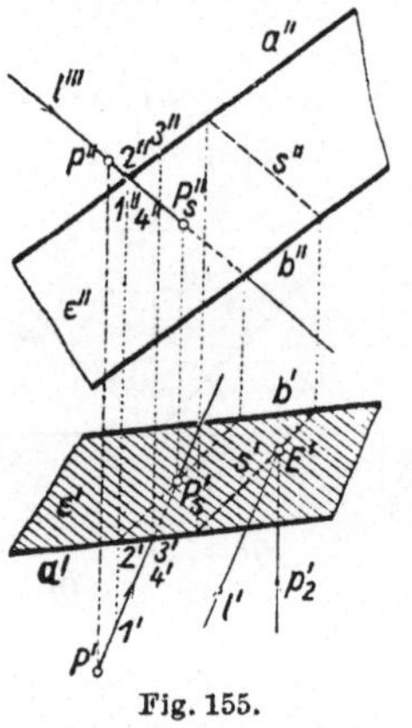

Fig. 155.

Satz 1: *Je nachdem, ob die in der Einfallsrichtung orientierten Lichtstrahlen und die in der Blickrichtung orientierten Sehstrahlen auf derselben oder auf verschiedenen Seiten der Ebene auftreffen, erscheint die Ebene beleuchtet oder im Eigenschatten.*

Um z. B. in Fig. 155 zu entscheiden, ob von der Ebene $\varepsilon = [ab]$ im Aufriß die Licht- oder Schattenseite sichtbar ist, braucht man nur parallel zu l eine zweitprojizierende Ebene zu legen, den Grundriß ihrer Schnittlinie $s\,(s'' \parallel l'')$ mit $[AB]$ aufzusuchen und im Grundriß nachzusehen, ob in einem beliebigen Punkt E dieser Schnittlinie s der Lichtstrahl l und der Sehstrahl p_2 auf derselben oder auf verschiedenen Seiten von s einfallen.

Da in unserer Figur l' und p_2' auf derselben Seite von s' auftreffen, zeigt die Ebene im Aufriß die Lichtseite. Ebenso ergibt sich mittels einer erstprojizierenden Lichtebene, daß im Grundriß die Schattenseite der Ebene sichtbar ist. — Dasselbe Ergebnis findet man auch leicht aus der Beobachtung, daß die Strecke PP_s hinsichtlich der Blickrichtung für den Aufriß *vor* der Ebene liegt (es liegt nämlich 1 vor 2), und daß sich die Strecke PP_s hinsichtlich der Blickrichtung für den Grundriß *hinter* der Ebene befindet (es liegt nämlich 4 tiefer als 3).

Hierher gehört auch der folgende

Satz 2: *Ist $A_s B_s C_s$ der Schlagschatten eines Dreieckes ABC auf eine Ebene φ bei Parallelbeleuchtung und sind $A_s' B_s' C_s'$ und $A' B' C'$ eine Parallelprojektion dieser beiden Dreiecke auf eine Bildebene Π, so zeigen in dieser Abbildung die Ebenen $[ABC]$ und φ gleichzeitig die beleuchtete oder gleichzeitig die unbeleuchtete Seite, wenn der Umlaufsinn $A' B' C'$ mit dem Umlaufsinn $A_s' B_s' C_s'$ übereinstimmt.*

Zum Beweise dieses Satzes gehen wir ähnlich vor wie beim Satz 2 in Nr. 53. Man erhält alle möglichen Dreiecke ABC, die ihren Schlagschatten in dem festen Dreieck $A_s B_s C_s$ haben, indem man die Punkte A, B, C auf den in A_s, B_s, C_s einfallenden Lichtstrahlen beliebig bewegt. Dabei kann die veränderliche Ebene $[ABC]$ niemals eine Lichtebene werden, und es ist ihr daher durch den Umlaufsinn $A_s B_s C_s$ ein von der besonderen Wahl von A, B, C unabhängiger Drehsinn aufgeprägt. In der Blickrichtung der Parallelprojektion betrachtet, wechselt die Ebene $[ABC]$ die sichtbare Seite nur zugleich mit dem Umlaufsinn des Bildes $A'B'C'$. Läßt man nun A, B, C mit A_s, B_s, C_s zusammenfallen, so zeigen die beiden nun zusammenfallenden Dreiecke zugleich entweder die Licht- oder die Schattenseite, und die Umlaufsinne ihrer in $A_s'B_s'C_s'$ zusammenfallenden Bilder stimmen überein. Bei einer Verschiebung von A, B, C auf den einfallenden Lichtstrahlen durch A_s, B_s, C_s bleibt daher die beleuchtete oder die unbeleuchtete Seite der veränderlichen Ebene $[ABC]$ so lange sichtbar, als $A'B'C'$ den Umlaufsinn nicht wechselt.

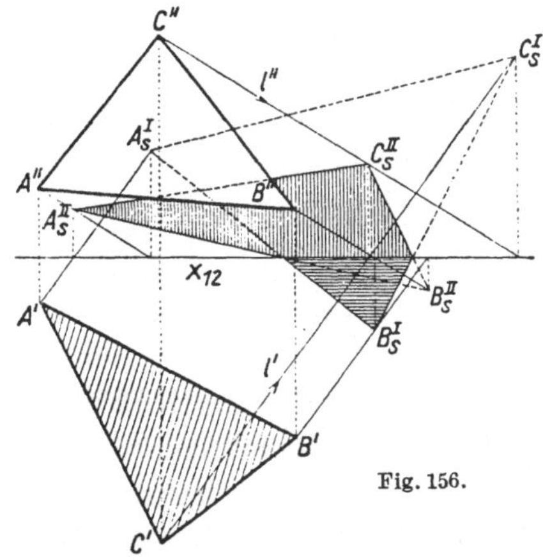

Fig. 156.

Fig. 156 zeigt den Schatten eines Dreieckes auf Π_1 und Π_2. Die Einfallsrichtung der Lichtstrahlen wurde (in üblicher Weise) so gewählt, daß Π_1 und Π_2 für die gebräuchlichen Blickrichtungen beleuchtet erscheinen. Man sieht, der Schlagschatten auf Π_2 hat denselben Umlaufsinn wie $A''B''C''$; daher zeigt das Dreieck im Aufriß die Lichtseite. Dagegen hat der Schlagschatten auf Π_1 den entgegengesetzten Umlaufsinn wie $A'B'C'$, daher zeigt das Dreieck im Grundriß die Schattenseite.

Schlagschatten einer Geraden g auf eine sie kreuzende Gerade h. Alle eine Gerade g schneidenden Lichtstrahlen liegen in einer Ebene, in der durch g gehenden „Lichtebene". Wird diese Lichtebene mit irgendeiner Ebene Π zum Schnitt gebracht, so erhält man den Schlagschatten von g auf Π. In der oben gestellten Aufgabe haben wir den Schatten von g auf eine g kreuzende Gerade h zu ermitteln, d. h. wir haben auf g jenen Punkt A zu suchen, der seinen Schatten auf einen Punkt A_s von h wirft. Dieser Punkt A_s ist der Schnittpunkt von h mit der durch g gehenden Lichtebene. Dieselbe kann durch g und irgendeinen Lichtstrahl, den man durch einen willkürlich auf g gewählten Punkt legt, bestimmt werden. Die Aufgabe ist damit auf Nr. 58, Fig. 152 zurückgeführt.

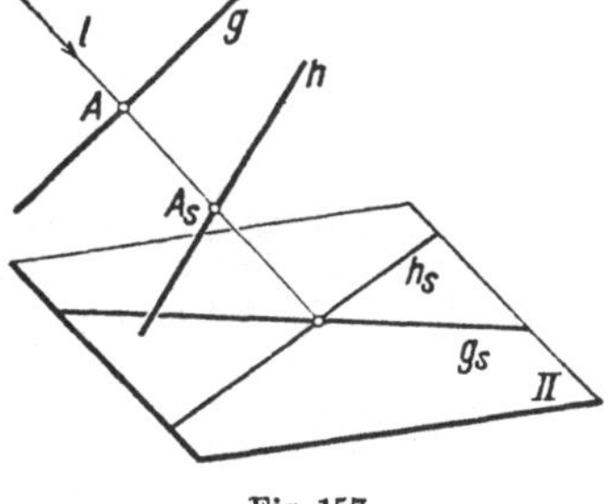

Fig. 157.

Besonders einfach gestaltet sich die Lösung dieser Aufgabe, falls man die Schlagschatten g_s, h_s beider Geraden auf irgendeine Ebene Π vorher aufgesucht hat (Fig. 157). Dann ist der durch den Schnittpunkt $[g_s h_s]$ gehende Lichtstrahl jener, der aus g denjenigen Punkt A ausschneidet, der seinen (wirklichen oder ideellen) Schlagschatten auf h wirft. Dieses

11*

oft verwendete und bereits in Nr. 20 erläuterte Verfahren heißt die *Methode des Zurückführens des Lichtstrahles.*

Beim Zeichnen der Schlagschatten von Geraden und Strecken hat man die folgenden Sätze zu beachten:

a) Der Schatten einer Geraden auf eine beliebige Ebene enthält den Schnittpunkt der Geraden mit der Ebene.

b) Der Schatten einer Geraden auf eine zu ihr parallele Ebene ist zur Geraden selbst parallel.

c) Der Schatten einer Strecke auf eine zu ihr parallele Ebene ist bei Parallelbeleuchtung eine zu ihr parallele und gleich lange Strecke; mithin ist der Schatten einer ebenen Figur auf eine zu ihr parallele Ebene eine kongruente Figur.

d) Parallele Geraden werfen bei Parallelbeleuchtung auf eine Ebene parallele Schatten.

e) Die Schatten einer Geraden auf zwei beliebige Ebenen treffen sich auf ihrer Schnittlinie.

f) Die Schatten einer Geraden auf parallele Ebenen sind parallel.

Für Normalprojektion und Parallelbeleuchtung gilt schließlich:

g) Der Schlagschatten einer zur Rißebene normalen Geraden auf eine beliebige Fläche erscheint in dem betreffenden Riß als eine zum Riß des Lichtstrahls parallele Gerade.

Denn, steht die Gerade etwa auf Π_2 normal, so ist ihre Lichtebene zweitprojizierend, und es stellt sich ihr Schnitt mit irgendeiner Fläche als Gerade parallel l'' oder als Teil dieser dar (Fig. 158). Im folgenden werden diese Sätze angewendet.

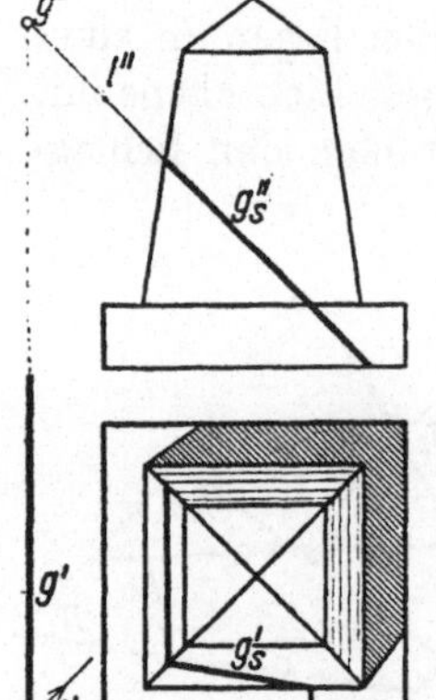

Aufgabe: *Gegeben ist ein Dreieck ABC und ein dieses Dreieck schneidendes Parallelogramm $DEFG$; man ermittle für die Lichtrichtung $l(l'l'')$ die auftretenden Schatten (Fig. 159).*

Wir suchen zuerst nach Nr. 58 die Schnittlinie $[HJ]$ der beiden Polygonebenen. In Fig. 159 wurde H mit einer erstprojizierenden Ebene durch $[AB]$ und J mit einer zweitprojizierenden Ebene durch $[GD]$ gefunden. Werden die Polygone, wie es für die Schattenkonstruktion notwendig ist, als undurchsichtig angenommen, so überdecken sie sich teilweise. Für die Ermittlung der sichtbaren Teile sind die Überlegungen aus Nr. 53, Fig. 143 heranzuziehen.

Fig. 158.

Zur Schattenkonstruktion sei vorerst bemerkt, daß die Schnittpunkte der Seiten des einen Polygons mit der Ebene des andern, als auf $[JH]$ liegend, bekannt sind. Sucht man daher den Schatten A_s von A auf die Parallelogrammebene, so kann man den Schatten von ABC auf diese

Ebene sofort zeichnen. In Fig. 159 wurde A_s mittels der zweitprojizierenden Ebene durch den Lichtstrahl des Punktes A gefunden. Seine Verbindungsgeraden mit H und $L = [AC \cdot JH]$ geben die Schlagschatten von $[AB]$ und $[AC]$ auf die Ebene des Parallelogramms. Da A_s wirklicher Schatten von A ist, weil A_s in der Lichtrichtung auf A folgt, haben die auf

der andern Seite der Parallelogrammebene liegenden Punkte B, C ideelle Schatten, die demnach nicht eingezeichnet werden. Nun stellt man mittels der Überlegungen zu Fig. 155 fest, daß im Aufriß die beleuchtete Seite des Parallelogramms sichtbar ist. Da die Umlaufsinne seiner Risse gleichartig sind, so ist auch im Grundriß die beleuchtete Seite sichtbar (Nr. 53, Satz 2). Es ist daher der Schlagschatten des Dreiecks in den beiden Rissen, soweit er (wie im Grundriß) vom Dreieck nicht verdeckt erscheint, sichtbar. Aus dem Satz 2 ergibt sich, daß man im Aufriß die unbeleuchtete Seite des Dreiecks sieht, weil der Drehsinn $A''H''L''$ zum Drehsinn $A_s''H''L''$ entgegengesetzt ist. Da $A'B'C'$ und $A''B''C''$ entgegengesetzte Umlaufsinne haben, schließt man weiter, daß im Grundriß die beleuchtete

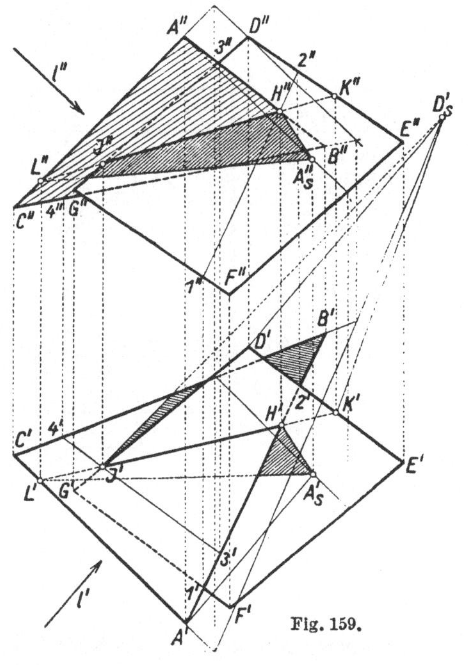

Fig. 159.

Seite des Dreiecks sichtbar ist. Diese trägt den noch zu ermittelnden Schlagschatten des Parallelogramms. Dazu sucht man den Schatten D_s von D auf $[ABC]$, etwa mittels der zweitprojizierenden Ebene durch den Lichtstrahl des Punktes D. $[JD_s]$ begrenzt diesen Schlagschatten.

Schattenkonstruktion an einer durch Konsolen gestützten Platte (Fig. 160). Unter Voraussetzung von 45°-Beleuchtung sollen an dem in Fig. 160 dargestellten Körper die Schatten im Aufriß eingezeichnet werden; dabei soll a) nur Auf- und Kreuzriß, b) nur Auf- und Grundriß verwendet werden.

a) Aus der Einfallsrichtung von l''' und dem als Strecke erscheinenden Kreuzriß der schrägen Konsolfläche erkennt man, daß diese im Aufriß beleuchtet ist. In diesem Riß können nur Schlagschatten auftreten, denn die übrigen Flächen sind entweder zu Π_2 parallel und daher beleuchtet, oder sie sind zu Π_1 oder Π_3 parallel und erscheinen im Aufriß als Strecken. Die Schlagschattengrenze ergibt sich aus der Eigenschattengrenze, die sich aus den Schnittkanten zwischen angrenzenden beleuchteten und unbeleuchteten Flächen zusammensetzt, die also im vorliegenden Fall aus den Linienzügen $ABC \ldots GH$ und $JK \ldots PQR$ besteht. Die Schlagschatten befinden sich teils auf dem Körper selbst, teils auf der Mauer. Wir beginnen mit der Ermittlung der ersteren. Die zu Π_2 normale Kante EF wirft auf die zur Aufrißebene parallele Fläche $BCDE$ (nach Satz g)) einen zu l'' parallelen Schlagschatten. Der Schlagschatten des Endpunktes F fällt schon, wie aus dem Kreuzriß ersichtlich, auf die Mauer. Ferner wirft die Kante $t = [GH]$ auf die zu ihr parallele Fläche JKL (Satz b)) einen zu $[GH]$ parallelen Schatten. Im Kreuzriß stellt er sich als der Punkt t_s''' dar, in dem das durch G''' gehende l''' $[J'''K''']$ schneidet; im Aufriß daher als ein Stück der durch t_s''' gehenden waagerechten Ordnungslinie. $[GH]$ wirft auf die zu ihr parallele, schräge Konsolfläche einen waagerechten Schatten, dessen Kreuzriß der

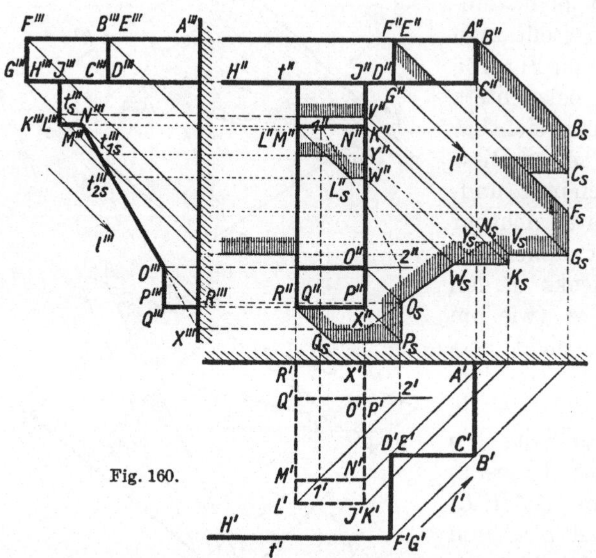

Fig. 160.

Schnittpunkt t_{1s}''' von $[N'''O''']$ mit dem l''' durch G''' ist. Auf die schräge Konsolfläche fällt außerdem der Schatten der Kanten ML und LK. Weil erstere zu Π_2 normal steht, ist der Aufriß ihres Schattens zu l'' parallel; der Schnittpunkt des Lichtstrahls durch L mit der (drittprojizierenden) schrägen Konsolfläche gibt den Grenzpunkt L_s des Schlagschattens von ML; hier setzt sich in horizontaler Richtung der Schatten von LK an.

Es ist nun der Schlagschatten auf die Mauer zu ermitteln. Da sich die Mauer im Kreuzriß als Gerade darstellt, kann der Schatten der in Betracht kommenden Ecken der Eigenschattengrenze mittels des Kreuzrisses ohne weiteres gefunden werden. Es genügt aber im vorliegenden Fall, die Schatten von B, F und O auf diese Weise zu finden. Im übrigen macht man von den oben angeführten Sätzen a), b) $\ldots$ g) Gebrauch: die lotrechten Kanten haben lotrechte Schatten, die waagerechten waagerechte, die zu Π_2 normalen Kanten haben Schatten parallel l'', und der Schatten der schrägen Kante NO muß durch den mittels des Kreuzrisses zu ermittelnden Schnittpunkt X ihrer Verlängerung mit der Mauer gehen.

b) Soll die Schattenkonstruktion im Aufriß mit Benutzung des Grundrisses durchgeführt werden, so beginnt man mit dem Schlagschatten auf die Mauer, die sich im Grundriß als Gerade darstellt. Die Durchführung sei als Übungsaufgabe dem Leser überlassen. Dabei beachte man, daß die in den Punkten V_s, W_s, Y_s zurückgeführten Lichtstrahlen die Punkte V, W, Y ergeben (Methode des Zurückführens des Lichtstrahls, Fig. 157).

60. Maßaufgaben. a) Länge und Tafelneigung einer Strecke. $A^n B^n$ sei der Normalriß einer Strecke $A B$ auf eine Ebene Π (Fig. 161). Legt man durch einen Endpunkt der Strecke eine Parallele zu ihrem Normalriß, so entsteht ein rechtwinkliges Dreieck, aus dem wir folgenden Satz entnehmen:

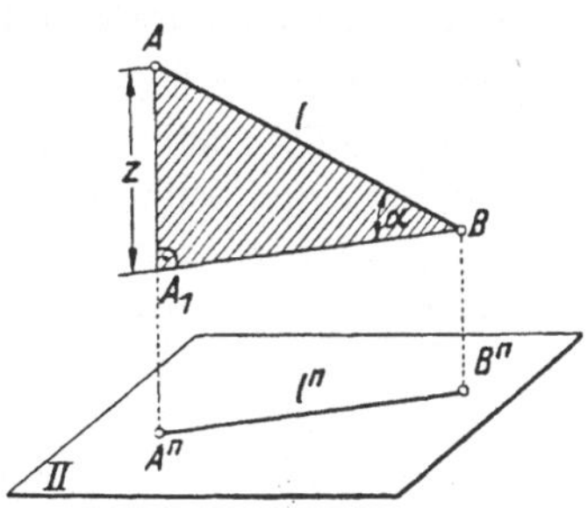

Fig. 161.

Satz 1: *Die Länge l einer Strecke ist die Hypotenuse eines rechtwinkligen Dreieckes, in welchem eine Kathete die Länge des Normalrisses der Strecke hat und die andere Kathete die Differenz der Tafelabstände der Streckenendpunkte ist; der dieser Kathete gegenüberliegende Winkel α ist die „Tafelneigung" der Strecke gegen die Bildebene.*

Fig. 162 zeigt die Ermittlung der Länge einer durch Grund- und Aufriß gegebenen Strecke. Es wurde das rechtwinklige Dreieck mit der einen Kathete l' (von der Länge des Grundrisses) und der andern z ($=$ Differenz der ersten Tafelabstände) auf zwei verschiedene Arten gebildet: Einmal wurde die Länge von z normal zu l' von A' aus aufgetragen. $A^0 B'$ ist dann die gesuchte Länge. (Deutung: Umklappung des Dreieckes $A_1 B A$ in die zu Π_1 parallele Lage). Das andere Mal wurde l' normal zu $A'' A_1'' = z$ von A_1'' aus aufgetragen. $A'' B^0$ ist dann die gesuchte Länge. (Deutung: Drehung des Dreieckes $A A_1 B$ um $[A A_1]$ in die zu Π_2 parallele Lage.) Zugleich ergibt sich bei B' bzw. B^0 die „erste Tafelneigung" α der Strecke.

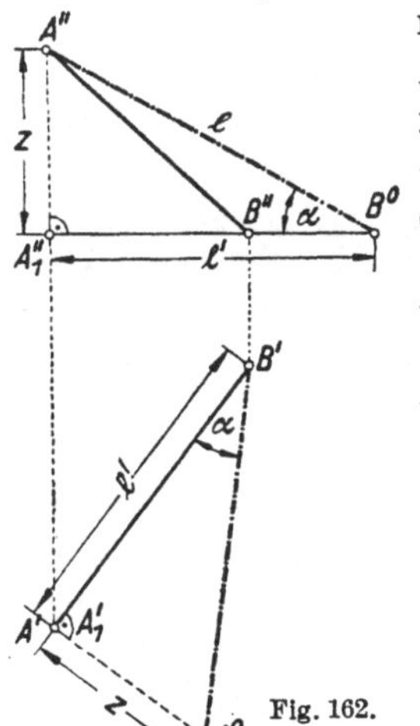

Fig. 162.

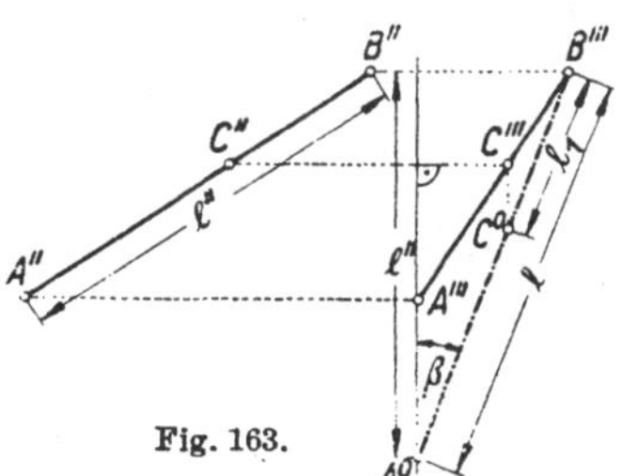

Fig. 163.

In Fig. 163 wird dieselbe Aufgabe in Auf- und Kreuzriß durchgeführt und zugleich das *Auftragen einer Strecke von gegebener Länge l_1 auf einer Geraden* gezeigt. Bei A^0 ergibt sich die „zweite Tafelneigung" β der Strecke.

Aufgabe: *Durch einen Punkt P eine Gerade g mit den Tafelneigungen γ_1 und γ_2 zu legen.* Die Winkel γ_1 und γ_2 dürfen willkürlich mit der Einschränkung $\gamma_1 + \gamma_2 \leqq 90^0$ gewählt werden. (Warum?) Denkt man sich auf der gesuchten Geraden von P aus eine Strecke von gegebener Länge l aufgetragen, so kann man aus l, γ_1, γ_2 die beiden oben erklärten rechtwinkligen Dreiecke konstruieren, aus denen sich l', l'' und die Differenzen y, z der Tafelabstände der Endpunkte dieser Strecke ergeben. Daraus findet man ohne weiteres die Bildpaare der vier Lösungen der Aufgabe.

b) **Haupt- und Fallinien von Ebenen.** Infolge des Weglassens der Rißachsen fällt auch die Benutzung der *Spuren* von Ebenen (Schnittgeraden mit den Bildebenen) weg. An ihre Stelle treten in den Konstruktionen die zu den Spuren parallelen Geraden der Ebenen, die man *Spurparallele* oder *Hauptlinien*[1]) nennt. Die bzw. zu $\Pi_1, \Pi_2, \Pi_3, \ldots$ parallelen Hauptlinien $h_1, h_2, h_3, \ldots$ einer Ebene ε sollen *erste, zweite, dritte, … Hauptlinien* heißen. Die ersten Hauptlinien sind zugleich die im dritten Kapitel als „Schichtenlinien" von ε bezeichneten Geraden. Die zu den Hauptlinien $h_1, h_2, h_3, \ldots$ beziehungsweise normalen Geraden $f_1, f_2, f_3, \ldots$ von ε nennt man ihre *Spurnormalen* oder *Fallinien* (und zwar *erste, zweite, dritte, … Fallinie*), weil sie unter allen Geraden der Ebene die größte Neigung oder den größten Fall gegen Π_1 bzw. Π_2 bzw. $\Pi_3, \ldots$ besitzen. Nach Nr. 23, Satz 1 ist $f_1' \perp h_1'$, $f_2'' \perp h_2''$, $f_3''' \perp h_3'''$, $\ldots$, also gilt der

S a t z 2: *Die zu einer Rißebene gehörigen Haupt- und Fallinien einer Ebene stellen sich im zugehörigen Normalriß als normale Gerade dar.*

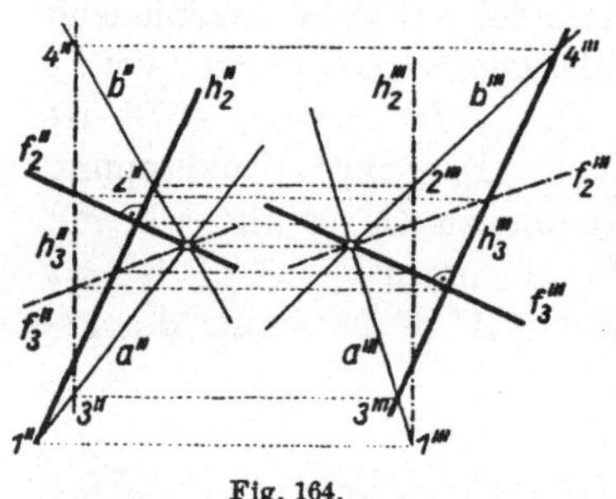

Fig. 164.

Von einer etwa durch Auf- und Kreuzriß zweier sich schneidenden Geraden a, b gegebenen Ebene lassen sich die Bilder der Hauptlinien h_2, h_3 sofort zeichnen (Fig. 164). Denn wegen $h_2 \| \Pi_2$ steht h_2''' auf den Ordnern normal. Nehmen wir eine solche Gerade beliebig an, so ergibt sich daraus nach Fig. 164 h_2''. Wegen $h_3 \| \Pi_3$ ist ferner h_3'' zu den Ordnern normal. Wählen wir eine solche Gerade, so folgt daraus h_3'''. Dieses Bild zeigt ferner die Fallinien f_2, f_3 durch den Punkt $[ab]$. Es ist $f_2'' \perp h_2''$, $f_3''' \perp h_3'''$; der jeweils andere Riß ist dadurch bestimmt. *Man beachte, daß eine Ebene durch eine Fallinie bestimmt ist.*

c) **Normalstehen von Geraden auf Ebenen.** Steht eine Gerade g auf einer Ebene ε normal und ist h_i irgendeine zur Rißebene Π_i parallele Hauptlinie, so folgt aus Nr. 24, Satz 3 für die Normalrisse $g^{(i)}$ und $h_i^{(i)}$ auf Π_i: $g^{(i)} \perp h_i^{(i)}$. Da eine Gerade auf einer Ebene normal steht, wenn sie zwei Geraden dieser Ebene rechtwinklig schneidet oder kreuzt, hat man den

S a t z 3: *Ist jeder von zwei zugeordneten Normalrissen $g^{(i)}$, $g^{(k)}$ einer Geraden g normal zum gleichartigen Normalriß einer zugehörigen Hauptlinie*

---

1) Die Namen „Haupt-" und „Fallinie" finden sich bei R. Sturm, Elemente d. darst. Geometrie, 1874, S. 7 u. 8.

h_i bzw. h_k *einer Ebene* ε *(also* $g^{(i)} \perp h_i{}^{(i)}$ *und* $g^{(k)} \perp h_k{}^{(k)}$*), so stehen* g *und* ε
aufeinander normal, vorausgesetzt, daß ε *nicht zur Rißachse parallel ist.*

Mittels dieses Satzes können die folgenden Aufgaben gelöst werden:
Durch einen Punkt P *das Lot auf eine gegebene Ebene* ε *zu fällen;*
durch einen Punkt P *eine Ebene* ε *normal*
zu einer gegebenen Geraden g *zu legen.*
Fig. 165 zeigt die Lösung der zuletzt genannten Aufgabe in Auf- und Kreuzriß.
Es ist $h_2'' \perp g''$ und $h_3''' \perp g'''$, während h_2'''
und h_3'' zu den Ordnern normal sind.
Außerdem wurde der Schnittpunkt $[g\,\varepsilon]$ eingezeichnet.

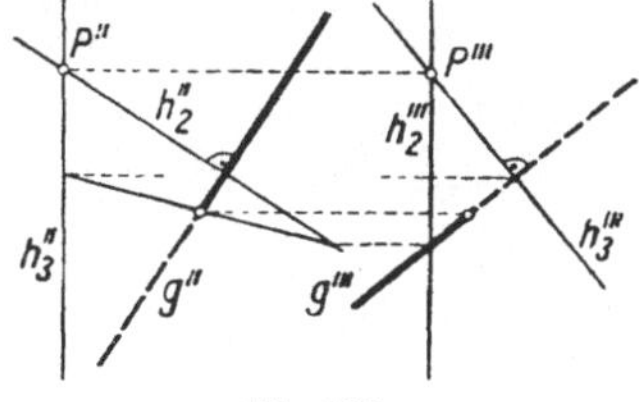

Fig. 165.

d) **Abstand eines Punktes** P **von einer Geraden** g **oder einer**
Ebene ε. Der Abstand eines Punktes von einer Geraden wurde bereits in
Nr. 54, Fig. 146 durch Einführung von zwei Seitenrissen ermittelt. Die
einfachste Lösung dieser Aufgabe ist indes die folgende. Man legt (Fig. 166)
Π_1 durch P, also x_{12} durch P'', und klappt g mit der durch g gehenden erstprojizierenden Seitenrißebene Π_3 nach g''' um.
P''' liegt dann in $x_{13} = g'$. Es kann nun, wie aus
Fig. 166 ersichtlich, nach Satz 1 die Länge der
Lotstrecke $d = PQ$ angegeben werden. Die Katheten
des dort genannten rechtwinkligen Dreiecks sind
$P'P'''$ und $P'''Q'''$.

Die Aufgabe, den Abstand eines Punktes P von
einer Ebene ε zu bestimmen, setzt sich aus bereits
besprochenen Aufgaben zusammen: Konstruktion
der Normalen durch P auf ε (vgl. c) und b));
Schnittpunkt Q des Lotes mit der Ebene (Nr. 58,
Fig. 152); Länge von PQ (vgl. a)). Dieselbe Aufgabe wurde einfacher bereits in Nr. 54, Fig. 145
durch Einführung eines Seitenrisses auf eine zu ε
normale Seitenrißebene gelöst.

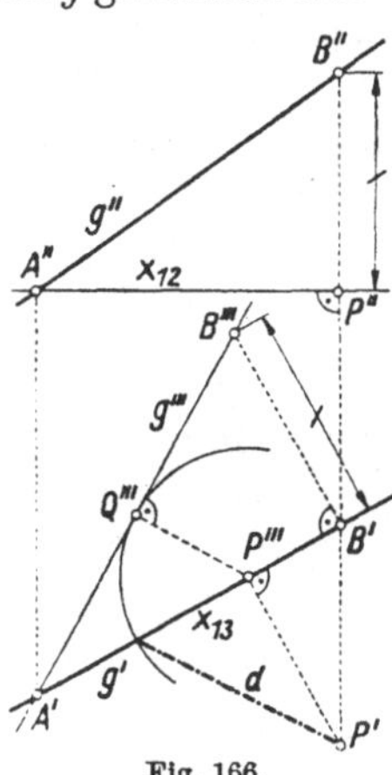

Fig. 166.

e) „**Paralleldrehung**" **einer Ebene um eine Hauptlinie.**
Darunter verstehen wir die Drehung einer Ebene um eine ihrer Hauptlinien h_i in die zur Rißebene Π_i parallele Lage. In bezug auf die Grundrißebene wurde diese Aufgabe bereits in Nr. 24, Fig. 64 ausführlich behandelt.
Es sei daran erinnert, daß das „Paralleldrehen" zur Ermittlung der wahren
Größe und Gestalt einer ebenen Figur dient. Durch den umgekehrten Vorgang,
das „Zurückdrehen", kann der Normalriß einer gegebenen ebenen Figur ge-
funden werden. Die Darlegungen in Nr. 24 sind hier bloß durch den Hin-
weis zu ergänzen, daß die Ebene zu jeder der eingeführten Rißebenen
parallel gedreht werden kann. Fig. 167 zeigt eine Paralleldrehung zu Π_2.
Die Ebene ε sei gleich durch die zu Π_2 parallele Drehachse (zweite Hauptlinie) h_2 und durch einen Punkt P gegeben, dessen gedrehte Lage wir

suchen wollen. Zugleich wollen wir eine kleine Vereinfachung der Konstruktion gegenüber dem Verfahren in Nr. 24 angeben. P beschreibt bei der Drehung um h_2 einen Kreis $(F, \overline{FP})$, dessen Aufriß in die Gerade $f_2'' = [P'' \perp h_2'']$ fällt. Wir erhalten daher den Aufriß P^0 der gedrehten Lage von P, wenn wir auf dieser Geraden von $F'' = [f_2'' h_2'']$ aus die Länge des Drehradius FP auftragen. Der Grundriß F' der Bahnkreismitte liegt auf h_2', braucht aber nicht gezeichnet zu werden. Um die Länge von FP zu erhalten, trage man nach Satz 1 den Abstand $P'h_2'$ von F'' aus auf h_2'' auf; dann erhält man einen Punkt F^*, dessen Entfernung von P'' die Länge des gesuchten Drehradius angibt. Diesen trägt man nun auf f_2'' von F'' aus nach P^0 auf.

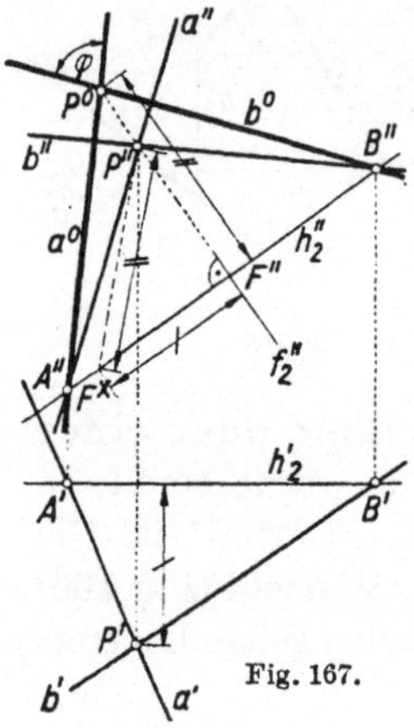

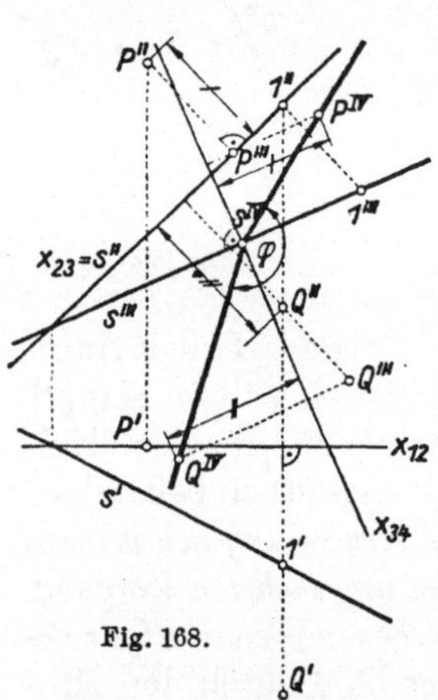

Fig. 167.

Diese Figur zeigt zugleich als Anwendung *die Ermittlung des Winkels φ zweier sich schneidenden Geraden a, b durch Paralleldrehung um h_2.*

Schließlich sei (Nr. 24, Satz 4) daran erinnert, daß das Feld $\varepsilon''(P'')$ zum Aufriß $\varepsilon^0(P^0)$ des parallelgedrehten Feldes perspektivaffin ist, mit h_2'' als Achse und P'', P^0 als einem Paar entsprechender Punkte. *Von dieser Affinität wird man bei der Parallel- bzw. Rückdrehung einer ebenen Figur mit Vorteil Gebrauch machen* (vgl. Fig. 64).

f) **Winkel zweier Ebenen. Tafelneigung einer Ebene; Winkel einer Geraden mit einer Ebene.** Stehen etwa die beiden Ebenen ε_1 und ε_2 auf Π_1 normal, so erscheinen sie im Grundriß als Gerade ε_1', ε_2', die den Winkel der Ebenen ε_1, ε_2 einschließen. Auf diesen Sonderfall, wo die Schnittlinie $[\varepsilon_1 \varepsilon_2]$ auf einer Rißebene normal steht, läßt sich die Aufgabe bei allgemeiner Lage der Ebenen ε_1, ε_2 durch Einführung zweier Seitenrißebenen nach Nr. 52, Fig. 146 überführen. Sind (Fig. 168) die Ebenen durch ihre Schnittgerade s und je einen Punkt, also etwa $\varepsilon_1 = [sP]$ und $\varepsilon_2 = [sQ]$ gegeben, so führe man durch s eine zweitprojizierende Bildebene Π_3 $(x_{23} = s'')$, ferner eine zu s, daher auch zu Π_3 normale Bildebene Π_4 $(x_{34} \perp s''')$ ein. s hat als viertes Bild den Punkt $s^{IV} = [x_{34} s''']$ und ε_1, ε_2 erscheinen im vierten Riß als die Geraden $[s^{IV} P^{IV}]$ und $[s^{IV} Q^{IV}]$, die den ge-

Fig. 168.

suchten Winkel φ einschließen. Die Ermittlung des Neigungswinkels zweier Ebenen ε_1 und ε_2 läßt sich auch auf die entsprechende Aufgabe für zwei Gerade zurückführen. Denn fällt man von einem Punkt die Normalen auf die Ebenen, so schließen sie dieselben Winkel ein wie die Ebenen.

Um den Winkel einer Geraden g gegen eine Ebene ε zu finden, fälle man aus irgendeinem Punkt von g das Lot n auf ε, ermittle nach Fig. 167 den Winkel gn und nehme davon das Komplement.

Für die Tafelneigungen einer Ebene gilt der

Satz 4: *Die Tafelneigung γ_i einer Ebene ε gegen die Rißebene Π_i ist gleich der Tafelneigung einer Fallinie f_i, also gleich dem Winkel, den f_i mit seinem Normalriß $f_i^{(i)}$ einschließt.*

Mithin ergibt sich dieser Winkel durch Umklappen (oder Paralleldrehen) einer Fallinie f_i.

61. Zugeordnete Normalrisse eines Kreises. *Man stelle einen Kreis k in Grund- und Aufriß dar, von dem der Mittelpunkt M, eine zweite Hauptlinie h_2 seiner Ebene und der Halbmesser r gegeben sind (Fig. 169).*

Bei allgemeiner Lage der Ebene ε des Kreises sind der Grundriß k' und der Aufriß k'' des Kreises k nach Nr. 32 Ellipsen. Der Vorgang zur Ermittlung einzelner Punkte des Aufrisses k'' ist derselbe wie beim Zeichnen des Aufrisses einer Figur von gegebener Gestalt (Nr. 60, Aufgabe e)). Wir drehen den Kreis um eine zweite Hauptlinie, am besten um den zu h_2 parallelen Durchmesser AB, parallel zu Π_2. Der parallelgedrehte Kreis erscheint dann im Aufriß als der Kreis k^0 über $A''B''$ ($M''A'' = M''B'' = r$ und $\parallel h_2''$). Das Rückdrehen geschieht mittels des Seitenrisses auf die Ebene $[M \perp h_2]$, wobei man $M''' = M''$ annimmt (also $x_{23} = [M'' \perp h_2'']$, $x_{12} = [M' \parallel h_2']$). Fig. 169 zeigt die Ermittlung der sich im Seitenriß als Punkt h_2''' darstellenden Hauptlinie h_2 und, mittels des Seitenrisses $[M''' h_2''']$ der Kreisebene, die Rückdrehung der Endpunkte C, D des zu $[AB]$ normalen Kreisdurchmessers, sowie des beliebig gewählten Punktes P. Die Tangente t'' in P'' an k'' ist der Aufriß der

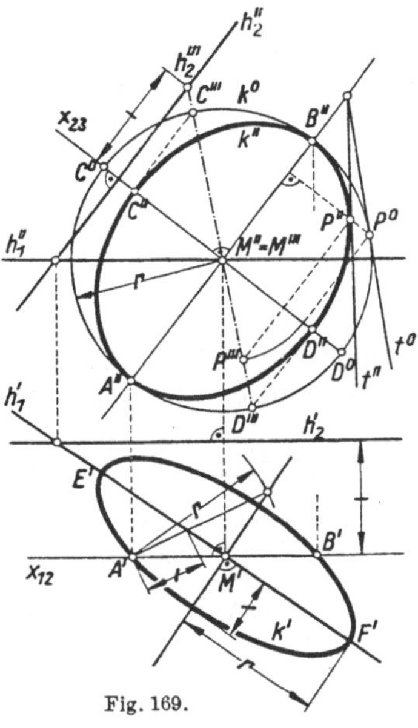

Fig. 169.

Tangente t in P an k; legt man daher in P^0 die Tangente t^0 an k^0, so schneidet sie t'' auf dem Aufriß $[A''B'']$ der Drehachse. $A''B''$ und $C''D''$ sind die Achsen der Aufrißellipse k''.

Ermittelt man die Grundrisse von A und C (Nr. 57, Fig. 151), so sind $M'A'$ und $M'C'$ ein Paar konjugierter Halbmesser der Grundrißellipse k'. Vorteilhafter ist es, die Achsen von k' zu konstruieren. Die große Achse $E'F'$ von k' liegt auf dem Grundriß der durch M gehenden ersten Hauptlinie h_1 der Kreisebene und hat die Länge des Kreisdurchmessers. Dreht man nun k auf analoge Art wie vorhin um h_1 parallel zu Π_1, so ergeben sich die Achsen von k'. Mit Benutzung des bereits konstruierten k'' kommt man rascher zum Ziel, indem man zuerst A' auf $[M' \parallel h_2']$ aufsucht und dann die kleine Achse von k' aus der großen Achse und dem Ellipsenpunkt A' (Fig. 101) ermittelt.

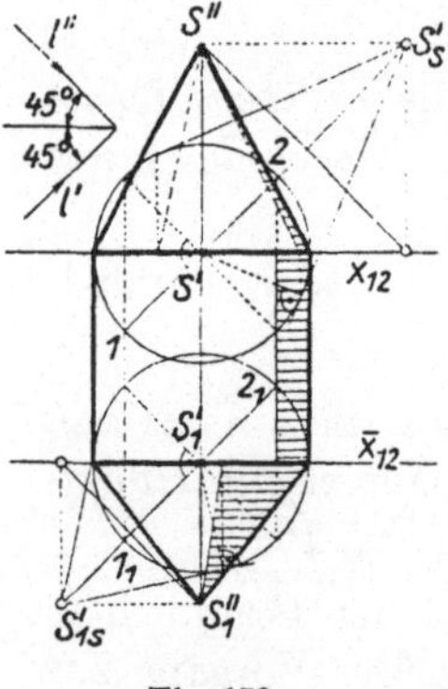

Fig. 170.

62. Schattenkonstruktionen an Zylindern und Kegeln in zugeordneten Normalrissen.

Für diese Konstruktionen gelangen die Betrachtungen in Nr. 20 und Nr. 47 zur Anwendung. Im folgenden werden die Eigenschattengrenzen von Drehzylindern und Drehkegeln ermittelt. Die hier beschriebenen Verfahren lassen sich sinngemäß auf beliebige Kegel und Zylinder anwenden. Es wird dabei Parallelbeleuchtung vorausgesetzt (und zwar 45°-Beleuchtung, was indes vorläufig unbeachtet bleibe). Für die Ermittlung der Eigenschattengrenze des obern Kegels denken wir uns die Basisebene als Π_1, Π_2 gehe durch die lotrechte Kegelachse. Der Aufriß der Basisebene ist also die x_{12}-Achse. Um die Eigenschattengrenze eines Kegels zu erhalten, hat man nach Fig. 48 an den Basiskreis aus dem (wirklichen oder ideellen) Schlagschatten S_s der Spitze S auf die Basisebene die Tangenten zu legen und die Berührpunkte mit der Spitze zu verbinden. Man entnimmt aus Fig. 170 die Ausführung für beide Kegel. Zugleich bemerkt man, daß sich für 45°-Beleuchtung die Konstruktion von S_s' vereinfacht, da S_s' auch der Schnittpunkt von l' durch S' mit der waagerechten Geraden durch S'' ist. — Die Eigenschattengrenze des lotrechten Zylinders erhält man, indem man an die Basis die Tangenten parallel zu l' legt und die durch die Berührpunkte gehenden Erzeugenden zeichnet;

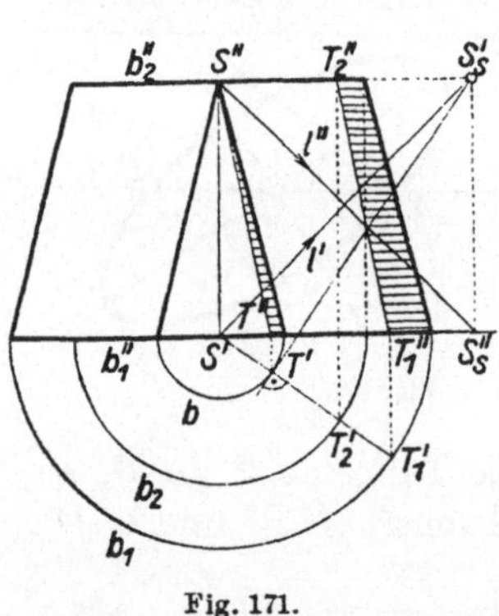

Fig. 171.

denn nach den Erläuterungen zu Fig. 135 hat man an die Basis die Tangenten in der Richtung der Schlagschatten der Erzeugenden auf die Basisebene zu legen. Für Zylinder, die zu Π_1 bzw. Π_2 bzw. Π_i normal sind, ist diese Richtung l' bzw. l'' bzw. $l^{(i)}$. (Man bemerkt in Fig. 170, daß bei 45°-Beleuchtung der Aufriß der Eigenschattengrenze des Zylinders durch die Punkte 1, 2 geht, in denen l' durch S' den Grundriß des Basiskreises schneidet.) Man beachte, daß die Eigenschattengrenzen der Kegel und Zylinder nicht zusammenhängen; der Zusammenhang wird durch Stücke der begrenzenden Parallelkreise hergestellt.

Fällt die Kegelspitze außerhalb der Zeichenfläche, wie bei dem in Fig. 171 dargestellten Drehkegelstumpf mit den Randkreisen b_1 und b_2, so denke man sich den Kegel so weit nach abwärts verschoben, bis seine Spitze S innerhalb des verfügbaren Zeichenraumes zu liegen kommt, und zeichne unter Verwendung seines Schnittkreises b mit der Ebene von b_1 für diesen Kegel Auf- und Grundriß der Eigenschattengrenze. Da letzterer mit dem Grundriß der Eigenschattengrenze des ursprünglichen Kegels zusammenfällt, läßt sich der Aufriß unmittelbar zeichnen.

Wenn die Achse des Drehkegels zu keiner Rißebene normal steht, jedoch zu einer von ihnen parallel läuft, so führt man die Konstruktion mittels eines Seitenrisses auf die Kegelbasisebene auf die frühere Annahme zurück. Fig. 172 zeigt die Ausführung für einen Drehkegel mit zu Π_2 paralleler Achse. Der Seitenriß l''' des Lichtstrahls auf die Basisebene des Kegels wurde in der Nebenfigur aufgesucht.

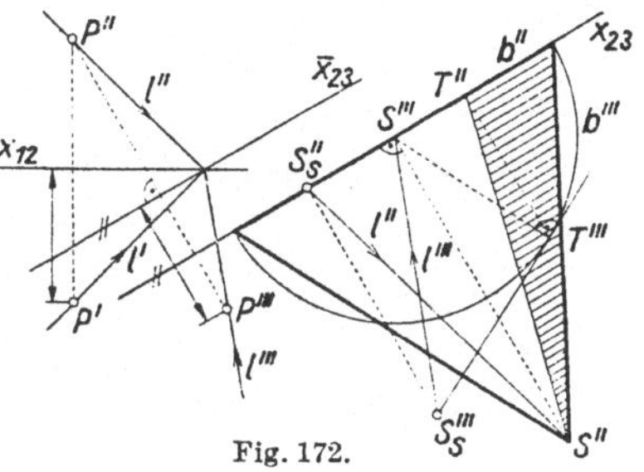

Fig. 172.

Fig. 173 zeigt die Konstruktion des Eigen- und Schlagschattens an einer Zylinderfläche, deren Erzeugenden zu Π_1 parallel, dagegen zu Π_2 geneigt sind. Es handelt sich dabei um ein Gesims, dessen Normalprofil n links ersichtlich ist. Wir können dasselbe als einen in die Aufrißebene gedrehten Seitenriß des Gesimses auf die Profilebene Π_3 ansehen. Zur Ermittlung der Eigenschattengrenze hat man nach der oben ausgesprochenen allgemeinen Regel den Seitenriß l_3 des Lichtstrahls auf Π_3 in seiner nach Π_2 gedrehten Lage l''' zu ermitteln, was in der Nebenfigur ausgeführt wurde. Die Erzeugenden erscheinen im Seitenriß als Punkte; ihre Schatten auf die Seitenrißebene haben die Richtung l'''. Man hat daher an den Seitenriß n''' parallel zu l''' die streifenden und berührenden Geraden zu legen. Dadurch ergeben sich die Eigenschattengrenzen als die Erzeugenden durch die Berührpunkte und zugleich die Schlagschatten auf dem Körper selbst.

Wäre der Normalschnitt des zylindrischen Körpers nicht in seiner wahren Gestalt (im Seitenriß), sondern durch den Aufriß n'' gegeben, so kann man diesen ebenso zur Schattenkonstruktion benutzen wie den Seitenriß. Man hat bloß in der Nebenfigur l_3'' zu ermitteln und

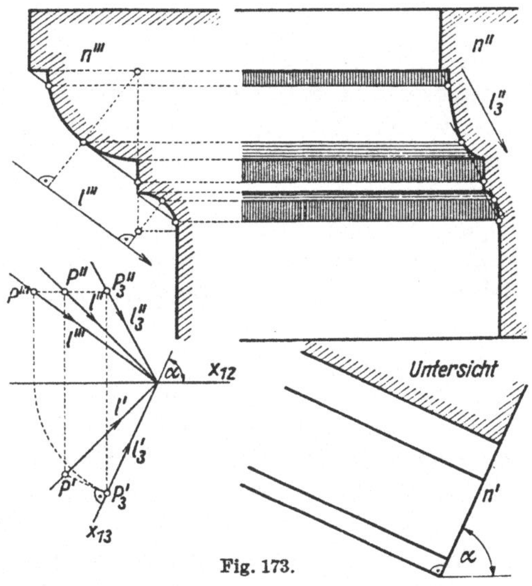

Fig. 173.

an n'' die zu l_3'' parallelen Tangenten und streifenden Geraden zu legen, durch deren Berührpunkte die Eigenschattenerzeugenden des Zylinders gehen. Zum Grundriß in Fig. 173 sei noch bemerkt, daß die Blickrichtung von unten nach oben gewählt wurde; er ist also eine *Untersicht*.

Ein angewandtes Beispiel für eine Schattenkonstruktion an einem hohlen Kegel liefert Fig. 174, wo in Auf- und Grundriß (Untersicht) eine kegelförmig überdeckte Mauernische dargestellt ist. Zur Konstruktion der Eigenschattengrenze wird wieder der (hier ideelle) Schatten S_s der Spitze auf die Ebene des Randhalbkreises k aufgesucht und aus S_s'' die Tangente an k'' gelegt. Die Eigenschattengrenze geht durch den Berührpunkt; daselbst beginnt auch die Schlagschattengrenze für das Innere des Kegels. Diese kann nach Nr. 47, Fig. 134 gefunden werden. In Fig. 174 wurde indes ein anderes Verfahren angewendet. Man kann nämlich auch die Schlagschatten des Randkreises k auf eine hinreichende Anzahl von Parallelkreisen $c_1, c_2, c_3, \ldots$ des Kegels aufsuchen und erhält so Punkte $1, 2, 3, \ldots$

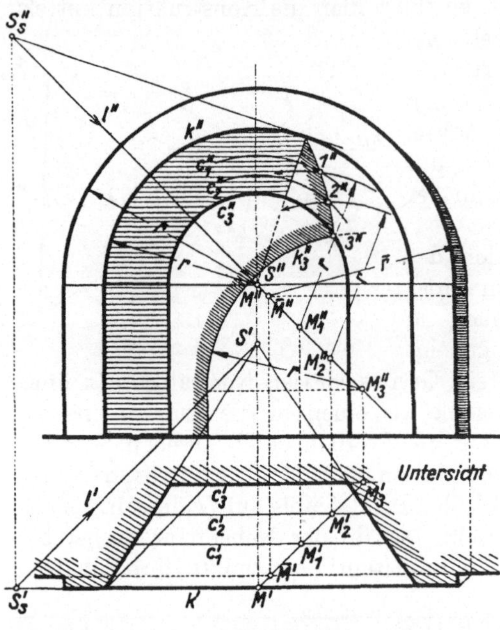

Fig. 174.

der gesuchten Schlagschattengrenze. Um z. B. den Schlagschatten k_3 von k auf den die rückwärtige Mauerfläche begrenzenden Halbkreis c_3 zu erhalten, sucht man zunächst den Schatten M_3 der Mitte M von k auf die Ebene von c_3. Da k und c_3 in parallelen Ebenen liegen, ist der Schatten k_3 von k auf die Ebene von c_3 ein zu k kongruenter Halbkreis; er schneidet c_3 im gesuchten Punkt 3. Schließlich ist noch der Schlagschatten auf die frontalen Mauerflächen zu ermitteln.

Fig. 175 zeigt die Schattenkonstruktion für einen halben Drehzylinder in lotrechter Frontalstellung. Nach Nr. 47, Fig. 135 ist der vollständige (d. i. der wirkliche und ideelle) Schlagschatten des Randkreises k auf den Zylinder eine Ellipse k_s. Man erhält daher ein Paar konjugierter Durchmesser von k_s, indem man von den Endpunkten eines Paares normaler Durchmesser des Randkreises k die Schatten auf die Zylinderfläche sucht. In Fig. 175 wurde der zu l' parallele Durchmesser CD und der darauf normale AB gewählt. A und B liegen auf der Eigenschattengrenze und fallen daher mit ihren Schlagschatten zusammen. AB ist die Nebenachse, C_sD_s die Hauptachse von k_s; $A''B''$ und $C_s''D_s''$ sind demnach konjugierte

Durchmesser von k_s''. Der Schlagschatten der Randerzeugenden durch E ist eine Zylindererzeugende und reicht bis zum Punkt E_s. Fig. 175 zeigt auch die Ermittlung der Umrißpunkte G_s und H_s.

Wir betrachten nun einige Beispiele, wo Kegel- und Zylinderflächen Schlagschatten von benachbarten Körpern empfangen. In Fig. 176 wird die Schattenkonstruktion an einem Drehkegel ausgeführt, der einen Schlagschatten von einer koaxial aufgesetzten *quadratischen* Platte in Frontalstellung erhält. Denkt man sich Π_2 und die Kreuzrißebene Π_3 durch die Kegelachse a gelegt, so deckt sich nach der Umklappung von Π_3 nach Π_2 der Aufriß mit dem Kreuzriß. Klappen wir die nach vorn gerichtete Halbebene von Π_3 nach links um, so deckt sich der Seitenriß der vorderen frontalen Kante k mit dem Aufriß ihres linken Endpunktes F. Der Seitenriß der durch k gehenden Lichtebene ist daher die durch $k''' = F''$ gehende Gerade l''', und ihr Schnitt k_s mit dem Kegel stellt sich als die Strecke $A''' B'''$ dar. k_s ist im vorliegenden Fall eine Ellipse mit den Achsen AB und CD, von denen letztere sich im Seitenriß als die Mitte von $A''' B'''$ darstellt. Die Aufrisse von A und B fallen auf a, die der Punkte C und D sind um ihren dritten Tafelabstand x von a entfernt.

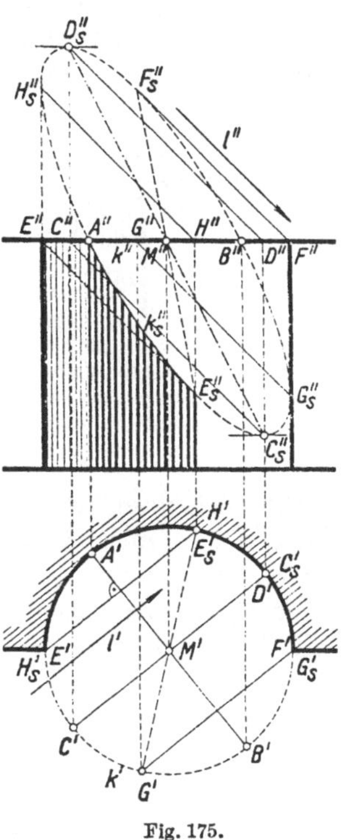

Fig. 175.

x ergibt sich durch Umklappung des durch C und D gehenden Kreises des Kegels ($x = C''' C^{IV}$). Von der Ellipse k_s'' mit den Achsen $A'' B''$ und $C'' D''$ ist nur jener Teil wirklicher Schatten, der vom Schatten des Punktes F bis zur Eigenschatten-grenze des Kegels bei E reicht. In E'' hat die Tangente an k_s'' nach Nr. 20, Satz 2 die Richtung von l''. Die Lichtebene durch die in F nach rückwärts gehende Kante stellt sich im Aufriß als die Gerade $[F'' \parallel l'']$ dar, die k_s'' in F_s'' schneidet. Die Berühr-punkte T_1, T_2 von k_s'' mit dem Umriß des Kegels sind die Schnittpunkte von k_s mit den wirklichen

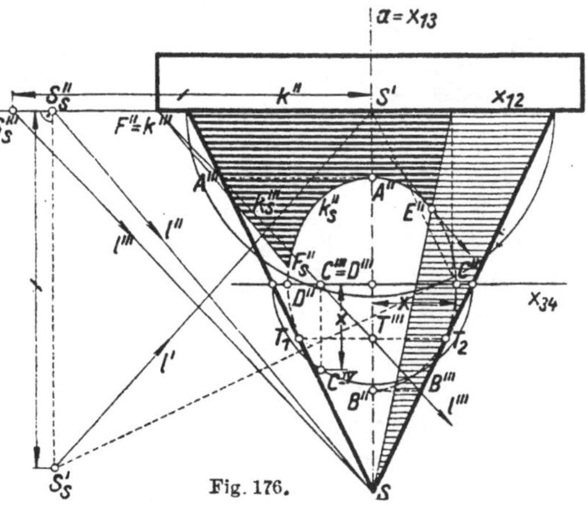

Fig. 176.

Umrißerzeugenden. Deren Kreuzriß fällt mit a zusammen; daher ist der Schnittpunkt von k_s''' mit a der Kreuzriß T'''' der beiden Punkte $T_{1,2}$.

Ändern wir die eben behandelte Aufgabe dadurch ab, daß wir an Stelle des Kegels einen Drehzylinder setzen und überdies Diagonalbeleuchtung wählen, so vereinfacht sie sich in sehr bemerkenswerter Weise, wie aus Fig. 177 a, b hervorgeht. k_s'' ist hier ein Kreis.

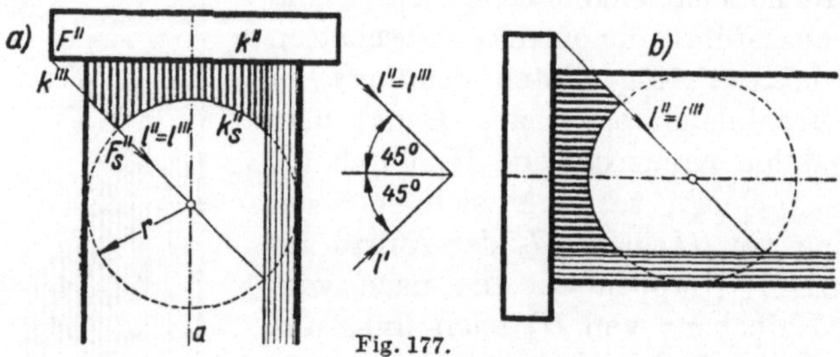

Fig. 177.

Wir betrachten nun die Schattenkonstruktion an einem zu einer Rißebene normalen Drehzylinder mit einer koaxial aufgesetzten kreisrunden Platte. In Fig. 178 ist der Zylinder zur Kreuzrißebene normal. Der Rand k der Platte wirft einen Schlagschatten, der zum Teil auf den Zylinder fällt. Dieser Schatten gehört der Schnittkurve vierter Ordnung des Zylinders mit dem Lichtzylinder durch k an und kann leicht punktweise unter Zuhilfenahme des Kreuzrisses im Aufriß konstruiert werden, weil

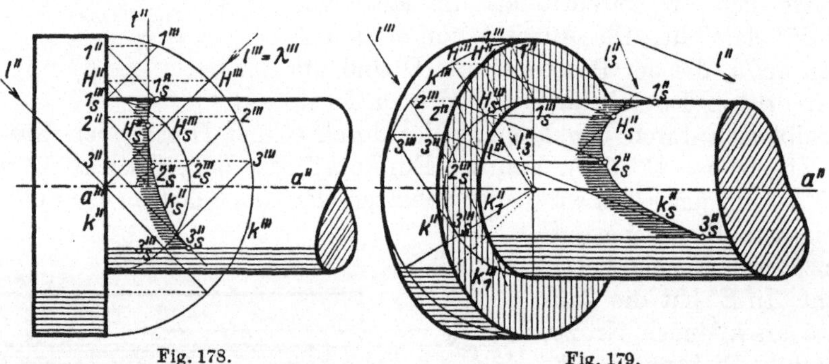

Fig. 178.   Fig. 179.

der Zylinder drittprojizierend ist. Insbesondere wird man die Punkte 1_s und 3_s auf der Umrißerzeugenden und der Eigenschattengrenze ermitteln. In $3_s''$ hat die Tangente an k_s'' die Richtung von l''. Die durch die Achse gehende Lichtebene ist eine Symmetrieebene λ von k_s. In ihrem Schnittpunkt H mit k_s ist daher die Tangente t an k_s normal zu λ, daher ist t'' normal zu a.

Für einen beliebigen zu einer Rißebene parallelen Zylinder benutzt man den Seitenriß auf eine zu den Erzeugenden normale Ebene. Fig. 179 zeigt die Durchführung der Schattenkonstruktion auf die beiden schon bei Fig. 173 erwähnten Arten, daß nämlich der Seitenriß auf die Ebene des schattenwerfenden Kreises k entweder zu Π_2 parallel gedreht oder unmittelbar im Aufriß gezeichnet wird. Der Seitenriß der Lichtrichtung ist im ersten Fall in der parallel zu Π_2 gedrehten Lage mit l''', im zweiten mit l_3'' bezeichnet.

Der in Fig. 180 dargestellte Körper besteht aus der Hälfte eines Kegelstutzes und einer koaxialen kreisförmigen Platte; er ragt aus einer durch die Drehachse gehenden Mauerfläche hervor. Nachdem man die Eigenschattengrenzen (vgl. Fig. 170) gefunden hat, wird man den Schlagschatten k_s des Randhalbkreises k der Platte auf die Kegelfläche mittels der *Methode des Zurückführens* des Lichtstrahls (Nr. 20, Fig. 47) ermitteln. Wir wählen eine Schar von waagerechten Halbkreisen c_1, c_2 der Kegelhälfte und ermitteln den Schlagschatten von k auf die Halbkreise nach der genannten Methode. Als Bezugsebene Π_1 wählen wir dabei die Ebene von k, so daß k mit seinem Schatten auf Π_1 zusammenfällt. Der Schlagschatten eines solchen Kreises c_i auf Π_1 ist ein kongruenter Kreis c_{is}, der bei passender Wahl von c_i den Randhalbkreis k in einem oder zwei Punkten i schneidet, die ihren Schatten auf c_i werfen. Fig. 180 zeigt die Durchführung bei Diagonalbeleuchtung; die Bezugsebene Π_1 ist als Grundrißebene,

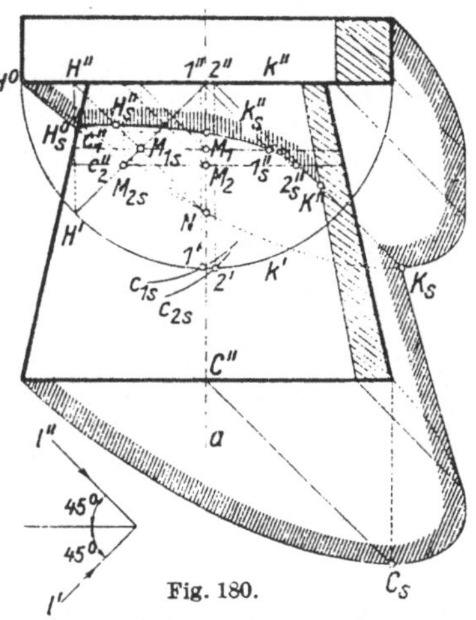

Fig. 180.

die Mauer als Aufrißebene Π_2 gedacht. Der Schlagschatten k_s ist offenbar symmetrisch zur Lichtebene λ durch die Achse a. Im Schnittpunkt H_s von λ mit k_s ist daher die Tangente an k_s horizontal. H_s ist der höchste Punkt von k_s; er ist der Schatten des leicht bestimmbaren Punktes H des Randkreises k. Dreht man den Lichtstrahl $[HH_s]$, der die Achse a in einem Punkt N schneidet, um a nach Π_2 hinein, so gelangt er nach $[H_0N]$, und die H_s tragende Kegelerzeugende geht dabei in die linke Umrißerzeugende über. Der Schnitt dieser beiden Geraden ist also die gedrehte Lage $H_s{}^0$ des gesuchten Punktes H_s, der sich nun durch Zurückdrehung ergibt.

Um die Schattenellipsen der Randkreise auf die Mauer Π_2 zu ermitteln, sucht man die Schatten der zu Π_2 normalen Durchmesser; sie sind die konjugierten zu den waagerechten Durchmessern der Schattenellipsen.

63. Die Kugel; Grundaufgaben. Der wahre Umriß einer Kugel für ein eigentliches oder ein uneigentliches Auge O ist ein *Kreis*, der scheinbare Umriß daher ein Kegelschnitt. In einem Normalriß ist der wahre Umriß der zur Bildebene parallele Hauptkreis, der scheinbare Umriß mithin ein zu jenem kongruenter Kreis.

Der „*erste*" und der „*zweite*" *scheinbare Umriß* einer Kugel mit der Mitte M und dem Halbmesser r sind demnach die Kreise $k_1' = (M', r)$ und $k_2'' = (M'', r)$. Sie sind die Bilder der zu Π_1 bzw. Π_2 parallelen Hauptkreise k_1 und k_2; k_1'' und k_2' sind demnach die zu den Ordnungslinien normalen Durchmesser von k_2'' und k_1' (Fig. 181). Die zu $\Pi_1 (\Pi_2)$ parallelen Kreise der Kugel erscheinen im Aufriß (Grundriß) als die zu den Ordnungslinien normalen Sehnen von $k_2'' (k_1')$. Man bedient sich ihrer zur Lösung der

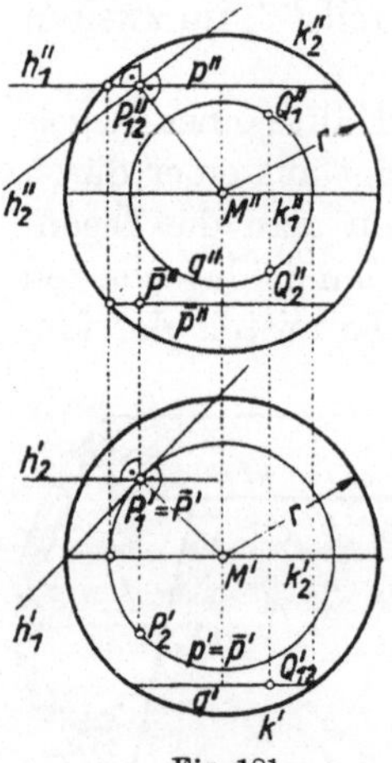

Fig. 181.

Aufgabe: *Aus einem Riß eines auf einer Kugel liegenden Punktes seinen zugeordneten Riß zu finden.*

Es ist einleuchtend, daß durch die Angabe eines Risses ein Punkt der Kugel *zweideutig* bestimmt ist. Fig. 181 zeigt die Konstruktion der Grundrisse zweier Kugelpunkte P_1, P_2, deren Aufrisse in einem Punkt P_{12}'' zusammenfallen, mittels des durch P_1 und P_2 gehenden, zu Π_1 parallelen Kugelkreises p, sowie die entsprechende Aufgabe für einen gegebenen Grundrißpunkt Q_{12}'. Um aus P_1' die zugehörigen Aufrißpunkte P_1'', $\bar P''$ zu finden, können übrigens auch, wie aus Fig. 181 ersichtlich, die Horizontalkreise p und p der Punkte P_1 und $\bar P$ verwendet werden, die sich im Grundriß im Kreis $p' = (M', M'P_1')$ decken.

Die *Tangentialebene* an die Kugel in einem ihrer Punkte, etwa P_1, steht zum Halbmesser $[MP_1]$ normal, läßt sich daher durch ihre Hauptlinien h_1 und h_2 sofort festlegen.

Jeder *ebene Schnitt einer Kugel* ist ein Kreis, dessen Mitte der Fußpunkt des aus der Kugelmitte M auf die Ebene gefällten Lotes ist und dessen Halbmesser r sich als Kathete eines rechtwinkligen Dreieckes ergibt, in dem jenes Lot die andere Kathete und der Kugelradius die Hypotenuse ist.

Es sei (Fig. 182) der Schnitt k einer Kugel mit der durch eine erste Hauptlinie h_1 und einen Punkt Q gegebenen Ebene ε zu zeichnen. Um k' zu erhalten, verwenden wir den Seitenriß auf die durch die Kugelmitte M normal zu h_1 gelegte Ebene Π_3, die wir in die „Äquatorebene", d. i. die waagerechte Ebene durch M, umklappen; also ist $x_{12} = [M'' \| h_1'']$ und $x_{13} = [M' \perp h_1']$. ε stellt sich in diesem Seitenriß als die Verbindungsgerade ε''' der

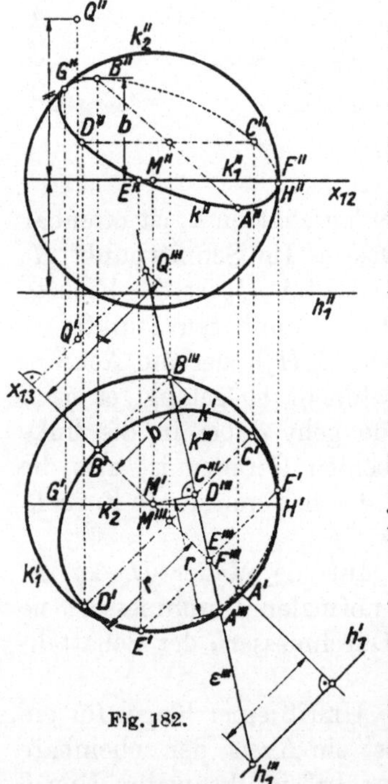

Fig. 182.

Punkte Q''' und h_1''', die Kugel als der mit k_1' zusammenfallende Kreis und k als die ε''' angehörige Sehne $A'''B'''$ dar. $A'B'$ ist bereits die kleine Achse der Ellipse k', deren große Achse $C'D'$ die Länge $A'''B'''$ hat. k' und k_1' berühren sich (Nr. 20, Satz 3) in den Grundrissen der Schnittpunkte E, F von k und k_1, für die $E''' = F''' = [k''' x_{13}]$ ist. Aus Grundriß und Seitenriß läßt sich nun der Aufriß der rechtwinkligen Kreisdurchmesser AB und CD ermitteln, wodurch man konjugierte Durchmesser von k'' erhält. Der waagerechte Durchmesser k_2' von k_1' schneidet k' in den Grundrissen der Punkte G und H, deren Aufrisse die Berührpunkte von k_2'' mit k'' sind.

Wird über einem rechteckigen Grundriß eine Kugel als Wölbfläche angeordnet, deren Durchmesser größer ist als die Rechteckdiagonale, so nennt man dieses Gewölbe eine *böhmische Kappe* oder ein *preußisches Platzel*. Die Entfernung des höchsten Punktes der Wölbfläche von der Rechteckebene heißt die *Stich-* oder *Pfeilhöhe* h der Kappe. Fig. 183 enthält die Lösung der

A u f g a b e : *Über dem Rechteck $ABCD$ ist eine böhmische Kappe mit der Stichhöhe h anzuordnen. Man zeichne den Aufriß dieser Wölbfläche samt den begrenzenden Mauerbögen.*

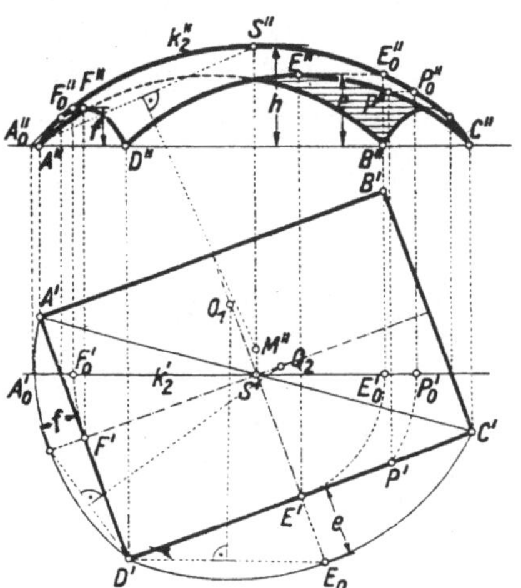

Fig. 183.

Trägt man von der Mitte des Rechtecks lotrecht nach oben die Stichhöhe h auf, so erhält man den höchsten Punkt S der Kugel *(Gewölbescheitel)*. Dreht man den durch A, S, C gehenden Hauptkreis um die lotrechte Achse durch S zu Π_2 parallel, so fällt er mit dem wahren zweiten Umriß k_2 zusammen. Gelangt also bei der Paralleldrehung A nach A_0, so ist der Schnittpunkt M'' der Symmetralen von $A_0''S''$ mit der Lotrechten durch S'' die Mitte von k_2'' und zugleich der Aufriß der Kugelmitte M. Die Schnitte der Kugel mit den lotrechten Ebenen durch die Rechteckseiten *(Mauerbögen)* fallen im Grundriß mit diesen Seiten zusammen. Um von einem Punkt P, etwa des Bogens CD, den Aufriß zu erhalten, benutzen wir nach Fig. 181 den waagerechten Kugelkreis durch P, dessen Grundriß der Kreis um S' durch P' ist. Von seinem Schnittpunkt P_0 mit k_2 zeichnen wir nun den Aufriß P_0'' (in k_2''); dann gehört P'' der Waagerechten durch P_0'' an. Insbesondere lassen sich auf diese Art die Aufrisse der höchsten Punkte E und F der Mauerbögen CD und AD ermitteln. Damit hat man zugleich die „Pfeilhöhen" e und f dieser Bögen gefunden. Trägt man auf $[S'E']$ $E'E_0 = e$ ab, so ist der Kreisbogen durch $D'E_0C'$ die wahre Gestalt des Mauerbogens CD.

Wird über einem quadratischen Grundriß ein Kugelgewölbe errichtet, derart, daß die Kugelmitte mit der Quadratmitte zusammenfällt, so sind die Mauerbögen Halbkreise. Diese Gewölbeform heißt *Hängekuppel* oder *böhmisches Platzel;* ihre Darstellung in Grund- und Aufriß bietet keine Schwierigkeiten.

Um die *Schnittpunkte einer Geraden g mit einer Kugel* $\varkappa$ zu erhalten, schneidet man $\varkappa$ mit einer projizierenden Ebene γ durch g und sucht mittels einer Umklappung von γ die gemeinsamen Punkte dieses Schnittkreises mit der Geraden g. Ist etwa γ erstprojizierend, so klappt man am besten in die waagerechte Hauptkreisebene um.

64. Schattenkonstruktionen an der Kugel. Die Eigenschattengrenze einer Kugel $\varkappa = (M, r)$ für Parallelbeleuchtung ist ein Hauptkreis s,

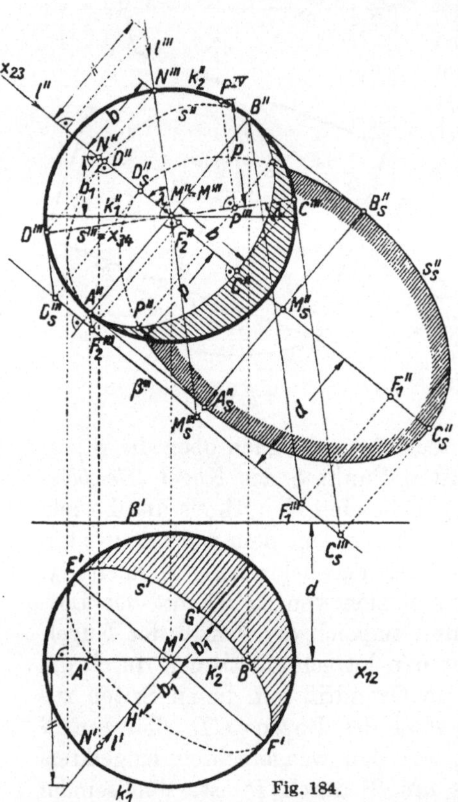

Fig. 184.

dessen Ebene zur Lichtrichtung normal steht. Sie erscheint daher im Aufriß i. allg. als Ellipse s'', deren große Achse das Bild des zu Π_2 parallelen Durchmessers von s, mithin der zu l'' normale Durchmesser $A''B''$ des scheinbaren Umrisses k_2'' ist (Fig. 184). Zur Ermittlung der kleinen Achse von s'' zeichnen wir den Seitenriß s''' auf die zu l parallele zweitprojizierende Ebene Π_3 durch M. Demnach ist $x_{23} = [M'' \| l'']$; legt man ferner x_{12} durch M', so ist $M'' = M'''$. Die Richtung von l''' wird, wie aus Fig. 184 ersichtlich, mittels des durch M gehenden Lichtstrahls ermittelt. Der dritte Umriß der Kugel deckt sich nun mit dem zweiten, und s''' ist der zu l''' senkrechte Durchmesser $C'''D'''$ von k_2''. Die x_{23} angehörigen Aufrisse von C und D geben die Endpunkte der kleinen Achse von s''. Auch der Aufriß irgendeines andern Punktes P von s, dessen Seitenriß P''' man beliebig

auf s''' gewählt hat, läßt sich auf die aus Fig. 184 ersichtliche Art leicht ermitteln, wobei die Ebene von s als eine vierte, Π_3 zugeordnete Bildebene aufgefaßt wird ($x_{34} = s'''$).

Bezeichnet N den Schnittpunkt des Lichtstrahls l durch M mit dem beleuchteten Teil von $\varkappa$, also den hellsten (normal beleuchteten) Punkt der Kugel, so ist N''' der Schnitt von l''' mit k_2'', und N'' liegt auf der Rißachse x_{23}. Wegen $M''C''C''' \backsim N'''N''M''$ ist $N''N''' = C''M'' = b$. Wir können daher sagen:

Satz 1: *Die kleine Achse eines Normalrisses der Eigenschattengrenze einer Kugel ist gleich dem Abstand des hellsten Kugelpunktes von der zur Rißebene parallelen Hauptebene der Kugel.*

Auf Grund dieses Satzes vereinfacht sich die Konstruktion der kleinen Achse von s'', da das Zeichnen von $C'''D'''$ entbehrlich wird. Aber auch s' läßt sich damit rasch finden. Denn der zu l' normale Durchmesser $E'F'$ von k_1' ist die große Achse von s', während nach dem obigen Satz die kleine Halbachse $b_1 = \overline{N''k_1''}$ ist. Auch die auf k_2' liegenden Punkte A', B' können (Fig. 101) zur Konstruktion von s' herangezogen werden.

Da der Radius MN auf der Ebene von s normal steht, ist nach Nr. 32, Satz 5 $M''N''$ gleich der Exzentrizität von s'', $M'N'$ gleich der Exzentrizität von s'. Es gilt daher auch

Satz 2: *Die lineare Exzentrizität eines Normalrisses der Eigenschattengrenze einer Kugel ist gleich dem Normalriß des in die Lichtrichtung fallenden Halbmessers.*

In Fig. 184 wurde auch der Schlagschatten s_s auf eine zu Π_2 parallele Ebene β mittels des Seitenrisses auf Π_3 konstruiert (β''' ist die Parallele zu x_{23} im Abstand $d = \overline{x_{12}\beta'}$). Die Schlagschatten der normalen Durchmesser AB und CD von s sind aus Symmetriegründen die Achsen von s_s. Nach Nr. 32, Satz 3 sind die Schlagschatten der Endpunkte des zu β normalen Kugeldurchmessers (der sich im Seitenriß mit $A''B''$ deckt) die Brennpunkte F_1, F_2 von s_s.[1])

Auch die Schattenkonstruktion an einer *hohlen Halbkugel* läßt sich leicht mittels einer zur Lichtrichtung parallelen Seitenrißebene durchführen. Der Randkreis k der in Fig. 185 im Aufriß dargestellten Halbkugel ist zu Π_2 parallel, und es wird angenommen, daß die hohle Seite sichtbar ist. Für die Konstruktion wählen wir die Ebene des Randkreises als Π_2 und $x_{23} = [M'' \parallel l'']$, so daß $M = M'' = M'''$ ist. Die Achsen des Aufrisses s'' der Eigenschattengrenze ergeben sich nach Fig. 184. Auf der Innenseite der Kugel ist jenes Gebiet im Eigenschatten, das auf der Außenseite beleuchtet ist. Der Lichtstrahlenzylinder durch den Randkreis k schneidet die Kugel außer in k noch in einem Kreis k_s. Da nämlich die Kugel und dieser Zylinder Flächen zweiter Ordnung sind, ist ihre Schnittkurve von der vierten Ordnung; daher schneiden sich die beiden Flächen, abgesehen von k, noch in einem Kegelschnitt k_s, der, der Kugel angehörend, ein Kreis sein muß. k_s geht durch die Endpunkte A, B des zu l normalen Durchmessers von k und stellt sich daher im Aufriß als Ellipse dar, deren große Achse AB ist. Die Endpunkte der Nebenachse sind daher die Bilder der Schlagschatten der Endpunkte des zu AB nor-

---

1) Bei Diagonalbeleuchtung ergeben sich Vereinfachungen; vgl. J. Pillet, Traité de perspective linéaire etc. Paris 1888 (2e éd.), S. 13.

malen Durchmessers CD von k. Da der Seitenriß des Schnittkreises der Kugel mit Π_3 sich mit k deckt, schneidet $[C \parallel l''']$ aus k'' schon C_s''' aus, worauf sich C_s'' auf x_{23} mittels des zu x_{23} normalen Ordners ergibt. k_s'' ist zu k perspektivaffin. Damit läßt sich zu jedem Punkt P auf k das

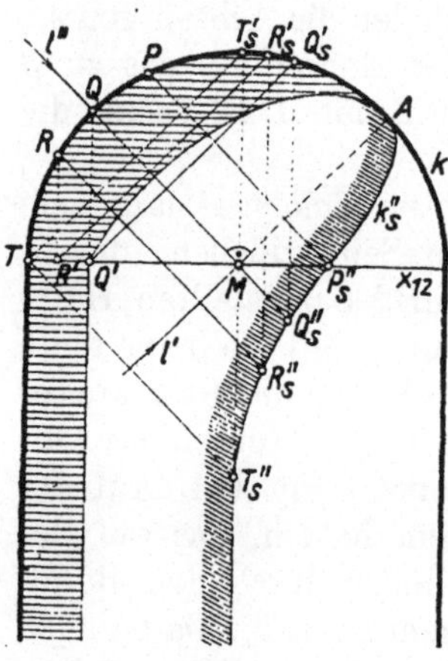

Fig. 185.

zugehörige P_s'' auf k_s'' leicht angeben. Unter Berücksichtigung der in Fig. 185 gewählten Einfallsrichtung der Lichtstrahlen findet man, daß sich das durch die starken Schraffen hervorgehobene Gebiet der Halbkugel im Schlagschatten befindet.

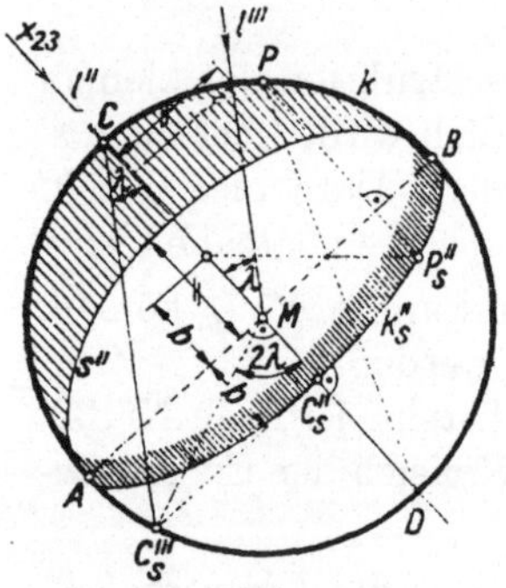

Die eben durchgeführte Schattenkonstruktion tritt auch an der *Kugelnische* auf, d. h. an einer Mauervertiefung, die durch einen halben Drehzylinder und eine ihn überdeckende Viertelkugel begrenzt ist. Fig. 186 zeigt die Nische samt den bei Diagonalbeleuchtung an ihr auftretenden Schatten im Aufriß. Der Schlagschatten k_s des Randkreises k auf die Kugel ist nur soweit zu zeichnen, als er auf der Viertelkugel liegt. In einem Punkt P_s des waagerechten Hauptkreises der Kugel schließt dann der Schlagschatten auf den Zylinder berührend an. P_s'' ist der Schnittpunkt von k_s'' mit dem waagerechten Durchmesser x_{12} von k und kann mittels der oben erwähnten perspektiven Affinität zwischen k und k_s'' konstruiert werden. Bei der eben getroffenen Wahl von x_{12} kann k zugleich als Grundriß des Zylinders angesehen und zur Konstruktion des Schlagschattens auf den Zylinder, wie in Fig. 186 ersichtlich, verwendet werden.

Den *Schlagschatten einer beliebigen Kurve k auf eine Kugel $\varkappa$* ermittelt man nach der *Methode des Zurückführens des Lichtstrahls* (Nr. 20), indem man auf eine zu Π_1 (oder Π_2) parallele Ebene sowohl den Schatten von k als auch die Schatten einer Schar zu Π_1 (bzw. Π_2) paralleler Kreise von $\varkappa$ aufsucht.

Fig. 186.

65. Stichkappen. Im Hochbau treten Durchdringungen von Zylindern, Kegeln und Kugeln bei den sogenannten *Stichkappen* auf; das sind kleinere Gewölbe, die in ein Hauptgewölbe eindringen und meistens den Zweck haben, den Lichtzutritt zu ermöglichen. Die Fig. 187—190 zeigen in Auf- und Kreuzriß die Konstruktion der dabei auftretenden Schnittkurven.

In Fig. 187 dringt in die zu Π_2 senkrechte halbkreisförmige Tonne mit dem Normalschnitt b_1 auf der Widerlagerseite eine schiefzylindrische (fallende) Stichkappe, mit dem zur Kreuzrißebene Π_3 parallelen Halbkreis b_2 als Leitlinie, ein. Diese Kappe setzt sich nach unten in die zwei lotrechten Tangentialebenen fort. Punkte der Schnittkurve k beider Zylinder können etwa folgendermaßen konstruiert werden. Man legt Hilfs-

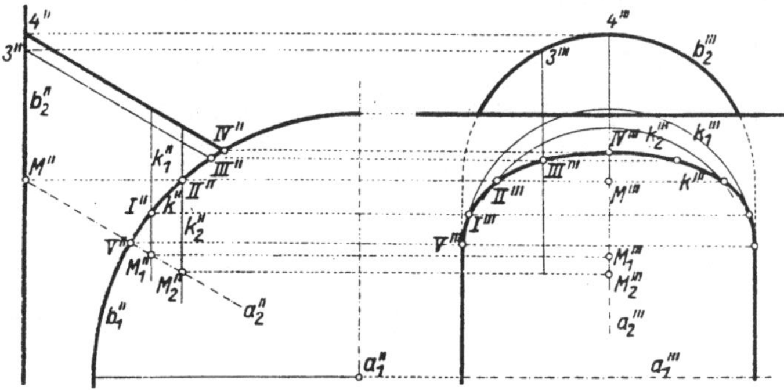

Fig. 187.

ebenen $\| \Pi_3$; jede solche Ebene schneidet die Tonne nach einer Erzeugenden, die Stichkappe nach einem zu b_2 kongruenten Kreis, dessen Mitte der Achse a_2 des schiefen Zylinders angehört. Auf diese Art wurden die Punkte I und II erhalten. Oder man legt Hilfsebenen parallel Π_2; jede solche Ebene schneidet die Stichkappe nach einer Erzeugenden, die Tonne nach einem Kreis, dessen Aufriß sich mit b_1'' deckt. Auf diese Art wurde III, IV, V erhalten.

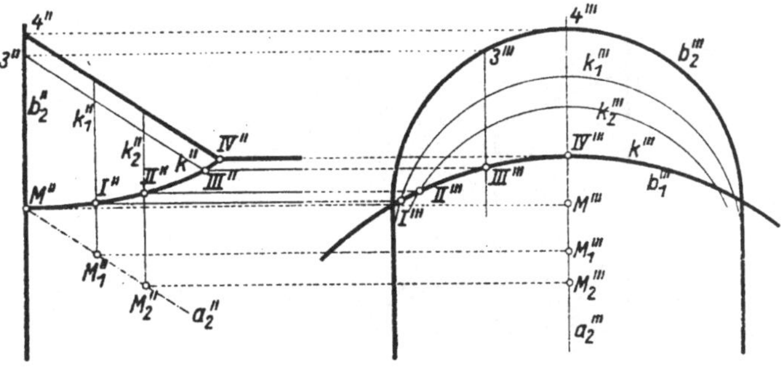

Fig. 188.

In Fig. 188 dringt in eine zu Π_3 normale flache Tonne mit dem Normalschnitt b_1 auf deren Stirnseite eine schiefzylindrische (fallende) Stichkappe mit dem zu Π_3 parallelen Halbkreis b_2 als Basis ein. Die Punkte I und II wurden durch Hilfsebenen $\| \Pi_3$, die Punkte III und IV durch Hilfsebenen $\| \Pi_2$ erhalten.

Fig. 189 stellt eine kugelförmige Stichkappe auf der Widerlagerseite einer Tonne dar. Die Tonne steht normal zu Π_3 und erscheint im Kreuzriß als der Kreis k''' mit der Mitte a'''; die Stichkappe ist die Kugel mit der Mitte O und den scheinbaren Umrissen k_2'' und k_3'''. Zur Ermittlung der

Schnittkurve k verwendet man Hilfsebenen $\parallel \Pi_2$ oder $\parallel \Pi_3$. Eine Ebene $\parallel \Pi_2$ schneidet die Kugel nach einem Kreis m_1 (m_1''' lotrechte Gerade), die Tonne nach einer Erzeugenden. Der Aufriß dieser Erzeugenden wird von m_1'' in den k'' angehörigen Punkten I'' und I_1'' geschnitten. Ebenso

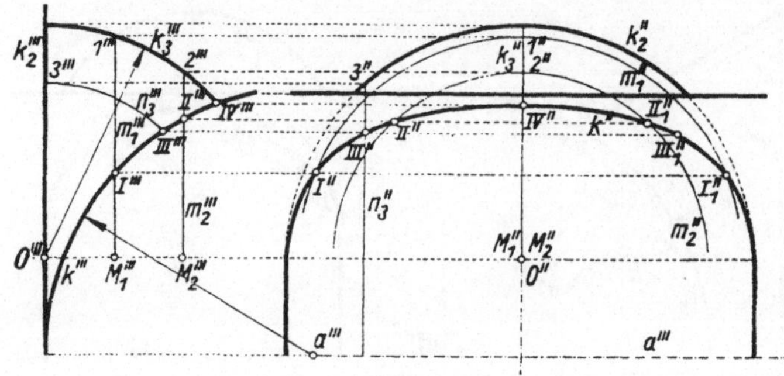

Fig. 189.

wurde II ermittelt; dagegen wurde III mittels einer Hilfsebene $\parallel \Pi_3$ gefunden, die die Kugel nach einem Kreis n_3 (n_3'' lotrechte Gerade) und die Tonne nach einem Kreis schneidet, dessen Kreuzriß sich mit k''' deckt.

Fig. 190 zeigt eine kegelförmige Stichkappe in ein Kugelgewölbe im Aufriß und Kreuzriß, wobei sich der Kreuzriß der Kugel (um M) mit

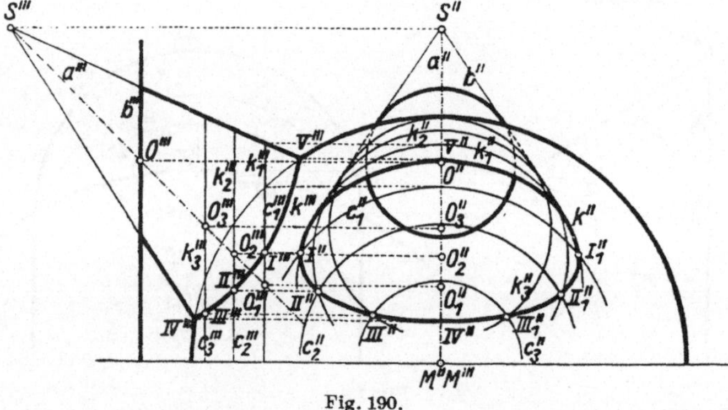

Fig. 190.

deren Aufriß deckt und letzterer einen zu Π_2 parallelen Schnitt durch die Kugelmitte darstellt. Die Stichkappe ist bestimmt durch den zu Π_2 parallelen Leitkreis b (Mitte O) und die Kegelspitze S. Als Hilfsebenen zur Aufsuchung der Schnittkurve k verwendet man Ebenen $\parallel \Pi_2$. Eine solche Ebene schneidet den Kegel nach einem Kreis k_1, dessen Mitte O_1 der Geraden $a = [SO]$ angehört, und die Kugel nach einem Kreis c_1. Die Halbmesser dieser Kreise lassen sich aus dem Kreuzriß entnehmen. k'' ist ein Bestandteil einer Kurve vierter Ordnung, k''' ein Stück einer Hyperbel (vgl. Nr. 45, Fig. 129).

Zweites Kapitel.

Darstellende Geometrie besonderer Flächengattungen.

66. Drehflächen, Grundaufgaben. Denkt man sich eine Kurve c mit einer Geraden a in starrer Verbindung und dreht man nun c um a, so beschreibt c eine Fläche Φ, die man *Dreh-* oder *Rotationsfläche* nennt. a heißt die *Achse* der Drehfläche. Jeder Punkt P der erzeugenden Kurve c beschreibt bei der Drehung einen Kreis, dessen Achse a ist. Diese Kreise heißen die *Parallelkreise* der Fläche.

Aus dieser Erzeugung der Drehfläche Φ folgt, daß sie sich bei der Drehung um a in sich selbst verschiebt, daß sie mithin durch Drehung einer jeden auf ihr gezeichneten Kurve erzeugt werden kann, sofern diese sämtliche Parallelkreise schneidet. Insbesondere entsteht Φ auch durch Drehung ihrer Schnittkurve mit einer durch die Achse gelegten Ebene. Die Schnitte einer Drehfläche mit Ebenen durch ihre Achse heißen *Meridiane. Eine Drehfläche Φ ist bezüglich jeder Meridianebene symmetrisch.* Die Meridiane sind kongruent, und jeder läßt sich in zwei zur Achse symmetrische Teile zerlegen, die wir *Halbmeridiane* nennen.

Die Tangentialebene in einem regulären Punkt P von Φ ist durch die Tangenten an den Parallelkreis und den Meridian durch P bestimmt. Daraus folgt der

Satz 1: *Die Tangentialebenen in den Punkten eines Meridians umhüllen einen Zylinder, dessen Erzeugenden zur Meridianebene normal sind.*

Da bei der Drehung von Φ um a jede Tangentialebene wieder in eine solche übergeht, so gilt der

Satz 2: *Die Tangentialebenen in den Punkten eines Parallelkreises umhüllen i. allg. einen Drehkegel, dessen Erzeugenden die Meridiantangenten sind und dessen Spitze auf der Drehachse liegt.*

Für die Darstellung einer Drehfläche in zugeordneten Normalrissen wählt man die Achse a gewöhnlich normal zu einer Rißebene. Nehmen wir (Fig. 191) $a \perp \Pi_1$ an, so erscheint der zu Π_2 parallele Meridian m — wir wollen ihn stets *Hauptmeridian* nennen — im Aufriß in seiner wahren Gestalt. m'' gehört nach Satz 1 zum zweiten scheinbaren Umriß von Φ; hat aber m eine zu a normale Tangente k mit dem Berührpunkt K (tritt in Fig. 191 nicht ein), so beschreibt diese bei der Drehung eine zu a normale Tangentialebene, die Φ in allen Punkten des durch K gehenden Parallelkreises $\varkappa$ berührt. $\varkappa$ ist eine *Flachkurve (Flachkreis)* der Fläche, d. h. eine Kurve, deren Punkte eine gemeinsame Berührebene haben. Bei der Annahme $a \perp \Pi_1$ ist mithin auch $\varkappa$ ein Bestandteil des zweiten wahren Umrisses, während die zu a'' normale Strecke $\varkappa''$ zum zweiten scheinbaren Umriß gehört. Die Parallelkreise, in deren Punkten die Meridiantangenten parallel zur Drehachse sind (die größten und kleinsten Parallelkreise[1])),

---

1) Größer bzw. kleiner als die benachbarten.

nennt man *Äquator-* bzw. *Kehlkreise;* sie bilden den wahren ersten Umriß, ihre Grundrisse den scheinbaren ersten Umriß der Fläche. Zum scheinbaren Umriß können auch die Bilder von Randkurven, insbesondere Randkreisen, welche die Fläche oben und unten begrenzen, gehören.

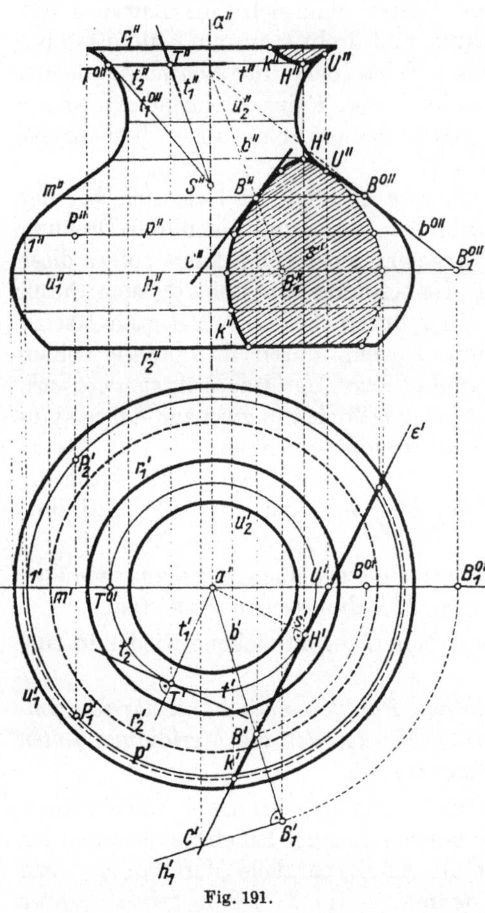

Fig. 191.

1. Aufgabe: *Aus einem Riß eines auf der Drehfläche liegenden Punktes seinen zugeordneten Riß zu finden (Fig. 191).*

Ist z. B. P'' gegeben und P' gesucht, so zeichne man zunächst den Parallelkreis p durch P. p'' ist eine waagerechte Strecke durch P''; trifft sie m'' in einem Punkt $1''$, dann ist der mit dem Halbmesser $1''a''$ um a' beschriebene Kreis der Grundriß p' des Parallelkreises, auf dem man nun mittels des Ordners durch P'' das gesuchte P' (zweideutig) findet. Entsprechend findet man den Aufriß eines Punktes P bei gegebenem Grundriß. Um den Aufriß p'' des Parallelkreises durch P zu finden, sucht man wieder einen seiner Schnittpunkte 1 mit dem Hauptmeridian m: $1'$ liegt auf der zu den Ordnern normalen Geraden m' durch a', woraus sich $1''$ i. allg. mehrdeutig auf m'' ergibt.

So läßt sich aus einem Riß einer der Drehfläche angehörigen Kurve der andre Riß punktweise finden. Damit ist auch die *Konstruktion des Schnittes k von Φ mit einer projizierenden Ebene ε* gegeben. Fig. 191 zeigt den Schnitt k der Drehfläche Φ mit einer erstprojizierenden Ebene. Da die Ebene $[a \perp \varepsilon]$ sowohl für Φ als auch für ε Symmetrieebene ist, wird ihre zu a parallele Schnittgerade s mit ε Symmetrale von k, und deren Aufriß s'' Symmetrale von k'' sein. Die auf s liegenden Punkte H von k haben daher i. allg. waagerechte Tangenten; wir nennen sie deshalb höchste bzw. tiefste Punkte. Weitere höchste bzw. tiefste Punkte von k sind i. allg. die Schnittpunkte von ε mit allenfalls vorhandenen Flachkreisen von Φ. Wichtig ist auch die Ermittlung der allfälligen Umrißpunkte U von k.

Die Schnittpunkte von ε mit m, deren Grundrisse U' sich in $[m'\,\varepsilon']$ befinden, sind im Aufriß die Berührpunkte U'' von k'' mit dem zweiten scheinbaren Umriß von Φ.

2. Aufgabe: *Die Schnittpunkte einer Geraden g mit einer Drehfläche Φ* ermittelt man, indem man die Schnittlinie von Φ mit einer durch g gelegten projizierenden Ebene mit g zum Schnitt bringt.

3. Aufgabe: *Die Tangentialebene einer Drehfläche in einem gegebenen Punkt T* ist durch die Tangente t_1 an den Meridian und die Tangente t_2 an den Parallelkreis t des Punktes T bestimmt (Fig. 191). Um t_1'' zu erhalten, drehen wir den Meridian von T in den Hauptmeridian m hinein, wodurch T nach T^0 gelangt und t_1 in die Tangente t_1^0 des Punktes T^0 an m übergeht. Bei der Rückdrehung bleibt der Achsenschnittpunkt S von t_1^0 fest; es ist daher $t_1'' = [S''\,T'']$ und $t_1' = [a'\,T']$. Die beiden Bilder der Tangente t_2 an den Parallelkreis t durch T sind $t_2' = [T' \perp [T'\,a']]$ und $t_2'' = t''$. t_2 ist die erste Hauptlinie, t_1 die erste Fallinie der gesuchten Tangentialebene.

Will man in einem Punkt B der vorhin konstruierten Schnittkurve k die Tangente ermitteln, so hat man die Tangentialebene β von B mit der Ebene ε von k zum Schnitt zu bringen. Die durch B gehende Meridiantangente b (Fig. 191) (Konstruktion mittels Paralleldrehung) schneide die Ebene eines Parallelkreises u_1 in B_1; dann ist die von B_1' auf $[B_1'\,a']$ gefällte Normale h_1' der Grundriß einer ersten Hauptlinie von β, und, wenn diese ε in C trifft, $[C\,B]$ die gesuchte Tangente.

67. Ebene Schnitte und Durchdringungen von Drehflächen. Eine durch ihren Hauptmeridian m gegebene Drehfläche Φ mit einer zur Grundrißebene normalen Drehachse $a = a''$ (Fig. 192) soll nun mit einer Ebene ε allgemeiner Lage geschnitten werden. Ist f die durch den Achsenschnittpunkt $A = [a\,\varepsilon]$ gehende erste Fallinie von ε, so liegen sowohl ε als Φ bezüglich der Ebene $[f\,a]$ symmetrisch. Daraus folgt, daß die Schnittkurve k von Φ mit ε zu f symmetrisch ist.

In Fig. 192 ist ε als die Tangentialebene von Φ im Punkte P gewählt worden. Die Tangente h an den Parallelkreis p und die Tangente f an den Meridian von P (Nr. 66) sind dann erste Haupt- und Fallinie von ε. Die Ebene Π_1 eines beliebig gewählten Parallelkreises p_1 schneidet nun ε nach einer zu h parallelen Hauptlinie h_1, deren auf f liegender Punkt 1 im Aufriß und Grundriß unmittelbar gezeichnet werden kann. Die Schnittpunkte von p_1' mit h_1' sind die Grundrisse der beiden auf p_1 liegenden Punkte I, II der Kurve k.

Die Tangente t an k in irgendeinem Punkt Q von k ist der Schnitt der Tangentialebene τ dieses Punktes mit ε. Einen zweiten Punkt C von t erhält man als Schnitt der Spuren von τ und ε in der oben gewählten Parallelkreisebene Π_1. Die mittels Drehung des Meridians durch Q in den Hauptmeridian m konstruierte Meridiantangente von Q schneidet Π_1 in einem Punkt T, durch den, normal zu ihr, die Spur t_1 von τ in Π_1 verläuft. Zur Konstruktion von T wird zuerst seine gedrehte Lage T^0 in der Hauptmeridianebene ermittelt. t_1 schneidet nun die bereits früher erhaltene Spur h_1 von ε in Π_1 im gesuchten Punkt C der Tangente t. Auf diese Weise läßt sich die Schnittkurve punktweise mit Tangenten ermitteln; insbesondere wird man die den Randkreisen sowie den größten und kleinsten Parallelkreisen angehörigen Punkte von k ermitteln.

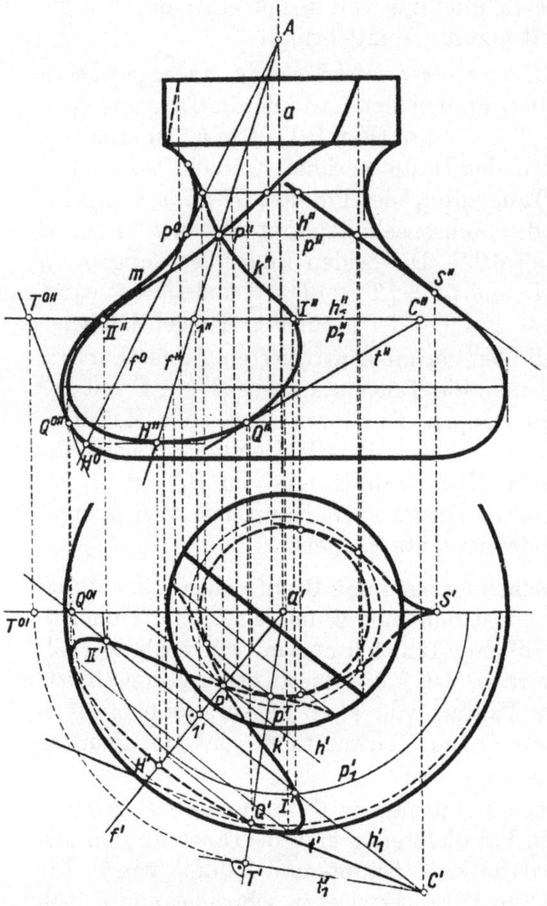

Da k, wie eingangs erläutert, zur Fallinie f symmetrisch ist, liegt die Tangente in einem Schnittpunkt von k mit f i. allg. waagerecht; dieser ist dann ein *tiefster* oder *höchster Punkt* von k. k kann aber auch in einem Schnittpunkt mit f einen Doppelpunkt mit zwei zu f symmetrischen Tangenten besitzen. Fig. 192 zeigt diese Vorkommnisse im tiefsten Punkt H und im Doppelpunkt P. Die Aufsuchung dieser Punkte geschieht durch Drehung von f um a in die Hauptmeridianebene. Die gedrehte Lage f^0 von f berührt m in P^0, weil ε als Tangentialebene in P gewählt wurde, und schneidet m in H^0. Die analytischen Grundlagen des Auftretens eines Doppelpunktes im Schnitt einer Fläche mit einer Tangentialebene wurden bereits in Nr. 18, S. 53 dargelegt. Die Konstruktion

Fig. 192.

der Tangenten im Doppelpunkt P wird uns in Nr. 84 beschäftigen. Fig. 192 zeigt auch ein Stück der Schnittkurve der Drehfläche mit der zweitprojizierenden Ebene durch die Tangente im Wendepunkt S des Hauptmeridians. In diesem Fall hat die Schnittkurve in S eine Spitze 1. Art.

Bei allgemeiner Lage der Drehachse wird die Ermittlung eines ebenen Schnittes durch Einführung von Seitenrissen auf den oben behandelten Fall zurückgeführt.

Zur Konstruktion der Schnittkurve zweier Drehflächen Φ_1, Φ_2 wird man etwa Φ_1 mit den Parallelkreisebenen von Φ_2 schneiden und die gemeinsamen Punkte jeder dieser Schnittkurven mit dem betreffenden Parallel-kreis suchen. Manchmal wird sich die entsprechende Verwendung der Meridianebenen besser eignen.

Schneiden sich die Achsen von Φ_1 und Φ_2, so vereinfacht sich die Kon-struktion der Schnittkurve bedeutend, *wenn man konzentrische Hilfs-kugeln verwendet, deren gemeinsame Mitte in den Achsenschnittpunkt fällt,* da diese Kugeln beide Drehflächen nach Kreisen schneiden. Dieses Verfahren wurde bereits in Fig. 129 für den Fall zweier Drehzylinder durchgeführt; man benutzt dabei den Normalriß auf die Ebene der beiden Achsen.

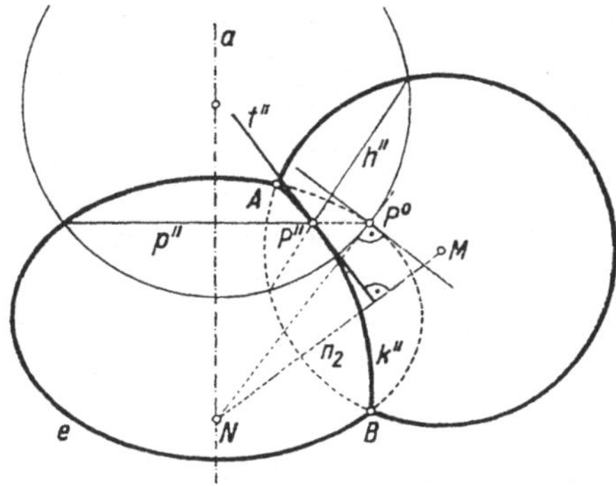

Fig. 193.

Besonders einfach gestaltet sich die Konstruktion der *Schnitt-kurve k einer Drehfläche Φ mit einer Kugel $\varkappa$,* da jede Hilfskugel, die man durch einen Parallel-kreis p von Φ legt, auch $\varkappa$ nach einem Kreis h schneidet. Ein Beispiel für dieses Verfahren bringt Fig. 193. Daselbst wird das durch Drehung der Ellipse e um die Nebenachse a entstehende Drehellipsoid (Nr. 68) mit einer Kugel $\varkappa$ zum Schnitt gebracht; die Ebene, die a mit der Kugelmitte M verbindet, ist Π_2. In einem Punkt P der Schnittkurve k läßt sich auch leicht die Tangente t er-mitteln als diejenige Gerade, die daselbst auf den beiden Flächennormalen normal steht. Alle Flächennormalen des Ellipsoids längs des Parallel-kreises p schneiden a in einem Punkt N, und alle Kugelnormalen gehen durch M. Demnach ist $n_2 = [MN]$ die zweite Spur der die beiden Flächennormalen ver-bindenden Ebene, und t'' steht auf ihr normal.

Fig. 194 zeigt an einer *Schubstange mit Gabel-kopf* die Schnittlinie einer Drehfläche φ, die durch Rotation der Me-

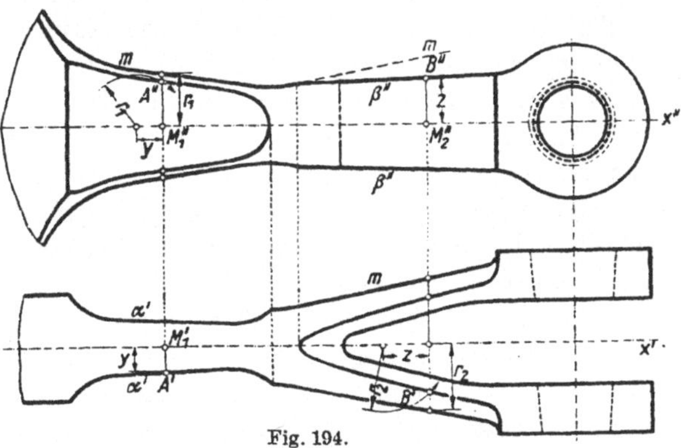

Fig. 194.

ridiankurve m um die Achse x entsteht, mit dem erstprojizierenden Zylinder α und dem zweitprojizierenden Zylinder β. Wählen wir auf α' einen Punkt A' als Grundriß eines Punktes A der Schnittkurve $[\varphi\alpha]$, und ist M_1 die Mitte des durch A gehenden Parallelkreises von φ, so muß A'' so bestimmt werden, daß die Länge AM_1 dem Halbmesser r_1

dieses Parallelkreises gleich ist. $M_1''A''$ ist daher die Kathete eines rechtwinkligen Dreieckes, dessen andre Kathete y dem Abstand $A'x'$ gleich ist, und dessen Hypotenuse die Länge r_1 hat. Dadurch kann, wie ersichtlich, ohne Hilfslinien der Aufriß der Schnittkurve $[\varphi\alpha]$ gefunden werden. Entsprechend findet man den Grundriß $[\varphi\beta]$.

68. Die Drehflächen zweiter Ordnung.[1]) Wir betrachten nun die Drehflächen, die durch die Drehung eines Kegelschnittes um eine seiner Achsen entstehen. Dreht sich etwa die auf ein $[z,r]$-Achsenkreuz bezogene Ellipse mit der Gleichung $b^2r^2 + a^2z^2 = a^2b^2$ um die z-Achse, und legen wir die $[xy]$-Ebene durch die r-Achse normal zur z-Achse, so lautet wegen $r^2 = x^2 + y^2$ die Gleichung der Drehfläche $b^2(x^2 + y^2) + a^2z^2 = a^2b^2$; sie ist also eine Fläche 2. O. (Nr. 19). Dasselbe Ergebnis erhält man, wenn man eine Hyperbel oder eine Parabel um eine Symmetrieachse eine Drehung ausführen läßt. Es gilt also der

Satz 1: *Durch Drehung eines Kegelschnittes um eine seiner Achsen entsteht eine Drehfläche 2. O.*

Je nachdem der Meridian m eine Ellipse, Hyperbel oder Parabel ist, nennt man die Fläche *Drehellipsoid, Drehhyperboloid* bzw. *Drehparaboloid*. Ein Drehellipsoid (Rotationsellipsoid) heißt *verlängert* oder *eiförmig,* wenn als Drehachse die große Achse von m, *verkürzt* oder *abgeplattet,* wenn als solche die kleine Achse von m gewählt wird. Die Kugel ist ein Sonderfall des Drehellipsoids. Ein Drehhyperboloid ist *einschalig,* wenn die Drehachse mit der imaginären Achse von m, *zweischalig,* wenn sie mit der reellen zusammenfällt. Da die Parabel nur eine Achse hat, so gibt es nur eine Gattung von Drehparaboloiden.

Die unendlichferne Ebene Ω wird von den Drehhyperboloiden in reellen Kurven 2. O. geschnitten. Die Asymptoten der Meridiane eines Drehhyperboloids bilden nämlich einen Drehkegel, der das Hyperboloid längs seiner unendlichfernen Kurve berührt. Man nennt diesen Kegel den *Asymptotenkegel.* Das einschalige Drehhyperboloid liegt im Außen-, das zweischalige im Innengebiet seines Asymptotenkegels. Das Drehellipsoid schneidet die unendlichferne Ebene in einem *nullteiligen* Kegelschnitt (Nr. 43); das Drehparaboloid berührt sie im Fernpunkt A_u der Achse a und schneidet sie nach zwei konjugiert komplexen Geraden durch A_u. Aus dem Gesagten schließt man nach Nr. 19, Satz 2, daß die Schnittkurve einer Ebene ε mit einem Drehellipsoid stets eine Ellipse (Kreis), die Schnittkurve mit einem Drehparaboloid eine Ellipse (Kreis) (ε nicht parallel a vorausgesetzt) oder eine Parabel (für $\varepsilon \parallel a$) und jene mit einem Drehhyperboloid eine Ellipse (Kreis), Parabel oder Hyperbel ist, je nachdem die Parallelebene durch die Mitte M der Fläche den Asymptotenkegel nicht (reell) schneidet, berührt oder (reell) schneidet. Es gilt übrigens

---

1) Sie treten mit Ausnahme des einschaligen Hyperboloids schon bei Archimedes (287—212 v. Chr.) auf. Vgl. H. G. Zeuthen, Die Lehre von den Kegelschnitten im Altertum. Kopenhagen 1886, S. 416.

auch, wie ohne Beweis erwähnt sei, eine Verallgemeinerung des Satzes 2 in Nr. 36, nämlich der

Satz 2: *Die Brennpunkte eines ebenen Schnittes einer Drehfläche 2. O. sind die Berührpunkte der schneidenden Ebene mit solchen Kugeln, die zugleich der Drehfläche eingeschrieben sind.*

Zwei Drehflächen 2. O. schneiden sich in einer (allenfalls zerfallenden) Raumkurve 4. O. Haben ihre Achsen einen Schnittpunkt, so verwendet man zur Ermittlung der Schnittkurve k die Hilfskugeln um den Achsenschnittpunkt (Nr. 67). Da k zur Verbindungsebene α der Achsen symmetrisch liegt, ist der Normalriß von k auf α ein (doppelt zu zählender) Kegelschnitt.[1]) In Fig. 193 wurde der Schnitt k eines Drehellipsoids Φ mit einer Kugel $\varkappa$ im Normalriß auf Π_2 dargestellt und auch die Konstruktion einer Tangente an k in einem Punkt P erläutert. In den beiden Punkten A, B, in denen k Π_2 schneidet, sind die Tangenten t_a, t_b an k zweitprojizierend. Verbindet man daher t_a mit P durch die Ebene $[t_a P]$, so konvergiert diese gegen die Schmiegebene σ im Punkte A, falls P gegen A konvergiert. Da aber bei diesem Grenzprozeß mit P zugleich der zu P bezüglich Π_2 symmetrische Punkt von k nach A konvergiert, sagt man, daß σ mit k eine *vierpunktige Berührung* hat, oder k *hyperoskuliert.* Die Tangenten an k'' in A und B können ebenso wie t'' konstruiert werden, sie bedeuten aber die Aufrisse der zweitprojizierenden Schmiegebenen der Punkte A, B.

Eine besonders bemerkenswerte Drehfläche 2. O. ist das *einschalige Drehhyperboloid*, das, wie gezeigt werden wird, auch durch Drehung einer Geraden e um eine zu ihr windschiefe Achse erzeugt werden kann. *Das einschalige Drehhyperboloid ist mithin eine Regelfläche,* und zwar eine *windschiefe Regelfläche* (Nr. 79). Da eine Drehfläche zu jeder Meridianebene symmetrisch ist, erhalten wir ein zweites System von Erzeugenden f, indem wir eine Erzeugende e an allen Meridianebenen spiegeln. Daher wird e von allen f geschnitten. Die Fläche kann also ebenso durch Drehung von f um a erzeugt werden, und es gilt der

Satz 3: *Durch jeden Punkt eines einschaligen Drehhyperboloids gehen zwei Erzeugende. Diese Erzeugenden zerfallen in zwei Scharen* (e), (f); *je zwei Erzeugende derselben Schar schneiden sich nicht, hingegen schneidet jede Erzeugende der einen Schar alle Erzeugenden der anderen Schar.*

Es läßt sich nun leicht zeigen[2]), daß der Meridian unserer Drehfläche Φ tatsächlich eine Hyperbel ist, deren imaginäre Achse in die Drehachse fällt. Zu diesem Zweck nehmen wir (Fig. 195) $a \perp \Pi_1$ an und zeichnen e in den beiden Lagen e_1 und e_2, in denen e zu Π_2 parallel ist. Das Gemeinlot zwischen a und e stellt sich im Grundriß in wahrer Länge $\overline{a' e'_{1,\,2}}$ dar. Die Grundrisse der Erzeugenden e und f sind daher die Tangenten des Kreises

---

1) R. Schüssler, Monatsh. Math. Phys. 5 (1894), S. 241—254.
2) G. Scheffers, Lehrbuch der darst. Geometrie II. Berlin 1920, Nr. 443.

$k' = (a', \overline{a'e_1'})$. k' ist der Grundriß des *Kehlkreises* k von Φ, des Ortes aller Flächenpunkte, die der Achse a am nächsten liegen. Wir fassen nun irgendeine Erzeugende f ins Auge. Ihre Schnittpunkte mit e_1, e_2 seien P, Q. Ist T ihr Schnittpunkt mit der zu Π_2 parallelen Meridianebene μ, so ist $P'T' = Q'T'$ und daher auch $P''T'' = Q''T''$. Da die Tangentialebene der

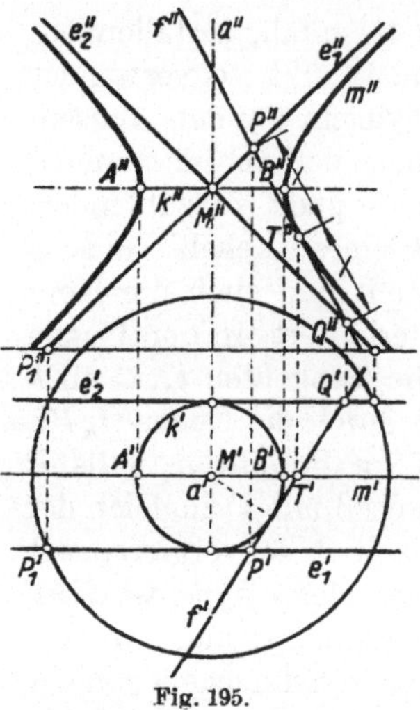

Fig. 195.

Fläche in T zweitprojizierend ist und f enthält, berührt f'' den zweiten Umriß m'' der Fläche in T''. Aus dem Ergebnis $P''T'' = Q''T''$ folgt aber (Nr. 40, Satz 2), daß (T'', f'') ein Linienelement der Hyperbel ist, die e_1'', e_2'' als Asymptoten hat und f'' berührt. m'' ist daher mit dieser Hyperbel identisch, weil die Annahme, m'' könnte die Hüllkurve aller Hyperbeln mit den Asymptoten e_1'', e_2'' sein, nicht zutreffen kann, da diese Hyperbeln gar keine Hüllkurve besitzen. Der Mittelpunkt M von k ist der Mittelpunkt des Drehhyperboloids; er ist die Spitze des *Asymptotenkegels*. Es gilt daher der

Satz 4: *Durch Drehung einer Geraden e um eine zu ihr windschiefe Achse a entsteht ein einschaliges Drehhyperboloid.*[1] *Der auf a liegende Fußpunkt des Gemeinlotes zwischen e und a ist die Mitte, und die Länge dieses Lotes die reelle Halbachse der Meridianhyperbel, deren Asymptoten mit a den Winkel ea einschließen.*

Der zuletzt bewiesene Satz gibt uns ein Mittel, *um die Schnittpunkte einer Geraden g mit einer Drehfläche Φ zu konstruieren.* Das bei der Drehung von g um die Achse a von Φ erzeugte Hyperboloid Ψ schneidet Φ in einer Anzahl von Parallelkreisen, die g in den gesuchten Punkten treffen. Diese Parallelkreise gehen durch die den Hauptmeridianen von Φ und Ψ gemeinsamen Punkte. Die Konstruktion der gesuchten Schnittpunkte erfordert daher bloß das Zeichnen der Meridianhyperbel von Ψ.

Ist Φ durch Drehung einer beliebigen *algebraischen* (ebenen oder räumlichen) *Kurve n-ter O. c* entstanden, so wird das durch Drehung der Geraden g um a erzeugte Hyperboloid Ψ die Kurve c in $2n$ Punkten treffen (Nr. 19, Satz 7). Es werden also Φ und Ψ i. allg. $2n$ Parallelkreise gemeinsam haben, die g treffen. Diese Anzahl kann sich in besonderen Fällen verringern; sie beträgt bloß n, wenn der Meridian von Φ eine zu a symmetrische Kurve n-ter O. ist, und genau $2n$, wenn der Halbmeridian von der n-ten O. ist. Es gilt also der

Satz 5: *Die durch Drehung einer ebenen oder räumlichen, algebraischen Kurve n-ter O. um eine Achse allgemeiner Lage erzeugte algebraische Drehfläche hat i. allg. die Ordnung $2n$.*

---

1) Diesen Satz hat Chr. Wren 1669 ausgesprochen. A. Parent bewies ihn 1702. Vgl. M. Cantor, Vorl. üb. Gesch. d. Math., III (2. Aufl. 1901), S. 418.

Schließlich behandeln wir noch die Aufgabe: *An eine Drehfläche Φ mit zu Π_2 paralleler Achse a durch eine gegebene Gerade die Tangentialebenen zu legen.* Nach G. Monge läßt sie sich folgendermaßen mittels eines einschaligen Drehhyperboloids lösen: Man lege an den zu Π_2 parallelen·Hauptmeridian von Φ und an den Hauptmeridian des Hyperboloids φ, das durch Drehung von g um die Achse a entsteht, die gemeinsamen Tangenten. Die zweitprojizierende Ebene durch eine solche Tangente ist eine gemeinsame Tangentialebene von Φ und φ und bleibt es, wenn man sie um a dreht, bis sie durch g geht.

Falls der Halbmeridian von Φ eine algebraische Kurve m-ter Klasse ist, hat diese mit der Meridianhyperbel $2m$ gemeinsame Tangenten (Nr. 8, Satz 4), und es gilt der

Satz 6: *Ist der Halbmeridian einer Drehfläche eine algebraische Kurve m-ter Klasse, so ist sie von der $2m$-ten Klasse.*[1])

69. Die Kreisringfläche (Torus). Eine an technischen Objekten häufig auftretende Drehfläche ist die *Kreisringfläche*, auch *Torus* genannt, die entsteht, wenn ein Kreis $m = (O, r)$ um eine nicht durch seine Mitte O gehende, aber in seiner Ebene liegende Achse o gedreht wird. Je nachdem m die Achse o schneidet, berührt oder nicht schneidet, entstehen drei Flächengattungen.

Wenn man indes von einer *Ringfläche* spricht, setzt man meist voraus, daß der erzeugende Kreis die Drehachse nicht schneidet. Im folgenden beschränken wir uns auf diese Annahme.

Aus Nr. 68, Satz 5 folgt, *daß die Ringfläche eine algebraische Fläche 4. O. ist.*

Fig. 196 zeigt unter der Annahme o in Π_2 die Konstruktion von zwei bemerkenswerten ebenen Schnitten der Ringfläche. Der Halbmesser des Meridiankreises sei r. Sein der Achse am nächsten gelegener Punkt K habe von o den Abstand c; er beschreibt den kleinsten Parallelkreis der Fläche, den *Kehlkreis.* Zum wahren zweiten Umriß gehören außer den beiden in der Hauptmeridianebene liegenden Kreisen m auch der oberste und der unterste Parallelkreis (als Flachkreise); diese teilen die Ringfläche in zwei Gebiete, die man *Wulst* und *Kehle* (das innere Gebiet) nennt.

Die ebenen Schnitte der Ringfläche sind Kurven 4. O. Wird insbesondere eine Ringfläche mit einer zur Drehachse parallelen Ebene ε geschnitten, so entsteht eine *Cassinische Linie*, und zwar eine zweiteilige, wenn der Abstand $o\varepsilon$ kleiner, eine einteilige, wenn er größer als c und kleiner als $c + 2r$ ist. In Fig. 196 ist der Fall $\varrho\varepsilon = c$ dargestellt, wobei ε die Tangentialebene im vordersten Punkt D des Kehlkreises und damit parallel zu Π_2 ist. Sind P ein Punkt der Schnittkurve, M_p die Mitte und ϱ der Halbmesser des durch P gehenden Parallelkreises, so ist $M_p P''$ die

---

1) Eine algebraische Fläche heißt von m-ter Klasse, wenn durch jede Gerade m Tangentialebenen (im Sinne algebraischer Wurzelzählung) gehen (Nr. 19).

Kathete eines rechtwinkligen Dreiecks, dessen andere Kathete der Tafel-abstand c und dessen Hypotenuse ϱ ist, woraus man, wie aus Fig. 196 ersichtlich, P'' findet. Die Schnittkurve hat in D einen Doppelpunkt (S. 53 f.), dessen Tangenten später (Nr. 84) ermittelt werden sollen. Für $r = c$ ist die Schnittkurve eine *Bernoullische Lemniskate;* die Tangenten in D sind dann auf-einander normal.

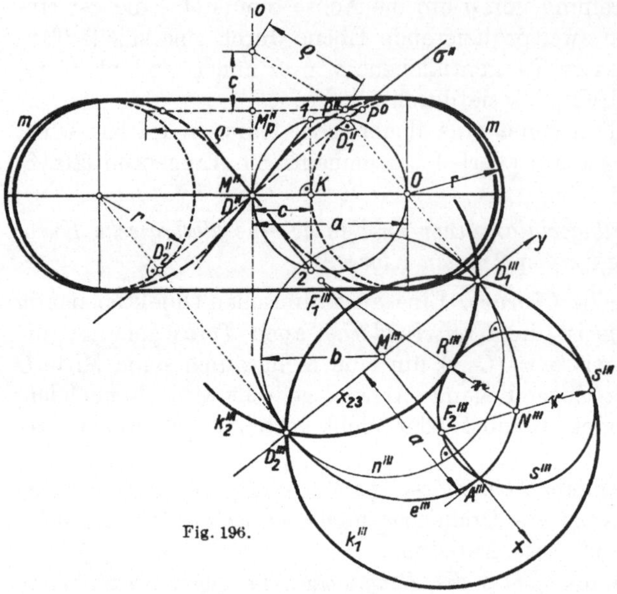

Wir betrachten nun den Schnitt der Ring-fläche Φ mit einer Ebene σ, die Φ in zwei Punkten D_1, D_2 berührt. Wird $\sigma \perp \Pi_2$ angenommen und Π_2 durch o gelegt, so muß σ'' eine innere Tangente der beiden Hauptmeridiankreise sein. Fig. 196 zeigt diesen Schnitt in einem zu σ paralle-len Seitenriß. Es soll nun gezeigt werden, *daß die Schnittkurve in zwei Kreise zer-fällt, die durch die Berührpunkte D_1, D_2 der „Doppeltangentialebene" σ gehen.* Faßt man einen Meridiankreis der Ringfläche Φ als Großkreis einer Kugel $\varkappa$ auf, so berühren sich $\varkappa$ und Φ längs dieses Kreises. Schneidet die Ebene σ diesen Meridiankreis in zwei Punkten R, S, so berührt der Schnittkreis von σ mit $\varkappa$ die Schnittkurve von σ mit Φ in diesen Punkten R und S. Die Schar dieser über den Meridiankreisen errichteten Kugeln $\varkappa$ schneidet daher σ in einer Schar von Kreisen s, deren Hüllkurve die ge-suchte Schnittkurve ist. Die Mitten dieser Schnittkreise gehören einer Ellipse e an, nämlich dem Normalriß des Kreises (M, a), der die Mittel-punkte der eingeschriebenen Kugeln $\varkappa$ enthält. Diese Ellipse wurde im Seitenriß gezeichnet; $D_1''' D_2'''$ ist ihre kleine Achse; die große Halb-achse hat die Länge a. Da alle Kugeln $\varkappa$ die Kugel mit der Mitte M und dem Halbmesser $b = MD_1$ normal schneiden, so müssen auch ihre Schnitt-kreise s mit σ den kleinen Scheitelkreis $n = (M, b)$ der Ellipse e normal schneiden, weil die Potenz aller Kugeln $\varkappa$ und daher auch aller Kreise s in M gleich b^2 ist. Die gesuchte Schnittkurve ist also die Hüllkurve der Kreise s, deren Mitten auf e liegen, und die den kleinen Scheitelkreis recht-winklig schneiden. Macht man die Hauptachse von e''' zur x- und x_{23} zur y-Achse eines Achsenkreuzes, so ergibt sich daraus der Radius $\mathfrak{r}$ eines Kreises s''', dessen Mitte N''' die Koordinaten x, y habe, mit

$\mathfrak{r}^2 = x^2 + y^2 - b^2$, wobei x, y durch die Ellipsengleichung $b^2 x^2 + a^2 y^2 = a^2 b^2$ voneinander abhängen. Daraus folgt durch Elimination von y, wenn e zugleich die Exzentrizität der Ellipse e bezeichnet, $\mathfrak{r} = \dfrac{e\,x}{a}$. Anderseits aber haben bekanntlich die von N'''' nach den Brennpunkten F_1, F_2 gezogenen Leitstrahlen die Länge $l_{1,2} = a \pm \dfrac{e\,x}{a}$. Es ist also $l_1 - \mathfrak{r}$ $= l_2 + \mathfrak{r} = a$; daraus ergibt sich, daß die Kreise s zwei Kreise k_1, k_2 einhüllen, deren Mitten die Brennpunkte F_1, F_2 von e sind, deren Halbmesser a betragen und daher durch D_1 und D_2 gehen. Diese beiden Kreise bilden also die gesuchte Schnittkurve der Ringfläche mit der Doppeltangentialebene σ.[1]) Die Kreisschnitte dieser Art heißen die *Loxodromenkreise* der Kreisringfläche.

70. Schattenkonstruktionen an Drehflächen. Wir setzen vorerst voraus, die Achse a der Drehfläche stehe zu Π_1 normal, und es sei der zu Π_2 parallele Meridian (Hauptmeridian) gegeben. Die Schatten lassen sich dann leicht im Aufriß einzeichnen. Man erzielt dabei Vereinfachungen[2]), indem man die Wahl der Grundrißebene den einzelnen Schritten der Konstruktion entsprechend anpaßt.

Zur Konstruktion der Eigenschattengrenze (Fig. 197) ermittle man zunächst die folgenden wichtigen Punkte: a) die höchsten und tiefsten Punkte[3])*, b) die Umrißpunkte, c) die Punkte im Mittelschnitt, d) die Punkte auf den größten und kleinsten Parallelkreisen.*[4])

a) Die höchsten und tiefsten Punkte (Punkte im Lichtmeridian). Die durch die Achse a gehende Lichtebene $\sigma = [a \parallel l]$ schneidet die Fläche im *Lichtmeridian s*. Zu σ ist einerseits die Fläche symmetrisch, anderseits gibt es zu jedem Lichtstrahl einen zu ihm bezüglich σ symmetrischen Lichtstrahl. Daraus folgt aber, *daß σ eine Symmetrieebene der Eigenschattengrenze f ist.* Wegen $\sigma \perp \Pi_1$ sind die Tangenten in den Schnittpunkten S_i von f mit σ waagerecht, diese Punkte also die höchsten und tiefsten Punkte von f. *Man erhält sie als die Berührpunkte der parallel zu l an den Lichtmeridian s gelegten Tangenten.* Hierzu dreht man s um a in den Hauptmeridian m und ermittelt die Richtung der mit σ zu Π_2 parallel gedrehten Lichtstrahlen l^0 (Fig. 197, Nebenbild). Legt man nun an m die zu l^0 parallelen Tangenten und dreht die Berührpunkte S_i^0 nach σ zurück, so hat man die gesuchten höchsten und tiefsten Punkte S_i.

---

1) Die im Voranstehenden verwendete Auffassung der Schnittkurve als Hüllkurve von Kreisen läßt sich bei allen Hüllflächen einer Schar von ∞^1 Kugeln anwenden, also auch bei allen Drehflächen, da man jede Drehfläche als Hüllfläche aller Kugeln auffassen kann, die sie längs je eines Parallelkreises berühren. J. de la Gournerie, J. math. p. appl. (2) 14 (1869), S. 157; R. Mehmke, Z. Math. Phys. 46 (1901), S. 246—248.

2) O. Unger, Über ein Konstruktionsprinzip und seine Verwertung bei der Schattenbestimmung an Drehflächen, Z. Math. Phys. 47 (1902), S. 467—479.

3) Höher bzw. tiefer als die benachbarten Punkte der Eigenschattengrenze.

4) Größer bzw. kleiner als die benachbarten Parallelkreise.

Das Rückdrehen vereinfacht sich durch die Bemerkung, daß ein in der Lichtmeridianebene liegender Lichtstrahl die Drehachse in einem Punkt schneidet, der bei der Drehung fest bleibt. Berührt ein solcher parallelgedrehter Lichtstrahl $l^0 m$ in einem Punkt S_1^0 und schneidet er a in L_1, so ist der Aufriß S_1'' des zurückgedrehten Punktes S_1 der Schnittpunkt der Waagerechten durch S_1^0 mit dem durch L_1'' gelegten l''. Falls L_1'' außerhalb des Zeichenblattes fällt, kann man S_1 mittels des in die Hauptmeridianebene umgeklappten Parallelkreises durch S_1^0 finden. Dieser Kreis wird von dem durch seine Mitte gezogenen l' in S_1' geschnitten, so daß S_1'' in der Lotrechten durch S_1' liegt. Beim Zeichnen von f'' beachte man, daß die Tangenten in den Punkten S_i'' horizontal sein müssen.

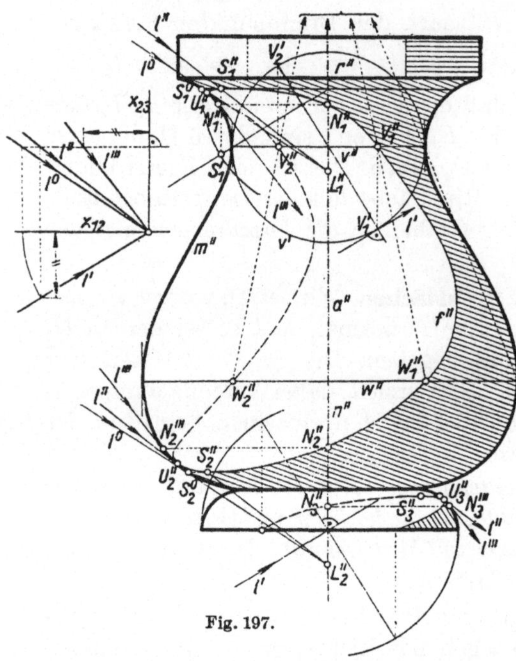

Fig. 197.

b) Die Umriß- (Kontur-) Punkte. In einem Schnittpunkt der Eigenschattengrenze f mit dem Hauptmeridian m, der zugleich der wahre zweite Umriß der Fläche ist, ist die Tangentialebene eine zweitprojizierende Lichtebene. *Daher berührt f'' den scheinbaren Umriß m'' in den Punkten U_i'', in denen sich an ihn Tangenten parallel zu l'' legen lassen* (Nr. 20, Satz 4).

c) Die Punkte im Mittelschnitt. Wir verstehen unter dem *Mittelschnitt* den zu Π_2 normalen Meridian n, dessen Aufriß sich also mit a'' deckt. Da n, als in einer zur Kreuzrißebene Π_3 parallelen Ebene liegend, der Hauptmeridian für den Kreuzriß ist, so erhält man wie unter b) die ihm angehörigen Punkte N_i von f als seine Berührpunkte mit den zu l''' parallelen Tangenten. Bei der Ausführung ermittle man l''' in einem Nebenbild. Berühren die zu l''' parallelen Tangenten $m'' = n'''$ in den Punkten N_i''', so liegen mit ihnen auf gleicher Höhe in a'' die gesuchten Punkte N_i''.

d) Die Punkte auf den kleinsten und größten Parallelkreisen. Diese Kreise bilden den wahren Umriß der Drehfläche für den Grundriß; die an sie $\parallel l'$ gelegten Tangenten berühren sie daher (Nr. 20, Satz 4) in Punkten der Eigenschattengrenze. Sei in Fig. 197 v'' der Aufriß eines Kehlkreises, so klappe man diesen in die Hauptmeridianebene nach v' um und ziehe durch seine Mitte die Normale zu l'; ihre Schnittpunkte V_1', V_2' mit v' sind die Grundrisse der auf v liegenden Punkte V_1, V_2 von f. Auf dem „Äquatorkreis" w lassen sich die Punkte $W_{1,2}$ der Eigenschattengrenze ebenso oder, wie aus Fig. 197 ersichtlich, mittels einer zentrischen Ähnlichkeit aus den Punkten V_1, V_2 erhalten.

Will man zur genauen Einzeichnung der Eigenschattengrenze noch Zwischenpunkte finden, so verwendet man am besten das sogenannte *Kugelverfahren*, manchmal auch das *Kegelverfahren*.

Diese beiden Verfahren beruhen auf der folgenden einfachen Bemerkung: *Wenn zwei Flächen Φ_1, Φ_2 einander längs einer Kurve c berühren, und wenn die Eigenschattengrenze von Φ_1 die Kurve c in einem Punkt P trifft, so geht auch die Eigenschattengrenze von Φ_2 durch P.* Natürlich, denn der Lichtstrahl durch P berührt Φ_1 und zugleich Φ_2. Da eine Drehfläche längs eines Parallelkreises p von einer bestimmten Kugel, deren Mitte auf der Achse liegt, und von einem bestimmten Kegel, dessen Spitze der Achse angehört, berührt wird, geht nach der obigen Bemerkung die Aufgabe, die auf p liegenden Punkte der Eigenschattengrenze zu finden, in die folgende über:

Die Schnittpunkte der Eigenschattengrenze einer Kugel bzw. eines Kegels mit einem zu Π_1 parallelen Kreis p dieser Flächen zu finden.

Diese Punkte P_1, P_2 ergeben sich demnach beim *Kugelverfahren* (Fig. 198) als Schnitte des Kreises p mit der Ebene ε der Eigenschattengrenze der längs p berührenden Kugel Φ_p. Da ε durch die Kugelmitte M geht und zu l normal ist, muß ihre Spur e_2 auf der Hauptmeridianebene μ durch M gehen und zu l'' normal sein, ferner ihre Spur e_1 auf der Ebene Π von p durch den Punkt $E = [e_2 \Pi]$ gehen und auf l' normal stehen. Die Schnittpunkte von e_1 mit p sind P_1 und P_2. Bei der zeichnerischen Ausführung faßt man μ als Aufrißebene und Π als Grundrißebene auf. Es ist also $e_2 = [M'' \perp l'']$, $E = [e_2 p'']$ und $e_1 = [E \perp l']$; die Schnittpunkte von e_1 mit p' sind $P_{1,2}'$, ihre Aufrisse gehören p'' an.

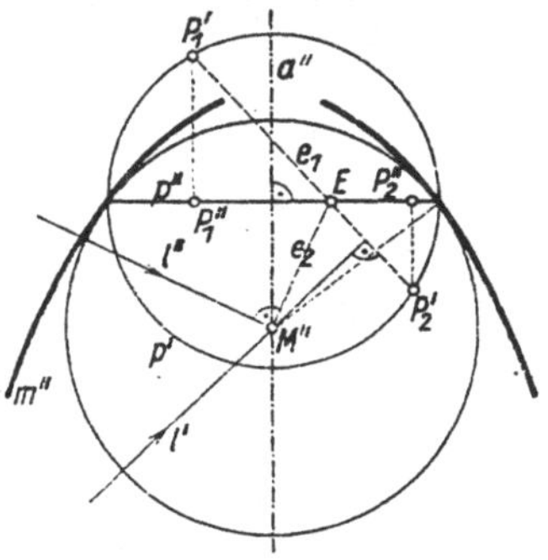

Liegt die Kugelmitte M außerhalb der Zeichenfläche, so wendet man das *Kegelverfahren* an. Man legt den die Drehfläche längs p berührenden Drehkegel und ermittelt nach Fig. 170 die p angehörigen Punkte der Eigenschattengrenze dieses Kegels, wobei man wieder μ als Aufriß, Π als Grundrißebene auffaßt.

Fig. 198.

Für das Einzeichnen der Eigenschattengrenze ist noch folgende Bemerkung von Wichtigkeit. In Fig. 199 hat die Meridiankurve bei P_1 eine

Unstetigkeit hinsichtlich der Krümmung; es geht nämlich dort der Kreisbogen $P_0 P_1$ in die Strecke $P_1 P_2$ über. Das hat zur Folge, daß die Eigenschattengrenze auf dem Parallelkreis durch P_1 eine Ecke,

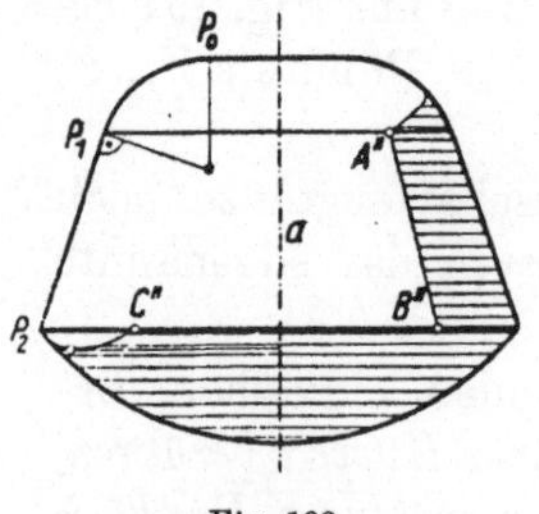

Fig. 199.

also eine *Unstetigkeit hinsichtlich der Tangente* besitzt.

Bei P_2 hat der Hauptmeridian selbst eine Ecke. Dies bewirkt, daß ein Bogen BC des Parallelkreises von P_2 und der dazu bezüglich der Lichtmeridianebene symmetrische Bogen $B_1 C_1$ zur Eigenschattengrenze gehört. Bei einer anderen Annahme könnte aber auch der ganze Bogen BB_1 zur Eigenschattengrenze gehören, wofür der Parallelkreis r in Fig. 197 ein Beispiel liefert.

Die Schattenkonstruktion in Fig. 197 ist noch durch die *Schlagschatten* zu ergänzen, die die Drehfläche Φ auf sich selbst wirft. Es ist einleuchtend, daß der Teil der Kreiskante r, der zur Eigenschattengrenze gehört, einen Schlagschatten auf Φ hervorruft. Auch der unterste Teil der Fläche trägt einen Schlagschatten, der gegen den beleuchteten Teil der Fläche vom Schlagschatten der Eigenschattengrenze f begrenzt sein muß. Um Fig. 197 nicht mit weiteren Linien zu belasten, erläutern wir die Konstruktion dieser Schlagschatten in den Fig. 200 und 201.

Zur Ermittlung des *Schlagschattens r_s des Randkreises r auf die Drehfläche* (Fig. 200) suchen wir zuerst seinen höchsten (tiefsten) Punkt S_s.

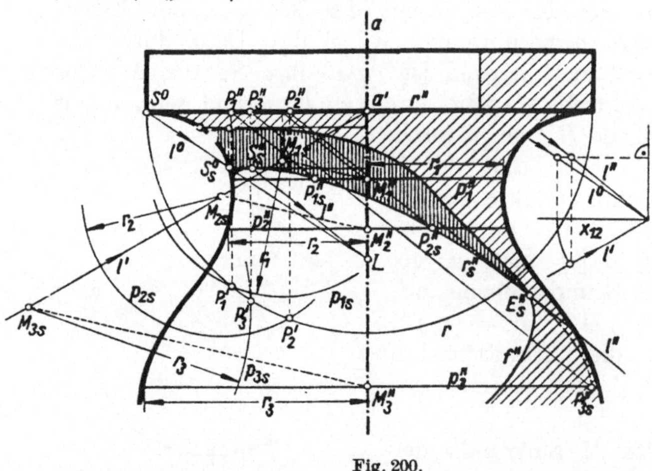

Fig. 200.

Da r_s zur Lichtmeridianebene σ symmetrisch ist (vgl. die entsprechendenÜberlegungen zur Eigenschattengrenze), liegt S_s in σ und rührt demnach von dem vorderen (mit S bezeichneten) der beiden in σ liegenden Punkte des Randkreises r her. Dreht man den Lichtmeridian in den Hauptmeridian, so kann mittels der gedrehten Lichtrichtung l^0 die gedrehte Lage $S_s{}^0$ von S_s gezeichnet werden. Durch die Rückdrehung, bei der der Schnittpunkt L des durch $S_s{}^0$ gehenden l^0 mit der Achse fest bleibt, findet man dann $S_s{}''$ im Schnittpunkt der Waagerechten durch $S_s{}^0$ mit l'' durch L.

Die Konstruktion weiterer Punkte von r_s geschieht nach der *Methode des Zurückführens des Lichtstrahls* (Fig. 47 und 180), wobei wir die Ebene ϱ

von r als Bezugsebene und zugleich als Grundrißebene und die Hauptmeridianebene μ als Aufrißebene wählen. Um den Schatten von r auf
einen Parallelkreis p_1 zu finden, sucht man den Schatten p_{1s} von p_1
auf ϱ; die beiden Schnittpunkte P_1 von p_{1s} mit r werfen dann ihre
Schatten P_{1s} auf p_1. Für die Durchführung sei bemerkt, daß p_{1s} ein zu p_1
kongruenter Kreis ist. Wiederholt man die Konstruktion für weitere
Parallelkreise p_i mit den Mitten M_i, so beachte man, daß die Mittelpunkte M_{is} ihrer Schlagschatten auf ϱ alle auf l' durch a' liegen und die
Verbindungsgeraden $[M_i M_{is}]$ zu $[M_1 M_{1s}]$ parallel sind. Man kann mithin zu
jedem $M_i = M_i''$ sofort das zugehörige M_{is} angeben. Mit den zu wählenden Parallelkreisen p_i gehe man so tief, bis man zu einem Schlagschatten-
punkt (P_{3s}'') gelangt, der schon dem Eigenschattengebiet angehört.
Beim Verbinden der gefundenen Punkte achte man darauf, daß der Aufriß der Schlagschattengrenze in S_s'' eine waagerechte und im Schnitt E_s''
mit dem Aufriß f'' der Eigenschattengrenze (Nr. 20, Satz 2) eine zu l''
parallele Tangente besitzt.

Auch der Schlagschatten der Eigenschattengrenze f auf den untersten
Teil der in Fig. 197 gewählten Drehfläche wird nach der *Methode des
Zurückführens des Lichtstrahls* ermittelt. Wir führen die Konstruktion in
Fig. 201 durch. Als Grundriß - und Bezugsebene Π_1 wählen wir etwa die
Ebene des untersten Parallelkreises und suchen zunächst den Grund-
riß f' der Eigenschattengrenze f und hierauf aus f', f'' ihren Schlagschatten
f^* auf Π_1. Bei der Ermittlung der Punkte von f nach dem Kugel-(Kegel-)

verfahren ergeben sich
zugleich ihre Abstände
von der Hauptmeridian-
ebene, so daß das Ein-
zeichnen von f' auf keine
Schwierigkeit stößt. Man
hat nun auch die Schlag-
schatten eines Systems
von Parallelkreisen k_i
des untersten Teiles der
Drehfläche zu ermitteln,
wofür wieder das bereits
oben Gesagte gilt. Ist nun
etwa I^* ein Schnittpunkt
von f^* mit dem Schlag-
schatten k_1^* von k_1, so

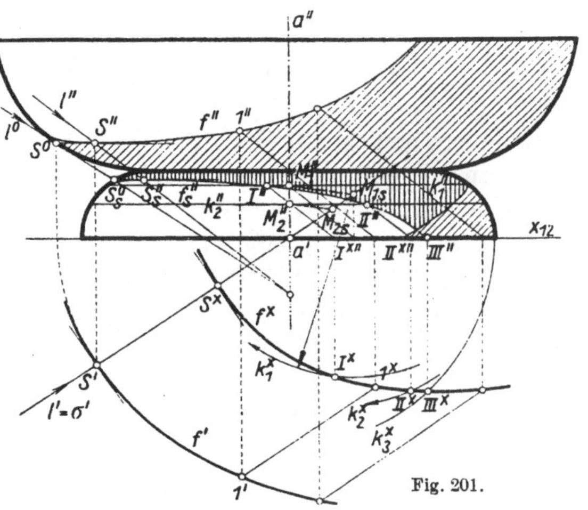

Fig. 201.

schneidet $[I^{*''} \parallel l''] \, k_1''$ in einem Aufrißpunkt I'' des gesuchten Schlagschat-
tens. Der höchste Punkt S_s dieses Schlagschattens rührt von dem tiefsten
Punkt S von f her und wird daher durch Parallel- bzw. Rückdrehung der
Lichtmeridianebene gefunden, wie dies bereits bei Fig. 200 erläutert wurde.

Die behandelten Schattenkonstruktionen an Drehflächen vereinfachen
sich bei *Diagonalbeleuchtung*. Die Auffindung dieser Vereinfachungen auf

Grund der bereits in Nr. 59 und 62 gemachten Bemerkungen kann dem Leser überlassen bleiben.[1])

71. Der Normalumriß einer Drehfläche, deren Achse gegen die Bildebene geneigt ist. Die in Nr. 70 angestellten Überlegungen zur Konstruktion der Eigenschattengrenze einer Drehfläche lassen sich auch zur Ermittlung des Normalumrisses einer Drehfläche verwerten, deren Achse

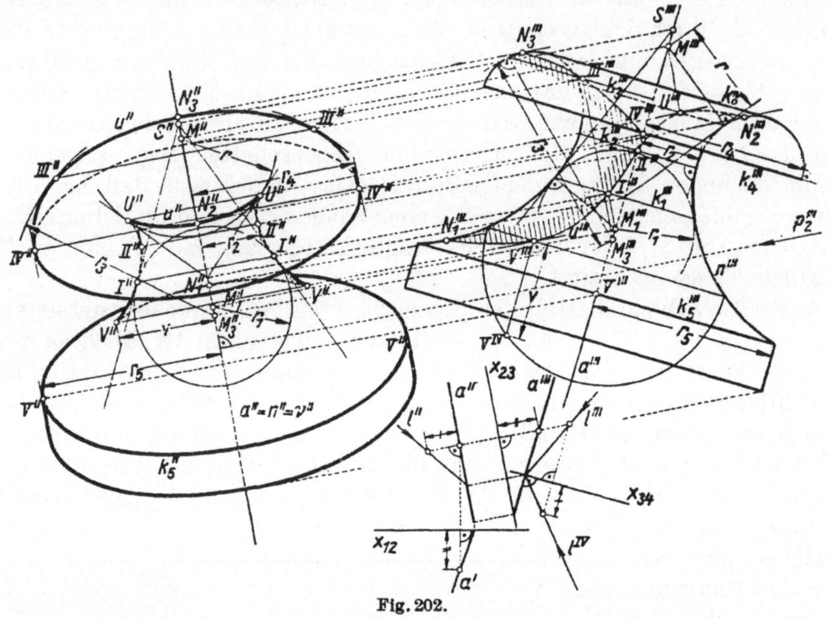

Fig. 202.

zur Bildebene geneigt ist. Hierzu hat man bloß zu beachten, daß der wahre Umriß einer Fläche zugleich ihre Eigenschattengrenze ist, wenn man die Sehstrahlen als Lichtstrahlen auffaßt.[2])

Wir nehmen an (Fig. 202), *daß die Drehachse a durch ihren Aufriß a″ und ihren Seitenriß a‴ auf eine durch a gehende oder zu ihr parallele Seitenrißebene Π_3 gegeben und der Hauptmeridian seiner Gestalt nach bekannt ist.*

Den scheinbaren dritten Umriß bildet der Seitenriß n‴ des zu Π_3 parallelen Meridians n, der dort in seiner wahren Gestalt erscheint. Den zweiten Umriß u konstruieren wir als Eigenschattengrenze nach dem Kugelverfahren für die zu Π_2 normalen Sehstrahlen p_2 als Lichtstrahlen. Jeder Lichtstrahl (Sehstrahl) p_2 stellt sich im Seitenriß als eine zu a″ normale Gerade p_2‴ dar. Wegen $p_2 \parallel \Pi_3$ erscheinen die Eigenschatten-

---

1) J. Pillet, Traité de perspective, précédé du tracé des ombres usuelles. Paris 1901 (3e éd.);   J. Kajetan, Schattenlehre und Perspektive. Wien 1889, S. 74; R. Mehmke, Z. Math. Phys. 46 (1901), S. 244—245.

2) R. Niemtschik, Direkte Konstruktion der Konturen von Rotationsflächen in orthogonalen und perspektivischen Darstellungen. S. B. Ak. Wien (math.-nat.) 52 (1865), S. 573—622.

grenzen aller eingeschriebenen Kugeln im Seitenriß als Strecken $\perp p_2'''$, also $\parallel a''$. Ist also $\varkappa_1 = (M_1, r_1)$ eine die Fläche längs eines Parallelkreises k_1 berührende Kugel, so ist $[M_1''' \parallel a'']$ der Seitenriß ihrer Eigenschattengrenze; mithin ist der Schnittpunkt I''' dieser Strecke mit k_1''' der Seitenriß der beiden auf k_1 liegenden Punkte von u, die zur Ebene v von n symmetrisch liegen. Die Aufrisse dieser Punkte I gehören dem scheinbaren zweiten Umriß von $\varkappa_1$, also dem um M_1'' mit dem Halbmesser r_1 gezeichneten Kreis an, sind demnach die Schnittpunkte dieses Kreises mit dem Ordner $[I''' \perp a'']$. Der Kreis (M_1'', r_1) berührt in I'' den scheinbaren Umriß u'', weil die Tangente an u in I der Tangentialebene an $\varkappa_1$ in I angehört und diese sich als Tangente des Kugelumrisses (M_1'', r_1) in I'' darstellt. Diese Tangentialebene enthält auch die Spitze S des der Drehfläche längs des Parallelkreises k_1 umschriebenen Drehkegels. Daher ergibt sich die Tangente von u'' in I'' auch als die Gerade $[I''S'']$. Man erhält mithin auf diese Weise außer einem Punktepaar I'' von u'' zugleich die Tangenten in diesen Punkten. u'' hat a'' als Symmetrieachse. In einem kleinsten Parallelkreis, wie k_2, oder in einem größten, wie k_4 (zugleich Randkreis), fallen die Mitten der eingeschriebenen Kugeln mit den Mitten dieser Kreise zusammen; die ihnen angehörigen Punkte II, IV von u haben daher ihre Seitenrisse in a''', und ihre Aufrisse II'', IV'' sind um die Halbmesser r_2, r_4 dieser Kreise von a'' entfernt. Die Tangenten an u'' in diesen Punkten sind zu a'' parallel. Die dem Meridian n angehörigen Punkte N_i des Umrisses erhält man, indem man an n''' die zu p_2''' parallelen Tangenten legt; deren Berührpunkte sind N_i''', und die Punkte N_i'' liegen auf a''.

Es ist bemerkenswert, daß sich die Konstruktion von u''' über die Punkte N_i''' hinaus fortsetzen läßt. u''' nähert sich den Seitenrissen k_0''', k_5''' der Kreise k_0, k_5 asymptotisch. Sucht man aber nach dem obigen Verfahren zu diesen Fortsetzungen von u''' den entsprechenden Teil von u'', so findet man, daß er aus Paaren konjugiert komplexer Punkte besteht, da die Ordner die ihnen durch die Konstruktion zugeordneten Kreise (M_i'', r_i) nicht reell schneiden.

Für das Einzeichnen des scheinbaren Umrisses u'' ist es von Wichtigkeit, zunächst das Vorhandensein allfälliger *Spitzen* (Rückkehrpunkte) zu untersuchen. Nach Nr. 16, Satz 4 hat die Projektion einer Raumkurve im Bild eines regulären Kurvenpunktes U eine Spitze, wenn das Auge auf der Tangente von U liegt. In Fig. 202 lassen sich an u''' zwei Tangenten $\parallel p_2'''$ mit den Berührpunkten U''', V''' legen. In den Punkten U, V wird u von Sehstrahlen $\perp \Pi_2$ berührt; denn wäre etwa in U der Sehstrahl p_2 von der Tangente t an u verschieden, so wäre $[tp_2]$ eine drittprojizierende Berührebene, und U''' müßte dem dritten Umriß n''' angehören. U'', V'' sind daher Spitzen von u''. In U'', V'' gehen sichtbare Teile des scheinbaren Umrisses u'' in unsichtbare über. Die Tangente von u'' in einer solchen Spitze U'' läßt sich ebenso finden, wie dies für reguläre Punkte erläutert wurde. Doch ist zu beachten, daß die Spitzentangente in U'' nicht das Bild der Tangente t von u in U ist, sondern *den Aufriß der zweitprojizierenden Schmiegebene von u in U bedeutet.*

Man versteht dies sofort, wenn man t mit einem beliebigen Punkt X von u durch eine Ebene verbindet und X auf u gegen U konvergieren läßt. Da t zweitprojizierend ist, erscheint diese Ebene $[tX]$ im Aufriß als $[U''X'']$. Während demnach $[tX]$ nach der Schmiegebene konvergiert, geht $[U''X'']$ in die Spitzentangente von U'' über.[1])

Soll für eine durch l'', l''' gegebene Lichtrichtung l die Schattenkonstruktion an Φ durchgeführt werden, so ermittelt man zuerst den Seitenriß l^{IV} von l auf eine zu a normale Ebene Π_4 (Fig. 202, Nebenbild) und konstruiert dann die Schatten zuerst im dritten Riß (Nr. 70). Da sich hierbei die Abstände ihrer Punkte von der Ebene v des Meridians n ergeben, läßt sich der Aufriß der Schattengrenzen leicht zeichnen.

72. Der Normalumriß einer Kreisringfläche; Rohrflächen. Die bereits in Nr. 69 behandelte Kreisringfläche Φ läßt sich offenbar als Hüllfläche eines Systems von Kugeln auffassen, das durch Drehung einer Kugel um eine Achse o erzeugt wird, die nicht durch ihre Mitte geht. Jede Kugel dieses Systems berührt Φ längs eines Meridiankreises, und dieser ist ein Großkreis der Kugel. Wenn man also die Meridiankreise von Φ als Großkreise von Kugeln auffaßt, so erhält man das System von Kugeln. deren Hüllfläche Φ ist.

Die Kreisringfläche ist eine besondere Fläche aus einer Gattung von Flächen, die man *Rohrflächen* nennt. *Eine Rohrfläche Φ ist die Hüllfläche eines Systems von Kugeln, das durch die Bewegung einer Kugel entsteht, bei der der Mittelpunkt M eine i. allg. reguläre Kurve c, die Mittenkurve, beschreibt.* Es ist einleuchtend, daß jede Kugel des Systems die Rohrfläche Φ längs eines Großkreises k berührt, dessen Ebene in der Kugelmitte M auf der Mittenkurve c normal steht. Daraus folgt, daß Φ längs k von einem Drehzylinder berührt wird, dessen Erzeugenden die Richtung der Tangente von c in M haben. Ist c ein Kreis, so entsteht die Kreisringfläche.

Aus dieser Erzeugung einer Rohrfläche Φ ergibt sich eine einfache Ermittlung ihres scheinbaren Normalumrisses. Ist u der wahre Umriß von Φ, $u_\varkappa$ der wahre Umriß einer Φ eingeschriebenen Kugel $\varkappa$ und schneiden u und $u_\varkappa$ einander in einem Punkt U, so berühren sich die scheinbaren Normalumrisse u^n und $u_\varkappa^n$ von Φ und $\varkappa$ im Normalriß U^n von U. Nun bilden aber die $u_\varkappa^n$ aller Φ eingeschriebenen Kugeln $\varkappa$ das System aller Kreise, deren Mitten auf dem Normalriß c^n der Mittenkurve c liegen und deren Halbmesser r gleich dem Halbmesser von $\varkappa$ ist. Somit ist der Normalumriß von Φ die Hüllkurve dieser Kreise $u_\varkappa^n$, also (Nr. 11, Satz 4, Fig. 32) die *Parallelkurven* von c^n im Abstand r. Wir haben demnach den

---

1) Auch wenn u in einem Punkt Q eine Unstetigkeit hinsichtlich der Tangente (Knick) hat, und die von Q ausgehenden Halbtangenten von u auf derselben Seite des Sehstrahls durch Q liegen, besitzt u'' in Q'' eine Spitze. Auf dieses Vorkommnis hat R. Schüssler. Orthogonale Axonometrie. Leipzig u. Berlin 1905, S. 156 hingewiesen.

Satz 1: *Der scheinbare Normalumriß einer Rohrfläche, deren einge-schriebene Kugeln den Halbmesser r haben, sind die Parallelkurven zum Normalriß c^n der Mittenkurve im Abstand r.*

In den Fig. 203a, b, c, d wurde auf diesem Wege der Normalumriß einer Kreisringfläche in verschiedenen Stellungen ermittelt. Da die Mitten-kurve c ein Kreis ist, ergibt sich c^n als Ellipse. Von ihren beiden Parallel-kurven im Abstand $\pm\, r$ hat die äußere die Gestalt eines Ovals, die innere

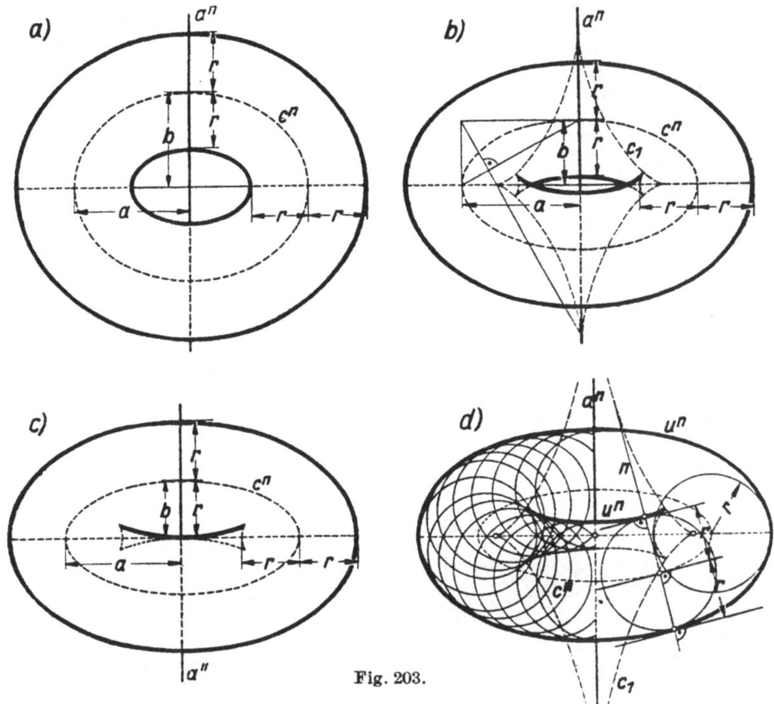

Fig. 203.

kann auch Spitzen erster Art haben. Da nämlich die Parallelkurven von c^n die Evolventen der Evolute c_1 von c^n sind, tritt der in Nr. 11, Satz 5 hervorgehobene Fall von Spitzen ein, wenn die Länge von r zwischen den Längen der Krümmungsradien der Ellipsenscheitel $\left(\dfrac{b^2}{a} < r < \dfrac{a^2}{b}\right)$ liegt.

Für $r \leqq \dfrac{b^2}{a}$ ist auch der innere Zug ein Oval (Fig. 203a); Fig. 203b zeigt die Annahme: $\dfrac{b^2}{a} < r < b$;   203c zeigt den Fall $\dfrac{b^2}{a} < r = b$ und 203d schließlich: $b < r$. Die beiden Züge des Normalumrisses einer Kreisringfläche (Torus) bilden zusammen eine algebraische Kurve 8. O. und 4. Klasse, die *Toroide*[1]) genannt wurde.

---

1) **Breton** (de Champ), Nouv. Ann. Math. (1) 3 (1844), p. 446. G. **Loria**, Spez. alg. u. transz. ebene Kurven. Leipzig 1911, 2. Aufl., 2. Bd., S. 282. Die Kurve hat acht Doppelpunkte (höchstens zwei reelle) und zwölf Spitzen (höchstens vier reelle).

73. Graphische Flächen; Schaufelfläche einer Turbine; Zirkularprojektion. Im technischen Zeichnen treten oft Flächen auf, die nicht durch ein mathematisches Gesetz definiert sind, sondern bloß durch eine Schar auf der Fläche verlaufender und graphisch gegebener Kurven bestimmt werden. Solche Flächen sollen *graphische Flächen* heißen. Zu

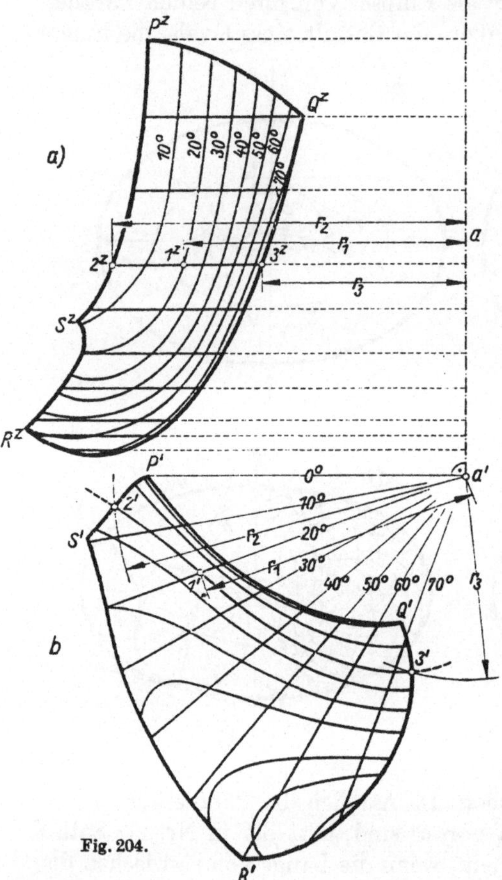

Fig. 204.

ihnen gehört z. B. die durch ein System von Hauptschichtenlinien dargestellte Geländefläche, die in den Nr. 28, 29 eingehend behandelt wurde. Die Oberflächenform eines Schiffsrumpfes[1]) wird man durch eine Reihe von waagerechten Schnitten oder durch Schnitte normal zur Längsachse des Schiffes angeben. Mit einer dem Turbinenbau entnommenen graphischen Fläche werden wir uns sogleich beschäftigen. Durch eine Anzahl graphisch gegebener Kurven ist die Fläche natürlich nicht vollständig bestimmt. Um sie trotzdem einer konstruktiven Behandlung zugänglich zu machen, nimmt man an, daß sich durch die gegebenen Kurven eine wenigstens stückweise reguläre Fläche legen lasse, und bringt dann die für reguläre Flächen geltenden Gesetze zur Anwendung.

Als Beispiel behandeln wir in Fig. 204 a, b *die Schaufelfläche einer Francisturbine.*[2]) Diese Fläche ist in Fig. 204 a in der im Turbinenbau üblichen Weise durch eine „*kotierte Zirkularprojektion*" gegeben, eine Abbildungsmethode, die folgendermaßen zustande kommt. Wir nehmen in der etwa lotrecht gedachten Bildebene Π_2 eine lotrechte Achse a an. Irgendeinem Raumpunkt R ordnet man nun in Π_2 jenen Punkt R^z als Bildpunkt zu, den man erhält, indem man R um a in einem bestimmt gewählten Sinn nach Π_2 dreht. Man nennt dann R^z die Zirkularprojektion[3]) von R.

1) M. Großmann, Darst. Geometrie für Maschineningenieure. Berlin 1927, S. 124.

2) E. Kruppa, Technische Übungsaufgaben f. darst. Geometrie. Leipzig und Wien 1933, Blatt 24.

3) L. Burmester, S. B. d. Bayr. Ak. d. Wiss. 1912.

Dieses Bild wird noch durch Angabe des Drehwinkels als „Kote" ergänzt. In der vorliegenden Aufgabe wurden durch die Achse a, die zugleich jene des Turbinenrades ist, unter den Winkeln 10^0, 20^0, ..., 70^0 gegen Π_2 ebene Schnitte durch die Schaufelfläche geführt und diese durch Zirkularprojektion in Fig. 204a dargestellt. Das krummlinige, begrenzende Viereck $P^z Q^z R^z S^z$ ist die Zirkularprojektion der Randkurve der Schaufelfläche. Aus dem Begriff der Zirkularprojektion folgt unmittelbar, daß dieses krummlinige Viereck der Meridian der Drehfläche ist, die von der Randkurve der Schaufelfläche bei der Drehung um a erzeugt wird. Aus Fig. 204a läßt sich nun leicht der Grundriß (204b) der Schaufelfläche mit jenen waagerechten Schichtenlinien konstruieren, die in 204a durch waagerechte Geraden angenommen wurden. Die Konstruktion der Schichtenlinien im Grundriß ist für den Punkt 1 in Fig. 204 ersichtlich gemacht. Sie besteht einfach in einer Zurückdrehung der nach Π_2 gedrehten Flächenpunkte um den durch ihre *Winkelkote* angegebenen Winkel. Um die Endpunkte 2, 3 der durch 1 gehenden Schichtenlinie, deren Winkelkoten nicht gegeben sind, zu ermitteln, muß man das konstruierbare Stück dieser Schichtenlinie im Grundriß nach beiden Seiten gefühlsmäßig verlängern, worauf sich dann die Grundrisse 2', 3' mittels der Abstände $r_2 = a\,2^z$ und $r_3 = a\,3^z$ sofort ergeben. So lassen sich die Schichtenlinien und der Grundriß der Randkurve punktweise ermitteln. Der Aufriß wird nun durch Hinaufloten gefunden. Um jedoch eine Überdeckung mit 204a zu vermeiden, wurde er nicht eingezeichnet.

74. Schraublinie und Schraubtorse. Bewegt sich ein Punkt P mit konstanter Geschwindigkeit auf einer Geraden g, während diese sich mit konstanter Geschwindigkeit um eine zu g parallele Achse a dreht, so beschreibt P eine *Schraublinie*. Diese liegt daher auf dem von g erzeugten Drehzylinder mit der Achse a, dem *Schraubzylinder*; a heißt die *Achse der Schraublinie*. Steht a zu einer Rißebene, etwa Π_1, normal, so ist die Schraublinie leicht darstellbar (Fig. 205). Wir nehmen an, es sei außer dem Schraubzylinder noch die Strecke h gegeben, die P auf g zurücklegt, während g eine ganze Umdrehung um a ausführt. h heißt die *Ganghöhe* der Schraublinie. Ist nun k_1 der durch die Anfangslage 0 des Punktes P gehende Kreis des Schraubzylinders, so teile man im Grundriß seinen Umfang in n gleiche Teile. (In Fig. 205 ist $n = 12$.) Kommt g bei der Drehung in den Teilpunkt 1, dann hat sich P gleichzeitig um $\dfrac{h}{n}$ gehoben; kommt g nach 2, so wird P neuerdings um $\dfrac{h}{n}$ höher liegen usw. Dadurch sind die Aufrisse $1''$, $2''$, ... der verschiedenen Lagen von P gegeben. Bei allgemein liegender Achse führt man die Darstellung mittels Seitenrissen auf den eben behandelten Fall zurück.

Denkt man sich einen Beobachter in die Schraubachse gestellt, so wird für diesen ein auf der Schraublinie nach *abwärts* (d. h. in der Kopf-Fußrichtung) sich bewegender Punkt zugleich eine Drehung „*rechtsum*" oder

„*linksum*" um die Achse vollführen. Diese Wahrnehmung bleibt ungeändert, wenn man den Beobachter umgekehrt in die Achse stellt. Im ersten Fall nennt man die Schraublinie *rechtsgängig*, im zweiten *linksgängig*. Die in Fig. 205 dargestellte Schraublinie ist rechtsgängig.

Schneidet man den Schraubzylinder längs einer Erzeugenden auf, und breitet man ihn hierauf in der Zeichenebene aus, so wird aus dem Basiskreis k_1 eine Strecke $k_1{}^0$, deren Länge u etwa durch die Näherungskonstruk-

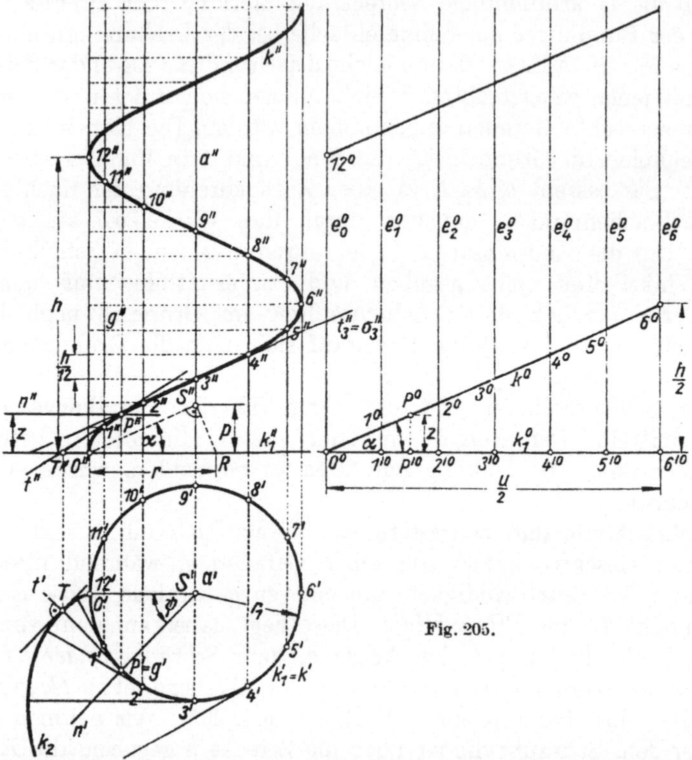

Fig. 205.

tion von Kochansky (S. 34) ermittelt werden kann. Wird auch sie in n gleiche Teile geteilt, so geben die durch die Teilpunkte $1'^0$, $2'^0$, … normal zu $k_1{}^0$ gehenden Geraden die Lagen $e_i{}^0$ an, in die die Zylindererzeugenden e_i durch die gleichnamigen Teilpunkte des Basiskreises k_1 bei der Verebnung des Zylinders fallen. Auf diesen Geraden $e_i{}^0$ sind nun die Abstände der Punkte der Schraublinie von k_1 von $k_1{}^0$ aus abzutragen. Sei P irgendein Punkt der Schraublinie k, r_1 der Radius des Schraubzylinders, ψ der zum Bogen $0'P'$ von k_1 gehörige Zentriwinkel (im Bogenmaß) und $z = P'P = P'^0P^0$ die Höhe von P über k_1, so ist nach Definition von k

$$(1) \qquad\qquad \frac{z}{\psi} = p$$

eine Konstante; also ist auch $z : r_1\psi = z : \overset{\frown}{0^0 P'^0} = p : r_1$ eine Konstante. Dies besagt aber, daß die Schraublinie k bei der Verebnung in eine Strecke

k^0 oder genauer, wenn man die ganze Schraublinie in Betracht zieht, in eine Schar paralleler Strecken übergeht. Diese schließen mit $k_1{}^0$ den durch

$$(2) \qquad \operatorname{tg} \alpha = \frac{z}{r_1 \cdot \psi} = \frac{h}{2\,r_1 \pi}$$

bestimmten Winkel α ein. Da bei der Verebnung Winkel nicht verzerrt werden, folgt, daß die Schraublinie alle Erzeugenden des Schraubzylinders unter dem konstanten Winkel $\frac{\pi}{2} - \alpha$ schneidet. Die Tangenten einer Schraublinie k schließen daher mit den zu a normalen Ebenen Π_1 den konstanten Winkel α ein. *Eine Schraublinie ist daher bezüglich der zu a normalen Ebenen eine Böschungslinie[1]) mit der Steigung* $\operatorname{tg} \alpha$.

Die Konstante p in (1) heißt der *Parameter* oder die *reduzierte Ganghöhe* der Schraublinie. Zufolge (1) und (2) ist

$$(3) \qquad\qquad p = \frac{h}{2\,\pi} \qquad\qquad \text{und}$$

$$(4) \qquad\qquad p = r_1 \cdot \operatorname{tg} \alpha\,.$$

Kennt man aus der Verebnung den Winkel α, so läßt sich nach (4) p leicht als Strecke konstruieren. Zieht man nämlich (Fig. 205) durch $0''$ eine unter α gegen k_1'' geneigte Gerade bis zum Schnitt S'' mit a'', so ist nach (4) $p = k_1'' S''$.

Die *reduzierte Ganghöhe* p der Schraublinie gibt nach (1) die zum Drehwinkel $\psi = 1$ (Bogenmaß) gehörige Steighöhe an. Aus Fig. 205 und Gl. (1) erkennt man leicht, daß der Aufriß der Schraublinie eine verallgemeinerte *Sinuslinie*[2]) ist.

Man denke sich den Schraubzylinder doppelt, einmal fest und einmal beweglich, und auf beiden die Schraublinie gezeichnet; bewegt man dann den beweglichen Zylinder derart um a, daß ein Punkt die feste Schraublinie beschreibt, so verbleibt *jeder* Punkt der beweglichen Schraublinie auf der festen. Mit anderen Worten, *die Schraublinie ist in sich selbst verschiebbar*. Daraus folgt, daß sie in allen Punkten dieselbe Krümmung und Torsion hat. Wir untersuchen im folgenden die *Krümmung* und die *Torsion* der Schraublinie.

Legt man durch den Punkt S die Parallelen zu den Tangenten der Schraublinie, so erhält man ihren *Richtkegel*; er ist nach den früheren Bemerkungen ein Drehkegel durch k_1. Die Tangente t_3 in 3 an die Schraublinie ist zur Aufrißebene und daher auch zur Erzeugenden $[S0]$ des Richtkegels parallel. Die Schmiegebene σ_3 in 3 ist daher (Nr. 17, Satz 2) parallel zur Tangentialebene des Richtkegels längs $[S0]$, σ_3 ist also die zweitprojizierende Ebene durch t_3. Da das unendlichferne Pro-

---

1) Manche Eigenschaften der Schraublinien gelten auch für die Böschungslinien; Lancret, Mémoire sur les courbes à double courbure, Mém. des savants étrangers I, 1805.

2) $x = r_1 \cos \psi$, $\quad \dfrac{z}{\psi} = p$, $\quad$ also $\quad x = r_1 \cdot \cos \dfrac{z}{p}\,.$

jektionszentrum der zu Π_2 normalen Sehstrahlendieser Schmiegebene angehört, hat k'' in $3''$ einen Wendepunkt (Nr. 16, Satz 3), und $t_3'' = [3'' \parallel S''0'']$ ist die Wendetangente. Das aus 3 auf a gefällte Lot steht auf t_3 normal und liegt in σ_3; es ist also die Hauptnormale (Nr. 13) für den Punkt 3. Wir können demnach sagen:

Satz 1: *Die Hauptnormale in einem Punkt P einer Schraublinie ist das aus P auf die Schraubachse gefällte Lot n.*

Durch Anwendung der Bemerkungen in Nr. 15 erkennt man, daß eine rechts- (links-) gängige Schraublinie rechts- (links-) gewunden ist.

Da die Hauptnormalen zu Π_1 parallel sind, kann der Krümmungsradius r der Schraublinie nach Nr. 14, Gl. (10) aus dem Krümmungsradius r_1 ihres Grundrisses k_1 berechnet werden, und zwar ergibt sich unmittelbar

$$(5) \qquad\qquad r = \frac{r_1}{\cos^2\alpha}.$$

Zur Konstruktion von r hat man in Fig. 205 bloß $[S'' \perp [0''S'']]$ bis zum Schnitt R mit k_1'' zu ziehen; dann ist $r = 0''R$.

Die Krümmungsmittelpunkte von k gehören einer gleichachsigen Schraublinie k^* von gleicher Ganghöhe an, deren Zylinder den Radius $r - r_1 = r_1 \mathrm{tg}^2\alpha$ besitzt. R ist nämlich die Krümmungsmitte des Punktes 0 und beschreibt k^*, wenn 0 die Schraublinie k durchläuft.

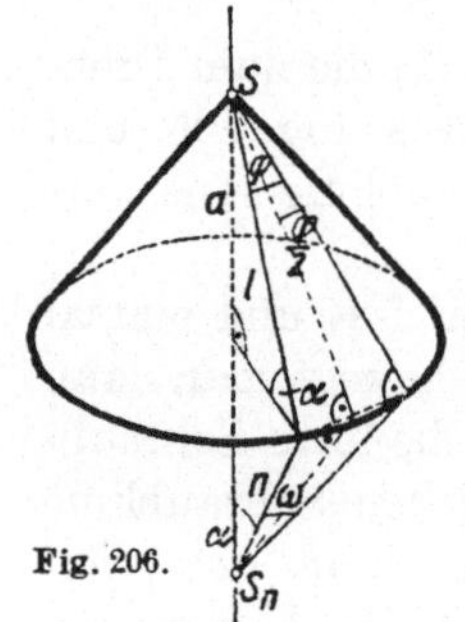

Fig. 206.

Auch die Torsion und die konische Krümmung einer Schraublinie lassen sich nach Nr. 15, Gln. (3), (4) leicht ermitteln. Wir legen zu zwei Tangenten t_1, t_2 der Schraublinie die parallellen Erzeugenden des Richtkegels (S, k_1), und es sei φ der von ihnen gebildete Winkel (Fig. 206). Da die Tangentialebenen des Kegels zu den Schmiegebenen parallel sind, schließen die Kegelnormalen in den Basispunkten jener Erzeugenden den Winkel ω der Schmiegebenen durch die Tangenten t_1, t_2 ein. Nun ist, wenn l die Seitenlänge des Richtkegels und n jene des Normalenkegels (S_n, k_1) bedeutet,

$$l \sin\frac{\varphi}{2} = n \sin\frac{\omega}{2} \quad \text{und} \quad l = n\,\mathrm{tg}\,\alpha .$$

Daraus folgt für die *konische Krümmung*

$$(6) \qquad\qquad \varkappa_1 = \lim\frac{\omega}{\varphi} = \mathrm{tg}\,\alpha$$

und mithin nach Nr. 15, Satz 1 die *Torsion*

$$(7) \qquad\qquad \frac{1}{\tau} = \frac{\sin\alpha\cos\alpha}{r_1}.$$

Wir betrachten nun die Tangentenfläche Ψ der Schraublinie, die *abwickelbare Schraubfläche* oder *Schraubtorse*. Da eine Schraublinie k mit lotrechter Achse eine Böschungslinie ist, ist ihre Tangentenfläche Ψ

eine Böschungsfläche (Nr. 30). Längs einer Tangente t von k wird Ψ von der Schmiegebene τ des Berührpunktes T von t berührt, und t ist nach Nr. 30, Satz 2 die Fallinie von τ, was auch aus Satz 1 folgt. — Trifft die Tangente des Punktes P der Schraublinie k (Fig. 205) die Grundrißebene Π_1 in T, so ist wegen $\sphericalangle\, P'\,T\,P = \alpha$ und Gl. (2) $P'\,T = z : \mathrm{tg}\,\alpha = r_1\psi$, also gleich dem zum Zentriwinkel ψ gehörigen Bogen $0\,P'$ von k_1, der aus der Verebnung als die Länge $0^0\,P'^0$ entnommen werden kann. Mittels T läßt sich die Tangente $t = [P\,T]$ im Aufriß zeichnen. Der Ort k_2 der ersten Spurpunkte T der Tangenten ist zufolge der eben gefundenen Beziehung $P'\,T = r_1\psi$ die Evolvente k_2 des Kreises k_1 (Nr. 11). Es gilt also der

Satz 2: *Die zur Schraubachse normalen ebenen Schnitte einer Schraubtorse sind Kreisevolventen.*

Mit Hilfe des Richtkegels $\lambda = (S, k_1)$ lassen sich die Asymptoten der Schnittkurve von Ψ mit einer beliebigen Ebene ε leicht ermitteln. Legt man nämlich durch S die Parallelebene zu ε, so schneidet sie λ nach jenen Erzeugenden, deren entsprechende auf Ψ zu ε parallel sind. Die Tangentialebenen von Ψ längs dieser Erzeugenden sind zu den entsprechenden von λ parallel und schneiden ε in den gesuchten Asymptoten. Der Schnitt von Ψ mit einer durch a gehenden Ebene heißt die *Meridiankurve* von Ψ. Sie besteht aus unendlichvielen kongruenten, sich ins Unendliche erstreckenden Zügen, die (Nr. 17) in den Schnittpunkten mit k Spitzen besitzen.

Die Eigenschattengrenze von Ψ bei Parallelbeleuchtung besteht aus Erzeugenden, die sich im Grundriß als je eine der zum Grundriß der Eigenschattengrenze von λ parallelen Tangenten an k' darstellen. Zeichnet man (Fig. 207) bloß einen Mantel von Ψ und begrenzt man diesen durch eine Schraublinie s und zwei Erzeugende e, f, so werfen diese Ränder k, s, e, f Schlagschatten auf Ψ, die nach der Methode des Zurückführens des Lichtstrahls (Fig. 47) konstruiert werden können; man wird dabei Π_1 als die Bezugsebene benutzen, auf der man die Schatten sucht. *Die Schlagschatten k_s und s_s der Schraublinien k und s auf Π_1 sind „Zykloiden".*[1]

Zum Beweis dieses Satzes denken wir uns die Schraublinie s dadurch entstanden, daß der Punkt P einen Kreis s_1 mit der Achse a und dem Halbmesser r_1 gleichförmig durchläuft, während s_1 selbst sich gleichförmig in der Richtung von a parallel verschiebt. Der Schatten P_s von P auf Π_1 bewegt sich dann auf dem Schattenkreis s_{1s} mit derselben Geschwindigkeit wie P auf s_1, während sich s_{1s} parallel zum Schatten a_s von a mit einer konstanten Geschwindigkeit verschiebt, die von der Horizontalneigung λ der Lichtstrahlen abhängt. Einer Verschiebung von s_1 um die Ganghöhe h entspricht eine Verschiebung von s_{1s} um $h_s = h \cdot \mathrm{cotg}\,\lambda$. Bezeichnet α den Steigwinkel von s, so hat man die drei Fälle $\lambda = \alpha$, $\lambda > \alpha$, $\lambda < \alpha$ zu unterscheiden.

a) Für $\lambda = \alpha$ ist $h_s = h\,\mathrm{cotg}\,\lambda = h\,\mathrm{cotg}\,\alpha = 2r_1\pi$ (Gl. 2). Während also P_s auf s_{1s} gleichförmig eine Umdrehung vollführt, verschiebt sich die Mitte M_s von s_{1s}

---

1) Guillery (1847), vgl. G. Loria, Spez. alg. u. transz. ebene Kurven. Leipzig 2. Aufl., 1911, 2. Bd. S. 86.

geradlinig und gleichförmig um die Länge des Umfanges von s_{1s}. Das Ergebnis dieser beiden Bewegungen ist demnach das Rollen von s_{1s} auf einer seiner zu a_s parallelen Tangenten. Der Schatten s_s der Schraublinie ist daher in diesem Fall eine *gespitzte (gemeine) Zykloide.*

b) Für $\lambda > \alpha$ ist $h_s = h \cot \lambda < 2 r_1 \pi$. Setzt man $h_s = 2 r_2 \pi$, wo jetzt $r_2 < r_1$ ist, und ist n_2 ein mit s_{1s} fest verbundener konzentrischer Kreis vom Halbmesser r_2, so ergibt sich die Bahn von P_s durch das Rollen von n_2 auf einer seiner zu a_s par-

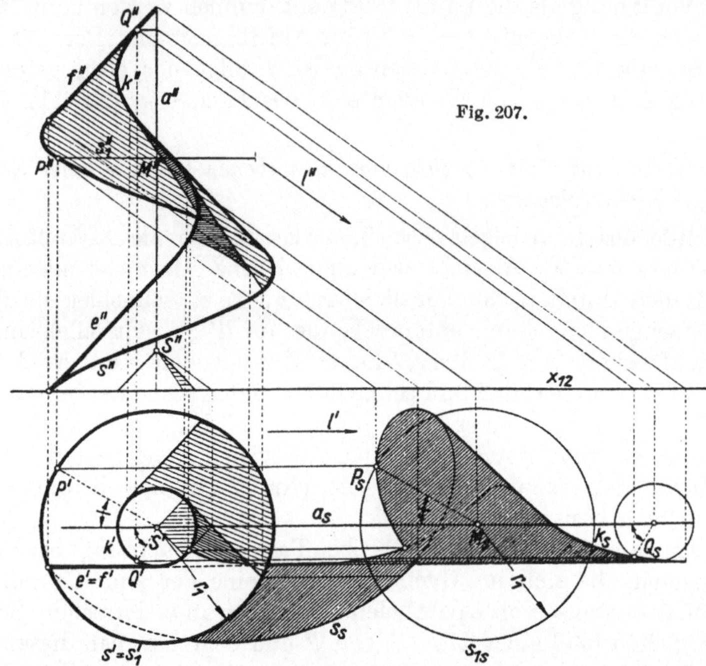

allelen Tangenten. Da P_s dem Außengebiet von n_2 angehört, ist die Bahnkurve s_s eine *verschlungene Zykloide.* Dieser Fall liegt für den Schatten s_s der Schraublinie s in Fig. 207 vor.

c) Für $\lambda < \alpha$ findet man entsprechend einen zu s_{1s} konzentrischen und mit s_{1s} fest verbundenen, rollenden Kreis n_3, dessen Halbmesser r_3 ($h_s = 2 r_3 \pi$) größer als r_1 ist. Da P_s in diesem Fall im Innern von n_3 liegt, ist die Bahnkurve von P_s eine *gestreckte Zykloide.* Dieser Fall liegt für den Schatten der Schraublinie k in Fig. 207 vor. Die *Verebnung der Schraubtorse* wird in Nr. 80 behandelt werden.

Die aus einer gleichförmigen Drehung um eine Gerade a und einer gleichförmigen Schiebung parallel zu a zusammengesetzte Bewegung des ganzen Raumes heißt eine *Schraubung des Raumes.* Sie ist bestimmt, wenn außer der Achse a noch der *Parameter* (reduzierte Ganghöhe)

$$p = \frac{z}{\varphi},$$

d. i. das konstante Verhältnis der Schiebstrecke z zum zugehörigen Drehwinkel φ (im Bogenmaß) und der *Schraubsinn* (rechts-(links-)gängig) gegeben ist. Sämtliche Raumpunkte beschreiben bei der Schraubung gleichsinnige Schraublinien um a mit derselben Ganghöhe h. Hat P von a den Abstand r_1, so ist die Steigung $\operatorname{tg} \alpha$ der von P beschriebenen Schraublinie nach Gl. (4) $p : r_1$, nimmt also für $r_1 \rightarrow \infty$ unbeschränkt ab; a selbst kann als Schraublinie mit unendlichgroßer Steigung angesehen werden.

75. Die allgemeine Schraubfläche. Eine durch Schraubung einer beliebigen Kurve c erzeugte Fläche Φ heißt *Schraubfläche*.[1]) Läßt sie sich durch Schraubung einer Geraden erzeugen, so heißt sie *Regelschraubfläche* (Nr. 76). Die von den Punkten von c beschriebenen Schraublinien sollen die *Bahnschraublinien* der Fläche heißen. Durch die erzeugende Schraubung wird jede Bahnschraublinie und die ganze Schraubfläche Φ in sich verschoben. Diese kann daher auch durch Schraubung irgendeiner auf ihr gewählten Kurve erzeugt werden, sobald diese alle Bahnschraublinien der Fläche schneidet. Die (kongruenten) Schnitte von Φ mit Ebenen durch a heißen *Meridiane* und die (kongruenten) Schnitte mit Ebenen $\perp a$ *Normalschnitte*.

Für die folgenden Betrachtungen soll die Schraubachse $a \perp \Pi_1$ sein; um den Parameter p der Schraubung anzunehmen, wählen wir auf a einen oberhalb Π_1 gelegenen Punkt S im Abstand p von Π_1, also $S'' x_{12} = p$ (Fig. 208).

Wird eine Schraubfläche Φ durch Schraubung einer Raumkurve c erzeugt und die Aufgabe gestellt, den Meridian oder den Normalschnitt von Φ zu ermitteln, so hat man die Punkte von c in eine Meridianebene, etwa $[a \Vert \Pi_2]$, bzw. in eine Ebene $\perp a$ hineinzuschrauben. Man hat also wiederholt die folgende Aufgabe zu lösen:

Aufgabe 1: *Zu einem gegebenen Drehwinkel φ einer Schraubung die zugehörige Verschiebung z und umgekehrt zu z den Winkel φ zu finden.*

Hierzu konstruiert man zunächst in Grund- und Aufriß eine durch die gegebene Schraubung erzeugte Schraublinie p_0 (Fig. 208).

---

1) Literatur: J. N. P. Hachette, Traité de géom. descr., 2e éd., Paris 1828, note II, S. 289. B. Vialla, Mémoire sur la vis de Saint-Gilles, J. Éc. Polyt. Cah. 37 (1858), S. 191—215. L. Burmester, Kin.-geom. Konstr. d. Parallelproj. d. Schraubenfl. usw., Z. Math. Phys. 18 (1873), S. 185—202 und Theorie und Darstellung der Beleuchtung gesetzmäßig gestalteter Flächen, Leipzig 1871 (2. Aufl. 1875), I. T., 4. Kap. u. II. T., 4. Kap. Eingehende Betrachtungen über Schraubflächen, insbes. über Regelschraubflächen enthalten die Lehrbücher der darstellenden Geometrie: J. de la Gournerie, Traité de géom. descr., 3e partie, Paris 1864; W. Fiedler, Darst. Geom., II. T.; Chr. Wiener, Lehrb. d. Darst. Geom., II. Bd.; Rohn-Papperitz, Lehrb. d. darst. Geom., I. Bd.; Th. Schmid, Darst. Geom., II. Bd.; G. Scheffers, Lehrb. d. darst. Geom., II. Bd., u. a. m. Ferner die Aufsätze: E. Müller, Eine Abbildung krummer Flächen auf eine Ebene usw., S.-B. Ak. Wien (math.-nat.) 120, II a (1911), S. 1764—1810; derselbe, Die achsiale Inversion, Jahresber. D. M. V. 25 (1916), S. 241. L. Tuschel, Über eine krummlinige Projektion usw., Monatsh. Math. Phys. 20 (1909), S. 358 bis 368; derselbe, Über eine Schraubliniengeometrie und deren konstruktive Verwertung, S.-B. Ak. Wien (math.-nat.) 120, II a (1911), S. 231—254. F. Palm, Über die direkte Konstruktion des perspektiven Umrisses von allg. Schraubflächen, Monatsh. Math. Phys. 23 (1912), S. 274—282 und Über die Umrißbest. v. allg. Schraub- und Drehfl. usw., ebenda 31 (1921), S. 157—172.

Zeichnet man dann einen Winkel φ mit dem Scheitel in a', und schneiden dessen Schenkel den Grundriß p_0' in P_0' und Q_0', so ist z der aus dem Aufriß entnehmbare Unterschied der ersten Tafelabstände der Punkte P_0, Q_0 auf p_0. Zu P_0', Q_0' gehören zwar unendlichviele Punkte P_0'', Q_0'' auf p_0'', deren z sich um ganze Vielfache von h unterscheiden, aber zu einem $\varphi < 2\pi$ gehört nur ein $z < h$. Ist umgekehrt z gegeben, so wähle man auf p_0'' zwei Punkte mit diesem Höhenunterschied; ihre Grundrisse auf p_0' werden dann aus a' unter dem Winkel $\varphi\,(0 \leqq \varphi < 2\pi)$ gesehen, der noch um ein ganzzahliges Vielfaches von 2π, also um $2k\pi$ vermehrt werden muß, wenn $kh \leqq z < (k+1)h$ ist.

Aufgabe 2: *Aus dem gegebenen Grundriß P' eines Punktes P einer Schraubfläche Φ den Aufriß P'' zu finden, und umgekehrt, aus P'' den Grundriß P' zu ermitteln.*

Es sei P' gegeben. Die Bahnschraublinien p der Flächenpunkte P, deren Grundriß P' ist, liegen auf dem lotrechten Schraubzylinder, dessen Grundriß der Kreis $p' = (a', a'\,P')$ ist. Bezeichnet nun Q einen der Schnittpunkte dieses Zylinders mit der die Fläche durch Schraubung erzeugenden Kurve c, so läßt sich auf der durch diesen Punkt gehenden Bahnschraublinie p aus dem Winkel $Q'a'P'$ nach Aufgabe 1 der Aufriß P'' finden. — Auf diesem Wege kann man insbesondere den in der Ebene $[a \,\|\, \Pi_2]$ liegenden *Hauptmeridian* ermitteln.

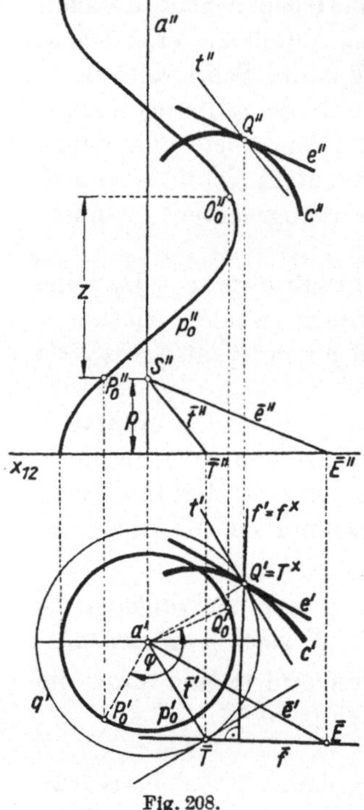

Fig. 208.

Es sei P'' gegeben. Wir suchen zuerst den *Normalschnitt n* der Fläche mit der Grundrißebene Π_1, indem wir eine hinreichende Anzahl von Bahnschraublinien durch ausgewählte Punkte von c mit Π_1 zum Schnitt bringen (Aufg. 1). Ermittelt man nun (Aufg. 1) die zur Schiebstrecke $z = x_{12}P''$ gehörige Drehung, so führt diese den Normalschnitt n in den Grundriß n_1' des Normalschnittes durch den gesuchten Punkt P über. P' liegt daher im Schnitt von n_1' mit dem Ordner durch P''. Daraus ergibt sich sofort eine einfachere Ermittlung von P', bei der man das Zeichnen von n_1' erspart: *Man übt auf den Ordner durch P'' die zur obengenannten Drehung entgegengesetzte aus, schneidet den gedrehten Ordner mit n und dreht den Schnittpunkt zurück.*

Aufgabe 3: *Konstruktion einer Tangentialebene an eine allgemeine Schraubfläche Φ.*

Die Tangentialebene τ an Φ in einem Punkt Q der erzeugenden Kurve c (Fig. 208) ist durch die Tangente e an c und die Tangente t an die durch Q

gehende Bahnschraublinie q bestimmt. Wir nennen t die *Schraubtangente* von Q. Ihr Grundriß t' ist die Tangente an den Kreis q' in Q'. Um t'' zu finden, denken wir uns durch die Spitze S des früher erklärten Richtkegels die Parallele $\bar{t}$ zur Schraubtangente t gelegt. Ihr Spurpunkt $\bar{T}$ in Π_1 liegt auf q' und ist, je nach dem Schraubsinn, der eine oder andere Endpunkt des zu t' parallelen Durchmessers von q'. Ist, wie in Fig. 208, die Schraubung *rechtsgängig, so entsteht* $\bar{T}$ *aus* Q' *durch eine Vierteldrehung um* a' *im Uhrzeigersinn (Rechtsdrehung);* bei einer linksgängigen Schraubung folgt $\bar{T}$ auf Q' in der entgegengesetzten Vierteldrehung. Aus $\bar{T}$ findet man nun $\bar{T}''$ auf der Rißachse x_{12} und schließlich den Aufriß t'' der gesuchten Tangente als die Parallele zu $[S'' \bar{T}'']$ durch Q''.

Man kann $\bar{T}$ als den Fluchtpunkt der Tangente t für das Auge S und die Bildebene Π_1 ansehen (Nr. 1). Ebenso wollen wir unter dem Fluchtpunkt irgendeiner Geraden g den Schnittpunkt $\bar{G}$ von Π_1 mit dem Strahl $[S \parallel g]$ verstehen. Demnach ist (Fig. 208) der Fluchtpunkt $\bar{E}$ der Tangente e an c in Q der Grundrißspurpunkt der Geraden $\bar{e} = [S \parallel e]$. Die Ebene $[\bar{T} S \bar{E}]$ ist nach unserer Konstruktion zur Tangentialebene $\tau = [te]$ an Φ in Q parallel, daher ist $[\bar{T}\bar{E}]$ die Fluchtspur (Nr. 1) von τ für das Auge S und die Bildebene Π_1.

Wie wir sofort sehen werden, sind für die zeichnerische Behandlung der Schraubflächen die Punkte und Geraden von grundlegender Bedeutung, die aus den eben erklärten Fluchtpunkten und Fluchtspuren durch eine *Vierteldrehung um* a' *bei jenem Drehsinn hervorgehen, der der Schraubung nach aufwärts zugeordnet ist.* Wir gebrauchen für diese Elemente mit Th. Schmid, der sie eingeführt hat, die Bezeichnung *Drehflucht.*[1]) Üben wir in Fig. 208 auf $\bar{T}$ diese Vierteldrehung aus, so erhalten wir Q'. Es gilt daher der

Satz 1: *Die Drehflucht* T^* *einer Schraubtangente* t *ist der Grundriß ihres Berührpunktes.*

Wir nennen die durch den Berührpunkt Q gehende erste Fallinie der Tangentialebene $\tau = [te]$ kurz die *Falltangente* f des Flächenpunktes Q. Ihr Grundriß f' muß zur Fluchtspur $\bar{f} = [\bar{T}\bar{E}]$ von τ normal sein, weil $\bar{f}$ zur Spur von τ in Π_1 parallel ist. Es wird demnach $f' = [Q' \perp \bar{f}]$; da aber nach Satz 1 $\bar{T}$ bei der Vierteldrehung im Sinn der Aufwärtsschraubung in die Drehflucht $T^* = Q'$ gelangt, geht $\bar{f}$ durch diese Bewegung in f' über. Also gilt der

Satz 2: *Die Drehflucht* f^* *einer Tangentialebene einer Schraubfläche ist der Grundriß der Falltangente des Berührpunktes.*

---

1) Th. Schmid, Über Berührungskurven und Hülltorsen der windschiefen Helikoide, S.-B. Ak. Wien (math.-nat.) IIa, 99 (1890), S. 952—966; derselbe, Darstellende Geometrie, 2. Bd., 2. Aufl. 1923 (Sammlung Schubert), § 40.

Da der Grundriß der Falltangente zugleich der Grundriß der Flächennormalen des Berührpunktes ist, gilt ebenso

Satz 3: *Die Drehflucht f^* einer Tangentialebene einer Schraubfläche ist der Grundriß der Flächennormalen im Berührpunkt.*

Es wurde bereits in Nr. 74 hervorgehoben, daß die Tangenten einer Schraublinie mit lotrechter Achse die Fallinien ihrer Tangentenfläche Ψ sind. Da Ψ als Torse die Eigenschaft hat, daß sie in allen Punkten einer Erzeugenden von derselben Ebene berührt wird, folgt aus dem Satz 2 unmittelbar der

Satz 4: *Die Drehflucht einer Tangentialebene einer Schraubtorse Ψ ist der Grundriß ihrer Berührerzeugenden.*

Mittels dieses Satzes können wir leicht die Eigenschattengrenzen von Schraubtorsen, aber auch von allgemeinen Schraubflächen bei Parallelbeleuchtung erhalten. Da die die Schraubfläche berührenden Lichtebenen die Lichtstrahlrichtung enthalten, gehen ihre Fluchtspuren durch den gemeinsamen Fluchtpunkt $\overline{L}$ der Lichtstrahlen (d. i. der Schatten von S auf Π_1). Somit enthalten die Drehfluchten der die Schraubfläche berührenden Lichtebenen die gemeinsame Drehflucht L^* der Lichtstrahlen, die wir bekanntlich aus $\overline{L}$ durch eine Vierteldrehung um a' im Sinn der Aufwärtsschraubung gewinnen.

Ist insbesondere die Schraubfläche eine Schraubtorse Ψ (vgl. Nr. 74), so folgt nach dem Gesagten aus Satz 4 der

Satz 5: *Der Grundriß der Eigenschattengrenze einer Schraubtorse mit lotrechter Achse ist das Tangentenpaar, das man aus der Drehflucht der Lichtstrahlen an den Grundriß der Gratschraublinie legen kann.*

Es sei nun die Eigenschattengrenze einer allgemeinen Schraubfläche zu konstruieren. Die der Schraubfläche Φ längs einer Bahnschraublinie q umschriebene Schraubtorse entspricht dem eine Drehfläche längs eines Parallelkreises berührenden Kegel und kann zur Ermittlung der Eigenschattengrenze in ähnlicher Weise (Nr. 70, Kegelverfahren) verwendet werden. Wir wählen auf der Φ erzeugenden Kurve c einen Punkt Q und fassen die durch Q gehende Bahnschraublinie q ins Auge. Der Grundriß f' der Falltangente der Fläche in Q berührt den Grundrißkreis r' der Gratschraublinie r der Φ längs q umschriebenen Schraubtorse Ψ; dadurch ist r' bestimmt. Legt man nun aus der Drehflucht L^* der Lichtstrahlen die Tangenten an r', so erhält man nach Satz 5 die Grundrisse der Erzeugenden von Ψ, die auf Ψ die Eigenschattengrenze bilden; ihre Schnittpunkte mit der Bahnschraublinie q sind dann die auf q gelegenen Punkte der Eigenschattengrenze. Ihr Grundriß ergibt sich daher nach der folgenden Regel:

Satz 6: *Um die einer beliebigen Bahnschraublinie q von Φ angehörigen Punkte der Eigenschattengrenze im Grundriß zu erhalten, konstruiere man für den Schnittpunkt Q von q mit der erzeugenden Kurve c den Grundriß f' der*

Falltangente und drehe das Linienelement[1] (Q', f') um den Grundriß a' der Schraubachse, bis f' durch die Drehflucht $L*$ der Lichtstrahlen geht. Die beiden gedrehten Lagen, die Q' dabei annehmen kann, sind, falls sie reell sind, die Grundrisse der gesuchten Punkte der Eigenschattengrenze.

Wir können das Ergebnis der letzten Betrachtung auch so aussprechen:

Satz 7: *Die Eigenschattengrenze einer Schraubfläche ist der Ort der Flächenpunkte, für welche die Falltangenten die zur Schraubachse parallele Gerade durch die Drehflucht der Lichtstrahlen schneiden.*

Kennt man den Normalschnitt der Schraubfläche, so kann man zur Konstruktion der Eigenschattengrenze den aus Satz 7 unmittelbar folgenden Satz benutzen:

Satz 8: *Alle Punkte eines Normalschnittes, deren Normalen die Parallele zur Schraubachse durch die Drehflucht der Lichtstrahlen schneiden, gehören der Eigenschattengrenze der Schraubfläche an.[2])*

Für die Lichtrichtung normal zur Aufrißebene ist die Eigenschattengrenze der *zweite wahre Umriß* u_2. Die Drehflucht $L*$ der Sehstrahlen $\perp \Pi_2$ ist der Fernpunkt von x_{12}; konstruiert man damit u_2' und sucht dazu u_2'', so erhält man den zweiten scheinbaren Umriß der Schraubfläche Φ.

Gibt es auf der Φ erzeugenden Kurve c einen Punkt, der von der Achse a eine kleinere Entfernung hat als die ihm auf c benachbarten Punkte, so beschreibt er bei der Schraubung eine *Kehlschraublinie* von Φ. Punkte von c mit Größtentfernung von a durchlaufen die *Äquatorschraublinien* von Φ. Diese Kehl- und Äquatorschraublinien bilden bei lotrechter Achse a den ersten wahren Umriß, ihre Grundrißkreise den ersten scheinbaren Umriß von Φ.

76. Regelschraubflächen. *Eine Regelschraubfläche Φ wird durch Schraubung einer Geraden e (Erzeugenden) erzeugt.* Die Fläche heißt *geschlossen* oder *offen*, je nachdem die Erzeugende e die Schraubachse a schneidet oder nicht schneidet. Man nennt sie *gerade* oder *schief*, je nachdem e recht- oder schiefwinklig gegen a geneigt ist.

In einem Punkt P der Erzeugenden e wird die Tangentialebene τ an Φ durch e und die Tangente t an die Bahnschraublinie (Bahntangente) bestimmt. Ist $E*$ die Drehflucht von e, so ist nach Nr. 75, Sätze 1 und 2 $[E* P']$ der Grundriß der Falltangente von P. Aus dieser Bemerkung folgt nun ein Verfahren zur Konstruktion der Eigenschattengrenze von Φ für eine gegebene Lichtrichtung. Gehört der obige Punkt P der Eigenschattengrenze an, so ist seine Tangentialebene τ zur Lichtrichtung parallel, und die Drehfluchtspur von τ geht daher durch die Drehflucht $L*$ der Lichtstrahlen; also liegen $E*, L*, P'$ auf einer Geraden, und wir können den Satz aussprechen:

---

1) d. i. die Figur, die aus einem Punkt und einer durch ihn gehenden Geraden besteht.

2) L. Burmester, Z. Math. Phys. 18 (1873), S. 188.

Satz 1: *Auf jeder Erzeugenden e einer Regelschraubfläche befindet sich ein und nur ein Punkt P ihrer Eigenschattengrenze. Ist L* die Drehflucht der Lichtstrahlen, E* die Drehflucht von e, so ist der Grundriß P' von P der Schnittpunkt von e' mit [L*E*].*

Auf Grund dieses Satzes wird in Fig. 209 der Grundriß der Eigenschattengrenze einer *offenen, schiefen Regelschraubfläche* ermittelt. Die Grundrisse e' der Erzeugenden berühren einen Kreis u', auf dem ein Pfeil den der Aufwärtsschraubung entsprechenden (positiven) Drehsinn kennzeichnet. Dieser prägt jedem e' einen Richtungssinn auf. Da alle Erzeugenden e gegen die Achse gleiche Neigung haben, liegen ihre Fluchtpunkte $\bar{E}$ und ihre Drehfluchten $E*$ auf einem zu u' konzentrischem Kreis $u*$. Auf $u*$ liegen $\bar{E}$ und $E*$ so, daß die Richtung von $\bar{E}$ nach a' mit dem Richtungssinn von e' übereinstimmt und daß $E*$ aus $\bar{E}$ durch eine Vierteldrehung im angegebenen Drehsinn hervorgeht. Verbindet man $E*$ mit $L*$, so erhält man nach Satz 1 im Schnitt mit e' den Grundriß P' eines Punktes der Eigenschattengrenze v. Nähere Untersuchungen zeigen, daß v' i. allg. eine (rationale) Kurve 4. O. mit drei Doppelpunkten ist, die $[L*a']$ zur Symmetrieachse hat; ein Doppelpunkt

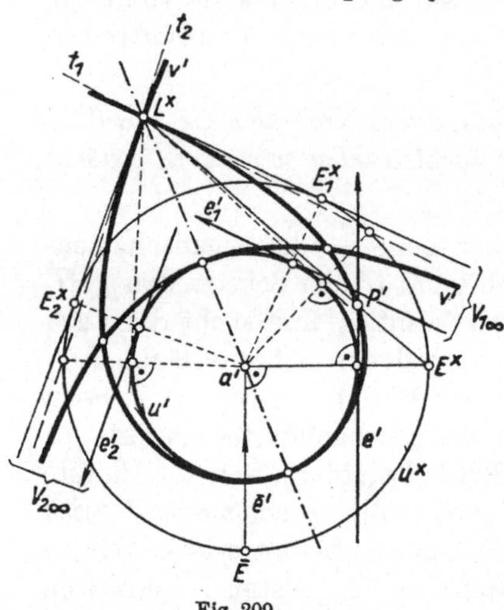

Fig. 209.

ist $L*$; die beiden andern sind entweder reell oder konjugiert komplex. Die Tangenten in $L*$ ergeben sich, wenn man e' durch $L*$ gehen läßt und dann $L*$ mit dem entsprechenden $E*$ verbindet. Die Tangenten aus $L*$ an $u*$ sind die Asymptoten von v'.[1])

Will man den zweiten wahren Umriß u_2 der Fläche Φ im Grundriß ermitteln, so hat man (S. 201) die eben besprochene Konstruktion unter der Annahme durchzuführen, daß $L*$ der unendlichferne Punkt der x_{12}-Achse ist. Fig. 210 zeigt die Durchführung für den durch eine Schraublinie s und die Achse a begrenzten Teil einer *geschlossenen, schiefen Regelschraubfläche*. Zwölf Lagen der Erzeugenden e_n ergeben sich, wenn man die den Drehwinkeln $n \cdot 30^{\circ} (n = 0, 1, 2, \ldots, 11)$ entsprechenden Lagen eines Punktes P von s mit den durch wiederholtes Abtragen von $\dfrac{h}{12}$ auf a gefundenen Punkten der Reihe nach verbindet. Es sei, wie immer, S der oberhalb Π_1 gelegene Punkt von a, dessen Abstand von Π_1 gleich

---

1) Näheres über die Formen dieser Kurve findet man etwa bei Rohn-Papperitz, Lehrb. I, 3. Aufl. Nr. 485—487, Nr. 477—480. Vgl. auch Th. Schmid, S. B. Ak. Wien (math.-nat.) Abt. IIa, 99 (1890), S. 952—966; sowie Monatsh. Math. Phys. 2 (1891), S. 333—342.

der reduzierten Ganghöhe $p = h : 2\pi$ ist. Wenn man nun durch S etwa zur Anfangslage e_0 die Parallele legt und ihren Spurpunkt $\overline{E}_0$ aufsucht, so ist der Kreis $b = (a', a'\overline{E}_0)$ der Ort der Fluchtpunkte $\overline{E}_n$ und der Drehfluchten $E_n{}^*$ der Erzeugenden. Der Fluchtpunkt $\overline{E}_n$ der Er-

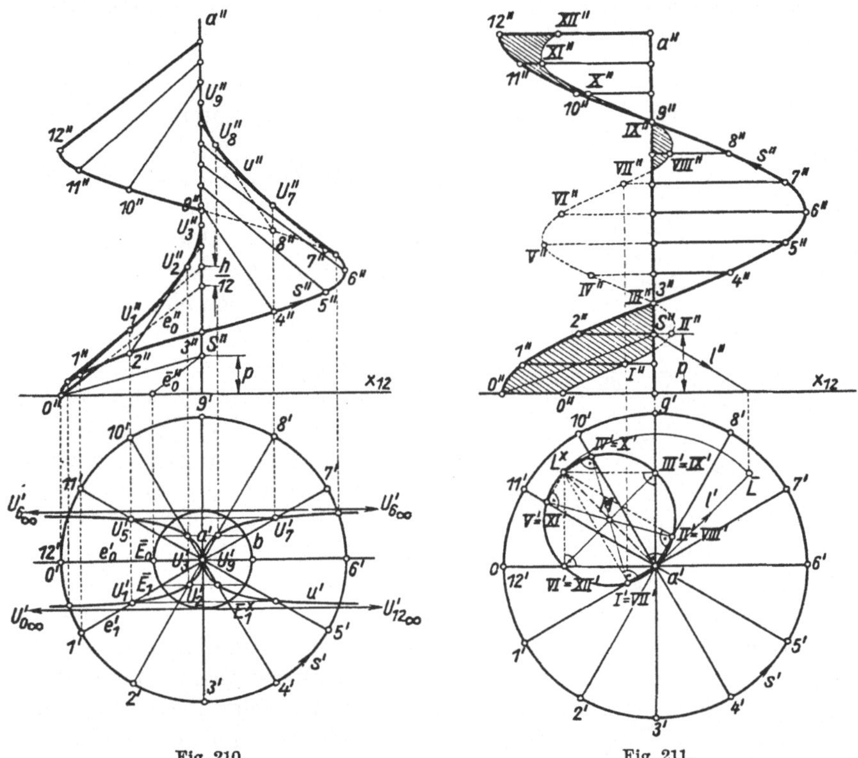

Fig. 210.   Fig. 211.

zeugenden e_n ist einer der beiden Schnittpunkte von e_n' mit b; $E_n{}^*$ geht aus $\overline{E}_n$ durch positive Vierteldrehung um a' hervor. Schneidet man daher e_n' mit der zur x_{12}-Achse Parallelen durch $E_n{}^*$, so erhält man den Grundriß U_n' eines Punktes U_n des zweiten wahren Umrisses u. u' ist eine *Kappakurve*. Aus U_n' ergibt sich dann U_n'' auf e_n''. Man beachte, daß u_n'' die Aufrisse e_n'' der Erzeugenden in den Punkten U_n'' berühren muß, weil die Sehebene durch e_n die Fläche in U_n berührt. *u'' ist also die Hüllkurve der e_n''.*

Für die *gerade, geschlossene Regelschraubfläche*, auch *Wendelfläche* genannt, zeigt Fig. 211 die Konstruktion der Eigenschattengrenze für eine Lichtrichtung, deren Drehflucht L^* ist. Weil hier die Punkte $E_n{}^*$ in den zu den e_n' normalen Richtungen unendlichfern liegen, so ist nach Satz 1 der Fußpunkt des aus L^* auf e_n' gefällten Lotes ein Punkt des Grundrisses der Eigenschattengrenze v. v' ist also der für einen Schraubgang doppelt überdeckte Kreis mit L^*a' als Durchmesser. Ist M sein

Mittelpunkt, so ist $\sphericalangle XII'\,MI'$ doppelt so groß als $\sphericalangle 0\,a'1'$. Wenn demnach $1'$ gleichförmig s' durchläuft, so durchläuft I' mit doppelter Winkelgeschwindigkeit v'. Daraus folgt der

Satz 2: *Der Grundriß v' der Eigenschattengrenze einer Wendelfläche ist der Kreis, auf dem a' und die Drehflucht L^* der Lichtstrahlen Gegenpunkte sind. v selbst ist eine Schraublinie mit der halben Ganghöhe.*

In Fig. 211 wurde bloß der von der Schraublinie s und der Achse a begrenzte Teil der Wendelfläche dargestellt, der als untere Begrenzungsfläche einer *Wendeltreppe* auftritt.

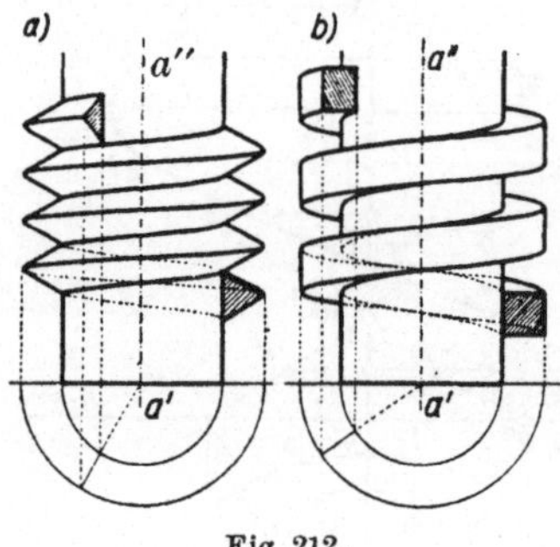

Fig. 212.

Der Schlagschatten von Randkurven einer Regelschraubfläche auf diese selbst kann leicht nach der Methode des Zurückführens des Lichtstrahls erhalten werden.

Die schiefe und die gerade, geschlossene Regelschraubfläche treten an den gewöhnlichen *scharfgängigen* bzw. *flachgängigen Schrauben* auf (Fig. 212a, b). Das Gewinde der erstern hat als Meridianschnitt ein gleichschenkliges Dreieck mit der zur Achse a parallelen Grundlinie; die Ganghöhe ist dieser Grundlinie gleich. Der Aufriß dieser Schraube (Fig. 212a) wird erhalten, indem man die von den Eckpunkten des Meridiandreiecks beschriebenen Schraublinien zeichnet. Der Umriß der von den Schenkelseiten des Dreiecks erzeugten Schraubflächen kann hier angenähert als geradlinig betrachtet werden. Das Gewinde der flachgängigen Schraube (Fig. 212b) hat als Meridianschnitt ein Rechteck mit zur Achse parallelen Seiten; die Ganghöhe der Schraubung ist gleich der doppelten Länge dieser Seiten. Zu diesen *Schrauben* (auch *Schraubenspindeln*) gehören entsprechende *Schraubenmuttern*, das sind Körper, die einen mit der Spindel kongruenten Hohlraum besitzen.

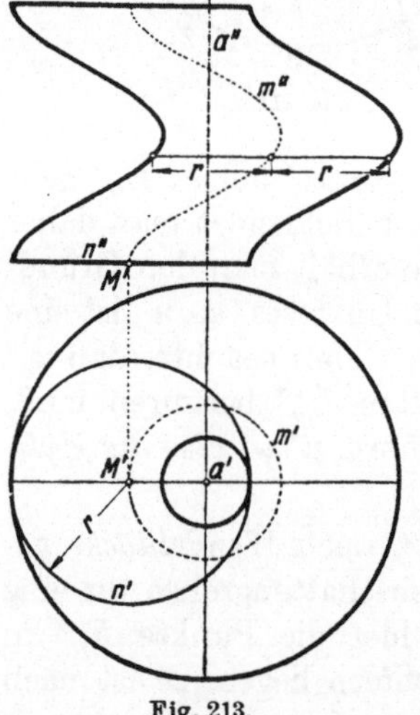

Fig. 213.

77. Zyklische Schraubflächen. Auch die Schraubflächen, die durch Schraubung eines Kreises entstehen, die *zyklischen Schraubflächen*, finden praktische Anwendung. Die *gerade* zyklische Schraubfläche, die als *Normalschnitt* einen Kreis n hat, heißt auch *gewundene Säule*, wenn n die Achse umschließt. Sie findet sich an manchen Barocksäulen. Dieser Fall ist in Fig. 213 dargestellt. Übt man auf den waagerechten Kreis n eine Schraubung aus, wobei seine Mitte eine Schraublinie m beschreibt, so sind für jede Lage von n die Endpunkte des zu Π_2 parallelen Durchmessers Punkte des zweiten wahren Umrisses. Man erhält mithin den zweiten scheinbaren Umriß, indem man m'' um den Halbmesser von n nach links und nach rechts verschiebt.

Steht die Ebene des erzeugenden Kreises e zur Bahnschraublinie m seines Mittelpunkts M normal, so erhält man die *Schraubrohrfläche* oder *Serpentine*, wenn der Radius r von e kleiner als der Radius r_m des Schraubzylinders von m ist. Sie gehört zur Gattung der in Nr. 72 erklärten Rohrflächen und ist zugleich die Hüllfläche der Kugeln, die durch Schraubung einer Kugel entstehen (Fig. 214). Nach Nr. 72, Satz 1 ist der zweite scheinbare Umriß u'' die Parallelkurve von m'' im Abstand $\pm r$, wenn r den Halbmesser von e bezeichnet. Da man die Tangenten von m'' konstruieren kann, läßt sich u'' punktweise zeichnen. u'' ist zugleich die Hüllkurve der Kreise, die man mit dem Halbmesser r um die Punkte von m'' legen kann. u'' kann auch Spitzen haben (Fig. 214, vgl. auch Fig. 203 b, c, d), nämlich dann, wenn r größer ist als der Krümmungsradius ϱ von m'' in den Scheiteln V_1'' von m''. Diese Spitzen liegen (Nr. 72) auf der Evolute von m''.

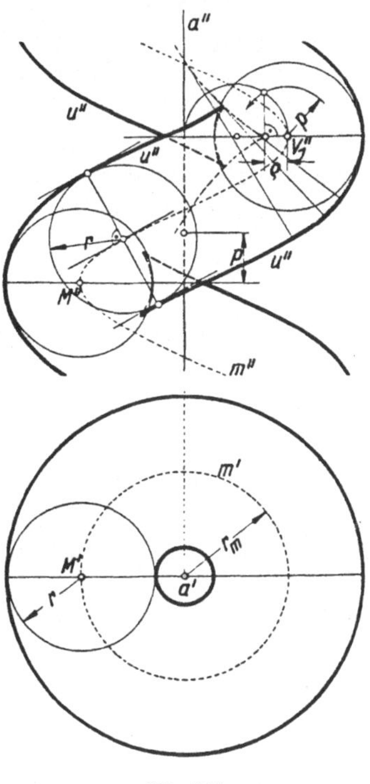

Fig. 214.

ϱ kann leicht berechnet werden. Der Krümmungsradius R der Schraublinie m ist nach Nr. 74, Gl. (5) $R = r_m : \cos^2 \alpha$, wenn r_m den Radius von m' bedeutet. Da die Hauptnormale von m in V_1 zu Π_2 parallel ist und die Tangente an m in V_1 mit Π_2 den Winkel $\left(\dfrac{\pi}{2} - \alpha\right)$ einschließt, läßt sich ϱ nach Nr. 14, Gl. (10) berechnen. Man erhält $\varrho = r_m \, \mathrm{tg}^2 \alpha$. Ist p der Parameter der Schraubung, also $p = r_m \, \mathrm{tg}\, \alpha$, so ergibt sich $\varrho = p^2 : r_m$. Demnach ist ϱ leicht konstruierbar.

Bemerkenswert sind auch die zyklischen Schraubflächen, deren Hauptmeridian ein Kreis ist; sie kommen auch als Wölbflächen[1]) vor.

78. Die allgemeinen Flächen zweiter Ordnung. Als Flächen 2. O. bezeichnet man die Flächen, die sich durch eine quadratische Gleichung in den rechtwinkligen Koordinaten x, y, z, also durch

$$(*) \qquad A\,x^2 + B\,y^2 + C\,z^2 + D\,xy + E\,yz + F\,zx + G\,x + H\,y + J\,z + K = 0$$

darstellen lassen; die Koeffizienten seien reell. Im folgenden schließen wir den Fall aus, daß die Gleichung durch gar keinen reellen Punkt be-

---

1) Zuerst in der Probstei von Saint Gilles, daher auch die Bezeichnung *Schraubfläche von Saint Gilles*; G. Loria, Vorles. üb. darst. Geometrie, deutsch v. F. Schütte. Leipzig u. Berlin 1913, 2. Teil, Nr. 310.

friedigt wird (vgl. Nr. 43, Gl. (1 d)); man spricht in diesem Fall von einer *nullteiligen Fläche 2. O.* Weiterhin sehen wir von den *singulären Flächen 2. O.* ab, zu denen die *Kegel und Zylinder 2. O.* und die *zerfallenden Flächen 2. O.* gehören (Paare von Ebenen, die reell, vereinigt oder konjugiert komplex sein können). Man kann zeigen, daß, abgesehen von den eben gekennzeichneten Fällen, die Flächengleichung durch den Übergang auf gewisse ausgezeichnete Achsenkreuze auf eine der folgenden fünf Formen gebracht werden kann, wodurch sich die folgenden fünf Gattungen von Flächen 2. O. ergeben.

(1)   Ellipsoid:
$$\frac{x^2}{a^2} + \frac{y^2}{b^2} + \frac{z^2}{c^2} = 1$$

(2)   Einschaliges Hyperboloid:
$$\frac{x^2}{a^2} + \frac{y^2}{b^2} - \frac{z^2}{c^2} = 1$$

(3)   Zweischaliges Hyperboloid:
$$\frac{x^2}{a^2} + \frac{y^2}{b^2} - \frac{z^2}{c^2} = -1$$

(4)   Elliptisches Paraboloid:
$$\frac{x^2}{p_1} + \frac{y^2}{p_2} = 2z$$

(5)   Hyperbolisches Paraboloid:
$$\frac{x^2}{p_1} - \frac{y^2}{p_2} = 2z.$$

$(p_1\,p_2 > 0)$

Wie man aus den Gleichungen erkennt, haben die Flächen (1), (2), (3) die Koordinatenebenen als Symmetrieebenen; sie sind daher zu den Koordinatenachsen x, y, z axialsymmetrisch und zum Ursprung O zentrisch-symmetrisch. x, y, z heißen die *Achsen*, O der *Mittelpunkt* der Fläche. Die Paraboloide (4), (5) haben die $[xz]$- und $[yz]$-Ebene als Symmetrieebenen; sie sind daher zur z-Achse, der *Achse* des Paraboloids, axialsymmetrisch. Die Schnitte der Flächen mit den Symmetrieebenen *(Hauptebenen)* $x = 0$, $y = 0$, $z = 0$, ihre *Hauptschnitte*, sowie mit den dazu parallelen Ebenen lassen sich aus den Gleichungen ohne weiteres entnehmen. Macht man sich dies in den einzelnen Fällen klar, so erkennt man leicht die Gestalten der Flächen (Fig. 215a, b, c, d, e, Darstellung in Aufriß und Kreuzriß, die Hauptebenen als Bildebenen). Die Scheitel der Hauptschnitte heißen die *Scheitel* der Fläche.

Unter den Flächen (1), (2), (3) und (4) kommen auch die in Nr. 68 bereits behandelten Drehflächen 2. O. vor. Ist in Gl. (1) $a = b$, so entsteht das *Drehellipsoid* mit z als Drehachse; $a = b = c$ führt zur Kugel. Für $a = b$ in Gl. (2) und (3) haben wir die *Drehhyperboloide*, für $p_1 = p_2$ in Gl. (4) das Drehparaboloid mit der z-Achse als Drehachse.

Der Schnitt einer Fläche 2. O. mit einer Ebene (Fläche 1. O.) ist (Nr. 19, Satz 2) eine Kurve 2. O. (Nr. 43). Eine Gerade schneidet eine Fläche 2. O. in zwei Punkten, die reell getrennt, vereint oder konjugiert komplex sind, oder sie liegt ganz auf der Fläche, wie z. B. die Erzeugenden eines Drehhyperboloids (Nr. 68). Eine Tangentialebene einer Fläche 2. O. schneidet diese nach einer Kurve 2. O., die im Berührpunkt einen Doppelpunkt hat (Nr. 18), also in ein Paar reeller oder konjugiert komplexer

Geraden zerfällt; bei den Kegel- und Zylinderflächen fallen diese zusammen. Ist e eine auf einer Fläche 2. O. liegende Gerade, P ein Punkt auf e, so geht die Tangentialebene in P durch e und schneidet die Fläche nach einer weiteren Geraden f. Durchläuft P die Erzeugende e, *so beschreibt f eine Schar von Erzeugenden, von denen je zwei beliebige windschief sein müssen.* Würden sich nämlich zwei von ihnen f_1, f_2 schneiden, so lägen die drei Geraden e, f_1, f_2 in einer Tangentialebene, was unmöglich

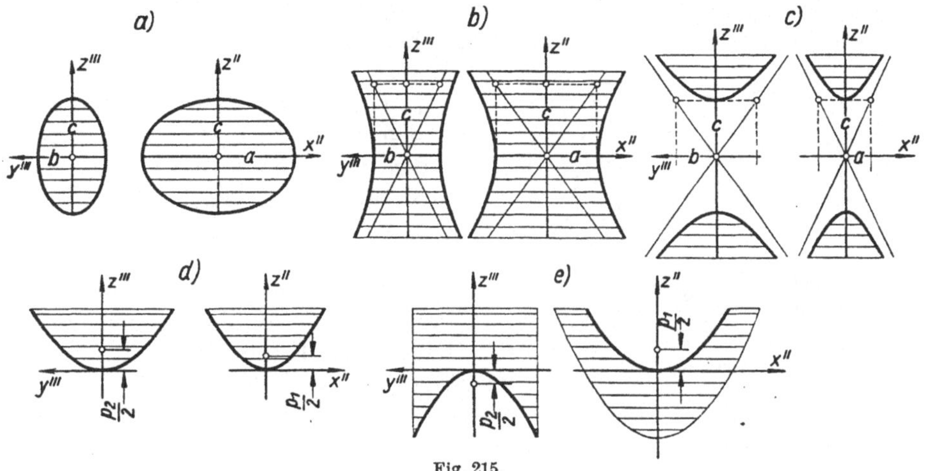

Fig. 215.

ist. Das Ellipsoid, das zweischalige Hyperboloid und das elliptische Paraboloid haben komplexe Erzeugenden und daher (Nr. 18) nur *elliptische Punkte.* Das einschalige Hyperboloid und das hyperbolische Paraboloid haben reelle Erzeugenden und daher nur *hyperbolische Punkte.* Aus den Gl. (1) bis (5) lassen sich die Erzeugenden in den Scheiteln ohne weiteres entnehmen. So läßt sich (1) für $z = c$ in der Form $\left(\dfrac{x}{a} + i\dfrac{y}{b}\right)\left(\dfrac{x}{a} - i\dfrac{y}{b}\right) = 0$,

(5) für $z = 0$ in der Form $\left(\dfrac{x}{\sqrt{p_1}} + \dfrac{y}{\sqrt{p_2}}\right)\left(\dfrac{x}{\sqrt{p_1}} - \dfrac{y}{\sqrt{p_2}}\right) = 0$ schreiben. Jede dieser beiden Gleichungen zerfällt also in zwei lineare.

Da die allgemeine Gleichung (*) der Flächen 2. O. zehn Konstante enthält, von denen eine (von Null verschiedene) willkürlich gewählt werden kann, erkennt man den

Satz 1: *Durch neun gegebene Punkte kann man i. allg. eine und nur eine Fläche 2. O. Φ legen.*

Denn setzt man in (*) die Koordinaten eines gegebenen Punktes ein, so erhält man eine lineare Bestimmungsgleichung für die Koeffizienten.

Wählt man diese neun Punkte derart, daß sie zu dreien auf je einer von drei windschiefen Geraden e_1, e_2, e_3 liegen, so gehören e_1, e_2, e_3 der Fläche Φ an (Nr. 19, Satz 7). Daraus ergibt sich aber sofort, *daß Φ von der Gesamtheit aller Geraden f gebildet wird, die e_1, e_2, e_3 schneiden,* weil jedes f die Geraden e_1, e_2, e_3 in drei Punkten der Fläche trifft, also ganz auf Φ liegt.

Wählt man aus der Erzeugendenschar (f) drei Erzeugende f_1, f_2, f_3 aus, so bestimmen alle sie schneidenden Geraden dieselbe Fläche Φ. Es gilt also der

Satz 2: *Das einschalige Hyperboloid und das hyperbolische Paraboloid sind von zwei Scharen reeller Geraden überdeckt, von denen keine zwei derselben Schar sich schneiden, hingegen jede Gerade der einen Schar sämtliche Geraden der andern schneidet.*

Es sei nun Φ eine Fläche 2. O., S ein nicht auf Φ liegender Punkt. Aus den Polareigenschaften der Kurven 2. O. (Nr. 39) folgt, daß in jeder durch S gelegten Ebene α die zu S bezüglich Φ harmonisch konjugierten Punkte

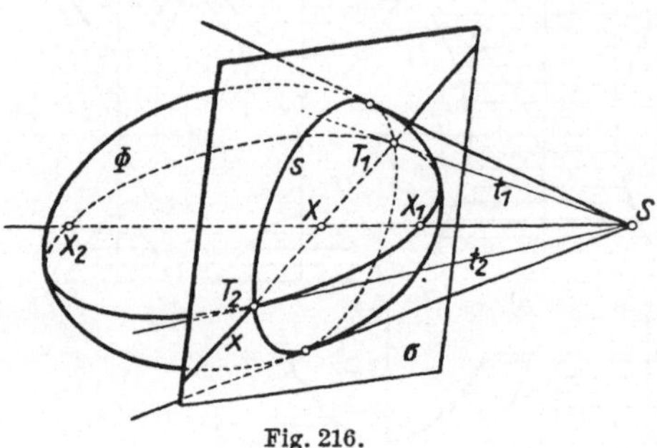

Fig. 216.

X — für die also $(SXX_1X_2) = -1$ ist, wenn X_1, X_2 die Schnittpunkte von Φ mit $[SX]$ sind — einer Geraden x angehören (Fig. 216). Da aber für je zwei beliebige Ebenen durch S diese Geraden x auf der Schnittlinie dieser Ebenen einen Schnittpunkt besitzen, dessen Lage von den gewählten Ebenen abhängig ist, liegen alle x in einer Ebene σ. Es gilt also der

Satz 3: *Die zu einem Punkt S allgemeiner Lage bezüglich einer Fläche 2. O. Φ harmonisch konjugierten Punkte erfüllen eine Ebene σ, die Polarebene von S bezüglich Φ; S heißt dann der Pol von σ.*

Da die Polare eines Punktes eines Kegelschnittes dessen Tangente ist, ergibt sich der

Satz 3a: *Jede Tangentialebene von Φ ist die Polarebene ihres Berührpunktes, und jeder Punkt von Φ ist der Pol seiner Tangentialebene.*

Nimmt man nun in σ einen Punkt X an, so geht seine Polarebene wegen $(SXX_1X_2) = -1$ durch S. Es gilt also der

Satz 3b: *Die Polarebenen der Punkte einer Ebene σ gehen durch einen Punkt S, den Pol von σ bezüglich Φ.*

Diese durch die Sätze 3, 3a, 3b definierte eineindeutige Zuordnung zwischen den Raumpunkten S und den Ebenen σ nennt man das *Polarsystem* von Φ.

Wir nehmen nun an, es lassen sich aus S reelle Tangenten an Φ legen — man sagt dann, S liegt im *Außengebiet* von Φ — und es seien t_1, t_2 zwei von ihnen. Die Ebene $\alpha = [t_1, t_2]$ schneidet dann Φ nach einem Kegelschnitt, für den nach Nr. 39, Satz 5 S der Pol der Verbindungsgeraden x der Berührpunkte T_1, T_2 von t_1, t_2 ist. Da aber x auch der Polarebene σ von S angehören muß, schneidet σ die Fläche 2. O. Φ nach einem Kegelschnitt s, dem Ort der Berührpunkte aller durch S an Φ legbaren Tangenten. *Schneidet demnach eine Ebene σ Φ nach einem einteiligen Kegelschnitt s, so ist dieser die Berührkurve des aus ihrem Pol S an Φ legbaren Berührkegels 2. O.* Liegt S im *Innengebiet* der Fläche, d. h. gehen durch

S keine reellen Tangenten, so ist s ein nullteiliger in der (reellen) Polarebene von S liegender Kegelschnitt. Ist S ein Auge oder eine Lichtquelle,
so gilt demnach

Satz 4: *Der wahre und der scheinbare Umriß einer Fläche 2. O. in einem
Zentral- oder Parallelriß sowie ihre Eigenschattengrenze für Zentral- oder
Parallelbeleuchtung sind (einteilige oder nullteilige) Kurven 2. O.*

Der Pol der Fernebene Ω heißt der *Mittelpunkt O* der Fläche. Jede
durch den Mittelpunkt gehende Gerade oder Ebene heißt *Durchmesser*
bzw. *Durchmesserebene*. Hat Φ einen eigentlichen Mittelpunkt O, so ist Φ
bezüglich O zentrisch symmetrisch, weil aus der obigen Bedingung
$(SXX_1X_2) = -1$ für $S = O$ die Gleichheit $X_1O = OX_2$ folgt. Jedem
Durchmesser gehört eine *konjugierte Durchmesserebene* zu, die Polarebene
seines Fernpunktes. Sie ist der Ort der Mitten der zum Durchmesser
parallelen Sehnen. Bezüglich jeder Durchmesserebene ist also Φ schiefsymmetrisch. Jede Symmetrieebene der Fläche ist konjugiert zu der auf
ihr normalen Achse. Man kann an ein Hyperboloid Φ aus dem Mittelpunkt einen (reellen) Tangentialkegel legen, der Φ im unendlichfernen
Kegelschnitt $[\Phi\,\Omega]$ berührt und daher *Asymptotenkegel* heißt. Jede Durchmesserebene eines Hyperboloids Φ, die den Asymptotenkegel nach zwei
reellen Erzeugenden a_1, a_2 schneidet, schneidet daher Φ nach einer
Hyperbel mit den Asymptoten a_1, a_2. Schneidet man ein einschaliges
Hyperboloid mit einer Tangentialebene des Asymptotenkegels, so ist
diese auch Tangentialebene des Hyperboloids und schneidet es daher in
zwei Erzeugenden, die zur Berührerzeugenden des Kegels parallel sind.

Schneidet man die durch die Gl. (4), (5) dargestellten Paraboloide mit
Ebenen durch die z-Achse, so erhält man Parabeln. *Ein Paraboloid
berührt daher die unendlichferne Ebene Ω im Fernpunkt seiner „Achse".*
Man nennt die zur Achse eines Paraboloids parallelen Geraden und
Ebenen seine *Durchmesser* bzw. *Durchmesserebenen*. Da also Ω Tangentialebene ist, schneidet Ω ein *hyperbolisches Paraboloid* nach zwei reellen,
unendlichfernen Erzeugenden e_u und f_u. Aus Satz 2 folgt, daß alle Erzeugenden der Schar (e) zu den parallelen Ebenen durch f_u und alle Erzeugenden der Schar (f) zu den parallelen Ebenen durch e_u parallel sind.
Diese Ebenen heißen *Richtebenen*. Ein hyperbolisches Paraboloid kann
daher als Ort der Geraden (e) erklärt werden, die zu einer Richtebene
parallel sind und zwei windschiefe, zu ihr geneigte Geraden f_1, f_2 schneiden.

Die Regelflächen 2. O. gestatten auch ohne Kenntnis der Hauptschnitte
eine einfache konstruktive Behandlung. Ist die Fläche durch drei windschiefe Erzeugenden e_1, e_2, e_3 gegeben, so findet man die durch einen vorgegebenen Punkt P von e_3 gehende Erzeugende f der zweiten Schar,
indem man aus P die Treffgerade an e_1, e_2 legt. Aus drei so gefundenen
Erzeugenden f_1, f_2, f_3 findet man auf gleiche Weise beliebige weitere
Erzeugenden der Schar (e). Die Tangentialebene in einem gegebenen
Flächenpunkt P ist die Verbindungsebene der beiden Erzeugenden e, f
durch P. Soll umgekehrt zu einer durch die Erzeugende e_1 gelegten

Ebene τ der Berührpunkt ermittelt werden, so suche man die Schnittpunkte $[\tau e_2]$ und $[\tau e_3]$; ihre Verbindungslinie, als die zweite τ angehörende Erzeugende, schneidet e_1 im gesuchten Berührpunkt.

Damit lassen sich bei gegebener Lichtrichtung Punkte der *Eigenschattengrenze* finden. Um den einer Erzeugenden e angehörigen Punkt der Eigenschattengrenze zu erhalten, hat man durch e die zur Lichtrichtung parallele Ebene zu legen und ihren Berührpunkt mit der Fläche aufzusuchen. — Da jede Ebene durch eine Erzeugende einer Regelfläche 2. O. Φ eine Tangentialebene ist, ist der *scheinbare Umriß* u^c von Φ für irgendeine Projektion die Hüllkurve der Bilder der Erzeugenden. u^c ist nach Satz 4 i. allg. ein Kegelschnitt. Liegt aber das Auge auf der Fläche, so zerfällt sein Tangentialkegel in die beiden *Büschel von Ebenen*, die durch jene beiden Erzeugenden e_0, f_0 gehen, die sich im Auge schneiden. Der scheinbare Umriß besteht mithin in diesem Fall aus den beiden Strahlbüscheln, deren Scheitel die Spurpunkte von e_0 und f_0 in der Bildebene sind.

Wir leiten nun aus der Abbildung einer Regelfläche 2. O. zwei für die Theorie und die konstruktive Behandlung von Kegelschnitten besonders wichtige Lehrsätze ab. Wir denken uns in der Zeichenebene einen beliebigen Kegelschnitt k gegeben (Fig. 217) und durch diesen eine Regelfläche 2. O. Φ gelegt. Dazu braucht man bloß (Satz 1) neun die Fläche bestimmende Punkte $1, 2, \ldots, 9$ so zu verteilen, daß $1, 2, 3, 4, 5$ auf k, $1, 6, 7$ auf einer Geraden f_1 und $2, 8, 9$ auf einer zu f_1 windschiefen Geraden f_2 liegen. Die Treffgeraden, die sich aus den Punkten von k an f_1 und f_2 legen lassen, bilden die Erzeugendenschar (e). Wir projizieren nun Φ aus dem Pol der Zeichenebene auf die Zeichenebene.

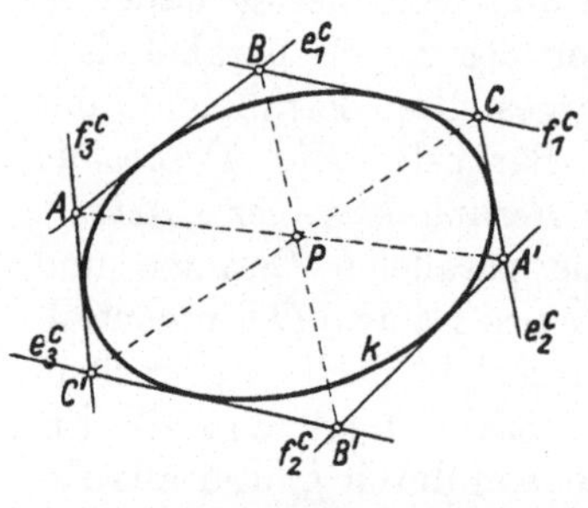

Fig. 217.

Die Bilder der Erzeugenden sind nach Obigem die Tangenten von k, und jede Tangente von k ist das Bild zweier verschiedenen Scharen angehörigen Erzeugenden von Φ. Seien nun (Fig. 217) A, B, C, A', B', C' die aufeinanderfolgenden Eckpunkte irgendeines k *umschriebenen einfachen Sechsseites* (sechs Tangenten in einer willkürlich festgesetzten Reihenfolge), so können wir die Geraden $[AB] = e_1{}^c$, $[CA'] = e_2{}^c$, $[B'C'] = e_3{}^c$ als Bilder dreier Erzeugenden e_1, e_2, e_3 der Schar (e) und $[BC] = f_1{}^c$, $[A'B'] = f_2{}^c$, $[C'A] = f_3{}^c$ als Bilder dreier Erzeugenden f_1, f_2, f_3 der Schar (f) ansehen. Da je zwei Erzeugende verschiedener Systeme sich schneiden, so sind die Ecken $A, B, \ldots, C'$ des gegebenen Sechsseites die Bilder von sechs Punkten $\overline{A}, \overline{B}, \ldots, \overline{C'}$ der Fläche Φ, die durch Erzeugendenstücke verbunden sind. Nun ist aber die Verbindungsebene $[e_1 f_2] = [\overline{A}\,\overline{B} \cdot \overline{A'}\,\overline{B'}]$, ebenso $[f_1 e_3] = [\overline{B}\overline{C} \cdot \overline{B'}\overline{C'}]$ und $[e_2 f_3] = [\overline{C}\overline{A'} \cdot \overline{C'}\overline{A}]$. Diese drei Ebenen schneiden sich daher paarweise in den Geraden $[\overline{B}\overline{B'}]$, $[\overline{C}\overline{C'}]$, $[\overline{A}\overline{A'}]$, die daher durch einen Punkt $\overline{P}$ gehen müssen. Also gehen im Bild $[AA']$, $[BB']$ und $[CC']$ durch einen Punkt P, den *Brianchonschen Punkt* des Tangentensechsseits. Es gilt mithin der

Satz 5: *Umschreibt man einem Kegelschnitt ein einfaches Tangentensechsseit, dessen aufeinanderfolgende Ecken A, B, C, A', B', C' seien, so gehen die Geraden $[AA']$, $[BB']$, $[CC']$ durch einen Punkt (Satz von Brianchon).*[1])

---

1) J. Éc. Polyt. cah. 13 (1806) p. 301. Obige Betrachtungsweise geht auf Servois

Zeichnet man in Fig. 217 zu jeder Geraden den Pol, zu jedem Eckpunkt die Polare bezüglich k, so erhält man eine neue Konfiguration, die sich auf ein beliebiges, einem Kegelschnitt eingeschriebenes Sechseck bezieht. Da durch diese „Polarisierung" an k den Geraden durch irgendeinen Punkt P die Punkte der Polaren p von P entsprechen (Nr. 39, Satz 3), gilt der

Satz 6: *Schreibt man einem Kegelschnitt ein einfaches Sechseck ein, dessen aufeinanderfolgende Seiten* a, b, c, a', b', c' *seien, so liegen die Schnittpunkte* $[aa'], [bb'], [cc']$ *auf einer (Pascalschen) Geraden (Satz von Pascal)*[1]) (Fig. 218).

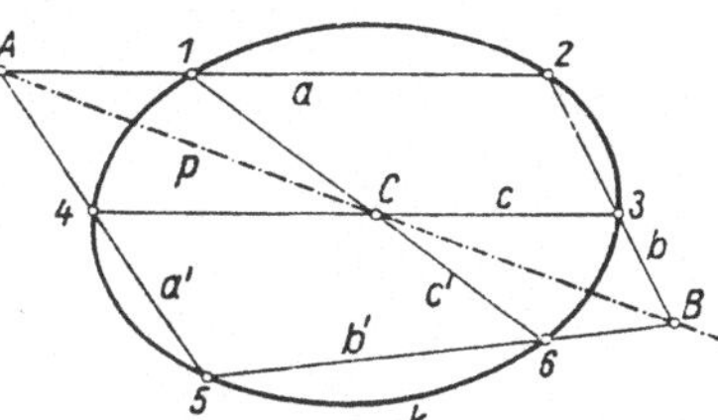

Fig. 218.

Mittels dieser Sätze können zu fünf Punkten (Tangenten) eines Kegelschnittes beliebig viele weitere Punkte (Tangenten) leicht konstruiert werden.

79. Windschiefe Regelflächen. Geht durch jeden Punkt einer Fläche Φ mindestens eine auf ihr liegende Gerade (Erzeugende) e, so ist Φ eine *Regelfläche*. Zu ihnen gehören die bereits eingehend behandelten *Zylinder-, Kegel-* und *Tangentenflächen*, die unter dem gemeinsamen Namen *Torsen* zusammengefaßt wurden. Regelflächen, die keine Torsen sind, heißen *windschiefe Regelflächen*, auch kürzer *windschiefe Flächen*. Beispiele für solche sind das bereits behandelte einschalige Hyperboloid und das hyperbolische Paraboloid (Nr. 68 und 78) und die in Nr. 76 behandelten Regelschraubflächen. Wir legen der Betrachtung der Regelflächen die folgende Erzeugungsart zugrunde:

Satz 1: *Wird eine Gerade im Raum derart stetig bewegt, daß sie drei feste Kurven (Leitkurven)* c_1, c_2, c_3 *beständig schneidet, so entsteht i. allg. eine windschiefe Regelfläche.*

Die Leitkurven dürfen auch ebene Kurven in verschiedenen Ebenen sein. Eine der Leitkurven kann auch die unendlichferne Kurve c_u (Fernkurve) der Fläche sein. Die durch einen Punkt gelegten Parallelen zu den Erzeugenden einer windschiefen Regelfläche bilden ihren *Richtkegel*, der auch durch c_u geht. Sind alle Erzeugenden zu einer Ebene ϱ parallel, so heißt ϱ eine *Richtebene* von Φ.

Die in Satz 1 genannten Leitkurven c_i sind i. allg. Kurven, in denen sich die Fläche selbst schneidet, also *Eigenschnitte* oder *mehrfache Kurven*. Denn, um etwa die durch einen Punkt P von c_1 gehenden Erzeugenden zu ermitteln, hat man P mit c_2 und c_3 durch Kegel mit der Spitze P zu verbinden und diese zum Schnitt zu bringen, eine Aufgabe, die i. allg. mehrere Lösungen haben wird, falls sie mindestens eine hat, was wir voraussetzen. — Es ist nicht ausgeschlossen, daß bei der Erzeugung einer Regelfläche durch stetige Bewegung einer Geraden diese eine bestimmte Lage e_0 mehrmals, z. B. r-mal, annimmt; e_0 ist dann eine *r-fache Erzeugende*.

(1810) und P. G. Dandelin (1825) zurück. Vgl. E. Kötter, Die Entwicklung der synthetischen Geometrie. Von Monge bis auf Staudt (1847). Leipzig 1901, S. 21.

1) B. Pascal fand diesen Satz 1640 (im 16. Lebensjahr!).

Müller-Kruppa, Darstellende Geom. 6. Aufl.   15

Eine windschiefe Regelfläche mit einer geraden Leitlinie c_1 und einer Richtebene heißt *Konoid,* und zwar *gerades* oder *schiefes Konoid,* je nachdem c_1 zur Richtebene normal ist oder nicht. Die in Nr. 76 behandelte Wendelfläche ist ein gerades Konoid.

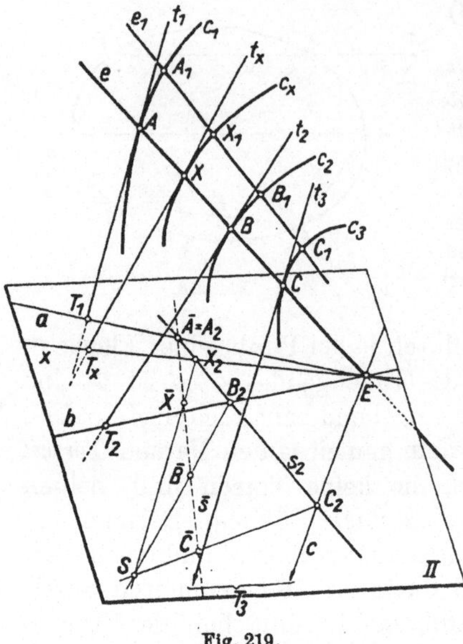

Es seien nun (Fig. 219) c_1, c_2, c_3 drei Leitkurven eines sich nicht durchschneidenden Stückes einer Regelfläche, ferner e eine Erzeugende, die sie in A, B, C schneiden möge, und t_1, t_2, t_3 die Tangenten an die c_i in diesen Punkten. Da jede Tangentialebene einer Regelfläche die durch ihren Berührpunkt gehende Erzeugende enthält, sind die Ebenen $\alpha = [e t_1]$, $\beta = [e t_2]$, $\gamma = [e t_3]$ die Tangentialebenen in A, B, C. Wir haben als „allgemeinen Fall" anzunehmen, daß sie voneinander verschieden sind. Es sei e_1 eine weitere Erzeugende und X ein von A, B, C verschiedener Punkt auf e. Die vier Ebenen α_1, β_1, γ_1, ξ_1, die e_1 mit A, B, C, X verbinden,

Fig. 219.

bestimmen ein Doppelverhältnis, das nach Nr. 2, Satz 4 gleich dem Doppelverhältnis der vier Punkte A, B, C, X ist. Also gilt

$$(1) \qquad \frac{\sin \alpha_1 \gamma_1}{\sin \beta_1 \gamma_1} : \frac{\sin \alpha_1 \xi_1}{\sin \beta_1 \xi_1} = \frac{AC}{BC} : \frac{AX}{BX} \quad \text{oder symbolisch} \quad (\alpha_1 \beta_1 \gamma_1 \xi_1) = (ABCX).$$

Wir untersuchen nun das Verhalten der Ebenen α_1, β_1, γ_1, ξ_1 beim Grenzübergang, wenn e_1 auf der Fläche gegen e konvergiert. Wenn dabei ein auf e_1 fester Punkt X_1 auf einer durch X gehenden Kurve c_x gegen X konvergiert, so geht die Ebene $\xi_1 = [e_1 X]$ in die Ebene über, die durch e und die Tangente t_x an c_x in X bestimmt ist, also in die Tangentialebene ξ von X. Entsprechend sind die Grenzlagen der Ebenen α_1, β_1, γ_1 die Tangentialebenen α, β, γ in A, B, C. Unter der Annahme, daß α, β, γ verschiedene Ebenen sind, folgt daher aus (1) die Doppelverhältnisgleichheit $(\alpha \beta \gamma \xi) = (ABCX)$, in Worten:

Satz 2: *Die Tangentialebenen in vier beliebigen Punkten einer Erzeugenden bestimmen i. allg. dasselbe Doppelverhältnis wie diese Punkte.*

Wir betrachten nun den Sonderfall, daß die Ebenen α und β zusammenfallen; es liegen also jetzt e und die Tangenten t_1, t_2 der Leitkurven c_1, c_2 in A und B in der Ebene $\alpha = \beta$. Dagegen soll die Tangente t_3 an c_3 in C dieser Ebene nicht angehören. Wir üben nun wieder auf (1) den Grenzübergang $e_1 \rightarrow e$ aus, wobei wir X als einen festen, von A, B und C verschiedenen Punkt von e wählen. Da X nicht nach C fällt, haben die beiden Seiten von (1) einen Wert $\neq 1$. Daraus folgt aber, daß auch die Ebene ξ_1 zugleich mit α_1 und β_1 gegen die Ebene $\alpha \equiv \beta$ konvergiert. Denn wäre die Grenzlage ξ von ξ_1 irgendeine andere Ebene, so hätte das Doppelverhältnis $(\alpha\beta\gamma\xi)$ den Wert 1, im Widerspruch zum Gesagten. Also haben alle von C verschiedenen Punkte von e die gemeinsame Tangentialebene α. e verhält sich also wie eine Erzeugende einer Torse und heißt daher *Torsallinie*, C ihr *Kuspidalpunkt*. C kann auch ein Fernpunkt sein; e wird dann *zylindrische Erzeugende* genannt. Eine Erzeugende, die keine Torsallinie (oder zylindrische Erzeugende) ist, heißt *regulär*.

Ist nun e wieder eine reguläre Erzeugende, so folgt aus Satz 2, daß jede Ebene ξ durch e Tangentialebene in einem einzigen Punkt X von e ist. Wir können also sagen:

Satz 3: *Die Tangentialebene τ in einem Punkt T einer windschiefen Regelfläche enthält stets die durch T gehende Erzeugende, und jede Ebene τ durch eine reguläre Erzeugende e berührt die Fläche in einem einzigen Punkt T von e.*

Die Aufgaben: 1. *Die Tangentialebene ξ in einem gegebenen Flächenpunkt X,* 2. *den Berührpunkt X einer durch eine Erzeugende e gehenden Ebene ξ zu finden,* lassen sich nach Satz 2 durch Doppelverhältnisübertragungen finden. Schneidet man (Fig. 219) die Ebenen $\alpha, \beta, \gamma, \xi$ mit einer Hilfsebene Π, so ist nach Satz 2 das Doppelverhältnis der vier durch den Spurpunkt $E = [e\Pi]$ gehenden Spuren a, b, c, x dieser Ebenen in Π gleich dem Doppelverhältnis der Punkte A, B, C, X, also $(abcx) = (ABCX)$. Um zu gegebenem X die Spur x von ξ zu konstruieren, zeichnet man in Π durch einen Punkt $\bar{A} = A_2$ von a zwei Strahlen s, s_2, schneidet s_2 mit a, b, c in A_2, B_2, C_2 und trägt auf s die zu A, B, C, X kongruente Punktreihe $\bar{A}, \bar{B}, \bar{C}, \bar{X}$ auf. Durch Projektion von $\bar{X}$ aus dem Schnittpunkt $S = [\bar{B}B_2 . \bar{C}C_2]$ auf s_2 erhält man einen Punkt X_2 der Spur x der gesuchten Tangentialebene ξ, denn es ist $(ABCX) = (\bar{A}\bar{B}\bar{C}\bar{X}) = (A_2 B_2 C_2 X_2) = (abcx)$. Ist dagegen ξ durch x gegeben, so findet man nach Fig. 219 $\bar{X}$ auf s und damit wieder durch kongruente Übertragung den entsprechenden Punkt X auf e.

Die Tangentialebene im Fernpunkt einer Erzeugenden e nennt man ihre *asymptotische Ebene*. Sie kann nach dem eben Gesagten leicht ermittelt werden. Die zur asymptotischen Ebene normale Ebene durch e heißt die *Zentralebene* von e und ihr Berührpunkt S der *Zentralpunkt* oder *Striktionspunkt* von e. Der Ort der *Zentralpunkte* einer windschiefen Regelfläche wird *Striktionslinie* genannt.

Die asymptotischen Ebenen lassen sich besonders einfach konstruieren, wenn der Richtkegel (S. 211) der Fläche bekannt ist. Sind nämlich e und e^* zwei entsprechende, d. h. parallele, Erzeugende der Fläche und des Kegels, so ist offenbar die asymptotische Ebene von e zur Tangentialebene des Kegels längs e^* parallel.

Wir haben gesehen, daß die Tangentialebenen in allen Punkten einer regulären Erzeugenden e eindeutig bestimmt sind, sobald man sie für drei Punkte von e kennt. Daraus folgt der

Satz 4: *Wenn zwei windschiefe Regelflächen in drei Punkten einer regulären Erzeugenden e die Tangentialebenen gemeinsam haben, so berühren sie sich in allen Punkten von e.*

Sehr einfach lassen sich *die eine Regelfläche Φ längs einer Erzeugenden berührenden Regelflächen 2. O. φ* angeben. Es seien (Fig. 219) t_1, t_2, t_3 drei Tangenten von Φ, deren Berührpunkte A, B, C auf der Erzeugenden e liegen; die Treffgeraden von t_1, t_2, t_3 bilden dann eine Regelfläche 2. O. φ (Nr. 78), die nach Satz 4 Φ längs e berührt. Für drei zu einer Ebene parallele Tangenten t_1, t_2, t_3 erhält man ein Φ längs e berührendes hyperbolisches Paraboloid.

Wird eine windschiefe Regelfläche Φ aus einem Auge O auf eine Ebene projiziert, so umhüllen (Satz 3) die Verbindungsebenen der Erzeugenden mit O den aus O an Φ legbaren Berührkegel. *Der scheinbare Umriß von Φ ist daher die Hüllkurve der Bilder der Erzeugenden.* Wir wollen nun zeigen, *daß der wahre Umriß von Φ durch die Kuspidalpunkte und daher der scheinbare Umriß durch deren Bilder geht.* Es sei jetzt in Fig. 219 X der Berührpunkt der durch die Erzeugende e gehenden Sehebene $\xi = [eO]$. Es besteht dann mit den bereits früher eingeführten Bezeichnungen nach Satz 2 die Doppelverhältnisgleichheit $(\alpha\beta\gamma\xi) = (ABCX)$, oder ausführlich:

$$(2) \qquad \frac{\sin\alpha\gamma}{\sin\beta\gamma} : \frac{\sin\alpha\xi}{\sin\beta\xi} = \frac{AC}{BC} : \frac{AX}{BX}.$$

Wenn nun e bei einer stetigen Bewegung die Fläche überstreicht und dabei in eine *Torsallinie t mit dem Kuspidalpunkt C* gelangt, so ist nach den früheren Überlegungen $\alpha \equiv \beta$, und wenn $\xi = [Ot]$ eine von $\alpha \equiv \beta$ verschiedene Ebene ist, hat das Doppelverhältnis auf der linken Seite von (2) den Wert eins; daraus folgt aber, daß $X \equiv C$ ist, w. z. b. w.

In Fig. 220 ist eine zuweilen als Wölbfläche auftretende Regelfläche Φ durch die zu Π_2 parallelen Leitkreise c_1, c_2 mit den Mitten M_1, M_2 und die zu Π_2 normale, durch M_2 gehende Leitgerade c_3 in Auf- und Grundriß gegeben. Die Aufrisse der Erzeugenden von Φ bilden dann das Strahlbüschel durch c_3''. Es sei a'' eine beliebige Gerade dieses Büschels, also der Aufriß einer Erzeugenden a. Schneidet a'' die Kreise c_1'' und c_2'' in A_1'' und A_2'', dann liegen die Grundrisse von A_1 und A_2 auf c_1' bzw. c_2', und es ist $a' = [A_1'A_2']$.[1]) Die Tangenten von c_1 und c_2 in den höchsten Punkten sind parallel, liegen also in einer Ebene. Da ihre Verbindungsgerade e c_3 in einem Punkt E schneidet, ist e eine *Torsallinie* der Fläche und E der Kuspidalpunkt von e.

---

1) Durch a'' ist a' vierdeutig bestimmt. Wir wollen hier nur den in Fig. 220 gezeichneten Flächenteil in Betracht ziehen. Für die ganze Fläche sind c_1, c_2 Doppelkurven, c_3 ist eine zweifache Gerade, jedoch keine Erzeugende.

Es sei nun die Tangentialebene τ in einem Punkt T von a zu konstruieren.
Wir wenden hier nicht das früher erklärte allgemeine Verfahren an,
sondern benutzen ein *Φ längs a berührendes Hyperboloid φ.* Die Tangenten
t_1 und t_2 an c_1 und c_2 in den Punkten A_1 und A_2 bilden mit c_3 drei Erzeugende
derselben Schar eines solchen Hyperboloids φ. Irgend zwei durch c_3''
gezogene Gerade g_1'', g_2'' können als die Aufrisse zweier Erzeugenden
g_1, g_2 der andern Schar
von φ betrachtet werden,
deren Grundrisse bestimmt
sind, weil $g_{1,2}$ Treffgeraden von $t_{1,2}$ sein müssen.
τ als Tangentialebene an
φ in T ist bestimmt durch a
und jene durch T gehende
Erzeugende t von φ, die
g_1 und g_2 schneidet. Ermittelt man, etwa unter
Benutzung der Geraden
$p = [T \parallel g_1]$, auf bekannte
Weise (Nr. 58) den Schnittpunkt G von g_2 mit der
Ebene $[Tg_1]$ und ist
$t = [TG]$, so ist $\tau = [ta]$.

*Es ist der Berührpunkt F
einer durch die Erzeu-
gende b gelegten Ebene τ
mit Φ zu konstruieren.*
Ist τ eine Lichtebene, so
ist der gesuchte Punkt

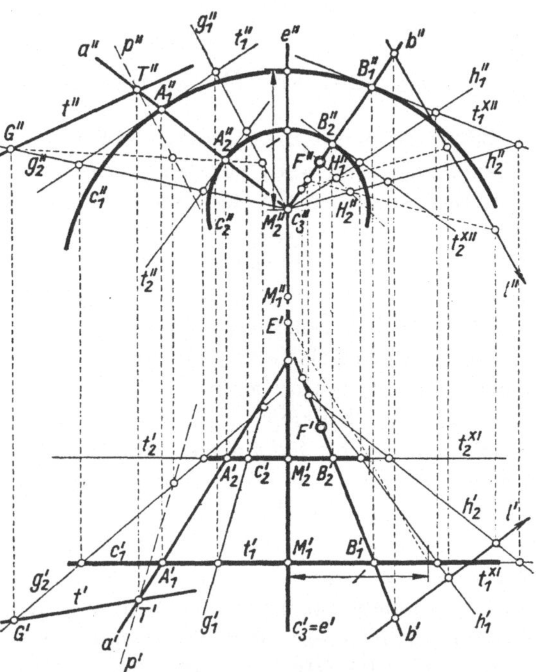

Fig. 220.

ein Punkt der Eigenschattengrenze von Φ. Die Ebene τ sei jetzt (Fig. 220)
durch die Erzeugende b und eine sie schneidende Gerade l (Lichtstrahl)
gegeben. Die Tangenten t_1^*, t_2^* an c_1, c_2 in den Schnittpunkten B_1, B_2
dieser Kurven mit b bestimmen mit c_3 wieder ein Φ längs b berührendes
Hyperboloid φ^*. Wir zeichnen wie vorhin zwei mit b derselben Schar
angehörige Erzeugende h_1, h_2 und ermitteln ihre Schnittpunkte H_1, H_2
mit der Ebene $\tau = [bl]$. Dann ist $[H_1H_2]$ die τ angehörige Erzeugende
der anderen Schar von φ^* und diese schneidet b im gesuchten Punkt F.

Dies läßt sich ebenso auf den scheinbaren Umriß anwenden. Wie bereits erwähnt, berührt er die Bilder der Erzeugenden. Nach dem eben
besprochenen Verfahren können die Berührpunkte erhalten werden.

Ohne Beweis seien schließlich die beiden folgenden Sätze über *algebraische* windschiefe Flächen erwähnt:

Satz 5: *Die Geraden, die drei algebraische, keine gemeinsamen Punkte
besitzenden Kurven c_1, c_2, c_3 von den Ordnungen n_1, n_2, n_3 schneiden, bilden
eine algebraische Regelfläche von der Ordnung $2n_1n_2n_3$.*

Haben etwa c_1 und c_2 einen Punkt S gemeinsam, so sondert sich von der Regelfläche der Kegel ab, der S mit c_3 verbindet.

Satz 6: *Ordnung und Klasse*[1]) *einer algebraischen windschiefen Fläche sind gleich (= Grad der Fläche).*

Drittes Kapitel.

Darstellende Geometrie der Flächenkrümmung.

80. Das Rollen einer Geraden auf einer Raumkurve; das Rollen einer Ebene auf einer Torse; Verebnung abwickelbarer Flächen. In Nr. 11 wurde von Bewegungen einer Geraden gesprochen, bei denen sie stets Tangente einer gegebenen ebenen Kurve bleibt. Zwei Sonderfälle solcher Bewegungen waren das *Gleiten* und das *Rollen*. Ist nun eine Raumkurve c gegeben, so kann man ebenso die möglichen Bewegungen einer Geraden t betrachten, bei denen sie stets Tangente von c bleibt. Durch diese Bedingung allein ist indes eine solche Bewegung der Geraden im Raum noch nicht eindeutig bestimmt, weil sie sich während einer solchen Bewegung noch beliebig in ihrer eigenen Richtung verschieben darf. Da aber nach Nr. 17, Satz 3 die Tangentenfläche $\varPhi$ von c in allen Punkten der Erzeugenden t von derselben Tangentialebene σ, nämlich der Schmiegebene des Berührpunktes P von t, berührt wird, liegen die Bahntangenten der Punkte von t jedenfalls in σ. Wir können daher sagen, *daß die betrachtete Bewegung der Tangente t in jedem Zeitpunkt eine ebene Bewegung in der Schmiegebene σ ihres momentanen Berührpunktes P ist.* Der Momentanpol (Nr. 10) dieser ebenen Bewegung ist ein Punkt der Hauptnormalen von P (Nr. 10, Satz 1), da sich jedenfalls der momentan in den Berührpunkt P fallende Punkt von t in der Richtung von t bewegt, falls P nicht selbst der Momentanpol ist. Gerade dieser Sonderfall ist es, den wir im folgenden betrachten. Er ist das räumliche Analogon zu dem in Nr. 11 besprochenen Rollen einer Tangente auf einer ebenen Kurve. Wir sagen daher:

Eine Tangente t einer Kurve c rollt auf c, wenn sie das Tangentensystem von c derart durchläuft, daß sie sich in jedem Zeitpunkt um den momentanen Berührpunkt P in dessen Schmiegebene dreht.

Dabei beschreiben die Punkte von t (vgl. Nr. 11) auf der Tangentenfläche $\varPhi$ von c Kurven, die die Tangenten t von c rechtwinklig schneiden und die *Filarevolventen* von c heißen.

Ein anderer der Anschauung und der Erfahrung sehr geläufiger Bewegungsvorgang ist das *Rollen einer Kegel- oder Zylinderfläche $\varPhi$ auf*

---

1) *Ordnung* = Anzahl der Schnittpunkte mit einer Geraden (Nr. 19); *Klasse* = Anzahl der Tangentialebenen durch eine Gerade (im Sinne algebraischer Wurzelzählung).

einer Ebene σ. Für einen mit Φ fest verbundenen Beobachter ist diese Bewegung das *Rollen der Ebene* σ *auf* Φ. Wir haben es dabei mit einer Bewegung zu tun, bei der ein bestimmter Raumpunkt, nämlich die Kegelspitze S, dauernd festbleibt. Es liegt hier eine *Bewegung im Bündel S* vor. Für *Bewegungen im Bündel* lassen sich Untersuchungen anstellen, die zu den Betrachtungen über *Bewegungen in einer Ebene* (Nr. 10, 11) ganz analog sind. Ohne auf solche Untersuchungen näher eingehen zu wollen, erklären wir aus der Anschauung das Rollen einer Ebene auf einem Kegel folgendermaßen:

Eine Tangentialebene σ rollt auf einem Kegel (Zylinder) φ, wenn sie das System der Tangentialebenen von φ derart durchläuft, daß sie sich dabei in jedem Zeitpunkt um die momentane Berührerzeugende dreht.

Diese Erzeugende ist die „*Momentanachse der Bewegung*" für den betrachteten Zeitpunkt.

Eine leicht verständliche Verallgemeinerung dieser Bewegung ist das *Rollen einer Ebene σ auf der Tangentenfläche Φ einer Raumkurve c (Fig. 221)*. Dabei ist σ stets Tangentialebene von Φ und dreht sich in jedem Augenblick um die jeweilige Berührerzeugende t, die demnach für diesen Zeitpunkt die zugeordnete *Momentanachse* ist. Wählt man nun einen in σ festen Punkt, so beschreibt er beim Rollen von σ auf Φ eine Kurve c^*, die die Tangentialebenen von Φ rechtwinklig schneidet, weil die Bewegung in jedem Zeitpunkt als Drehung um die zugeordnete, in σ liegende Momentanachse t anzusehen ist. c^* heißt eine *Planevolvente* von c. Eine auf σ liegende Kurve k beschreibt beim Rollen von σ auf Φ eine Fläche Ψ. Ist insbesondere k ein Kreis, so ist Ψ eine *Rohrfläche*. Sie ist ersichtlich die Hüllfläche aller Kugeln, deren Halbmesser gleich dem von k ist und deren Mitten auf der Kurve m liegen, die der Mittelpunkt von k durchläuft (Nr. 72). — Rollt eine Ebene σ auf einem Zylinder, so beschreibt eine in σ liegende Kurve eine sogenannte *Gesimsfläche*.

Beim Rollen einer Ebene σ auf einer Torse Φ wird ein Punkt P von Φ im Verlauf dieser Bewegung einmal oder mehrmals mit einem Punkt P_0 von σ zur Deckung gelangen. Schneiden wir aus Φ ein genügend kleines Stück heraus, so ordnet das Rollen von σ auf Φ oder von Φ auf σ jedem Punkt P von Φ nur einen einzigen Punkt P_0 eines gewissen Gebietes Φ_0 in σ zu, und es entspricht auch umgekehrt jedem Punkt P_0 von Φ_0 nur ein einziger Punkt P auf Φ in der angegebenen Art. Diese Punktverwandtschaft $P \longleftrightarrow P_0$ zwischen Φ und Φ_0 ist offenbar *längentreu* (d. h. entsprechende Kurvenbögen haben gleiche Länge) und *winkeltreu* (d. h., treffen sich zwei Kurven auf Φ unter einem Winkel α, so schneiden sich die entsprechenden Kurven in Φ_0 unter demselben Winkel α). Man nennt diesen soeben durch den Begriff des Rollens erklärten Übergang von Φ zum ebenen Flächenstück Φ_0 die *Verebnung* von Φ. Wir haben Φ_0 in seiner punktweisen Zuordnung zu Φ durch das Rollen seiner Ebene σ auf Φ erhalten. Es entsteht natürlich ebenso, wenn wir Φ auf σ rollen lassen, da es offenbar belanglos ist, ob man sich Φ oder σ als festes System vorstellt. Man kann diese beiden Auffassungen als *Aufwicklung einer Ebene auf eine Torse* bzw. als *Abwicklung einer Torse in eine Ebene* unterscheiden.

Die Torsen, d. h. die Zylinder-, Kegel- und Tangentenflächen, heißen daher auch *abwickelbare Flächen*. Denkt man sich eine Torse durch einen dünnen Stoff (Haut, Papier) verwirklicht, so kann man die Bezeichnung „abwickelbar" auch mit der Vorstellung verbinden, daß sich die Torse ohne Faltung, Dehnung und Zerreißung in einer Ebene ausbreiten läßt.

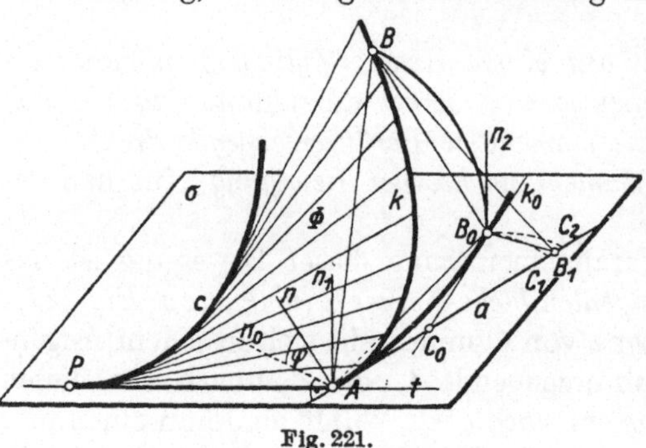

Fig. 221.

Es soll nun untersucht werden, wie sich die Krümmung einer auf Φ liegenden Kurve k bei der Verebnung von Φ ändert[1]) *(Fig. 221)*. k verbinde einen Punkt A von t mit B. Beim Rollen von Φ auf der Ebene σ gelangen die Punkte von k auf die k entsprechende Kurve k_0. k und k_0 haben in A eine gemeinsame Tangente a, weil die Winkel, die sie mit t einschließen, gleich sein müssen. Beim Rollen von Φ auf σ beschreibt B eine Kurve, die in einem Punkt B_0 rechtwinklig auf σ mit einer Tangente n_2 auftrifft, weil in jedem Augenblick die jeweilige Berührerzeugende t Momentanachse ist. Es sei C_0 der Schnittpunkt der Tangente an k_0 in B_0 mit a. Trägt man nun auf a in der Richtung $A\,C_0$ die Strecken $A\,C_1 = A\,B_0$, ferner $C_0 C_2 = C_0 B_0$ und schließlich $A\,B_1$ gleich der Bogenlänge $A\,B_0$ von k_0 ab, so liegt B_1 zwischen C_1 und C_2.

Wir betrachten nun das Verhalten dieser Raumfigur, wenn B auf k gegen A konvergiert. Die Geraden $[B_0 C_1]$ und $[B_0 C_2]$ als Träger der Grundlinien der gleichschenkligen Dreiecke $B_0 A\,C_1$ und $B_0 C_0 C_2$ gehen in die Normale n_0 von k_0 in A_0 über. Da B_1 stets zwischen C_1 und C_2 liegt, konvergiert auch $[B_0 B_1]$ nach n_0.

n_2 geht in die Gerade n_1 über, die in A auf σ normal steht. Aus der Ebene $[a\,B]$ wird die Schmiegebene α von k in A und aus der Ebene $[B_0 B_1 B]$ die Ebene $[n_0 n_1]$, weil $[B_0 B_1]$ nach n_0 und $[B_0 B]$ nach n_1 konvergieren. Demnach konvergiert $[B_1 B]$ als Schnittlinie der beiden Ebenen $[a\,B]$ und $[B_0 B_1 B]$ nach der Hauptnormalen n von k in A, die mit n_0 und daher mit σ den Winkel φ einschließen möge. φ ist zugleich der Neigungswinkel der Schmiegebene α von k in A gegen σ. Da nach dem Gesagten der Winkel B_0 des Dreieckes $B_1 B_0 B$ in einen rechten übergeht und aus $[B_1 B]$ die Hauptnormale n wird, ist

$$(1) \qquad\qquad \lim_{B \to A} \frac{B_1 B_0}{B_1 B} = \cos\varphi.$$

---

[1]) Vgl. J. Hjelmslev, a. a. O., S. 238f.

Nun gilt nach Nr. 14, Gl. (2) für die Krümmungsradien ϱ und ϱ_0 von k und k_0 in A

$$(2) \qquad 2\varrho = \lim_{B \to A} \frac{\overline{AB_1}^2}{\overline{B_1 B}} \quad \text{und} \quad 2\varrho_0 = \lim_{B \to A} \frac{\overline{AB_1}^2}{\overline{B_1 B_0}}.$$

Daraus folgt wegen (1)

$$(3) \qquad \varrho : \varrho_0 = \cos\varphi.$$

Zu demselben Ergebnis gelangt man, wenn Φ ein Kegel oder Zylinder ist. Also besteht der

S a t z 1: *Geht bei der Verebnung einer Torse eine Kurve k in eine Kurve k_0 über, so gilt für die Krümmungsradien ϱ und ϱ_0 von k und k_0 in entsprechenden Punkten die Gleichung* (3), *in der φ den Winkel zwischen der Schmiegebene von k und der Tangentialebene der Torse im betrachteten Punkt bedeutet.*

Wenden wir diesen Satz auf die Gratlinie c einer Tangentenfläche an, so ist $\varphi = 0$, und man erhält den

S a t z 2: *Beim Verebnen einer Tangentenfläche geht die Gratlinie c längentreu in eine Kurve c_0 über, derart, daß c und c_0 in entsprechenden Punkten gleiche Krümmung haben.*

Für $\varphi = 90^0$ ergibt (3) $\varrho_0 = \infty$, weshalb nach Nr. 9, S. 29 k_0 im betrachteten Punkt i. allg. einen Wendepunkt haben wird. Wir können daher sagen:

S a t z 3: *Steht eine Schmiegebene α einer auf einer Torse Φ liegenden Kurve k auf der Tangentialebene von Φ im Berührpunkt W von α normal, so geht k bei der Verebnung von Φ in eine Kurve k_0 über, die i. allg. im entsprechenden Punkt W_0 einen Wendepunkt besitzt.*

In Nr. 13 wurde die Verbindungsebene der Binormalen und der Tangente eines Kurvenpunktes dessen rektifizierende Ebene genannt. Die rektifizierenden Ebenen einer Raumkurve k umhüllen ihre *rektifizierende Torse Φ*. Läßt man eine Tangente auf k *rollen*, so dreht sie sich bekanntlich in jedem Augenblick um den Berührpunkt A in dessen Schmiegebene. Daraus folgt aber, daß durch jeden Punkt A von k eine Erzeugende ihrer rektifizierenden Torse Φ geht. k liegt demnach auf Φ, und zwar derart, daß in jedem Punkte von k die Schmiegebene auf der Tangentialebene der rektifizierenden Torse normal steht. Es ist daher für alle Punkte der Kurve $\varphi = 90^0$ und demnach gemäß (3) $1 : \varrho_0 = 0$. k_0 hat somit überall die Krümmung Null, ist also eine Gerade. Demnach gilt der

S a t z 4: *Bei der Verebnung der rektifizierenden Torse einer Raumkurve geht diese in eine Gerade über.*

Durch diesen Satz erscheint die Bezeichnung rektifizierende Torse begründet.

Nun ist aber die Gerade die kürzeste Verbindung zwischen zwei Punkten. Da die Verebnung Bogenlängen ungeändert läßt, ist auch die Raumkurve k auf ihrer rektifizierenden Torse Φ die kürzeste auf Φ

gelegene Verbindungslinie irgend zweier ihrer Punkte. Man nennt die kürzeste, auf einer beliebigen Fläche Φ liegende Verbindungskurve von zwei Punkten eine *geodätische Linie* von Φ. Es gilt daher der

Satz 5: *Eine Raumkurve ist eine geodätische Linie ihrer rektifizierenden Torse.*[1])

Fig. 222 zeigt das *Verebnen eines durch zwei Halbkreise k_1, k_2 begrenzten halben schiefen Kreiszylinders Φ mit zu Π_1 parallelen Erzeugenden.* Auf k_1 wurden die Punkte 1, 2, ..., 8 angenommen, die Erzeugenden durch sie mit einer zu ihnen normalen Ebene in I, II, ... zum Schnitt gebracht, die Gestalt n''' dieses Normalschnittes durch Umklappung ermittelt und dessen Stücke zwischen I''', II''', ... auf der Geraden n' näherungsweise abgetragen. Trägt man von den auf n' dadurch erhaltenen Teilpunkten I_0, II_0, ... in zu n' normaler Richtung die im Grundriß in wahrer Länge erscheinenden Erzeugendenstücke $I\,1$, $II\,2$, ... auf, so erhält man die Verebnung k_{10} von k_1. Im höchsten Punkt W von k_1 ist die Tangentialebene des Zylinders normal zur Ebene

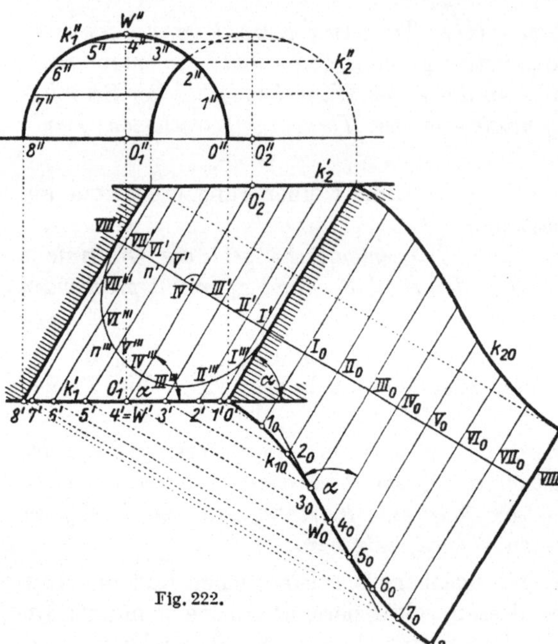

Fig. 222.

von k_1; daher hat k_{10} im entsprechenden Punkt W_0 nach Satz 3 einen *Wendepunkt.* Eine Tangente an k_1 schließt mit der Erzeugenden durch den Berührpunkt denselben Winkel ein wie die Tangente an k_{10} im entsprechenden Punkt mit der verwandelten Erzeugenden. So findet man durch eine einfache Winkelübertragung die Wendetangente von k_{10}.

Eine durch einen Kreis k begrenzte *Drehkegelfläche* geht bei der Verebnung, wenn man sie vorerst längs einer Erzeugenden aufgeschlitzt hat, in einen *Kreisausschnitt* über, dessen Halbmesser der Kegelseite s und dessen Bogen dem Umfang von k gleich ist. Letzterer wird näherungsweise durch wiederholtes Abtragen einer hinreichend kleinen Sehne von k erhalten.

---

1) In jedem Punkt P der Raumkurve ist die Schmiegebene normal zur Tangentialebene der rektifizierenden Torse. Dieser Satz ist jedoch nur ein Sonderfall des folgenden Satzes:

In jedem Punkt einer geodätischen Kurve einer beliebigen Fläche fällt die Hauptnormale der Kurve mit der Flächennormalen zusammen.

Das *Verebnen eines schiefen Kreiskegels* zeigt Fig. 223. Der Kegel ist durch seinen Basiskreis k (Mitte M), den Normalriß S' seiner Spitze S auf die Basisebene Π_1 und die Höhe $S'S = h$ gegeben. Die Ebene $\sigma = [SM \perp \Pi_1]$ ist Symmetrieebene des Kegels. Für σ als Seitenrißebene ist $S'S''' = h$. Den auf einer Seite von $[S'M]$ befindlichen Halbkreis von k teile man in etwa acht oder mehr gleiche Teile, so daß die Bogenlänge zwischen zwei Teilpunkten angenähert der Sehne gleichgesetzt werden kann. Nun ermittle man die Längen der von S aus nach jenen Teilpunkten 0, 1, . . . , 8 reichenden Erzeugendenstücke, indem man sie um $[SS']$ nach σ hineindreht und diese Ebene dann nach Π_1 umklappt. Ordnet man die Verebnung Φ_0 so an, daß S_0 mit S'''

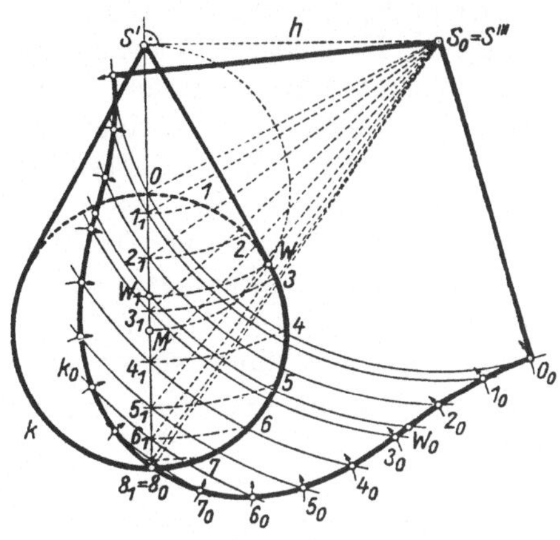

Fig. 223.

und 8_0 mit 8 zusammenfällt, so lassen sich die Punkte $7_0, 6_0, \ldots$ der Reihe nach als Schnittpunkte von je zwei Kreisen ermitteln, was aus Fig. 223 leicht verständlich ist, wenn man beachtet, daß etwa das Dreieck $S_0 5_0 4_0$ als kongruent zum Dreieck $S\,54$ konstruiert wird. Die Berührpunkte von k mit den Tangenten aus S' gehen nach Satz 3 in die *Wendepunkte* von k_0 über.

Nach Satz 2 wird beim Verebnen der Tangentenfläche einer Raumkurve k die Krümmung von k nicht geändert. Da der Krümmungsradius r einer Schraublinie konstant ist, nämlich nach Nr. 74 $r = r_1 : \cos^2\alpha$, worin r_1 den Halbmesser des Schraubzylinders und α den Steigungswinkel bedeutet, so ergibt sich der

Satz 6: *Beim Verebnen einer abwickelbaren Schraubfläche verwandelt sich die Gratlinie k in einen Kreis k_0, dessen Radius ihrem Krümmungsradius gleich ist.*

Fig. 224 zeigt (in halber Größe) die Verebnung jenes Teiles der in Fig. 205 dargestellten Schraubtorse Φ mit der Gratlinie k, der zwi

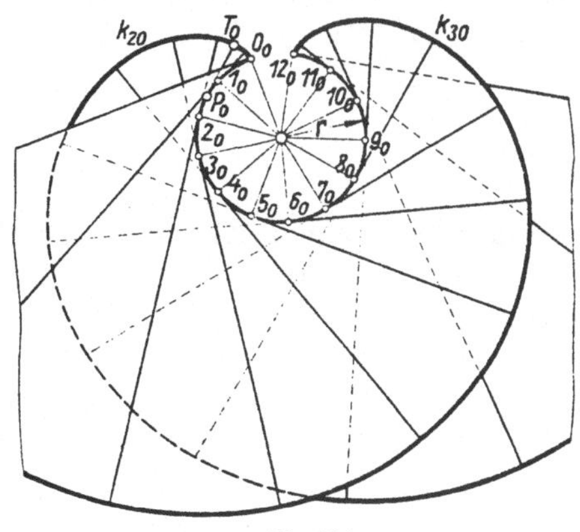

Fig. 224.

schen den waagerechten Ebenen durch die Punkte 0 und 12 liegt. Aus Fig. 205 wurde die Länge $0^0\,1^0$ des Schraublinienstückes zwischen zwei aufeinanderfolgenden Punkten 0, 1. . . . entnommen und in Fig. 224 auf k_0

von 0_0 über $1_0, 2_0, \ldots$ bis 12_0 abgetragen. Die Tangenten an k_0 in diesen Punkten bilden die verwandelten Erzeugenden von Φ. Die Schnittkurve von Φ mit Π_1 verwandelt sich in die von 0_0 ausgehende Evolvente k_{20} von k_0, da ja $P_0 T_0 = P T$ die Länge von k zwischen 0 und P ist, mithin die Länge des Kreisbogens $0_0 P_0$ hat. Ebenso entsteht aus der Schnittkurve k_3 von Φ mit der Horizontalebene durch 12 die von 12_0 ausgehende Evolvente k_{30}. Bestimmt man einen Punkt von Φ durch die ihn enthaltende Erzeugende und seinen Abstand von ihrem Berührpunkt mit k, so läßt sich ohne weiteres sein entsprechender Punkt nach der Verebnung angeben. Demnach kann auch leicht zu einer Kurve auf Φ die entsprechende in Φ_0 und umgekehrt angegeben werden. *Nimmt man insbesondere in Φ_0 eine Gerade an, so entspricht ihr eine geodätische Linie auf Φ.* Die mit k koaxialen Schraublinien verwandeln sich in die zu k_0 konzentrischen Kreise.

81. Das oskulierende Scheitelparaboloid eines Flächenpunktes.[1]) Unter der *Theorie der Flächenkrümmung* versteht man die Gesamtheit der Aussagen über die Krümmung der auf einer Fläche gelegenen Kurven.

Wenn eine dreimal stetig differenzierbare Fläche Φ die $[xy]$-Ebene eines rechtwinkligen Achsenkreuzes im Ursprung O berührt und O ein regulärer Punkt von Φ ist, läßt sich nach Nr. 18, Gl. (12) ein genügend kleines, O enthaltendes Stück von Φ durch die folgende Gleichung darstellen:

$$(1) \qquad z = (b_1 x^2 + 2 b_2 x y + b_3 y^2) + (x^3 \varphi + x^2 y \chi + x y^2 \psi + y^3 \omega);$$

darin bedeuten die b_i konstante Koeffizienten, von denen wir annehmen, daß sie nicht zugleich verschwinden, und die $\varphi, \chi, \psi, \omega$ Funktionen von x und y, die stetige partielle Ableitungen bis einschließlich der dritten Ordnung besitzen.

Wird das Achsenkreuz um die z-Achse durch einen bestimmten Winkel ϑ gedreht, so lauten die Übergangsformeln zum neuen Achsenkreuz $(x' y' z')$:

$$(2) \qquad \begin{aligned} x &= x' \cos \vartheta - y' \sin \vartheta \\ y &= x' \sin \vartheta + y' \cos \vartheta \\ z &= z'. \end{aligned}$$

Für das Folgende ist nun die Feststellung wichtig, daß bei der Substitution von (2) in (1) eine Gleichung entsteht, die wieder die Form (1) hat, wenn man die Glieder nach Potenzen von x' und y' ordnet, und daß die Koeffizienten b_i' der quadratischen Glieder der transformierten Gleichung nur von den b_i und dem Winkel ϑ abhängen. Insbesondere ergibt sich für den Koeffizienten von x'^2

$$(3) \qquad b_1' = b_1 \cos^2 \vartheta + 2 b_2 \sin \vartheta \cos \vartheta + b_3 \sin \vartheta^2.$$

Es sei nun c eine auf Φ gelegene Kurve, die in O einen regulären Punkt besitze. Durch eine Drehung (2) des Achsenkreuzes um die z-Achse kann die x-Achse zur Tangente von c in O gemacht werden. Bezeichnen

---

1) Der Anfänger bringe sich Nr. 6, 7, 9, 13, 14, 18 in Erinnerung.

wir die Koordinaten in bezug auf das neue Achsenkreuz wieder mit x, y, z, so lautet die Gleichung von Φ:

$$(4) \qquad z = (b_1' x^2 + 2 b_2' x y + b_3' y^2) + (*),$$

worin durch das Sternchen hier und später die Summe der Glieder angedeutet wird, die alle eine Potenz oder ein Potenzprodukt in x und y mindestens dritten Grades als Faktor enthalten.

Die Flächenkurve c kann durch die Angabe ihres Normalrisses (Grundriß) c' auf die $[xy]$-Ebene bestimmt werden. Da c' die neue x-Achse in O berührt, hat c' in der Umgebung von O (Nr. 7, Gl. (6a) für $x = u$) die Darstellung

$$(5) \qquad y = a x^2 + (*),$$

unter der Annahme, daß c' dreimal stetig differenzierbar ist und zunächst in O keinen Wendepunkt hat. Setzt man (5) für y in (4) ein, so erhält man

$$(6) \qquad z = b_1' x^2 + (*).$$

Die Gleichungen (5) und (6), worin die Sternchen die Glieder zusammenfassen, die eine Potenz von x mindestens dritten Grades als Faktor enthalten, sind eine Parameterdarstellung von c mit dem variablen Parameter x.

Wir ermitteln nun die Schmiegebene und den Krümmungsradius von c in O. Verbinden wir die x-Achse mit einem Punkt P von c durch die Ebene $[xP]$, so geht diese, wenn P auf c gegen O konvergiert, in die Schmiegebene von O über. Für x, y, z als Koordinaten von P, hat der Tangens des Neigungswinkels von $[xP]$ gegen $[xy]$ den Wert $z : y$. Schließt daher die Schmiegebene von O mit der $[xy]$-Ebene den Winkel α ein, so ist nach (5) und (6)

$$(7) \qquad \operatorname{tg} \alpha = \lim_{x \to 0} \frac{z}{y} = \frac{b_1'}{a}.$$

Der Krümmungsradius r_1 von c' in O ist nach Nr. 9, Gl. (3) $r_1 = 1 : 2a$. Der Krümmungsradius r von c in O hängt nach Nr. 14, Gl. (9) mit r_1 durch die Gleichung $r = r_1 \cos \alpha$ zusammen. Aus diesen Bemerkungen und (7) folgt demnach

$$(8) \qquad r = \frac{1}{2\sqrt{a^2 + b_1'^2}},$$

worin man sich b_1' nach (3) durch b_1, b_2, b_3 ausgedrückt denke.

Aus (7), (8) und (3) entnimmt man, daß in die Werte $\operatorname{tg} \alpha$ und r aus der Flächengleichung nur die Koeffizienten b_1, b_2, b_3 der quadratischen Glieder eingehen. Wir können daher zur Ermittlung der Krümmungskreise der Flächenkurven durch O die Fläche (1) durch die Fläche

$$(9) \qquad z = b_1 x^2 + 2 b_2 x y + b_3 y^2$$

ersetzen. (9) ist i. allg. ein *Paraboloid* φ, das die $[xy]$-Ebene und die Fläche in seinem Scheitel O berührt; man nennt (9) das *oskulierende*

Scheitelparaboloid der Fläche in O (Nr. 78). Nach dem Gesagten besteht der folgende Sachverhalt:

Satz 1: *Wird eine Kurve c einer Fläche Φ in der Richtung der Flächennormalen eines ihrer Punkte O auf das oskulierende Scheitelparaboloid φ des Punktes O projiziert, so erhält man eine Kurve c* auf φ, die c in O oskuliert, d. h. mit c in O den Krümmungskreis gemeinsam hat.*

Der obige Beweis setzt zwar voraus, daß (vgl. Gl. (7)) $a \neq 0$ ist, daß also die Schmiegebene nicht durch die Flächennormale von P geht. Doch gilt der Satz auch in diesem Sonderfall.[1])

Das oskulierende Scheitelparaboloid ist *elliptisch* oder *hyperbolisch*, je nachdem $b_1 b_3 - b_2{}^2$ größer bzw. kleiner als Null ist, wie man sofort erkennt, wenn man seinen Schnitt mit der $[xy]$-Ebene ($z = 0$) bildet. Durch eine geeignete Drehung (2) des Achsenkreuzes um die z-Achse kann der Koeffizient b_2 zum Verschwinden gebracht werden, so daß (9) die Form erhält

$$(10) \qquad z = a_1 x^2 + a_2 y^2.$$

Die $[xz]$- und die $[yz]$-Ebene sind nun die Symmetrieebenen des Paraboloids, und a_1, a_2 sind beide von Null verschieden. Ist dagegen $b_1 b_3 - b_2{}^2 = 0$, so kann leicht gezeigt werden, daß sich die Gleichung (9) durch Drehung des Achsenkreuzes um die z-Achse auf die Form

$$(11) \qquad z = a x^2$$

bringen läßt. (11) ist ein *parabolischer Zylinder*, der die $[xy]$-Ebene längs der y-Achse berührt. Wir wollen indes auch in diesem Ausartungsfall vom *oskulierenden Paraboloid* sprechen.

Unter Heranziehung von Nr. 18 können wir nun den Satz aussprechen:

Satz 2: *In einem elliptischen Flächenpunkt ist das oskulierende Scheitelparaboloid elliptisch, in einem hyperbolischen Punkt hyperbolisch, und in einem parabolischen Punkt geht es in einen parabolischen Zylinder über.*

Wenn zwei Flächen in einem gemeinsamen Punkt ein gemeinsames oskulierendes Scheitelparaboloid haben, so sagt man, daß sie dort einander *oskulieren.*

82. Der Satz von Meusnier. Wir denken uns auf einer Fläche Φ die Menge aller Kurven, die durch einen festen regulären Punkt P gehen und daselbst eine gemeinsame Tangente t besitzen. *Gegenstand der folgenden Untersuchung sind die Krümmungskreise dieser Kurven in P.* Nach Nr. 81, Satz 1 genügt es vollständig, diese Untersuchung im Scheitel P des oskulierenden Paraboloids φ für die Menge aller Kurven auf φ zu führen, die in P die gemeinsame Tangente t besitzen. Wir schränken unsere Betrachtung zunächst auf die *ebenen Schnitte* von φ durch t ein.

---

1) Der Grundriß c' der Flächenkurve hat dann nach Nr. 13, Satz 2 in O einen Wendepunkt, und die Gleichung von c' in der Umgebung von O ist nach Nr. 7, Gl. (6b) $y = k x^3 + (*)$. Der Krümmungsradius r von c in O ist nach Nr. 14, Gl. (2) $r = \dfrac{1}{2} \lim\limits_{x \to 0} \dfrac{x^2}{\sqrt{y^2 + z^2}}$. Aus (4) und der letzten Gleichung für y folgt daraus $r = \dfrac{1}{2 b_1'}$, also ein Wert, der ebenfalls nur von den quadratischen Gliedern von (1) abhängt.

Es sei (Fig. 225) n die Flächennormale, also zugleich die Achse des oskulierenden Paraboloids. Schnitte der Fläche mit Ebenen durch n heißen *Normalschnitte*. Unter den ebenen Schnitten von φ durch die Tangente t von P kommt auch der Normalschnitt von φ mit der Ebene $[tn]$ vor. Es sei ω der Winkel, den ein ebener Schnitt k von φ durch t mit der Normal- schnittebene $[tn]$ bildet. Wir schneiden nun diese Raumfigur mit einer zur Tangential- ebene τ von P im Abstand h parallelen Ebene, die φ nach einem Kegelschnitt p und k in zwei Punkten Q und R schneide. Ferner sei $e = MM_1$ die Strecke zwischen der Mitte M von p und der Mitte M_1 der Sehne QR und ε der Winkel, den $[MM_1]$ mit dem aus M auf $[QR]$ gefällten Lot MF einschließt. Der Krümmungskreis von k ist die Grenzlage des Kreises, der t in P berührt und durch Q geht, für den Grenz- übergang $h \to 0$. Der doppelte Krümmungs-

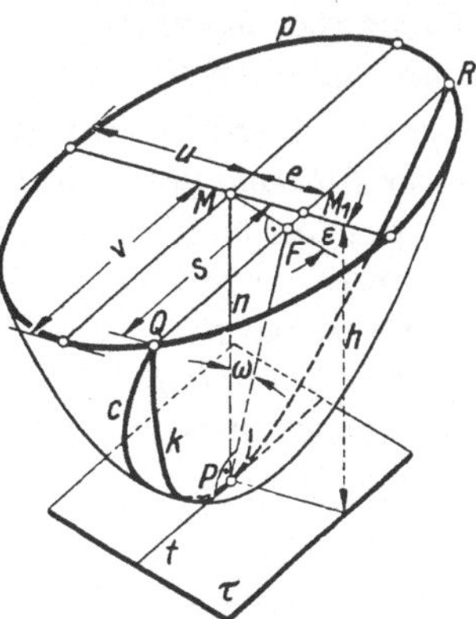

Fig. 225.

halbmesser von k in P beträgt daher (Nr. 9, Gl. (2)) $2r = \lim(\overline{QF}^2 : \overline{PF})$. Daraus folgt mit $QM_1 = s$ wegen $h = \overline{PF}\cos\omega$ und $QF = s \pm e\sin\varepsilon$ die Gleichung

$$2r = \lim_{h \to 0} \frac{(s \pm e\sin\varepsilon)^2 \cos\omega}{h}.$$

Daraus erhält man mit dem aus Fig. 225 ersichtlichen Wert $e = \dfrac{h\,\mathrm{tg}\,\omega}{\cos\varepsilon}$ durch Einsetzen $2r = \lim \dfrac{s^2\cos\omega}{h}$. Bezeichnen wir mit v den zur Sehne QR parallelen Halbmesser von p, so gilt für den Krümmungshalbmesser r_n des durch t gehenden Normalschnittes, von dem wir annehmen, daß er nicht unendlich ist, $2r_n = \lim \dfrac{v^2}{h}$. Demnach ist $\dfrac{r}{r_n} = \lim \dfrac{s^2\cos\omega}{v^2}$. Ist u der zu v konjugierte reelle oder imaginäre Halbmesser, so können e und s als die schiefwinkligen Parallelkoordinaten von Q in bezug auf das von u und v gebildete schiefwinklige Achsenpaar angesehen werden, weshalb zwischen e und s die Gleichung $\dfrac{e^2}{u^2} + \dfrac{s^2}{v^2} = 1$ besteht, die durch den obigen Wert von e in $\dfrac{h^2\mathrm{tg}^2\omega}{u^2\cos^2\varepsilon} + \dfrac{s^2}{v^2} = 1$ übergeht. Da $\left|\dfrac{u^2}{h}\right|$ für $h \to 0$ in den doppelten Krümmungsradius des in der Ebene $[un]$ liegenden Schnittes von φ übergeht, also einen von Null verschiedenen Wert annimmt, liefert für $h \to 0$ die letzte Gleichung $\lim(s^2 : v^2) = 1$. Der obige Grenz- wert für $r : r_n$ ergibt somit die *Meusniersche Gleichung*

$$r = r_n \cos\omega.$$

Es sei nun c (Fig. 225) irgendeine t in P berührende Kurve auf dem Paraboloid, deren Schmiegebene γ in P mit der durch t gehenden Normal- schnittebene den Winkel ω_0 einschließe. Ihr in γ liegender Krümmungskreis für P ergibt sich als Grenzlage der Kreise, die t in P berühren und durch einen weiteren Punkt Q von c gehen, für $Q \to P$. Führt man die früheren Überlegungen bei diesem Grenzübergang durch, so verlaufen sie genau so wie vorhin. Daß ω jetzt nicht konstant ist, sondern dem Grenzwert ω_0 zustrebt, hat auf den obigen Gedankengang keinen Einfluß; daher ist $r = r_n \cos \omega_0$. Es gilt demnach und nach Nr. 81, Satz 1 der

Satz 1 (Satz von Meusnier[1]): *Zwischen dem Krümmungsradius r einer Flächenkurve c in einem Punkt P und dem Krümmungsradius r_n des sie daselbst berührenden Normalschnittes besteht die Gleichung $r = r_n \cos \omega$, worin ω den Winkel der Schmiegebene von c in P gegen die Normalschnittebene bedeutet.* Oder mit anderen Worten: *Die Krümmungsmitte von c ist der Normalriß der Krümmungsmitte des zur selben Tangente gehörigen Normalschnittes auf die Schmiegebene von c in P.*

Sind O und O_n die Mittelpunkte der zugehörigen Krümmungskreise, so ist demnach O der Normalriß von O_n auf die Schmiegebene von c. Die beiden Krümmungskreise liegen daher auf einer Kugel, die den Krümmungskreis des Normalschnittes als Großkreis besitzt. Wir können demnach den Meusnierschen Satz auch in folgender Form aussprechen:

Satz 2: *Alle Flächenkurven, die eine Flächentangente t berühren, haben im gemeinsamen Berührpunkt Krümmungskreise, die auf jener Kugel liegen, für welche der Krümmungskreis des Normalschnittes durch t Großkreis ist (Meusniersche Kugel der Tangente t).*

Aus dem Meusnierschen Satz folgt unmittelbar:

Satz 3: *Haben zwei sich berührende Flächenkurven im Berührpunkt eine gemeinsame Schmiegebene, so haben sie daselbst auch einen gemeinsamen Krümmungskreis.*

83. Die Indikatrix; der Satz von Euler. Die folgenden Betrachtungen beziehen sich auf die *Normalschnitte* einer Fläche Φ, die durch einen gegebenen regulären Flächenpunkt P gehen, also auf die ebenen Schnitte von Φ durch die Flächennormale n des Punktes P. Jeder solche Schnitt von Φ durch n hat nach Nr. 81, Satz 1 mit dem in derselben Ebene liegenden Normalschnitt des oskulierenden Paraboloids φ des Punktes P den Krümmungskreis in P gemeinsam. Es genügt daher, daß wir die Normalschnitte im Scheitel P des Paraboloids betrachten.

Wir setzen zunächst voraus, daß P ein *elliptischer Punkt* ist (Fig. 226). u sei ein Normalschnitt des nach Nr. 81, Satz 2 elliptischen oskulierenden Paraboloids. Ein auf u beweglicher Punkt U habe von der Tangentialebene τ in P und von der Flächennormalen n in P die Abstände h bzw. ϱ. Ist nun R der Krümmungsradius von u in P, so ist (Nr. 9, Gl. (2))

$$2R = \lim_{h \to 0} \frac{\varrho^2}{h}.$$ Wir wählen nun auf φ einen andern Normalschnitt $\bar{u}$,

---

1) J. B. Meusnier, Mémoire sur la courbure des surfaces, Mém. Sav. étr. 10 (1785, lu 1776).

dessen Krümmungsradius in P mit $\bar{R}$ bezeichnet sei. Sind $\bar{\varrho}$ und $\bar{h}$ die Abstände eines auf $\bar{u}$ beweglichen Punktes von n bzw. τ, so ist $2\bar{R} = \lim\limits_{\bar{h}\to 0} \dfrac{\bar{\varrho}^2}{\bar{h}}$.

Nun können wir aber U und $\bar{U}$ derart auf u bzw. $\bar{u}$ gegen P konvergieren lassen, daß stets $h = \bar{h}$ ist. Aus den beiden Grenzwertformeln folgt daher $R : \bar{R} = \lim(\varrho^2 : \bar{\varrho}^2)$. In dieser Gleichung können wir aber das Zeichen lim weglassen, da das Verhältnis $\varrho : \bar{\varrho}$ beim Grenzübergang konstant bleibt.[1]) Es gilt also

$$(1) \qquad R : \bar{R} = \varrho^2 : \bar{\varrho}^2.$$

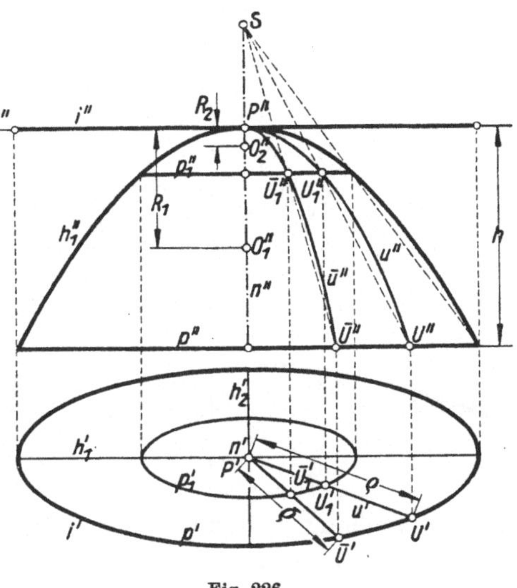

Fig. 226.

Wir bezeichnen nun mit p irgendeinen bestimmten, zur Scheiteltangentialebene τ parallelen ebenen Schnitt von φ. Er schneidet die beiden Normalschnitte u und $\bar{u}$ in den Punkten U und $\bar{U}$, deren Abstände vom Mittelpunkt von p die Strecken ϱ und $\bar{\varrho}$ aus Gl. (1) sind. Projiziert man nun die Ellipse p sowie auch alle anderen zur Scheiteltangentialebene τ parallelen, ebenen Schnitte von φ in der Richtung der Flächennormalen n auf τ, so erhält man ein System von Ellipsen, die bezüglich ihres gemeinsamen Mittelpunktes P zentrisch ähnlich sind. Die Halbmesser ϱ einer solchen Ellipse i hängen mit den Krümmungshalbmessern R der durch sie gelegten Normalschnitte nach (1) durch die Gleichung

$$(2) \qquad \varrho : \bar{\varrho} = \sqrt{R} : \sqrt{\bar{R}},$$

wofür man auch mit einem Proportionalitätsfaktor k

$$(3) \qquad \varrho = k\sqrt{R}$$

setzen kann, zusammen. Jedem Wert von k ist demnach eine Ellipse p des Systems zugeordnet. i heißt die *Dupin*sche *Indikatrix des Flächenpunktes P für den Proportionalitätsfaktor k*. Wir wollen jedoch in Gedanken dem Faktor k einen *bestimmten* Wert erteilen und dann einfach von der *Indikatrix* des Punktes P sprechen.

Wenn wir die bisherige Annahme, daß P ein elliptischer Punkt ist, fallen lassen und unmittelbar folgende Ergebnisse vorwegnehmen, können wir sagen:

---

1) Zwei parallele ebene Schnitte einer Fläche 2. O. sind stets ähnlich. Daß insbesondere dieser Satz für die zur Scheiteltangentialebene τ parallelen ebenen Schnitte p von φ richtig ist, folgt unmittelbar aus Gl. 10 in Nr. 81.

Satz 1: *Die Halbmesser ϱ der Indikatrix eines Flächenpunktes P sind zu den Quadratwurzeln aus den Krümmungsradien der durch sie gehenden Normalschnitte im Punkt P proportional.*

Ist P ein *hyperbolischer Punkt,* so durchsetzt das oskulierende (hyperbolische) Paraboloid φ die Tangentialebene τ in seinen beiden Scheitel-

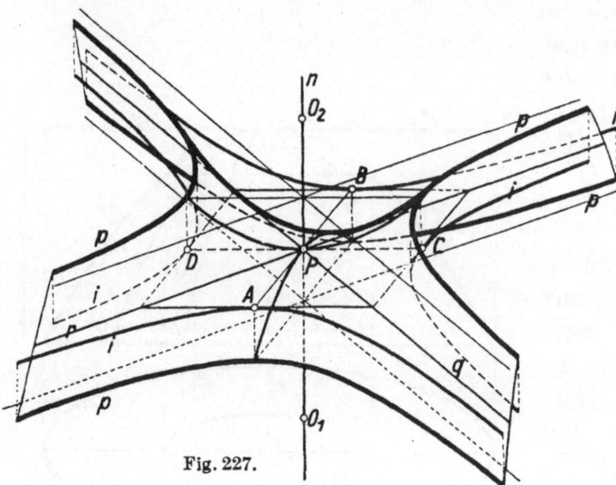

Fig. 227.

erzeugenden q und r (Fig. 227). Die zu τ parallelen Schnitte p von φ sind Hyperbeln, deren Normalrisse i auf τ die Hyperbeln mit den Asymptoten q und r bilden. Auch die Halbmesser ϱ einer solchen Indikatrixhyperbel stehen mit den Krümmungsradien R der durch sie gehenden Normalschnitte in P in dem durch (1) bestimmten Zusammenhang. Durch eine solche Hyperbel werden aber bloß die sie reell schneidenden Normalschnitte erfaßt. Um alle Normalschnitte in P zu behandeln, denken wir uns bei dem zuletzt durchgeführten Grenzübergang $h \to 0$ das oskulierende Paraboloid φ stets gleichzeitig mit zwei zu τ im Abstande $\pm h$ parallelen und symmetrischen Ebenen zum Schnitt gebracht. Man erhält so zwei Hyperbeln, deren *Normalriß* auf τ zwei *„konjugierte Hyperbeln“*[1] mit den Asymptoten q, r bilden. In einem hyperbolischen Punkt P wird man daher als Indikatrix ein Paar konjugierter Hyperbeln ansehen, die die Scheitelerzeugenden des oskulierenden Paraboloids als Asymptoten besitzen. Indem man über den Faktor k in (3) verfügt, ist dadurch ein bestimmtes Hyperbelpaar gewählt.

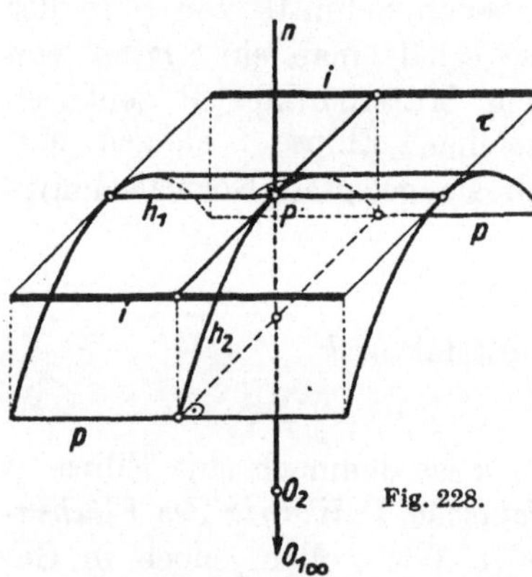

Fig. 228.

Ist P ein parabolischer Punkt (Fig. 228), so wird der oskulierende parabolische Zylinder von den ihn schneidenden und zur Tangentialebene τ parallelen Ebenen nach je zwei Erzeugenden geschnitten. Projiziert

---

1) Bringt man die Gleichung von φ auf die Form $\dfrac{x^2}{a^2} - \dfrac{y^2}{b^2} = z$ (Nr. 78), so erhält man für $z = \pm 1$ die beiden konjugierten Hyperbeln $\dfrac{x^2}{a^2} - \dfrac{y^2}{b^2} = \pm 1$; d. h. die reelle Halbachse der einen ist die imaginäre Halbachse der andern und umgekehrt.

man diese normal auf τ, so erhält man als Indikatrix je ein Parallelenpaar i, das zu P symmetrisch liegt und wieder einem bestimmten Wert für k in (3) zugeordnet ist. Die zu (1) führenden Betrachtungen lassen sich wie im elliptischen Fall auch hier durchführen.

Durch die Symmetrieachsen der Indikatrix in einem elliptischen oder hyperbolischen Punkt gehen zwei aufeinander normale Normalschnitte, die *Hauptnormalschnitte* h_1 und h_2 der Fläche in P, deren Krümmungen in P, verglichen mit den Krümmungen der andern Normalschnitte, nach (2) extreme Werte annehmen. In einem *elliptischen Punkt* hat der Normalschnitt durch die große (kleine) Achse der Indikatrixellipse die kleinste (größte) Krümmung. — In einem *hyperbolischen Punkt* liegen die Krümmungskreise der Normalschnitte, die zu einer der beiden konjugierten Indikatrixhyperbeln gehören, auf einer Seite der Tangentialebene τ, dagegen die zur andern Hyperbel gehörigen Krümmungskreise auf der andern Seite von τ. Wenn man demnach die Radien der Krümmungskreise positiv oder negativ nimmt, je nachdem sie auf der einen oder andern Seite von τ liegen, so gilt wieder, daß die Krümmung des einen Hauptnormalschnittes in P ein Maximum, die des andern ein Minimum ist. Die Krümmung der Normalschnitte durch die Asymptoten q, r der Indikatrix ist Null. — Ist P ein *parabolischer Punkt*, so nimmt die Krümmung des Hauptschnittes in der Richtung der beiden Indikatrixparallelen ihren kleinsten Wert Null, in der dazu normalen Richtung ihren größten Wert an.

Man nennt die Radien R_1, R_2 der Krümmungskreise der Hauptnormalschnitte in einem Flächenpunkt P die *Hauptkrümmungsradien* und ihre Mitten O_1, O_2 die *Hauptkrümmungsmitten* von P.

Nach C. F. Gauß heißt $\dfrac{1}{R_1 R_2}$ das *Krümmungsmaß*[1]) der Fläche in P. Es ist positiv in einem elliptischen, negativ in einem hyperbolischen und Null in einem parabolischen Punkt. Für eine Kugel vom Radius R ist die Indikatrix für jeden Punkt ein Kreis, demnach $R_1 = R_2 = R$. Eine Kugel hat daher in allen Punkten dieselbe positive Krümmung. Gilt für einen Flächenpunkt $R_1 = R_2$, so heißt er *Nabelpunkt*. Von besonderem Interesse sind die Flächen, für die in allen Punkten $R_1 = -R_2$ ist. Sie werden *Minimalflächen* genannt; ihre Indikatrizen sind gleichseitige Hyperbeln. *Torsen* besitzen lauter parabolische Punkte. Die Indikatrix in einem Punkt einer Torse ist demnach ein Parallelenpaar, dessen Mittellinie die durch den Punkt gehende Erzeugende ist.

Ist $\dfrac{x^2}{a^2} + \dfrac{y^2}{b^2} = 1$ die Gleichung der zur Konstanten k gehörigen Indikatrix eines Flächenpunktes P (a und b reell, falls P elliptisch; a reell, b rein imaginär, falls P hyperbolisch; a endlich und reell, $1:b=0$, falls P parabolisch), so ist nach (3) $a = k\sqrt{R_1}$, $b = k\sqrt{R_2}$, $x = k\sqrt{R}\cos\varphi$,

---

1) Disquisitiones generales circa superficies curvas (Ges. W. Bd. 4, Ostwalds Klassiker der exakten Wissenschaften Nr. 5).

$y = k\sqrt{R}\sin\varphi$, wenn φ den Winkel des Normalschnittes mit dem Krümmungsradius R gegen den Hauptnormalschnitt durch a bedeutet. Setzt man diese Ausdrücke in die obige Gleichung der Indikatrix ein, so erhält man die *Eulersche Gleichung*[1])

$$(4) \qquad \frac{1}{R} = \frac{\cos^2\varphi}{R_1} + \frac{\sin^2\varphi}{R_2},$$

nach der sich der Krümmungsradius R irgendeines Normalschnittes aus den Hauptkrümmungsradien R_1, R_2 und seinem Neigungswinkel φ gegen den ersten Hauptnormalschnitt berechnen läßt.

Nach (4) *lassen sich die Krümmungsmitten* O *der Normalschnitte in einem Punkt* P *leicht konstruieren, wenn die Krümmungsmitten* O_1, O_2 *der Hauptnormalschnitte bekannt sind.*[2]) Wir legen die Flächennormale n mit den Punkten P, O_1, O_2 in die Zeichenebene (Fig. 229 für einen elliptischen Punkt). Es ist dann $PO_1 = R_1$ und $PO_2 = R_2$. Macht man nun PO_1 zur Kathete eines rechtwinkligen Dreiecks PO_1D_1 mit der Hypotenuse PD_1, dessen Winkel bei P φ ist, so trifft die Normale zu $[PD_1]$ durch P die durch O_2 normal zu n gelegte Gerade in einem Punkt D_2, dessen Verbindungsgerade mit D_1 aus n die gesuchte

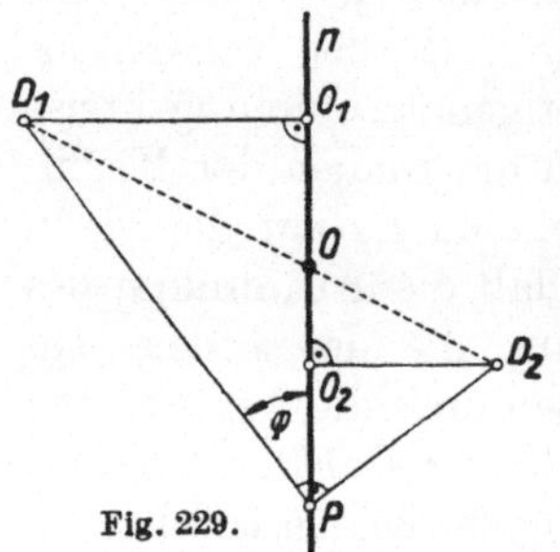

Fig. 229.

Krümmungsmitte O ausschneidet. Es kann dem Leser überlassen bleiben, nachzuweisen, daß OP die durch (4) bestimmte Länge R hat. Da ferner O zwischen O_1 und O_2 liegt, ist O tatsächlich die gesuchte Krümmungsmitte. Im hyperbolischen Fall liegt P innerhalb und O außerhalb der Strecke O_1O_2.

O ist (Nr. 82, Satz 2) auch der Mittelpunkt der zum gewählten Normalschnitt gehörigen Meusnierschen Kugel. Diese kann dann zur Ermittlung der Krümmungskreise im Punkte P der den Normalschnitt in P berührenden Flächenkurven verwendet werden.

84. Konstruktion der Tangenten in einem Doppelpunkt der Schnittkurve zweier Flächen. Hat die Schnittkurve von zwei Flächen Φ_1, Φ_2 einen Doppelpunkt D, so haben Φ_1 und Φ_2 in D eine gemeinsame Tangentialebene. Nehmen wir umgekehrt an, daß Φ_1 und Φ_2 in einem gemeinsamen und für beide Flächen regulären Punkt D eine gemeinsame Tangentialebene τ haben, so wird die Frage, ob D ein Doppelpunkt der Schnittkurve ist, durch die quadratische Gleichung (19) in Nr. 18 entschieden. Es seien

$$(1) \qquad z = b_1 x^2 + 2b_2 xy + b_3 y^2 + (*),$$

$$(2) \qquad z = b_1' x^2 + 2b_2' xy + b_3' y^2 + (*)$$

---

1) L. Euler, Recherches sur la courbure des surfaces, Mém. Ac. Berlin 16 (1760, veröff. 1767).

2) A. Mannheim, Cours de géometrie descriptive, 1880, S. 281. Schon L. Euler hat a. a. O. eine Konstruktion angegeben. Th. Schmid, Monatsh. Math. Phys. 19 (1908), S. 171—174.

die Gleichungen von Φ_1 und Φ_2, unter der Annahme, daß D der Ursprung und τ die $[xy]$-Ebene ist. D ist ein Doppelpunkt der Schnittkurve, wenn, was wir voraussetzen, die genannte quadratische Gleichung, nämlich

$$(3) \qquad (b_1 - b_1')\, x^2 + 2\,(b_2 - b_2')\, x\,y + (b_3 - b_3')\, y^2 = 0$$

für $y : x$ (oder $x : y$) zwei reelle, verschiedene Wurzeln besitzt. Dann ist (3) die Gleichung der Doppelpunktstangenten. Wir ersetzen nun Φ_1 und Φ_2 durch ihre in D oskulierenden Scheitelparaboloide φ_1 und φ_2. Ihre Gleichungen entstehen aus (1) und (2) durch Weglassen der durch die Sternchen bezeichneten Glieder. Subtrahiert man nun die Gleichung von φ_2 von der Gleichung von φ_1, so erhält man abermals (3). Daraus folgt aber, daß der Grundriß der Schnittkurve von φ_1 und φ_2 in die Doppelpunktstangenten der Schnittkurve von Φ_1 und Φ_2 fällt. Wir legen nun durch einen reellen Punkt Q der Schnittkurve $[\varphi_1\varphi_2]$ eine zu τ parallele Ebene. Diese schneidet φ_1 und φ_2 nach zwei reellen, konzentrischen Kegelschnitten, deren Normalrisse auf $\tau\, i_1, i_2$ heißen mögen (Fig. 230). i_1 und i_2 schneiden einander im Normalriß Q_1 von Q, dem zu Q_1 bezüglich D symmetrischen

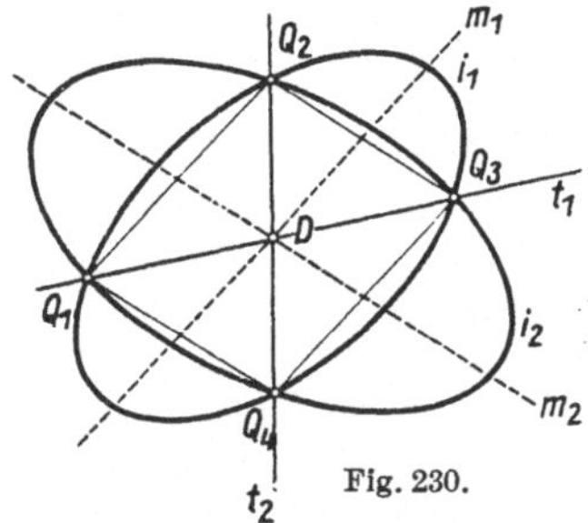

Fig. 230.

Punkt Q_3 und zwei weiteren Punkten Q_2, Q_4, die auch konjugiert komplex sein können. $[Q_1 Q_3]$ und $[Q_2 Q_4]$ sind nun die gesuchten Doppelpunktstangenten. Sollten Q_2, Q_4 komplex sein, so wiederholt man das Verfahren mit einer Parallelebene zu τ, die auf der andern Seite von τ liegt.

Um aus dieser Überlegung eine einfache konstruktive Ermittlung der Doppelpunktstangenten zu gewinnen, überlegen wir uns, daß i_1 und i_2 die mit einer und derselben Konstanten gebildeten Indikatrizen von Φ_1 und Φ_2 in D sind. Der oben gewählte Punkt Q habe die Koordinate $z = h$, und es sei die positive z-Achse so gerichtet, daß $h > 0$ ist. Die Gleichung von i_1 ist nach dem Gesagten

$$(4) \qquad h = b_1 x^2 + 2 b_2 x y + b_3 y^2.$$

Die $[xz]$-Ebene $(y = 0)$ schneidet φ_1 in der Parabel $z = b_1 x^2$, deren Krümmungsradius $R = \dfrac{1}{2} \lim\limits_{x \to 0} \dfrac{x^2}{z} = \dfrac{1}{2 b_1}$ ist. Es ist also $b_1 = \dfrac{1}{2R}$, woraus nach (4) folgt, daß i_1 die x-Achse im Punktepaar $x = \pm \sqrt{2hR}$ schneidet. Die Indikatrix i_1 und ebenso die Indikatrix i_2 gehören demnach zum gemeinsamen Proportionalitätsfaktor $k = \sqrt{2h}$. Es gilt also der

Satz 1: *Berühren sich zwei Flächen Φ_1, Φ_2 in einem Punkt D und schneiden sich die mit derselben Proportionalitätskonstanten und für dieselbe Seite der Tangentialebene von D bestimmten Indikatrizen i_1 und i_2 in reellen Endpunkten eines gemeinsamen Durchmessers, so ist dieser eine Doppelpunktstangente in D an die Schnittkurve von Φ_1 und Φ_2.*

Zur Konstruktion einer Indikatrix ist die folgende Bemerkung wichtig. Setzt man für $k = \sqrt{c}$, so haben die Halbmesser der Indikatrix die Länge $\varrho = \sqrt{cR}$. Sind nun die Hauptkrümmungsradien R_1, R_2 bekannt, so können die Halbachsen $a = \sqrt{cR_1}$ und $b = \sqrt{cR_2}$ der Indikatrix nach Wahl einer beliebigen Strecke c leicht konstruiert werden.

Wir betrachten nun die *Schnittkurve einer Fläche Φ mit der Tangentialebene τ eines ihrer Punkte P* unter der Annahme, daß P ein hyperbolischer Punkt ist. Φ läßt sich in der Umgebung von P durch eine Gleichung $z = b_1 x^2 + 2b_2 xy + b_3 y^2 + (*)$ darstellen. Zufolge Nr. 18, S. 53 wird Φ von der Tangentialebene des Punktes P in einer Kurve geschnitten, die in D einen Doppelpunkt hat, dessen Tangentenpaar die Gleichung $b_1 x^2 + 2b_2 xy + b_3 y^2 = 0$ hat. Dieselbe Gleichung hat aber auch das in τ liegende Paar der Scheitelerzeugenden des oskulierenden Scheitelparaboloids $z = b_1 x^2 + 2b_2 xy + b_3 y^2$. Diese Erzeugenden sind aber die *Asymptoten der Indikatrix* des Punktes P, die man auch als die *Haupttangenten* der Fläche in P bezeichnet. Wir haben demnach das Ergebnis:

Satz 2: *Die Tangentialebene eines hyperbolischen Flächenpunktes D schneidet die Fläche in einer Kurve, die in D einen Doppelpunkt hat, dessen Tangenten die Haupttangenten (Asymptoten der Indikatrix) der Fläche in D sind.*

Auf Grund des Satzes 1 konstruieren wir (Fig. 231) die Doppelpunktstangenten der Schnittkurve zweier Drehzylinder Φ_1, Φ_2 mit den Halbmessern r_1 und r_2, die die Aufrißebene in einem Punkt D berühren. Wären Φ_1 und Φ_2 keine Drehzylinder, so könnte man die Aufgabe auf die genannte zurückführen, indem man Φ_1 und Φ_2 durch die Drehzylinder ersetzt, die sie längs der beiden durch D gehenden Erzeugenden e_1, e_2 oskulieren. Φ_1 sei lotrecht, Φ_2 waagerecht; die Indikatrix i_1 von Φ_1 besteht aus zwei zu e_1 parallelen und symmetrischen Geraden im Abstand $\pm k\sqrt{r_1}$; die Indikatrix i_2 von Φ_2 ist ebenso ein zu e_2 symmetrisches Parallelenpaar im Abstand

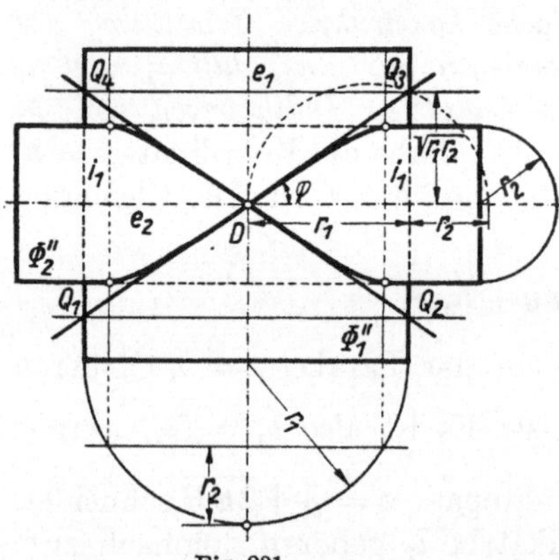

Fig. 231.

$\pm k\sqrt{r_2}$. Wählt man $k = \sqrt{r_1}$, so hat das Parallelenpaar i_1 von e_1 den Abstand $\pm r_1$, das Parallelenpaar i_2 von e_2 den Abstand $\pm \sqrt{r_1 r_2}$. i_1 fällt daher mit dem scheinbaren Umriß von Φ_1 zusammen, und i_2 besteht aus den beiden Parallelen zu e_2 im Abstand $\sqrt{r_1 r_2}$. Diese beiden Parallelenpaare bilden das Rechteck $Q_1 Q_2 Q_3 Q_4$, dessen Diagonalen nach Satz 1 die gesuchten Tangenten im Doppelpunkt D sind. Ihr Neigungswinkel φ gegen e_2 ist demnach durch

$$\text{(1)} \qquad\qquad \operatorname{tg} \varphi = \sqrt{r_2} : \sqrt{r_1}$$

bestimmt.

Daß das Auftreten des Doppelpunktes in der Schnittkurve zweier einander in einem Punkt berührenden Flächen wesentlich davon abhängt,

daß die Flächen die angegebenen Differenzierbarkeitsbedingungen erfüllen, zeigt die Schnittkurve der in Fig. 232 dargestellten Zylinder Φ_1 und Φ_2, die sich in D berühren. Φ_2 ist wieder als Drehzylinder angenommen; Φ_1 hat in Π_1 einen Normalschnitt, bestehend aus einem Bogen AD' einer kubischen Parabel n_1 ($y = a\,x^3$) und einem sich in D' berührend anschließenden Bogen $D'B$ einer *semikubischen* (Neilschen) Parabel $n_2(y^2 = b\,x^3)$, wobei D' der Wendepunkt von n_1 und zugleich die Spitze von n_2 ist. Der Krümmungsradius r_1 des

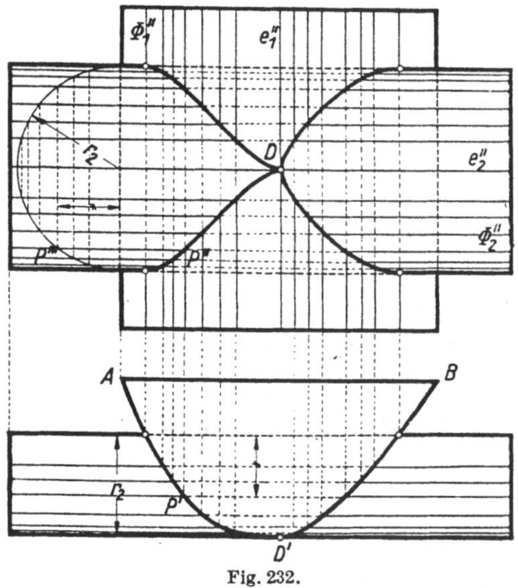

Fig. 232.

Normalschnittes von Φ_1 ändert sich daher in D' sprunghaft von ∞ auf Null. Aus (1) folgt daher für $r_1 = \infty$ $\operatorname{tg} \varphi = 0$ und für $r_1 = 0$ $\operatorname{tg} \varphi = \infty$. Die Schnittkurve hat demnach den aus Fig. 232 im Aufriß ersichtlichen Charakter.

Man beachte, daß sich das Verhalten der Schnittkurve in D streng genommen überhaupt nicht feststellen läßt, wenn der Normalschnitt von Φ_1 nicht durch sein mathematisches Erzeugungsgesetz, sondern bloß durch Zeichnung gegeben ist. Wir ersehen daraus, daß die konstruktive Behandlung von *graphischen Flächen* (Nr. 73), d. s. solche, die bloß graphisch durch eine Anzahl (meist) ebener Schnitte gegeben sind, unter Umständen in hohem Maße unsicher ist. Man schränkt diese Unbestimmtheit durch die an sich willkürliche Annahme ein, daß sich die Fläche wie eine differenzierbare verhalten möge.

Auf Grund des Satzes 2 konstruieren wir nun die Tangenten im Doppelpunkt D der Schnittkurve einer Kreisringfläche mit der Tangentialebene eines Punktes ihres Kehlkreises. In Fig. 196 wurde diese Schnittkurve konstruiert. Die Hauptkrümmungsradien in D sind dort offenbar aus Symmetriegründen c (Kehlkreis) und r (Meridian). Die Halbachsen der Indikatrix haben daher für $k = \sqrt{c}$ die Längen c bzw. $\sqrt{cr}$. Daraus ergeben sich nach der aus Fig. 196 ersichtlichen Weise die Asymptoten der Indikatrixhyperbel, die nach Satz 2 die gesuchten Doppelpunktstangenten sind.

85. Die Indikatrix in einem Punkt einer Drehfläche.

Da eine Drehfläche Φ zu jeder Meridianebene symmetrisch liegt, ist die Meridiantangente t_1 eines Punktes P von Φ eine Achse seiner Indikatrix. Die andere Achse ist demnach die Parallelkreistangente t_2. Um die Indikatrix konstruieren zu können, benötigen wir noch die Krümmungsradien der durch t_1 und t_2 gehenden Normalschnitte. Da die Normale n in P die Drehachse schneidet, ist der durch P gehende Meridian der Normalschnitt durch t_1. *Der Hauptkrümmungsradius R_1 in P ist also der Krümmungsradius des Meridians.* Um den Krümmungsradius R_2 des Normalschnittes durch die Parallelkreistangente t_2 zu erhalten, wenden wir den (Meusnierschen) Satz 1 in Nr. 82 an. Nach diesem schneidet die Drehachse die Normale n in der Hauptkrümmungsmitte O_2, und der Krümmungsradius R_2 ist PO_2. Es gilt also der

Satz 1: *Die Hauptkrümmungsradien eines Punktes P einer Drehfläche sind der zu P gehörige Krümmungsradius des Meridians und das zwischen P und der Drehachse liegende Stück der Meridiannormalen.*

In Fig. 233 ist für eine Kreisringfläche mit lotrechter Achse a und dem Meridiankreis m (Mitte M) die Konstruktion der Indikatrix i im Aufriß für einen hyperbolischen Punkt P durchgeführt. Dreht man den durch P gehenden Meridian um a in den Hauptmeridian m, wodurch P nach P^0 komme, so ist nach Satz 1 $P^0 M = R_1$ und, wenn O_2 den Schnittpunkt $[a \cdot P^0 M]$ bezeichnet, $P^0 O_2 = R_2$. Die für das Zeichnen der Indikatrix zu wählende Proportionalitätskonstante k (Nr. 83, Gl. (3)) wählen

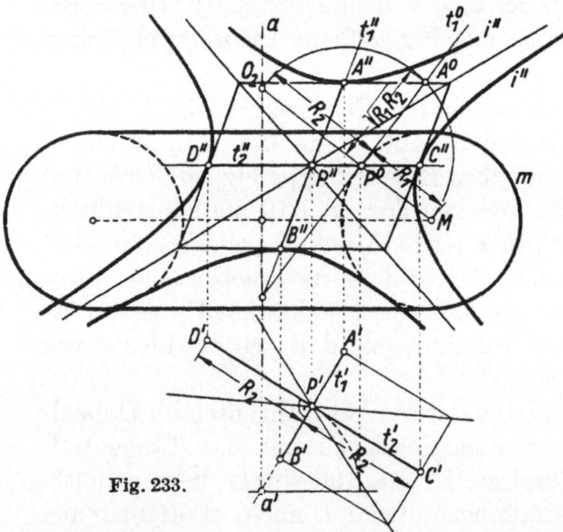

Fig. 233.

wir als $k = \sqrt{R_2}$. Dann sind $\sqrt{R_1 R_2}$ und R_2 die Halbachsen der Indikatrix (ein Paar konjugierter Hyperbeln) auf der Meridian- bzw. Parallelkreistangente. Um diese Längen von P aus auf der Meridian- und der Parallelkreistangente als PA und PC aufzutragen, suchen wir zunächst den Schnittpunkt A^0 der Tangente t_1^0 an m in P^0 mit dem über $M O_2$ gezeichneten Halbkreis. Dann ist $P^0 A^0 = \sqrt{R_1 R_2}$. Durch Rückdrehen von A^0 erhält man den in die Meridiantangente t_1 des Punktes P fallenden Scheitel A der Indikatrix. Im Grundriß kann $P' C' = R_2$ in wahrer Länge auf dem Grundriß der

Parallelkreistangente aufgetragen werden. PA und PC sind die Halbachsen der gesuchten konjugierten Indikatrixhyperbeln.

Aus Satz 1 folgert man unmittelbar, daß jeder Krümmungskreis k eines Meridians einer Drehfläche Φ bei der Drehung um die Drehachse eine Kreisringfläche beschreibt, die Φ in den Punkten des Parallelkreises durch den Berührpunkt von k oskuliert.

Die in Nr. 84 behandelte Konstruktion der Tangenten in einem Doppelpunkt der Schnittkurve zweier Flächen wird im folgenden an einem technischen Objekt durchgeführt. Fig. 234 zeigt ein Stück einer *Stirnkurbel*.[1]) Der Viertelkreis AB erzeugt bei der Drehung um die lotrechte Achse a eine Zone einer Kreisringfläche Φ, die den lotrechten Zylinder φ mit dem gegebenen Grundriß φ' in einer Kurve c durchsetzt. φ' ist so gewählt, daß φ' in der Umgebung des mit P' bezeichneten Punktes aus zwei berührend ineinander übergehenden Kreisbögen besteht, von denen der eine einem Kreis k, der andere dem Grundriß p' des

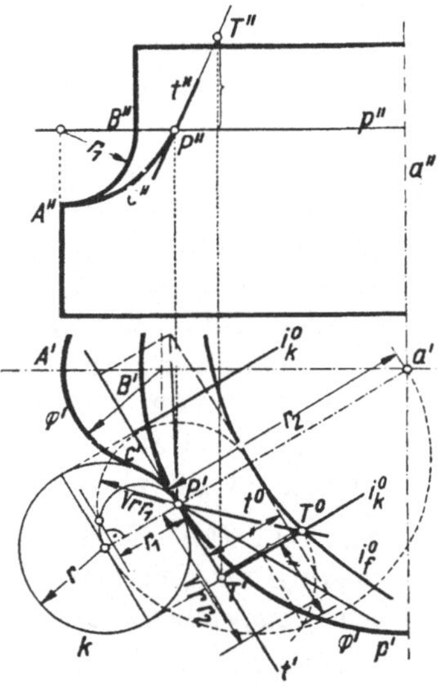

Fig. 234.

von B beschriebenen Parallelkreises p angehört. Ist P jener Punkt von p, dessen Grundriß P' ist, so berühren sich rechts von P Φ und φ längs p, während sich diese Flächen links von P in einer Kurve c schneiden, die in P endigt. c ist nämlich in der Nachbarschaft von P ein Teil des Schnittes von Φ mit dem lotrechten Zylinder $\varkappa$ über k. Da sich Φ und $\varkappa$ in P berühren, hat ihr vollständiger Schnitt in P einen Doppelpunkt. Die Tangente an c in P kann daher als Doppelpunktstangente nach Nr. 84 ermittelt werden. Als Konstante für die Konstruktion der Indikatrizen wählen wir die Quadratwurzel des Halbmessers r von k. Dann ist die Indikatrix von $\varkappa$ für P das Paar paralleler Geraden i_k in der Tangentialebene von P, die zur Erzeugenden durch P im Abstand r parallel sind. Die Indikatrix i_f von Φ für P ist ein Paar konjugierter Hyperbeln, von denen jene zu wählen ist, die der Seite der Tangentialebene entspricht, auf der $\varkappa$ liegt. Sind r_1 und r_2 die Halbmesser des Meridians und des Parallelkreises [2]) von Φ in P, so ist $\sqrt{rr_2}$ die imaginäre, auf der Parallelkreistangente befindliche Halbachse, $\sqrt{rr_1}$ die auf der Meridiantangente liegende reelle Halbachse der Indikatrixhyperbel i_f. i_k und i_f schneiden

---

1) E. K r u p p a, Techn. Übungsaufgaben für darstellende Geometrie. Leipzig und Wien 1932.

2) Es liegt hier der Sonderfall vor, daß die Flächennormale die Achse im Mittelpunkt des Parallelkreises trifft.

sich in Punkten T, die mit P verbunden, die gesuchten Tangenten im Doppelpunkt P liefern. In Fig. 234 wurde die Konstruktion ausgeführt, indem die Indikatrizen mit ihrer Ebene nach Π_1 umgeklappt wurden.

86. Konjugierte Flächentangenten. *Zwei konjugierte Durchmesser einer Indikatrix nennt man „konjugierte Flächentangenten".* Hat die Schnittkurve s zweier Flächen Φ_1 und Φ_2 einen Doppelpunkt D, so haben Φ_1 und Φ_2 in D eine gemeinsame Tangentialebene τ. Sind (Fig. 230) Q_1, Q_3 und Q_2, Q_4 die Paare reeller, diametral gegenüberliegender Schnittpunkte, in denen sich die (für je eine bestimmte Seite von τ) mit derselben Konstanten konstruierten Indikatrizen i_1, i_2 schneiden, so ist $Q_1 Q_2 Q_3 Q_4$ ein Parallelogramm, dessen Diagonalen $t_1 = [Q_1 Q_3]$ und $t_2 = [Q_2 Q_4]$ die Tangenten an s in D sind, während dessen Mittellinien m_1, m_2 nach Nr. 33, Satz 1 ein beiden Indikatrizen gemeinsames Paar konjugierter Durchmesser bilden. Dabei werden t_1, t_2 von m_1, m_2 (Nr. 3, Fig. 7 b) harmonisch getrennt. Es gilt also der

Satz 1: *Hat die Schnittkurve zweier Flächen einen Doppelpunkt D, so trennen die Doppelpunktstangenten in D das Paar der bezüglich beider Flächen zugleich konjugierten Tangenten harmonisch.*

Berühren sich die beiden Indikatrizen i_1, i_2 in einem Punkt Q_1, so berühren sie sich auch im Gegenpunkt Q_3. Die Schnittkurve s der beiden Flächen Φ_1, Φ_2 besitzt dann in D eine Spitze oder einen Berührknoten mit $t = [Q_1 Q_3]$ als Tangente. t hat daher bezüglich beider Flächen dieselbe konjugierte Tangente.

Berühren Φ_1, Φ_2 einander längs einer Kurve k, so müssen für jeden Punkt P von k Q_2, Q_4 mit Q_1, Q_3 zusammenfallen. $t = [Q_1 Q_3]$ ist die Tangente von k in P. Die beiden Indikatrizen berühren einander in Q_1 und Q_3 und ordnen daher dem Durchmesser t denselben konjugierten Durchmesser t_1 zu. Demnach gilt der

Satz 2: *Berühren zwei Flächen Φ_1, Φ_2 einander längs einer Kurve k, so gehört zu jeder Tangente an k bezüglich beider Flächen dieselbe konjugierte Tangente.*

Ist insbesondere Φ_2 eine Φ_1 umschriebene abwickelbare Fläche, so besteht die Indikatrix von Φ_2 in P aus einem zur Erzeugenden durch P parallelen Geradenpaar, das die Indikatrix von Φ_1 berührt. Die Erzeugende von Φ_2 durch P und die Tangente an k in diesem Punkt sind daher konjugierte Tangenten von Φ_1. Also besteht der

Satz 3: *Umschreibt man einer Fläche Φ_1 längs einer Kurve k eine abwickelbare Fläche Φ_2, so sind in jedem Punkt P von k die Tangente an diese Kurve und die Erzeugende von Φ_2 konjugierte Tangenten von Φ_1.*

Dieser Satz gilt auch, wenn Φ_2 ein Kegel oder ein Zylinder ist. Faßt man dann Φ_2 als Lichtkegel oder Lichtzylinder auf, so folgt aus Satz 3 der

Satz 4: *In jedem Punkt der Eigenschattengrenze einer krummen Fläche ist der Lichtstrahl zur Tangente an die Eigenschattengrenze konjugiert.*

Mittels dieses Satzes lassen sich demnach *die Tangenten einer Eigenschattengrenze konstruieren.* — Wir können nun leicht den folgenden, in Fig. 235 veranschaulichten Satz beweisen:

Satz 5: *Schneidet die Eigenschattengrenze einer Fläche Φ eine ihrer Randkurven k in einem Punkt T, so wirft k auf Φ einen von T ausgehenden Schlagschatten k_s; dabei werden in T die Tangenten an k und k_s vom Lichtstrahl und von der Tangente an die Eigenschattengrenze harmonisch getrennt.*

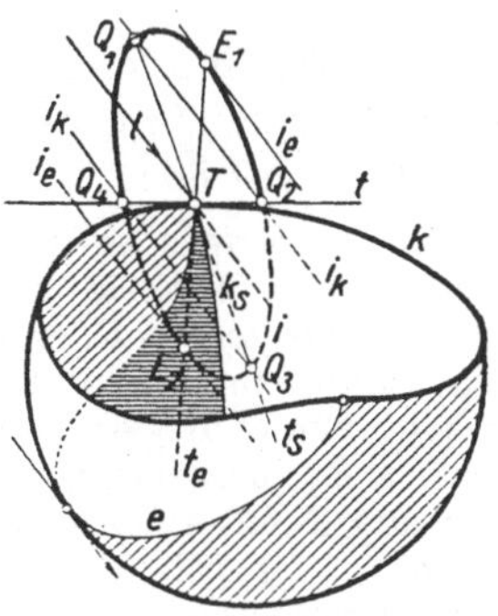

Fig. 235.

Die Richtigkeit dieses Satzes erkennt man leicht aus Fig. 235, in der i und die Parallelenpaare i_e und i_k die Indikatrizen der Fläche Φ, des berührenden Lichtzylinders(-kegels) durch die Eigenschattengrenze e und des Lichtzylinders(-kegels) durch die Randkurve k in T bedeuten; dabei sind i_e und i_k zum Lichtstrahl l parallel, und das Parallelenpaar i_e berührt die Indikatrix i in den Endpunkten E_1, E_2 des zum Lichtstrahl l konjugierten Durchmessers t_e, in den die Tangente an die Eigenschattengrenze fällt. Schneidet i das Parallelenpaar i_k in dem Parallelogramm Q_i, so sind seine Diagonalen nach Nr. 84, Satz 1 die Tangenten t und t_s an die Randkurve und an ihren Schlagschatten in T, da k und k_s der Schnitt von Φ mit dem Lichtzylinder(-kegel) durch k ist. Aus Fig. 235 ersieht man, daß t und t_s von l und t_e tatsächlich harmonisch getrennt werden.

In einem *hyperbolischen Punkt P* nennt man die Asymptoten der Indikatrix die *Haupttangenten* der Fläche in P. Da die Asymptoten einer Hyperbel jedes Paar konjugierter Durchmesser harmonisch trennen (Nr. 40, Satz 1), besteht der

Satz 6: *In einem hyperbolischen Flächenpunkte werden die Paare konjugierter Flächentangenten von den beiden Haupttangenten harmonisch getrennt; insbesondere läßt sich eine Haupttangente als eine solche Flächentangente erklären, die mit ihrer konjugierten zusammenfällt.*

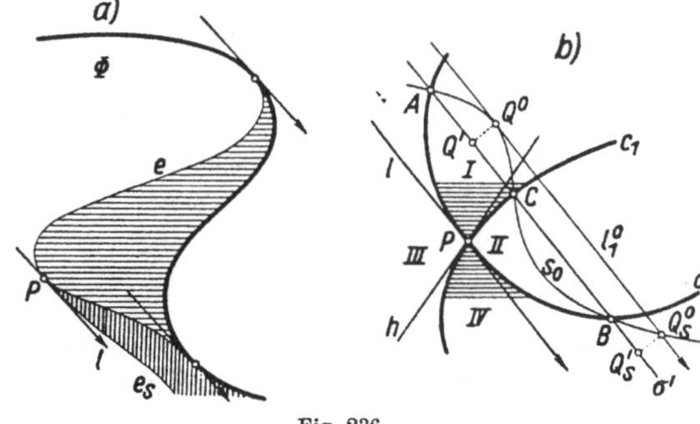

Fig. 236.

Berührt ein Lichtstrahl l die Eigenschattengrenze e einer Fläche Φ in einem regulären Punkt P (Fig. 236 a), so ist l eine Haupttangente von Φ in P, da dieser Lichtstrahl nach Satz 4 zu sich selbst konjugiert ist. Dieses Vorkommnis kann daher nur in einem Gebiet hyperbolischer Punkte von Φ auftreten. Wir beweisen nun den

Satz 7: *Wo die Eigenschattengrenze einer Fläche von einem Lichtstrahl berührt wird, geht berührend an die Eigenschattengrenze eine Schlagschattenkurve aus.*

Für den Beweis legen wir die Tangentialebene τ des regulären Punktes P in die Zeichenebene (Fig. 236 b). l und eine zweite durch P gehende Gerade h sind die beiden Haupttangenten in P. τ schneidet (Nr. 84, Satz 2) Φ nach zwei Kurven c und c_1, die l bzw. h in P berühren. c und c_1 sollen in P regulär sein. Sie zerlegen die Umgebung von P in vier Gebiete I, II, III, IV, von denen je zwei anliegende auf verschiedenen, je zwei gegenüberliegende auf derselben Seite von τ liegen. Wir schneiden nun Φ mit einer zu l parallelen, zu P hinreichend nahen und zu τ normalen Ebene σ, die sich im Normalriß auf τ als die zu l parallele Gerade σ' darstellt. Die Schnittkurve s geht durch die beiden Schnittpunkte A, B von σ' mit c und durch den Schnittpunkt C von σ' mit c_1, und zwar so, daß die Bögen AC und BC auf verschiedenen Seiten von τ liegen. In Fig. 236 b wurde s in der Umklappung s_0 dem Gesagten entsprechend eingezeichnet. Der Bogen AC enthält im Gebiet I einen Punkt Q, dessen Tangente l_1 ein Lichtstrahl ist, der s in einem Punkt Q_s schneidet, der auf der Fortsetzung des Bogens CB im Gebiet IV liegt. Konvergiert A auf dem Bogen AB gegen P, so nähert sich σ' unbeschränkt l, wobei σ' stets auf derselben Seite von l bleibt. Q beschreibt dabei das in I liegende Stück der Eigenschattengrenze und konvergiert mit seinem Schlagschatten Q_s zugleich gegen P. Da sich aber Q_s' stets auf dem von l und dem Bogen PB begrenzten spitzen Flächenzwickel befindet, muß Q_s mit der Tangente l in P eintreffen, w. z. b. w.

87. Haupttangentenkurven, Krümmungslinien. Hat ein Flächenstück Φ lauter hyperbolische Punkte, so sagt man, daß Φ eine Fläche negativer Krümmung ist, weil sie überall negatives Gaußsches Krümmungsmaß (Nr. 83) besitzt. In jedem Punkt einer Fläche Φ negativer Krümmung existieren (Nr. 84) zwei Haupttangenten. Eine auf Φ liegende Kurve, die in jedem ihrer Punkte von einer der beiden zugehörigen Haupttangenten berührt wird, heißt eine *Haupttangentenkurve, Asymptotenlinie* oder *Wendelinie*. Wir müssen hier darauf verzichten, die Bedingungen für die Existenz dieser Kurven aufzuzeigen und stellen bloß fest:

Satz 1: *Eine Fläche negativer Krümmung wird von zwei Scharen von Haupttangentenkurven überdeckt; durch jeden Flächenpunkt geht eine Kurve der einen und eine Kurve der anderen Schar.*

Da nach Nr. 86, Satz 6 eine Haupttangente mit ihrer konjugierten Tangente zusammenfällt, folgt aus Nr. 86, Satz 3 der

Satz 2: *Die einer Fläche negativer Krümmung längs einer Haupttangentenkurve umschriebene Torse ist die Tangentenfläche dieser Haupttangentenkurve.*

Dafür kann man auch sagen:

Satz 3: *Die Schmiegebene einer Haupttangentenkurve in einem Punkt P ist zugleich die Tangentialebene der Fläche in P.*

Ist P ein Punkt einer Fläche Φ, so heißen die Richtungen der Symmetrieachsen seiner Indikatrix die *Hauptkrümmungsrichtungen* in P. Bewegt sich ein Punkt derart auf der Fläche, daß seine Bahntangente in jedem Augenblick eine der beiden zugehörigen Hauptkrümmungsrichtungen ist, so beschreibt er eine Kurve, die *Krümmungslinie*[1]) genannt wird. *Durch jeden Punkt der Fläche gehen also zwei einander rechtwinklig schneidende Krümmungslinien.* Die Krümmungslinien einer *Drehfläche* sind ihre Meridiane und Parallelkreise, da, wie bereits in Nr. 85 erwähnt, in jedem Punkt die Meridian- und die Parallelkreistangente die Achsen der Indikatrix sind. Auf einer *abwickelbaren Fläche* bilden die Erzeugenden die eine Schar von Krümmungslinien; die andere Schar besteht aus den die Erzeugenden rechtwinklig schneidenden Kurven. Bei der Verebnung der Fläche geht daher diese Schar in die Evolventen der verebneten Gratlinie über und kann daher gezeichnet werden. Auf den *Böschungsflächen* (Nr. 30) bilden die Schichtenlinien die zweite Schar von Krümmungslinien.

Zu einer wichtigen, für die Krümmungslinien charakteristischen Eigenschaft gelangen wir durch die folgende Betrachtung. φ sei die der Fläche Φ längs einer Krümmungslinie k_1 umschriebene Torse. In jedem Punkt P von k_1 ist die eine Achse der Indikatrix von φ die Tangente t_1 an k_1, während nach Nr. 86, Satz 3 die andere Achse die durch P gehende Erzeugende t_2 von φ ist. Wir lassen nun eine Ebene τ auf der Torse φ und gleichzeitig t_2 auf der Gratlinie k^* von φ rollen. τ dreht sich dabei in jedem Augenblick um die Erzeugende t_2, während t_2 sich momentan um ihren Berührpunkt mit k^* in τ dreht. Der Berührpunkt P der Tangentialebene τ mit der Fläche Φ, aufgefaßt als ein auf t_2 fester Punkt, durchläuft dabei die Krümmungslinie k_1 als Filarevolvente von k^* (Nr. 80). Wir erteilen nun einer Geraden $\mathfrak{n}$ und einem auf ihr festen Punkt $\mathfrak{P}$ eine solche Bewegung, daß während der oben besprochenen Rollbewegungen $\mathfrak{P}$ stets in P und $\mathfrak{n}$ stets in der Flächennormalen n des Punktes P liegt. $\mathfrak{n}$ ist also in P auf der rollenden Ebene τ stets normal. Da sich nach dem Gesagten τ momentan um t_2 dreht, während sich P gleichzeitig in τ in der zu t_2 normalen Richtung weiterbewegt, kann sich $\mathfrak{n}$ im betrachteten Zeitpunkt nur in der durch P gehenden und zu t_2 normalen Ebene ν_1 bewegen (drehen oder parallel verschieben). Es liegen daher die Bahntangenten der Punkte von $\mathfrak{n}$ in ν_1. $\mathfrak{n}$ beschreibt daher eine Regelfläche, die in allen Punkten einer Erzeugenden von einer und derselben Ebene berührt wird, also i. allg. eine Torse. Es gilt daher der

Satz 4: *Die Flächennormalen in den Punkten einer Krümmungslinie k_1 bilden i. allg. eine Torse ν.*

Wir beweisen nun, *daß der Berührpunkt O_1 von n mit der Gratlinie c der Normalentorse ν die Krümmungsmitte des in der Ebene ν_1 liegenden*

---

1) Ihre Existenz ist analytisch nachzuweisen.

Hauptnormalschnittes h_1 *ist.* Zu diesem Zweck überlegen wir zunächst, *daß h_1 und der Normalriß $k_1{}^n$ von k_1 auf die Ebene v_1 einander in P oskulieren,* also dieselbe Krümmungsmitte haben. Ist nämlich O_k die Krümmungsmitte von k_1 in P, so erhält man nach dem Meusnierschen Satz die Krümmungsmitte von h_1 in P, indem man die durch O_k gehende Achse des Krümmungskreises von k_1 mit der Flächennormalen zum Schnitt bringt. Dieselbe Konstruktion hat man aber auch auszuführen, wenn man die Krümmungsmitte des Normalrisses $k_1{}^n$ von k_1 auf v_1 ermitteln will, denn dann hat man eben den Meusnierschen Satz auf den projizierenden Zylinder durch k_1 anzuwenden. — Wir verebnen nun die Normalentorse v in die Tangentialebene v_1, wobei n festbleiben soll. Die Gratlinie c geht dabei in eine Kurve c^0 über, die n in einem Punkt O_1 berührt, und aus k_1 entsteht die durch P gehende Evolvente $k_1{}^0$ von c^0, weil k_1 eine Filarevolvente von c ist. *Es ist daher O_1 die Krümmungsmitte von $k_1{}^0$ in P.* Nun haben aber $k_1{}^0$ und der Normalriß $k_1{}^n$ von k_1 auf v_1 dieselbe Krümmungsmitte, wie man sofort erkennt, wenn man auf den Krümmungsradius von k_1 in P die Formeln Nr. 80, Gl. (3) und Nr. 14, Gl. (9) anwendet. Zusammenfassend ist daher zu sagen, daß O_1 die gemeinsame Krümmungsmitte von $k_1{}^0$, $k_1{}^n$ und h_1 ist. Der Gratpunkt O_1 ist also tatsächlich die zum Hauptnormalschnitt h_1 gehörige Hauptkrümmungsmitte.

Läßt man k_1 die eine Schar der Krümmungslinien durchlaufen, so erzeugt die zugeordnete Gratlinie c der Normalentorse i. allg. eine Fläche ζ_1, die von allen Normalen der Fläche berührt wird. Ebenso ist i. allg. der andern Schar der Krümmungslinien eine solche Fläche ζ_2 zugeordnet. ζ_1 und ζ_2 heißen die *Zentralflächen* der gegebenen Fläche Φ. *Die beiden Zentralflächen sind der Ort der Hauptkrümmungsmitten von Φ und werden von ·den Normalen von Φ berührt.* In Sonderfällen können an Stelle der Zentralflächen Kurven als Ort der Hauptkrümmungsmitten auftreten. So tritt z. B. bei jeder Drehfläche die Drehachse an die Stelle der einen Zentralfläche; bei der *Kugel* übernimmt sogar der Mittelpunkt allein die Rolle der Zentralflächen.

Eine *Rohrfläche* Φ läßt sich nach Nr. 72 als Hüllfläche einer Schar kongruenter Kugeln erzeugen, deren Mittelpunkte einer Kurve c angehören. Jede Kugel der Schar berührt Φ längs eines Großkreises k_1. Die Φ längs k umschriebene Torse ist der Drehzylinder, dessen Erzeugenden auf k_1 normal stehen. In jedem Punkt P von k_1 sind daher die Tangente an k_1 und die Zylindererzeugende nach Nr. 86, Satz 3 konjugierte Flächentangenten, und, weil sie aufeinander normal sind, geben sie die Hauptkrümmungsrichtungen in P an. Die Kreise k_1 sind daher die eine Schar der Krümmungslinien. Die Flächennormalen längs k_1 gehen durch die Mitte von k_1. Daher tritt die Kurve c an die Stelle der einen Zentralfläche.

88. Übungsaufgaben zum zweiten Teil.

a) **Anwendungsbeispiele für die Darstellung in Grundriß, Aufriß, Seitenrissen** in geeignet zu wählenden Stellungen, zur Konstruktion von Schnitten und für Schattenkonstruktionen findet man in der Aufgabensammlung E. Kruppa, Technische Übungsaufgaben für darstellende Geometrie (Verlag F. Deuticke, Wien und Leipzig, 3 Mappen, Blätter auch einzeln erhältlich), Blätter 4—12, 18—24, 27—36.

b) **Theoretische Aufgaben.** 1. Man ermittle die kürzeste, zu einer gegebenen Ebene parallele Strecke, die zwei Punkte von zwei gegebenen windschiefen Geraden verbindet.

2. Man suche jene Gerade, die drei gegebene Gerade a, b, c in Punkten A, B, C derart schneidet, daß das Verhältnis $AB : BC$ einen gegebenen Wert hat.

3. Gegeben sind drei Punkte. Man ermittle den Ort aller Punkte, deren Entfernungen von den gegebenen Punkten sich wie drei gegebene Zahlen verhalten.

4. Gegeben sind eine Ebene ε und drei Punkte A, B, C; man suche in ε jene Punkte, deren Verbindungsgeraden mit A, B, C gleiche Neigung gegen ε haben.

5. Durch den Punkt P ist eine Ebene zu legen, deren Abstände von drei gegebenen Punkten A, B, C sich wie gegebene Zahlen verhalten.

6. Das gegebene Dreieck ABC ist um eine gegebene Gerade g zu drehen, bis seine Ebene zur Aufrißebene normal wird.

7. Ein Punkt P ist um eine Gerade zu drehen, bis Grund- und Aufriß zusammenfallen.

8. Man konstruiere einen Würfel (Oktaeder), wenn der Mittelpunkt und eine Gerade gegeben sind, in der eine Kante liegen soll.

9. Ein regelmäßiges Fünfeck ist gleichzeitig Grund- und Aufriß eines im Raum liegenden Fünfeckes. Man ermittle dessen Gestalt.

10. Man konstruiere jenes regelmäßige Tetraeder, von dem zwei Gegenkanten in zwei zueinander normalen, windschiefen Geraden liegen.

11. Durch einen Punkt sind jene Geraden zu legen, die von zwei gegebenen windschiefen Geraden a, b gegebene kürzeste Entfernung besitzen.

12. Gegeben sind die windschiefen Geraden a, b, c. Man suche die Achse eines Drehzylinders, der durch a geht und b und c berührt.

13. Es ist der Mittelpunkt einer Kugel zu suchen, die durch drei gegebene Punkte geht und eine gegebene Ebene berührt.

14. An zwei gegebene Kugeln sollen von einem Punkte P aus die gemeinsamen Tangenten gelegt werden. (Schnitt zweier Drehkegel mit gemeinsamer Spitze.)

15. Durch eine gegebene Gerade g sind die Ebenen zu legen, die ein gegebenes Drehhyperboloid nach Parabeln schneiden (g ist so zu wählen, daß die Lösungen reell ausfallen).

16. Auf einer Kreisringfläche ist ein Punkt gegeben. Man konstruiere die durch ihn gehenden Loxodromenkreise der Ringfläche.

17. Es ist eine Schraubung des starren Raumes durch die Achse und den Parameter gegeben. Durch jeden Raumpunkt geht dann eine bestimmte Bahnschraublinie, die in ihm eine bestimmte Tangente hat, die wir *Bahntangente* nennen. Man konstruiere: a) die Hüllkurve der in einer gegebenen Ebene liegenden Bahntangenten; b) den Kegel der durch einen gegebenen Punkt gehenden Bahntangenten und den Ort ihrer Berührpunkte.

18. Zwei kongruente Dreiecke des Raumes, die nicht durch Drehung oder Parallelverschiebung ineinander überführbar sind, lassen sich stets durch eine Schraubung zur Deckung bringen. Man beweise diesen Satz! Man konstruiere die Achse und den Parameter der Schraubung!

19. Man konstruiere geodätische Linien auf Kegeln, Zylindern und Schraubtorsen, insbesondere auf Drehkegeln und Schraubtorsen für den Fall, wo der Kosinus des Neigungswinkels der Erzeugenden rational ist (Grundriß algebraisch).

20. Eine Drehfläche Φ sei durch Achse und Meridian gegeben. In irgendeinem Punkt P von Φ ermittle man den Krümmungsmittelpunkt des Schnittes von Φ mit einer beliebigen durch P gelegten Ebene, ohne den Schnitt zu zeichnen.

21. Man konstruiere die Tangenten im Doppelpunkt D der Schnittkurve zweier sich in D berührenden Flächen. Als solche Flächen wähle man Kegel, Zylinder, Drehflächen (Kugeln).

22. Man konstruiere in einem Punkt P der Schnittlinie zweier krummen Flächen den Krümmungskreis der Schnittlinie, wenn ihre Hauptkrümmungsrichtungen und -radien in P gegeben sind.

23. Gegeben sind eine Kegelfläche, eine ihrer Tangenten t und deren Berührpunkt P. Man lege durch t jenen ebenen Schnitt des Kegels, der in P einen vorgegebenen Krümmungsradius hat.

24. In einem parabolischen Punkt P einer krummen Fläche kennt man die Tangente des Normalschnittes mit der Krümmung Null und eine durch P gehende räumliche oder ebene Flächenkurve. Man konstruiere die Indikatrix des Flächenpunktes.

25. Gegeben sind im Raum ein Kreis k_1 und ein ihn in P schneidender Kreis k_2. Von jener Drehfläche, die durch k_1 geht und k_2 als Parallelkreis besitzt, konstruiere man in P den Krümmungshalbmesser des Meridians, ohne diesen zu zeichnen.

Dritter Teil.

Axonometrie. Perspektive. Landkartenentwürfe.

Erstes Kapitel.

Schiefe Axonometrie.

89. Der Lehrsatz von Pohlke. Für das in diesem Kapitel zu besprechende Abbildungsverfahren ist die *Parallelprojektion eines Würfels* von grundlegender Bedeutung. In einer Ecke U eines Würfels treffen drei Kanten zusammen, die U mit drei Eckpunkten A, B, C verbinden. Wir wollen diese drei Strecken eine *Würfelecke*, ein *rechtwinklig-gleichschenkliges Dreibein* oder ein *rechtwinklig-gleichschenkliges Achsenkreuz* $U(ABC)$ mit den Schenkeln UA, UB, UC und dem Ursprung U nennen. $U(ABC)$ bestimmt ein rechtwinkliges Koordinatensystem mit dem Ursprung U, den Achsen $x = [UA]$, $y = [UB]$, $z = [UC]$ und den Einheitspunkten A, B, C.

Ist eine Parallelprojektion einer Würfelecke $U(ABC)$ gegeben, dann läßt sie sich unmittelbar zum Bild des ganzen Würfels ergänzen, da parallele Würfelkanten parallele und gleich lange Bilder haben. Wir wollen, wie bereits in Nr. 1, Fig. 2 eingeführt, den Schrägriß irgendwelcher Raumelemente $X, x, \ldots$ mit $X^s, x^s, \ldots$ bezeichnen. Über den Schrägriß eines rechtwinklig-gleichschenkligen Dreibeins gilt nun der berühmte und vielbehandelte *Lehrsatz von Pohlke*:

Satz 1: *Irgend drei von einem Punkt U^s ausgehende Strecken U^sA^s, U^sB^s, U^sC^s der Zeichenebene sind immer der Schrägriß eines rechtwinklig-gleichschenkligen Dreibeins $U(ABC)$, vorausgesetzt, daß U^s, A^s, B^s, C^s nicht derselben Geraden angehören.*[1]

Zusatz: *Wenn man von den Parallelverschiebungen des Dreibeins $U(ABC)$ in der Richtung der Sehstrahlen absieht, gibt es zur vorgegebenen Bildfigur $U^s(A^sB^sC^s)$ i. allg. vier Dreibeine $U(ABC)$.*

Die gegenseitige Lage dieser (reellen)[1] Lösungen läßt sich sofort angeben, sofern man die Existenz einer Lösung $U(ABC)$ annimmt. Man

---

1) Von K. Pohlke 1853 gefunden und 1860 in seinem Lehrbuch d. darst. Geometrie ohne Beweis veröffentlicht. Den ersten vollständigen Beweis gab H. A. Schwarz, J. f. Math. 63 (1864), S. 309—314 (= Ges. Abh., II, S. 1—7). Die ausgedehnte Literatur darüber bis 1911 wurde von E. Wendling (Der Fundamentalsatz der Axonometrie. Zürich 1912) zusammengestellt, wobei indes der Beweis von E. Waelsch, Jahrb. Deutsch. Math.-Ver. 19 (1910), S. 273—276 und

ernält eine zweite Lösung, wenn man $U(ABC)$ an einer zur Sehrichtung normalen Ebene spiegelt und hierauf die dritte und vierte, wenn jene beiden Lösungen samt der Sehrichtung an der Bildebene gespiegelt werden.

Wir haben nun den Pohlkeschen Satz zu beweisen. Zunächst nehmen wir die Richtigkeit an und behandeln die Aufgabe (Fig. 237), *den Schrägumriß der Kugel $\varkappa$ zu ermitteln, deren Mitte der Ursprung U ist und die durch die Punkte A, B, C des Dreibeins geht,* für dieselbe Sehrichtung,

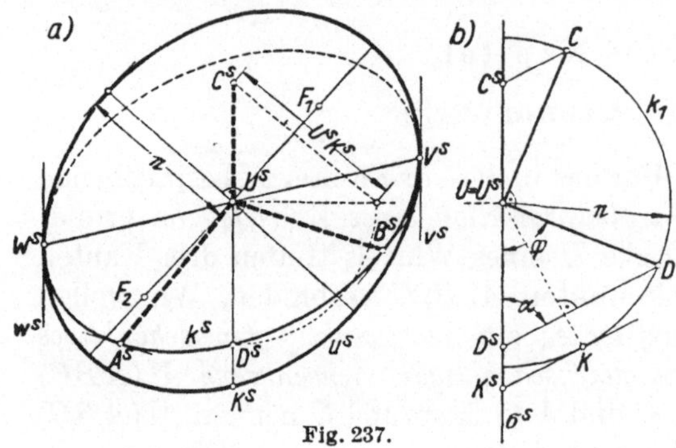

Fig. 237.

die $U(ABC)$ als $U^s(A^sB^sC^s)$ abbildet[1]). $\varkappa$ schneidet die Ebene $[UAB]$ in einem Kreis k, in dem UA und UB zwei aufeinander normale Radien sind. Der Schrägriß von k ist daher die durch die konjugierten Halbmesser U^sA^s und U^sB^s bestimmte Ellipse k^s. Die Kugel $\varkappa$ wird längs k von einem Drehzylinder ζ berührt, dessen Erzeugenden die Richtung von $[UC]$ haben und dessen scheinbarer Umriß daher die zu $[U^sC^s]$ parallelen Tangenten v^s, w^s von k^s sind. Diese mögen k^s in V^s und W^s berühren. V^s, W^s sind die Schrägrisse von zwei Punkten V und W von k, in denen ζ und daher auch die Kugel von den durch v^s und w^s gehenden Sehebenen berührt wird. Demnach berührt der scheinbare Umriß u^s der Kugel $\varkappa$ v^s und w^s in V^s bzw. W^s. V^sW^s ist ein Durchmesser von u^s; sein konjugierter kann durch die folgende Überlegung gefunden werden. Die durch UC gehende Sehebene σ schneidet die Kugel $\varkappa$ nach einem Kreis k_1. Ist D einer der beiden Schnittpunkte der Kugelkreise k, k_1, so sind UC und UD zwei aufeinander normale Radien von k_1. Fig. 237 b zeigt diese in der Sehebene σ liegende Figur unter der Annahme, daß U mit U_s zusammenfällt, was nach einer früheren Bemerkung keine Einschränkung der Allgemeinheit bedeutet. Der Schnitt von σ mit der Zeichenebene ist der Durchmesser $\sigma^s = [U^sC^s]$ von k_1; auf ihm liegt der Schrägriß D^s von D. Sind ϱ der Kugelradius, φ und α die Winkel, die

---

21 (1912), S. 21—26 übersehen wurde. Der (nicht elementare) Beweis von E. Kruppa, Sitz.-B. Ak. Wien (math.-nat.) Abt. IIa, 116 (1907), S. 931—936, *läßt zum erstenmal auch die möglichen komplexen Sehrichtungen erkennen.* Weitere neuere Arbeiten: Th. Schmid, Sitz.-B. Ak. Wien (math.-nat.) Abt. IIa, 127 (1918), S. 1517—1528, O. Danzer, ebenda S. 1701—1722; F. Carlson, Ark. för Math. usw. (Svenska Vetenskapsak. Stockholm) 14 (1918); G. Scheffers, Mitteilungen der preuß. Hauptstelle f. d. naturw. Unterricht, Heft 11 (1930), S. 27ff.

1) Diese Kugel erscheint zuerst in Aufsätzen von J. W. v. Deschwanden und wird von G. Peschka, Elementarer Beweis des Pohlkeschen Fundamentalsatzes der Axonometrie, Sitz.-B. Ak. Wien 78 (1879), S. 1043—1054, zum Beweis des Satzes benutzt. Im obigen Beweis wird dabei das von E. Wendling, a. a. O. S. 34ff. herrührende vereinfachte Verfahren angewendet.

$[UD]$ bzw. der Sehstrahl mit σ^s einschließen, so liefert der auf die Drei-
ecke U^sD^sD und U^sC^sC angewendete Sinussatz: $U^sD^s = \dfrac{e \sin (\varphi + \alpha)}{\sin \alpha}$ und

$U^sC^s = \dfrac{e \cos (\varphi + \alpha)}{\sin \alpha}$. Daraus folgt

$$(1) \qquad \overline{U^sC^s}^2 + \overline{U^sD^s}^2 = \frac{e^2}{\sin^2 \alpha}.$$

Berührt ein Sehstrahl k_1 in K, so folgt aus dem rechtwinkligen Dreieck U^sKK^s die Gleichung $U^sK^s = e : \sin \alpha$. Also ist nach (1)

$$(2) \qquad \overline{U^sC^s}^2 + \overline{U^sD^s}^2 = \overline{U^sK^s}^2.$$

K ist ein Punkt des wahren und K^s daher ein Punkt des scheinbaren
Schrägumrisses der Kugel. (2) gestattet uns nun die Umrißermittlung
wie folgt (Fig. 237a): Als D^s wählen wir einen Endpunkt des auf $[U^sC^s]$
liegenden Durchmessers von k^s. Wir konstruieren nun nach (2) die Länge
U^sK^s und tragen sie von U^s auf $[U^sC^s]$ auf. So erhalten wir den zu U^sV^s
konjugierten Halbmesser U^sK^s des scheinbaren Kugelumrisses u^s.

Die Kenntnis von u^s führt jetzt nach Nr. 32, Satz 3 zur Ermittlung
der Sehstrahlrichtung. Nach diesem Satz hat die kleine Achse von u^s
die Länge e des Kugelhalbmessers. Nehmen wir demnach $U = U^s$ an,
so ist die Kugel $\varkappa$ bestimmt. Sind ferner P einer der Endpunkte des
zur Zeichenebene normalen Kugeldurchmessers und F_1, F_2 die Brennpunkte von u^s, so geben nach dem genannten Satz $[PF_1]$ und $[PF_2]$
die beiden möglichen, zur Zeichenebene symmetrischen Sehrichtungen
an, bei denen $\varkappa$ den Schrägumriß u^s hat.

Wir haben nun zu zeigen, daß es für jede dieser Sehrichtungen drei
paarweise aufeinander normale Kugelradien $U(ABC)$ gibt, deren Bild
$U^s(A^sB^sC^s)$ ist. Zunächst beweisen wir, daß es drei solche Kugelradien
$U(CDV)$ gibt, deren Bild die nach obigen Angaben konstruierte Figur
$U^s(C^sD^sV^s)$ ist. Da die Punkte U^s, C^s, D^s, K^s die Gleichung (2) erfüllen, gibt es im Kreis k_1, den die durch $[U^sC^s]$ gehende Sehebene σ
aus $\varkappa$ ausschneidet, zwei normale Halbmesser UC, UD, deren Bilder
U^sC^s, U^sD^s sind (zwei Lösungen, die zu einer Normalebene auf die
Sehstrahlrichtung symmetrisch liegen). Ist V ein Endpunkt des zur
Sehebene σ normalen Kugeldurchmessers, so gehört V dem wahren
Umriß u der Kugel an, und sein Schrägriß ist ein Endpunkt V^s des zum
Durchmesser U^sK^s konjugierten Durchmessers von u^s. Damit ist also
die Würfelecke $U(CDV)$ festgestellt. Diese drehen wir nun um $[UC]$,
bis das Bild von UD nach U^sA^s gelangt. D und V bewegen sich dabei
auf dem Kugelkreis k, dessen Bild durch die konjugierten Halbmesser
U^sV^s und U^sD^s bestimmt ist. Wenn nun D^s nach A^s gelangt, so kommt
V^s mit B^s oder dessen Gegenpunkt zur Deckung, weil nach unserer Konstruktion U^sA^s und U^sB^s konjugierte Halbmesser von k^s sind. Damit
haben wir eine Würfelecke $U(ABC)$ mit dem vorgegebenen Bild $U^s(A^sB^sC^s)$
gefunden. Aus dieser Lösung können alle übrigen nach den eingangs
gemachten Bemerkungen gefunden werden.

17*

90. Schiefe und normale Axonometrie; Abbildung des Punktes und der Geraden. An den meisten technischen Objekten treten drei paarweise zueinander normale Kantenrichtungen auf, oder es lassen sich leicht drei solche Richtungen angeben, die im Körper eine ausgezeichnete Lage haben. Für die Darstellung in zugeordneten Normalrissen werden gewöhnlich die Verbindungsebenen dieser Hauptrichtungen zur Grund-, Auf- und Kreuzrißebene parallel gewählt. Meist vereinfachen sich in dieser „*Parallelstellung*" die Normalrisse des Körpers, und es können seine zu den Hauptrichtungen parallelen Abmessungen aus den Rissen unmittelbar entnommen werden. Eine solche Darstellung zeichnet sich meist durch große Einfachheit aus, weil zahlreiche Kanten und Flächen sich als Punkte bzw. Strecken abbilden; aber gerade dieser Umstand ist es, der die anschauliche Bildwirkung stört und die Abbildung oft schwer verständlich erscheinen läßt. Legt man dagegen Wert darauf, die Form eines Gegenstandes in einem Normal- oder Schrägriß klarzumachen, so muß man dafür Sorge tragen, daß die Sehrichtung in keine Hauptrichtung und in keine Hauptebenenstellung fällt.

Wir denken uns mit dem darzustellenden Körper $\Re$ ein rechtwinkliges Achsenkreuz $U(x, y, z)$ so verbunden, daß die Achsen den eben erwähnten Hauptrichtungen von $\Re$ parallel sind, und bringen diese aus $\Re$ und dem Achsenkreuz bestehende Raumfigur in eine solche Lage, daß keine der drei Hauptrichtungen und Hauptebenen zur Sehrichtung parallel ist. *Das Verfahren, eine Parallelprojektion eines Körpers zu ermitteln unter Bezugnahme auf ein mit dem Körper verbundenes rechtwinkliges Achsenkreuz, das eine zur Sehrichtung allgemeine Lage hat, heißt Axonometrie, und zwar „normale Axonometrie", wenn die Sehstrahlen zur Bildebene normal sind, „schiefe oder schräge Axonometrie", wenn die parallelen Sehstrahlen die Bildebene schräg treffen.*

Die Lage eines jeden Körperpunktes P gegen das Achsenkreuz $U(x, y, z)$ mit der Einheitsstrecke e (Fig. 238) wird durch seine drei rechtwinkligen Koordinaten x, y, z festgelegt, d. h. durch die mit den entsprechenden Vorzeichen versehenen Maßzahlen seiner Abstände von den Koordinatenebenen $[yz]$, $[zx]$, $[xy]$ oder, was dasselbe ist, durch die Maßzahlen der Abstände seiner Normalrisse P_x, P_y, P_z auf die Achsen vom Ursprung U. Auf dem mit den Koordinaten UP_x, UP_y, UP_z konstruierten „*Koordinatenparallelepiped*" ist P die Gegenecke von U. Um bei gegebenem Achsenkreuz und einer gegebenen Einheitsstrecke e aus den Koordinaten x, y, z den Punkt P zu erhalten, genügt es, einen U mit P verbindenden Koordinatenzug dieses Quaders, z. B. $UP_xP'P$ (Fig. 238) zu

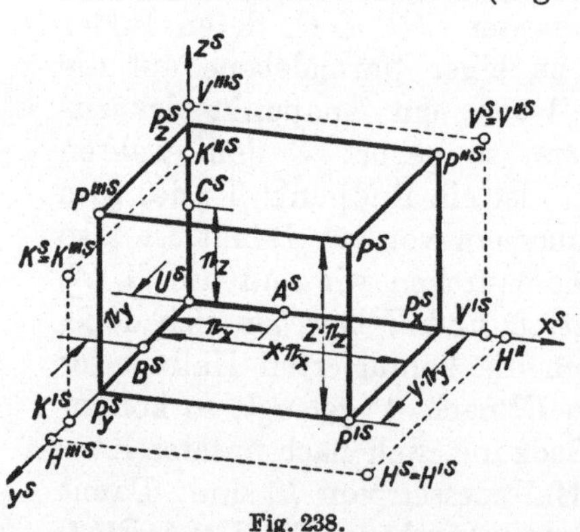

Fig. 238.

durchlaufen; darin ist $U P_x = x e$, $P_x P' = y e$, $P' P = z e$. Ermittelt man von dem rechtwinklig-gleichschenkligen Dreibein $U (A B C)$ den *Normalriß* auf die Zeichenebene Π, so sind die Schenkelrisse $U^n A^n = e_x$, $U^n B^n = e_y$ und $U^n C^n = e_z$ kleiner als e, weil nach der getroffenen Voraussetzung keine Achse zu Π parallel ist. Man nennt e_x, e_y, e_z die *Verkürzungseinheiten* und die Verhältnisse $e_x : e$, $e_y : e$, $e_z : e$ die *Verkürzungsverhältnisse* des normalaxonometrischen Bildes. Treffen die Sehstrahlen die Bildebene schräg, so können die Bilder der Einheitsstrecken, nämlich $U^s A^s = e_x$, $U^s B^s = e_y$; $U^s C^s = e_z$ unabhängig voneinander kleiner, gleich oder größer als e sein. e_x, e_y, e_z heißen daher die *Verzerrungseinheiten* und die Verhältnisse $e_x : e$, $e_y : e$, $e_z : e$ die *Verzerrungsverhältnisse* des schiefaxonometrischen Bildes.

Ist $U_s A_s B_s C_s$ der Schrägriß oder der Normalriß des Ursprungs U und der Einheitspunkte des rechtwinklig-gleichschenkligen Achsenkreuzes $U A B C$, so läßt sich aus den Koordinaten x, y, z eines Punktes P sein Bild P^s leicht konstruieren (Grundaufgabe der axonometrischen Abbildung). Die Koordinatenstrecken $x e$, $y e$, $z e$ besitzen Bilder von den Längen $x e_x$, $y e_y$, $z e_z$, welche die Richtungen der entsprechenden Achsenbilder x^s, y^s, z^s haben. Dadurch kann man das Bild eines U mit P verbindenden Koordinatenzuges zeichnen, wodurch man P^s erhält. Die Normalrisse von P auf die drei Koordinatenebenen, d. s. P' in $[x y]$, P'' in $[x z]$, P''' in $[y z]$ nennen wir den *Grundriß, Aufriß* bzw. *Kreuzriß* von P. Ihre Bildpunkte P'^s, P''^s, P'''^s (Fig. 238) heißen der *axonometrische Grundriß, Aufriß* bzw. *Kreuzriß* von P. Sie bilden zusammen die *axonometrischen Nebenbilder* von P; P^s ist das *axonometrische Bild von P.* Man beachte, daß P^s und P'^s auf einem zu z^s parallelen Ordner liegen. Entsprechend liegt P^s mit P''^s auf einem Ordner parallel y^s und P^s mit P'''^s auf einem Ordner parallel x^s. Es ist üblich, z^s in der Zeichenebene von oben nach unten laufen zu lassen. Ist außer dem axonometrischen Bild P^s noch ein axonometrisches Nebenbild, z. B. P'^s auf der entsprechenden Ordnungslinie gegeben, so lassen sich die beiden übrigen Nebenbilder und somit auch die Koordinaten x, y, z des Raumpunktes P angeben, indem man die Achsenbilder x^s, y^s, z^s als Zahlenlinien mit dem Nullpunkt U^s und den Einheitspunkten A^s, B^s, C^s auffaßt. Zwei axonometrische Nebenbilder liegen auf einer gebrochenen Ordnungslinie, die auf einem Achsenbild einen Knickpunkt hat; so haben z. B. P'^s und P''^s eine solche Lage, daß die Geraden $[P'^s \| y^s]$ und $[P''^s \| z^s]$ sich in einem Punkt P_x^s von x^s schneiden. Durch zwei solche Nebenbilder ist P^s und damit auch P durch seine Koordinaten bestimmt.

Fig. 238 zeigt ferner die Bilder von drei Punkten, die in den Koordinatenebenen liegen: H in der *Grundrißebene* $\Pi_1 = [x y]$, V in der *Aufrißebene* $\Pi_2 = [x z]$ und K in der *Kreuzrißebene* $\Pi_3 = [y z]$. Für H ist $z = 0$, daher $H^s = H'^s$; H''^s liegt auf x^s, H'''^s auf y^s. Die entsprechenden Verhältnisse gelten für V und K.

Bilden wir in der angegebenen Weise die Punkte einer Geraden g ab, so erhalten wir das axonometrische Bild g^s und die axonometrischen[1]) Nebenbilder g'^s, g''^s, g'''^s. Diese sind i. allg. selbst Geraden. Nur wenn g ein Sehstrahl ist oder auf der Koordinatenebene Π_i normal steht, ist g^s bzw. g^{is} ein Punkt. Denkt man sich g durch zwei Punkte bestimmt, so erkennt man, daß zur Darstellung einer Geraden zwei von ihren vier Bildern, abgesehen von gewissen Sonderfällen, willkürlich gewählt werden dürfen, und daß dann die beiden anderen bestimmt sind. In Fig. 239 a

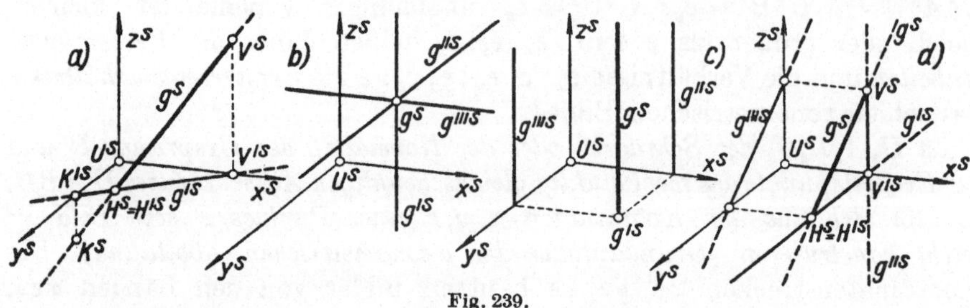

Fig. 239.

ist eine Gerade g durch ihr Bild g^s und ihren Grundriß g'^s dargestellt. g^s und g'^s schneiden sich im Bild des *ersten Spurpunktes* $H = [g\Pi_1]$; die beiden anderen Spurpunkte $V = [g\Pi_2]$ und $K = [g\Pi_3]$ ergeben sich zufolge der Bemerkung, daß V'^s auf x^s und K'^s auf y^s liegt. Es wird dem Leser empfohlen, g''^s und g'''^s zu ermitteln, sowie auch die Spurpunkte zu konstruieren, wenn irgendein anderes Bildpaar der Geraden gegeben ist. Fig. 239 b zeigt die *Abbildung eines Sehstrahls* g. g^s ist ein Punkt und g'^s, g''^s, g'''^s sind die Parallelen zu z^s, y^s, x^s durch den Punkt g^s. In Fig. 239 c ist *eine zur z-Achse parallele Gerade* dargestellt; g'^s ist ein Punkt, g^s, g''^s, g'''^s sind zu z^s parallel. Schließlich sieht man in Fig. 239 d *eine zu Π_3 parallele Gerade* g; g'^s ist zu y^s parallel, ferner ist $g'''^s \| g^s$ und $g''^s \| z^s$. Es bleibe dem Leser überlassen, weitere ausgezeichnete Lagen einer Geraden zu zeichnen.[2])

Um eine axonometrische Abbildung eines Objektes durchzuführen, benötigt man nach dem Gesagten zunächst das Bild des Achsenkreuzes $U(xyz)$ mit den auf den Achsen von U aus aufgetragenen Einheitsstrecken $UA = UB = UC = e$. Wie man im Fall der *normalen Axonometrie* den Normalriß eines rechtwinklig-gleichschenkligen Dreibeins

---

1) Das Beiwort „axonometrisch" wird in der Folge der Kürze halber oft weggelassen.

2) Für die geschichtliche Entwicklung der Axonometrie, insbesondere der normalen: C. Th. Meyer u. M. H. Meyer, Lehrb. d. Axonometrie usw. Leipzig 1852 (oder das vervollständigte „Lehrbuch der axonometrischen Projektionslehre". Leipzig 1855—1863), insb. S. 10, 11; K. Pohlke, Darst. Geometrie, I. Abt., 2. Aufl., Berlin 1866, S. IV (1. Aufl. 1860); Chr. Wiener, Lehrb. d. darst. Geom., Bd. 1, S. 44—47. Auch schief-axonometrische Darstellungen finden sich in der älteren Literatur. Ihre theoretische Begründung erhielt die schiefe Axonometrie aber erst in neuerer Zeit.

$U(ABC)$ konstruiert, wird in Nr. 98 gezeigt werden. In der *schiefen Axonometrie* gründet man die Abbildung auf den Pohlkeschen Lehrsatz (Nr. 89), nach welchem drei beliebige, von einem Punkt U^s ausgehende Strecken U^sA^s, U^sB^s, U^sC^s, die nicht in derselben Geraden liegen, als Schrägriß einer Würfelecke $U(ABC)$ aufgefaßt werden können. Doch muß dabei der folgende Umstand besonders hervorgehoben werden. Wenn die Bildfigur $U^s(A^sB^sC^s)$ angenommen wird, so ist dadurch die Schenkellänge e des Dreibeins bereits bestimmt und kann durch die in Fig. 237 angegebene Konstruktion ermittelt werden. Da dies aber mit erheblicher Mühe verbunden ist, ändert man die Aufgabe der schiefaxonometrischen Abbildung in der folgenden Weise ab. Man bezieht das darzustellende Objekt auf ein Achsenkreuz $U_1(A_1B_1C_1)$ mit *willkürlicher* Einheitsstrecke e_1, ermittelt mit ihr die Koordinaten der Punkte P in diesem Achsenkreuz und verwendet diese in der oben erläuterten Weise zur Ermittlung der Bildpunkte P^s. Weil aber e_1 i. allg. von der zur Bildfigur $U^s(A^sB^sC^s)$ gehörigen Einheitsstrecke e verschieden sein wird, ist das auf diesem Wege dargestellte Objekt zu dem gegebenen i. allg. nicht kongruent, sondern bloß ähnlich. Wird also eine schiefaxonometrische Abbildung auf die willkürliche Annahme eines Dreibeinbildes $U^s(A^sB^sC^s)$ gegründet, so ist zu beachten, *daß nicht das Objekt selbst, sondern ein zu ihm ähnliches dargestellt wird,* dessen lineare Abmessungen unbestimmt gelassen werden.

Schließlich machen wir noch eine Bemerkung über die *Sichtbarkeit* der Oberfläche eines undurchsichtigen Körpers bei axonometrischer Abbildung. Fig. 240a, b zeigt in zwei kongruenten Exemplaren die Abbildung eines Würfels mit der Ecke $U(ABC)$. Während jedoch U in 240a unsichtbar ist, erscheint U in 240b sichtbar. Diese beiden Möglichkeiten entsprechen nach Nr. 89 für jede der beiden möglichen Sehrichtungen

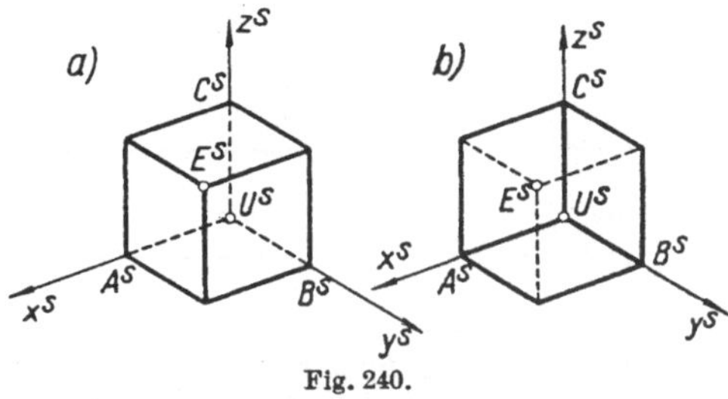

Fig. 240.

den beiden zugehörigen Raumobjekten, die bezüglich einer zur Sehrichtung normalen Ebene symmetrisch liegen.

Wir wenden uns nun der Durchführung eines praktischen Beispieles zu.

91. Schiefaxonometrische Abbildung ebenflächiger Körper samt Schattenkonstruktion. Der darzustellende Körper sei durch eine mit Maßen (in cm) versehene Skizze (Fig. 241a) in Grund- und Aufriß im Maßstab 1 : 25 gegeben. Um ihn axonometrisch abzubilden, beziehen wir ihn auf das Achsenkreuz x_1, y_1, z_1, dessen Achsen in den vom Eckpunkt U_1 ausgehenden Kanten liegen. Nun wählen wir (Fig. 241b) auf Grund des Pohlkeschen Satzes willkürlich den Schrägriß eines Achsenkreuzes mit beliebigen Verzerrungseinheiten e_x, e_y, e_z, für die Bilder der drei Achsen. Über gewisse einschränkende Regeln, die dabei aus praktischen

Gründen eingehalten werden müssen, wird in Nr. 93 die Rede sein. Messen wir jetzt die Koordinaten der Ecken des Gegenstandes in Zentimetern in bezug auf das Achsenkreuz $x_1\,y_1\,z_1$ und suchen wir dann mittels e_x, e_y, e_z die ihnen entsprechenden Bildpunkte, so entsteht nach Nr. 90 die Abbildung eines Gegenstandes, der zu dem gegebenen ähnlich ist.[1])

Um die Koordinatenzüge der einzelnen Raumpunkte rasch auftragen zu können, zeichnen wir Maßstäbe mit den Längeneinheiten e_x, e_y, e_z,

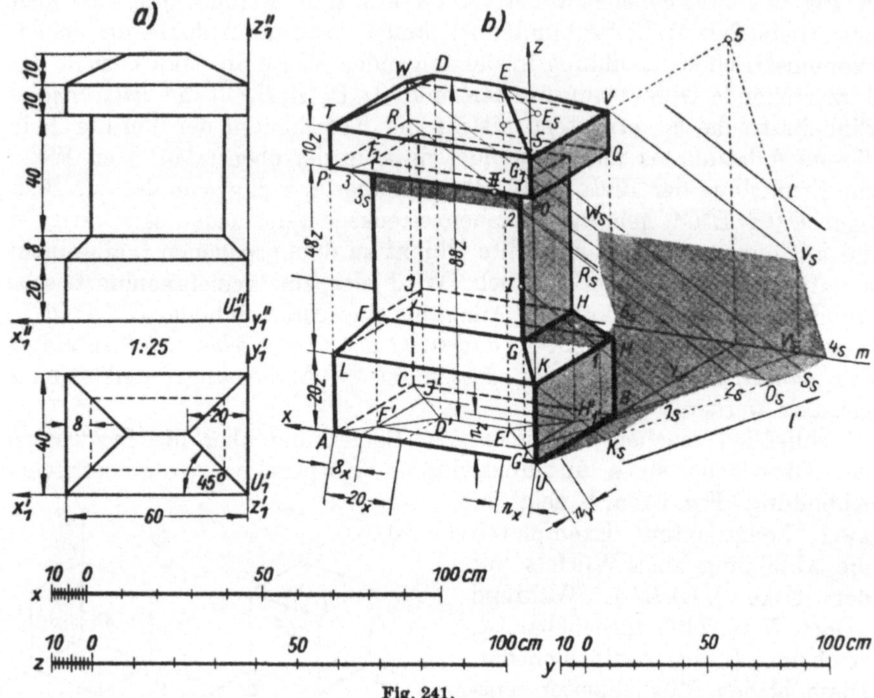

Fig. 241.

die wir *Achsenmaßstäbe* nennen. Meist wird man aus praktischen Gründen der Längeneinheit e des Achsenkreuzes $x\,y\,z$ ein geeignetes Vielfaches der Einheit von $x_1\,y_1\,z_1$ zuordnen. In Fig. 241 entsprechen 10 cm des Systems $(x_1\,y_1\,z_1)$ der Längeneinheit des Systems $(x\,y\,z)$, und es wurden dementsprechend die Teilpunkte der Achsenmaßstäbe mit 0, 10, 20,… cm beschriftet.

Nun hat man unter Verwendung der Achsenmaßstäbe den Grundriß aus der Fig. 241a in die axonometrische Fig. 241b zu übertragen, indem man $UA = 60_x$ (d. h. 60 Einheiten des x-Maßstabes), $UB = 40_y$ macht und den Schnittpunkt C der Geraden $[A \parallel y]$ und $[B \parallel x]$ sucht. Weiter wird man von den Mitten der Strecken AC, UB parallel zu x 20_x auftragen, um die axonometrischen Grundrisse D' und E' der beiden höchsten

---

1) In Fig. 241 wurde der Schrägrißindex s weggelassen.

Ecken D, E des Körpers zu erhalten. Der axonometrische Grundriß des mittleren Quaders ist ein Parallelogramm $F'G'H'J'$. Durch Abtragen der Länge 8_x von A aus in der Richtung gegen U kommt man zu einem Punkt, durch den $[F'J']$ parallel zu y verläuft. Die Bilder der Körperecken ergeben sich jetzt, wenn man vom axonometrischen Grundriß jedes Punktes aus $\parallel z$ seine aus dem Aufriß in Fig. 241a ersichtliche z_1-Koordinate im z-Maßstab abträgt. Trägt man z. B. auf $[A \parallel z]$ von A aus nacheinander 20_z, 48_z und 10_z auf, so erhält man die Bilder der oberhalb A liegenden Ecken L, P, T. Um die Bilder von D und E zu erhalten, hat man von D' und E' aus $88_z \parallel z$ abzutragen. Nachdem man auf diese Weise die Bilder einer Anzahl von Eckpunkten des Körpers gezeichnet hat, lassen sich meist weitere Bildpunkte rascher finden, indem man den Parallelismus der Kanten und andere geometrische Eigenschaften des Körpers beachtet, die bei Parallelprojektion erhalten bleiben. Die gefundenen Punkte müssen entsprechend den Kanten des Körpers verbunden werden. Bezüglich der Behandlung der Sichtbarkeit bestehen die beiden in Nr. 90 erwähnten Möglichkeiten.

Ist das darzustellende Objekt wenig übersichtlich, so empfiehlt es sich, zuerst den axonometrischen Grundriß in einer solchen, in der z-Richtung parallel verschobenen Lage zu zeichnen, daß das Ineinanderliegen von Bild und Grundriß vermieden wird.

Schließlich soll an dem eben gezeichneten Objekt die Schattenkonstruktion für Parallelbeleuchtung durchgeführt werden. Zur Bestimmung der Lichtrichtung nimmt man einen Lichtstrahl l durch sein axonometrisches Bild l und seinen axonometrischen Grundriß l' an. Die Einfallsrichtung des Lichtes wird durch einen auf l aufgesetzten Pfeil festgelegt. Die in Nr. 59 durchgeführten Betrachtungen, insbesondere die dort mit (a) bis (g) bezeichneten Regeln, kommen auch hier zur Anwendung. Z. B. wirft UK nach der Regel (g) auf die $[xy]$-Ebene, die wir auch *Grundebene* nennen, einen zu l' parallelen Schatten $[U \parallel l']$. Da dieser Schatten nicht ins Innere des untersten Quaders fällt, ist UK Eigenschattengrenze; mithin erscheint die Fläche $UBMK$ im Eigenschatten; und dasselbe gilt von den zu ihr parallelen Flächen. Weil die Unterseite der Deckplatte sich ebenfalls im Eigenschatten befindet, ist OP Eigenschattengrenze und wirft auf die dazu parallele Ebene $[FGG_1]$ einen zu OP parallelen Schatten. Wir suchen den der Kante FF_1 angehörigen Punkt 3_s dieses Schattens. Die Lichtebene durch $[FF_1]$ trifft $[OP]$ im schattenwerfenden Punkt 3. Diese Lichtebene schneidet die Unterseite der Deckplatte in der Geraden l' durch F_1, die auf OP den gesuchten Punkt 3 bestimmt. Der Lichtstrahl l durch 3 schneidet FF_1 im Punkt 3_s, durch den $\parallel [OP]$ der Schatten von OP geht. Man erkennt, daß das Konstruieren von Schatten in einem axonometrischen Bild anschaulicher verläuft als in zugeordneten Normalrissen.

Wir ermitteln weiter den Schlagschatten von $[GG_1]$ auf die schräge Ebene $[GKM]$; aus seiner Lage wird dann auch zu ersehen sein, ob sich

$[GKM]$ im Licht oder im Eigenschatten befindet. Der gesuchte Schlagschatten ist der Schnitt der Lichtebene durch $[GG_1]$ mit $[GKM]$ und stellt sich daher im Grundriß als $[G' \parallel l']$ dar. Der Schnitt dieser Geraden mit $[UB]$ ist der Grundriß $1'$ des $[KM]$ angehörigen Punktes 1 des gesuchten Schlagschattens $G\,1$. 1 ist der Schlagschatten eines auf GG_1 liegenden Punktes I auf die schräge Ebene $[GKM]$. Da die Strecke $1\,I$ von der Ebene $[GKM]$ nicht verdeckt wird und 1 auf I in der Einfallsrichtung folgt, ist 1 wirklicher Schlagschatten, und die Fläche $[G\dot{K}M]$ zeigt die beleuchtete Seite. Daß die obersten vier schrägen Flächen des Körpers im Licht sind, erkennt man daraus, daß der Schlagschatten E_s von E auf die Ebene $[TSV]$ ins Innere des Rechteckes $TSVW$ fällt.

Nun soll der Schlagschatten des Körpers auf die Grundebene und auf eine sie längs $m(\parallel x)$ schneidende, zur $[xz]$-Ebene parallele Ebene μ (Mauerfläche) ermittelt werden. $[U \parallel l']$ ist der Schatten von $[UK]$ auf die Grundebene $[xy]$. Der Schatten K_s von K auf $[xy]$ ist demnach der Schnittpunkt von $[U \parallel l']$ mit dem Lichtstrahl $[K \parallel l]$. Man kann auch so sagen: Im Raum ist K_s der erste Spurpunkt des durch K gehenden Lichtstrahls; man erhält daher K_s im Bild (Nr. 90, Fig. 239), indem man den Riß des durch K gehenden Lichtstrahls mit seinem axonometrischen Grundriß zum Schnitt bringt. In K_s schließt sich $\parallel y$ der Schatten von KM an und reicht bis zu dem auf $[1 \parallel l]$ liegenden Punkt 1_s. Da 1 Schlagschatten des Punktes I von $[GG_1]$ ist, so gehört 1_s auch dem Schlagschatten $[G' \parallel l']$ dieser Kante an, der bis zum Schatten 2_s von 2 reicht (2_s auf $[2 \parallel l]$). Da 2 wieder Schatten eines Punktes II von $[PO]$ ist, muß sich von 2_s aus der Schlagschatten von $[PO]$ parallel zu dieser Kante anschließen, und zwar bis zum Schatten O_s von O. Nun liegen O und S auf der Geraden $[UK]$, somit O_s und S_s auf $[U \parallel l']$. $[S_s \parallel SV]$ ist der Schatten von $[SV]$, der im Schnittpunkt 4_s mit m auf die Mauerfläche übertritt, so daß V_s schon auf dieser Ebene liegt. Um V_s zu erhalten, beachte man, daß der Grundriß des durch V gehenden Lichtstrahls die Gerade $[B \parallel l']$ ist, deren Schnitt mit m nach $V_s{}'$ fällt. 4_sV_s ist dann der Schatten von SV auf die Mauer μ. Der Geraden $[4_sV_s]$ gehört aber auch der mittels des Grundrisses konstruierbare Spurpunkt 5 von $[SV]$ auf μ an, so daß auch $[4_s5]$ der Schatten von $[SV]$ und sein Schnitt mit $[V \parallel l]$ der Punkt V_s ist. Schließlich hat man noch V_sW_s parallel und gleichlang mit VW, W_sR_s parallel und gleichlang mit WR, R_s6_s parallel V_s4_s und $[6_s \parallel PR]$ zu zeichnen.

Hat man zuerst den Schlagschatten des Körpers auf die Grundebene oder irgendeine andere Ebene ermittelt, so ergeben sich daraus die auf dem Körper selbst auftretenden Schlagschatten auch durch „Zurückführen" der Lichtstrahlen (Fig. 157). So schneiden sich die Schlagschatten von KM und GG_1 in einem Punkt 1_s; führt man durch 1_s den Lichtstrahl zurück, so schneidet dieser $[GG_1]$ in einem Punkt I, der seinen Schatten in den Punkt 1 auf KM wirft.

92. Sonderfälle der Axonometrie. Wir haben in Nr. 89 gesehen, daß die Ermittlung der Sehstrahlrichtung und des Achsenkreuzes auf Grund eines willkürlich gewählten Achsenbildes $U^s(A^sB^sC^s)$ längere Konstruktionen erfordert. Man legt daher schiefaxonometrischen Darstellungen oft solche Achsenbilder zugrunde, aus denen sich die Lage des Achsenkreuzes und die Sehrichtung leicht angeben läßt.

Besonders bevorzugt wird die *Annahme einer zur Bildebene Π parallelen z-Achse*, wobei man sich gewöhnlich Π und z lotrecht vorstellt.[1]) *In diesem Fall dürfen die Schrägrisse der Achsen und die Schrägrisse gleichlanger Strecken $U\,A$, $U\,B$ auf der x- und y-Achse willkürlich angenommen werden.* Zum Beweis dieser Behauptung seien (Fig. 242) x^s, y^s, z^s die gegebenen Schrägrisse der Achsen und U^sA^s, U^sB^s die gegebenen Bilder gleichlanger Strecken auf der x- und y-Achse. Wegen $z \parallel \Pi$ ist die Bildspur der im folgenden mit Γ bezeichneten $[xy]$-Ebene normal zu z^s. Nehmen wir demnach eine

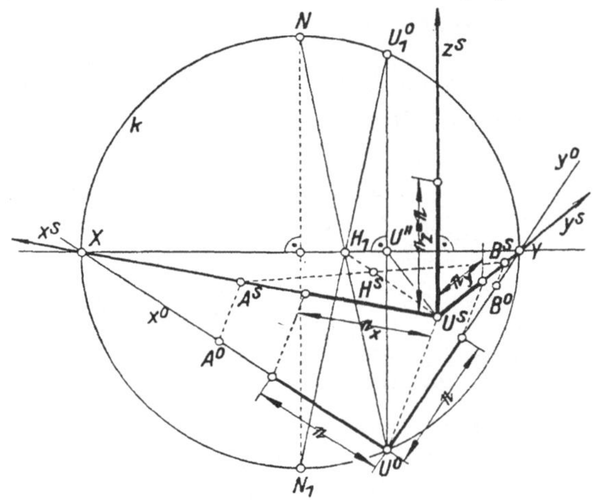

Fig. 242.

beliebige zu z^s normale Gerade, die x^s in X und y^s in Y schneiden möge, als Bildspur von Γ an, dann sind X und Y die Spurpunkte von x und y in Π. Klappen wir Γ nach Π um, so muß wegen $x \perp y$ die umgeklappte Lage U^0 von U dem über XY als Durchmesser beschriebenen Kreis k angehören. Wir verbinden nun im Raum U mit der Mitte H der Hypotenuse des rechtwinklig-gleichschenkligen Dreiecks ABU und ermitteln den Spurpunkt H_1 dieser Geraden in Π. Er ergibt sich als der Schnittpunkt von $[XY]$ mit $[U^sH^s]$. Da $\sphericalangle XUH_1 = 45^0$ ist, haben wir U^0 auf dem Kreis k durch die Bedingung zu ermitteln, daß der Winkel XU^0H_1 45^0 betragen soll. Dieser Winkel ist demnach ein Peripheriewinkel von k, dessen Zentriwinkel ein rechter ist. Zieht man daher den zu $[XY]$ normalen Durchmesser NN_1 von k und verbindet seine Endpunkte mit H_1, so schneiden diese Verbindungsgeraden aus k die beiden möglichen Lagen für U^0 aus.[2]) Durch Aufrichten von Γ erhält man aus U^0 zwei zu Π symmetrische Lagen für U. Die Gerade $[U^0 \perp XY]$ schneidet $[XY]$ im Aufriß U'' von U, und $U''U^0$ ist der Tafelabstand von U. Entsprechend den beiden zu Π symmetrischen Lagen von U ergeben sich zwei zu Π symmetrische Sehrichtungen. Da

---

1) Solche Achsenkreuze verwenden ausschließlich L. Burmester, R. Staudigl, Chr. Wiener, Rohn-Papperitz.

2) J. H. Lambert, Freye Perspektive I (1759), S. 186.

U^0X die Länge UX hat, erhalten wir aus U^sA^s die Länge UA, indem wir U^sA^s in der Richtung U^sU^0 auf die umgeklappte x-Achse x^0 nach U^0A^0 projizieren. Es ist demnach $U^0A^0 = UA = UB$, letzteres, weil nach der Konstruktion $[UH]$ Symmetrieachse des Dreieckes AUB ist. Trägt man auf x^0 und y^0 von U^0 aus eine beliebige Längeneinheit e auf, so erhält man durch Projektion in der Richtung U^0U^s auf x^s und y^s e_x und e_y. Strecken auf der z-Achse erscheinen im Bild unverzerrt; es ist also $e = e_z$.

Zur Darstellung technischer Einzelheiten verwendet man sehr häufig schiefaxonometrische Bilder, bei denen zwei Achsen, die z- und etwa die x-Achse, zur Bildebene parallel sind. Wir wollen in diesem Fall bei lotrecht gedachter Bildebene von *frontaler Axonometrie* sprechen (Fig. 243). Diese Achsen schließen also auch im Bilde einen rechten Winkel ein, und Strecken auf ihnen erscheinen im Bilde in wahrer Länge. Demnach ist $e_x = e_z = e$. Dem Achsenbild y^s gibt man eine für das Zeichnen bequeme Richtung (30° oder 45° Horizontalneigung) und wählt für sie ein einfaches Verzerrungsverhältnis $e_y : e$, etwa $\frac{1}{2}$, $\frac{2}{3}$ oder $\frac{3}{4}$. Solche Bilder

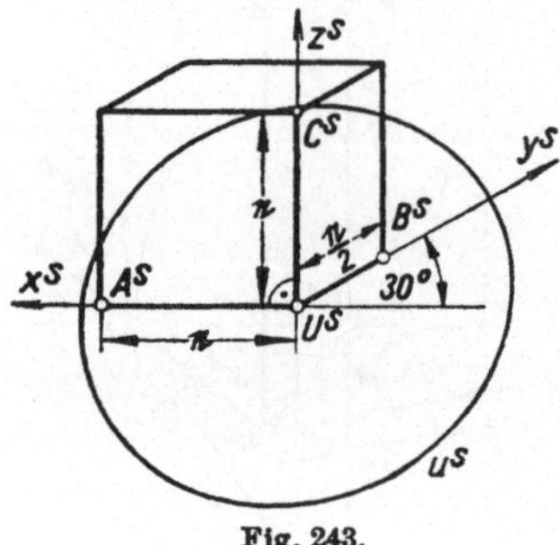

Fig. 243.

sind leicht herstellbar, weil alle zur $[xz]$-Ebene parallelen Figuren in wahrer Größe erscheinen.

Eine schiefaxonometrische Darstellung, bei der zwei Verzerrungseinheiten gleich sind, während die dritte von ihnen verschieden ist, heißt *dimetrisch*; sind alle drei gleich, so heißt die Darstellung *isometrisch*. Häufig verwendete isometrische Darstellungen, bei denen überdies zwei Achsenbilder aufeinander normal stehen, sind die folgenden: x^s und y^s aufeinander normal, aber gegen die Waagerechte h durch U^s geneigt, während z^s zu h normal ist (Fig. 244a). Diese Annahme wird auch *Militärperspektive* genannt. Man kann sich hier vorstellen, daß die Bildebene Π waagerecht und $[xy]$ zu ihr parallel liegt. Die Sehstrahlen liegen dann in den zu h normalen Ebenen und

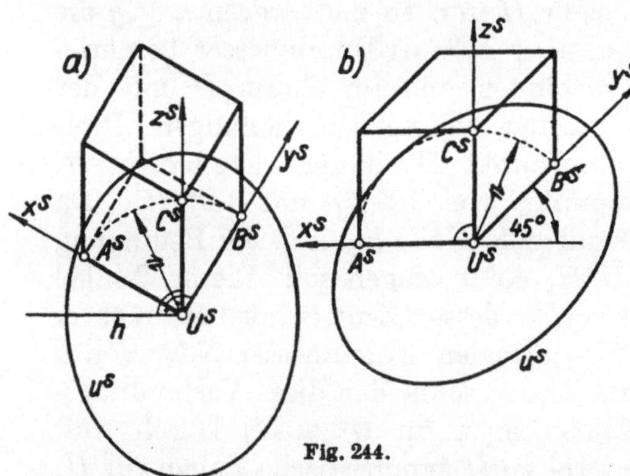

Fig. 244.

sind unter 45° gegen Π geneigt. Fig. 244b zeigt die Annahme für eine manchmal auch als *Kavalierperspektive*[1]) bezeichnete Darstellung; sie entsteht aus Fig. 243, indem man $\sphericalangle\, y^sz^s = 45°$ und $e_x = e_y = e_z = e$ wählt. Auch hier kann man sich vorstellen, daß Π zu $[xz]$ parallel ist. Die

---

1) *Kavaliere* nannte man gewisse erhöhte Teile von Befestigungswerken.

Sehstrahlen liegen dann in den zu Π normalen und zu y^s parallelen Ebenen und sind unter 45° gegen Π geneigt.

Isometrische Abbildungen werden oft zur Darstellung technischer Einzelheiten, insbesondere bei *Holzverbindungen* und im *Steinschnitt*[1]) verwendet. Fig. 245 b zeigt eine isometrische Darstellung der beiden Balken einer in 245 a gegebenen Holzverbindung. In Fig. 246 ist eine zylindrische, waagerechte Stichkappe (Nr. 65) in einem kreiszylindrischen Tonnengewölbe samt ihrem Steinschnitt durch Auf- und Kreuzriß (Schnitt) im Maßstab 1 : 40 gegeben. Von den Wölbsteinen wurden der Schlußstein A und der Kämpfer B in Grund-, Auf- und Kreuzriß sowie in einem isometrischen Bild dargestellt.

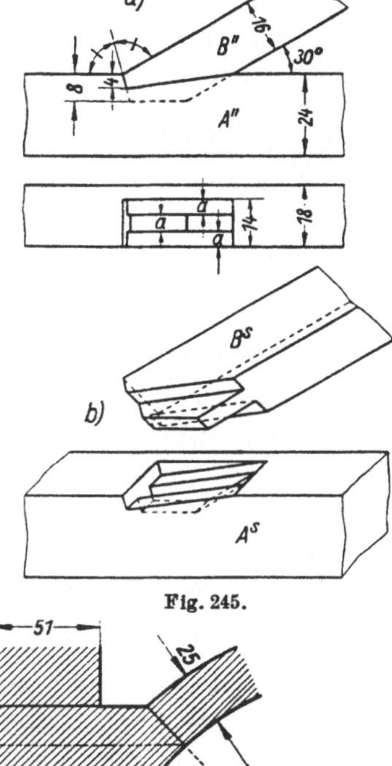

Fig. 245.

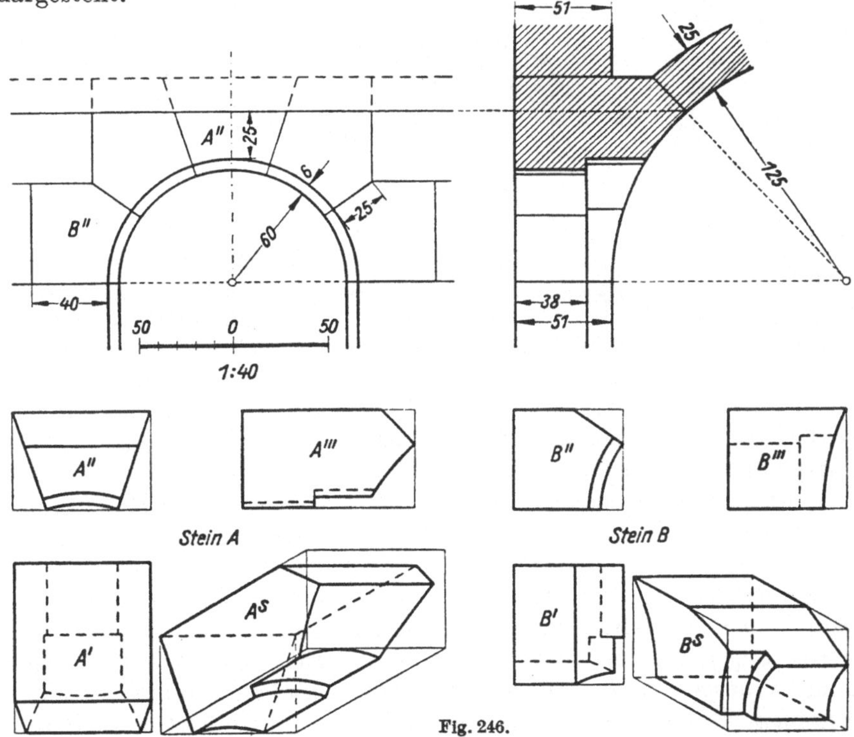

Fig. 246.

1) **Frézier**, La théorie et la pratique de la coupe des pierres et des bois, ou traité de stéréotomie etc. Strasbourg (1738, 1739). Ch. F. A. **Leroy**, Traité de stéréotomie etc. Paris 1844. Deutsch von E. F. **Kauffmann**, Die Stereotomie. Stuttgart 1861. H. **Schmid**, Steinmetzarbeiten im Hochbau. Wien 1. T. 1888, 2. T. 1895.

93. Über die subjektive Auffassung axonometrischer Bilder; Obersicht und Untersicht.

Nach dem Pohlkeschen Satz (Nr. 89) dürfen die Verzerrungseinheiten e_x, e_y, e_z nach Länge und Richtung beliebig gewählt

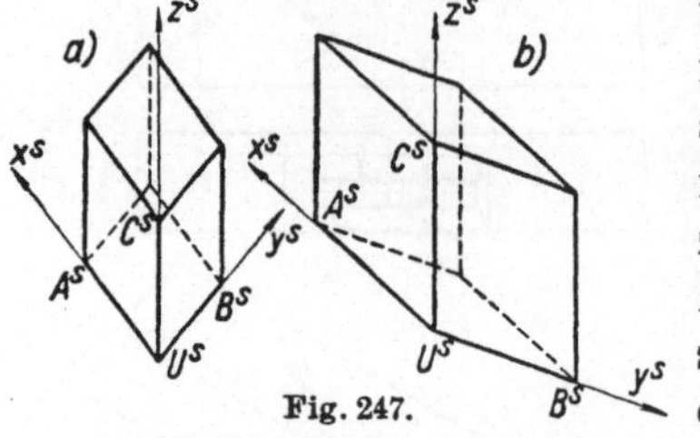

Fig. 247.

werden. Man erkennt aber sehr bald, .daß man dieser Willkürlichkeit Beschränkungen auferlegen muß, wenn man Bilder von natürlicher, unverzerrter Bildwirkung erzielen will. Die beiden in Fig. 247 gewählten Achsenbilder liefern *Zerrbilder*, wie man sofort bemerkt, wenn man die Würfel mit den Kanten $UA = UB = UC$ darstellt. Als erste praktische Regel für die Wahl des Achsenbildes kann demnach gelten:

Regel 1: *Man wähle das Achsenbild $U^s(A^sB^sC^s)$ derart, daß das Bild des Einheitswürfels befriedigend aussieht.*

Ein sehr günstiges Würfelbild zeigt Fig. 248a. Es wurden $e_x : e_y : e_z = 7 : 6 : 8$ gewählt und die Achsenbilder x^s und y^s unter den Winkeln $\alpha = 10^0$ bzw. $\beta = 20^0$ gegen die Waagerechte $[U^s \perp z^s]$ gelegt. Eine ziem-

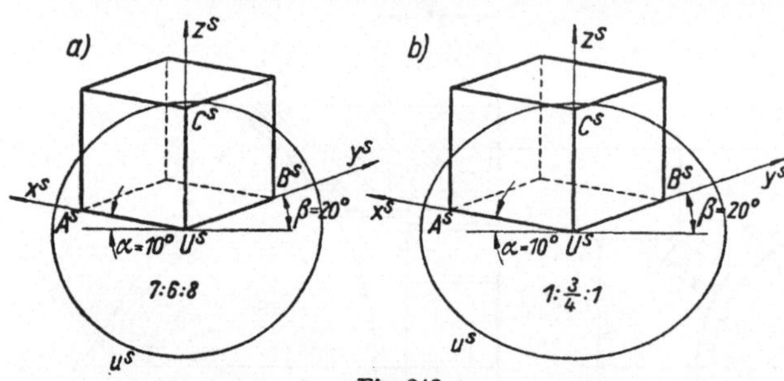

Fig. 248.

lich befriedigende Annahme für eine dimetrische Abbildung ($e_x = e_z$) zeigt Fig. 248b: Die Achsenwinkel α, β sind wie zuvor, ferner ist $e_x : e_y : e_z = 1 : \frac{3}{4} : 1$. Man bemerkt indes, daß das Bild der Würfelkante UA ein wenig zu lang aussieht. Es reicht

in beiden Beispielen hin, die Winkel α und β nach dem Augenmaß zu zeichnen. Man darf auch β etwas größer wählen, wenn man zugleich U^sB^s ein wenig verkleinert. Jedoch soll U^sB^s nicht zu klein angenommen werden, weil dann leicht der Eindruck des Bildes einer prismatischen Platte entstehen würde.

Es ist nun naheliegend, die Frage zu stellen: *Wann erklären wir ein geometrisch richtig gezeichnetes Bild für verzerrt?* Antwort: Offenbar dann, wenn dieses Bild keinem Gesichtseindruck ähnelt, den wir von dem dargestellten Gegenstand je empfangen haben oder empfangen könnten. Daraus folgt zunächst, daß, streng genommen, nur die unserem Sehprozeß angepaßte Zentralprojektion natürlich wirkende Bilder liefern kann, *vorausgesetzt, daß die Sehstrahlen genügend steil auf die Bildebene auftreffen.* Es empfiehlt sich, wie in Nr. 114 ausgeführt werden wird, anzunehmen, daß die Tafelneigungen der Sehstrahlen nicht unter 60^0 sinken sollen. Nun kann man offenbar[1] ein genügend kleines Stück

---

1) J. H. Lambert, Freye Perspektive, VII. Abschnitt.

eines perspektiven Bildes nahezu als eine Parallelprojektion ansehen, da die dasselbe treffenden Sehstrahlen als annähernd parallel gelten können. Man kann ebenso sagen, daß die Zentralprojektion einer Parallelprojektion um so näher kommt, je weiter sich das Auge vom Objekt entfernt, oder je kleiner dessen Abmessungen im Verhältnis zu seiner Entfernung vom Auge sind. Wir können daher die folgende Regel aussprechen:

Regel 2: *Für die Gewinnung möglichst unverzerrter Parallelprojektionen darf die Tafelneigung der Sehstrahlen nicht weniger als 60° betragen.*

In der Tat wirken die Würfelbilder 244 verzerrt, weil die Tafelneigung der Sehstrahlen bloß 45° beträgt. Das Würfelbild 243 macht dagegen einen günstigen Eindruck. Hier gilt für die Tafelneigung φ der Sehstrahlen cot $\varphi = e_y : e = 0{,}5$; φ ist daher größer als 60° (cot 60° $\doteq$ 0,557).

Auch die Betrachtung des *Schrägumrisses einer Kugel* führt zu der zuletzt ausgesprochenen Regel. In den Figuren 243, 244a, b, 248a, b wurde der Schrägumriß u^s der Einheitskugel (U, e) eingezeichnet. u^s läßt sich in 243 und 244 auf Grund der früheren Bemerkungen über die Richtung der Sehstrahlen nach Nr. 32, Satz 3 unmittelbar angeben: U^s ist die Mitte von u^s, die kleine Halbachse hat die Länge e; in 243 und 244b ist B^s, in 244a C^s ein Brennpunkt von u^s. In den Fig. 248 wurde u^s nach Nr. 89 ermittelt. *Nun wird man einen Kugelumriß dann als unverzerrt erklären, wenn er nicht merklich von einem Kreis abweicht.* Demnach ist die Annahme in Fig. 248a als günstig zu bezeichnen; die Annahmen in Fig. 248b und 243 sind noch zulässig, dagegen in Fig. 244a, b ausgesprochen verzerrt.

Es muß aber hervorgehoben werden, daß die Regel 2 zur Erzielung einer befriedigenden Bildwirkung nicht hinreicht, da die subjektive Auffassung eines Bildes auch von psychologischen Umständen abhängt. Verkleinert man etwa in Fig. 243 U^sB^s, so wird der Sehstrahl gegen die Bildebene steiler. Trotzdem wird dann das Bild nicht mehr als Würfelbild, sondern als Bild einer quadratischen Platte empfunden.

Bei der axonometrischen Abbildung eines technischen Objektes mit zum Teil lotrechten Kanten legt man das Achsenkreuz so in das Objekt, daß die z-Achse zu diesen Kanten parallel ist. Um nun auch durch das Bild den Eindruck des lotrecht stehenden Objektes zu erhalten, zeichnet man das Bild der z-Achse parallel zu den seitlichen Rändern des Zeichenblattes. Trotzdem kann aber eine Bildwirkung eintreten, die nicht die Illusion des lotrecht stehenden Gegenstandes erweckt. In Fig. 249a, b

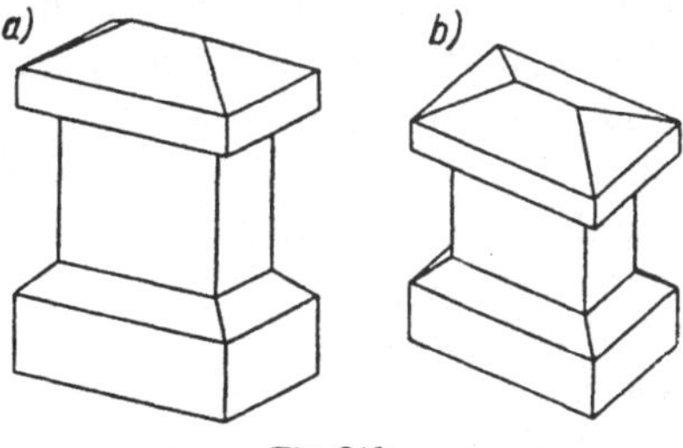

Fig. 249.

wurde der bereits in Fig. 241 behandelte Pfeiler für zwei neue Annahmen des Achsenbildes gezeichnet. Während 249a den Eindruck der lotrechten Stellung hervorruft, erscheint in 249b der Pfeiler in einer Schrägstellung nach vorne.

Schließlich heben wir hervor, daß jede Parallelprojektion einen unnatürlichen Eindruck macht, wenn das dargestellte Objekt lange parallele Kanten besitzt, die zur Bildebene geneigt sind. Diese Kanten stellen sich als Parallele dar, während sie beim Betrachten des Objektes konvergierend erscheinen.

Die angeführten Mängel, die axonometrische Bilder in ästhetischer Beziehung unter Umständen haben, beeinflussen jedoch die praktische Brauchbarkeit der Axonometrie nur wenig. Sie eignet sich besonders zur raschen Veranschaulichung technischer Gegenstände und wird auch in der mathematischen und in der naturwissenschaftlichen Literatur mit Vorliebe für Erläuterungsbilder verwendet.

Wählt man das Bild der z-Achse parallel zu den seitlichen Rändern des Zeichenblattes, so vermittelt nach dem Gesagten bei günstiger Wahl des Achsenbildes die axonometrische Darstellung den Eindruck der lotrechten Stellung des dargestellten Objektes. Man spricht dann von *Ober-* oder *Untersicht*, je nachdem diese Darstellung die obere oder die untere Seite der $[xy]$-Ebene sichtbar erscheinen läßt. Fig. 250a zeigt die Obersicht, 250b die Untersicht des Einheitswürfels. Die beiden

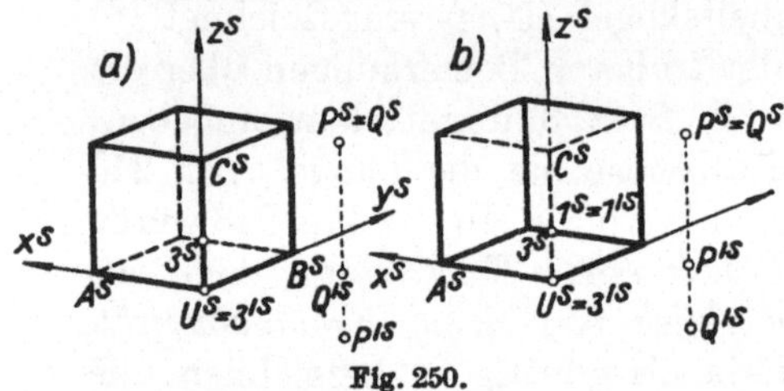

Fig. 250.

Möglichkeiten der Behandlung der Sichtbarkeit wurden bereits in Nr. 90 ohne Auszeichnung der lotrechten Richtung besprochen. Eine und dieselbe axonometrische Darstellung kann daher unter Voraussetzung eines günstigen Achsenbildes nach Belieben als Ober- oder Untersicht ausgeführt werden. Diesen beiden Möglichkeiten entsprechen für jede der beiden möglichen Sehrichtungen zwei Objekte, die bezüglich einer zur Sehrichtung normalen Ebene symmetrisch sind (Nr. 89). Sind nun (Fig. 250) zwei Punkte P, Q eines Sehstrahls (Deckpunkte) durch ihr axonometrisches Bild $P^s = Q^s$ und durch P'^s, Q'^s gegeben, so kann man aus der Lage von P'^s und Q'^s erkennen, ob P für die Blickrichtung vor oder hinter Q liegt. Zu diesem Zweck betrachten wir in Fig. 250b (Untersicht) zunächst die Deckpunkte *1* und *3*, von denen *3* der z-Achse und *1* der zu x parallelen Würfelkante angehört. Es ist demnach $1'^s = 1^s$ und $3'^s = U^s$. Die Tatsache, daß hier *1* vor *3* liegt, tritt im Grundriß dadurch in Erscheinung, daß $1'^s$ oberhalb von $3'^s$ liegt. Stellen wir dieselbe Überlegung an Fig. 250a an (Obersicht), so ergibt sich: *Bei Obersicht (Untersicht) liegt von zwei Deckpunkten der eine Punkt P vor dem andern Q, wenn P'ˢ unterhalb (oberhalb) Q'ˢ liegt.*

94. Lagenaufgaben in Axonometrie. Für die Behandlung der nun zu besprechenden *Lagenaufgaben* (Nr. 58) in Axonometrie benötigt man bloß das Bild der drei Achsen, nicht aber die Verzerrungseinheiten. Ihre Lösung verläuft daher in schiefer Axonometrie ebenso wie in normaler.

Bilden wir (Fig. 251) einen Raumpunkt P durch sein axonometrisches Bild P^s und seinen axonometrischen Grundriß P'^s ab (Nr. 90), so ist $[P^s P'^s]$ parallel zu z^s. *Die Raumpunkte stellen sich also i. allg. als orientierte Punktepaare* $(P^s P'^s)$ *dar, die auf Ordnern* $\parallel z^s$ *liegen.* Entsprechend liegen $(P^s P''^s)$ und $(P^s P'''^s)$ auf Ordnern $\parallel y^s$ bzw. $\parallel x^s$. Nur die Punkte C der $[xy]$-Ebene, die wir in der Folge als die *Grundebene* Γ bezeichnen wollen, sind dadurch ausgezeichnet, daß für sie C^s mit C'^s zusammenfällt. *Die Grundebene* Γ *ist also die „Koinzidenzebene" der Abbildung.*

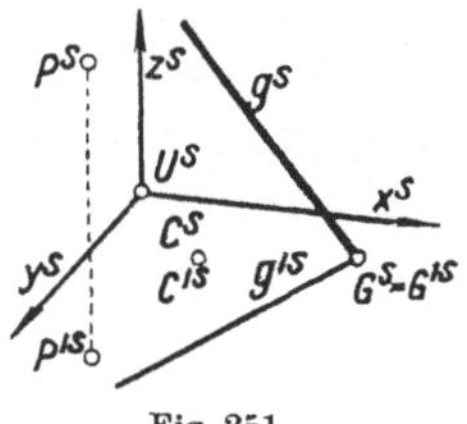

Fig. 251.

Durchläuft ein Punkt P eine *Gerade* g allgemeiner Lage, so beschreiben P^s und P'^s *ähnliche Punktreihen* auf dem Bild g^s und dem axonometrischen Grundriß g'^s. Der Schnittpunkt $G^s = [g^s g'^s]$ ist das Bild des Spurpunktes G (Nr. 90), den g in Γ hat. Eine *Ebene* ε (Fig. 252), die nicht zu Γ parallel ist, schneidet Γ nach einer Geraden e_1, die wir die *Grundspur* von ε nennen. Liegt nun eine Gerade a in ε, so müssen nach dem oben Gesagten a^s und a'^s einander auf dem Bilde e_1^s der Grundspur schneiden.

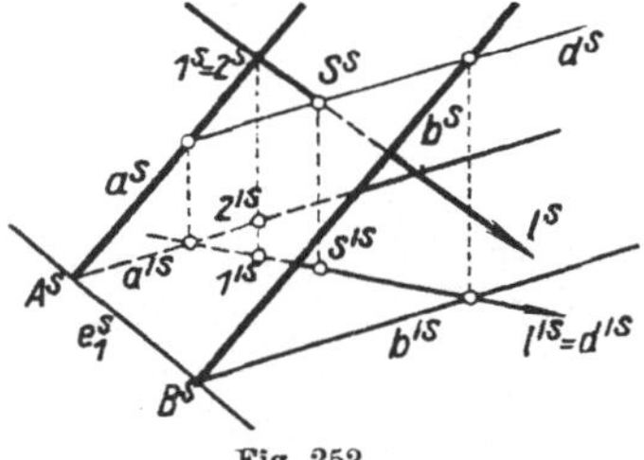

Fig. 252.

Demnach bilden die Bildpaare $(P^s P'^s)$ *der Punkte* P *von* ε *in der Zeichenebene eine perspektive Affinität* (Nr. 4) *mit* e_1^s *als Achse und der Richtung* $\parallel z^s$ *als Affinitätsstrahlrichtung.*

Die Abbildung der Punkte, Geraden und Ebenen genügt daher den in Nr. 58 für das Grund- und Aufrißverfahren ausgesprochenen Sätzen. Nach Nr. 58, Satz 1 lassen sich demnach die Lagenaufgaben in Axonometrie mit denselben Linien lösen wie bei Verwendung zugeordneter Normalrisse. Man braucht nur etwa den axonometrischen Grundriß P'^s als den Grundriß P_1' und das axonometrische Bild P^s als den Aufriß P_1'' eines Raumpunktes P_1 aufzufassen. Vorausgesetzt wird dabei, daß bei den Konstruktionen keine Spurelemente, d. h. Schnitte mit den Bildebenen, verwendet werden.

Zur Übung behandeln wir die folgenden einfachen Aufgaben:

a) Von der durch die parallelen Geraden a und b bestimmten Ebene ε suche man die Grundspur e_1 und den Schnittpunkt mit der Geraden l. a, b und l seien durch ihre Bildpaare gegeben (Fig. 252). Die Bilder der Spurpunkte A, B von a, b mit der Grundebene Γ sind $A^s = [a^s a'^s]$ und $B^s = [b^s b'^s]$, daher ist $e_1^s = [A^s B^s]$. Um den Schnittpunkt $S = [l\varepsilon]$ zu erhalten, legen wir durch l eine „erstprojizierende" Ebene, d. h. eine Ebene $\perp \Gamma$. Sie schneidet ε in einer Geraden d, deren d'^s sich mit l'^s deckt. Es ist dann $S^s = [l^s d^s]$. Stellt Fig. 252 eine Obersicht dar, so erkennt man (Nr. 93) aus dem Deckpunktepaar $(1, 2)$, daß 1 vor 2 liegt. Die Sichtbarkeit ist daher, wenn a und b einen undurchsichtigen Ebenenstreifen begrenzen, die durch Strichelung angedeutete. Ist l ein Lichtstrahl mit der durch den Pfeil angegebenen Einfallsrichtung, so ergibt sich weiter, *daß im axonometrischen Bild die beleuchtete Seite der Ebene [ab] sichtbar ist, weil 1 vor 2 liegt.*

b) **Ebener Schnitt eines Prismas samt Schattenkonstruktion** (Fig. 253). Ein vierseitiges Prisma, dessen Basis $ABCD$ einer zu Γ normalen Ebene β angehört (A'^s, B'^s, C'^s, D'^s daher auf einer Geraden β'^s), sei durch sein Bild in Obersicht und seinen axonometrischen Grundriß

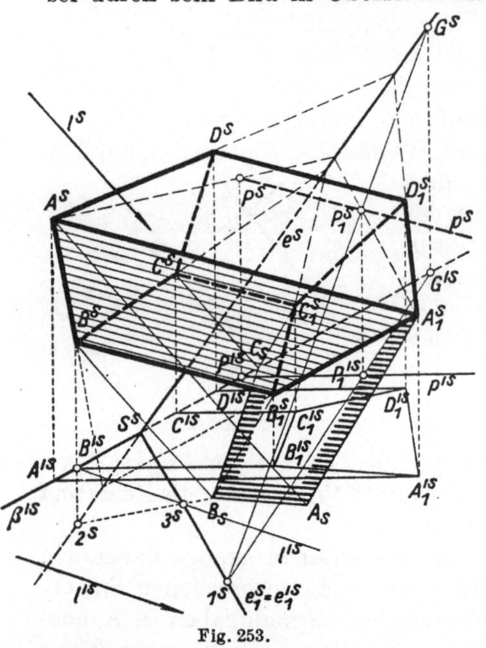

Fig. 253.

gegeben. *Man suche den Schnitt dieses Prismas mit der durch ihre Grundspur e_1 und den Punkt P_1 ($P_1{}^s$, $P_1{}'^s$) bestimmten Ebene ε, ferner für die Lichtrichtung $l(l^s, l'^s)$ den Schatten des vor ε liegenden Prismenteils auf diese Ebene.* Wir ermitteln zuerst die Schnittlinie $e = [\beta\,\varepsilon]$. Ein Punkt ihres Bildes ist $S^s = [e_1{}^s\,\beta'^s]$. Um einen zweiten Punkt G^s zu erhalten, verbinden wir P_1 mit einem Punkt 1 auf e_1 und suchen den Schnittpunkt dieser Geraden mit der erstprojizierenden Ebene β. Es ist $G'^s = [P_1{}'^s\,1^s \cdot \beta'^s]$, daher G^s auf dem Ordner durch G'^s im Schnitt mit $[P_1{}^s 1^s]$, und $e^s = [S^s G^s]$. Die Schnittpunkte der Seitenkanten mit ε können wir leicht finden, wenn wir von der durch P_1

parallel zu diesen Kanten gelegten Geraden p den Schnittpunkt $P = [p\,\beta]$ aufsuchen (P'^s auf β'^s). Zieht man dann z. B. $[PA]$ bis zum Schnitt mit e und verbindet den erhaltenen Punkt mit P_1, so schneidet diese Gerade auf der Kante durch A deren Schnittpunkt A_1 mit ε aus. Entsprechend ließen sich die Bilder $B_1{}^s C_1{}^s D_1{}^s$ der übrigen Ecken der Schnittfigur finden. Da aber $A^s B^s C^s D^s$ und $A_1{}^s B_1{}^s C_1{}^s D_1{}^s$ bezüglich e^s perspektivaffin sind, so ergeben sich diese Punkte noch auf verschiedene andere Arten.

Um noch den Schatten des vorderen Prismenteils auf ε zu erhalten, suchen wir den Schatten einer Basisecke, z. B. von B, direkt auf, indem wir wie in Fig. 252 den Schnittpunkt des durch B gehenden Lichtstrahls mit ε mittels der zu Γ normalen Hilfsebene durch diesen Lichtstrahl ermitteln; dabei ist ε durch $e(e^s, e'^s = \beta'^s)$ und $e_1(e_1{}^s = e_1{}'^s)$ bestimmt. Legt man $\parallel [B_1 B_s]$ die Streifgeraden an die Schnittfigur $A_1 B_1 C_1 D_1$, so ergeben sich $A A_1$, $C C_1$ als Eigenschattengrenzen. Mittels der zu $[B_1 B_s]$ parallelen Schlagschatten aller Seitenkanten auf ε lassen sich die Schlagschatten der Basiseckpunkte finden; man kann aber hierzu auch die e angehörigen Schnittpunkte der Basiskanten mit ε benutzen.

c) Ähnlich wie in der vorhergehenden Aufgabe konstruiert man auch *ebene Schnitte von Kegel- und Zylinderflächen* (insbesondere von solchen 2. O.), Durchdringungen derselben und Schatten an ihnen. Beispiele hierfür werden später folgen.

d) **Darstellung einer Ebene durch Spuren und deren Verwendung bei Lagenaufgaben.** Wir nennen die Schnittgeraden einer Ebene ε mit den drei Koordinatenebenen $\Gamma = [xy]$, $[xz]$, $[yz]$ der Reihe nach ihre erste, zweite und dritte Spur e_1, e_2, e_3. Die Ecken E_x, E_y, E_z des von den Spuren gebildeten Dreiecks, des *Spurendreiecks*, sind die Schnittpunkte von ε mit den Achsen x, y, z (Fig. 254a). Ist ε erstprojizierend ($\varepsilon \perp [xy]$), so sind e_2 und e_3 parallel zu z, also ist auch

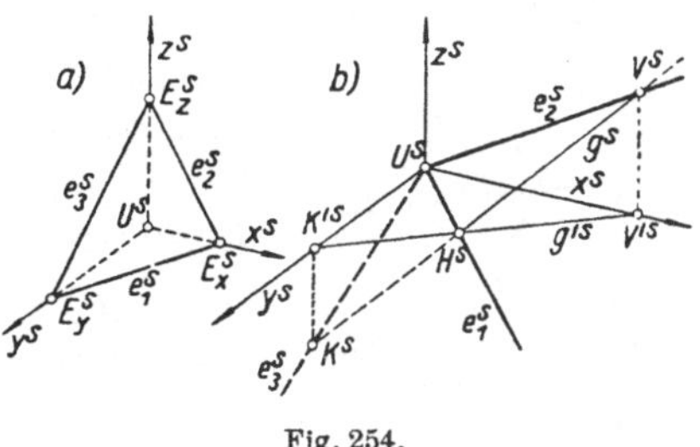

Fig. 254.

$e_2{}^s \parallel e_3{}^s \parallel z^s$. Entsprechend ist für eine zweitprojizierende Ebene $\varepsilon \perp [xz]$ $e_1{}^s \parallel e_3{}^s \parallel y^s$ und für eine drittprojizierende Ebene $\varepsilon \perp [yz]$ $e_1{}^s \parallel e_2{}^s \parallel x^s$. Durch die Angabe von zwei Spuren, die sich auf der entsprechenden Achse schneiden müssen, ist die dritte bestimmt, da die Ecken des Spurendreiecks auf den Achsen liegen müssen. Nur wenn die Ebene durch den Ursprung geht, ist eine Hilfskonstruktion erforderlich (Fig. 254b): Wir zeichnen eine beliebige, durch ihr Bild g^s anzunehmende Gerade g der Ebene ε, die durch ihre Spuren e_1 und e_2 gegeben sei. g^s schneidet $e_1{}^s$ und $e_2{}^s$ in den Bildern der Spurpunkte H und V von g mit $[xy]$ und $[xz]$. Es ist $H^s = H'^s = [g^s e_1{}^s]$, V'^s liegt auf x^s und $g'^s = [H^s V'^s]$. Der Spurpunkt K von g mit $[yz]$ ergibt sich durch $K'^s = [y^s g'^s]$. Es ist dann $e_3{}^s = [K^s U^s]$ das Bild der dritten Spur e_3.

Sind (Fig. 255) zwei Ebenen α und ε durch die Bilder ihrer Spurendreiecke gegeben, so kann sofort das Bild ihrer Schnittlinie a angegeben werden. Die

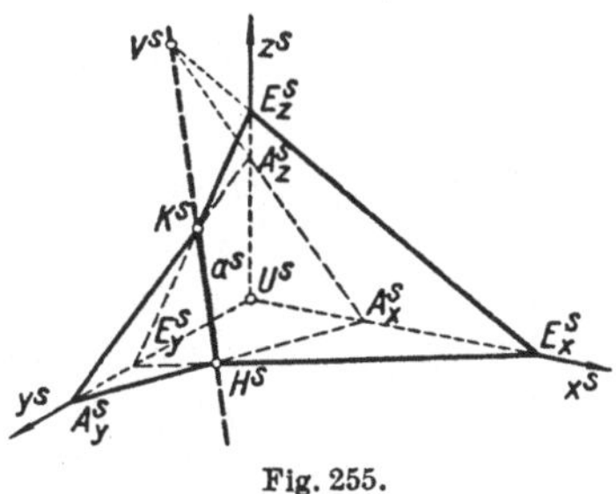

Fig. 255.

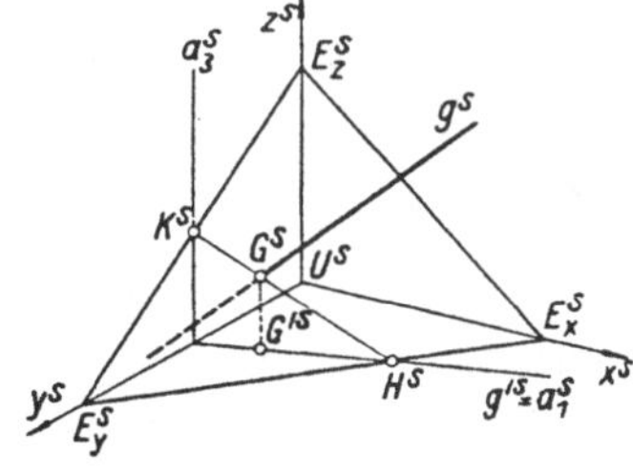

Fig. 256.

gleichnamigen Spuren der beiden Ebenen schneiden sich in den drei Spurpunkten H, V und K ihrer Schnittgeraden a. a^s ist demnach die Desarguessche Achse (Nr. 4, Satz 1) der beiden Spurendreiecke, auf der H^s, V^s, K^s liegen.

Fig. 256 zeigt die *Ermittlung des Schnittpunktes G einer Geraden g* (g^s, g'^s) *mit einer durch ihr Spurendreieck* $E_x E_y E_z$ *gegebenen Ebene* ε. Wir legen durch g die erstprojizierende Ebene α; für diese ist die erste Spur $a_1 = g'$, während die dritte Spur a_3 durch den Achsenschnittpunkt $[g'\,y]$ geht und zu z parallel ist. Die den gesuchten Schnittpunkt G enthaltende Gerade $[\varepsilon\alpha]$ ist bestimmt durch die Schnittpunkte H und K der gleichnamigen Spuren von ε und α.

95. Maßaufgaben in schiefer Axonometrie. Bevor wir an die Lösung von Maßaufgaben herangehen, beweisen wir den folgenden

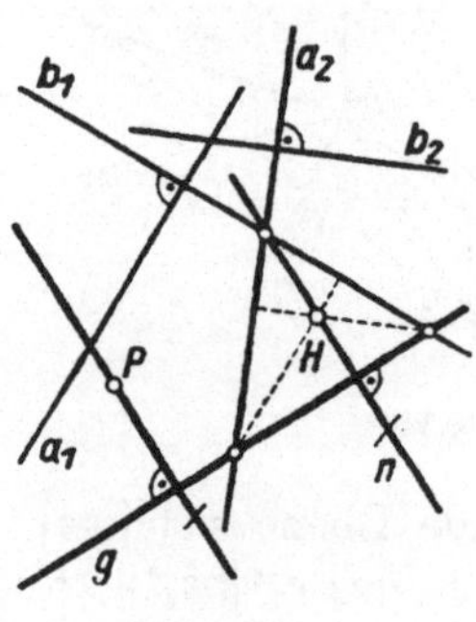

Fig. 257.

Satz 1: *Sind in einer Ebene zwei rechte Winkel ohne parallele Schenkel gegeben, so können in dieser Ebene beliebige rechte Winkel bloß durch Ziehen von Parallelen konstruiert werden.*

$\sphericalangle\, a_1 b_1$ und $\sphericalangle\, a_2 b_2$ seien zwei gegebene rechte Winkel und g eine beliebige Gerade, auf die ein Lot gefällt werden soll (Fig. 257). Wir fassen eines der Dreiecke ins Auge, das g mit zwei nicht zueinander normalen Schenkeln der gegebenen rechten Winkel bildet, etwa das Dreieck $g\,a_2 b_1$. In diesem lassen sich die zu den Seiten a_2 und b_1 gehörigen Höhen durch Ziehen von Parallelen zu b_2 und a_1 zeichnen. Verbindet man ihren Schnittpunkt H mit dem Eckpunkt $[a_2 b_1]$, so steht die erhaltene Gerade n auf g normal, und alle anderen Lote von g sind zu n parallel.

Ist in der Ebene ein rechtwinklig-gleichschenkliges Dreieck $U A B$ mit der Hypotenuse $A B$ gegeben, und sucht man deren Mitte M (Fig. 258) als Mittelpunkt des durch Ziehen paralleler Geraden konstruierbaren Quadrates $U A B C$, dann besitzt man zwei rechte Winkel, nämlich $\sphericalangle A U B$ und $\sphericalangle U M A$. Es gilt also der

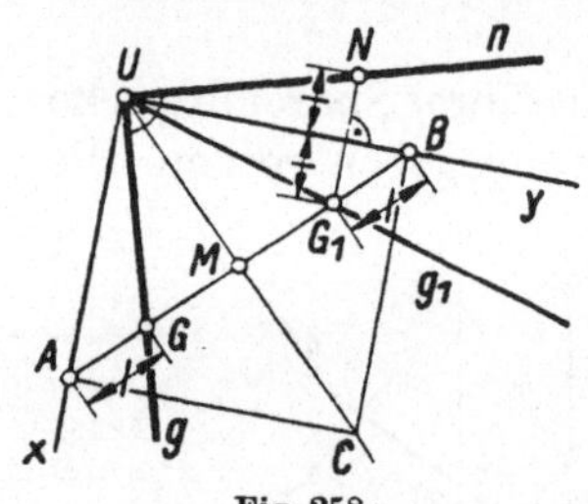

Fig. 258.

Satz 2: *Hat man in einer Ebene ein rechtwinklig-gleichschenkliges Dreieck $A U B$, so können beliebige rechte Winkel in dieser Ebene einfach durch Ziehen von Parallelen konstruiert werden.*[1])

Ist (Fig. 258) zu einer durch U gehenden Geraden g die Normale n durch U zu zeichnen, so kann man auch den folgenden Weg einschlagen, der nur das Übertragen von Strecken und das Zeichnen von Parallelen erfordert. Ist g_1 die zu g bezüglich $U M$ symmetrische Gerade und n die zu g_1 bezüglich $[U B] = y$ symmetrische Gerade, so ist $n \perp g$. Denn mit $[U A] = x$ gilt: $\sphericalangle\, xg = \sphericalangle\, g_1 y = \sphericalangle\, yn$, weshalb wegen $\sphericalangle\, xy = 90^0$ auch $\sphericalangle\, gn = 90^0$ ist. Zur Konstruktion macht man mit den aus Fig. 258

---

1) Über das Konstruieren unter Beschränkung auf bestimmte Operationen (Zeicheninstrumente) handelt u. a. A. Adler, Theorie der geometrischen Konstruktionen. Leipzig 1906, Samml. Schubert, Bd. 52; Th. Vahlen, Konstruktionen und Approximationen. Leipzig 1911.

ersichtlichen Bezeichnungen $\overrightarrow{BG_1} = -\overrightarrow{AG}$, zieht dann $[G_1 \| x]$ und trägt darauf $yN = G_1 y$ ab. Aus diesen Überlegungen und den Grundgesetzen der Parallelprojektion folgt unmittelbar der

Satz 3: *Kennt man im Schrägriß einer ebenen Figur die Bilder zweier rechten Winkel oder das Bild eines rechtwinklig-gleichschenkligen Dreieckes, so kann das Fällen von Loten in dieser Figur unmittelbar im Schrägriß einfach durch Ziehen von parallelen Geraden oder durch dieses in Verbindung mit dem Übertragen von Strecken ausgeführt werden.*

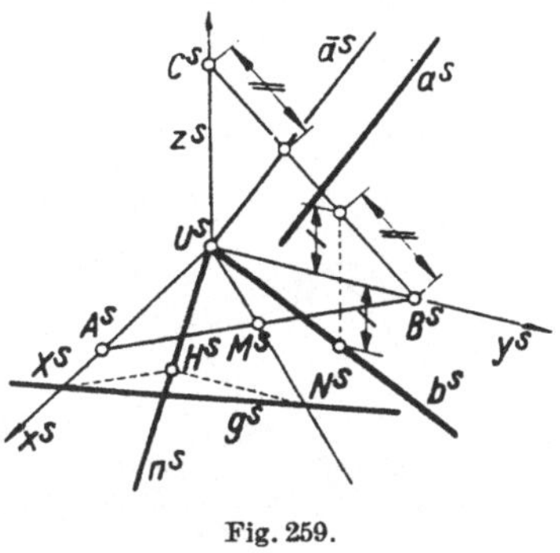

Aufgabe 1: *Konstruktion der Bilder von rechten Winkeln in einer Koordinatenebene* (Fig. 259). g sei eine Gerade der $[xy]$-Ebene. Verbinden wir U^s mit der Mitte M^s von $A^s B^s$, so sind $x^s y^s$ und $[A^s B^s]$ $[U^s M^s]$ die Bilder zweier rechten Winkel der $[xy]$-Ebene. In dem durch g, x und $[UM]$ bestimmten Dreieck UXN lassen sich die zu x und $[UM]$ gehörigen Höhen $[N \| y]$ und $[X \| [AB]]$, also auch der Höhenschnittpunkt H im

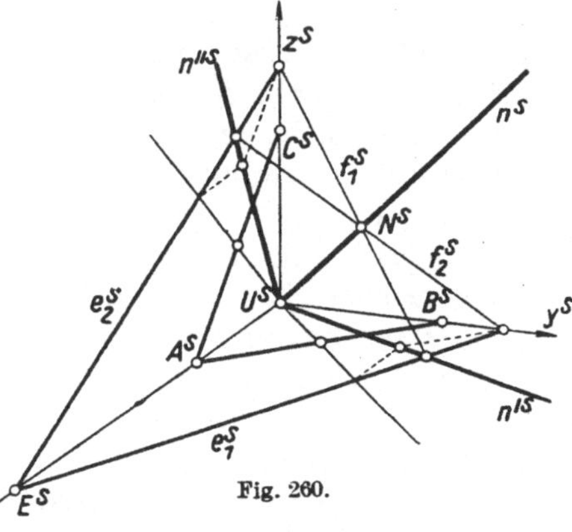

Fig. 259.

Bilde zeichnen. $[UH] = n$ steht dann normal auf g. — Weiter sei a eine Gerade der $[yz]$-Ebene. Um aus U auf a ein Lot b zu fällen, legen wir zunächst durch U eine Parallele $\bar{a}$ zu a und fällen auf $\bar{a}$ das gesuchte Lot mittels der in Fig. 258 gelehrten Streckenübertragungen.

Aufgabe 2: *Auf die durch ihre Spuren e_1, e_2 gegebene Ebene ε fälle man ein Lot (Fig. 260).* Wir suchen das Lot $n = [U \perp \varepsilon]$. Sein Normalriß n' auf $[xy]$ ist das aus U auf e_1 gefällte Lot, sein Normalriß n'' auf $[xz]$ das aus U auf e_2 gefällte Lot. n'^s und n''^s können daher mittels der beiden in Fig. 259 gezeigten Verfahren gefunden werden. Die Ebene $[n'z]$ schneidet ε in einer ersten Fallinie f_1, während $[n''y]$ im Schnitt mit ε eine zweite Fallinie liefert. f_1 und f_2 treffen sich im Fußpunkt N des gesuchten Lotes n.

Fig. 260.

Aufgabe 3: *Maßaufgaben in einer Ebene allgemeiner Lage,* sofern sie bloß die Gestalt, nicht aber die wahre Größe der darzustellenden ebenen Figuren betreffen, können durch das folgende einheitliche Verfahren gelöst werden, das wir *Prinzip der ähnlichen Hilfsfigur* nennen. Es beruht auf dem

Satz 4: *Enthält der Schrägriß $\mathfrak{F}^s$ einer Figur $\mathfrak{F}$ einer Ebene ε den Schrägriß von zwei rechten Winkeln mit nichtparallelen Schenkeln, und* *übt man auf $\mathfrak{F}^s$ eine solche Affinität aus, daß die Bilder dieser rechten Winkel in rechte Winkel übergehen, so entsteht eine zur dargestellten Figur $\mathfrak{F}$ ähnliche Figur $\mathfrak{F}^0$.*

Um ihn zu beweisen, beachte man, daß $\mathfrak{F}$ zu seinem Schrägriß $\mathfrak{F}^s$ und demnach auch zu $\mathfrak{F}^0$ affin ist. Die Affinität zwischen $\mathfrak{F}$ und $\mathfrak{F}^0$ ist aber so beschaffen, daß zwei rechten Winkeln von $\mathfrak{F}$ rechte Winkel in $\mathfrak{F}^0$

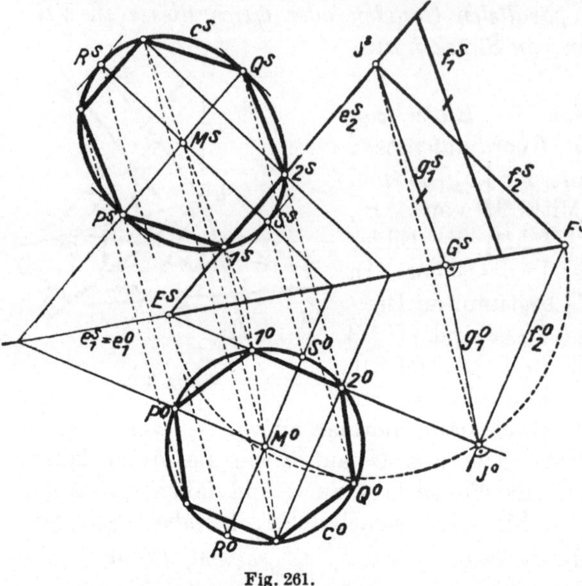

Fig. 261.

entsprechen. Daher sind $\mathfrak{F}$ und $\mathfrak{F}^0$ nach Nr. 5, Satz 5 ähnlich.

Wir zeigen nun, wie man auf Grund des Satzes 4 Maßaufgaben in einer Ebene, die bloß Winkelbeziehungen und Streckenverhältnisse betreffen, nach dem Prinzip der ähnlichen Hilfsfigur löst (Fig. 261). Durch kongruente Übertragung aus Fig. 260 entnehmen wir die Spurenbilder $e_1{}^s$, $e_2{}^s$ und die Fallinienbilder $f_1{}^s$, $f_2{}^s$ der dort dargestellten Ebene ε und haben demnach den Schrägriß

der beiden rechten Winkel $e_1 f_1$ und $e_2 f_2$ gegeben. Wir üben nun auf diese Figur eine perspektive Affinität aus, durch die die beiden Rechtwinkelbilder $e_1{}^s f_1{}^s$ und $e_2{}^s f_2{}^s$ in rechte Winkel übergehen. Als Affinitätsachse wählen wir $e_1{}^s$ und bezeichnen mit E^s und F^s ihre Schnittpunkte mit $e_2{}^s$ und $f_2{}^s$. Da $\sphericalangle\, e_2{}^s f_2{}^s$ einem rechten Winkel $e_2{}^0 f_2{}^0$ entsprechen soll, muß dem Schnittpunkt $J^s = [e_2{}^s f_2{}^s]$ ein Punkt J^0 auf dem über $E^s F^s$ als Durchmesser errichteten Kreis k zugeordnet sein. Um P^0 auf diesem Kreis zu finden, zeichnen wir das Bild $g_1{}^s$ der ersten Fallinie durch den Punkt P als Parallele zu $f_1{}^s$. Schneidet $g_1{}^s$ die Affinitätsachse $e_1{}^s$ in G^s, so ist das in G^s auf $e_1{}^s$ errichtete Lot, die $g_1{}^s$ affin entsprechende Gerade $g_1{}^0$. P^0 ist nun einer der beiden Schnittpunkte von k mit $g_1{}^0$. Die perspektive Affinität mit $e_1{}^s$ als Achse, die P^s in P^0 überführt, ordnet nach Satz 4 dem Schrägriß $\mathfrak{F}^s$ einer ebenen Figur $\mathfrak{F}$ von ε eine zu $\mathfrak{F}$ ähnliche Figur $\mathfrak{F}^0$ zu. Ist demnach etwa die Aufgabe zu lösen, *ein regelmäßiges Sechseck der Ebene ε darzustellen*, von dem eine Seite *12* auf e_2 gegeben ist, so suchen wir die den gegebenen Punkten *1ˢ*, *2ˢ* affin entsprechenden Punkte *1⁰*, *2⁰*, zeichnen über *1⁰ 2⁰* ein regelmäßiges Sechseck und ermitteln schließlich das ihm im Schrägrißfeld affin entsprechende Sechseck.

Soll ein *Kreis c* der Ebene ε dargestellt werden, von dem das Bild der Mitte M und das eines Punktes P gegeben sind (Fig. 261), so ermittelt man die affin entsprechenden Punkte M^0, P^0, zeichnet den Kreis $c^0 = (M^0, M^0 P^0)$ und in diesem zwei aufeinander normale Durchmesser $P^0 Q^0$ und $R^0 S^0$, von denen man den einen zweckmäßigerweise parallel zu $e_2{}^0$ oder $e_1{}^0$ annimmt. Die diesen Durchmessern entsprechenden Strecken $P^s Q^s$ und $R^s S^s$ sind dann konjugierte Durchmesser der Bildellipse c^s. Man kann aber auch nach Fig. 106 sofort die Achsen von c^s durch die perspektive Affinität ermitteln.

Aufgabe 4: *Maßaufgaben in einer Koordinatenebene,* sofern sie nur von der Gestalt und nicht von der wahren Größe der dargestellten Gebilde handeln, werden nach dem eben besprochenen Prinzip der ähnlichen Hilfsfigur behandelt. Hier läßt sich eine perspektive Affinität, die die Bildfigur in die ähnliche Hilfsfigur überführt, besonders einfach angeben. Wir zeigen den Vorgang zugleich mit der Lösung einer besonderen Aufgabe:

Es soll in der $[xy]$-Ebene die Einheitsstrecke $e = UA = UB = UC$ *auf einer durch U gehenden Geraden a von U aus aufgetragen werden (Fig. 262).*

Als Affinitätsachse wählen wir x^s, so daß A^s und U^s mit ihren entsprechenden Punkten A^0 und U^0 zusammenfallen, und dem Punkt B^s ordnen wir den Punkt B^0 derart zu, daß $A^0 U^0 B^0$ ein rechtwinklig-gleichschenkliges Dreieck ist. Ist $\mathfrak{F}^s$ das Bild einer Figur $\mathfrak{F}$ der $[xy]$-Ebene und $\mathfrak{F}^0$ die zu $\mathfrak{F}^s$ perspektivaffine Figur, so ist auch $\mathfrak{F}$ zu $\mathfrak{F}^0$ affin; diese Affinität ist aber eine Ähnlichkeit, weil in ihr die beiden rechtwinklig-gleichschenkligen Dreiecke UAB und $U^0 A^0 B^0$ einander entsprechen. $\mathfrak{F}^0$ ist also eine zu $\mathfrak{F}$ ähnliche Hilfsfigur.

Zur Lösung der gestellten Aufgabe konstruieren wir die a^s affin zugeordnete Gerade a^0, indem wir zu $1^s = [a^s \cdot A^s B^s]$ den entsprechenden Punkt auf $A^0 B^0$ mittels des zu $[B^s B^0]$ parallelen Affinitätsstrahls angeben. Dem Einheitskreis $k = (U, UA)$ ist in der Hilfsfigur der Kreis $k^0 = (U^0, U^0 A^0)$ zugeordnet. Schneidet dieser a^0 in E^0, so ist der E^0 affin entsprechende Punkt E^s das Bild des Endpunktes E der gesuchten

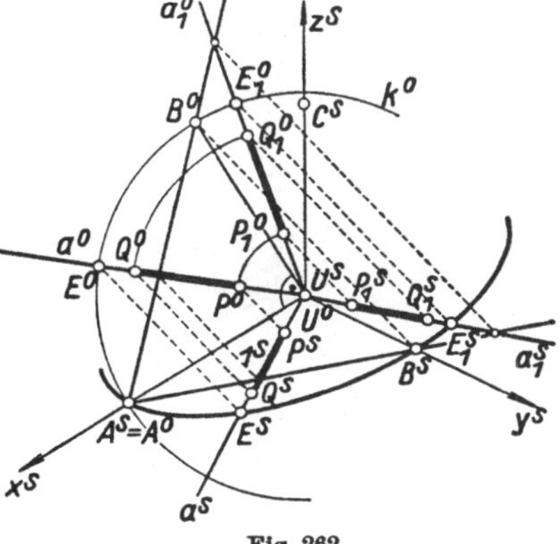

Fig. 262.

Strecke $UE = UA$. — Hat man (Fig. 262) eine auf a liegende Strecke PQ durch Drehung um U auf eine andere in $[xy]$ liegende, durch U gehende Gerade a_1 zu übertragen, so ermittelt man in der Hilfsfigur P^0, Q^0 und $a_1{}^0$, dreht P^0, Q^0 um U^0 nach $P_1{}^0$, $Q_1{}^0$ und erhält schließlich das Bild

$P_1{}^s Q_1{}^s$ der übertragenen Strecke, indem man auf $a_1{}^s$ die $P_1{}^0, Q_1{}^0$ entsprechenden Punkte aufsucht.

Auch die *Darstellung von Kreisen in den Koordinatenebenen* kann mittels einer affinen Hilfsfigur ausgeführt werden, doch wird man den Übergang zu dieser meist ersparen können, wenn man sich überlegt, *daß alle Kreise einer Ebene in Parallelprojektion* ähnliche Bildellipsen besitzen, und daß die Bilder der Einheitskreise (U, e) in den Koordinatenebenen durch die Paare der Verzerrungseinheiten $U^s A^s$, $U^s B^s$, $U^s C^s$ als Paare konjugierter Halbmesser bestimmt sind. Fig. 262 enthält ein Stück der Bildellipse des Einheitskreises der $[xy]$-Ebene.

In Fig. 262 wurde die Einheitsstrecke UA in die Strecke UE der $[xy]$-Ebene kongruent übertragen. $U^s E^s C^s$ ist demnach das Bild eines rechtwinklig-gleichschenkligen Dreiecks der Ebene $[zE]$, und es können nach den voranstehenden Erläuterungen Maßaufgaben in dieser Ebene und den zu ihr parallelen Ebenen durchgeführt werden.

Aufgabe 5: *Ermittlung der wahren Länge einer Strecke.* Diese Aufgabe und andere mit ihr zusammenhängende Betrachtungen werden uns im folgenden beschäftigen.

96. Lösung schiefaxonometrischer Aufgaben durch Zurückführung auf zugeordnete Normalrisse. Wir lösen zunächst die Aufgabe 5 in Nr. 95. Es ist keine Einschränkung der Allgemeinheit, wenn angenommen wird, daß der Ursprung U der eine Endpunkt der Strecke UP ist, deren wahre Länge aus dem axonometrischen Bild $U^s P^s$ und dem axonometrischen Grundriß $U^s P'^s$ ermittelt werden soll. Zur Lösung dieser Aufgabe benötigen wir die wahre Länge der Einheitsstrecke $e = UA = UB = UC$.

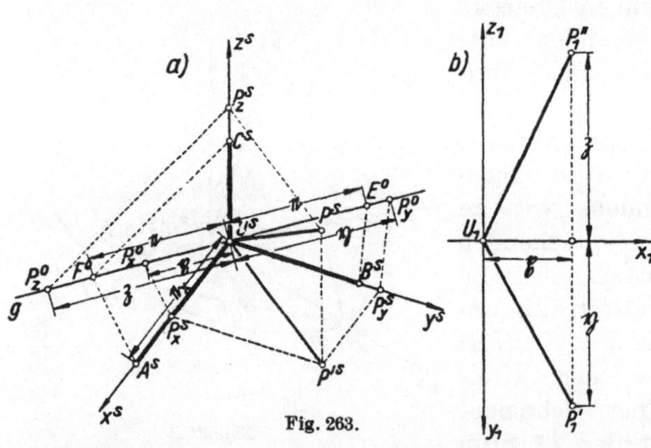

Wir übertragen daher aus Fig. 237 das Achsenbild $U^s A^s B^s C^s$ kongruent nach Fig. 263a, wodurch uns auch die in Fig. 237 ermittelte Einheitsstrecke e zur Verfügung steht. Es sei daran erinnert, daß sich die Ermittlung von e für die in Fig. 242 getroffene Wahl des Achsenbildes besonders vereinfacht, und daß sie bei den Annahmen in den Fig. 243 und 244 von vornherein bekannt ist.

Projiziert man P'^s in der Richtung von y^s auf x^s und in der Richtung von x^s auf y^s, sowie P^s in der Richtung von $[U^s P'^s]$ auf z^s, so erhält man die Punkte $P_x{}^s$, $P_y{}^s$, $P_z{}^s$, aus denen sich mit den Bezeichnungen

$U^s P_x{}^s = \mathfrak{x}^s, \ldots, U^s A^s = e_x, \ldots$ die Koordinaten des Punktes P durch die Streckenverhältnisse $x = \mathfrak{x}^s : e_x$, $y = \mathfrak{y}^s : e_y$, $z = \mathfrak{z}^s : e_z$ ergeben. Sind die Koordinatenstrecken von P im Raum $\mathfrak{x}$, $\mathfrak{y}$, $\mathfrak{z}$, so ist $x = \mathfrak{x} : e$, $y = \mathfrak{y} : e$, $z = \mathfrak{z} : e$. Daher gilt

$$(1) \qquad \mathfrak{x} : e = \mathfrak{x}^s : e_x; \qquad \mathfrak{y} : e = \mathfrak{y}^s : e_y; \qquad \mathfrak{z} : e = z^s : e_z.$$

Trägt man daher auf einer beliebigen Geraden g durch U^s von U^s aus die im allgemeinsten Fall nach Nr. 89 zu ermittelnde Einheitsstrecke e auf, so braucht man nur ihren Endpunkt F^0 mit A^s zu verbinden und die Parallele zu dieser Geraden durch $P_x{}^s$ mit g in $P_x{}^0$ zu schneiden, um $\mathfrak{x} = U^s P_x{}^0$ zu erhalten. Entsprechend ermittelt man $\mathfrak{y}$ und $\mathfrak{z}$.

Wir zeichnen nun in einer neuen Figur (Fig. 263 b) ein Achsenkreuz $U_1(x_1 y_1 z_1)$ in der im Grund- und Aufrißverfahren üblichen Art und ermitteln in demselben aus den Koordinatenstrecken $\mathfrak{x}$, $\mathfrak{y}$, $\mathfrak{z}$ den Grundriß $P_1{}'$ und den Aufriß $P_1{}''$ des Punktes P_1. $U_1 P_1$ ist dann die wahre Länge von $U P$.

Wäre in Fig. 263a ein Objekt Φ durch sein axonometrisches Bild und seinen axonometrischen Grundriß gegeben, so könnte zu jedem Punkt P von Φ nach dem besprochenen Verfahren der entsprechende Punkt P_1 in 263 b gefunden werden. Dadurch entsteht die Darstellung eines zu Φ *kongruenten Objektes* Φ_1 in Grund- und Aufriß. Es liegt auch auf der Hand, wie man durch das umgekehrte Verfahren zu einem Punkt P_1 von Φ_1 die axonometrische Abbildung P^s, P'^s des entsprechenden Punktes findet. Diese einfache Übergangsmöglichkeit von Φ zu Φ_1 und umgekehrt legt den Gedanken nahe, Aufgaben, die an Φ in schiefer Axonometrie auszuführen sind, überzuführen in die entsprechenden Aufgaben an Φ_1 im Grund- und Aufrißverfahren. Der praktischen Verwertung dieses Gedankens stellt sich indes der Umstand entgegen, daß bei willkürlicher Wahl des Achsenbildes $U^s A^s B^s C^s$ die Einheitsstrecke e nur durch eine umständliche Konstruktion ermittelt werden kann. Verzichtet man aber darauf, daß das Hilfsobjekt Φ_1 das axonometrisch dargestellte Objekt Φ maßstäblich richtig wiedergibt, d. h. beschränkt man sich auf solche Maßaufgaben, die nur von Winkelbeziehungen und Streckenverhältnissen von Φ handeln, so können wir durch *willkürliche Wahl einer Längeneinheit* e_1 für das Achsenkreuz $x_1 y_1 z_1$ ein zu Φ ähnliches Objekt Φ_1 auf dem angegebenen Weg in Grund- und Aufriß darstellen, an diesem die Aufgabe lösen und das Ergebnis nach Φ übertragen. Wir kommen damit zu einer räumlichen Verallgemeinerung[1] des bereits in Nr. 95 erläuterten *Prinzips der ähnlichen Hilfsfigur*.

Da die Längeneinheit e_1 der Hilfsfigur willkürlich gewählt werden kann, ist auch die Annahme $e_1 = e_z = U^s C^s$ zulässig. Für die Koordinaten-

---

1) M. d'Ocagne, Cours de Géométrie descriptive et de Géométrie infinitésimale. Paris 1896, S. 43—61.

strecken $\mathfrak{x}_1$, $\mathfrak{y}_1$, $\mathfrak{z}_1$ des einem Punkt P entsprechenden Punktes P_1 gilt dann:

$$(2) \qquad \mathfrak{x}_1 : \mathfrak{x}^s = e_z : e_x; \qquad \mathfrak{y}_1 : \mathfrak{y}^s = e_z : e_y; \qquad \mathfrak{z}_1 = \mathfrak{z}_z.$$

Die folgende Aufgabe soll nach dem Prinzip der ähnlichen Hilfsfigur behandelt werden:

Gegeben sind die Punkte $M(M^s, M'^s)$ und $P(P^s, P'^s)$; man zeichne jenen Drehkegel, dessen Spitze der $[yz]$-Ebene angehört und dessen zur $[xy]$-Ebene normaler Basiskreis k den Punkt M zur Mitte hat und durch P geht.

In Fig. 264a wurden zuerst die Koordinatenstrecken $\mathfrak{x}_1$, $\mathfrak{y}_1$, $\mathfrak{z}_1$ der den Punkten M, P entsprechenden Punkte M_1, P_1 nach (2) ermittelt und diese dann in 264b in Grund- und Aufriß dargestellt. In der Hilfsfigur läßt sich nun der zu M_1P_1 normale Halbmesser M_1Q_1 des Basiskreises $k_1 = (M_1, M_1P_1)$, dessen Ebene zur Grundrißebene Π_1 normal ist, durch Umklappung nach Π_1 gewinnen. Ist Q_{1x} der Fußpunkt des aus Q_1' auf x_1 gefällten Lotes, so sind $U_1 Q_{1x}$, $Q_{1x}Q_1'$ und $Q_1'Q_1'''$ die Koordinatenstrecken $\mathfrak{x}_1$, $\mathfrak{y}_1$, $\mathfrak{z}_1$ von Q_1, aus denen man nach (2) durch Umkehrung des früheren Übertragungsverfahrens Q'^s und Q^s ermittelt. M^sP^s und M^sQ^s sind nun konjugierte Halbmesser der Bildellipse des Basiskreises k. Wir konstruieren nun den Grundriß der Kegelachse. In der Hilfsfigur ist dies das Lot in M_1' auf $P_1'Q_1'$; es schneidet x_1 in R_1.

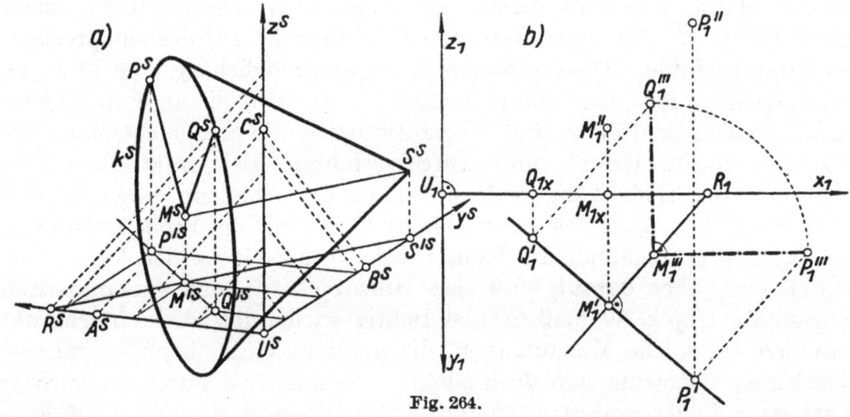

Fig. 264.

Ist R^s auf x^s das Bild des R_1 entsprechenden Punktes R, das nach der ersten Proportion (2) ermittelt wird, so ist $[R^sM'^s]$ der axonometrische Grundriß der Kegelachse und die Parallele dazu durch M^s ihr Bild. Die Spitze S, die in $[yz]$ liegen soll, ergibt sich nun aus dem Umstand, daß S'^s ein Punkt von y^s sein muß.

97. Schiefaxonometrische Darstellung von Drehflächen. Wir beschränken uns auf die Annahme, daß die Achse der darzustellenden Drehfläche Φ zu einer Achse des Achsenkreuzes parallel sei. Der nächstliegende

Gedanke zur Ermittlung des scheinbaren Umrisses u^s von Φ ist dann wohl der, eine hinreichende Anzahl ihrer Parallelkreise darzustellen und die Hüllkurve der so erhaltenen Schar ähnlicher Ellipsen zu zeichnen (Nr. 20, Satz 3). Diese Methode ist empfehlenswert, wenn es sich um die Darstellung eines genügend kleinen Teiles einer Drehfläche handelt, wie dies bei der in Fig. 265 a gegebenen Drehfläche der Fall ist. Soll deren Achse a parallel zur x-Achse des in Fig. 265 b gewählten Achsenkreuzes mit $e_x : e_y : e_z = 1 : \tfrac{3}{4} : 1$ sein, so wird man zuerst den etwa zur $[xz]$-Ebene parallelen Meridian m im Schrägbild zeichnen, dann die beiden zur $[yz]$-Ebene parallelen Randkreise

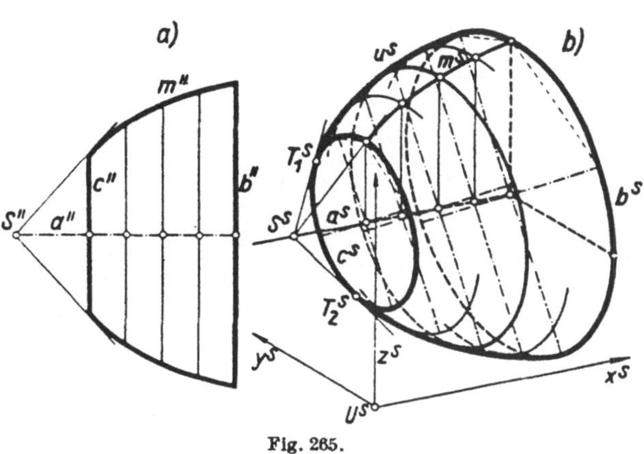

Fig. 265.

b, c und schließlich einige Parallelkreise. Nachdem man von einem der Kreisbilder, etwa von b^s, die Achsen konstruiert hat, ergeben sich die Achsen der übrigen aus dem Umstand, daß je zwei von ihnen zueinander zentrisch ähnlich sind.

Dieses einfache Verfahren läßt sich leicht dadurch ausgestalten, daß man auf jedem durch konjugierte Durchmesser bestimmten Parallelkreisbild die Berührpunkte mit u^s ermittelt, ohne die Ellipse zu zeichnen. Denkt man sich nämlich längs eines Parallelkreises, etwa längs c, den berührenden Kegel gelegt, so schneidet der wahre Umriß u der Drehfläche den Parallelkreis c in Punkten T_1, T_2, die auch dem wahren Umriß des berührenden Kegels angehören. Da die Tangentialebenen in T_1 und T_2 projizierend sind, berührt der scheinbare Umriß des Kegels den scheinbaren Umriß u^s in $T_1{}^s$, $T_2{}^s$. Sucht man daher mittels des gegebenen Meridians die Spitze S des Kegels, und überträgt man S in das Schrägbild, so sind die Berührpunkte der aus S^s an c^s gelegten Tangenten die Punkte $T_1{}^s$, $T_2{}^s$. Sie lassen sich aus konjugierten Durchmessern von c^s mittels Affinität (Nr. 35) finden.[1]) Aus dieser Konstruktion ersieht man auch, daß der scheinbare Schrägumriß einer Drehfläche zum Schrägriß ihrer Achse schiefsymmetrisch ist.

Handelt es sich um die Darstellung einer ausgedehnteren Drehfläche, so wird man, insbesondere wenn auch noch die auf ihr auftretenden Schatten konstruiert werden sollen, die in Nr. 96 erläuterte Methode

---

1) Vereinfachte Konstruktionen hierfür von C. Pelz, Zur klinogonalen Darstellung der Rotationsflächen, Sitz.-B. Böhm. Ges. (math.-nat.) Prag 1895, S. 1—15.

des Überganges zu zugeordneten Normalrissen anwenden. Die Drehfläche Φ sei (Fig. 266a, b; $e_x : e_y : e_z = 1 : \frac{3}{4} : 1$) durch den Schrägriß m^s des in der $[xz]$-Ebene befindlichen Meridians m und durch die z-Achse als Drehachse bestimmt. Zu der aus dem Achsenkreuz xyz und der Drehfläche bestehenden Raumfigur $\mathfrak{F}$ zeichnen wir im Grund- und Aufriß-

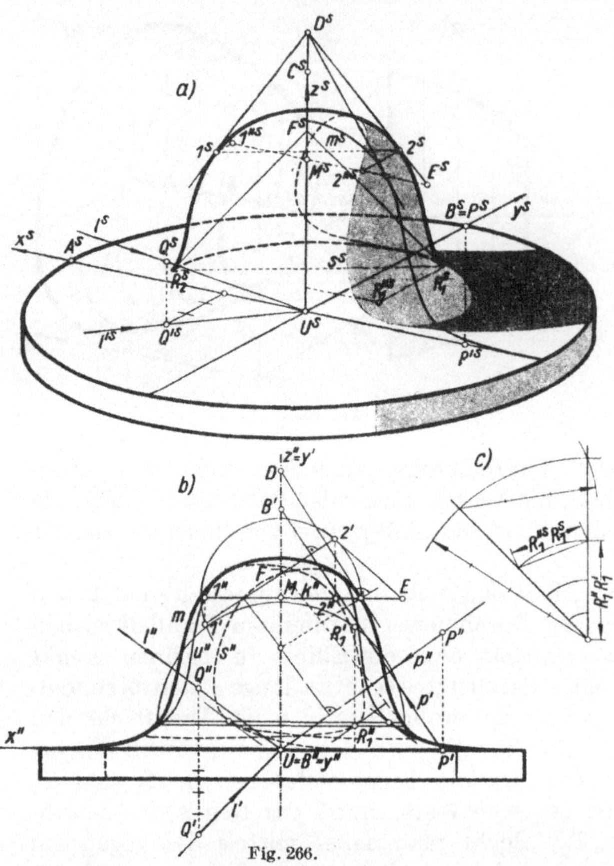

verfahren in Fig. 266b eine ähnliche Hilfsfigur $\mathfrak{F}_1$, wobei wir, wie in 264, die vereinfachende Annahme treffen, daß die Längeneinheit in $\mathfrak{F}_1$ die Länge $e_x = e_z = U^s C^s$ habe. Es gilt dann für die Übertragung der Koordinatenstrecken $\mathfrak{x}_1 = \mathfrak{x}^s$ und $\mathfrak{z}_1 = \mathfrak{z}^s$. (Der Index 1 wurde in 264b weggelassen.) Zunächst suchen wir die irgendeinem Sehstrahl p von $\mathfrak{F}$ entsprechende Gerade p_1 in $\mathfrak{F}_1$. Jeder Sehstrahl ist im schief-axonometrischen Bild dadurch bestimmt, daß sein Schrägriß ein Punkt ist. B^s ist das Bild des Punktes B auf y und zugleich das Bild P^s eines der

Fig. 266.

$[xz]$-Ebene angehörigen Punktes P, dessen Schräggrundriß P'^s demnach auf x^s liegt. Die Gerade $p = [BP]$ ist also ein Sehstrahl. Ermittelt man daher in der Hilfsfigur die den Punkten P, B entsprechenden Punkte ($UP' = U^s P'^s$, $P'P'' = P'^s P^s$), so sind $[B''P'']$ und $[B'P']$ Auf- und Grundriß des Sehstrahls $[BP]$ in der Hilfsfigur.

Der wahre Umriß u einer Fläche Φ ist ihre Eigenschattengrenze für die Sehrichtung als Lichtrichtung, und der scheinbare Umriß u^s ist der Schrägriß des wahren Umrisses. Man wird also u^s konstruieren, indem man in Fig. 266b die Eigenschattengrenze der Fläche für die Lichtrichtung p nach Nr. 70 konstruiert und sie nach 266a überträgt. Sind z. B. auf dem Parallelkreis k mit der Mitte M die Punkte $1(1'1'')$ und $2(2'2'')$

von u ermittelt worden, so findet man die ihnen in 266a entsprechenden Punkte, indem man auf z^s $U^s M^s = U M$ und auf $[M^s \| x^s]$ $M^s 1''^s = M 1''$, $M^s 2''^s = M 2''$ macht, dann von $1''^s$ und $2''^s$ aus parallel zu y^s die entsprechend (4 : 3) verkürzten Strecken $1'' 1'$ und $2'' 2'$ unter Berücksichtigung ihres Sinnes bis 1^s und 2^s abträgt. Das Verkürzen wird mit einem Proportionalwinkel für die Verkürzung $1 : \frac{3}{4}$ (Fig. 266c) ausgeführt. Wäre e_x von e_z verschieden, so müßte auch für das Übertragen der x-parallelen Strecken ein Proportionalwinkel verwendet werden. Man erhält auch leicht die Tangenten an u^s in 1^s und 2^s. Da nämlich die Tangentialebene an Φ in 1 parallel zur Sehrichtung ist, sich also als Gerade darstellt, so werden die Schrägrisse aller Flächentangenten in diesem Punkt mit dem Schrägriß der Tangente an u zusammenfallen. Um daher die Tangente an u^s in 1^s zu erhalten, kann man irgendeine Flächentangente in 1 darstellen, z. B. die Meridiantangente. Die Meridiantangenten in den Punkten eines Parallelkreises schneiden die Drehachse in einem und demselben Punkt D. Man wird daher im Schnittpunkt von $[1''^s 2''^s]$ mit m^s an diese Kurve die Tangente legen und sie mit z^s in D^s zum Schnitt bringen. $[D^s 1^s]$, $[D^s 2^s]$ sind dann die gesuchten Tangenten an u^s. Fällt D^s zu weit hinaus, so benutzt man zur Tangentenkonstruktion die Parallelkreistangente. Dies ist für den Punkt 2 durchgeführt. Die Tangente in 2 an den Parallelkreis k schneidet in der Figur $\mathfrak{F}_1$ die Hauptmeridianebene in E. Dieser Punkt, nach $\mathfrak{F}^s$ übertragen und mit 2^s verbunden, gibt die Tangente an u^s in 2^s.

Wie bereits erwähnt, *ist u^s schiefsymmetrisch bezüglich z^s;* $[1^s 2^s]$ gibt die Richtung der Symmetriestrahlen an. Zur Konstruktion weiterer Punkte von u in $\mathfrak{F}_1$ genügt es daher, auf jedem Parallelkreis bloß den einen der beiden Punkte zu ermitteln, da man nach dessen Übertragung in $\mathfrak{F}^s$ den zweiten mittels der erwähnten Symmetrie erhält. — Lassen sich (266b) an u'' parallel zu p'' Tangenten legen, so ist jeder m nicht angehörige Berührpunkt, wie etwa R_1'', der Aufriß eines Punktes von u, dessen Tangente $\| p$ ist; sein Schrägriß ist demnach (Nr. 16, Satz 4) eine Spitze von u^s. In Fig. 266a treten zwei in der erwähnten Symmetrie einander entsprechende Spitzen R_1^s, R_2^s auf. Die Tangentialebene τ_1 der Drehfläche in R_1 ist projizierend. τ_1 ist die Schmiegebene (Nr. 71) von u in R_1 und stellt sich daher nach Nr. 16, Satz 4 im Schrägriß als die Spitzentangente von u^s in R_1^s dar. Man erhält diese somit, indem man etwa das Bild der Meridiantangente von R_1 aufsucht. In Fig. 266 wurde dazu deren Schnittpunkt F mit der Drehachse verwendet.

Ergänzung dieses Kapitels im Anhang I: Konstruktion eines Schrägrisses mittels des Einschneideverfahrens von L. Eckhart.

Zweites Kapitel.

Normale Axonometrie.

98. Der Normalriß eines rechtwinklig-gleichschenkligen Achsenkreuzes.
Sind bei einer axonometrischen Darstellung die Sehstrahlen normal zur
Bildebene, so heißt diese Abbildung *normale* oder *orthogonale Axonometrie*.
Jede normalaxonometrische Abbildung muß daher mit der Ermittlung des
Normalrisses des rechtwinklig-gleichschenkligen Achsenkreuzes $U(ABC)$
begonnen werden, auf welches das darzustellende Objekt bezogen werden
soll. Steht das Achsenbild $U^n(A^n B^n C^n)$ bereits zur Verfügung, so können
grundsätzlich die in der schiefen Axonometrie gelehrten Verfahren zur
Lösung der Lagen- und Maßaufgaben
angewendet werden. Der Umstand
aber, daß die Sehstrahlen zur Bildebene normal sind und daß die Lage
des Achsenkreuzes bekannt ist, zieht
Vereinfachungen und Besonderheiten
nach sich, die nun besprochen werden
sollen.

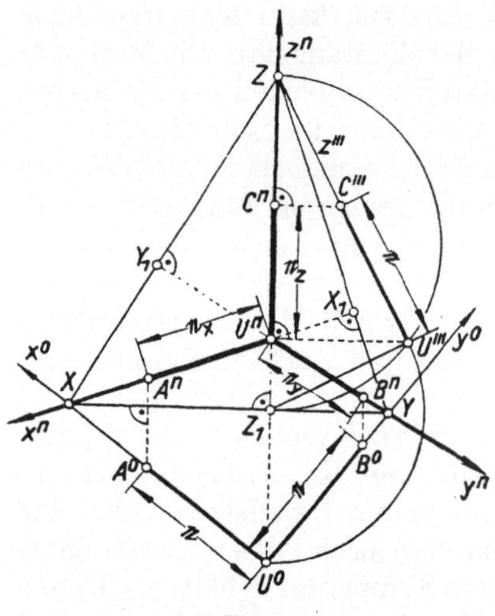

Fig. 267.

Das Achsenkreuz xyz wird stets
so gewählt, daß keine Achse zur
Bildebene Π parallel ist. Es wird
dadurch ausgeschlossen, daß eine
Koordinatenebene projizierend wird.
Die Schnittpunkte X, Y, Z der
Achsen mit der Bildebene Π bilden
ein Dreieck, das man das *Spurendreieck der Bildebene* oder kürzer
das *Bildspurdreieck* nennt (Fig. 267).

Da z zur Ebene $[xy]$ normal ist, muß das Bild z^n der z-Achse auf der Spur
$[XY]$ von $[xy]$ normal stehen. Da ebenso $x^n \perp [YZ]$ und $y^n \perp [ZX]$
sein muß, gilt der

Satz 1: *Die Normalrisse der Koordinatenachsen sind die Höhen, und
der Normalriß des Ursprungs ist der Höhenschnittpunkt des Bildspur-
dreiecks.*

Die aus U auf die Seiten des Spurendreiecks gefällten Lote $[UX_1]$,
$[UY_1]$, $[UZ_1]$ sind Fallinien der betreffenden Koordinatenebenen, ihre
Normalrisse liegen also in den Höhen x^n, y^n, z^n des Spurendreiecks XYZ.
Da das Dreieck YUZ bei U rechtwinklig und UX_1 das Lot auf die Hypotenuse dieses Dreiecks ist, muß der Fußpunkt X_1 zwischen Y und Z
liegen. Entsprechendes gilt für Y_1 und Z_1; U^n befindet sich deshalb im
Innern von XYZ, und dieses Dreieck ist daher spitzwinklig. Weil ferner
$\sphericalangle\, Y U^n X_1$ spitz ist, ist der Nebenwinkel $Y U^n X$ stumpf, und dasselbe
gilt für $\sphericalangle\, Z U^n Y$ und $\sphericalangle\, X U^n Z$. Also besteht der

Satz 2: *Die Normalrisse der Π schneidenden Halbachsen eines rechtwinkligen Achsenkreuzes schließen miteinander stumpfe Winkel ein, und das Spurendreieck des Achsenkreuzes ist spitzwinklig.*

Nehmen wir nun in Π drei von einem Punkt U^n ausgehende Halbstrahlen x^n, y^n, z^n derart an, daß je zwei von ihnen einen stumpfen Winkel einschließen, so läßt sich leicht zeigen, daß sie den Normalriß von Halbachsen eines rechtwinkligen Achsenkreuzes bilden (Fig. 267). Wählt man nämlich auf x^n, y^n, z^n je einen Punkt X, Y, Z in der Weise, daß x^n, y^n, z^n in die Höhen des Dreieckes XYZ fallen, dann liegt U^n im Innern dieses Dreiecks. Ist wieder Z_1 der Höhenfußpunkt auf $[XY]$, so gibt es auf dem Sehstrahl durch U^n stets zwei solche zu Π symmetrische Punkte U, daß $[UZ] \perp [UZ_1]$ ist. Diese Punkte sind nämlich die Schnittpunkte dieses Sehstrahls mit dem über ZZ_1 als Durchmesser in der zu Π normalen Ebene beschriebenen Kreis. Wir denken uns einen der beiden so erhaltenen Punkte U mit X und Y verbunden und zeigen, daß $[UX]$, $[UY]$, $[UZ]$ ein rechtwinkliges Achsenkreuz xyz bilden. Da z zu $[UZ_1]$ normal ist und $[XY]$ rechtwinklig kreuzt, folgt $z \perp [UXY]$; also ist $z \perp x$ und $z \perp y$. Beachtet man, daß y zu $z = [UZ]$ normal ist und $[ZX]$ normal kreuzt, letzteres wegen $y^n \perp [ZX]$, so folgt $y \perp [UZX]$; also ist auch $y \perp x$. — Die beiden zu einem Bildspurdreieck XYZ gehörigen Achsenkreuze sind zu Π symmetrisch. Bilden daher drei Halbachsen des einen Achsenkreuzes ein Dreikant, das dem Beschauer die hohle Seite zuwendet, so bilden die entsprechenden Halbachsen des zu ihm bezüglich Π symmetrischen Achsenkreuzes ein Dreikant, das ihm die erhabene Seite zeigt. Trägt man die Einheitsstrecke e auf den positiven Halbachsen von U aus nach A, B, C ab, so lassen sich die Normalrisse A^n, B^n, C^n dieser Punkte bei gegebenem Spurendreieck XYZ leicht finden (Fig. 267). Durch die Umklappung des bei U rechtwinkligen Dreieckes ZUZ_1 nach Π gelangt U in den Schnittpunkt U''' des Halbkreises über $[ZZ_1]$ mit dem umgeklappten Sehstrahl $[U^n \perp z^n]$. Trägt man demnach auf $[U'''Z] = z'''$ die Strecke $U'''C''' = e$ auf, so ist der Normalriß dieser Strecke auf z^n die gesuchte Verkürzungseinheit $U^n C^n = e_z$. In entsprechender Weise könnte man e_x und e_y erhalten. Es ist jedoch bequemer, zu diesem Zweck das Dreieck XUY um $[XY]$ nach Π zu drehen. Die gedrehte Lage U^0 von U erhält man, indem man auf $[U^n Z_1]$ $Z_1 U^0 = Z_1 U'''$ macht. $[U^0 X] = x^0$ und $[U^0 Y] = y^0$ sind dann die gedrehten Lagen von x und y. Trägt man nun auf x^0 und y^0 von U^0 aus die Strecke e bis A^0 und B^0 auf, und sind A^n, B^n die Normalrisse der zurückgedrehten Punkte A, B, so ist $U^n A^n = e_x$ und $U^n B^n = e_y$.

Diese Konstruktion bleibt dieselbe, wenn man XYZ nicht als Spurendreieck, sondern als Normalriß eines Schnittdreiecks des Achsenkreuzes mit einer zu Π parallelen Ebene auffaßt.

Ist eine der Achsen, etwa die z-Achse, nur wenig gegen die Bildebene geneigt, was (Nr. 93, Fig. 249) zur Erzielung einer günstigen Bildwirkung meist angenommen wird, so fällt Z, da X und Y aus

Genauigkeitsgründen nicht zu nahe an U^n liegen dürfen, leicht außerhalb des Zeichenblattes. Dann wird man die obige Konstruktion besser in der folgenden Reihenfolge durchführen. Man dreht zuerst (Fig. 268) die $[xy]$-Ebene um $[XY]$ nach Π. Wegen $x \perp y$ ist dann U^0 der Schnittpunkt des Halbkreises über XY mit z^n. Klappt man jetzt die projizierende Ebene durch z um, so liegt die umgeklappte Lage U'''

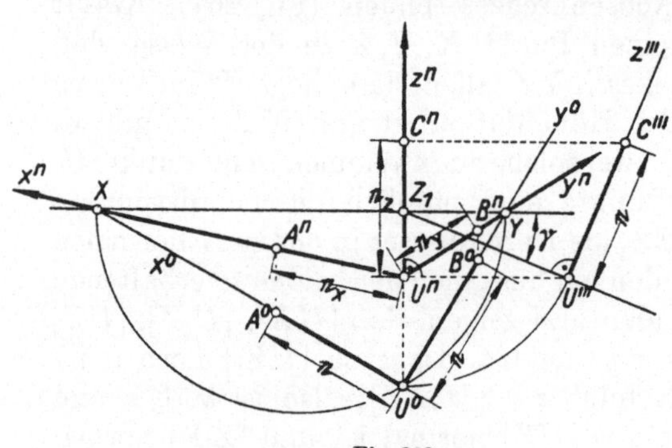

Fig. 268.

von U auf der Geraden $[U^n \perp z^n]$ und kann auf dieser sofort angegeben werden, da $Z_1U'''=Z_1U=Z_1U^0$ sein muß. Die umgeklappte Lage von z ist die in U''' auf $[U'''Z_1]$ errichtete Normale z'''. Trägt man auf x^0, y^0, z''' die Einheitsstrecke e von U aus auf den positiven Halbachsen auf, so ergeben sich wie früher im Bilde die Verkürzungseinheiten e_x, e_y, e_z. Es wurde in Fig. 268 die Annahme getroffen, daß X und Y den positiven Halbachsen von x bzw. y angehören, während das außerhalb des Zeichenblattes liegende Z sich auf der negativen z-Halbachse befindet.

Bezeichnen α, β, γ die spitzen Neigungswinkel der Achsen x, y, z gegen die Bildebene Π, so sind die *Verkürzungsverhältnisse* λ, μ, ν der Längen für die drei Achsenrichtungen

$$(1) \qquad \lambda = \cos\alpha = \frac{e_x}{e}, \quad \mu = \cos\beta = \frac{e_y}{e}, \quad \nu = \cos\gamma = \frac{e_z}{e};$$

in Worten:

Satz 3: *Die Verkürzungsverhältnisse sind die Kosinus der Neigungswinkel der Achsen gegen die Bildebene.*

Die Winkel α, β, γ sind komplementär zu den spitzen Winkeln α_1, β_1, γ_1, welche das aus U auf Π gefällte Lot n mit den Achsen einschließt. Es gilt also

$$(2) \qquad \cos\alpha = \sin\alpha_1, \quad \cos\beta = \sin\beta_1, \quad \cos\gamma = \sin\gamma_1.$$

Für die beiden auf n liegenden Punkte mit den Koordinaten $x_i y_i z_i$ ($i = 1, 2$), die von U den Abstand $e = 1$ haben, gilt offenbar $x_i^2 + y_i^2 + z_i^2 = 1$, ferner $|x_i| = \cos\alpha_1$, $|y_i| = \cos\beta_1$, $|z_i| = \cos\gamma_1$. Somit ist $\cos^2\alpha_1 + \cos^2\beta_1 + \cos^2\gamma_1 = 1$, wofür wir auch $\sin^2\alpha_1 + \sin^2\beta_1 + \sin^2\gamma_1 = 2$ schreiben können. Wegen (2) liefert diese Gleichung

$$(3) \qquad \cos^2\alpha + \cos^2\beta + \cos^2\gamma = 2$$

und daher nach (1)

$$(4) \qquad \lambda^2 + \mu^2 + \nu^2 = 2,$$

oder

$$(5) \qquad e_x{}^2 + e_y{}^2 + e_z{}^2 = 2e^2;$$

also gilt der

Satz 4: *Die Summe der Quadrate der Verkürzungsverhältnisse für die Achsenrichtungen beträgt zwei.*

Wir beweisen nun den

Satz 5: *Durch die Angabe von drei Verhältniszahlen $a:b:c$ für die Verhältnisse der Verkürzungseinheiten $e_x:e_y:e_z$ ist der Normalriß des Achsenkreuzes bestimmt, sofern $a^2+b^2 > c^2$, $b^2+c^2 > a^2$ und $c^2+a^2 > b^2$ ist.*

Zugleich wird sich eine Konstruktion des Achsenbildes für vorgegebene Verhältniswerte $e_x:e_y:e_z = a:b:c$ ergeben. Da wegen der Neigung der Achsen gegen Π λ, μ, ν als Kosinus kleiner als eins sind, ist wegen (4) $\lambda^2 + \mu^2 > 1$ und um so mehr $\lambda^2 + \mu^2 > \nu^2$, ebenso $\mu^2 + \nu^2 > \lambda^2$ und $\nu^2 + \lambda^2 > \mu^2$, in Worten: *Die Summe der Quadrate zweier Verkürzungsverhältnisse ist größer als das Quadrat des dritten.* Dieser Satz gilt wegen (1) auch für die Verhältniszahlen $a:b:c$ und muß daher bei ihrer Wahl berücksichtigt werden. Sie sind demnach an die genannten Ungleichheiten gebunden. Aus diesen folgt, daß drei Strecken u, v, w, für die $u:v:w = \lambda^2:\mu^2:\nu^2$ gilt, die Seiten eines Dreieckes bilden. Ein solches Dreieck heißt *Verkürzungsdreieck.*[1]) In Fig. 269a stellt das spitzwinklige

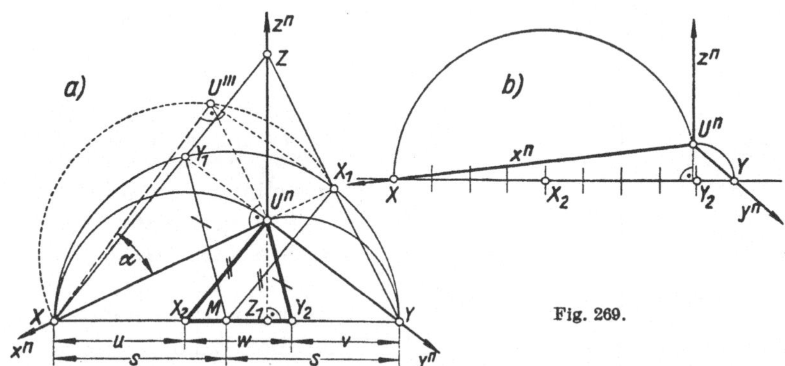

Fig. 269.

Dreieck XYZ mit dem Höhenschnittpunkt U^n und den Höhenfußpunkten X_1, Y_1, Z_1 das Spurendreieck eines Achsenkreuzes vor. Der über XY errichtete Halbkreis mit der Mitte M geht durch X_1 und Y_1. Wir legen durch U^n die Parallelen zu MX_1 und MY_1 und nennen ihre Schnittpunkte mit $[XY]$ X_2 und Y_2. Die Strecken XX_2, YY_2, X_2Y_2 und $XM = MY$ bezeichnen wir der Reihe nach mit u, v, w, s. Es ist

1) J. Tesař, Der orthogonal-axonometrische Verkürzungskreis, S. B. Ak. Wien, math.-nat. Kl., Abt. II (1880), S. 453—478. Obige Darstellung nach Pasternak, Note sur l'axonometrie orthogonale, Ens. math. XXIV, 1924—25; man findet sie auch in M. Großmann, Darstellende Geometrie für Maschineningenieure. Berlin (1927), S. 75.

also $u+v+w=2s$. Nun entnimmt man aus der Figur $u:s = XU^n : XX_1$. Klappt man die projizierende Ebene durch die x-Achse in die Bildebene um, wodurch U nach U''' gelangt, so ist $\sphericalangle U'''XU^n = \alpha$, und es gilt $\cos\alpha = XU''' : XX_1$, aber auch $\cos\alpha = XU^n : XU'''$. Durch Multiplikation entsteht aus den beiden letzten Gleichungen $\cos^2\alpha = XU^n : XX_1$. Demnach ist $u:s = \cos^2\alpha$ und entsprechend $v:s = \cos^2\beta$. Nach (3) ist

$$\cos^2\gamma = 2 - \cos^2\alpha - \cos^2\beta = 2 - \frac{u}{s} - \frac{v}{s} = \frac{2s-u-v}{s} = \frac{w}{s}\cdot \text{ Also gilt}$$

$$(6) \qquad u:v:w = \cos^2\alpha : \cos^2\beta : \cos^2\gamma = \lambda^2 : \mu^2 : \nu^2.$$

Nun ist XMX_1 ein gleichschenkliges Dreieck mit der Spitze M; somit ist auch XX_2U^n gleichschenklig und $XX_2 = X_2U^n = u$; ebenso ist $YY_2 = Y_2U^n = v$. Nach (6) ist demnach $U^nX_2Y_2$ ein Verkürzungsdreieck, da sich seine Seiten wie die Quadrate der Verkürzungsverhältnisse verhalten. Ist demnach der Normalriß des Achsenkreuzes für gegebene Verhältnisse der Verkürzungseinheiten, z. B. $\lambda : \mu : \nu = e_x : e_y : e_z = 2:1:2$, zu konstruieren (Fig. 269 b)[1]), so trägt man auf einer waagerechten Geraden

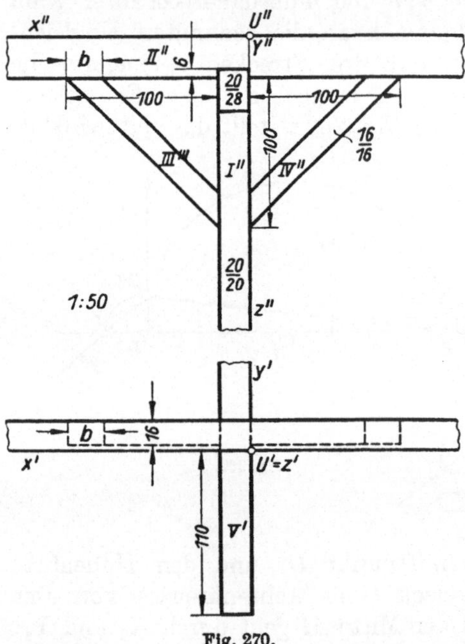

Fig. 270.

drei Strecken XX_2, X_2Y_2, Y_2Y auf, die sich wie $\lambda^2 : \nu^2 : \mu^2$, also hier wie $4:4:1$ verhalten. Dann ergeben die Schnittpunkte der beiden Kreise $(X_2, \overline{X_2X})$ und $(Y_2, \overline{Y_2Y})$ die beiden möglichen Lagen von U^n. Es sind hierauf $[U^nX]$, $[U^nY]$ und $[U^n \perp XY]$ die Achsenbilder x^n, y^n, z^n. Fortsetzung: Anhang II, S. 392.

99. Normalaxonometrische Darstellung von Objekten, die durch zugeordnete Normalrisse gegeben sind. Das folgende Beispiel (Fig. 271) zeigt die *normalaxonometrische Darstellung* einer aus fünf Balken $(I, II, \ldots, V)$ bestehenden Holzverbindung, die in Fig. 270 durch Grund- und Aufriß im Maßstab $1:50$ gegeben ist. Hierin bedeuten die eingeschriebenen Brüche, wie $\frac{20}{28}$, daß der Querschnitt des betreffenden Balkens von der Breite 20 und der Höhe 28 cm ist. Es haben also die Balken I, III, IV quadratische, die beiden übrigen rechteckige Querschnitte. Wie das Achsenkreuz xyz in den Körper gelegt wird, zeigt ebenfalls Fig. 270. Soll die Holzverbindung in $\frac{1}{20}$ natürlicher Größe normalaxonometrisch

---

1) Diese Annahme wird im deutschen Normblatt DIN 5 vorgeschrieben.

dargestellt werden, so zeichne man zuerst den Maßstab für dieses Verjüngungsverhältnis. Nun wählt man das Achsenbild (Fig. 271) und ermittelt nach Nr. 98, Fig. 268 die Verkürzungseinheiten e_x, e_y, e_z für irgendeine nicht zu kleine Längeneinheit e. In Fig. 271 wurde als e die 40 cm entsprechende Strecke, die man dem eben gezeichneten Maßstab entnimmt, gewählt. Es können nun mittels e_x, e_y, e_z die Achsenmaßstäbe x, y, z gezeichnet und entsprechend in Zentimetern beschriftet werden. Sind aber nur wenig Koordinatenabtragungen notwendig, so verfährt man folgendermaßen: Wir errichten im Punkt 0 des Verjüngungsmaßstabes auf diesem das Lot und machen auf letzterem $0\,M = e = 40$. Trägt man nun auf diesem Lot von M aus die Strecken e_x, e_y, e_z auf, und legt man durch ihre von M verschiedenen Endpunkte die Parallelen x, y, z zum Maßstab, so erhält man zu einem beliebigen Intervall des Maßstabes das verkürzte Intervall für eine Achsenrichtung, indem man es aus M auf die entsprechende Parallele projiziert. Diese Hilfsfigur nennt man einen *Strahlenmaßstab*. Ebenso zweckentsprechend ist die Benutzung von *Verkürzungswinkeln* φ_x, φ_y, φ_z, die auf die in Fig. 271 ersichtliche Art erhalten und verwendet werden.

Wir beginnen mit der Darstellung des in der $[xy]$-Ebene liegenden Grundrisses. Zunächst hat man von U^n aus in den Richtungen x^n und y^n die Breite der Balken I und V (20 cm) in der entsprechenden Verkürzung aufzutragen. Man entnimmt dem verjüngten Maßstab die 20 cm entsprechende Strecke und ermittelt mit Hilfe des Strahlenmaßstabes oder der Verkürzungswinkel die verkürzten Strecken auf die aus Fig. 271 ersichtliche Weise. Entsprechend geht man bei den übrigen Abmessungen vor. Für die in Fig. 270 mit b bezeichneten Strecken ist die Längenmaßzahl nicht gegeben. Um die Länge von b zu finden, beachte man, daß b die Hypotenuse eines rechtwinklig-gleichschenkligen Dreieckes mit der Kathetenlänge 16 cm ist. Man zeichnet daher irgendwo ein solches Dreieck in $\frac{1}{20}$ natürlicher Größe und ermittelt aus seiner Hypotenuse die aufzutragenden Strecken b_x und b_z. Eine weitere Erläuterung für die Herstellung des Bildes ist nicht notwendig.

Die Schattenbestimmung läßt sich auf verschiedene Arten in Angriff nehmen. Es ist eine wertvolle Übung, sie durch Ausnutzung besonderer Umstände möglichst einfach zu gestalten. Die Lichtrichtung sei durch die axonometrischen Bilder l^n, l'^n eines Lichtstrahls l gegeben. Aus ihnen erkennt man unmittelbar, daß alle Vorderflächen der Balken sowie die rechte Fläche von V und I sich im Licht, die waagerechten untern Balkenflächen dagegen sich im Eigenschatten befinden. Die vordere untere Kante a von II wirft demnach einen Schlagschatten auf den Balken V. Wir erhalten ihn, wenn wir den Schatten eines beliebigen Punktes A von a ermitteln, d. h. den Schnitt A_s des Lichtstrahls $[A \parallel l]$ mit der rechten Fläche von V aufsuchen. Betrachten wir zu diesem Zweck die durch A gehende untere Fläche von II als Grundrißebene, so liegt der Grundriß $A_s{}'$ von A_s im Grundriß $[A \parallel l']$ des Lichtstrahls $[A \parallel l]$

U^n
U^{III}
x^n
x^0
y^n
y^0
n_x
n_y
n_z
n
U^0
z^n
z^{III}
16
16
b
20_x
20_y
x^n
y^n
U^n
C
c
II
b_x
G
E
V
7 8 1
A
D
F
4
S
D_S
a_{S_1}
a
a_S
S_2
E'_S
E_S
S_1
A'_S
III
G_3
H_S
IV
A_S
I^{II}
I^n
F_S
E_{S_1}
b_z
3
5
I
z^n
30 20 10 0
Z
n_z
M
n_y
n_x
n
y
X
10 0 10 20 30 40 50 100 cm
1:20
b
20
b_x
20_x
n_x
φ_x
n
20
b_y
20_y
n_y
n
b
20
b_z
20_z
n_z
φ_z
n

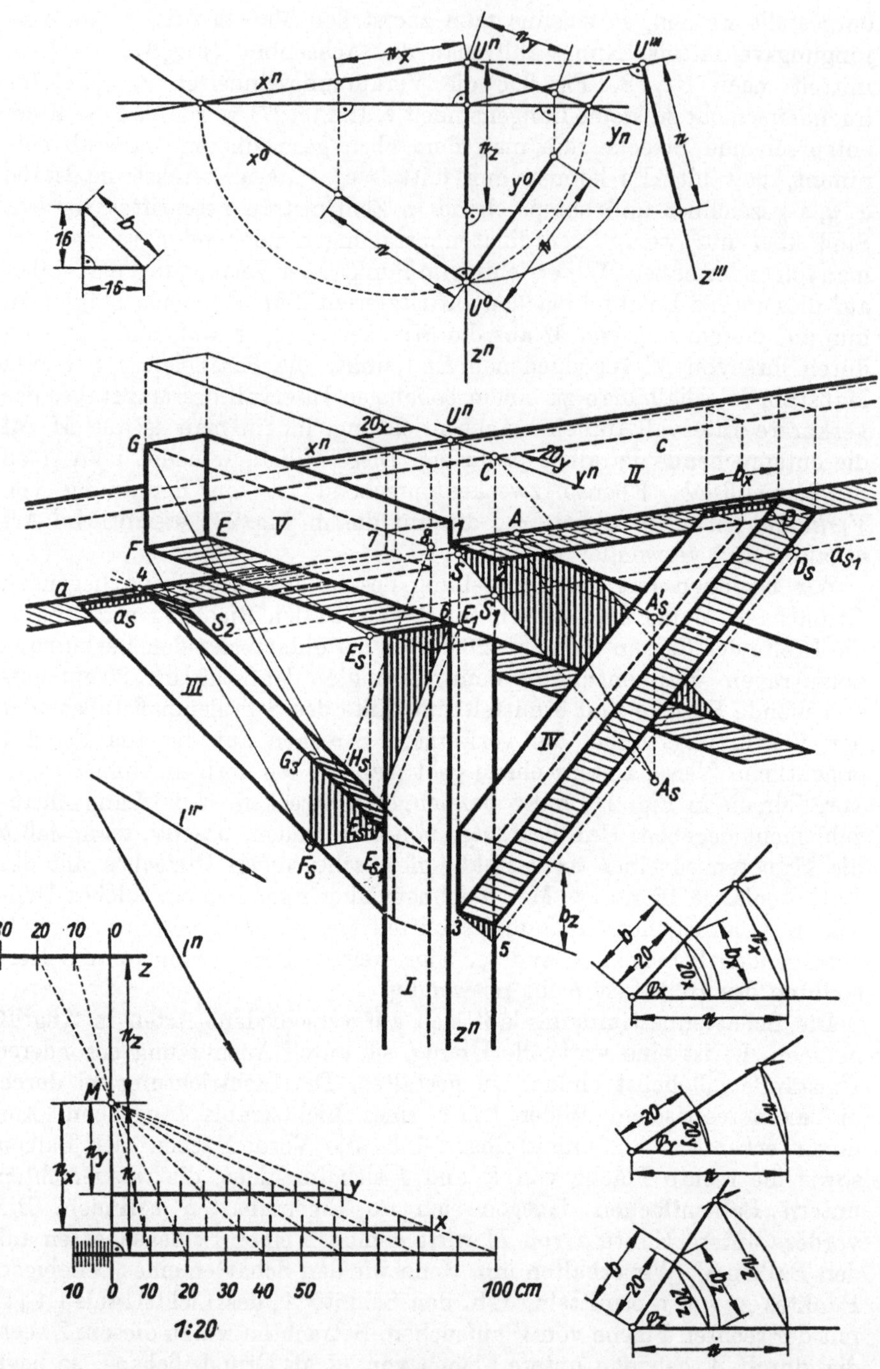

Fig. 271.

und im Grundriß der rechten Fläche von V, also in $[12]$. A_s ist nun der Schnittpunkt des Lichtstrahlbildes $[A \parallel l]$ mit dem zur z-Achse parallelen Ordner durch A_s' und $[1A_s]$ der gesuchte Schlagschatten von a. Eigenschattengrenze von II ist weiterhin die rückwärtige obere Kante c. Bezeichnet C ihren Schnittpunkt mit der Ebene der rechten Fläche von V, so ist auch $[C \parallel 1A_s]$ Schlagschattengrenze von II auf V. — Nun ermitteln wir den Schatten a_s der Kante a auf die der gleichen Ebene angehörigen Vorderflächen der Streben III und IV. Ein Punkt dieses Schattens ist der Schnitt S von $[1A_s]$ mit der vordern Strebenfläche, also mit der Schnittlinie $[3 \parallel z]$ dieser Ebene und der rechten Fläche von V. Wegen $a_s \parallel a$ ist daher $a_s = [S \parallel a]$ die Gerade, in der die beiden Schatten liegen. Um noch den Schatten von a auf die schräg liegende obere Fläche von III zu zeichnen, brauchen wir nur einen Punkt dieses Schattens, da der Schnittpunkt der rechten vordern Kante von III mit a_s diesem Schatten angehört. Der sich unmittelbar darbietende Schnittpunkt 4 von a mit der schrägen obern Fläche von III ist unvorteilhaft, weil er dem zuletzt genannten Schattenpunkt zu nahe liegt. Besser ist es, den Schatten a_{s1} von a auf die Ebene der Hinterfläche von I, in der auch die hinteren Strebenflächen liegen, aufzusuchen. Er ist die durch $S_1 = [1A_s \cdot C \parallel z]$ gezogene Parallele zu a und schneidet die obere hintere Kante von III in einem Punkt S_2, der dem gesuchten Schlagschatten angehört. Da dieser Punkt ein wirklicher Schlagschatten ist, so ist die obere Fläche von III beleuchtet.

Mittels a_s kann man auch leicht entscheiden, ob die schräge untere Fläche von IV beleuchtet ist oder nicht. Zieht man nämlich durch den Punkt D den Lichtstrahl, so ist sein Schnitt D_s mit a_{s1} der Schlagschatten von D auf die hintere Strebenfläche, daher die durch D_s parallel zu den Strebenkanten von IV gezogene Gerade der Schlagschatten der Kante durch D auf die hintere Strebenfläche. Da dieser Schatten ein wirklicher ist und außerhalb der Strebe IV liegt, so befindet sich die untere Fläche von IV im Eigenschatten. Der Schnittpunkt 5 dieses Schlagschattens mit der Kante von I ist zugleich ein Punkt des Schlagschattens der durch D gehenden Strebenkante auf die rechte Fläche von I, $[35]$ demnach dieser Schlagschatten selbst. — Schließlich ermitteln wir noch den Schlagschatten des vordern Teils vom Balken V auf den Balken I und die Strebe III. Zur Konstruktion des erstern suchen wir den Schatten E_s von E auf die Vorderfläche von I auf, wobei wir entsprechend wie bei der Ermittlung von A_s den Grundriß auf die Unterfläche von V benutzen. $[E_s 6]$ ist der Schlagschatten der Eigenschattengrenze $[E6]$ auf I. Um den Schatten auf III zu zeichnen, brauchen wir den Schatten E_{s1} von E auf die vordere Strebenfläche. Nun schneidet $[E6]$ diese Fläche in $E_1 = [E6 \cdot S3]$, und der Schatten von $[E6]$ auf sie ist zu $[6E_s]$ parallel. Der Schnittpunkt dieser Parallelen mit $[E \parallel l]$ gibt daher schon E_{s1}. Die Schatten der weitern Eigenschattengrenzen $[EF]$ und $[FG]$ sind mit diesen Kanten gleich lang und parallel. G_s fällt bereits auf die obere

Fläche von *III*. Da *G* auch der Längskante [*G7*] von *V* angehört, die
selbst Eigenschattengrenze ist, so erhalten wir G_s, wenn wir zuerst den
Schatten von [*G7*] auf die obere Fläche von *III* aufsuchen, der zu [*G7*]
parallel sein muß, weil [*G7*] zu dieser Fläche parallel ist. Machen wir zu
diesem Zweck $\overline{78} = \overline{12}$, so ist *8* der Schnittpunkt der Kante [*G7*] mit
der hintern Ebene von *I* und *III*, daher [$8 \parallel 6E_s$] ihr Schatten auf diese
Ebene und dessen Schnitt H_s mit der obern hintern Kante von *III*
ein Punkt des gesuchten, zu [*G7*] parallelen Schattens. Darauf liegt
G_s im Schnitt mit [$G \parallel l$].

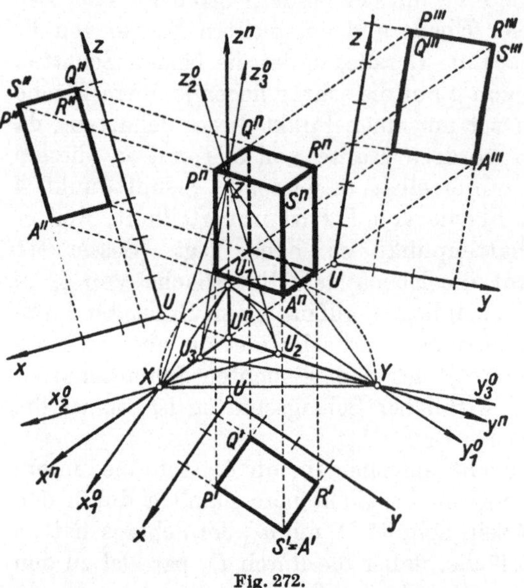

Fig. 272.

Schließlich hat man G_s mit
dem früher in der vordern
obern Kante von *III* ge-
fundenen Schlagschatten-
punkt zu verbinden.

Ein anderes, sehr über-
sichtliches Verfahren[1]) zur
Ermittlung des normalaxo-
nometrischen Bildes eines
durch zugeordnete Normal-
risse gegebenen Objektes Φ
ist das folgende (Fig. 272),
das auf der Verwendung der
in die Bildebene gedrehten
Normalrisse von Φ auf die Koordinatenebenen [xy] = Π_1
(Grundrißebene), [xz] = Π_2
(Aufrißebene), [yz] = Π_3
(Kreuzrißebene) beruht. Wir
drehen zunächst das Achsenkreuz xy um [*XY*] in die Bildebene.
Dabei gelangt der Ursprung in einen der beiden Schnittpunkte U_1
von z^n mit dem über XY als Durchmesser errichteten Kreis. Wir
wählen U_1 als Schnittpunkt des oberen Halbkreises mit z^n. $x_1^0 = [XU_1]$
und $y_1^0 = [YU_1]$ bilden dann das in die Bildebene gedrehte Achsenkreuz xy. Zur Verbesserung der Übersichtlichkeit der späteren Konstruktionen verschieben wir es in der z^n-Richtung ein Stück nach abwärts und beschriften es mit $U(xy)$. Die Drehung des Achsenkreuzes
xz von Π_2 in die Bildebene kann nun durch ein vereinfachtes Verfahren
bewerkstelligt werden, da die gedrehte Lage U_2 des Ursprungs U sofort
angegeben werden kann. U_2 muß nämlich auf y^n liegen, und die Strecke
XU_2 muß gleich $XU = XU_1$ sein. Die mit Π_2 in die Bildebene gedrehte
x-Achse, die dort x_2^0 heißen soll, ist demnach [U_2X], während die z-Achse
die Lage [U_2Z] annimmt. Wir verschieben nun das eben in die Bildebene
gedrehte Achsenkreuz in der y^n-Richtung um ein Stück gegen den linken

---

1) Th. Schmid, Darst. Geometrie, 1922, I. Bd., S. 268f.

Rand des Zeichenblattes und beschriften es mit $U(xz)$. Schließlich drehen wir auch noch das Achsenkreuz yz von Π_3 in die Bildebene. Die gedrehte Lage U_3 des Ursprungs liegt auf x^n, und es ist $YU_3 = YU_1$, so daß sich die gedrehte Lage der y-Achse als $y_3{}^0 = [U_3Y]$ ergibt. Das Achsenkreuz $y_3{}^0, z_3{}^0 = [U_3Z]$ verschieben wir noch in der x^n-Richtung um ein Stück gegen den rechten Rand des Zeichenblattes und beschriften es mit $U[yz]$. Hat nun etwa ein Raumpunkt S in bezug auf xyz die Koordinaten $x = 2$, $y = 3$, $z = 6$, so lassen sich seine Normalrisse S', S'', S''' auf Π_1, Π_2, Π_3 in den Achsenkreuzen $U(xy)$, $U(xz)$, $U(yz)$ unmittelbar einzeichnen. Die drei Ordner $[S' \| z^n]$, $[S'' \| y^n]$, $[S''' \| x^n]$ schneiden sich dann im axonometrischen Bild S^n von S, weil das axonometrische Bild S^n, der axonometrische Grundriß S'^n und die gedrehte Lage von S auf einem Ordner $\| z^n$ liegen und entsprechendes für die andern Nebenrisse gilt. Fig. 272 zeigt das so ermittelte Bild des achsenparallelen Quaders $x = 0{,}5$, $x = 2$, $y = 1$, $y = 3$, $z = 3$, $z = 6$ in Obersicht. Dieses Verfahren wird in Nr. 103, Fig. 283 angewendet werden.

100. Zuordnung eines Kreuzrisses zu einem normalaxonometrischen Bild. Wir wollen im folgenden die zur Bildebene Π normalen und zur z-Achse parallelen Ebenen Π_k Kreuzrißebenen nennen. Klappt man den Normalriß (Kreuzriß) eines Gegenstandes Φ auf eine Ebene Π_k um die zur z^n-Achse parallele „Rißachse" $x_k = [\Pi\Pi_k]$ nach Π um, so sind das axonometrische Bild von Φ und sein Kreuzriß zugeordnete Normalrisse. Wir können daher folgendes Konstruktionsprinzip für Maßaufgaben aufstellen: *Soll eine Aufgabe über Maßverhältnisse gelöst werden, so ermittle man den Kreuzriß der gegebenen Gebilde und konstruiere mit dem axono-metrischen Bild und dem Kreuzriß nach dem Verfahren der zugeordneten Normalrisse.*[1])

Die Anwendung dieses Prinzips erfordert die Lösung der folgenden Grundaufgabe:

Aufgabe 1: *Von einem durch das axonometrische Bild P^n und den axonometrischen Grundriß P'^n gegebenen Punkt P ist der Kreuzriß P^k*

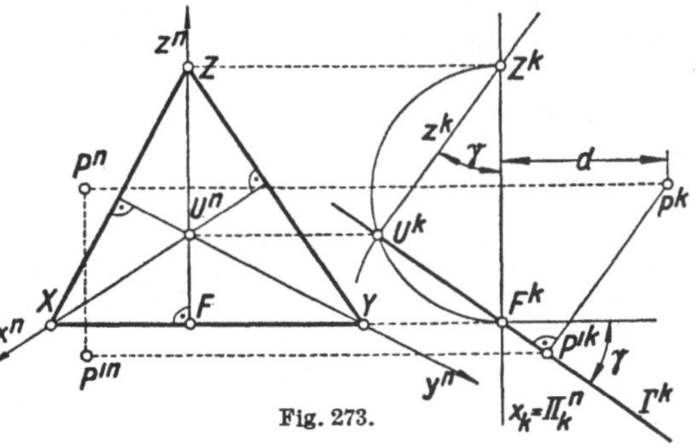

Fig. 273.

zu ermitteln, und umgekehrt ist aus P^n und P^k der Punkt P'^n zu finden (Fig. 273). Die Kreuzrißebene wird durch die zu z^n parallele Rißachse x_k eingeführt. Die Ordner $[P^n P^k]$ sind demnach zu z^n normal. Um den Kreuz-

---

1) Diese Methode verwenden: R. Skuhersky, Die orthographische Parallelperspektive. Prag 1858; Die Methode der orthog. Projektion usw., Abh. Böhm. Ges. Prag (5) 10 (1858); R. Staudigl, Die axonometrische und schiefe Projektion (Parallelperspektive). Wien 1875.

riß Γ^k der zur Kreuzrißebene Π_k normalen *Grundebene* $[xy] = \Gamma$ zu erhalten, ermitteln wir den Kreuzriß U^k des Ursprungs und den Kreuzriß F^k des Punktes F, in dem die durch U gehende Fallinie von Γ die Bildebene schneidet. Es ist $F = [XY \cdot z^n]$, daher $F^k = [XY \cdot x_k]$. Nun ist das Dreieck ZUF bei U rechtwinklig und erscheint im Kreuzriß in wahrer Größe. U^k liegt daher auf dem Kreis über dem Durchmesser $F^k Z^k$ und ist daher ein Schnittpunkt dieses Kreises mit dem Ordner durch U^n. Damit ergibt sich $\Gamma^k = [F^k U^k]$. Ist nun P^n, P'^n das axonometrische Bildpaar eines Raumpunktes P, so gehört der Kreuzriß P'^k von P' einerseits Γ^k, anderseits dem Ordner durch P'^n an und ist dadurch bestimmt. Die zu Γ normale Gerade $[PP']$ stellt sich im Kreuzriß als die Gerade $[P'^k \perp \Gamma^k]$ dar. In ihrem Schnitt mit dem Ordner $P^n \perp x_k$ liegt der Kreuzriß P^k.

An die Fig. 273 knüpfen wir noch die folgenden Bemerkungen. Der Winkel γ, den z^k mit x_k einschließt, gibt die Neigung der z-Achse gegen die Bildebene an; er ist gleich dem Winkel, den $[XY]$ mit Γ^k bildet.

Die vordere Halbebene von Γ hat ihr Bild unter- oder oberhalb $[XY]$, je nachdem das axonometrische Bild eine Ober- oder Untersicht vorstellt. Hat man eine Festsetzung getroffen, auf welcher Seite der Bildebene Π der Ursprung U liegt, so erkennt man aus dem Kreuzriß P^k eines Punktes P, ob dieser vor oder hinter Π liegt; insbesondere gibt der Abstand $d = x_k P^k$ den Abstand des Punktes von Π an. — Aus P^n und P^k findet man P'^k im Schnitt von Γ^k mit $[P^k \perp \Gamma^k]$ und dann den axonometrischen Grundriß P'^n im Schnittpunkt der Ordner $[P^n \parallel z^n]$ und $[P'^k \perp z^n]$.

Aufgabe 2: *Ermittlung der Länge einer durch ihre Bilder gegebenen Strecke (Fig. 274).* $A^n B^n$, $A'^n B'^n$ sind die Bilder der gegebenen Strecke, Γ^k ist der nach Fig. 273 ermittelte Kreuzriß der Grundebene Γ. Aus dem Bild $A^n B^n$ und dem Kreuzriß $A^k B^k$ von AB läßt sich nun die Länge $l = AB$ (Nr. 60) als Hypotenuse eines rechtwinkligen Dreieckes angeben, dessen Katheten $l^k = A^k B^k$ und die Differenz d der Abstände der Punkte A, B von der Kreuzrißebene sind.

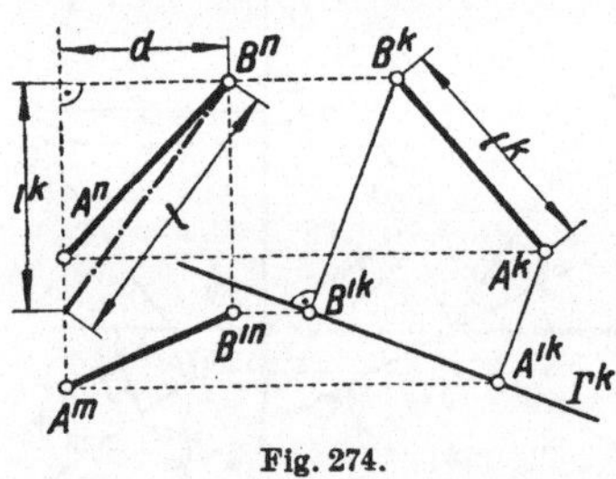

Fig. 274.

Aufgabe 3: *Auf die durch zwei parallele Geraden a und b bestimmte Ebene ε fälle man aus dem gegebenen Punkt P das Lot n (Fig. 275, Untersicht).* Auf a wählen wir zwei Punkte *1* und *2*, ferner auf b einen Punkt *3*, etwa gleich so, daß die Ordner $[2^n 2'^n]$ und $[3^n 3'^n]$ zusammenfallen, und suchen von diesen Punkten sowie von P die Kreuzrisse. Dann ist $a^k = [1^k 2^k]$ und $b^k = [3^k \parallel a^k]$. Nach der getroffenen Wahl von *3* ist $[2\,3]$ zur Kreuzrißebene parallel. $[2\,3]$ ist also eine Hauptlinie h_k der Ebene $[ab]$ bezüglich Π_k und demnach die Gerade $n^k = [P^k \perp h_k{}^k]$ der Kreuzriß des gesuchten Lotes n. Um auch n^n zu erhalten, zeichnet man eine zu Π parallele Hauptlinie h der Ebene $[ab]$; dazu hat man h^k normal zu den Ordnern anzunehmen. Daraus ergibt sich dann h^n und schließlich $n^n = [P^n \perp h^n]$. Fig. 275 zeigt auch die Ermittlung des Schnittpunktes $Q = [n\,\varepsilon]$ und des Abstandes $PQ = P\varepsilon$.

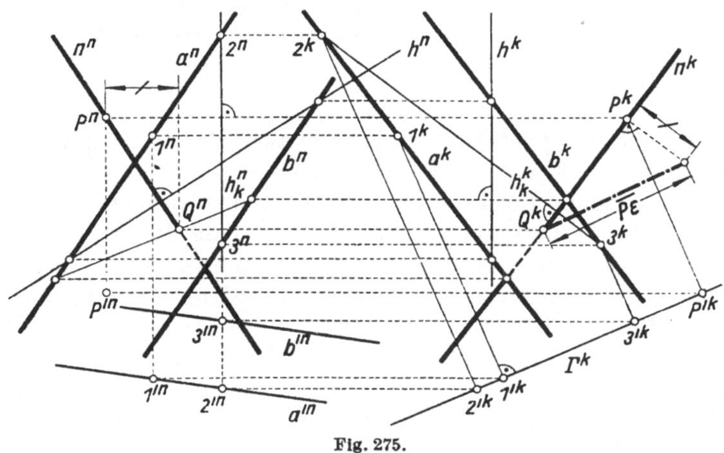

Fig. 275.

Aufgabe 4: *Man stelle normalaxonometrisch eine ebene Figur von gegebener Gestalt dar, die in einer durch zwei sich schneidende Gerade a und b gegebenen Ebene liegt (Fig. 276).*

Wir lösen diese Aufgabe, indem wir die Ebene $[ab]$ zu Π parallel drehen, in dieser Parallelstellung die Figur einzeichnen und hierauf zurückdrehen. Auf a und b wählen wir die Punkte *1* und *2* und suchen von ihnen sowie vom Schnittpunkt S der gegebenen Geraden die Kreuzrisse. Dann ist $a^k = [S^k\,1^k]$ und $b^k = [S^k\,2^k]$. Nun nehmen wir eine zur Bildebene parallele Hauptlinie h der · Ebene $[ab]$ im Kreuzriß an, etwa die durch *2* gehende, indem wir h^k durch 2^k normal zu den Ordnern legen, und suchen ihr Bild h^n

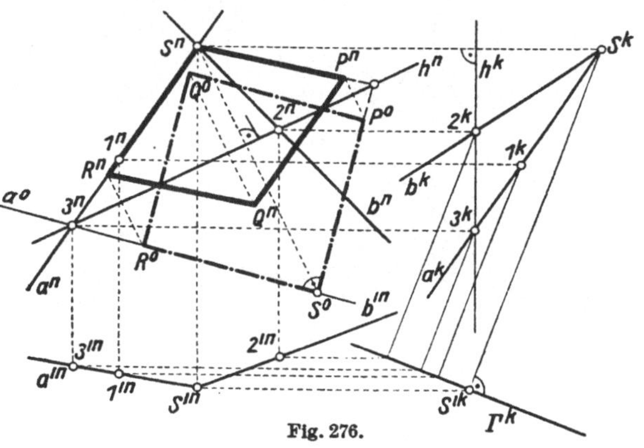

Fig. 276.

mittels des Schnittpunktes *3* auf a. Wir drehen jetzt die Ebene $[ab]$ um h parallel zu Π. Das Bild S^0 der gedrehten Lage des Punktes S wird mittels des Stechzirkels nach Nr. 60, Fig. 167 gefunden. Nehmen wir an, es sei ein Quadrat $PQRS$ der Ebene $[ab]$ darzustellen, dessen Seite RS in a liege. Wir zeichnen zuerst das Bild $P^0 Q^0 R^0 S^0$ des parallelgedrehten Quadrates und drehen zurück. Dabei ergibt sich das axonometrische Bild des Quadrates, indem man auf $P^0 Q^0 R^0 S^0$ die perspektive Affinität mit h^n als Achse und S^0, S^n als entsprechende Punkte ausübt.

Aufgabe 5: *Man ermittle den Normalumriß einer Drehfläche, deren Drehachse die z-Achse ist.* Führt man eine zu z parallele Kreuzrißebene ein, so läßt sich unmittelbar das in Nr. 71 besprochene Verfahren anwenden.

101. Direkte Lösung von Maßaufgaben in normaler Axonometrie. Durch den Übergang auf zugeordnete Normalrisse, der soeben als allgemeines Konstruktionsprinzip zur Lösung normalaxonometrischer Aufgaben besprochen wurde, verliert die normale Axonometrie den Charakter eines selbständigen Abbildungsverfahrens. Es lassen sich aber auch direkte Lösungen der normalaxonometrischen Konstruktionsaufgaben ausbilden[1]), wofür wir im folgenden einige Beispiele geben. Die Lagenaufgaben werden naturgemäß genau so wie in der schiefen Axonometrie behandelt (Nr. 94). Wird jedoch eine feste Bildebene Π durch die Angabe des Bildspurdreieckes XYZ gewählt, dann lassen sich auch die Spuren der Ebenen und die Spurpunkte der Geraden in Π zeichnen. Man nennt die Schnittgerade a einer Ebene α mit Π ihre *Bildspur*, den Schnittpunkt G einer Geraden g mit Π ihren *Bildspurpunkt*. Die Ermittlung der Bildspur a einer durch ihr Spurendreieck $A_x A_y A_z$ gegebenen Ebene α sowie die Konstruktion des Bildspurpunktes G einer durch das axonometrische Bild und den axonometrischen Grundriß bestimmten Geraden

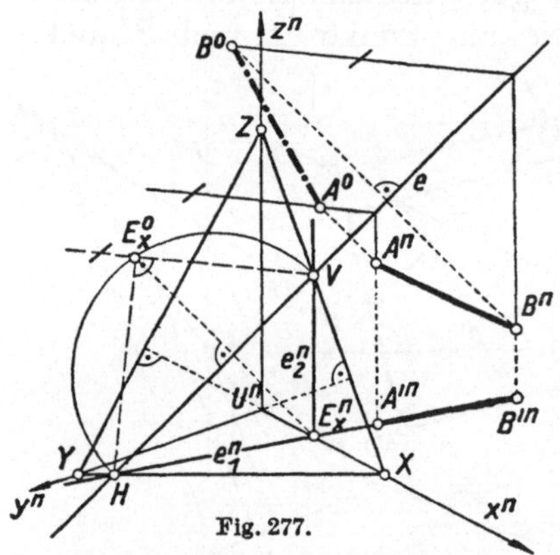

Fig. 277.

ist aus den Fig. 255 und 256 ersichtlich, wenn man darin das Spurendreieck $E_x E_y E_z$ durch das Spurendreieck XYZ der Bildebene und den Schrägrißindex s durch den Normalrißindex n ersetzt.

Aufgabe 1: *Ermittlung der Länge einer Strecke* (Fig. 277). Um die Länge einer durch ihre Bilder $A^n B^n$, A'^n, B'^n gegebenen Strecke AB zu erhalten, drehen wir sie mit ihrer erstprojizierenden Ebene ε in die Bildebene $[XYZ]$. Die erste Spur e_1 von ε ist $[A' B']$, die zweite e_2 geht durch den Achsenschnittpunkt E_x und ist parallel zu z. Achse der Drehung ist die Bildspur $e = [\varepsilon \Pi]$ von ε; sie geht durch die Punkte $H = [e_1 \cdot XY]$ und $V = [e_2 \cdot XZ]$. Wegen $e_1 \perp e_2$ liegt die gedrehte Lage E_x^0 von E_x auf dem Kreis über dem Durchmesser HV; ferner

1) R. Schüssler, Orthogonale Axonometrie. Leipzig 1905. C. Pelz, Zur wissenschaftlichen Behandlung der orthogonalen Axonometrie, S. B. Ak. Wien (math.-nat.) 81 (1880), S. 300—330; 83 (1881), S. 375—384; 90 (1884), S. 1060—1075; S. B. Böhm. Ges. (math.-nat.) Prag, Jahrg. 1885 (1886), S. 648—661.

muß $[E_x{}^n E_x{}^0] \perp e$ sein, wodurch $E_x{}^0$ (zweideutig) bestimmt ist. Um nun die gedrehte Lage und damit die Länge von AB zu erhalten, hat man auf $A^n B^n$ die perspektive Affinität anzuwenden, die durch e als Achse und die beiden einander entsprechenden Punkte $E_x{}^n$, $E_x{}^0$ gegeben ist. Dabei wird man den Umstand benutzen, daß den zu z^n parallelen Geraden solche entsprechen, die zu $[E_x{}^0 V]$ parallel sind.

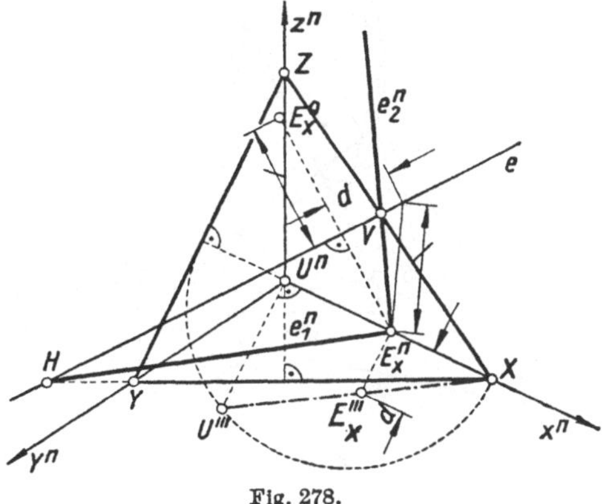
Fig. 278.

Aufgabe 2: *Eine Ebene $\varepsilon (e_1 e_2)$ ist um ihre Bildspur e in die Bildebene zu drehen (Fig. 278).* Es genügt, von einem einzigen Punkt von ε die gedrehte Lage zu ermitteln. Dazu wählen wir den Achsenschnittpunkt E_x aus. Zunächst bestimmen wir den Tafelabstand d von E_x durch Umklappung der projizierenden Ebene durch die x-Achse. Die gedrehte Lage $E_x{}^0$ wird nun nach der bekannten Stechzirkelkonstruktion (Nr. 60) erhalten ($\overline{e E_x{}^0}$ ist die Hypotenuse eines rechtwinkligen Dreiecks, dessen Katheten d und $\overline{E_x{}^n e}$ sind). Durch e als Achse und die beiden einander entsprechenden Punkte $E_x{}^n$, $E_x{}^0$ ist wieder die perspektive Affinität zwischen dem axonometrischen Bild und der gedrehten Lage irgendeiner in ε liegenden Figur bestimmt.

Aufgabe 3: *Konstruktion rechter Winkel in Koordinatenebenen (Fig. 279).* In der $[yz]$-Ebene sei eine Gerade g gegeben; man zeichne eine in $[yz]$ liegende, zu g normale Gerade n. Diese Aufgabe könnte mittels Drehung der $[yz]$-Ebene nach Π gelöst werden; ungleich einfacher ist folgender Weg.[1] Beachtet man, daß die Bildspur $[YZ]$

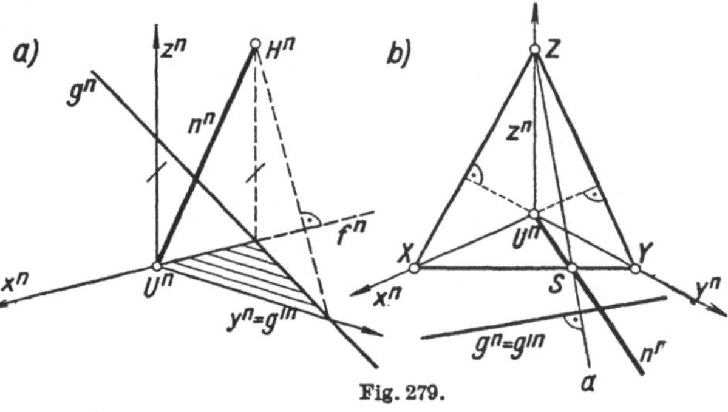
Fig. 279.

der Ebene $[yz]$ zu x^n normal ist und daher die Bilder der Fallinien von $[yz]$ die Richtung von x^n haben, so läßt sich das Bild H^n des Höhenschnittpunktes H des von g, y und der durch U gehenden Fallinie f gebildeten Dreiecks (in Fig. 279a schraffiert) zeichnen, da die Höhe auf y parallel zu z und das Bild der Höhe auf f normal zu x^n ist. Also ist $[HU]$ als dritte Höhe des Dreiecks normal zu g.

---

1) C. Pelz, S. B. Ak. Wien (math.-nat.) 81 (1880), S. 310.

Eine andere Lösung[1]) dieser Aufgabe zeigt Fig. 279 b, wo das Bildspurdreieck XYZ gegeben und g als Gerade der $[xy]$-Ebene gedacht ist. Wir legen durch die z-Achse eine zu g normale Ebene α. Ihre Bild-

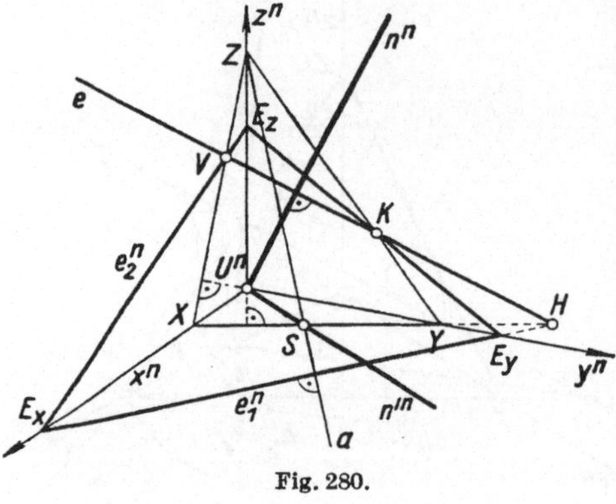
Fig. 280.

spur a geht durch Z und ist zu g^n normal. Bedeutet S den Schnittpunkt von a mit $[XY]$, so ist $n = [US]$ die erste Spur von α. Da diese aber auf g normal steht, haben wir in $[U^n S]$ das Bild einer Normalen zu g in $[xy]$ gewonnen. — Man kann aber auch n als Lot auf die erstprojizierende Ebene durch g erhalten. n^n ist normal zur Bildspur dieser Ebene.

Aufgabe 4: *Aus U ist die Normale auf die Ebene $\varepsilon(e_1 e_2)$ zu fällen (Fig. 280)*. Das Bild der gesuchten Normalen n muß zur Bildspur $e = [\varepsilon \Pi]$ der Ebene ε normal sein und kann daher ohne weiteres gezeichnet werden. In der $[xy]$-Ebene muß der Grundriß n' der Normalen zur ersten Spur e_1 normal sein und läßt sich daher nach dem in Fig. 279 b gezeigten Verfahren ermitteln.

102. Normalaxonometrische Abbildung des Kreises. Da normal axonometrische Bilder Normalrisse sind, stellt sich jeder Kreis, dessen Ebene zur Bildebene Π weder parallel noch normal ist, nach Nr. 32 als *Ellipse*

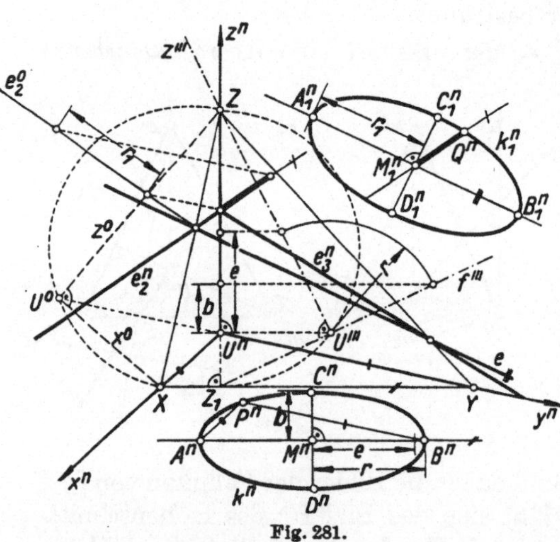
Fig. 281.

dar, deren Hauptachse das Bild des zu Π parallelen Kreisdurchmessers ist. Wir behandeln vorerst den am häufigsten vorkommenden Fall, *daß die Kreisebene zu einer Koordinatenebene parallel ist*. Es sei (Fig. 281) M^n das Bild der Mitte eines zur $[xy]$-Ebene parallelen Kreises $k = (M, r)$. Das Bild des zu Π parallelen Kreisdurchmessers AB liegt auf der Geraden $[M^n \| XY]$, und es ist $A^n M^n = M^n B^n = r$. Damit sind die Hauptscheitel A^n, B^n der Bildellipse k^n bekannt. Legt man nun durch A die Parallele zu x und durch B die Parallele zu y, so erhält man in ihrem Schnitt einen Punkt P von k. Demnach schneiden sich $[A^n \| x^n]$ und $[B^n \| y^n]$ in einem Punkt P^n der Ellipse k^n. Aus der Hauptachse $A^n B^n$ und P^n findet man

---

1) R. Schüssler, a. a. O. S. 62, Fig. 75.

jetzt die Nebenachse $C^n D^n$ mittels der Papierstreifenkonstruktion (Nr. 32, Fig. 101).

Man kann die Nebenachse von k^n auch direkt finden. Der zu AB normale Kreisdurchmesser ist parallel zu den Fallinien der $[xy]$-Ebene. Wir erhalten demnach die Länge der Nebenachse, indem wir auf einer Fallinie von $[xy]$ den Durchmesser auftragen und das Bild dieser Strecke ermitteln. Wir klappen daher die durch U gehende Fallinie $f = [UZ_1]$ der $[xy]$-Ebene mit der durch die z-Achse gehenden projizierenden Ebene nach $f''' = [Z_1 U'''']$ (wie bereits in Fig. 267) um, tragen auf dieser den Radius r ab und projizieren diese Strecke in der Richtung $\perp z^n$ auf z^n. So erhält man eine Strecke von der Länge b der kleinen Halbachse von k^n. Wir erinnern uns daran, daß sich nach Nr. 32, Satz 5 die lineare Exzentrizität e von k^n ergibt, indem man r auf der z-Achse aufträgt und diese Strecke normal auf z^n projiziert, was in Fig. 281 in der Umklappung ausgeführt wurde.

Es ist nun ein Kreis $k_1 = (M_1, r_1)$ *allgemeiner Lage darzustellen.* Führt man einen dem axonometrischen Bild zugeordneten Kreuzriß nach Nr. 100 ein, so kann das Bild des Kreises nach dem in Nr. 61 besprochenen Vorgang ermittelt werden. — Ein direktes Verfahren ist das folgende (Fig. 281): Wir nehmen an, die Ebene ε des Kreises k_1 sei durch ihre Spuren e_2 und e_3 gegeben, und zeichnen die Bildspur e von ε. Die Hauptscheitel A_1^n, B_1^n von k_1^n liegen nun auf $[M_1^n \parallel e]$ und haben von M_1^n die Entfernung r_1. Jetzt ermitteln wir noch den Endpunkt Q eines zu e_2 parallelen Halbmessers von k_1^n. Zu diesem Zwecke drehen wir e_2 mit der $[xz]$-Ebene um $[XZ]$ in die Bildebene und tragen auf der gedrehten Lage e_2^0 von e_2 eine Strecke von der Länge r_1 ab. Projiziert man nun diese in der y^n-Richtung auf e_2^n, so erhält man eine Strecke, die die Länge des Bildes des gesuchten Halbmessers $M_1 Q$ hat. Dieser kann nun parallel zu e_2^n gezeichnet werden. Aus der Hauptachse $A_1^n B_1^n$ und dem Punkt Q^n kann nun die Bildellipse k_1^n wieder mittels der Papierstreifenkonstruktion erhalten werden.

103. Anwendungsbeispiele (Drehzylinder, Schatten und Durchdringungen). Als Anwendungsbeispiel für die normalaxonometrische Darstellung von Kreisen und Kreiszylindern samt Schattenkonstruktionen diene der in Fig. 282a in Grund- und Kreuzriß gegebene Teil einer Konsole, der in Fig. 282b im Maßstab 1 : 15 normalaxonometrisch in Untersicht unter Zugrundelegung des eingezeichneten Achsenbildes $U^n (x^n y^n z^n)$ dargestellt wurde. Hierzu sei bemerkt, daß zwei in derselben Ebene oder in parallelen Ebenen liegende Kreise sich als zentrisch-ähnliche Ellipsen darstellen, wobei das Ähnlichkeitsverhältnis gleich dem Verhältnis der Kreisradien ist.

Für die Schattenkonstruktion zu einer gegebenen Lichtrichtung $l(l^n, l'^n)$ beachte man folgendes: Ist V_s^n das Bild des Schlagschattens V_s von V auf die als Mauer aufgefaßte $[xz]$-Ebene, so ist $[U^n V_s^n] = l''^n$. Projiziert man nun V_s^n in der x^n-Richtung auf z^n nach $V_s''''^n$, so erhält man

$[V^n V_s'''^n] = l'''^n$. Zur Schattenbestimmung an den die Konsole vorne begrenzenden ebenen und zylindrischen Flächen mit der Erzeugendenrichtung $\parallel x$ hat man an den zu $[yz]$ parallelen Normalschnitt $A, B, \ldots, F$ dieser Flächen die zu l''' parallelen Tangenten und Streifgeraden zu legen. Wir finden so, daß durch die Punkte T_1, T_2, T_3 Eigenschattengrenzen $\parallel x$ gehen, sowie, daß die zu x parallelen Kanten durch C und E zur Eigen-

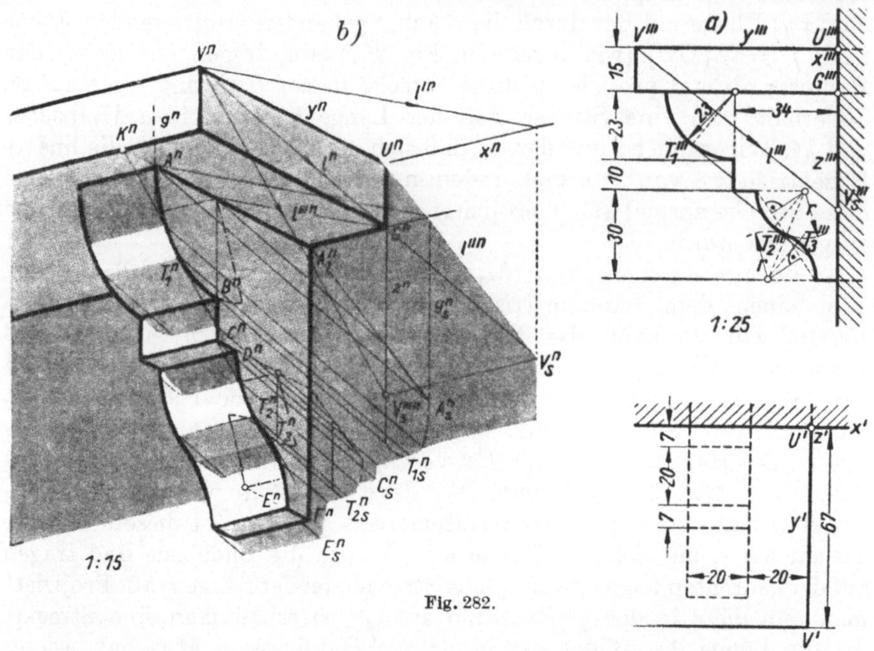

Fig. 282.

schattengrenze gehören. Zugleich ergeben sich mittels der Nebenbilder l''' der Lichtstrahlen durch die Punkte K, T_1, C, T_2 auf die aus Fig. 282b ersichtliche Weise die Schlagschatten der Eigenschattengrenzen auf die benachbarten beleuchteten Flächen. Da sich die Berührpunkte T_1^n, T_2^n, T_3^n wegen der Flachheit der Ellipsenbögen durch bloßes Anlegen des Lineals nur ungenau ergeben, empfiehlt es sich, die Richtung von l''' in dem durch Fig. 282a gegebenen Kreuzriß zu ermitteln, indem man hierzu etwa den mittels der Teilverhältnisübertragung $U^n G^n : G^n V_s'''^n = U''' G''' : G''' V_s'''$ erhältlichen Punkt V_s''' auf z''' aufsucht, worauf sich $[V''' V_s'''] = l'''$ als Kreuzriß des Lichtstrahls durch V ergibt. Die Berührpunkte der zu l''' parallelen Tangenten an die Kreisbögen lassen sich nun genau ermitteln und in das axonometrische Bild übertragen.

Wir haben schließlich den Schlagschatten auf die Mauerebene $[xz]$ zu ermitteln. Um etwa den Schatten von A zu erhalten, fassen wir A als Punkt der zu y parallelen Kante $[A A_1]$ auf. Ihr Schattenbild ist $[A_1^n \parallel l''^n]$ und liefert im Schnitt mit dem Lichtstrahlbild durch A^n das gesuchte Schattenbild A_s^n. Da sich aber bei der hier gewählten Annahme

$A_s{}^n$ als schleifender Schnitt nur ungenau ergibt, konstruieren wir $A_s{}^n$ besser mittels $[A^n \parallel l'^n]$ auf die aus Fig. 282b ersichtliche Weise, wobei wir A als Punkt einer zur z-Achse parallelen Geraden g auffassen. Man erhält für das Schlagschattenbild eines Kreises konjugierte Durchmesser, indem man die Schlagschatten von zwei normalen Kreisdurchmessern aufsucht.

Im folgenden Beispiel (Fig. 283) wird die Konstruktion der Schnittkurve von Drehzylindern behandelt.[1]) Es ist die in Fig. 283a im Maßstab 1:100 in Grund- und Aufriß gegebene *Rohrverzweigung* normalaxonometrisch im Maßstab 1:40 in Obersicht darzustellen. Wir wählen den gemeinsamen Schnittpunkt U der Achsen a_1, a_2, a_3 der drei Drehzylinder I, II, III als Ursprung, a_1 als z-Achse und die Ebene $[a_1 a_2]$ als $[yz]$-Ebene des Achsenkreuzes. Für die Konstruktion des Bildes der Schnittkurven der Zylinder wird im folgenden eine Verallgemeinerung des in Fig. 272 gezeigten Verfahrens angewendet. Zunächst zeichnen wir das Bild des von zwei Parallelkreisen begrenzten Zylinders I. Diese Kreise liegen zur $[xy]$-Ebene parallel, und ihre Bilder können nach Nr. 102 leicht gefunden werden. Nun zeichnen wir den Grundriß des Objektes in seiner um $[XY]$ in die Bildebene gedrehten und um ein Stück in der z^n-Richtung nach abwärts verschobenen Lage. Die Einzeichnung der Randkreise der Zylinder II und III kann jedoch dabei unterbleiben; der Grundrißkreis von I heiße k_1. Für die Darstellung des Zylinders II und die Ermittlung seiner Schnittkurve mit I ist es nun vorteilhaft, eine neue Grundrißebene einzuführen, die zur Achse a_2 von II normal ist. Zu diesem Zwecke drehen wir das Achsenkreuz um die x-Achse derart, daß die z-Achse nach a_2 gelangt. In seiner neuen Lage heiße das Achsenkreuz $x\bar{y}\bar{z}$. Aus der Kotierung des Objektes läßt sich die in $[yz]$ liegende Achse a_2 leicht darstellen, und es ist dann $a_2{}^n = \bar{z}^n$. Der Spurpunkt von $\bar{z}$ mit der Bildebene ist der Punkt $\bar{Z} = [\bar{z}^n \cdot YZ]$. Das Bild der $\bar{y}$-Achse ist nun $\bar{y}^n = [U^n \perp X\bar{Z}]$, und $\bar{Y} = [\bar{y}^n \cdot YZ]$ ist ihr Spurpunkt in der Bildebene. Der Randkreis von II kann sofort nach dem Verfahren für Kreise, die zur Grundrißebene $[x\bar{y}]$ parallel sind, gezeichnet werden.

Wir konstruieren jetzt den Normalriß (Kreis k_2) des Zylinders II auf die neue, zu seiner Achse normale Grundrißebene $[x\bar{y}]$ in jener Lage, die entsteht, wenn man $[x\bar{y}]$ zuerst um $[X\bar{Y}]$ in die Bildebene dreht und dann in der $\bar{z}^n$-Richtung um ein Stück gegen den oberen Rand des Zeichenblattes verschiebt. Dazu ist folgendes zu bemerken. Bei der Drehung der $[xy]$-Ebene in die Bildebene kam der Ursprung U in den Schnittpunkt U_1 von z^n mit dem Halbkreis über XY. Es ist daher $XU = XU_1$. Wird nun $[x\bar{y}]$ um $[X\bar{Y}]$ in die Bildebene gedreht, so gelangt U in einen Punkt $\bar{U}_1$ von $\bar{z}^n$, der von X den Abstand $XU = XU_1$ hat und der dem-

---

1) E. Kruppa, Techn. Übungsaufgaben für darst. Geometrie, 3. Mappe (F. Deuticke, Leipzig und Wien 1936), Blatt 33, Bild 6.

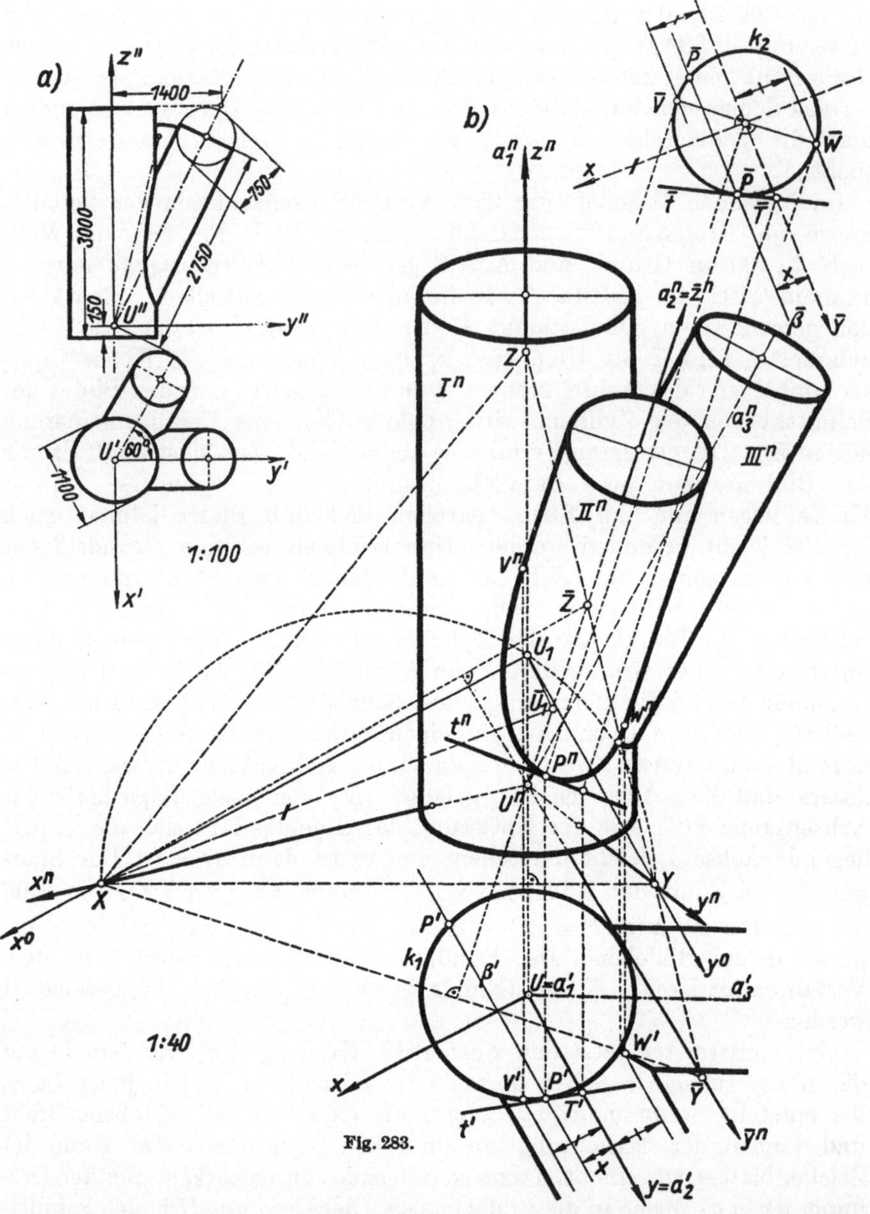

nach sofort angegeben werden kann. Die gesuchte Lage der x-Achse ist also die Parallele zu $[X\,\overline{U}_1]$ durch den Mittelpunkt von k_2, und $\overline{y}$ steht dort auf x normal. Zur Ermittlung der Schnittkurve der Zylinder I und II schneiden wir diese mit Hilfsebenen, die zu ihren Achsen a_1, a_2 zugleich parallel sind. Diese Ebenen β sind daher zu $[yz] = [\overline{y}\overline{z}]$ parallel und stellen sich im Grundriß auf $[xy]$ bzw. $[x\overline{y}]$ als Geraden β', $\overline{\beta}$ dar, die zu y bzw. $\bar{y}$ im gleichen Abstand x parallel sind, der die konstante Abszisse der Punkte einer solchen Ebene angibt. Trifft β' den Kreis k_1 in zwei Punkten P', $\bar{\beta}$ den Kreis k_2 in zwei Punkten $\bar{P}$, so schneiden die beiden Parallelen $[P' \,\|\, z^n]$ die Parallelen $[\bar{P} \,\|\, \bar{z}^n]$ in den Bildern von vier Punkten P der vollständigen Durchdringungskurve der Zylinder I und II. Auch die Tangente t an die Kurve in P läßt sich angeben, da ihre Normalrisse auf die beiden Grundrißebenen die Tangente t' von k_1 in P' bzw. die Tangente $\bar{t}$ von k_2 in $\bar{P}$ sind. t schneidet die Ebene $[yz] = [\bar{y}\bar{z}]$ in einem Punkt T, dessen Grundrisse $T' = [t'\,y]$ und $\bar{T} = [\bar{t}\bar{y}]$ sind. Die beiden Ordner $[T' \,\|\, z^n]$ und $[\bar{T} \,\|\, \bar{z}^n]$ treffen sich dann im Bild des Punktes T der gesuchten Tangente. Auch die in Fig. 283 b mit V und W bezeichneten Schnittpunkte der Umrißerzeugenden des Zylinders II mit I bzw. III lassen sich, da ihre Grundrisse $\bar{V}$, $\bar{W}$ bekannt sind, nach dem angegebenen Verfahren mühelos finden. — Zur Darstellung des Zylinders III und seines Schnittes mit I bringt man das Achsenkreuz xyz durch Drehung um die z-Achse in eine solche Lage, daß y mit a_3' zusammenfällt, und verfährt dann wie bei II.

Man bemerkt, daß die besprochene Konstruktion der Schnittkurve zweier Zylinder sich auf zwei beliebige Zylinder anwenden läßt, deren Erzeugenden zu einer und derselben Koordinatenebene, etwa $[yz]$, parallel sind. Sind überdies die Erzeugendenrichtungen der beiden Zylinder normal, dann wählt man sie als y- bzw. z-Richtung und konstruiert die Schnittkurve auf die angegebene Art aus dem in die Bildebene gedrehten Grundriß und dem in die Bildebene gedrehten Aufriß nach Fig. 272.

104. Normalaxonometrische Abbildung einer Mauernische mit Kugelgewölbe samt Schattenkonstruktion. Da das normalaxonometrische Bild eines Gegenstandes sein Normalriß auf die Bildebene ist, ergibt sich der scheinbare Umriß einer Kugel (M, r) als der Kreis (M^n, r). Wir behandeln die normalaxonometrische Abbildung der Kugel samt Schattenkonstruktionen in der folgenden technischen Übungsaufgabe: *Es sollen eine zylindrische Mauernische mit Kugelgewölbe samt Steinschnitt in Untersicht normalaxonometrisch dargestellt und die bei einer Parallelbeleuchtung auftretenden Schatten ermittelt werden (Fig. 284).*

Wir wählen die Kugelmitte M als Ursprung des Achsenkreuzes und suchen in einer Nebenfigur die Verkürzungen der den Achsen angehörigen Kugelradien MA, MD, MC. Von dem Bild k^n des in $[xz]$ liegenden Randkreises k der inneren Kugelfläche $\varkappa = (M, r)$ kennt man also den auf x^n befindlichen Durchmesser $A^n B^n$ und den auf z^n liegenden konjugierten Halbmesser $M^n C^n$. Die Hauptachse der Bildellipse k^n ist normal zu y^n, und ihre Länge ist gleich dem Kugeldurchmesser (Nr. 102); ihre Nebenachse läßt sich nun, etwa mittels A^n, durch die Papierstreifenkonstruktion ermitteln. Entsprechendes gilt für das Bild des Randkreises der äußeren Kugelfläche $\varkappa_1$ und für die zu $[xy]$ parallelen Randkreise der zylindrischen Mauer, von denen der innere k_1 heißen soll. Die Fugenteilungen von k^n

und k_1 werden mit Hilfe der diesen Kreisen affin zugeordneten Kreisen $k^0 = (M^n, M^n C^n)$ bzw. $k_1{}^0$ über $A_1{}^n B_1{}^n$ als Durchmesser ausgeführt. Die zu $[xy]$ parallelen *Lagerfugenkreise* auf $\varkappa$ und $\varkappa_1$ stellen sich als zu $k_1{}^n$

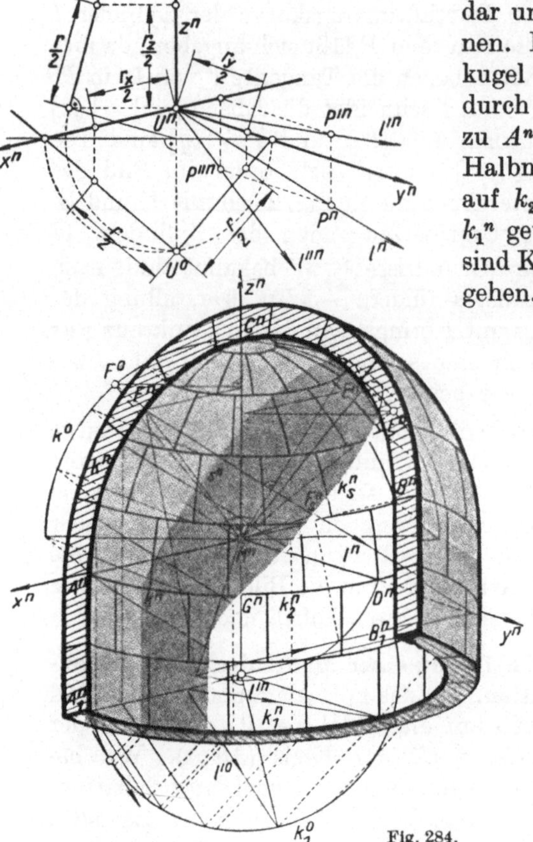

ähnliche Ellipsen mit parallelen Achsen dar und lassen sich daher leicht zeichnen. Der das Kugelgewölbe (Viertelkugel von $\varkappa$) begrenzende Fugenkreis durch A, B heiße k_2; $M^n D^n$ ist der zu $A^n B^n$ konjugierte, y^n angehörige Halbmesser von $k_2{}^n$. Die Fugenteilung auf $k_2{}^n$ wird durch Übertragung aus $k_1{}^n$ gewonnen. Die *Stoßfugen* von $\varkappa$ sind Kreisbögen, deren Ebenen durch z gehen. Diese Kreise stellen sich als Ellipsen mit dem gemeinsamen Halbmesser $M^n C^n$ dar, für welche die Endpunkte der zu $M^n C^n$ konjugierten Durchmesser auf $k_2{}^n$ liegen. Mittels des zu allen diesen Ellipsen affinen Kreises k^0 lassen sich die Schnittpunkte der Stoßfugen mit den Lagerfugen leicht finden. Der äußere scheinbare Umriß des Gewölbes ist der Kreis (M^n, r_1).

In Fig. 284 wurde auch die Schattenkonstruktion für die durch l^n, l'^n gegebene Lichtrichtung durchgeführt. Durch den Berührpunkt von $k_1{}^n$ mit der zu l'^n parallelen Tangente,

Fig. 284.

der mittels des affinen Kreises $k_1{}^0$ konstruiert werden kann, geht die zu z^n parallele Eigenschattengrenze des zylindrischen Teils. Ihr Schnittpunkt K mit k_2 liefert einen Punkt K^n des Bildes der Eigenschattengrenze s der Kugel $\varkappa$. Da die Ebene von s zu den Lichtstrahlen normal ist, liegt die große Achse der Bildellipse s^n auf der Geraden $[M^n \perp l^n]$ und hat die Länge $2r$. Man kennt also von s^n die Hauptachse und den Punkt K^n; somit kann die Nebenachse von s^n mittels der Papierstreifenkonstruktion gefunden werden. — Die *Ermittlung der Schlagschatten* beginnen wir mit dem Schatten k_s, den der Randkreis k in das Innere von $\varkappa$ wirft. k_s ist (vgl. Fig. 186) ein Großkreisbogen von $\varkappa$, der im Schnittpunkt E von k mit der Eigenschattengrenze s beginnt. Da $\varkappa$ längs k von einem Zylinder berührt wird, dessen Erzeugenden zu y parallel sind, erhält man E als Berührpunkt einer Tangente von k, die die Richtung l'' hat. E^n ist also ein Endpunkt des zu $[M^n \| l''^n]$ konjugierten Durchmessers von k^n. Man kann ihn mittels des affinen Kreises k^0 konstruieren. Wir zeichnen nun den zu ME normalen Halbmesser MF des Kreises k. Da die Tangente an k in E nach dem Gesagten die Richtung l'' hat, liegt F auf $[M \| l'']$, und F^n kann demnach im Schnitt von k^n mit $[M^n \| l''^n]$ erhalten werden. Sucht man nun den Schlagschatten F_s von F auf $\varkappa$, so sind (vgl. Fig. 185) $M^n E^n$ und $M^n F_s^n$ konjugierte Halbmesser von k_s^n. Um F_s^n zu erhalten, beachten wir folgendes: F_s gehört dem Schnittkreis der Kugel mit der Ebene $[l y]$ an. Von diesem sind MF und MD (D auf y) normale Halbmesser, demnach $M^n F^n$ und $M^n D^n$ konjugierte Halbmesser seines Bildes. Sucht man also z. B. mittels des affinen Kreises $(M^n, \overline{M^n D^n})$ den zweiten Schnittpunkt dieser Ellipse mit $[F^n \| l^n]$, so ist dies F_s^n. Damit sind die konjugierten Halbmesser $M^n E^n$ und $M^n F_s^n$ von k_s^n gefunden. Wirklicher Schlagschatten ist k_s nur bis zum Schnittpunkte G mit k_2. In G schließt sich der Schlagschatten an, den k auf die zylindrische Mauer wirft, der punktweise mittels des axonometrischen Grundrisses gefunden wird. Dieser Schlagschatten geht schließlich in den Schlagschatten der Kante $A A_1$ über.

Drittes Kapitel.

Parallelperspektive (Schräg- und Schräggrundrißverfahren).

105. Projektionsdreieck; Darstellung durch Schräg- und Schräggrundriß. Im ersten Kapitel dieses Teiles wurde die schiefe Axonometrie als ein Verfahren zur Gewinnung einer schiefen Projektion (Schrägriß) eines gegebenen Objektes behandelt. Da jedoch die Ermittlung der Sehrichtung und der wahren Länge der Einheitsstrecke auf Grund eines gegebenen Achsenbildes eine ziemlich umständliche Konstruktion (Nr. 89) erfordert, wird die Sehrichtung in schiefaxonometrischen Konstruktionen i. allg. unbekannt gelassen und die Abbildungsaufgabe auf die Darstellung eines zum gegebenen Objekt Φ ähnlichen Objektes Φ_1 abgeändert, wobei das Ähnlichkeitsverhältnis unbekannt bleibt. Nur wenn, wie z. B. in der *frontalen Axonometrie* (Nr. 92) das Achsenbild in besonderer Weise gewählt wird, sind Sehrichtung und Einheitsstrecke von vornherein bekannt. Wir beschäftigen uns im folgenden mit einem Verfahren zur Konstruktion von Schrägrissen, wobei aber die Sehrichtung als unmittelbar gegeben vorausgesetzt wird. Es wird sich sofort erweisen, daß dieses Verfahren im Grunde genommen die frontale Axonometrie ist, wenn man dabei die Raumgebilde durch ihr axonometrisches Bild und ihren axonometrischen Grundriß darstellt. Aus methodischen und praktischen Gründen heben wir jedoch dieses Verfahren aus dem Lehrgebäude der Axonometrie heraus und behandeln es unter dem Namen *Parallelperspektive* oder

20*

Schräg- und Schräggrundrißverfahren als selbständige Abbildungsmethode.[1])

Gegeben sei (Fig. 285) eine lotrechte *Bildebene* Π und eine waagerechte Grundrißebene Γ, die wir auch *Grundebene* nennen wollen. Zur Festlegung der Sehrichtung wählen wir in Γ einen Punkt E und in Π seinen Schrägriß E^s. $[EE^s]$ ist dann ein Sehstrahl. Die Wahl von E kann dadurch erfolgen, daß wir den auf der *Rißachse* $x = [\Pi\Gamma]$ liegenden Normalriß E'' von E auf Π und den Punkt E' angeben, in den E gelangt, wenn Γ um x

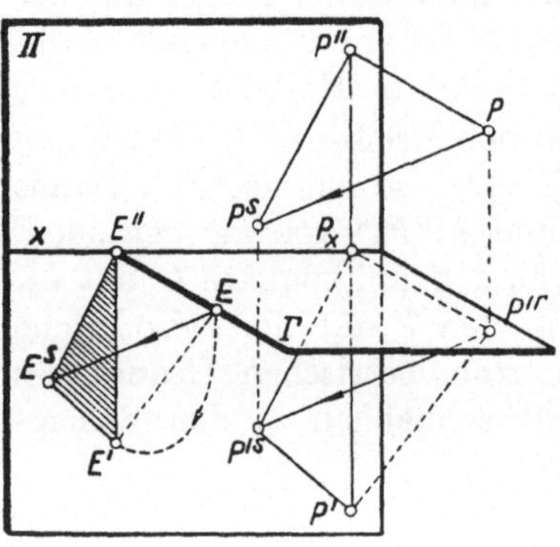
Fig. 285.

nach Π gedreht wird. Das die Sehrichtung in der angegebenen Art festlegende Dreieck $E'E''E^s$, von dem $[E'E'']$ zu x normal ist, heiße das *Projektionsdreieck*.[2])

Wir wenden uns nun der Abbildung der Raumpunkte zu. Es sei (Fig. 285) P der darzustellende Raumpunkt und P'^r sein Grundriß auf Γ. Nun projizieren wir P und P'^r in der Richtung von $[EE^s]$ auf Π und erhalten den *Schrägriß* P^s und den *Schräggrundriß* P'^s von P. P^s und P'^s liegen auf einem zu x normalen Ordner, der das Bild von $[PP'^r]$ ist. Aus $P'^rP = P'^sP^s$ folgt: P'^sP^s gibt den Abstand des Raumpunktes P von der Grundebene Γ der Größe und dem Vorzeichen nach an.

Faßt man die Rißachse als x-Achse, $[E''E]$ als y-Achse, $[E'' \perp \Gamma]$ als z-Achse eines Achsenkreuzes, $E''E$ als Einheitsstrecke mit dem Schrägriß $E''E^s$ auf, so liegt das Achsenbild für frontale Axonometrie vor, und P^s ist das axonometrische Bild, P'^s der axonometrische Grundriß von P. Wichtiger ist aber der Zusammenhang unserer Abbildung mit dem Grund- und Aufrißverfahren, den wir aus Fig. 285 ohne weiteres herauslesen können. Wir fassen die Bildebene Π als Aufrißebene auf; dann liegen der Aufriß P'' von P und der mit Γ nach Π geklappte Grundriß P' von P auf einem Ordner, der zu x normal ist und x in P_x schneidet. Es ist dann $[P_xP'^s] \| [E''E^s]$, weil diese Geraden die Schrägrisse der parallelen Geraden $[P_xP'^r]$ und $[E''E]$ sind; es ist aber auch $[P'P'^s] \| [E'E^s]$, weil diese Geraden die Schrägrisse der parallelen Geraden $[P'P'^r]$ und $[E'E]$ sind. Demnach ist das Dreieck $P'P_xP'^s$ zum Projektionsdreieck $E'E''E^s$ ähnlich und in paralleler Lage. Schließlich bemerkt man, daß

---

1) J. H. Lambert, Freye Perspektive, VII. Abschn. J. Schlesinger, Die darst. Geometrie im Sinne der neueren Geometrie. Wien 1870, § 44. L. Burmester, Grundzüge der schiefen Parallelperspektive, Z. Math. Phys. 16 (1871). R. Staudigl, Die axonometrische und schiefe Projektion. Wien 1875 (S. 48).

2) Diese Bezeichnung wurde zuerst von J. Hönig (Wien) in Vorlesungen, später von G. Peschka (Darst. u. proj. Geometrie, I. Wien 1883, S. 215) für das Dreieck $EE''E^s$ und seine Umklappung in die Bildebene gebraucht.

$P'^sP^s = P_xP'' = P'^rP$ ist. Fig. 286 zeigt den soeben festgestellten Zusammenhang zwischen den Bildpunktepaaren $P^sP'^s$, $P'P''$ und dem Projektionsdreieck, ferner die Abbildung von zwei hinter Π liegenden Punkten Q und R im Schräg- und Schräggrundriß sowie im Auf- und Grundriß. Liegt ein Punkt in der Grundebene Γ, so fällt er mit seinem Grundriß zusammen; es decken sich demnach auch sein Schrägriß und sein Schräggrundriß. Γ ist daher die *Koinzidenzebene* des Schräg- und Schräggrundrißverfahrens.

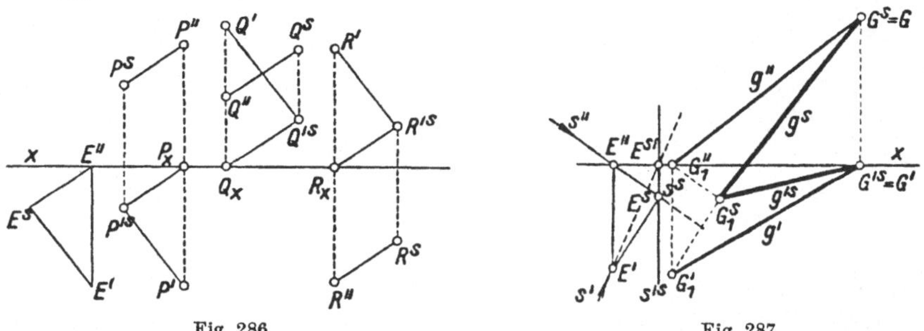

<table>
<tr><td>Fig. 286.</td><td>Fig. 287.</td></tr>
</table>

Die Bildpaare der Punkte einer Geraden g erfüllen ihren Schrägriß g^s und ihren Schräggrundriß g'^s (Fig. 287). Die Gerade g schneidet Γ in ihrem *Grundspurpunkt* G_1, dessen Bilder nach dem soeben Gesagten in seinem Schrägriß $G_1^s = [g^sg'^s]$ zusammenfallen. Der Schnittpunkt von g mit der Bildebene Π ist der *Bildspurpunkt* G. Er deckt sich mit seinem Schrägriß; sein Grundriß und zugleich sein Schräggrundriß ist $G'^s = [g'^sx]$. Man erhält den Grundriß g' und den Aufriß g'' von g, indem man von zwei Punkten von g Grund- und Aufriß mittels des Projektionsdreiecks ermittelt. Die Aufgabe vereinfacht sich bei Benutzung der Spurpunkte G, G_1 und hat dann die aus Fig. 287 ersichtliche Lösung.

Eine Sonderstellung unter den Geraden nehmen die Sehstrahlen ein. Der durch den Punkt E (Fig. 287) gehende Sehstrahl s bildet sich im Schrägriß als der Punkt $E^s = s^s$ ab; sein Schräggrundriß ist daher der durch E^s gehende Ordner. Ist $E^{s\prime}$ der auf der Rißachse liegende Grundriß von E^s, so ist $[E'E^{s\prime}] = s'$ der Grundriß und $[E''E^s] = s''$ der Aufriß des Sehstrahls s. — Eine Gerade $\perp \Gamma$ bildet sich im Schräggrundriß als ein Punkt ab. Der Schrägriß und der Schräggrundriß einer Geraden $\perp \Pi$ sind zur Seite $E''E^s$ des Projektionsdreiecks parallel, da $[E''E]$ eine zu Π normale Gerade ist.

Eine weder zu Π noch zu Γ parallele Ebene ε schneidet Π in der *Bildspur* e und Γ in der *Grundspur* e_1^r. ε ist durch e und den Schrägriß e_1^s der Grundspur e_1^r bestimmt. e und e_1^s schneiden sich auf der Rißachse x (Fig. 288). Für den Übergang zum Grund- und Aufrißverfahren ergibt sich aus e_1^s mittels des Projektionsdreiecks die erste Spur e_1 von ε, und es ist $e = e_2$ die zweite Spur. — Unter den *Hauptlinien* einer Ebene ε versteht man diejenigen Geraden von ε, die entweder zur Bildebene Π

oder zur Grundebene Γ parallel sind. Eine zu Π parallele Hauptlinie a hat einen Schrägriß $a^s \parallel e$ und einen Schräggrundriß $a'^s \parallel x$; für eine zu Γ parallele Hauptlinie b ist $b^s \parallel b'^s \parallel e_1^s$ (Fig. 288).

Ist von einem Punkt P von ε ein Bild, z. B. P'^s, gegeben, so läßt sich das andere P^s am besten mittels einer durch P gehenden Hauptlinie a

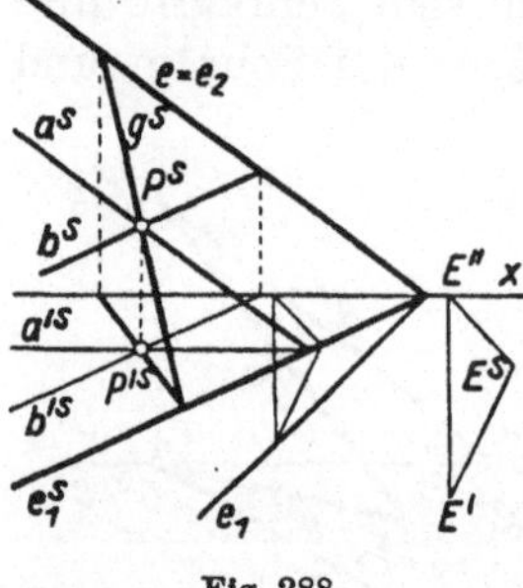
Fig. 288.

oder b finden, wie man aus Fig. 288 unmittelbar entnimmt. Man kann dazu aber auch irgendeine durch P gehende Gerade g von ε verwenden. Für die Darstellung einer in $\varepsilon(e, e_1^s)$ liegenden Geraden g ist zu beachten, daß der Bildspurpunkt auf e und der Schräggrundriß des Grundspurpunktes auf e_1^s liegt; diese Spurpunkte bilden sich in der bei Fig. 287 besprochenen Art ab.

Die Fig. 286, 287, 288 zeigen ein besonders einfaches Verfahren, um von einer Darstellung in Grund- und Aufriß zu einer solchen durch Schräg- und Schräggrundriß zu gelangen, sowie den umgekehrten Weg. Aufgaben der Parallelperspektive lassen sich auf diese Art leicht durch den Übergang auf zugeordnete Normalrisse lösen. Meistens wird man aber durch direkte Methoden rascher zum Ziele kommen, wie an Beispielen gezeigt werden wird.

Zum Schluß noch eine Bemerkung über die Behandlung der *Sichtbarkeit*. Je nachdem der in einem Punkt der Grundebene Γ auftreffende Sehhalbstrahl (vgl. Nr. 53) sich oberhalb oder unterhalb Γ befindet, nennen wir den Schrägriß eine *Ober*- oder *Untersicht*. Bei Obersicht befindet sich ein Punkt P vor oder hinter Π, je nachdem P'^s unterhalb oder oberhalb der Rißachse liegt; bei Untersicht ist es umgekehrt.

106. Grundaufgaben in Parallelperspektive. Wird bei der Lösung von *Lagenaufgaben* in Parallelperspektive von der Verwendung der Spurelemente abgesehen, so verlaufen die Konstruktionen mit denselben Hilfs-

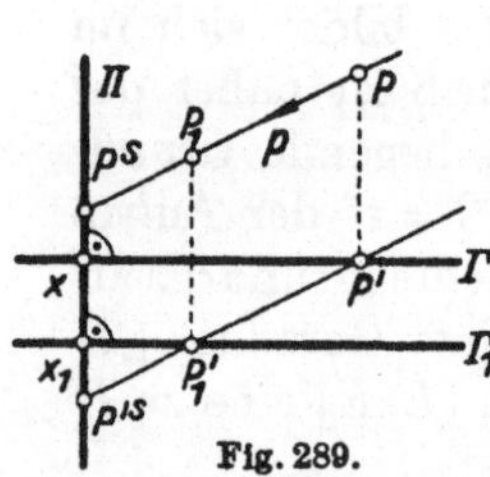
Fig. 289.

linien wie in zugeordneten Normalrissen, da die Abbildung der Punkte, Geraden und Ebenen im Schräg- und Schräggrundriß denselben Regeln (Nr. 58) unterliegt wie im Grund- und Aufrißverfahren. Der Verzicht auf die Spurelemente macht die Rißachse bei Lagenaufgaben entbehrlich. Bei *Maßaufgaben* empfiehlt es sich, die Rißachse durch eine Parallelverschiebung in eine zweckmäßige Lage zu bringen.

Wir wollen daher zunächst die Wirkung einer *Parallelverschiebung der Rißachse* untersuchen. In Fig. 289 sieht man die Bildebene Π und zwei verschiedene parallele Grundebenen Γ und Γ_1 in einem Normalriß auf eine Ebene, die zu den parallelen Rißachsen x und x_1 normal ist. Wird zu einem Bildpunktepaar P^s, P'^s der zugehörige Raumpunkt zuerst für die Grundebene Γ, dann für Γ_1 gesucht, so erhält man zwei Punkte P, P_1 auf dem Sehstrahl durch P^s, deren Entfernung ersichtlich nur vom Abstand $x x_1$ und der Sehrichtung abhängt. Es gilt daher der

Satz 1: *Einer Parallelverschiebung der Rißachse entspricht bei festgehaltener Bildebene eine Parallelverschiebung des dargestellten Objektes in der Sehrichtung.*

Im folgenden besprechen wir die Lösung der wichtigsten Grundaufgaben in Parallelperspektive.

Aufgabe 1: *Messen und Auftragen von Strecken* (Fig. 290). Wir ermitteln zuerst die Länge des Grundrisses $A'B'$ der durch die Schrägbilder A^s, A'^s und B^s, B'^s ihrer Endpunkte gegebenen Strecke AB. Nach Satz 1 können wir die Rißachse x durch B'^s legen. Wir klappen zunächst den Grundriß der Strecke mit der Grundebene Γ in die Bildebene. Der umgeklappte Grundriß A' ergibt sich mittels des zum Projektionsdreieck ähnlichen und parallelen Dreiecks $A'^s A_x A'$. Es ist demnach $A'B'^s$ die Länge l' des Grundrisses von AB. Nun konstruieren wir die Länge $l = AB$ als Hypotenuse eines rechtwinkligen Dreiecks, dessen Katheten l' und die Differenz z der Abstände der Endpunkte A, B von Γ sind. Da diese Abstände gleich $A'^s A^s$ und $B'^s B^s$ sind, ist $z = A_1^s A^s$, wenn A_1^s den Schnittpunkt des Ordners $[A^s A'^s]$ mit $[B^s \| B'^s A'^s]$ bezeichnet. Wir machen nun $A_1^s A^s$ zur Kathete eines rechtwinkligen Dreiecks $A^s A_1^s B^0$, dessen andere Kathete $A_1^s B^0 = l'$ ist. $A^s B^0 = l$ ist dann die gesuchte Länge von AB.

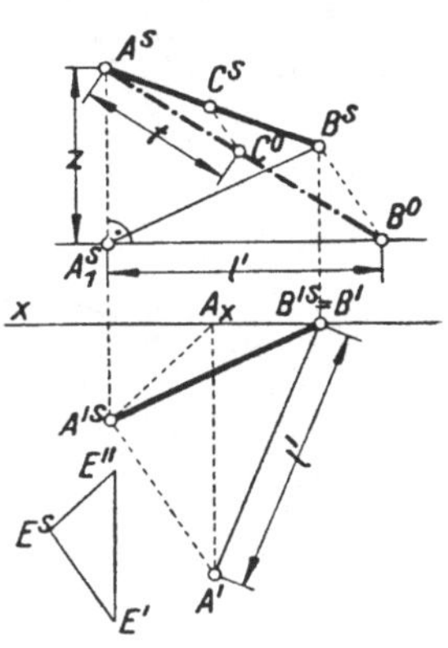

Fig. 290.

Hat man auf $[AB]$ *von* A *aus eine gegebene Strecke* t *aufzutragen*, so trägt man sie auf $[A^s B^0]$ von A^s nach C^0 auf und projiziert C^0 in der Richtung $B^0 B^s$ auf $[A^s B^s]$ nach C^s. $A^s C^s$ ist dann der Schrägriß der Strecke AC von der Länge t.

Aufgabe 2: *Paralleldrehen ebener Figuren.* Wir verstehen darunter die Drehung der Figur um eine zur Bildebene Π parallele Hauptlinie ihrer Ebene ε in eine zu Π parallele Lage. Da die gedrehte Figur dann zu ihrem Schrägriß kongruent ist, erkennt man die Wichtigkeit dieser Aufgabe für die Darstellung ebener Figuren. In Fig. 291 betrachten wir die Paralleldrehung eines Dreieckes ABC um die durch C gehende Hauptlinie $h(h^s, h'^s)$. Nach Satz 1 können wir die Rißachse x mit h'^s zusammenfallen lassen; C ist dann ein Punkt der Bildebene und h die Spur der Dreiecksebene. Die Aufgabe besteht nun darin, das Dreieck um h in die Bildebene zu drehen. Zunächst ermitteln wir die gedrehte Lage des Punktes A. Zu diesem Zweck müssen wir uns mittels des Projektionsdreiecks $E^s E'' E'$ den Aufriß A'' und den Tafelabstand von A verschaffen. $[A'^s \| E^s E'']$ schneidet x im Punkte A_x, durch den der Ordner von A'' geht. Dieser wird von $[A^s \| E^s E'']$ und von $[A^s \| E^s E']$

in den Punkten A'' und A_1 geschnitten, deren Abstand der gesuchte Tafelabstand $a = A\Pi$ ist. Nun kann auf die bekannte, aus Fig. 291 ersichtliche Art die gedrehte Lage A^0 von A ermittelt werden. Das aus

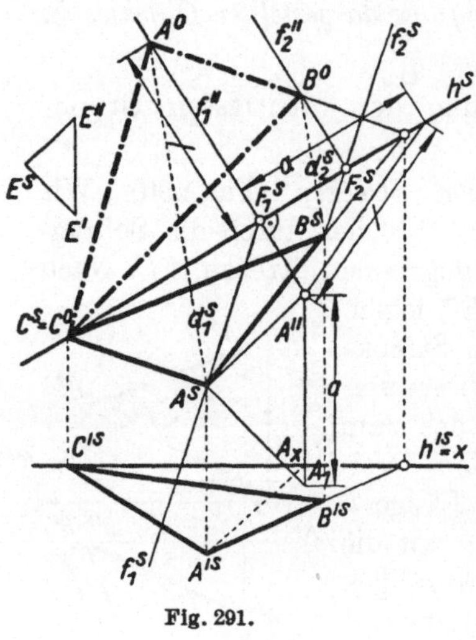

Fig. 291.

A'' auf h^s gefällte Lot f_1'' ist der Aufriß der durch A gehenden Fallinie f_1 und die Verbindungsgerade von A^s mit $F_1{}^s = [h^s f_1'']$ ihr Schrägriß $f_1{}^s$. Die Gerade $d_1{}^s = [A^s A^0]$ ist der Schrägriß der Geraden $[A A^0]$. Man nennt eine solche Gerade, die einen Punkt der Ebene ε mit seiner gedrehten Lage verbindet, eine *Drehsehne*. Offenbar sind alle Drehsehnen und demnach auch ihre Schrägrisse parallel. Es kann nun die gedrehte Lage B^0 von B mittels der Fallinie f_2 und der Drehsehne d_2 von B sehr rasch ermittelt werden. Es ist $[B^s \| f_1{}^s] = f_2{}^s$ und $[B^s \| d_1{}^s] = d_2{}^s$. Das Lot f_2'' auf h_s im Schnittpunkt $F_2{}^s = [h^s f_2{}^s]$ schneidet $d_2{}^s$ in B^0. Aus dieser Konstruktion folgt der

Satz 2: *Der Schrägriß einer ebenen Figur und ihrer um die Hauptlinie h parallelgedrehten Lage sind perspektivaffine Figuren mit h^s als Affinitätsachse und dem Schrägriß der Drehsehnen als Affinitätsstrahlen.*

Um die Paralleldrehung einer ebenen Figur oder ihre Rückdrehung durchzuführen, genügt es daher, sich auf obigem Wege nach Wahl

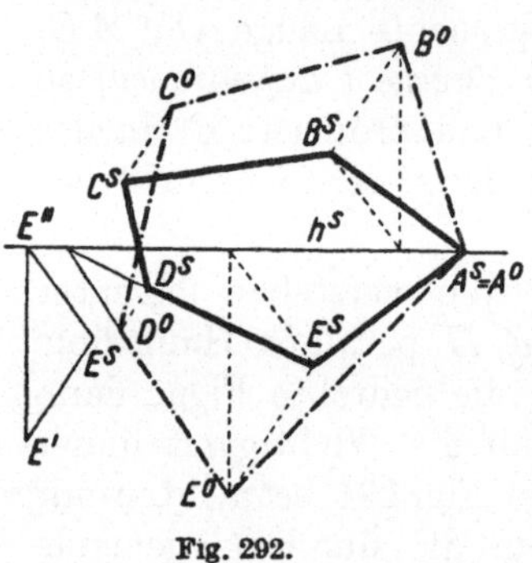

Fig. 292.

von h^s ein einziges Punktepaar A^s, A^0 dieser Affinität zu verschaffen. Das Paralleldrehen vereinfacht sich, wenn die Figur einer zu Γ parallelen Ebene angehört, da dann die Bilder der Drehsehnen und der Falllinien zu den Seiten $E^s E'$ bzw. $E^s E''$ des Projektionsdreiecks parallel sind. Fig. 292 zeigt die Paralleldrehung eines durch seinen Schrägriß gegebenen, zu Γ parallelen unregelmäßigen Fünfecks; die zu Π parallele Drehachse h wurde durch den Eckpunkt A gelegt.

Aufgabe 3: *Man zeichne eine Normale zu einer gegebenen Ebene und trage darauf eine gegebene Strecke l auf (Fig. 293).* Wir denken uns die Ebene ε durch eine Hauptlinie $h(h^s, h'^s)$ und einen Punkt $P(P^s, P'^s)$ gegeben. Nehmen wir an, daß Π durch h gehe (Nr. 106, Satz 1), so ist h'^s zugleich die Rißachse x. Zunächst ermitteln wir, wie in der vorigen Aufgabe, den Normalriß P'' von P auf Π, den Tafelabstand $p = P'' P$ und den Schnittpunkt P_1 der durch P gehenden Fallinie f mit h. Der

Aufriß der Normalen n auf ε durch den Punkt P ist dann $n''=f''=[P''\perp h^s]$. Wir suchen nun den Bildspurpunkt N von n, indem wir die zu Π normale Ebene durch n als Seitenrißebene einführen und diese samt n und f nach Π umklappen. P''' ergibt sich dabei mittels seines bekannten Tafelabstandes p; n''' ist normal zu $f'''=[P_1P''']$ und geht durch P'''. Nun ist $N=[n''n''']$ und $n^s=[P^sN]$.

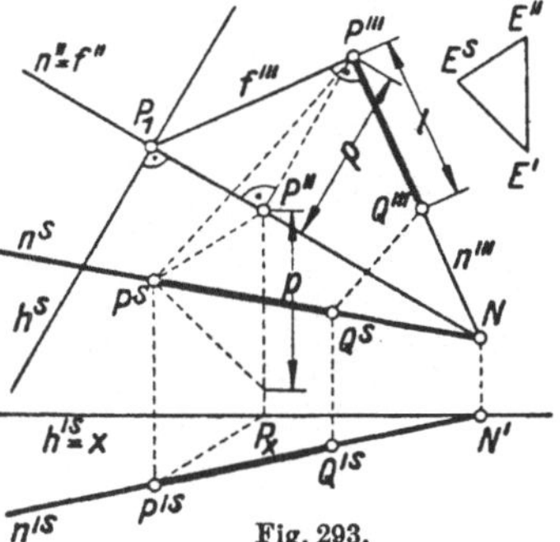
Fig. 293.

Das Abtragen einer Strecke l auf n, etwa von P aus, geschieht dadurch, daß man $P'''Q'''=l$ macht und von Q den Schrägriß Q^s sucht. Um diesen zu finden, überlegen wir uns, daß P^sP''' der Schrägriß der Drehsehne für die Umklappung der Seitenrißebene nach Π ist. Es ist daher $[Q^sQ''']$ zu $[P^sP''']$ parallel, wodurch Q^s auf n^s bestimmt ist. — Schließlich behandeln wir als Übungsbeispiel die folgende

Aufgabe 4: *Man zeichne den Schrägriß einer quadratischen Pyramide, deren Seitenkanten gegen die Basisebene unter 60° geneigt sind, von der die Basismitte M und die Spitze S gegeben sind und ein Basiseckpunkt A in der Bildebene liegen soll (Fig. 294).* Zunächst ermitteln wir den Aufriß M'' und den Tafelabstand von M auf die früher erklärte Weise sowie den Bildspurpunkt N der Pyramidenachse a. $[M''N]$ ist dann ihr Aufriß a''. Nun klappen wir die durch a gehende, zu Π normale Seitenrißebene um, wodurch a die Lage $a'''=[M'''N]$ erhält. Im Seitenriß erscheint die Basisebene ε als die Gerade $[M'''\perp a''']$, die a'' in einem Punkt M_1 schneidet, durch den normal zu a'' die Bildspur e von ε geht. Jetzt drehen wir ε mit dem Basisquadrat in die Bildebene. Die gedrehte Lage M^0 von M kann wegen $M_1M'''=M_1M^0$ sofort an-

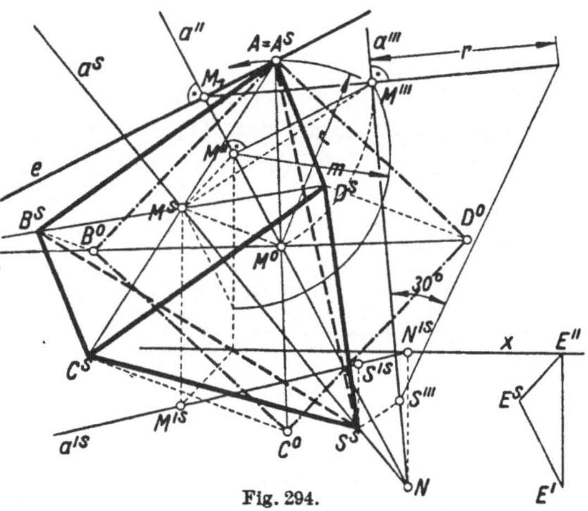
Fig. 294.

gegeben werden. Der Halbmesser r des dem Quadrat umschriebenen Kreises ergibt sich als Kathete eines rechtwinkligen Dreiecks, dessen andere Kathete die Pyramidenhöhe $h=M'''S'''$ ist und mit der Hypotenuse den Winkel 30° einschließt. Der Kreis (M^0, r) schneidet e in zwei möglichen Lagen für den Basiseckpunkt A. Dadurch ist die nach Π gedrehte Basis $AB^0C^0D^0$ bestimmt. Durch ihre Rückführung

(Affinitätsachse e und M^0, M^s entsprechende Punkte) erhält man den Schrägriß der Basis und kann dann das Pyramidenbild zeichnen.

107. Abbildung des Kreises. *Die Darstellung eines Kreises, der in einer gegebenen Ebene ε liegt, M als Mitte hat und durch P geht, ist aus Fig. 295 ersichtlich.* Wir drehen ε um die Bildspur e in die Bildebene Π bzw. um

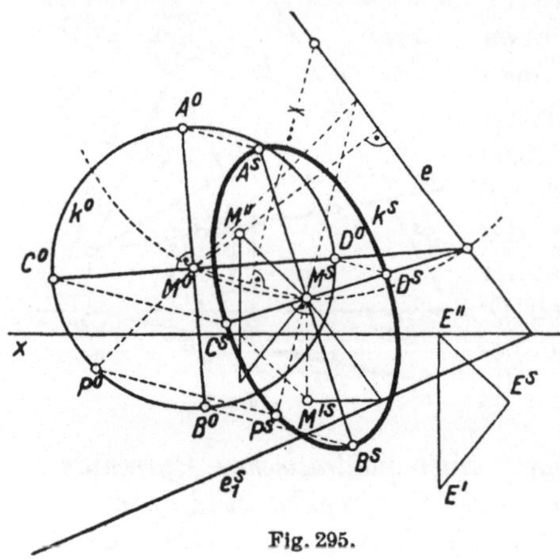

Fig. 295.

eine zu Π parallele Hauptlinie parallel zu Π (Nr. 106, Aufg. 2). Der darzustellende Kreis gelangt dadurch in einen Kreis k^0, von dem uns die Mitte M^0 und ein Punkt P^0 bekannt sind. Um konjugierte Durchmesser von k^s zu erhalten, könnte man den zu e parallelen und den zu e normalen Durchmesser von k^0 zurückführen, oder auch den zu $[M^0 P^0]$ normalen Durchmesser. Wir können aber auch unmittelbar die Achsen von k^s ermitteln. Dazu haben wir bloß in der perspektiven Affinität, die zwischen k^s und k^0 besteht, die entsprechenden rechten Winkel in M^0 und M^s mittels des Kreises, der durch M^0 und M^s geht und dessen Mitte auf e liegt, zu zeichnen (Nr. 4, Fig. 16). Das so erhaltene Durchmesserpaar von k^0 schneidet k^0 in vier Punkten A^0, B^0, C^0, D^0, deren affin entsprechende die Scheitel von k^s ergeben.

Besonders einfach gestaltet sich die Konstruktion konjugierter Durchmesser von k^s, *wenn der Kreis $k = (M, r)$ einer waagerechten Ebene angehört* (Fig. 296). Zieht man durch M^s die Normale zu den Ordnern und

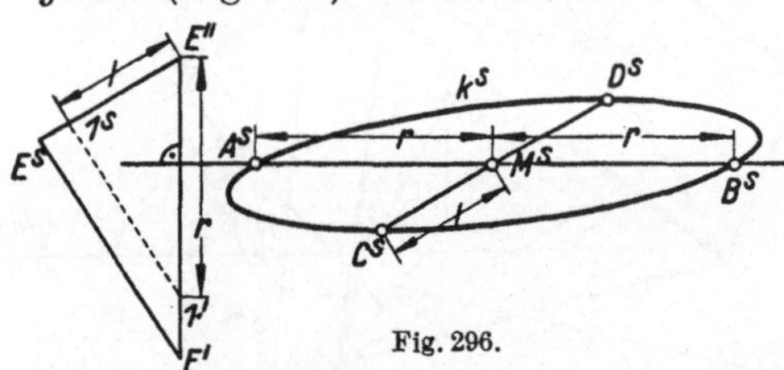

Fig. 296.

trägt auf ihr von M^s aus beiderseits den Halbmesser r bis A^s und B^s ab, so ist $A^s B^s$ der Schrägriß des zu Π parallelen Durchmessers $A B$. Der dazu normale Durchmesser $C D$ hat ein Bild, das zur Seite $E'' E^s$ des Projektionsdreiecks parallel ist. Um die Länge $M^s C^s$ zu erhalten, tragen wir r auf $[E'' E']$ von E'' bis $1'$ ab und projizieren die Strecke $E'' 1'$ in der Richtung von $[E' E^s]$ auf $[E'' E^s]$. Trägt man die so erhaltene Strecke $E'' 1^s$ auf $[M^s \| E'' E^s]$ von M^s aus beiderseits ab, so gelangt man zum Durchmesser $C^s D^s$, der zu $A^s B^s$ konjugiert ist.

108. Abbildung der Kugel samt Schattenkonstruktion. In Fig. 297 a betrachten wir die *Darstellung einer hohlen Halbkugel, die sich unterhalb ihres waagerechten Randkreises (Äquators) k befindet, und ermitteln die* *an ihr für eine gegebene Lichtrichtung l (297 c) auftretenden Schatten sowie ihren Schlagschatten auf eine waagerechte Ebene.* Zunächst zeichnen wir nach Fig. 296 den Schrägriß k^s des Äquators. Als gegeben werde dabei das Bild der Mitte M und der Kugelradius angenommen. Die Bilder $F_1{}', F_2{}'$ der Endpunkte F_1, F_2 des zu Π normalen Kugeldurchmessers sind (Nr. 32, Satz 3) die Brennpunkte des scheinbaren Umrisses u^s der Kugel. Da ferner nach demselben Lehrsatz die kleine Halbachse die Länge r hat, kann u^s gezeichnet werden.

Für die Schattenkonstruktion kommen die Überlegungen aus Nr. 64 zur Anwendung. Die Eigenschattengrenze der Kugel ist ihr in der Ebene

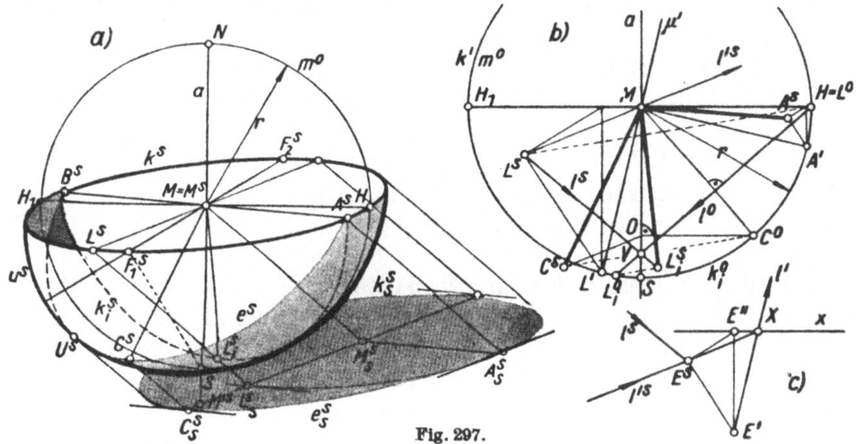

Fig. 297.

$[M \perp l]$ liegender Großkreis e. e liegt symmetrisch zur Lichtebene μ durch den lotrechten Durchmesser $a = [NS]$. Daher ist der zu μ normale Durchmesser AB des Äquators auch ein Durchmesser von e, und der zu AB normale Halbmesser MC der Eigenschattengrenze e liegt in μ und ist zur Lichtrichtung normal. Die Schrägrisse von MA und MC sind daher konjugierte Halbmesser des Bildes e^s der Eigenschattengrenze. Zur Konstruktion von AB beachte man, daß μ die Äquatorebene nach einer Geraden schneidet, die die Richtung l'^r der Grundrisse der Lichtstrahlen hat, so daß AB der zum Durchmesser $[M \parallel l'^r]$ normale Durchmesser von k ist. Wir können uns Π und die Grundebene Γ durch M gelegt denken und klappen den Äquator um seinen waagerechten Durchmesser HH_1 nach Π, wodurch der Kreis $k' = (M, r)$ entsteht (Fig. 297 b). Die Grundrisse l'^r der Lichtstrahlen nehmen in der Umklappung eine Richtung l' an, die in Fig. 297c für den durch den Eckpunkt E des Projektionsdreiecks gehenden Lichtstrahl konstruiert wurde. Schneidet $[E^s \parallel l'^s]$ die durch E'' gehende Rißachse x in X, so ist $[XE'] = l'$. Sind nun (Fig. 297 b) A', B' die Endpunkte des zu l' normalen Durchmessers von k', so ergibt sich aus A' mittels des Projektionsdreiecks sein Schrägbild A^s. Von dem zu AB normalen Durchmesser CD der Eigenschattengrenze e

wissen wir, daß er in der Lichtebene μ durch $[NS]$ liegt und zur Lichtrichtung l normal ist. Um CD zu ermitteln, drehen wir daher den in μ liegenden Meridiankreis m um $[NS]$ nach Π, wodurch er mit k' zur Deckung kommt. μ schneidet den Äquator in zwei Punkten, von denen wir einen mit L bezeichnen. Sein Grundriß L' liegt auf $\mu' = [M \parallel l']$ im Schnitt mit k', und sein Schrägriß L^s läßt sich demnach mittels des Projektionsdreiecks ermitteln. Durch die Drehung der Lichtebene μ um $[NS]$ nach Π gelangt L nach $L^0 = H$, und es ist demnach $[L^s L^0]$ das Bild der *Drehsehne* $[LL^0]$ (Nr. 106, Aufg. 2). Der in μ liegende Lichtstrahl durch L schneidet $a = [NS]$ in einem Punkt V, der bei der Drehung festbleibt. $[VL^0] = l^0$ ist daher die gedrehte Lage dieses Lichtstrahls. Wir erhalten demnach den zu AB normalen Durchmesser CD der Eigenschattengrenze in seiner gedrehten Lage $C^0 D^0$, indem wir aus M die Normale auf l^0 errichten. Um nun CD zurückzudrehen, fällen wir aus C^0 das Lot $[C^0 O]$ auf a. Diese Gerade ist nach der Rückdrehung zu $[LM]$ parallel. Da die Drehsehne $[C^0 C]$ zur Drehsehne $[LL^0]$ parallel ist, ergibt sich C^s als der Schnittpunkt von $[C^0 \parallel L^0 L^s]$ mit $[O \parallel ML^s]$. Es sind nun MA^s und MC^s konjugierte Halbmesser von e^s. Sie wurden in die Fig. 297 a übertragen.

Der Schlagschatten k_i der Äquatorhälfte ALB auf die Innenseite der Kugel ist (Nr. 64) ein Halbkreis mit dem Durchmesser AB. Ist L_i der Schatten von L auf die Kugel, so ist ML_i der zu AB normale Halbmesser von k_i. L_i und sein Schrägriß $L_i{}^s$ können leicht ermittelt werden (Fig. 297 b). Der durch L gehende Lichtstrahl wurde bereits durch sein Bild l^s und seine gedrehte Lage l^0 dargestellt. l^0 schneidet den gedrehten Meridiankreis m^0 in der gedrehten Lage $L_i{}^0$ des gesuchten Punktes L_i, dessen Bild $L_i{}^s$ sich nun im Schnitt von l^s mit $[L_i{}^0 \parallel L^s L^0]$ ergibt, da diese Gerade das Bild der Drehsehne von L_i ist. Damit haben wir für $k_i{}^s$ die konjugierten Halbmesser $M^s A^s$ und $M^s L_i{}^s$ gewonnen.

Schließlich wurde in Fig. 297a noch der Schlagschatten auf eine zur Äquatorebene Γ parallele und unter ihr im Abstand $M^s M'^s$ gelegene Ebene Γ_1 ermittelt. Wir fassen Γ_1 als neue Grundebene und M'^s als Schräggrundriß von M auf Γ_1 auf. l^s durch M^s und l'^s durch M'^s schneiden sich im Bild des Schlagschattens $M_s{}^s$ der Kugelmitte M. Verschiebt man k^s parallel, so daß M^s nach $M_s{}^s$ gelangt, so erhält man das Schlagschattenbild $k_s{}^s$ des Äquators k. Da der zu AB normale Halbmesser MC der Eigenschattengrenze e der Lichtebene μ durch a angehört, liegt $C_s{}^s$ auf $[M_s{}^s \parallel l'^s]$ und ist daher der Schnittpunkt dieser Geraden mit $[C^s \parallel l^s]$. $M_s{}^s A_s{}^s$ und $M_s{}^s C_s{}^s$ sind demnach konjugierte Halbmesser des Schlagschattenbildes $e_s{}^s$ der Kugel. Man beachte, daß u^s und e^s einander in einem Punkt U^s berühren, in welchem die Tangente die Richtung l^s hat. Dieselbe Tangente berührt auch $e_s{}^s$, weil e und e_s ebene Schnitte des die Kugel berührenden Lichtzylinders sind. Auch $e_s{}^s$ und $k_s{}^s$ berühren einander in $A_s{}^s$, weil die Tangentialebene der Kugel in A Lichtebene ist.

109. Abbildung von Drehflächen. Wir beschränken uns auf die Annahme, daß die Achse a der Drehfläche Φ zur Grundebene Γ normal ist. Φ kann dann durch das Bild a^s von a und das Bild m^s des zur Bildebene parallelen Meridians m (Hauptmeridians) gegeben werden. m^s ist zu m kongruent. Nach Nr. 106, Satz 1 ist es keine weitere Einschränkung der Allgemeinheit, wenn wir annehmen, daß a und m in der Bildebene Π liegen. Wir führen die Aufgabe, *den Schrägumriß von Φ zu ermitteln*, in die Aufgabe über, den Eigenschatten von Φ in zugeordneten Normalrissen zu ermitteln, wobei wir die Sehstrahlen als Lichtstrahlen auffassen. In der Tat sind bei dieser Auffassung die Eigenschattengrenze und der wahre Umriß u identisch.

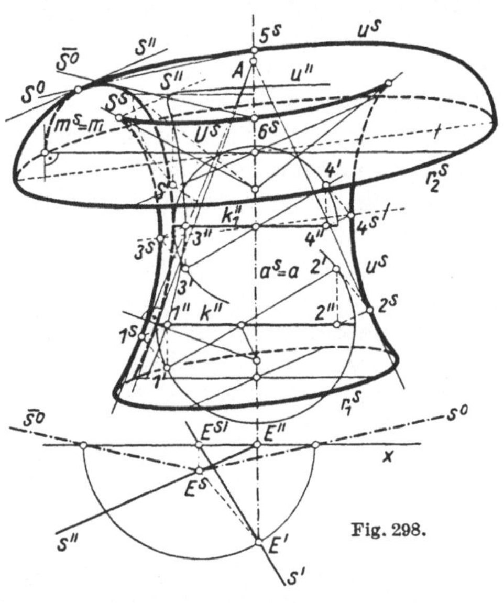

Fig. 298.

Nach Nr. 105 liefert das Projektionsdreieck $E^s E' E''$ Grund- und Aufriß des Sehstrahls s durch E. Es ist $s' = [E' E^{s'}]$ und $s'' = [E'' E^s]$ (Fig. 298). Hat man auf einem Parallelkreis k die Punkte $1(1', 1'')$ und $2(2', 2'')$ des wahren Umrisses u als Eigenschattengrenze auf die in Nr. 70 gelehrte Art gefunden, so ist der Schrägriß 1^s von 1 ein Punkt des gesuchten scheinbaren Schrägumrisses. 1^s ist nun der Schnitt von $[1'' \parallel E'' E^s]$ mit $[1' \parallel E' E^s]$; entsprechend ergibt sich 2^s. Die Tangente an u^s in 1^s ist, weil die Tangentialebene an Φ in 1 projizierend ist, der Schrägriß irgendeiner Flächentangente in 1, also z. B. der Meridiantangente. Legt man also in einem der beiden m angehörigen Punkte von k die Tangente an m und schneidet diese die Achse a in A, so ist $[A 1^s]$ die gesuchte Tangente. Zugleich ist $[A 2^s]$ die Tangente an u^s in 2^s. Sollte A außerhalb des Zeichenraumes fallen, so sucht man den Schrägriß der Parallelkreistangente. Man legt dann in $1'$ die Tangente an k', sucht ihren Schnitt mit k'' und verbindet diesen Punkt mit 1^s; diese Verbindungslinie ist gleichfalls die Tangente an u^s in 1^s.

Auf diese Weise ermittle man auf mehreren Parallelkreisen die u^s angehörigen Punkte samt ihren Tangenten. Insbesondere wird man die Punkte 3^s, 4^s auf dem kleinsten Parallelkreis k_1, die Punkte auf dem Hauptmeridian m (als Berührpunkte mit den zu s'' parallelen Tangenten) und die Punkte auf den Randkreisen r_1, r_2 aufsuchen und diese Kreise (Nr. 107) auch darstellen.

Nach der in Fig. 298 getroffenen Annahme läßt sich der Drehfläche längs r_2 ein Zylinder umschreiben. Daher sind die Endpunkte des zu a

konjugierten Durchmessers von $r_2{}^s$ Umrißpunkte. Die der Meridianebene $\mu = [a \parallel s]$ angehörigen Punkte *5* und *6* des wahren Umrisses haben ihren Schrägriß in a. Man erhält sie, wenn man μ um a nach Π dreht und parallel zur gedrehten Lage s^0 der Sehstrahlen die Tangenten an beide Meridianhälften m legt; ihre Schnittpunkte mit a sind *5ˢ* und *6ˢ*. Zur Ermittlung von s^0 sei bemerkt, daß in Fig. 298 die Drehung auf den Sehstrahl $s = [EE^s]$ ausgeübt wurde. *6* gehört nicht der in Fig. 298 gezeichneten Meridianhälfte an. Wir können aber *6ˢ* erhalten, ohne die zweite Meridianhälfte zu zeichnen, indem wir an m die Tangente in der zur Richtung von s^0 bezüglich a symmetrischen Richtung legen und diese Tangente mit a schneiden. — Aus der Konstruktion ergibt sich, daß u^s bezüglich $a = a^s$ schiefsymmetrisch ist. Zur Konstruktion der Spitzen von u^s muß man an u'' die Tangenten parallel zu s'' legen und die Schrägrisse ihrer Berührpunkte aufsuchen. Da in diesen ausgezeichneten Punkten von u die Schmiegebene von u zugleich die Tangentialebene der Fläche ist (Nr. 71), erhält man die Spitzentangente ebenso wie jede andere Tangente von u^s, etwa als Bild der zugehörigen Meridiantangente.

Auch die Schattenkonstruktionen an der Drehfläche wird man durch Zurückführen auf zugeordnete Normalrisse durchführen.

Viertes Kapitel.

Perspektive.

110. Erklärung der Perspektive und Benennungen.[1]) Wählt man einen im Endlichen liegenden Punkt O und eine nicht durch O gehende Ebene Π, so kann man eine Abbildung des Raumes auf die Ebene Π dadurch erklären, daß man jedem Raumpunkt P den Schnittpunkt P^c des Strahles $[OP]$ mit Π als Bildpunkt zuordnet. Diese bereits in Nr. 1 eingeführte Abbildung heißt *Zentralprojektion* oder *Perspektive*. Man nennt den

---

1) Die Hauptgesetze der Perspektive waren vielleicht schon den alten Griechen und Römern bekannt; diese Kenntnis ging jedoch in den folgenden Jahrhunderten verloren und wurde in der Renaissancezeit (15. Jahrh.) zuerst in Italien neu geschaffen. Das erste deutsche Werk, das auch über Perspektive handelt, ist das interessante Buch des bekannten Malers Albrecht Dürer: „Underweysung der Messung mit Zirkel und Richtscheyt usw.“, Nürnberg 1525, von dem unter dem Titel „Albrecht Dürers Unterweisung der Messung“ eine etwas gekürzte und dem neueren Sprachgebrauch angepaßte Ausgabe von A. Peltzer, München 1908, erschien. Das erste Werk über Perspektive überhaupt stammt von dem Baumeister und Gelehrten Leone Battista Alberti; es führt den Titel „Della pictura libri tre“ (abgeschlossen 1436, lateinisch gedruckt 1511, Nürnberg, italienisch 1804, Mailand). Ein Hauptförderer der Perspektive war der Physiker und Mathematiker J. H. Lambert, dessen Büchlein „Freye Perspektive“, Zürich 1759, 2. Aufl. 1774, zu den hervorragendsten älteren Werken über diesen Gegenstand gehört. Näheres über die Geschichte der Perspektive und der darstellenden Geometrie überhaupt findet man bei Chr. Wiener, Lehrbuch der darstellenden Geometrie, 1. Bd. Leipzig 1884, 1. Abschnitt und in der auf S. 133 angegebenen Literatur. G. Wolf, Mathematik und Malerei, Math. Bibl. 20/21, Leipzig 1916.

Punkt O das *Auge* (oculus) oder das *Projektionszentrum*, die Ebene Π, die wir uns in der Folge stets lotrecht denken, die *Bild-* oder *Projektionsebene* und schließlich die Strahlen durch O die *Seh-* oder *Projektionsstrahlen*. Die Lage von O gegen Π läßt sich dadurch festlegen, daß man den Normalriß H von O auf Π angibt, ferner den Tafelabstand $d = OH$ des Auges und jene Seite von Π, auf der sich O befinden soll (Fig. 299). H heißt der *Hauptpunkt*[1]), d die *Augdistanz* oder kurz *Distanz*. Den in Π liegenden Kreis $\delta = (H, d)$ nennt man den *Distanzkreis;* er bestimmt die Lage von O gegen Π eindeutig, falls man noch angibt, auf welcher Seite von Π das Auge O liegen soll. Die in Π durch H gezogene waagerechte Gerade h heißt *Horizont*, die lotrechte v durch H *Vertikallinie* (Fig. 299).

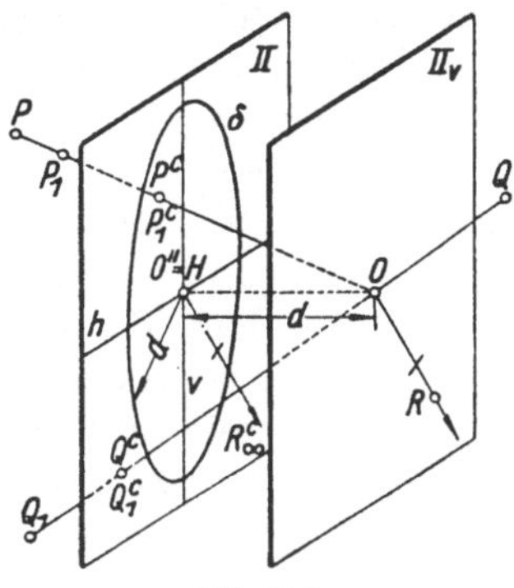

Fig. 299.

Jeder (eigentliche oder uneigentliche) Raumpunkt, mit Ausnahme von O, besitzt einen eindeutig bestimmten Zentralriß, der im Endlichen oder Unendlichen gelegen sein kann. Jede Gerade durch O ist Sehstrahl für alle ihre Punkte; *alle Punkte eines Sehstrahls besitzen daher denselben Zentralriß.* Der nach dem Hauptpunkt H gehende, also zu Π normale Sehstrahl $[OH]$ heißt der *Hauptsehstrahl* oder *Hauptstrahl*. Die Punkte von Π sind die einzigen, die mit ihren Zentralbildern zusammenfallen.

Der Zentralriß eines Punktes fällt dann und nur dann ins Unendliche, wenn sein Sehstrahl zu Π parallel ist. Alle zu Π parallelen Sehstrahlen gehören aber der Ebene $\Pi_v = [O \,\|\, \Pi]$ an. Π_v enthält mithin sämtliche Punkte, deren Zentralrisse ins Unendliche fallen. Man nennt deshalb Π_v die *Verschwindungsebene*.[2]) Irgendein von O verschiedener Punkt R dieser Ebene hat als Zentralbild den Fernpunkt von $[H \,\|\, OR]$ (Fig. 299).

Unter dem Zentralbild oder der Perspektive eines Gegenstandes versteht man die Gesamtheit der Zentralrisse der Punkte seiner Oberfläche. Freilich muß man sich darauf beschränken, die Bilder von Ecken, Kanten, Umrißkurven und anderen ausgezeichneten Linien der Oberfläche darzustellen. *Zentralrisse geben unter gewissen noch zu besprechenden Voraussetzungen anschauliche Bilder der Gegenstände.* Betrachtet man nämlich den dargestellten Gegenstand mit einem Auge, dessen *optischer Mittelpunkt*[3])

---

1) Bei Lambert a. a. O., 2. Aufl., I., S. 6 „Augenpunkt". „Punkt des Auges" bei Dürer (Peltzer) a. a. O., S. 117.

2) F. Tilscher, System der techn.-malerischen Perspektive. Prag 1867, S. 8. W. Fiedler, Die darstellende Geometrie. Leipzig 1871, S. 7.

3) Vgl. etwa W. Nagel, Handbuch der Physiologie des Menschen, 3. Bd. Braunschweig 1905. Auf der Achse des Auges befinden sich *zwei Knotenpunkte*, d. h. ein Lichtstrahl, der vor dem Eintreten in das Auge gegen den einen gerichtet ist, erfährt eine Brechung, durch die er als paralleler Strahl durch den zweiten austritt. Da diese Knotenpunkte (6,95 bzw. 7,29 mm hinter der Hornhaut) fast zusammenfallen, kann man von einem optischen Mittelpunkt sprechen.

sich in O befindet und dessen Blick auf H gerichtet ist, so sendet jeder Punkt seiner Oberfläche einen Lichtstrahl durch O ins Auge, der auf der Netzhaut einen Gesichtseindruck erzeugt. Entfernt man nun den Gegenstand und läßt dafür das perspektive Bild in dieser Stellung auf den Beschauer wirken, so senden die Punkte des Bildes Lichtstrahlen durch O ins Auge, die sich mit den Lichtstrahlen, die der Gegenstand in den entsprechenden Punkten aussandte, decken und daher auf der Netzhaut des Auges (von genauen Farbtönen, Glanz, Helligkeit usw. abgesehen) fast denselben Eindruck erwecken wie die vom Gegenstand ausgesandten Strahlen. So erklärt es sich, daß perspektive Bilder, wie Gemälde und Photographien, auf einen sie in der angegebenen Weise betrachtenden Beschauer einen körperlichen (plastischen) Eindruck zu erwecken vermögen.[1])

Die Bildebene Π teilt den Raum in zwei Gebiete: Dasjenige, dem O angehört, soll *vor der Bildebene*, das andere *hinter der Bildebene* befindlich heißen. Auch die Verschwindungsebene Π_v teilt den Raum in zwei Gebiete: Dasjenige, dem Π angehört, soll der *Sehraum*, das andere Gebiet der *geometrische (virtuelle) Raum* heißen. Während irgendein Punkt P des Sehraumes mit seinem Zentralriß P^c auf derselben Seite von O liegt, liegen ein Punkt Q des geometrischen Raumes und sein Zentralriß Q^c auf verschiedenen Seiten von O. Für ein in O befindliches und nach H blickendes Auge sind die Punkte des geometrischen Raumes unsichtbar, weil die Sehstrahlen dieser Punkte nicht ins Auge gelangen können. Ihre Zentralrisse sind daher rein geometrische Bilder; sie lassen sich aber bei Konstruktionen genau so behandeln wie die Zentralrisse der Punkte des Sehraumes.

Geht eine Gerade g nicht durch O, dann bilden die Sehstrahlen nach ihren Punkten ein Strahlbüschel (Fig. 300). Die Ebene $[Og]$ dieses Büschels, die *Sehebene* oder *projizierende Ebene* von g, schneidet Π nach einer Geraden g^c, dem *perspektiven Bild* oder *Zentralriß* von g. Geht g durch das Auge, so ist ihr Bild g^c der Schnittpunkt von g

---

1) Bei näherer Betrachtung der Entstehung eines subjektiven Anschauungsbildes erkennt man, daß die obige Begründung keineswegs hinreicht, schon aus dem Grunde, weil das Auge beim Betrachten eines Gegenstandes oder Bildes sich in ständiger Bewegung befindet. Man kann versuchen, bessere Annäherungen an die Wirklichkeit zu erzielen. Vgl. hierzu: G. Hauck, Die subjektive Perspektive und die horizontalen Kurvaturen des dorischen Stils, Stuttgart 1879; Über die Grundprinzipien der Linearperspektive, Z. Math. Phys. 26 (1881), S. 273—296; Perspektivische Studien, ebenda 27 (1882), S. 236—247. Ferner J. Deininger, Eine neue Theorie der malerischen Perspektive und deren praktische Resultate, Wien 1915. Bei dem Rückschluß von einer perspektiven Darstellung zum dargestellten Objekt hinsichtlich seiner Gestalt und Lage im Raum spielen offenbar auch andere psychologische und physiologische Umstände eine Rolle. Vgl. hierzu: J. de la Gournerie, Traité de perspective linéaire, Paris 1859, livre V, chap. I u. II; R. Schüssler, Die richtige Deutung perspektiver Bilder, Graz 1904 (Antrittsrede als Rektor); M. Pelíšek, Perspektive Studien, Stzgsb. Böhm. Ges. W. (1890), S. 175—214.

mit $\varPi$.[1]) Die Zentralbilder der nicht durch O gehenden Geraden der Verschwindungsebene $\varPi_v$ fallen in die unendlichferne Gerade von $\varPi$. Unmittelbar verständlich ist der folgende

Satz 1: *Der Zentralriß einer jeden zur Bildebene parallelen, nicht in $\varPi_v$ liegenden Geraden ist zu ihr parallel. Die Punktreihe auf der Geraden ist zu ihrer Bildreihe ähnlich.*

Daraus folgt der

Satz 2: *Der Zentralriß einer zur Bildebene parallelen, nicht in $\varPi_v$ liegenden ebenen Figur ist zu ihr ähnlich.*

111. Fluchtpunkt, Verschwindungspunkt, Fluchtpunktgesetze.

Wir untersuchen nun die Zentralprojektion einer Geraden g, die nicht zur Bildebene $\varPi$ parallel ist und nicht durch das Auge O geht (Fig. 300). g trifft $\varPi$ in einem eigentlichen Punkt G, ihrem *Spurpunkt*, und die Verschwindungsebene $\varPi_v$ in einem eigentlichen Punkt G_v, ihrem *Verschwindungspunkt*.[2]) Da das Bild $G_v{}^c$ von G_v der Fernpunkt von g^c ist, können wir auch sagen:

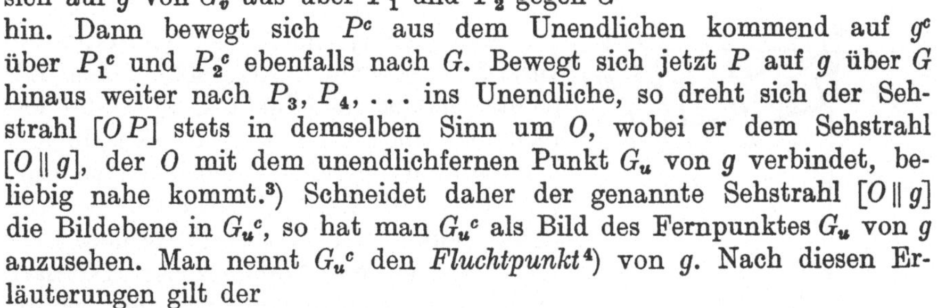
Fig. 300.

Satz 1: *Der Zentralriß einer Geraden ist zu dem durch ihren Verschwindungspunkt gehenden Sehstrahl parallel.*

Wir nehmen nun an, ein Punkt P bewege sich auf g von G_v aus über P_1 und P_2 gegen G hin. Dann bewegt sich P^c aus dem Unendlichen kommend auf g^c über $P_1{}^c$ und $P_2{}^c$ ebenfalls nach G. Bewegt sich jetzt P auf g über G hinaus weiter nach P_3, P_4, ... ins Unendliche, so dreht sich der Sehstrahl $[OP]$ stets in demselben Sinn um O, wobei er dem Sehstrahl $[O \parallel g]$, der O mit dem unendlichfernen Punkt G_u von g verbindet, beliebig nahe kommt.[3]) Schneidet daher der genannte Sehstrahl $[O \parallel g]$ die Bildebene in $G_u{}^c$, so hat man $G_u{}^c$ als Bild des Fernpunktes G_u von g anzusehen. Man nennt $G_u{}^c$ den *Fluchtpunkt*[4]) von g. Nach diesen Erläuterungen gilt der

Satz 2: *Der Fluchtpunkt einer Geraden ist der Zentralriß ihres unendlichfernen Punktes. Man erhält ihn, indem man durch das Auge zur Geraden die Parallele legt und deren Schnitt mit der Bildebene aufsucht.*

---

1) Von dem unbestimmten Bild des in diesem Fall auf g liegenden Auges sehen wir ab.

2) Nach W. Fiedler, Die darstellende Geometrie, 2. Aufl. Leipzig 1875, S. 9.

3) D. h. der Winkel, den $[OP]$ mit $[O \parallel g]$ einschließt, konvergiert gegen Null.

4) Der Name „Fluchtpunkt" bei G. Schreiber, Erläuterungen zum geometrischen Port-folio, Karlsruhe 1839. Man beachte, daß der Fluchtpunkt einer Geraden nicht ein Punkt dieser Geraden, sondern ihres Bildes ist.

Aus diesem Satz folgt sofort der

Satz 3: *Parallele Geraden besitzen denselben Fluchtpunkt, und Geraden mit demselben Fluchtpunkt sind parallel (Fig. 301).*

Die Geraden eines Parallelstrahlbündels, wie z. B. die Lichtstrahlen bei Parallelbeleuchtung, stellen sich demnach in Perspektive als Geraden durch den gemeinsamen Fluchtpunkt $L_u{}^c$ der Lichtstrahlen dar. In Fig. 302 ist $L_u{}^c$ der Fluchtpunkt paralleler Lichtstrahlen, die von links, oben, vorne einfallen.

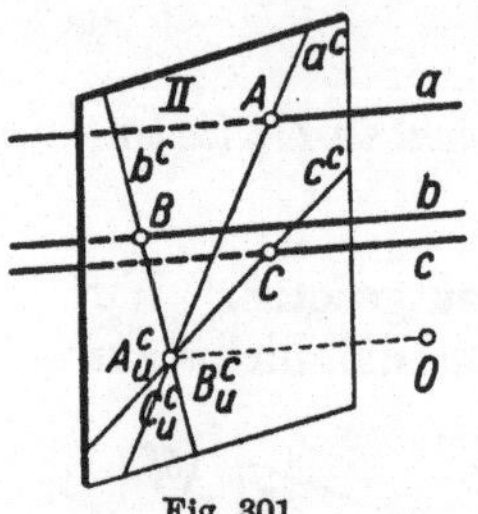

Fig. 301.

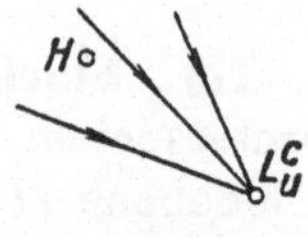

Fig. 302.

Wir haben bisher von den zu Π parallelen Geraden abgesehen. Für solche Geraden liegt der Fluchtpunkt unendlichfern und fällt mit dem Spurpunkt und dem Verschwindungspunkt zusammen. Für eine in Π liegende Gerade kann jeder ihrer Punkte als Spurpunkt, für eine in der Fernebene Ω (Nr. 1) liegende Gerade kann jeder Punkt ihres Bildes als Fluchtpunkt angesehen werden. *Lotrechte Geraden erscheinen bei lotrechter Bildebene als parallele lotrechte Geraden.*

Photographien sind perspektive Bilder, wobei im Zeitpunkt der Aufnahme Gegenstand und Bild zu verschiedenen Seiten des Projektionszentrums (der Knotenpunkte des Objektivs, S. 305 Fußn. 3) liegen, weshalb bei Betrachtung des Negativs von der Schichtseite der Platte aus einerseits rechts und links, anderseits oben und unten vertauscht erscheinen (Fig. 303). Sollen lotrechte Gerade des Objektes, z. B. die lotrechten Kanten eines Gebäudes in der Photographie parallel erscheinen, so muß die Achse *HO* des Apparates bei der Aufnahme waagerecht eingestellt werden. Läßt man dagegen die Apparatachse *HO* nach oben ansteigen (Fig. 303), wie dies bei der Aufnahme eines hohen Bauwerkes von der Straße aus vielleicht unvermeidlich ist, so haben die lotrechten Kanten ihren Fluchtpunkt auf dem Negativ unten, auf dem Positiv daher oben. Das Umgekehrte tritt ein, wenn die Apparatachse nach abwärts gerichtet wird.

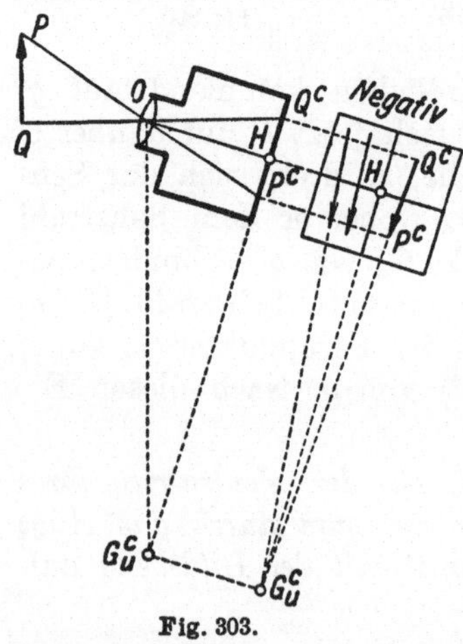

Fig. 303.

Ähnlich wie beim photographischen Apparat entsteht auch beim wirklichen Sehen auf der Netzhaut des Auges von den äußeren Gegenständen ein perspektives Bild, in welchem die Bilder paralleler Geraden nach einem Punkt streben. Deshalb scheinen die Schienen einer geraden Bahnstrecke, die Ränder einer geraden Landstraße oder die Gesimskanten der Häuser einer geraden Straße usw. nach einem Punkt zusammenzulaufen.

Aus den Sätzen 2 und 3 folgt sogleich der

S a t z 4: *Der Fluchtpunkt der zur Bildebene normalen Geraden ist der Hauptpunkt H.*

Diesem Satz zufolge wird sich das Innere eines Zimmers, dessen Rückwand zur Bildebene parallel ist, schematisch etwa wie in

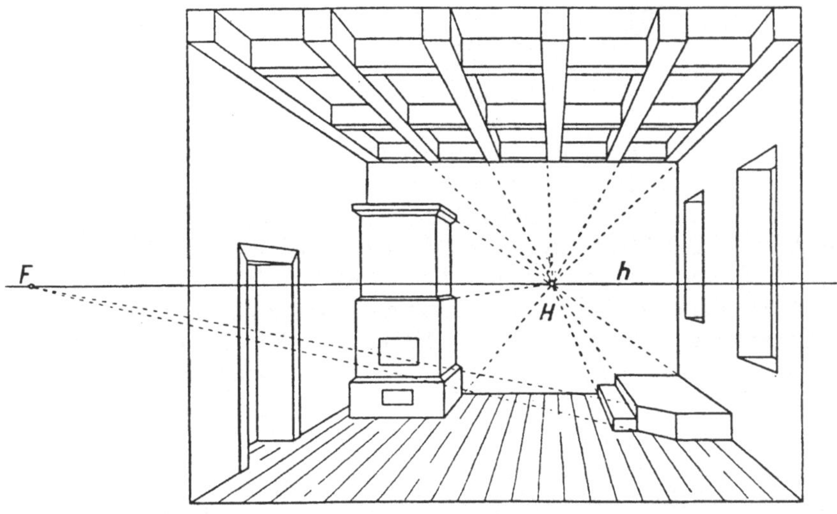

Fig. 304.

Fig. 304 darstellen. Die zur Rückwand normalen Kanten haben H als Fluchtpunkt, und die zu ihr parallelen Flächen erscheinen im Bild zwar nicht in wahrer Größe, jedoch in wahrer Gestalt (Nr. 110, Satz 2).

Für die Fluchtpunkte aller zu einer bestimmten Ebene parallelen Geraden gilt der

S a t z 5: *Die Fluchtpunkte der zu einer Ebene parallelen oder ihr angehörigen Geraden liegen auf einer Geraden.*

Denn die zu diesen Geraden parallelen Sehstrahlen bilden ein Strahlbüschel, schneiden also Π in den Punkten einer Geraden. Insbesondere gelten die Sätze:

S a t z 6: *Die Fluchtpunkte waagerechter Geraden liegen im Horizont h.*

S a t z 7: *Die Fluchtpunkte von Geraden, die den Horizont h rechtwinklig kreuzen oder schneiden, liegen in der Vertikallinie [$H \perp h$].*

Zur Veranschaulichung des Satzes 6 dient Fig. 305[1]); ebenso bemerkt man in Fig. 304, daß zwei waagerechte Kanten des in der rechten Zimmerecke stehenden Podiums ihren Fluchtpunkt F im Horizont h haben.

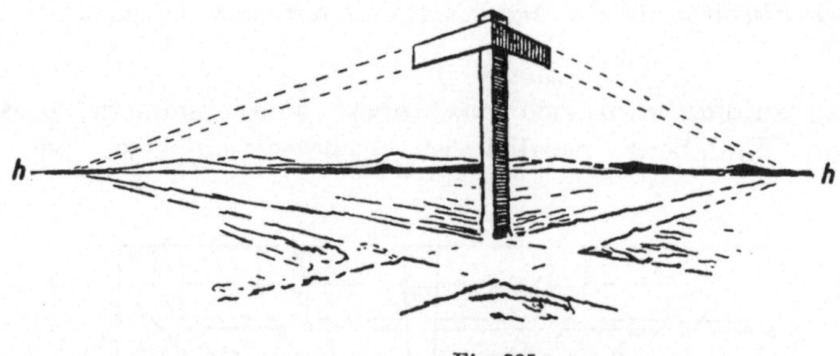

Fig. 305.

Legt man zu allen gegen die Bildebene Π unter einem konstanten Winkel α geneigten Geraden die Parallelstrahlen durch das Auge O, so erhält man einen Drehkegel mit O als Spitze, dem Hauptstrahl als Achse und dem Achsenwinkel $90^0 - \alpha$. Dieser Kegel schneidet Π nach einem Kreis um H, dessen Halbmesser $r = d\cot\alpha$ beträgt (Fig. 306). Dieser Kreis k_α ist der dem Winkel α entsprechende *Neigungskreis;* man konstruiert ihn aus dem Distanzkreis $\delta = (H, d)$ auf die in Fig. 306 angegebene Weise. Für $\alpha = 45^0$ ist $r = d$; das gibt den auch unmittelbar einleuchtenden

Satz 8: *Der Distanzkreis ist der Ort der Fluchtpunkte der unter 45° gegen die Bildebene geneigten Geraden.*

Die Schnittpunkte D_1, D_2 des Distanzkreises δ mit dem Horizont h (Fig. 307) nennt man die *Distanzpunkte.* Sie sind die Fluchtpunkte waagerechter Geraden, die unter 45° gegen die Bildebene geneigt sind. Mit ihrer Hilfe läßt sich sofort ein waagerechtes Quadrat zeichnen, von dem eine Seite zur Bildebene parallel ist, wenn man den Zentralriß P^cQ^c dieser Seite kennt. Denn die zu $[PQ]$ normalen Quadratseiten haben als Normale zu Π ihren Fluchtpunkt in H, ihre Bilder sind also $[P^cH]$ und $[Q^cH]$. Die Diagonalen haben nach obigem die Bilder $[P^cD_2]$ und $[Q^cD_1]$. Sie schneiden die Bilder der zu $[PQ]$ normalen Seiten in den

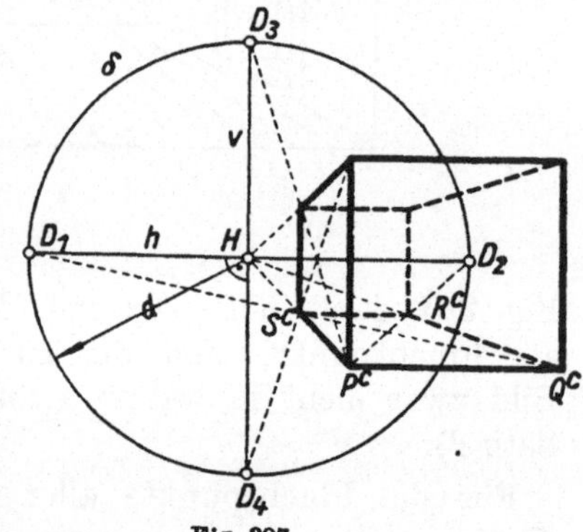

Fig. 306.　　　　Fig. 307.

---

1) Entnommen aus K. Reichhold, Lehrbuch der räumlichen Anschauung, ein Versuch zur Reform des Linearzeichenunterrichtes. München 1910.

Bildern der zwei übrigen Eckpunkte R und S. Man kann nun auch den Würfel über dem Quadrat $PQRS$ abbilden, weil sich die zweite Würfelfläche durch $[PQ]$ nach Nr. 110, Satz 2 als Quadrat abbildet. Die Diagonalen der lotrechten Würfelflächen durch $[PS]$ und $[QR]$ haben ihre Fluchtpunkte in den Schnittpunkten D_3, D_4 von δ mit der Vertikallinie v.

Die älteste Anwendung der Distanzpunkte D_1, D_2 in der Malerei ist die perspektive Darstellung einer quadratisch getäfelten Bodenfläche, wie sie Fig. 308 zeigt. Eine solche Täfelung diente dazu, in einem Gemälde den Personen und Gegenständen die richtige Tiefenstellung zu geben.

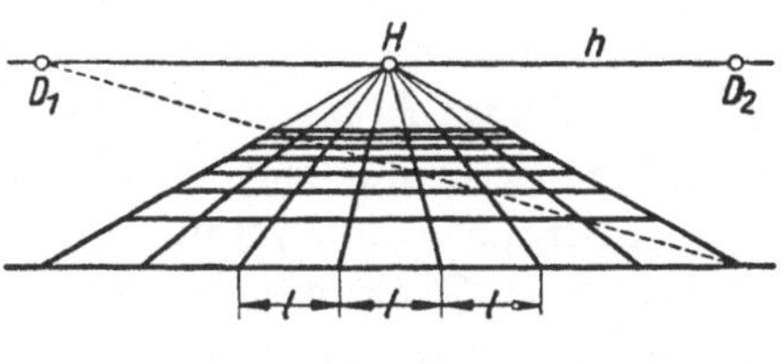

Fig. 308.

Gerade Linien mit demselben Verschwindungspunkt haben parallele Bilder (Satz 1). Man darf jedoch nicht schließen, daß umgekehrt Gerade mit parallelen Bildern denselben Verschwindungspunkt haben. Von solchen Geraden läßt sich nur behaupten, daß sie den zu den Bildern parallelen Sehstrahl schneiden. Ein hinreichendes Kennzeichen für Gerade durch denselben Verschwindungspunkt erhält man aus der Betrachtung von Fig. 300. Da nämlich $OG_vGG_u{}^c$ ein Parallelogramm ist, so folgt $GG_u{}^c = G_vO$ und $GG_v = G_u{}^cO$ oder in Worten:

Satz 9: *Die Entfernung des Fluchtpunktes einer Geraden von ihrem Spurpunkt ist der Länge und Richtung nach gleich der Entfernung des Auges vom Verschwindungspunkt der Geraden.*

Daraus folgt sofort der

Satz 10: *Gerade Linien besitzen dann und nur dann denselben (eigentlichen) Verschwindungspunkt, wenn die durch Spur- und Fluchtpunkt bestimmten Strecken $GG_u{}^c$ gleiche Länge und Richtung haben.*

Es gehen also für die Strahlen eines Bündels, dessen Scheitel in Π_v liegt, die Spurpunkte in die Fluchtpunkte durch eine bestimmte Schiebung über.

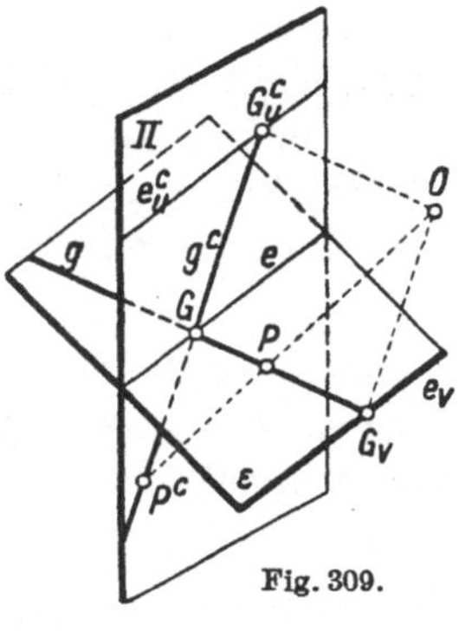

112. Die Fluchtlinie einer Ebene. Geht eine Ebene ε (Fig. 309) nicht durch das Auge, so überdeckt ihr Zentralriß ε^c die ganze Bildebene.

Fig. 309.

Jeder Punkt P von ε hat ein eindeutig bestimmtes Bild P^c in Π, und umgekehrt ist jeder Punkt P^c in Π das Bild eines einzigen Punktes P von ε; dabei können P oder P^c auch unendlichfern liegen. Bezeichnet e die eigentliche oder uneigentliche Schnittlinie von Π mit ε, die *Bildspur* (kurz *Spur*) von ε, so schneidet jede in ε liegende Gerade g ihr Bild g^c auf e, nämlich im Spurpunkt G von g. Nach Nr. 111, Satz 5 liegen die Fluchtpunkte aller Geraden von ε in einer Geraden, die sich als Schnitt von Π mit der durch das Auge parallel zu ε gelegten Ebene, der *Parallel-*

ebene, ergibt. Diese Gerade, die man die *Fluchtlinie* (auch *Fluchtspur* oder *Flucht*)[1]) von ε nennt, enthält also die Bilder aller Fernpunkte von ε. Die Fluchtlinie ist demnach das Bild der Ferngeraden e_u von ε; wir bezeichnen sie daher mit $e_u{}^c$ und können sagen:

Satz 1: *Die Fluchtlinie $e_u{}^c$ einer Ebene ε ist das perspektive Bild ihrer Ferngeraden e_u. Man erhält sie, indem man durch das Auge zu ε die Parallelebene legt und deren Schnitt mit der Bildebene aufsucht. Bildspur und Fluchtlinie einer Ebene sind parallel.*

Nach Nr. 4 ist die zentralprojektive Beziehung zwischen einer Figur $\mathfrak{F}$ in einer Ebene ε und ihrem Bild $\mathfrak{F}^c$ in Π eine Kollineation. $e_u{}^c$ ist die *Gegenachse* in Π als die der Ferngeraden von ε entsprechende Gerade. Die Gegenachse in ε enthält alle Punkte von ε, deren Bilder ins Unendliche fallen; sie ist also die Schnittlinie von ε mit der Verschwindungsebene $\Pi_v = [O \parallel \Pi]$ (Nr. 110). Wir bezeichnen sie mit e_v und nennen sie die *Verschwindungslinie* der Ebene ε; sie enthält die Verschwindungspunkte aller Geraden von ε. Da für jede nicht zu Π parallele Gerade g von ε (Fig. 309) $G_u{}^c\,O = GG_v$ ist, gilt die Beziehung $e_u{}^c\,O = ee_v$. Also besteht der

Satz 2: *In der Kollineation zwischen einer Figur $\mathfrak{F}$ einer Ebene ε und ihrem perspektiven Bild $\mathfrak{F}^c$ ist die Verschwindungslinie von ε die Gegenachse von $\mathfrak{F}$ und die Fluchtlinie von ε die Gegenachse von $\mathfrak{F}^c$. Der Abstand des Auges von der Fluchtlinie ist nach Größe und Sinn gleich dem Abstand der Verschwindungslinie von der Spur.*

Für eine zu Π parallele Ebene ε fallen Spur und Fluchtlinie in die Ferngerade der Bildebene. Die obige Kollineation geht dann in eine Ähnlichkeit über. Für eine durch O gehende, also *projizierende Ebene ε* fällt e mit $e_u{}^c$ zusammen. Die Kollineation artet in diesem Fall aus, da alle Punkte von ε, außer O, ihre Bilder in e haben, das Bild von O aber jeder Punkt der Bildebene sein kann. Aus Satz 1 folgt sofort der wichtige

Satz 3: *Parallele Ebenen haben dieselbe Fluchtlinie.*

Jede Gerade der Bildebene ist Fluchtlinie eines Büschels paralleler Ebenen. *Demnach bestimmt die Fluchtlinie einer Ebene bei gegebenem Auge die Stellung*[2]) *der Ebene.* Insbesondere hat man den

Satz 4: *Der Horizont ist die Fluchtlinie aller waagerechten Ebenen.*

Entwirft ein auf einer waagerechten Bodenfläche *(Grundebene)* stehender Zeichner ein perspektives Bild der etwa vor ihm liegenden Landschaft (Fig. 305) auf einer lotrechten Bildebene, so bildet sich das sehr weit Entfernte der Landschaft angenähert als der Horizont h ab. Diese Gerade deckt sich daher nahezu mit dem Bild des Gesichtskreises (wirklichen Horizontes), da dieser gewöhnlich einige Kilometer vom Beobachter ent-

---

1) Fluchtlinie oder Flucht bei G. Schreiber, a. a. O. S. 52. Bei Lambert, a. a. O. § 166 Grenzlinie.

2) Von parallelen Ebenen sagt man, daß sie dieselbe *Stellung* haben.

fernt ist. Damit rechtfertigt sich der Name Horizont für die Gerade h. Unmittelbar einleuchtend sind auch die folgenden Sätze:

Satz 5: *Die Vertikallinie ist die Fluchtlinie aller lotrechten und zur Bildebene normalen Ebenen.*

Satz 6: *Die Fluchtlinien der zur Bildebene normalen Ebenen gehen durch den Hauptpunkt.*

Die Parallelebenen der gegen die Bildebene unter dem Winkel α geneigten Ebenen umhüllen jenen Drehkegel mit der Spitze O, dessen Erzeugende gegen den Hauptstrahl unter dem Winkel $90^\circ - \alpha$ geneigt sind (Fig. 306). Der Schnitt dieses Kegels mit $\varPi$ ist der zum Winkel α gehörige Neigungskreis k_α. Daher besteht der

Satz 7: *Die Fluchtlinien der gegen die Bildebene unter dem Winkel α geneigten Ebenen umhüllen den Neigungskreis $k_\alpha = (H, d\cot\alpha)$.*

113. Lösung der Lagenaufgaben mittels der Spur- und Fluchtelemente. *Ist eine Gerade g nicht zu $\varPi$ parallel, so wird sie durch ihren Spurpunkt G und ihren Fluchtpunkt $G_u{}^c$ eindeutig bestimmt, sobald das Auge O (etwa durch Hauptpunkt und Distanz) gegeben ist. Denn g geht durch G und ist zu $[G_u{}^cO]$ parallel. Ebenso überlegt man sich, daß eine nicht zu $\varPi$ parallele Ebene ε durch ihre Spur e und ihre Fluchtlinie $e_u{}^c$ eindeutig bestimmt ist.* Für die zu $\varPi$ parallelen Geraden und Ebenen versagt diese einfache Bestimmungsweise. Im folgenden soll die Forderung: „Eine Gerade oder eine Ebene konstruieren", stets heißen, die Spur- und Fluchtelemente dieser Gebilde konstruieren. — Unmittelbar einleuchtend ist der folgende wichtige

Satz 1: *Liegt eine Gerade in einer Ebene, so liegen Spur-, Flucht- und Verschwindungspunkt dieser Geraden beziehungsweise in der Spur, Flucht- und Verschwindungslinie der Ebene.*

Darnach liegt die in Fig. 310 dargestellte Gerade $g(G, G_u{}^c)$ in der Ebene $\varepsilon(e, e_u{}^c)$; dagegen ist die daselbst dargestellte Gerade $a(A, A_u{}^c)$ zu ε bloß parallel. Da nämlich A nicht auf e liegt, kann a nicht in ε liegen; da weiterhin $A_u{}^c$ in $e_u{}^c$ liegt, befindet sich der Parallelstrahl von a in der Parallelebene von ε. Also ist $a \parallel \varepsilon$. Die in Fig. 310 dargestellten Geraden b und c sind zwei parallele Geraden der Ebene ε, weil die Fluchtpunkte $B_u{}^c$, $C_u{}^c$ auf $e_u{}^c$ zusammenfallen und die Spurpunkte B, C auf e liegen.

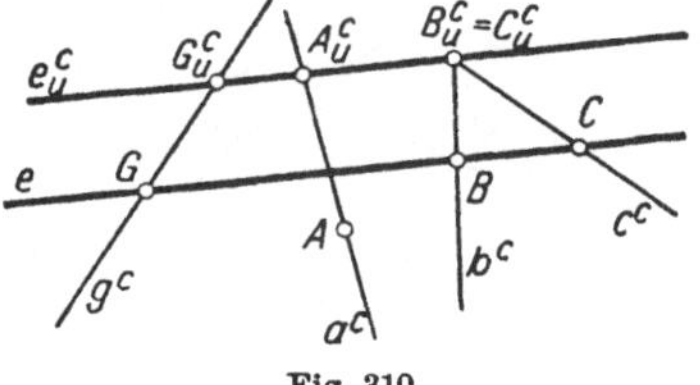

Fig. 310.

Zwei Gerade $a(A, A_u{}^c)$ und $b(B, B_u{}^c)$ mit verschiedenen Fluchtpunkten schneiden sich dann und nur dann, wenn sie derselben Ebene angehören. Dann ist aber wegen Satz 1 $[AB] \parallel [A_u{}^cB_u{}^c]$. Ist umgekehrt diese Bedingung erfüllt, so gehören a, b einer Ebene an. Decken sich insbesondere $[AB]$ und $[A_u{}^cB_u{}^c]$, so liegen a und b in einer projizierenden Ebene, schneiden sich also gleichfalls. Wir haben daher den

Satz 2: *Die notwendige und hinreichende Bedingung für das Schneiden zweier Geraden ist der Parallelismus der Verbindungsgeraden ihrer Spurpunkte und der ihrer Fluchtpunkte.*

Aus Satz 1 folgt unmittelbar der

Satz 3: *Sind zwei Ebenen durch Spur und Fluchtlinie gegeben, so ist der Schnittpunkt der Spuren der Spurpunkt und der Schnittpunkt der Fluchtlinien der Fluchtpunkt der Schnittlinie beider Ebenen.*

In Fig. 311 ist demnach $g(G, G_u{}^c)$ die Schnittlinie der Ebenen $\alpha(a, a_u{}^c)$ und $\beta(b, b_u{}^c)$. Sind jedoch die Spuren der Ebenen parallel (Fig. 312), dann ist ihre Schnittlinie g zu den Spuren und daher zu Π parallel. Zur weiteren Bestimmung von g muß noch ein eigentlicher Punkt von g ermittelt werden, indem man etwa die gegebenen Ebenen α und β mit einer beliebigen dritten Ebene $\varepsilon(e, e_u{}^c)$

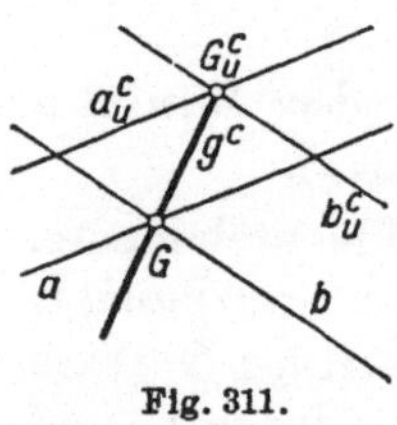

Fig. 311.

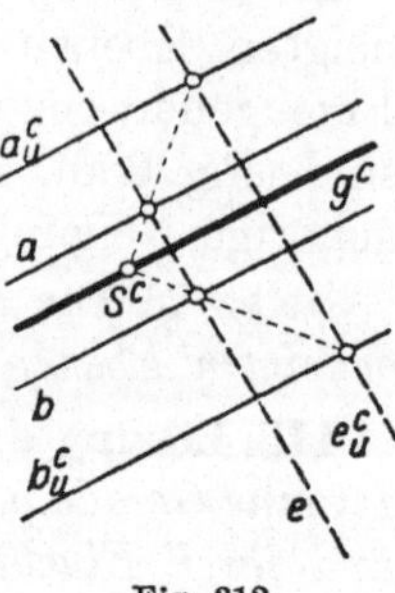

Fig. 312.

schneidet, deren Spur nicht zu denen von α und β parallel ist. Sucht man nun die Schnittlinien $[\alpha\varepsilon]$ und $[\beta\varepsilon]$, so haben diese einen g angehörigen Punkt S gemeinsam. Es ist dann $g^c = [S^c \parallel a]$.

Den Schnittpunkt S einer Geraden g $(G, G_u{}^c)$ mit einer Ebene $\alpha(a, a_u{}^c)$ findet man (Fig. 313), indem man durch g eine beliebige Ebene $\varepsilon(e, e_u{}^c)$ legt, deren Schnittlinie mit α aufsucht und diese mit g zum Schnitt bringt. — Aus dem Vorangehenden folgt die Konstruktion *des Schnittpunktes dreier Ebenen allgemeiner Lage* sowie die Lösung der Aufgabe: *Den Schnittpunkt zweier Geraden a und b zu finden, die einer projizierenden*

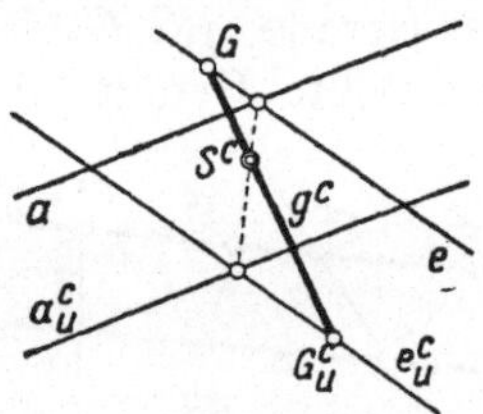

Fig. 313.

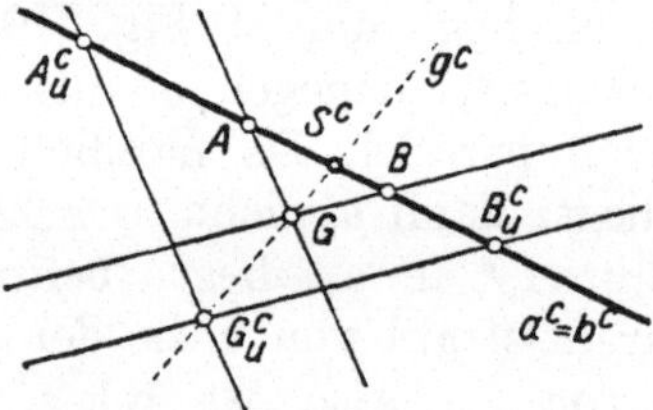

Fig. 314.

Ebene angehören (Fig. 314). Legt man nämlich durch a und b je eine Ebene, so geht deren Schnittlinie g durch den Schnittpunkt S von a und b. Demnach ist $S^c = [a^c g^c]$.

Um einen Raumpunkt P durch die Abbildung zu bestimmen, denken wir uns durch P eine beliebige Gerade t gelegt, die wir den *Träger* des Punktes nennen. Wir stellen nun den Träger t durch seinen Spurpunkt T und seinen Fluchtpunkt $T_u{}^c$ dar und zeichnen auf $t^c = [T T_u{}^c]$ das Bild P^c des Raumpunktes ein.

Die Verbindungsebene $\varepsilon(e, e_u{}^c)$ einer Geraden $g(G, G_u{}^c)$ und eines auf dem Träger $t(T, T_u{}^c)$ befindlichen Punktes P läßt sich folgendermaßen ermitteln (Fig. 315). Man legt durch P die zu g parallele Gerade g_1; dann ist $[gg_1]$ die gesuchte Ebene ε. Der Fluchtpunkt von g_1 ist $G_u{}^c$; um den Spurpunkt G_1 zu erhalten, beachten wir, daß g_1 und t durch P gehen, also in einer Ebene liegen; daher muß $[TG_1]$ als Spur dieser Ebene zu ihrer Fluchtlinie $[T_u{}^c G_u{}^c]$ parallel sein, wodurch G_1 auf $g_1{}^c$ bestimmt ist. Nun ist $[GG_1]$ die Spur e und $[G_u{}^c \| GG_1]$ die Fluchtlinie $e_u{}^c$ der gesuchten Ebene ε.

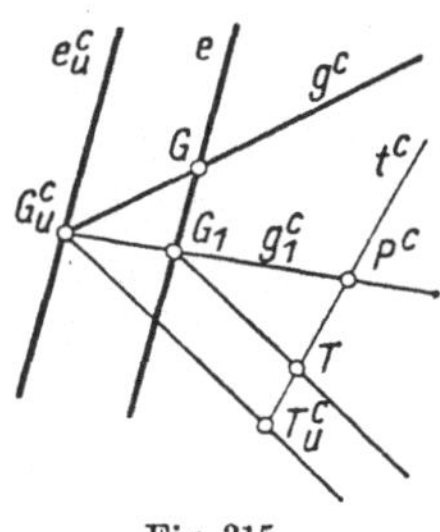

Fig. 315.

Die Verbindungslinie $g(G, G_u{}^c)$ zweier durch Zentralriß und Träger gegebenen Punkte P_1 und P_2 ist zu konstruieren (Fig. 316). Sind $t_1(T_1, T_{1u}{}^c)$ und $t_2(T_2, T_{2u}{}^c)$ die Träger der Punkte P_1 und P_2, so enthält die Ebene $\varepsilon = [P_1 t_2]$ die ge-

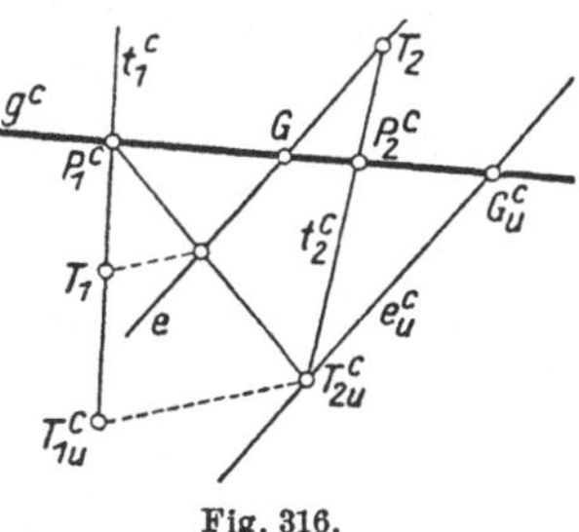

Fig. 316.

suchte Gerade $[P_1 P_2]$. Da man (wie in Fig. 315) die Spur e und die Fluchtlinie $e_u{}^c$ dieser Ebene konstruieren kann, so liefern die Schnittpunkte von e und $e_u{}^c$ mit $g^c = [P_1{}^c P_2{}^c]$ die gesuchten Punkte G und $G_u{}^c$.

Die Konstruktion der Verbindungsebene dreier durch Zentralriß und Träger gegebenen Punkte bedarf nun keiner weiteren Erläuterung.

Zur Bestimmung einer zu Π parallelen Geraden g verwenden wir außer ihrem Zentralriß g^c eine sie enthaltende „Trägerebene" $\varphi(f, f_u{}^c)$. Es ist $g^c \| f$. Zur Bestimmung einer zur Bildebene parallelen Ebene α genügt die Angabe eines Punktes A dieser Ebene durch Zentralriß und Trägergerade. Für diese zu Π parallelen Geraden und Ebenen versagen die angegebenen Lösungen der Lagenaufgaben. Doch kann man sich leicht helfen, wie das folgende Beispiel zeigt. *Es soll der Schnittpunkt S einer beliebigen Geraden $g(G, G_u{}^c)$ mit einer zu Π parallelen Ebene α ermittelt werden, die durch einen ihrer Punkte A auf dem Träger $t(T, T_u{}^c)$ ge-*

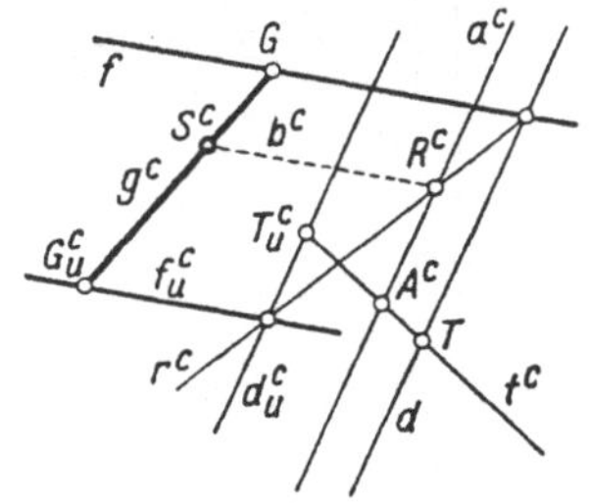

Fig. 317.

geben ist (Fig. 317). Wir legen durch g eine beliebige Ebene $\varphi(f, f_u{}^c)$ und durch t eine beliebige Ebene $\delta(d, d_u{}^c)$. φ und δ schneiden sich in einer Geraden r. Legt man nun in δ durch A die Parallele (Hauptlinie) a zur Spur d bis zum Schnittpunkt R mit r, hierauf in φ die Parallele (Hauptlinie) b zur Spur f durch R bis zum Schnitt S mit g, so ist S der gesuchte Punkt $[g\alpha]$, da a und b der Ebene α angehören.

114. Wahl der Bildebene und des Auges. Wollen wir von einem Gegenstand einen deutlichen Gesichtseindruck gewinnen, so müssen gewisse natürliche Bedingungen über die Lage des Auges gegenüber dem Gegenstand erfüllt sein. Soll daher eine Perspektive als ein natürlich wirkendes Bild des Gegenstandes empfunden werden, so wird man bei der Wahl des Projektionszentrums O und der Bildebene Π auf diese Bedingungen Rücksicht nehmen müssen.[1]) Hat man ein Objekt darzustellen, das in seiner natürlichen Lage auf einer waagerechten Grundebene Γ aufsteht, so wird man bei lotrechter Stellung von Π den Hauptstrahl $[OH]$ in der Regel so wählen, daß sein Grundriß etwa durch die Mitte des Grundrisses des Objektes geht. Die Wahl der Höhe des Projektionszentrums O über Γ hängt von den Absichten des Zeichners ab: Für eine gewöhnliche Ansicht eines großen Objektes wird man O in der Augenhöhe, etwa 160 cm, eines auf der Grundebene Γ stehenden Beschauers wählen. Wird der Hauptstrahl $[O \perp \Pi]$ oberhalb des Objektes angenommen, so erhält man eine *Obersicht* (Vogelperspektive); für eine Untersicht wird er unter dem Objekt gewählt.

Besondere Sorgfalt muß der Wahl der *Augdistanz* $d = O\Pi$ zugewendet werden, von der es hauptsächlich abhängt, ob das Bild günstig wirkt oder „verzerrt" erscheint. Letzteres tritt ein, wenn man d zu klein wählt. Blickt man nämlich mit einem Auge O nach dem Hauptpunkt H, so erhält man bei fester Blickrichtung nur von jenen Punkten halbwegs

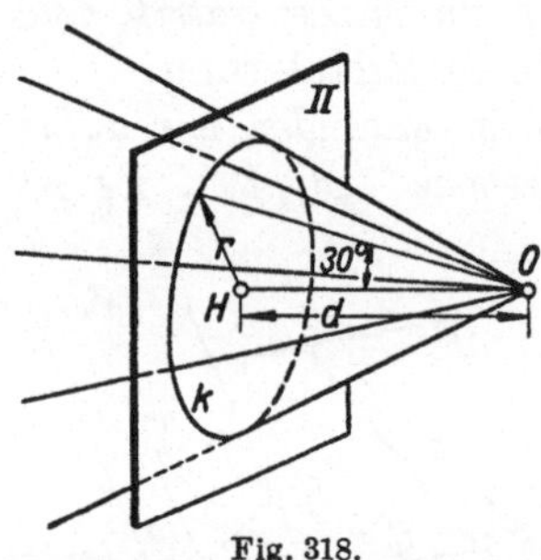

Fig. 318.

deutliche Gesichtseindrücke, deren Sehstrahlen mit dem Hauptstrahl Winkel einschließen, die nicht größer als etwa 30° sind.[2]) Nennen wir den Drehkegel mit der Spitze O, der Achse $[OH]$ und dem Achsenwinkel 30° (Fig. 318) den *Sehkegel*, so können wir sagen: *Nur die innerhalb des Sehkegels liegenden Gegenstände lassen sich bei ruhigem, auf den Hauptpunkt gerichteten Blick genügend deutlich wahrnehmen.* Demnach wird das perspektive Bild eines Gegenstandes, der sich innerhalb des Sehkegels befindet, „natürlich, unverzerrt" erscheinen, weil es einen Gesichtseindruck wiedergibt, den wir einmal gehabt haben oder den wir nach

---

1) Über die Bildwirkung parallelprojektiver Bilder vgl. Nr. 93.

2) Nach W. Nagel, Handbuch der Physiologie des Menschen, 3. Bd., Braunschweig 1905, S. 357 ist wohl die Ausdehnung des monokularen Gesichtsfeldes für Lichtempfindung bedeutend größer, jedoch nimmt die Sehschärfe beim Entfernen vom Fixierpunkt so rasch ab, daß sie bei 30° nur noch ein Siebzigstel der Sehschärfe im Fixierpunkt beträgt (a. a. O. S. 353). Untersucht man den Bewegungsraum der Blicklinie, der bei fester Kopfstellung durch Drehung des Auges durchmessen werden kann, so kommt man zu dem Ergebnis (a. a. O. S. 362), daß alle Punkte des Raumes, deren Sehstrahlen mit dem Hauptstrahl einen Winkel von nicht mehr als 30° einschließen, durch Bewegung des Auges zur vollkommen deutlichen Wahrnehmung gelangen.

unseren Erfahrungen einmal haben könnten. Dagegen wird die Perspektive eines Gegenstandes, der sich ganz oder teilweise außerhalb des Sehkegels befindet, mehr oder weniger unnatürlich, verzerrt erscheinen, auch wenn diese Perspektive geometrisch vollkommen richtig ist. In genügend kleiner Umgebung des Hauptpunktes wirkt jedes Bild günstig, wie klein auch d gewählt wird, weil die entsprechenden Raumpunkte innerhalb des Sehkegels liegen. Wir stellen demnach die Regel auf:

Man wähle die Distanz immer so groß, daß der abzubildende Gegenstand innerhalb des Sehkegels liegt.

Durch diese Regel wird der Distanz keine obere Schranke auferlegt. Doch wird man eine allzu große Distanz vermeiden, weil dann das Bild einem Schrägriß nahekommen und deshalb weniger körperlich wirken würde. Auch aus praktischen Gründen vermeidet man eine zu große Distanz, weil dann die für die Konstruktion wichtigen Fluchtpunkte meist außerhalb des Zeichenblattes fallen.

Der Schnittkreis k des Sehkegels mit der Bildebene hat den Halbmesser $r = d\,\mathrm{tg}\,30^\circ$. Also ist $d \doteq 1{,}75\,r$, wofür man, um eine leicht merkbare Regel zu erhalten, auch in grober Annäherung

$$d = 2r$$

setzen darf.

Die hier entwickelte Ansicht über die Wahl der Augdistanz ist keineswegs die allgemein verbreitete. Lionardo da Vinci[1]) gibt für das Zeichnen eines Gegenstandes nach der Natur die Regel, man solle sich dreimal so weit von ihm entfernen, als er groß ist. J. H. Lambert[2]) läßt einen Sehkegel zu, dessen Öffnungswinkel 90° beträgt; F. Tilscher[3]) und W. Fiedler[4]) wählen hierfür 40°. G. Schreiber[5]) fordert, „daß der Augenabstand nicht kleiner genommen werden soll als die größte Ausdehnung, welche man dem Rahmen des Bildes zu geben beabsichtigt". G. Hauck[6]) schreibt vor, „die Augdistanz soll gleich der 1,5 fachen bis 2 fachen größeren Seite des Bildrechteckes sein".

Nach den obigen Darlegungen ist es einleuchtend, daß eine Perspektive dann das Objekt am besten vortäuschen wird, wenn man sie aus dem Projektionszentrum einäugig betrachtet. Daraus ergibt sich die Vorschrift, daß die Distanz nicht kleiner als die deutliche Sehweite, ungefähr 25 cm, sein soll. Es muß aber dieser Vorschrift entgegengehalten werden, daß erfahrungsgemäß die günstige Bildwirkung einer Perspektive in weiten Grenzen unabhängig davon ist, ob man sie aus dem Augpunkt betrachtet oder nicht. So geben Photographien oder Buchzeichnungen

---

1) Nach E. Brücke, Bruchstücke aus der Theorie der bildenden Künste. Leipzig 1877, S. 206.

2) Freye Perspektive, 2. Aufl., § 70—78; der Name Sehkegel kommt bei Lambert noch nicht vor, doch dachte er zweifellos an diesen Begriff (vgl. § 71).

3) System d. techn.-mal. Perspektive. Prag 1867, Nr. 121, 146.

4) Die darst. Geom. I. Leipzig 1904 (4. Aufl.), S. 51.

5) Malerische Perspektive. Karlsruhe 1854, S. 52.

6) Lehrb. d. mal. Perspektive (bearb. von Hedwig Hauck). Berlin 1910, S. 22.

(etwa kleine Wiedergaben von Gemälden), bei denen die Distanz sehr oft
viel kleiner als die deutliche Sehweite ist, günstige Bildwirkungen.

115. Zeichnen perspektiver Bilder nach der Durchschnittsmethode.[1])
Das älteste Verfahren, aus Grund- und Aufriß eines Objektes eine Perspektive auf eine lotrechte Bildebene abzuleiten, ist die *Durchschnittsmethode* (Fig. 319). Als Beispiel wählen wir eine quadratische Platte mit
einer aufgesetzten Pyramide. Zunächst legen wir in dem gegebenen

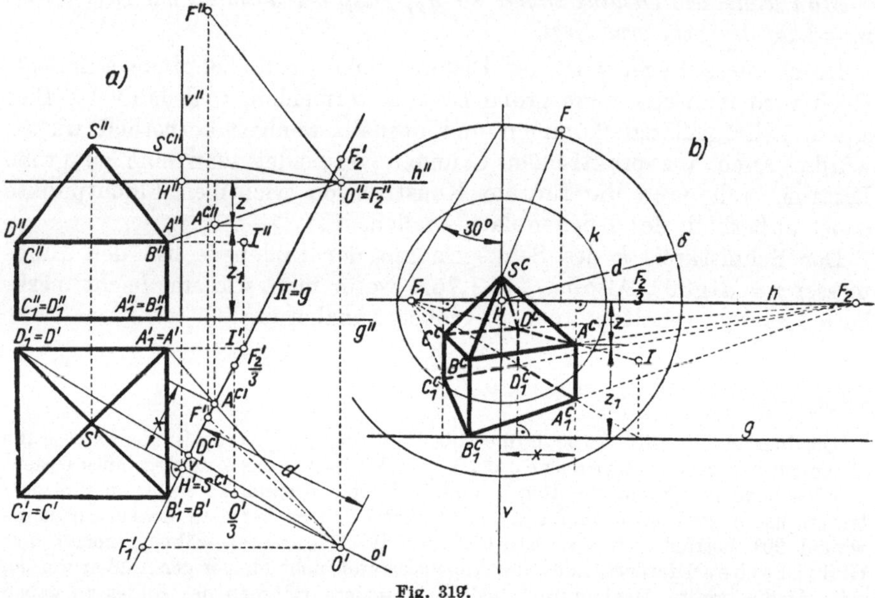

Fig. 319.

Grund- und Aufriß die Lage des Auges O und die Bildebene Π fest
(Fig. 319a). Der Grundriß des Hauptsehstrahls o wird (Nr. 114) am besten
durch die Mitte des Objektgrundrisses gelegt. Dabei vermeide man aber,
daß der Hauptstrahl in einer allfällig vorhandenen Symmetrieebene des
Objektes liegt, weil unsymmetrische Bilder erfahrungsgemäß körperlicher
wirken als symmetrische. Die lotrechte Bildebene Π ist $\perp o$; sie gehe
überdies durch die Kante $[BB_1]$. Wir haben nun das Auge O unter
Beachtung der in Nr. 114 ausgesprochenen Regel im Grund- und Aufriß
zu wählen. Um jedoch das Auftreten unzugänglicher Fluchtpunkte zu
vermeiden und die Wirkung einer zu kleinen Distanz d zu zeigen, wurde
in Fig. 319 $d = O'H'$ kleiner gewählt, als es der genannten Regel ent-

---

1) Ihre Erfindung wird dem berühmten Florentiner Architekten Filippo
Bruneleschi (1377—1446) zugeschrieben. Zum erstenmal schrieb darüber Leone
Battista Alberti, Della pictura libri tre („Quellenschriften für Kunstgeschichte",
hrsg. von R. v. Eitelberger, Wien 1877, S. V). A. Dürer, der aus italienischen
Quellen geschöpft hat, erläutert diese Methode in dem auf S. 304 erwähnten Werk.
Vgl. für die Anfänge der Perspektive H. Schuritz, Die Perspektive in der Kunst
Albrecht Dürers. Frankfurt a. M. 1919.

spricht. Die Waagerechte h'' durch O'' ist der Aufriß des Horizontes h. Sie enthält den Aufriß H'' des Hauptpunktes H. Die Ebene des untern Basisquadrates sei die Grundebene Γ; ihre Schnittlinie mit Π ist die Grundlinie g.

Um das Zentralbild des Eckpunktes A zu erhalten, legen wir durch ihn den Sehstrahl $[OA]$ und suchen seinen Schnitt A^c mit Π. Der Grundriß dieses Punktes ist (Fig. 319a) $A^{c\prime} = [O'A' \cdot \Pi']$, der Aufriß $A^{c\prime\prime}$ liegt im Schnitt von $[O''A'']$ mit dem Ordner durch $A^{c\prime}$. Würde man so mit allen Eckpunkten verfahren, so erhielte man den Aufriß des in Π befindlichen Bildes. Um nun dessen wahre Gestalt zu bekommen, legen wir Π so in die Zeichenebene (Fig. 319b), daß h eine waagerechte Lage erhält; dabei soll der Hauptpunkt nach H fallen. Der dem Punkt A^c in der neuen Lage entsprechende Punkt ergibt sich nun leicht, wenn man beachtet, daß A^c in Π um die Strecke $x = H'A^{c\prime}$ rechts von H und um die Strecke $z = h''A^{c\prime\prime}$ unter h (oder um $z_1 = g''A^{c\prime\prime}$ über g) liegt. Tragen wir diese Koordinatenstrecken von A^c in dem vom Horizont h und der Vertikallinie v gebildeten Achsenkreuz in 319b entsprechend auf, so gelangen wir zum Punkt A^c des in die Zeichenebene gelegten Bildes. Auf diese Weise ließe sich jeder andre Punkt übertragen und damit das perspektive Bild zeichnen.

Diese Konstruktion vereinfacht sich jedoch bedeutend, wenn man die Fluchtpunkte der an dem Gegenstand auftretenden parallelen, waagerechten Kanten verwendet. Um deren Fluchtpunkte zu erhalten, legen wir in 319a (Nr. 111) durch O zu diesen Geraden die Parallelen und suchen die Grundrisse F_1', F_2' ihrer Schnittpunkte mit Π. Da die Fluchtpunkte F_1, F_2 dem Horizont angehören, so hat man die Strecken $H'F_1'$ und $H'F_2'$ in 319b von H auf h nach den entsprechenden Seiten hin abzutragen. *Das Zeichnen einer Perspektive nach der Durchschnittsmethode beginnt man immer mit der Ermittlung der Fluchtpunkte der parallelen Körperkanten* auf die eben erwähnte Weise. Dann erst sucht man von einem Eckpunkt das Bild auf die oben für A erklärte Art. Soll nun jetzt das Bild des Punktes D gefunden werden, so braucht man bloß $D^{c\prime} = [O'D' \cdot \Pi']$ aufzusuchen. Da $[AD]$ den Fluchtpunkt F_1 hat, liegt D^c auf $[A^cF_1]$, und zwar um die Strecke $H'D^{c\prime}$ rechts von v. Man wird also in 319b diese Strecke von H aus auf h nach rechts abtragen und im Endpunkt das Lot auf h errichten; sein Schnitt mit $[A^cF_1]$ ist D^c. Überträgt man noch den in der Grundlinie g liegenden Punkt B_1, der mit seinem Bild zusammenfällt, so kann man durch Benutzung der Fluchtpunkte F_1, F_2 das Bild der quadratischen Platte ohne weitere Punktübertragungen zeichnen, wenn man außerdem beachtet, daß lotrechte Kanten im Bilde normal zum Horizont erscheinen. Schließlich ist noch das Bild der Pyramidenspitze S einzuzeichnen. Bei der getroffenen Annahme fällt $S^{c\prime}$ nach H', und es liegt S^c um die Strecke $S^{c\prime\prime}h''$ auf der Vertikallinie v oberhalb H.

Für das Übertragen des Bildes aus der Hilfsfigur können außer den Fluchtpunkten der geraden Kanten auch deren Schnittpunkte mit der Bildebene (Bildspurpunkte) mit Vorteil verwendet werden, da diese mit ihren

Bildern zusammenfallen. So schneidet die Kante $[AD]$ $\varPi$ in I. Übertragen wir nun I mittels der Koordinatenstrecken $H'I'$ und $h''I''$ in das Bild, so ist $[IF_1]$ das Bild der Geraden $[AD]$. Die Übertragung des Bildes einer schrägen Kante ist für $[BS]$ ersichtlich. Da B in $\varPi$ liegt, ist B bereits der Bildspurpunkt dieser Kante. Wir ermitteln daher ihren Fluchtpunkt F in der Hilfsfigur, indem wir den Parallelstrahl $[O \parallel BS]$ mit $\varPi$ schneiden und den erhaltenen Punkt übertragen. Dann ist $[BF]$ das Bild von $[BS]$.

Bei der Bearbeitung einer größeren Perspektive wird man diese beiden Verfahren, die Punkt- und die Geradenübertragung, in zweckentsprechender Weise kombinieren.

Betrachtet man die erhaltene Fig. 319b, so bemerkt man, daß das Bild des Basisquadrates $A_1 B_1 C_1 D_1$ unnatürlich (verzerrt) wirkt. Nach den Betrachtungen in Nr. 114 sind unverzerrte Bilder nur innerhalb des Basiskreises k des Sehkegels zu erwarten, und wir haben daselbst gezeigt, daß dieser zum Distanzkreis δ konzentrische Kreis k den Halbmesser $r = d \operatorname{tg} 30^{\circ}$ $\left(\text{in grober Annäherung } r = \dfrac{d}{2}\right)$ hat. In der Tat zeigt das Bild, daß der verzerrte Teil außerhalb k liegt, während der innerhalb k liegende Teil des Bildes einen gefälligen Eindruck macht. Man sieht weiter, daß die Annahme eines größeren Achsenwinkels als 30° für Sehkegel (etwa 45°, wie bei Lambert a. a. O.) leicht zu Zerrbildern führt.

Wir haben oben vorausgesetzt, daß die Fluchtpunkte F_1, F_2 innerhalb des Zeichenblattes liegen. Gewöhnlich fällt aber zumindest ein Fluchtpunkt außerhalb des Blattes. Nehmen wir an, es sei in 319a der Fluchtpunkt F_2 unzugänglich. Zur Ermittlung von F_2 in 319b geht man dann so vor: Man nimmt auf $[H'O']$ jenen Punkt $\dfrac{O'}{n}$ an, der von H' die Entfernung $\dfrac{d}{n}$ besitzt (in 319a ist $n = 3$), und zieht durch ihn die Parallele zu $[O'F_2']$. Sie schneidet auf $\varPi'$ einen Punkt $\dfrac{F_2'}{n}$ aus, dessen Entfernung von H' $\dfrac{1}{n}$ der Entfernung des unzugänglichen Punktes F_2' von H' ist. Trägt man demnach im Bild die Strecke $H'\dfrac{F_2'}{n}$ n-mal (dreimal in 319b) von H aus auf h in der entsprechenden Richtung auf, so erhält man F_2. Es entsteht nun die Frage, wie man sich helfen wird, wenn auch dieser Punkt F_2 außerhalb des Zeichenblattes liegt. Will man Hilfskonstruktionen vermeiden, so legt man neben das Reißbrett ein zweites und markiert darauf F_2 zweckmäßig durch eine stärkere Stecknadel oder einen dünnen Nagel. Hat man eine Gerade durch F_2 zu ziehen, so kann man die Reißschiene an die Nadel anlegen, weil der durch die Nadeldicke verursachte Fehler kaum in Betracht kommt. Freilich muß man dafür Sorge tragen, daß sich die beiden Bretter nicht gegeneinander verschieben.

Will man einen unzugänglichen Fluchtpunkt F konstruktiv benutzen, so wird man folgendermaßen vorgehen (Fig. 320). *Es sei etwa A^c mit* *dem auf h liegenden Fluchtpunkt F zu verbinden, der durch den Punkt $\frac{F}{3}$ bestimmt sei.* Man drittelt die Strecke HA^c, verbindet den nächst H liegenden Teilpunkt I mit $\frac{F}{3}$ und legt dazu durch A^c die Parallele. Diese schneidet h in einem Punkt, dessen Entfernung von H tatsächlich dreimal so groß ist wie $H\frac{F}{3}$, also in F. — Ist nun ein weiterer Punkt B^c mit F zu verbinden, so kann man auch so vorgehen: Man wählt auf h einen beliebigen Punkt P und zeichnet ein zu dem Dreieck PA^cB^c ähn-

liches und paralleles Dreieck $\bar{P}\bar{A}^c\bar{B}^c$ so, daß $\bar{P}$ auf h und $\bar{A}^c$ auf $[A^cF]$ liegt. Dann ist offenbar $[B\bar{B}^c]$ die gesuchte Gerade $[BF]$, weil F das Ähnlichkeitszentrum der beiden zentrisch ähnlichen Dreiecke ist.[1] — Hat man sehr viele Geraden nach dem unzugänglichen Fluchtpunkt F zu ziehen[2]), so zeichnet man auf der Vertikallinie einen von H aus nach oben und unten bezifferten Maßstab, als dessen Einheit irgendeine Strecke e (etwa $e = 1$ cm) gewählt werden kann. Zeichnet man einen

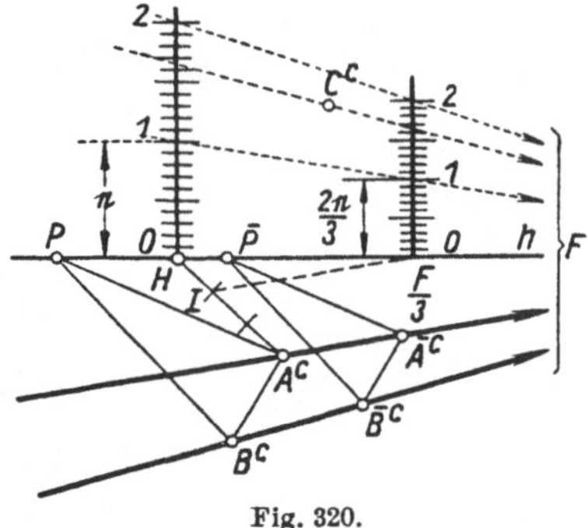

Fig. 320.

dazu parallelen Maßstab mit $\frac{F}{3}$ als Nullpunkt und mit $\frac{2e}{3}$ als Einheit, so gehen offenbar die Verbindungslinien gleichbezifferter Punkte oberhalb bzw. unterhalb h durch F. Liegen die Teilpunkte der beiden Maßstäbe genügend dicht, so kann man leicht dem Augenmaß nach abschätzen, ob eine Linealkante zwei gleichbezifferte Teilpunkte der Maßstäbe verbindet. — Es liegt auf der Hand, wie man vorzugehen hat, wenn man statt $n = 3$ eine andere ganze Zahl wählt. Für die letzte Hilfskonstruktion wird man n so wählen, daß der durch $\frac{F}{n}$ gehende Maßstab möglichst an den Rand des Zeichenblattes zu liegen kommt.

Das an Fig. 319a, b besprochene Verfahren wird von den Architekten gewöhnlich in einer Abänderung verwendet, die sich besonders dann empfiehlt, wenn Grund- und Aufriß des darzustellenden Gegenstandes, gewöhnlich eines Gebäudes, auf zwei getrennten Blättern in demselben Maßstab gezeichnet vorliegen (Fig. 321).

Nachdem man einen Entschluß über die Lage des Auges O und der Bildebene Π gefaßt hat (Nr. 114), befestigt man (mit Reißnägeln) das Grundrißblatt $\mathfrak{P}'$ auf dem Zeichenblatt in einer solchen Lage, daß der Grundriß Π' der lotrechten Bildebene der Perspektive parallel zum

---

1) Über die Ausführung von Konstruktionen mit unzugänglichen Elementen handelt P. Zühlke, Konstruktionen in begrenzter Ebene (Math. Phys. Bibl. Bd. 11). Leipzig und Berlin 1913.

2) G. Schreiber, Malerische Perspektive, S. 172.

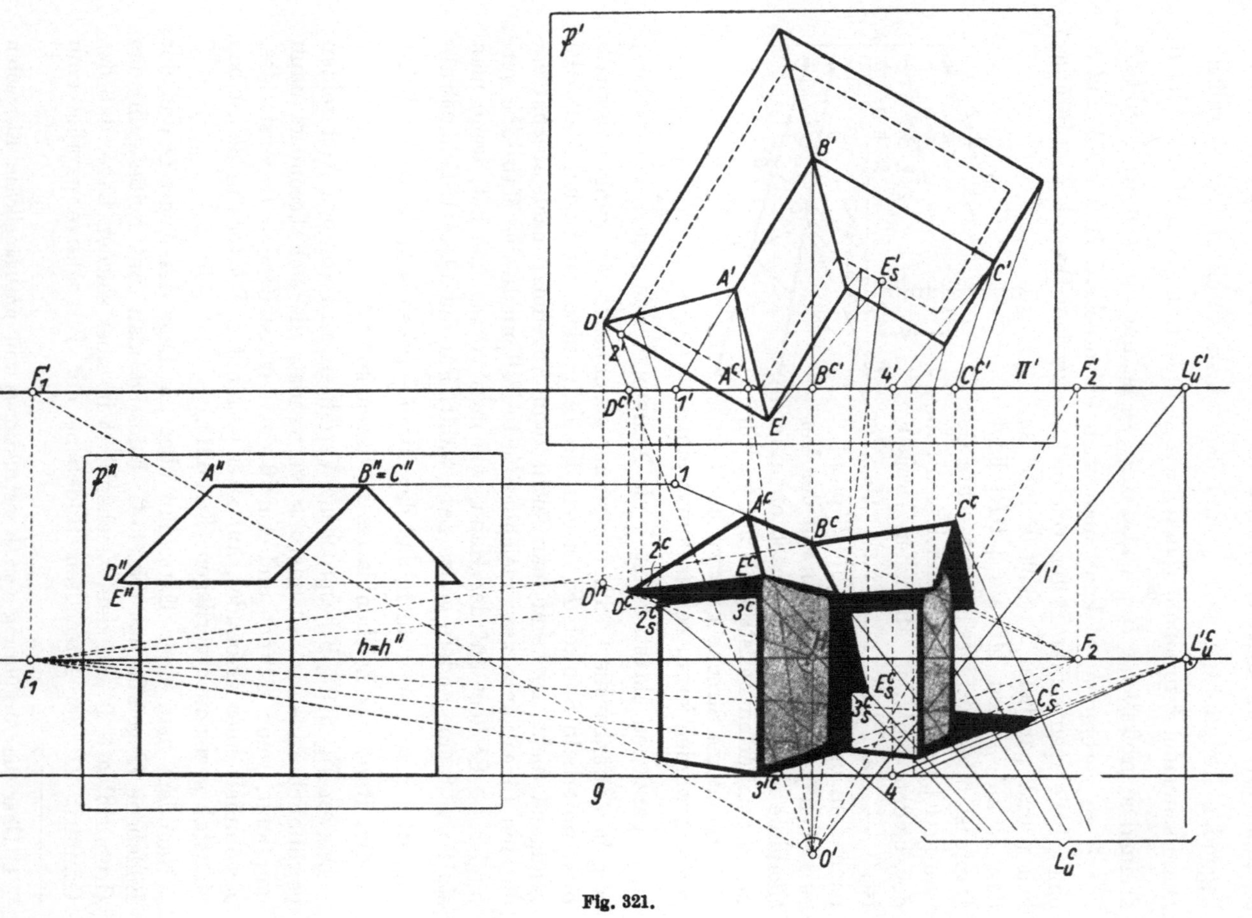

Fig. 321.

unteren Rand des Reißbrettes ist und der Grundriß O' des Auges unterhalb Π' liegt. Das Aufrißblatt $\mathfrak{P}''$, das in Fig. 321 den Normalriß des Gebäudes auf eine zur Firstkante AB parallele Aufrißebene darstellt, heften wir derart an, daß der Aufriß h'' des Horizontes h parallel und unterhalb Π' liegt, jedoch so, daß der Platz unterhalb des Grundrißblattes $\mathfrak{P}'$ frei bleibt. Nehmen wir nun an, daß der Horizont h mit dem in $\mathfrak{P}''$ eingezeichneten Aufriß h'' der Horizontebene zusammenfällt, so können wir den Schnittpunkt von $h = h''$ mit dem zu den seitlichen Rändern des Reißbrettes parallelen Ordner durch O' als den Hauptpunkt H, somit als den Aufriß des Auges O auf die Bildebene Π wählen.

Zunächst ermitteln wir die auf dem Horizont h liegenden Fluchtpunkte F_1, F_2 der waagerechten Gebäudekanten. Man legt dazu in $\mathfrak{P}'$ $[O'F_1'] \parallel [D'E']$ und $[O'F_2'] \parallel [A'B']$ und lotet F_1', F_2' auf h hinunter. Um das Bild des Eckpunktes $A(A', A'')$ zu erhalten, verfahren wir folgendermaßen. Der auf Π' liegende Grundriß $A^{c\prime}$ des gesuchten Bildpunktes A^c ist der Schnittpunkt $[\Pi' \cdot O'A']$. Die Firstkante $[AB]$ schneidet Π in einem Punkt 1, dessen Grundriß $1' = [\Pi' . A'B']$ ist und der mit A'' gleich hoch liegt. 1 ist demnach der Schnittpunkt der Lotrechten durch $1'$ mit $[A''B'']$. Das Zentralbild von $[AB]$ ist demnach die Gerade $[1F_2]$, auf der man nun A^c im Schnitt mit dem Ordner durch $A^{c\prime}$ findet. Für die meisten folgenden Punkte vereinfacht sich die Konstruktion. Um z. B. B^c zu erhalten, hat man durch Einschneiden $B^{c\prime} = [\Pi' \cdot B'O']$ anzumerken und den lotrechten Ordner durch diesen Punkt mit $[A^cF_2]$ zu schneiden. Ferner ist $[B^cF_1]$ das Bild der von B weitergehenden Firstlinie, auf welchem C^c im Schnitt mit dem Ordner durch $C^{c\prime}$ liegt.

Man kann aber auch ohne Benutzung von Bildspurpunkten den Zentralriß eines beliebigen Punktes des Objektes ermitteln. Aus Fig. 321 entnimmt man diese Konstruktion für den Punkt $D(D', D'')$. Fassen wir die Bildebene Π als eine neue Aufrißebene auf, so ergibt sich der Aufriß D^n von D auf Π als der Schnittpunkt des lotrechten Ordners durch D' mit dem waagerechten Ordner durch D''. Um das Zentralbild D^c zu erhalten, hat man den durch seinen Grundriß $[O'D']$ und seinen Aufriß $[HD^n]$ gegebenen Sehstrahl mit Π zum Durchschnitt zu bringen. Es ist also $D^{c\prime} = [\Pi' \cdot O'D']$ auf $[HD^n]$ hinunterzuloten.

Nun soll gezeigt werden, wie man an dem dargestellten Objekt die bei Parallelbeleuchtung auftretenden Schatten sowie den Schlagschatten auf die waagerechte *Grundebene* Γ findet, die Π in der *Grundlinie* g schneidet. Zu diesem Zweck nehmen wir den Fluchtpunkt $L_u{}^c$ der Lichtstrahlen l an. (In Fig. 321 befindet sich $L_u{}^c$ bereits außerhalb der Zeichenfläche; trotzdem soll er als erreichbarer Punkt betrachtet werden.) Die Grundrisse l' der Lichtstrahlen auf die Grundebene Γ sind parallel und haben daher, wenn man sie aus O auf Π projiziert, einen Fluchtpunkt $L_u{}'^c$, der auf dem Horizont h liegt. Beachtet man weiter, daß die Verbindungslinie $[L_u{}^c L_u{}'^c]$ die Fluchtlinie der zueinander parallelen lotrechten Lichtebenen ist, so erkennt man, daß $[L_u{}^c L_u{}'^c]$ zu h normal ist. Zur Ausführung der Schattenkonstruktion wollen wir den Grundriß $\mathfrak{P}'$ mit-benutzen. Für die zugeordneten Normalrisse auf Π und Γ in 321 ist Π' die Rißachse; daher liegt der Grundriß $L_u{}^c{}'$ des Lichtstrahlenflucht-punktes $L_u{}^c$ auf Π' im Schnitt mit der Lotrechten durch $L_u{}^c$.[1]) Es hat also $l' = [O'L_u{}^c{}']$ die Richtung der Grundrisse der Lichtstrahlen im Grundrißblatt $\mathfrak{P}'$. Um nun den Schatten der Dachkante DE auf die zu ihr parallele Wand zu erhalten, sucht man in $\mathfrak{P}'$ jenen Punkt 2 von $[DE]$, der seinen Schatten in die linke lotrechte Gebäudekante wirft, in-dem man beachtet, daß $[2' \parallel l']$ durch den Grundrißpunkt dieser Kante gehen muß. Der Ordner durch $[O'2' \cdot \Pi']$ schneidet dann auf $[D^cE^c]$ den Punkt 2^c aus, und es ist $[2^cL_u{}^c]$ das Bild des Lichtstrahls durch 2 und sein Schnitt mit dem Bild der linken Gebäudekante das Bild $2_s{}^c$ des Schattens von 2; $[2_s{}^cF_1]$ ist daher bis zum Punkt 3^c das Bild des ge-suchten Schattens. Um ferner den Schatten E_s von E auf die zur eben betrachteten Mauer parallele Mauer zu erhalten, ziehe man $[E' \parallel l']$ bis zum Schnittpunkt E_s' mit dem Grundriß dieser Mauer. $E_s{}^c$ gehört dann dem Ordner durch den Punkt $[O'E_s' \cdot \Pi']$ und dem Lichtstrahlbild $[E^cL_u{}^c]$ an. Da $[ED]$ parallel zu der zuletzt genannten Mauer ist, liegt das Bild des Schattens von $[ED]$ auf diese Mauer in der Geraden $[E_s{}^cF_1]$; davon ist nur das Stück zwischen $E_s{}^c$ und dem Bild $3_s{}^c$ des Schattens von 3 zu nehmen. In $3_s{}^c$ setzt sich in lotrechter Richtung nach abwärts der Schatten der lotrechten Mauerkante durch den Punkt 3 bis zum Schnittpunkt mit der Grundebene Γ an. Verbindet man diesen Schnitt-punkt mit dem Fußpunkt $3'$ der lotrechten Kante in Γ, so erhält man den Schatten dieser Kante auf die Grundebene. Da dieser Schatten aber die Richtung l' hat, muß sein Bild durch $L_u{}'^c$ gehen. Diesen Umstand hätte man auch zuerst benutzen können, um die Schattenkonstruktion ohne Zuhilfenahme des Grundrißblattes $\mathfrak{P}'$ auszuführen. Die Ermittlung der übrigen Schatten ist aus Fig. 321 ersichtlich. Um etwa $C_s{}^c$ zu erhalten, wurde der auf g liegende Spurpunkt 4 des Grundrisses des durch C gehen-den Lichtstrahles konstruiert; $C_s{}^c$ ist dann der Schnittpunkt von $[4L_u{}'^c]$ mit $[C^cL_u{}^c]$.

116. Abbildung durch Zentralriß und Zentralgrundriß; Lösung der Lagenaufgaben. Das praktische Zeichnen perspektiver Bilder, wie wir es soeben kennengelernt haben, legt die Ausbildung eines Abbildungs-verfahrens nahe, das sich von dem im III. Kapitel behandelten „Schräg- und Schräggrundrißverfahren" bloß dadurch unterscheidet, daß an Stelle eines unendlichfernen Projektionszentrums ein im Endlichen liegendes Auge O angenommen wird. Wir wählen (Fig. 322) außer der lotrechten Bildebene Π und dem Auge O noch eine waagerechte, nicht durch O gehende Ebene Γ als *Grundebene*. Aufgefaßt als eine Ebene, auf der der Beobachter mit dem Auge O steht, nehmen wir Γ stets unterhalb O an. Die Schnittlinie $[\Gamma\Pi] = g$, die Bildspur von Γ heiße *Grundlinie*.

---

1) Man verwechsle $L_u{}^c{}'$ nicht mit $L_u{}'^c$.

Die Fluchtlinie von Γ ist der *Horizont h*. Um nun einen Punkt P abzubilden, ermitteln wir seinen *Zentralriß* P^c aus O auf Π sowie den Zentralriß P'^c seines Normalrisses P' auf die Grundebene Γ. Wir nennen P'^c den *Zentralgrundriß (perspektiven Grundriß)* von P. P^c und P'^c zusammen sollen das *perspektive Bildpaar* von P heißen. Wegen $[PP'] \parallel \Pi$ ist $[P^c P'^c] \parallel [PP']$, also $[P^c P'^c] \perp g$; mithin gilt der

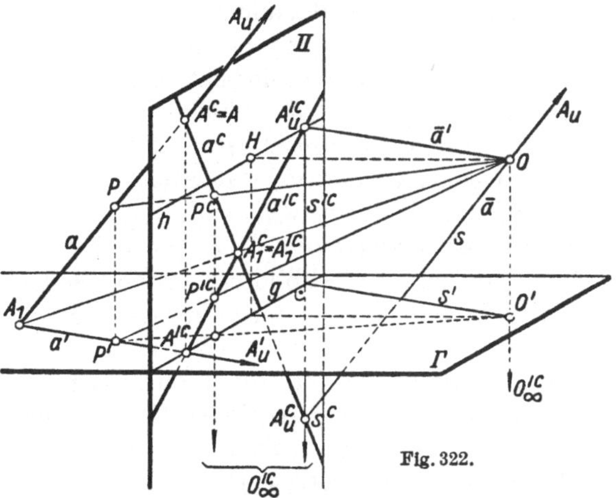

Satz 1: *Das Bildpaar P^c, P'^c eines Punktes P gehört einer zur Grundlinie g normalen Geraden (Ordner) an.*

Es ist zu beachten, daß dieser Satz auch für die unendlichfernen Punkte gilt (Fig. 322). Sei nämlich A_u der Fernpunkt einer Geraden a, so ist sein Grundriß A_u' der Fernpunkt von a'. A_u^c und $A_u'^c$ sind die

Fig. 322.

Fluchtpunkte von a und a', d. h. die Schnittpunkte der Parallelstrahlen $\bar{a} = [O \parallel a]$, $\bar{a}' = [O \parallel a']$ mit Π. Da nun a und a' einer zu Γ normalen Ebene angehören, so liegen auch $\bar{a}$ und $\bar{a}'$ in einer solchen Ebene, und die Schnittpunkte dieser Strahlen mit Π liegen, wie behauptet, auf einer zu g normalen Geraden. Wir können also sagen:

Satz 2: *Der Zentralgrundriß $A_u'^c$ eines Fernpunktes A_u gehört dem Horizont an und liegt mit seinem Zentralriß A_u^c in einer Normalen zum Horizont.*

Für einen Punkt Q der Verschwindungsebene und nur für einen solchen ist das Bildpaar Q^c, Q'^c unendlichfern. Für das Auge O wird O^c unbestimmt, während O'^c in den Fernpunkt $\perp g$ (Scheitel des Ordnerbüschels) fällt. Für jeden andern Punkt von $[OO']$ fallen die Punkte des Bildpaares im Fernpunkt $\perp g$ zusammen. Sonst findet das Zusammenfallen der beiden Punkte eines Bildpaares nur für die Punkte von Γ statt. Γ ist demnach als *Koinzidenzebene* zu bezeichnen. Daher gilt der

Satz 3: *Für die Punkte der Grundebene und die Punkte des Strahls $[O \perp \Gamma]$ und nur für diese fallen die Punkte ihrer Bildpaare zusammen.*

Ferner sieht man, *daß für die Punkte von Π und nur für diese der Zentralgrundriß in g liegt. Weiter ist es klar, daß irgend zwei einem Ordner angehörige Punkte P^c und P'^c, die nicht im Scheitel $(\perp g)$ des Ordnerbüschels zusammenfallen, das Bildpaar eines einzigen Punktes P sind.*

Wir betrachten nun die Zentralrisse P^c und die Zentralgrundrisse P'^c der Punkte P einer nicht durch O gehenden Geraden a (Fig. 322). Jene

22*

erfüllen eine Gerade a^c, diese eine Gerade a'^c. Da entsprechende Punkte P^c und P'^c auf a^c bzw. a'^c stets auf einem Ordner liegen, sind *die beiden Punktreihen $a^c(P^c)$ und $a'^c(P'^c)$ ähnlich.* Für eine durch O gehende Gerade s, also für einen Sehstrahl, geht s' durch O'. s'^c ist daher ein Ordner; s^c ist der Schnittpunkt von s mit Π. Für eine zu Γ normale Gerade ist der Zentralgrundriß ein Punkt und der Zentralriß ein Ordner. Nimmt man in Π irgendein Geradenpaar a^c, a'^c an, so entspricht ihm, wie man ohne weiteres einsieht, eindeutig eine Gerade a im Raum, die nicht durch O geht. — *Die Bildpaare (P^c, P'^c) der Punkte P einer Ebene ε gehören einer perspektiven Affinität an,* da entsprechende Punkte P^c, P'^c stets an einen Ordner gebunden sind und entsprechende Geraden a^c, a'^c als Bildpaare je einer Geraden a der Ebene ε sich (nach Satz 3) auf dem Bild $e_1{}^c$ der *Grundspur* $e_1 = [\varepsilon\Gamma]$ von ε treffen müssen. Nach Nr. 58 erfüllt demnach die Abbildung durch Zentral- und Zentralgrundriß die dort für die Klasse der „linearen Abbildungen" aufgestellten Bedingungen. Demnach lassen sich sämtliche Lagenaufgaben des Zentral- und Zentralgrundrißverfahrens ohne Benutzung des Horizontes und der Grundlinie mit denselben Konstruktionslinien ebenso wie im Grund- und Aufrißverfahren, ebenso wie in einer Darstellung durch das axonometrische Bild und den axonometrischen Grundriß (Nr. 94) und ebenso wie im Schräg- und Schräggrundrißverfahren (Nr. 106) lösen.

Daher werden i. allg. Schattenkonstruktionen für Parallelbeleuchtung mit denselben Linien wie für Zentralbeleuchtung durchgeführt. Werden die Zentralrisse und Zentralgrundrisse der Lichtstrahlen parallel zu zwei festen Richtungen l^c, l'^c angenommen, so liegt i. allg. eine Zentralbeleuchtung mit einem Lichtpunkt in der Verwindungsebene Π_v vor; für $l'^c \parallel g$ hat man es mit einer zu Π parallelen Lichtrichtung zu tun.

Wird Γ unter O angenommen, so liegen die Zentralgrundrisse von Punkten des Sehraums (Nr. 110) unter oder ober g, je nachdem sich diese Punkte vor oder hinter Π befinden. Je nachdem ein Punkt P des Sehraums sich ober und unter Γ befindet, liegt P^c ober oder unter P'^c. Ein Punkt gehört dem Sehraum oder dem virtuellen Raum (Nr. 110) an, je nachdem sich sein Zentralgrundriß unter oder ober dem Horizont befindet.

Ist eine Gerade a durch a^c und a'^c gegeben (Fig. 323), so stellt nach Satz 3 $A_1{}^c = [a^c a'^c]$ den Schnittpunkt A_1 von a mit der Grundebene, den *Grundspurpunkt*, dar. Für den Schnittpunkt A von a mit der Bildebene, den *Bildspurpunkt* oder kurz *Spurpunkt* von a, ist $A'^c = [a'^c g]$, daher $A^c = A$ der Schnitt von a^c mit dem Ordner durch A'^c. Für $a'^c \parallel g$ ist $a \parallel \Pi$. Da ferner (Satz 2) der Schnitt von a'^c mit h der Fluchtpunkt $A_u{}'^c$ von a' ist, so befindet sich der Fluchtpunkt $A_u{}^c$ von a im Schnitt von a^c mit dem Ordner durch $A_u{}'^c$. *Damit ist gezeigt, wie man Spurpunkt und Fluchtpunkt einer durch ihr Bildpaar gegebenen Geraden findet.* Man ersieht daraus auch, wie man umgekehrt aus Spurpunkt A und Fluchtpunkt $A_u{}^c$ einer Geraden a deren Bildpaar findet.

Es sei ferner eine Ebene ε (Fig. 323) durch die Bildpaare zweier in ihr liegenden Geraden a und b gegeben. *Die Ermittlung der Spur und der Fluchtlinie von ε erfordert* dann bloß, daß man von a und b die Spurpunkte A, B und von einer der Geraden auch den Fluchtpunkt, etwa $A_u{}^c$, auf obige Weise sucht. Dann ist $[A\,B] = e$ die Spur und $[A_u{}^c \| e] = e_u{}^c$ die Fluchtlinie von ε. Meistens erweist es sich jedoch bequemer, vorerst die Schnittlinie $e_1 = [\varepsilon\,\Gamma]$, die *Grundspur* von ε, aufzusuchen. Da $[a^c a'^c] = A_1{}^c$ und $[b^c b'^c] = B_1{}^c$ schon die Bilder der Grundspurpunkte von a und b sind, so ist $e_1{}^c = [A_1{}^c B_1{}^c]$, daher $[e_1{}^c h] = E_{1u}{}^c$ der Fluchtpunkt und $[e_1{}^c g] = E_1$ der Bildspurpunkt von e_1. Sucht man also noch von einer der Geraden, etwa a, den Spurpunkt A, so ist $e = [A\,E_1]$ und $e_u{}^c = [E_{1u}{}^c \| e]$; hat man statt A den Fluchtpunkt $A_u{}^c$ aufgesucht, so ist $e_u{}^c = [A_u{}^c E_{1u}{}^c]$ und $e = [E_1 \| e_u{}^c]$.

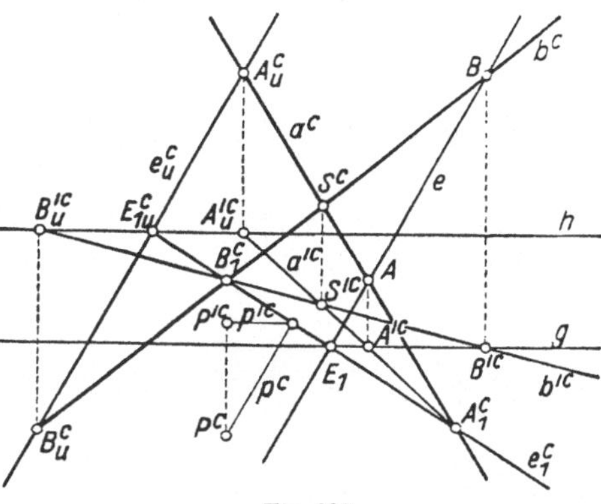

Fig. 323.

Soll von Geraden oder Punkten einer durch e und $e_u{}^c$ bestimmten Ebene ε zu einem der beiden Bilder das andre gefunden werden, so läßt sich dies ebenfalls leicht durchführen. Denn ist der Zentralriß a^c einer ε angehörigen Geraden a gegeben (Fig. 323), so sind $[a^c e]$ und $[a^c e_u{}^c]$ Spurpunkt A und Fluchtpunkt $A_u{}^c$ der Geraden; von den Zentralgrundrissen dieser Punkte liegt A'^c in g und $A_u'^c$ in h; deren Verbindungslinie gibt a'^c. Mit denselben Linien erhält man aus a'^c die Gerade a^c. *Zu einem der beiden Bilder eines Punktes P der Ebene findet man das andere* mittels einer durch P gehenden und in ε liegenden Geraden. Vorteilhaft erweist sich dabei die Verwendung der Grundspur e_1 der Ebene ε, da sich auf ihrem Bild die beiden Bilder einer jeden Geraden von ε schneiden. Als Gerade in ε und Γ hat sie ihren Fluchtpunkt in $E_{1u}{}^c = [e_u{}^c h]$, ihren Spurpunkt in $E_1 = [e g]$, so daß $e_1{}^c = [E_1 E_{1u}{}^c]$ ist. Zur Konstruktion der Bildpunkte P^c, P'^c eines Punktes P von ε verwendet man am bequemsten die Hauptlinie $p = [P \| e]$ (Fig. 323). — Im voranstehenden und in Nr. 113 wurden zahlreiche Lagenaufgaben behandelt; wir beschränken uns daher hier auf die folgende Aufgabe:

Man suche den Schlagschatten $A_s B_s$ der Strecke $A B$ auf die Ebene des Dreieckes $C D E$ für $L_u{}^c$ als Fluchtpunkt der Lichtstrahlen sowie den Schlagschatten des Dreieckes und der Strecke auf die Grundebene Γ (Fig. 324).

Von einem Lichtstrahl befindet sich, wenn Γ unterhalb O liegt, jener Halbstrahl im Sehraum (Nr. 110), dessen Zentralgrundriß unter h liegt. Wenn, wie meist angenommen wird, die Einfallsrichtung des Lichtes nach hinten weist, so erhalten die Bilder der im Sehraum liegenden Lichthalbstrahlen die Richtung gegen den Fluchtpunkt $L_u{}^c$. — Man erhält das Bild $A_1{}^c$ des Schlagschattens A_1 des Punktes A auf Γ als Schnitt von $[A^c L_u{}^c]$ mit $[A'^c L_u'^c]$, entsprechend die Schlagschatten $B_1, \ldots, E_1$ der übrigen Punkte.

Schneidet $[A_1 B_1]$ den Umfang des Dreieckes $C_1 D_1 E_1$ in 1_1 und 2_1 und sucht man auf den Lichtstrahlen durch diese Punkte die den entsprechenden Dreiecksseiten angehörigen schattenwerfenden Punkte 1 und 2, so ist $[12]$ der Schlagschatten von $[AB]$ auf die Dreiecksebene, und die Schnittpunkte dieser Geraden mit den Lichtstrahlen durch A und B

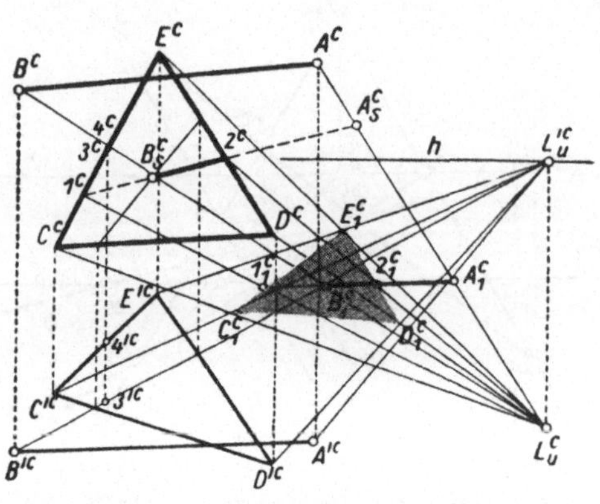

Fig. 324.

sind die Punkte A_s und B_s. — Wäre bloß der Schatten von $[AB]$ auf die Dreiecksebene $[CDE]$ zu suchen gewesen, so hätte man die durch A und B gehenden Lichtstrahlen, deren Bilder $[A'^c L_u'^c]$, $[A^c L_u{}^c]$ und $[B'^c L_u'^c]$, $[B^c L_u{}^c]$ sind, mit der Ebene $[CDE]$ nach Nr. 58, Fig. 152 in A_s, B_s zum Schnitt gebracht.

Es entsteht nun die Frage, ob man den Schatten $A_s B_s$ von O aus sieht, d. h. *ob die Dreiecksfläche CDE im perspektiven Bild die beleuchtete oder die unbeleuchtete Seite zeigt.* Zur Beantwortung dieser Frage brauchen wir nur nachzusehen, ob ein in einem Punkt der Fläche auftreffender Lichthalbstrahl, z. B. der in B_s auftreffende, vor oder hinter der Dreiecksebene liegt, d. h. in unserm Fall, ob dieser Halbstrahl, von O aus betrachtet, vor oder hinter $[CE]$ liegt. Da in unserer Bildfigur von jenen Punkten 3, 4, deren Zentralbilder sich in $[B^c L_u{}^c \cdot C^c E^c]$ decken, der $[BL_u]$ angehörige Punkt 3 im Zentralgrundriß tiefer als der $[CE]$ angehörige Punkt 4 liegt, so befindet sich im Raum (wegen Γ unter O) 3 vor 4, also der in B_s auftreffende Lichthalbstrahl vor $[CDE]$, und man sieht daher im Zentralriß die beleuchtete Seite der Ebene.

117. Messen, Auftragen und Teilen waagerechter und lotrechter Strecken. a) *Strecken $\perp \Gamma$. Es sei (Fig. 325) $P^c Q^c$ das perspektive Bild, $P'^c = Q'^c$ der perspektive Grundriß einer beliebigen zur Grundebene normalen Strecke PQ, deren Länge l ermittelt werden soll.* Man verschiebt zu diesem Zweck die Strecke in einer zu Γ parallelen Richtung so weit, bis sie in die Zeichenebene Π fällt. Dabei beschreiben P und Q parallele Gerade, deren Fluchtpunkt F willkürlich auf h gewählt werden darf. P' beschreibt dabei eine Gerade in Γ mit dem Bild $[P'^c F]$. Diese Gerade schneidet die Bildebene in $P^{0\prime} = [P'^c F \cdot g]$; lotrecht darüber befinden sich in den Geraden $[P^c F]$, $[Q^c F]$ die verschobenen Lagen P^0, Q^0 von P, Q, so daß $l = P^0 Q^0$ ist. — Alle lotrechten Strecken zwischen den durch P und Q gelegten

Parallelen mit dem Fluchtpunkt F besitzen gleiche Länge. Sie erscheinen (Fig. 325) vergrößert oder verkleinert, je nachdem sie sich vor oder hinter der Bildebene befinden. Wählt man den Hauptpunkt H als F, so werden P^0, Q^0 die Normalrisse von P, Q auf Π.

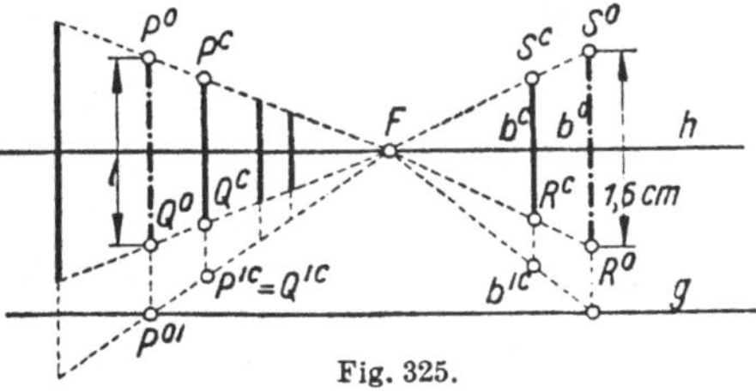
Fig. 325.

Auf einer durch ihr perspektives Bild und ihren perspektiven Grundriß gegebenen lotrechten Geraden b ist von einem gegebenen Punkt R aus eine gegebene Strecke, etwa $l = 1{,}5$ cm, abzutragen (Fig. 325). Ebenso wie vorhin verschiebt man b in beliebiger waagerechter Richtung (Fluchtpunkt F) in die Bildebene nach b^0, wobei R nach R^0 gelangt, trägt auf b^0 von R^0 aus 1,5 cm bis S^0 ab und schiebt die Gerade wieder in die ursprüngliche Lage zurück, wodurch man S^c und damit das gesuchte Streckenbild $R^c S^c$ erhält.

b) *Strecken $\parallel \Pi$ in Γ oder $\parallel \Gamma$* (Fig. 326). Es sei $P'^c Q'^c$ das Bild einer in Γ liegenden, zu Π parallelen Strecke $P'Q'$; wir wollen $P'Q'$ zugleich als den Grundriß einer zu Π und zu Γ parallelen Strecke PQ ansehen; es ist dann $[P^c Q^c] \parallel [P'^c Q'^c] \parallel g$. *Um die Länge $l = PQ = P'Q'$ zu erhalten,* verschiebt man wieder die gegebene Strecke $P'Q'$ in beliebiger waagerechter Richtung (Fluchtpunkt F) in die Bildebene, demnach in die Grundlinie g nach $P_0'Q_0' = l$. — Soll umgekehrt auf der durch b^c, b'^c gegebenen, zu g parallelen Geraden von P aus die gegebene Strecke l aufgetragen werden, so verschiebe man b' nach g, trage darauf von P_0' aus l bis Q_0' ab und schiebe wieder zurück.

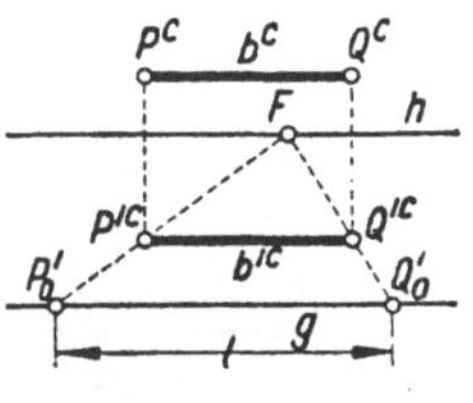
Fig. 326.

c) *Beliebige Strecken $\parallel \Pi$. Soll die Länge l einer durch $P^c Q^c$, $P'^c Q'^c$ gegebenen Strecke PQ ermittelt werden* (Fig. 327), so geht man wie bei a) und b) vor. Ist F der auf h gewählte Fluchtpunkt der waagerechten Schiebungsrichtung, so erhält man in den Schnittpunkten von $[FP'^c]$ und $[FQ'^c]$ mit g die Grundrisse P_0', Q_0' der Endpunkte der in die Bildebene verschobenen Strecke $P_0 Q_0$. Auf den Ordnern durch P_0', Q_0' liegen daher im Schnitt mit $[FP^c]$ und $[FQ^c]$ die Endpunkte der Strecke $P_0 Q_0 = l$. Da $[P_0 Q_0]$ zu $[P^c Q^c]$ parallel sein muß, genügt es, P_0' oder Q_0' zu ermitteln.

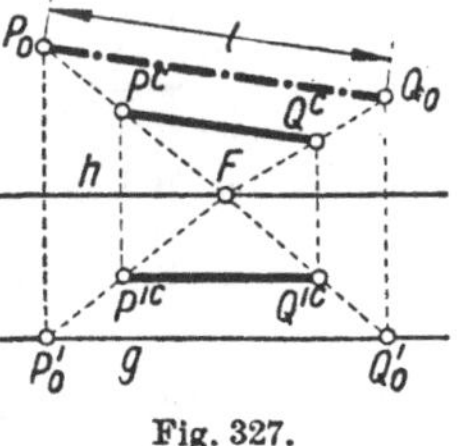
Fig. 327.

d) *Beliebige Strecken in Γ oder $\parallel \Gamma$* (waagerechte Strecken). Ist die Γ angehörige Strecke PQ, deren Länge ermittelt werden soll, gegen Π unter einem von Null verschiedenen Winkel geneigt, so dreht man sie um den Schnittpunkt B von $b = [PQ]$ mit der Grundlinie g in diese hinein; die gedrehte Lage $P^0 Q^0$ gibt dann die Länge l von PQ an. Zur Erläuterung dieser in Perspektive auszuführenden Konstruktion diene

Fig. 328, die den Grundriß der Bildebene, des Auges und der Strecken PQ und P^0Q^0 zeigt. Bei der Drehung von b nach g beschreiben die einzelnen Punkte von b Kreisbogen um B, deren zugehörige Sehnen, wie PP^0, QQ^0, untereinander parallel sind. Kennt man die Richtung dieser

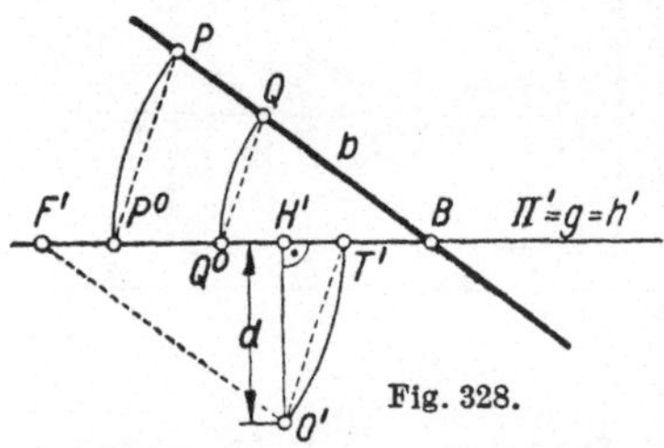
Fig. 328.

Drehsehnen, so lassen sich die gedrehten Punkte P^0, Q^0 einfach durch Ziehen von Parallelen finden. Zur Lösung der gestellten Aufgabe in Perspektive ist daher der Fluchtpunkt T der Drehsehnen notwendig. T ist der Schnittpunkt des Horizontes mit dem Strahl $[O \parallel PP^0]$. Bezeichnet F den auf h liegenden Fluchtpunkt der Geraden b, so sind die Seiten der Dreiecke

BPP^0 und FOT paarweise parallel. Diese Dreiecke sind demnach ähnlich und wegen $BP^0=BP$ ist auch $FT=FO$. Man hat daher den

Satz 1: *Man erhält den Fluchtpunkt der Drehsehnen für eine Gerade der Grundebene, indem man die Entfernung des Auges vom Fluchtpunkt der Geraden von diesem Punkt aus auf dem Horizont abträgt.*

Für die Durchführung der Aufgabe, *die Länge der durch ihr Bild P^cQ^c gegebenen Strecke PQ von Γ zu ermitteln* (Fig. 329), müssen außer dem Horizont h und der Grundlinie g auch noch der Hauptpunkt H und die Distanz d des Auges gegeben sein, diese etwa als die Strecke $d = HO^0$ auf der Vertikallinie. F ist der Schnitt von $b^c = [P^cQ^c]$ mit h. Da die in Satz 1 auftretende Strecke FO gleich FO^0 ist, so hat man, um T zu erhalten, FO^0 von F aus auf h nach der einen oder andern Seite abzutragen.

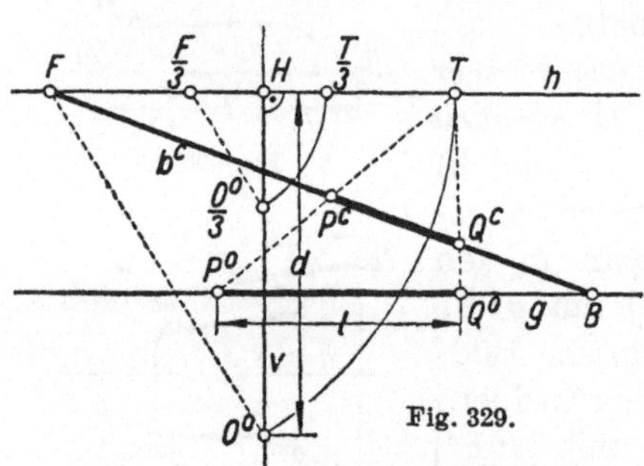
Fig. 329.

Die beiden Lagen für T entsprechen den beiden möglichen Drehungen von b nach g. Die Geraden $[P^c T]$, $[Q^c T]$ sind dann die Bilder der Drehsehnen durch P und Q, ihre Schnittpunkte mit g daher die gedrehten Punkte P^0, Q^0, so daß $P^0Q^0 = PQ$ ist.

Der Drehsehnenfluchtpunkt T heißt gewöhnlich der *Teilungspunkt*[1]) der Geraden b, weil er zuerst zur Teilung einer auf b liegenden Strecke in gleiche Teile verwendet wurde. Da er aber dazu, wie wir sehen werden, nicht benötigt wird, ist der Name *Meßpunkt*[2]) vorzuziehen. *Parallele Gerade haben gemeinsame Meßpunkte,* weil sie einen gemeinsamen Fluchtpunkt haben. Für die Geraden $\perp \Pi$ sind die auf h befindlichen Distanz-

---

1) J. H. Lambert, Freye Perspektive, 2. Aufl., S. 66. Verwendet wurden diese Punkte schon von Brook Taylor, Linear perspektive. London 1715.

2) G. Hauck, Lehrbuch d. malerischen Perspektive (bearb. v. H. Hauck). Berlin 1910, S. 53.

punkte D_1, D_2 (Fig. 307) die Meßpunkte. Die umgekehrte Aufgabe: *Das Auftragen einer gegebenen Strecke l auf einer Γ angehörigen und durch ihr Bild b^c gegebenen Geraden b* ist aus Fig. 329 ohne weiteres ersichtlich.

Die Länge einer zu Γ parallelen Strecke, die durch Zentralriß und Zentralgrundriß gegeben ist, erhält man, indem man die Länge ihres Grundrisses auf die obige Art aufsucht. *Auch das Auftragen einer Strecke auf einer zu Γ parallelen Geraden* wird im Grundriß vollzogen.

Die Ermittlung der Länge einer Strecke allgemeiner Lage läßt sich auf die Ermittlung der Länge ihres Grundrisses und des Höhenunterschiedes ihrer Endpunkte zurückführen.

Liegt der Fluchtpunkt F einer waagerechten Geraden außerhalb der Zeichenfläche, so wird dennoch einer ihrer Meßpunkte T gewöhnlich erreichbar sein. Es sei in Fig. 329 auch O^0 unzugänglich, F und O^0 seien aber durch ihre Abstände f und d von H bestimmt. Man erhält dann T einfach, indem man zum Dreieck FO^0T ein bezüglich H zentrisch ähnliches und soweit verkleinertes Dreieck zeichnet, daß die den Punkten O^0 und F entsprechenden Punkte innerhalb der Zeichenfläche liegen. Tritt dies etwa für die Verkleinerung $1:3$ ein, so trägt man von H aus auf h die Strecke $\dfrac{f}{3}$ und auf der Vertikallinie v die Strecke $\dfrac{d}{3}$ bis zu den Punkten $\dfrac{F}{3}$ bzw. $\dfrac{O^0}{3}$ ab. Macht man auf h die Strecke $\dfrac{F}{3}\dfrac{T}{3} = \dfrac{F}{3}\dfrac{O^0}{3}$, so entspricht $\dfrac{T}{3}$ in der gewählten Ähnlichkeit dem Meßpunkt T. Man erhält also T, wenn man $H\dfrac{T}{3}$ von H aus dreimal in der Richtung $H\dfrac{T}{3}$ aufträgt.

Um eine in Γ liegende Strecke PQ in etwa $n = 5$ gleiche Teile zu teilen (Fig. 330), projizieren wir sie in irgendeiner waagerechten Richtung, die wir durch einen auf h liegenden Fluchtpunkt F wählen, auf die Grundlinie g nach P_1Q_1. Teilt man nun P_1Q_1 in fünf gleiche Teile und projiziert die Teilpunkte aus F auf $[P^cQ^c]$, so erhält man die Bilder der gesuchten Teilpunkte der Strecke PQ, weil die durch F gezeichneten Strahlen die Bilder von Parallelen in Γ sind, die in gleichen Abständen aufeinander folgen.

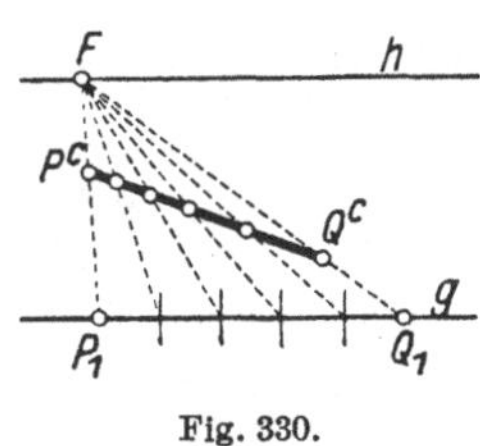

Fig. 330.

118. Freie Perspektive (axonometrische Methode). Das eben besprochene Auftragen von Strecken in lotrechter oder in irgendeiner waagerechten Richtung ermöglicht es uns, die Perspektive eines ebenflächig begrenzten Körpers, der etwa durch Grund- und Aufriß oder bloß in der Vorstellung bestimmt ist, zu zeichnen, ohne den Grund- und Aufriß in die Konstruktion einzubeziehen. Dieses nun zu betrachtende Verfahren wird gewöhnlich „*freie Perspektive*"[1]) genannt, weil es gegenüber den in Nr. 115

---

1) J. H. Lambert, Freye Perspektive oder Anweisung, jeden perspektivischen Aufriß von freyen Stücken und ohne Grundriß zu verfertigen. Zürich 1759 (2. Aufl. 1774).

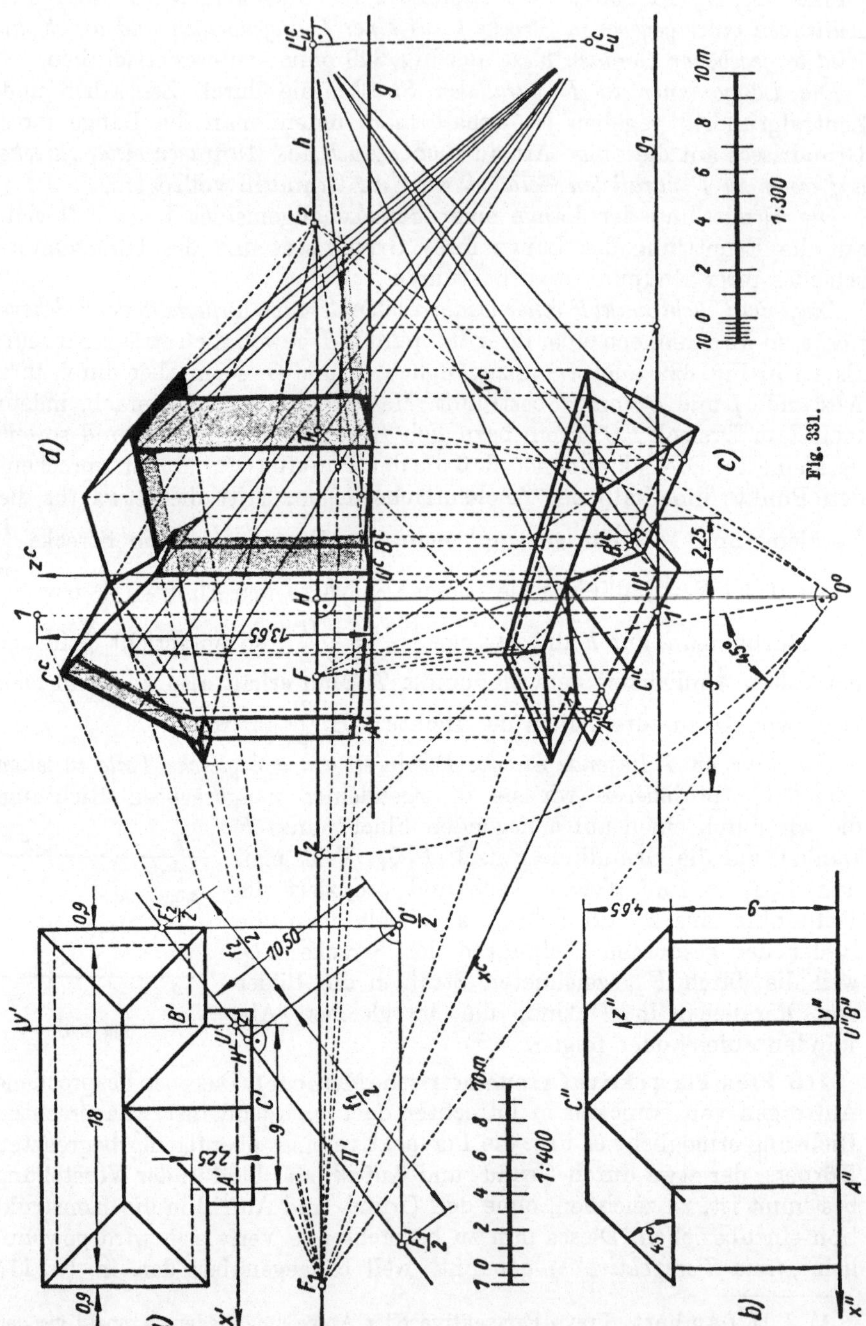

a)
b)
c)
d)
Fig. 331.

behandelten Methoden den Vorzug besitzt, das Bild des Gegenstandes „frei" aus dessen Grund- und Aufriß zu liefern. Man denke sich den darzustellenden Gegenstand mit einem rechtwinkligen Achsenkreuz $U(x, y, z)$ verbunden, dessen $[x\,y]$-Ebene wir in die Grundebene Γ der beabsichtigten perspektiven Darstellung legen. Dann konstruieren wir unter Bedachtnahme auf eine günstige Bildwirkung (Nr. 114) das Zentralbild dieses Achsenkreuzes und die Meßpunkte der waagerechten Achsen x und y. Nun lassen sich nach Nr. 117 die Koordinatenstrecken der Punkte des Objektes auf den Achsen oder parallel zu ihnen auftragen. Wegen der Übereinstimmung mit dem Grundgedanken der Axonometrie kann dieses Verfahren auch als *axonometrische Methode* bezeichnet werden.

Die praktische Durchführung dieses Verfahrens soll an dem durch die schematische Skizze in Fig. 331a, b im Maßstab 1 : 400 in Grund- und Aufriß gegebenen Häuschen gezeigt werden. Als Maßstab für die Perspektive (Fig. 331c, d) wurde 1 : 300 angenommen. Man wählt nun in der Grundrißskizze den Grundriß O' des Auges, den Grundriß Π' der lotrechten Bildebene und ermittelt, indem man $[O \parallel x]$ oder $[O \parallel y]$ zieht, die Entfernung f_1 oder f_2 eines der Fluchtpunkte F_1, F_2 von H in Metern.

Fällt O' schon außerhalb der Zeichenfläche, so suche man mittels der halben Distanz auf die in Nr. 115 erörterte Weise vorerst $\frac{f_1}{2}$ oder $\frac{f_2}{2}$. Trägt man dann etwa f_1 im Maßstab 1 : 300 auf dem Horizont h von H aus bis F_1 auf (Fig. 331d), so hat man damit den Fluchtpunkt der x-Achse gefunden. Den Fluchtpunkt F_2 der y-Achse konstruiere man jedoch mittels des um den Horizont umgeklappten Auges $O^0 (\sphericalangle F_1 O^0 F_2 = 90^0)$ und suche dann die zu F_1 und F_2 gehörigen Meßpunkte T_1 und T_2 auf h. Schließlich zeichnet man das Bild U^c des Ursprungs U ein, den man am besten auf der Grundlinie wählt. Aus dem Grundriß entnimmt man, daß U^c um $H'U'$ rechts von der Vertikallinie liegt; den Abstand $U^c h$ nehmen wir der beabsichtigten Bildwirkung entsprechend an. Wir haben U auf der Grundlinie g gewählt; es ist daher $g = [U^c \parallel h]$. Es sind nun $x^c = [U^c F_1]$, $y^c = [U^c F_2]$, $z^c = [U^c \perp g]$ die Achsenbilder.

Wie in der Axonometrie beginnt man auch hier gewöhnlich mit der Darstellung des Grundrisses. Da das Gebäude fast ganz hinter Π liegt, fällt das perspektive Bild des Grundrisses, der Zentralgrundriß, fast ganz in den schmalen Streifen zwischen h und g. Zur Vermeidung schleifender Schnittpunkte beim Auftragen von x- und y-Koordinaten stellen wir daher den *Grundriß auf eine unterhalb des Gebäudes liegende Horizontalebene Γ_1 (gesenkte Grundebene) dar*, der schon im 16. Jahrh. „Kellergrundriß" hieß (Fig. 331c). Γ_1 schneidet Π in der neuen Grundlinie $g_1 \parallel g$. Die entsprechenden Geraden der Grundrisse auf Γ und Γ_1 sind parallel, haben daher dieselben Flucht- und Meßpunkte. Die Bilder entsprechender Punkte liegen auf lotrechten Ordnern. Da U auf g gewählt wurde, liegt sein Grundriß $U' = U'^c$ auf Γ_1 in g_1. Um nun z. B. die Zentralgrundrisse A'^c, B'^c zu erhalten, trage man, wie dies in Nr. 117, Fig. 329 gezeigt wurde und auch aus Fig. 331c zu ersehen ist, auf x und y die Strecken $UA = 9$ m, $UB = 2{,}25$ m (im Maßstab der Perspektive) ab. Durch weiteres Abtragen $\parallel x$ und $\parallel y$ gelangt man von diesen Punkten zu allen übrigen des gesenkten Grundrisses. Meist wird man zu seiner Herstellung auch noch andere Fluchtpunkte mit Vorteil verwenden, z. B. (Fig. 331 c) die Fluchtpunkte F der Symmetralen des $\sphericalangle xy$, weil die Grundrisse der Dachgrate und Dachkehlen zu diesen Geraden parallel sind. Diese „*Diagonalfluchtpunkte*" F ergeben sich durch das Hälften des Winkels $F_1 O^0 F_2$. Die Zentralbilder der Punkte des darzustellenden Gegenstandes ergeben sich nun, indem man auf den lotrechten Geraden durch die Grundrisse die aus dem Aufriß (Fig. 331 b) ablesbaren Höhen der Punkte, und zwar von Γ aus, abträgt. Um z. B. C^c zu erhalten ,verschiebt man (nach Nr. 117, Fig. 325) die Lotrechte durch C' etwa $\parallel x$ in die Bildebene. Da hierbei C' nach $1'$ in g_1 gelangt, ist $[1' \perp g_1]$ die verschobene Gerade. Auf ihr trägt man von g aus die Höhe $13{,}65$ m des Punktes C bis 1 ab und schiebt diesen Punkt wieder auf die lotrechte Gerade durch C' nach C zurück, wodurch sich C^c ergibt.

Auch die Schattenkonstruktion läßt sich mittels des gesenkten Grundrisses genauer ausführen, weil sich alle Schnittpunkte mit den Zentralgrundrissen der Lichtstrahlen genauer ergeben. Nähere Erklärungen über die Durchführung der Schattenkonstruktion sind nach den Erläuterungen in Nr. 115, 116 entbehrlich.

Nach der Schattenkonstruktion schließt sich an die perspektive Darstellung eines Gegenstandes zuweilen noch die Konstruktion seines *Spiegelbildes* an, wobei es sich gewöhnlich um die *Spiegelung an einer waagerechten Wasserfläche* handelt. Da das Spiegelbild eines Punktes P der zu P bezüglich der spiegelnden Ebene σ geradsymmetrische Punkt P_1 ist, lassen sich die Spiegelbilder der Punkte leicht perspektiv darstellen. Für eine waagerechte Ebene σ hat man bloß zu jedem Punkt P den Schnittpunkt $\overline{P}$ der Lotrechten durch P mit σ aufzusuchen und $P^c \overline{P}^c = \overline{P}^c P_1{}^c$ zu machen; dann ist $P_1{}^c$ der Zentralriß des Spiegelbildes von P.

119. Instrumente und Hilfsmittel zum Zeichnen perspektiver Bilder. Die beim Zeichnen einer Perspektive oft auftretende Schwierigkeit, nach einem unzugänglichen, gewöhnlich dem Horizont angehörigen Fluchtpunkt viele Strahlen ziehen zu müssen, hat zur Erfindung von Vorrichtungen angeregt, die diese Schwierigkeit überwinden sollen und *Perspektivlineale* oder *Fluchtpunktschienen* heißen. Am bekanntesten ist die von P. Nicholson erfundene *dreiteilige Fluchtpunktschiene*[1]) (Fig. 332).

---

1) Nicholson's Centrolineal, abgebildet und beschrieben in: W. F. Stanley, A descriptive treatise on mathematical drawing instruments. London 1878, S. 169. R. Mehmke, Über das Einstellen der dreiteiligen Fluchtpunktschiene, Z. Math. Phys. 42 (1897), F. Schilling, ebenda 56 (1908). Die Fluchtpunktschienen von R. Mehmke und F. Schilling werden vom Polytechnischen Arbeits-Institut J. Schröder in Darmstadt hergestellt.

Eine solche besteht aus drei Linealen, nämlich zwei *Gleitschienen* und der *Zeichenschiene*, deren Anordnung so getroffen ist, daß die *Gleitkanten a* und *b* der Gleitschienen und die *Zeichenkante f* der Zeichenschiene durch einen Punkt *S* gehen. In der einfachsten Ausführung besteht das Instrument aus einem Stück, doch gibt es auch Fluchtpunktschienen, bei denen die drei Lineale um *S* drehbar sind und daselbst mittels einer Schraube und Mutter festgemacht werden können. Um den Gebrauch der Fluchtpunktschiene verständlich zu machen, befestigen wir auf dem Reißbrett zwei *Führungsstifte A, B,* etwa starke Stecknadeln (Fig. 332), und lassen die Gleitschienen mit ihren Gleitkanten *a, b* an *A* bzw. *B* gleiten. Die Zeichenkante *f* der (mittleren) Zeichenschiene geht dabei stets durch einen festen Punkt *F*. Da nämlich bei festgestellter Schraube *S* der Winkel *ab* beim Gleiten an *A* und *B* konstant bleibt, be

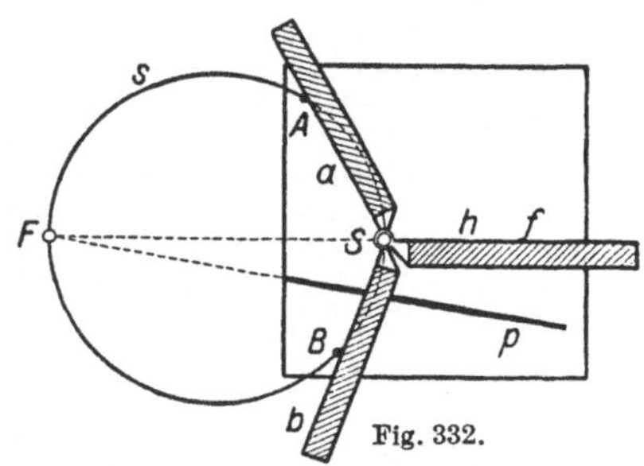
Fig. 332.

schreibt *S* einen Kreis *s* durch *A* und *B*. Da aber auch der Winkel *af* unveränderlich ist, geht *f* tatsächlich durch einen festen Punkt *F* von *s*.

Es handelt sich nun um die *Einstellung der Fluchtpunktschiene* auf einen etwa als Schnitt des Horizontes *h* mit einer Geraden *p* gegebenen, aber außerhalb der Zeichenfläche liegenden Fluchtpunkt *F*. Ein Einstellungsverfahren, bei dem die Schraube *S* angezogen bleibt, so daß die drei Schenkel gegeneinander unbeweglich sind, ist das folgende: Man befestigt einen Stift *A* willkürlich in der Nähe des Reißbrettrandes, legt die Gleitkante *a* an *A* und gibt dem Instrument eine solche Lage, daß die Zeichenkante *f* sich mit der nach dem Fluchtpunkt *F* gehenden Geraden *p* deckt. Die längs der Gleitkante *b* auf dem Reißbrett gezogene Gerade b_1 geht dann durch die zu suchende Einsteckstelle *B* des zweiten Stiftes. Führt man das gleiche für den Horizont oder besser noch für eine zweite durch *F* gehende und auf der andern Seite des Horizonts (etwa symmetrisch) liegende Gerade *q* aus, so erhält man eine zweite Gerade b_2 durch *B* und damit im Schnitt mit b_1 *B* selbst. Sollte *B* außerhalb des Reißbrettes liegen, so versucht man es mit einer anderen Wahl von *A* oder bei verstellbarer Schiene mit einem anderen Winkel der Gleitkanten.

Zur einfacheren Herstellung perspektiver Bilder nach der Durchschnittsmethode (Nr. 115) dient das *Strahlendiagramm* von W. Körber.[1]) Es enthält auf durchscheinendem Papier eine ziemlich dichte Schar von Strahlen nach einem Punkt *O* und eine zweite solche Schar von parallelen Strahlen, die auf dem Anfangsstrahl durch *O* normal stehen. Wird nun das Diagramm mit einer durch *O* gesteckten Nadel um den Punkt *O'* der Fig. 321 drehbar befestigt und der Anfangsstrahl mit dem Grundriß eines Sehstrahls, etwa mit [*O' A'*], zur Deckung gebracht, so dient das Diagramm hauptsächlich dazu, aus dem mit dem Zirkel zu entnehmenden Abstand

---

1) Verlag Wilhelm Ernst u. Sohn, Berlin.

$A''h''$ den Abstand $z = A^c h$ zu erhalten, ohne eine Linie ziehen zu müssen. Das Verfahren ist ohne weiteres einleuchtend, wenn man den Sehstrahl $[OA]$ um seinen Normalriß auf die Horizontebene in diese umklappt.[1])

Man hat auch Apparate ersonnen und ausgeführt, die den Zweck haben, auf rein mechanischem Weg aus dem gegebenen Grund- und Aufriß eines Gegenstandes dessen perspektives Bild herzustellen, sogenannte *Perspektographen*. Durchfährt man mit den zwei Fahrstiften eines solchen Apparates den Grund- und Aufriß, wobei natürlich die Stifte stets auf zugeordneten Punkten bleiben müssen, so beschreibt der mit ihnen durch einen Mechanismus verbundene Zeichenstift das perspektive Bild. Das erste Modell eines solchen Apparates veröffentlichte G. Hauck.[2]) Er wurde von E. Brauer verbessert. Nach andern Prinzipien sind Perspektographen von E. Ritter[3]), P. Fiorini[4]) und K. Mack[5]) ausgeführt worden.

120. Lösung der Maßaufgaben. Zur Feststellung des Auges O wählen wir im folgenden den *Distanzkreis* $\delta = (H, d)$, dessen Mitte der Hauptpunkt H und dessen Radius der Distanz $d = O\Pi$ gleich ist.

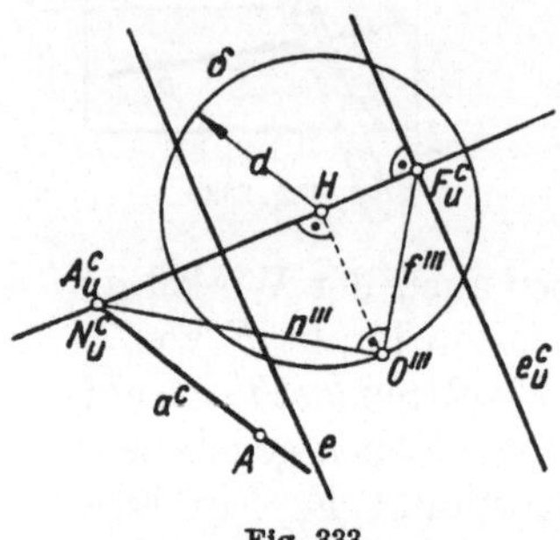

Fig. 333.

Aufgabe 1: *Man ermittle den Fluchtpunkt der Normalen einer Ebene* $\varepsilon(e, e_u{}^c)$ (Fig. 333). Der gesuchte Fluchtpunkt $N_u{}^c$ ist der Spurpunkt der durch O gehenden, zur Ebene $[Oe_u{}^c]$ normalen Geraden n. Die durch n normal zu Π gelegte Seitenrißebene Π_3 schneidet Π in der Geraden $[H \perp e_u{}^c]$ und $[Oe_u{}^c]$ in einer zu $e_u{}^c$ normalen Geraden f, die man als Fallinie der Ebene $[Oe_u{}^c]$ bezüglich Π bezeichnen kann, weil sie auf ihrer Spur $e_u{}^c$ normal steht. Der im Schnitt von $e_u{}^c$ mit $[H \perp e_u{}^c]$ liegende Punkt $F_u{}^c$ ist daher der Fluchtpunkt der Fallinien (bezüglich Π) der Ebene $[Oe_u{}^c]$ und aller zu ihr parallelen Ebenen. Dieser Punkt, der auch bei anderen Maßaufgaben eine Rolle spielt, heiße *der zur Ebenenstellung* e_u *gehörige Fallinienfluchtpunkt* $F_u{}^c$. Klappt man Π_3 nach Π um und bezeichnet man die umgeklappten Elemente durch drei Striche, so ist $f''' = [F_u{}^c O''']$, $n''' = [O''' \perp f''']$ und $N_u{}^c$ der Schnittpunkt von n''' mit $[HF_u{}^c]$. Fällt O''' außerhalb der Zeichenfläche, so führe man die Konstruktion mittels einer von H aus zentrisch ähnlich verkleinerten Figur durch.

Fig. 333 enthält zugleich die Lösung der umgekehrten

Aufgabe 1a: *Die Fluchtlinie der zu einer Geraden a normalen Ebenen zu ermitteln*. Ist nämlich $A_u{}^c = N_u{}^c$ der Fluchtpunkt der gegebenen

---

1) Ein anderes hierher gehöriges Verfahren gibt E. Böck, Beiträge zur Perspektive. Z. öst. Ing. u. Arch. V. 1929, Heft 9/10.

2) Vgl. W. Dyck, Katalog, S. 234—243; G. Scheffers, Lehrbuch der darstellenden Geometrie. Berlin 1920, 2 Bd., Nr. 302.

3) Vgl. G. Scheffers, a. a. O. Nr. 305.

4) Vgl. G. Bellotti, Il prospettografo Fiorini, con istruzioni pratiche relative al suo uso (Florenz 1892).

5) Eine neue Methode und ein neues Gerät zur Konstruktion von Perspektiven, S. B. Ak. (math.-nat.) Wien, Abt. IIa, 127 (1918), S. 699—717.

Geraden a, so erhält man durch dieselben Linien in umgekehrter Reihenfolge die gesuchte Fluchtlinie $e_u{}^c$.

Aufgabe 2: *Ermittlung des Neigungswinkels zweier Geraden a und b.* Zur Lösung dieser Aufgabe benötigt man bloß die Fluchtpunkte $A_u{}^c$ und $B_u{}^c$ der beiden Geraden (Fig. 334), da ihr Winkel gleich dem Winkel $\varphi = \measuredangle A_u{}^c O B_u{}^c$ ihrer Parallelstrahlen ist. Man erhält φ durch Drehen der Ebene $[A_u{}^c O B_u{}^c]$ in die Bildebene. Die gedrehte Lage O^0 des Auges findet man entweder durch Umklappung des Bahnkreises, den O bei der Drehung beschreibt, oder etwas kürzer durch die aus Fig. 334 ersichtliche bekannte Konstruktion.

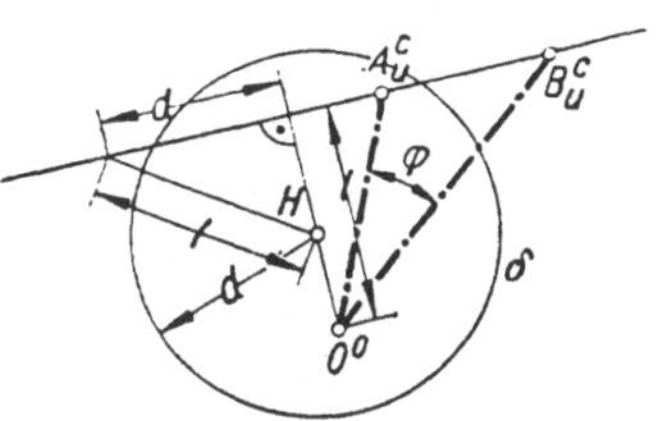

Fig. 334.

Aufgabe 3: *Ermittlung des Neigungswinkels zweier Ebenen α und β.* Man sucht die Fluchtlinie $n_u{}^c$ der zur Schnittgeraden $[\alpha\beta]$ normalen Ebenen (Aufg. 1a); der dazu notwendige Fluchtpunkt von $[\alpha\beta]$ ist der Schnittpunkt der gegebenen Fluchtlinien $a_u{}^c$ und $b_u{}^c$. Die Punkte $A_u{}^c = [a_u{}^c n_u{}^c]$ und $B_u{}^c = [b_u{}^c n_u{}^c]$ sind die Fluchtpunkte der zu $[\alpha\beta]$ normalen Geraden in den beiden Ebenen. Der nach Aufg. 2 zu ermittelnde Winkel dieser Geraden ist dann der gesuchte $\measuredangle \alpha\beta$.

Aufgabe 4: *Drehung einer ebenen Figur in die Bildebene Π (oder in eine zu Π parallele Lage).* Die Ebene ε der Figur sei (Fig. 335) durch ihre Spur e und ihre Fluchtlinie $e_u{}^c$ gegeben. Wir nennen wiederum die zueinander parallelen Verbindungsstrecken der Punkte P von ε mit ihren gedrehten Lagen P^0 die *Drehsehnen* der Drehung. Um aus dem Bild P^c eines Punktes P von ε dessen gedrehte Lage P^0 zu erhalten, fällt man aus P das Lot $f = [P P_1]$ auf e, zeichnet dessen gedrehte Lage $f^0 = [P_1 \perp e]$ und bringt diese Gerade mit der Drehsehne durch P zum Schnitt; der Schnittpunkt ist P^0. f ist die durch P gehende Fallinie von ε bezüglich Π; daher ist (vgl. die Erläuterung zu Aufgabe 1) der Fußpunkt $F_u{}^c$ des aus H auf $e_u{}^c$ gefällten Lotes ihr Fluchtpunkt. Zur Durch-

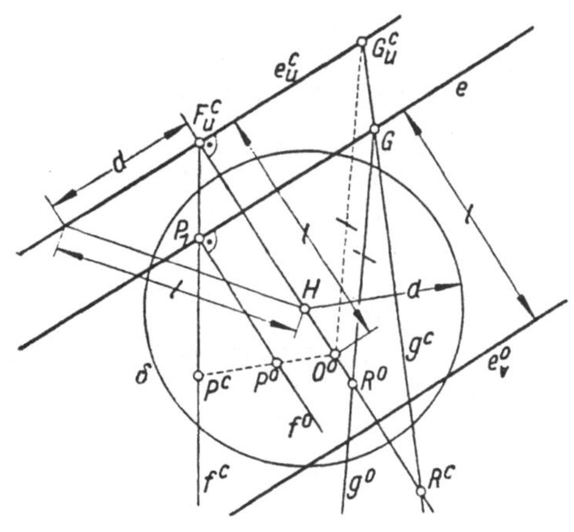

Fig. 335.

führung des oben erklärten Vorganges benötigen wir außer dem Falllinienfluchtpunkt $F_u{}^c$ noch den *Fluchtpunkt der Drehsehnen*. Um diesen zu erhalten, beachte man, daß zur gleichsinnigen Drehung der parallelen Ebenen ε und $[O e_u{}^c]$ nach Π parallele Drehsehnen gehören. Kommt also bei der Drehung von $[O e_u{}^c]$ nach Π das Auge O nach O^0, so ist $[O O^0]$ zu den Drehsehnen von ε parallel und daher O^0 der Fluchtpunkt der Drehsehnen von ε. Wir haben demnach den

Satz 1: *Der Fluchtpunkt der Drehsehnen für die Drehung einer Ebene in die Bildebene Π oder in eine zu Π parallele Lage ist das um die Fluchtlinie der Ebene gleichsinnig nach Π gedrehte Auge.*

Die Konstruktion der gedrehten Lage O^0 des Auges wurde bereits bei Aufg. 2, Fig. 334 erklärt. Man trägt dazu d auf $e_u{}^c$ von $F_u{}^c$ aus auf, nimmt die Entfernung l des dabei erhaltenen Punktes von H in den Zirkel und trägt sie von $F_u{}^c$ aus auf $[F_u{}^c H]$ nach der einen oder andern Seite (je nach dem Sinn der Drehung) ab. Mittels $F_u{}^c$ und O^0 findet man P^0 wie folgt: $[P^c F_u{}^c]$ ist das Bild des aus P auf e gefällten Lotes (Fallinie) f, $P_1 = [P^c F_u{}^c \cdot e]$ dessen Fußpunkt auf e und $[P_1 \perp e]$ dessen gedrehte Lage f^0. Der Schnitt von f^0 mit dem Bild $[P^c O^0]$ der Drehsehne des Punktes P gibt P^0. Bei der Drehung von ε nach Π bleiben die auf e liegenden Spurpunkte ihrer Geraden fest. Faßt man daher jeden Punkt P^c der Bildebene als Bild eines in ε befindlichen Punktes P auf und ordnet man ihm seine gedrehte Lage P^0 zu, so erhält man in Π eine perspektive Kollineation mit O^0 als Zentrum und e als Achse. Da die Fluchtlinie $e_u{}^c$ die Bilder der Fernpunkte von ε enthält, die durch die Drehung in die Fernpunkte von Π übergehen, ist $e_u{}^c$ die zum Feld (P^c) gehörige Gegenachse (Nr. 11), d. h. die Gerade des Feldes (P^c), der die Ferngerade des Feldes (P^0) zugeordnet ist. Die Verschwindungslinie e_v von ε, d. i. die Schnittlinie von ε mit der Verschwindungsebene $\Pi_v = [O \parallel \Pi]$, ist der Ort aller Punkte P von ε, deren Bilder P^c unendlichfern liegen. Dreht man daher e_v mit ε nach Π, so erhält man die Gegenachse $e_v{}^0$ des Feldes (P^0). Da der Abstand der Spur e von der zu ihr parallelen Verschwindungslinie e_v gleich ist dem Abstand der Fluchtlinie $e_u{}^c$ vom Auge, ergibt sich der

Satz 2: *Dreht man eine Ebene ε um ihre Spur e nach Π, so ist die gedrehte Lage $e_v{}^0$ der Verschwindungslinie zu e parallel und hat von dieser eine Entfernung, die nach Größe und Vorzeichen der Entfernung des Drehsehnenfluchtpunktes O^0 von der Fluchtlinie $e_u{}^c$ gleich ist.*

Ferner hat sich ergeben:

Satz 3: *Das perspektive Bild ε^c einer Ebene ε und ihre in die Bildebene gedrehte Lage ε^0 bilden zwei perspektivkollineare Felder mit der Spur e als Kollineationsachse, dem Drehsehnenfluchtpunkt O^0 als Kollineationszentrum, der Fluchtlinie $e_u{}^c$ als Gegenachse im Feld ε^c und der gedrehten Lage $e_v{}^0$ der Verschwindungslinie als Gegenachse im Feld ε^0* (vgl. Nr. 4).

Das eingangs erläuterte Verfahren, die gedrehte Lage P^0 eines durch sein Bild P^c gegebenen Punktes der Ebene ε zu finden, versagt, wenn P^c auf $[HO^0]$ liegt und wird in der Nähe dieser Geraden infolge schleifender Schnitte ungenau. Mittels der Kollineation zwischen ε^c und ε^0 kann man sich jedoch leicht helfen. Soll etwa (Fig. 335) zu dem auf $[HO^0]$ liegenden Punkt R^c der entsprechende Punkt R^0 gefunden werden, so legt man durch R^c eine beliebige Gerade g^c und sucht die ihr entsprechende g^0;

g^0 geht durch den Achsenschnittpunkt $G = [e g^c]$ und ist parallel zum Kollineationsstrahl $[O^0 G_u{}^c]$ durch den Schnittpunkt $G_u{}^c$ von g^c mit $e_u{}^c$, da $G_u{}^c$ und der Fernpunkt dieses Kollineationsstrahls entsprechende Punkte sind. $[O^0 R^c]$ schneidet dann g^0 im gesuchten Punkt R^0.

Die Lösung der Umkehraufgabe, das *Aufrichten* oder *Rückdrehen einer Ebene*, ergibt sich nach diesen Darlegungen von selbst. Sie besteht im Bilde in der kollinearen Umformung der im Feld ε^0 gegebenen Figur. Oft reicht es hin, ebene Figuren in eine *zur Bildebene parallele Lage*, statt in die Bildebene selbst zu drehen. Das Bild der parallelgedrehten Figur ist dann zu ihr ähnlich, also von derselben Gestalt, jedoch nicht von derselben Größe. Als Drehachse wählt man eine zur Spur parallele Hauptlinie der Ebene. Durch zweckmäßige Annahme der Drehachse lassen sich manchmal Vereinfachungen erzielen, oder es läßt sich bewirken, daß das Bild der gedrehten Figur innerhalb der Zeichenfläche zu liegen kommt.

Aufgabe 5: *Ermittlung der wahren Länge einer Strecke und Auftragen von Strecken gegebener Länge.* In Nr. 117 wurde die Lösung dieser Aufgaben für waagerechte und lotrechte Strecken bereits eingehend besprochen. Wir nehmen nun an, daß die Strecke AB allgemeine Lage habe. Ist sie durch ihren Zentralriß und ihren Zentralgrundriß gegeben (Fig. 336), so drehen wir die durch $[AB]$ gehende lotrechte Ebene ε, die also auch $[A'B']$ enthält, um ihre Bildspur in die Bildebene. Der auf h liegende Fluchtpunkt $F_u{}^c$ von $[A'B']$ ist der Falllinienfluchtpunkt von ε bezüglich Π; wir erhalten daher den Drehsehnenfluchtpunkt T, indem wir $F_u{}^c O = F_u{}^c O^0$ auf h von $F_u{}^c$ aus abtragen. Dieselbe Drehung wurde bereits in Nr. 117 zur Ermittlung der wahren Länge einer waagerechten Strecke $A'B'$ angewendet; der Drehsehnenfluchtpunkt T wurde dort *Teilungspunkt* oder *Meßpunkt* genannt. Wird nun die Drehung von ε nach Π ausgeführt, so gelangen A', B' in die Punkte $A^{0'}$, $B^{0'}$ auf g und A, B nach A^0, B^0.

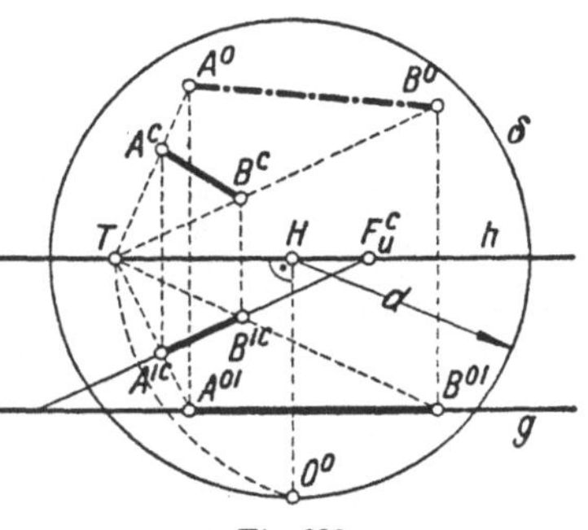

Fig. 336.

Projiziert man also A'^c und B'^c aus T auf g, so erhält man $A^{0'}$ und $B^{0'}$; lotrecht darüber im Schnitt der Ordner mit den Drehsehnenbildern $[T A^c]$ und $[T B^c]$ befinden sich A^0 und B^0. $A^0 B^0$ gibt die wahre Länge von AB an.

Wenn der Spurpunkt G und der Fluchtpunkt $G_u{}^c$ der die Strecke AB tragenden Geraden g bekannt sind, ist die nachfolgende Konstruktion vorzuziehen. Wir legen (Fig. 337) durch g eine beliebige Ebene $\varepsilon(e, e_u{}^c)$ und drehen in ihr g um G in die Spur e. Gelangen dadurch A, B nach A^0, B^0 auf e, so gibt $A^0 B^0$ die Länge von AB an. Um A^0 und B^0 zu erhalten, suchen wir wieder den zu dieser Drehung gehörigen Fluchtpunkt T der Drehsehnen. Er wird wieder *Teilungspunkt* oder *Meßpunkt* von g genannt

(Nr. 117). Dreht man zugleich mit g den Parallelstrahl $[OG_u{}^c]$ von g in der durch O gehenden Parallelebene von ε in gleichem Sinn um $G_u{}^c$ nach $e_u{}^c$, so sind die Drehsehnen dieser Drehung parallel zu den Drehsehnen für die Drehung von g nach e. Die durch O gehende Drehsehne schneidet daher Π im gesuchten, auf $e_u{}^c$ liegenden Meßpunkt T. Wegen $G_u{}^c O = G_u{}^c T$ gilt daher der

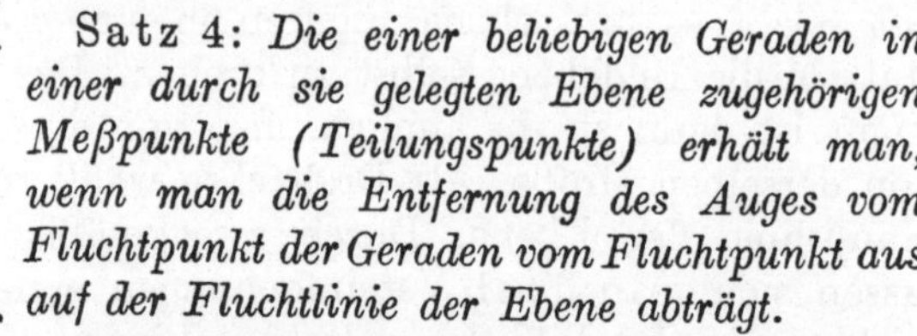

Fig. 337.

Satz 4: *Die einer beliebigen Geraden in einer durch sie gelegten Ebene zugehörigen Meßpunkte (Teilungspunkte) erhält man, wenn man die Entfernung des Auges vom Fluchtpunkt der Geraden vom Fluchtpunkt aus auf der Fluchtlinie der Ebene abträgt.*

Diese Entfernung $OG_u{}^c$ ist die Hypotenuse des rechtwinkligen Dreiecks mit den Katheten $HG_u{}^c$ und $HO = d$ und kann daher auf die aus Fig. 337 ersichtliche Weise gefunden werden. Projiziert man nun $A^c B^c$ aus T auf e, so erhält man $A^0 B^0$ als gesuchte Länge von AB. — *Das Auftragen einer gegebenen Strecke auf einer Geraden* bedarf nun wohl keiner besonderen Erläuterung.

Zu einer Geraden g gehören für jede durch sie gelegte Ebene ε zwei Meßpunkte, die von $G_u{}^c$ den Abstand $t = G_u{}^c O$ haben. Ändert man ε, so liegen daher alle möglichen Meßpunkte auf dem Kreis $(G_u{}^c, t)$, den man den *Meßkreis* oder *Teilungskreis* der Geraden nennt. Der Distanzkreis ist der Meßkreis für die zu Π normalen Geraden.

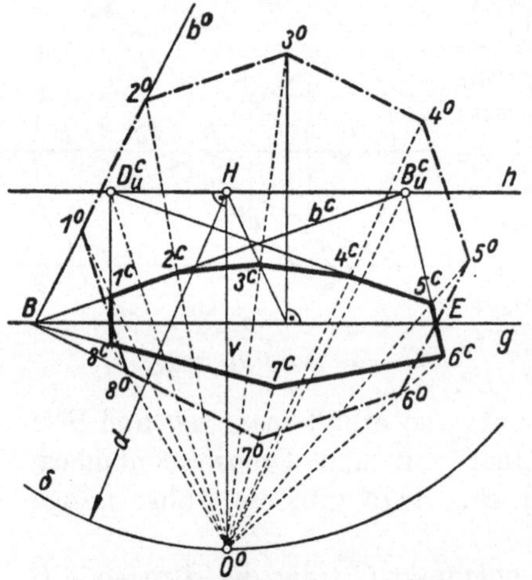

Fig. 338.

In den folgenden Aufgaben gelangen die voranstehenden Grundaufgaben zur Anwendung. Wir benutzen dabei die Darstellung durch Zentralriß und Zentralgrundriß.

Aufgabe 6: *Man zeichne das perspektive Bild eines in der Grundebene liegenden regelmäßigen Achtecks, von dem die gegebene Strecke $1^c 2^c$ das Bild einer Seite ist (Fig. 338).*

Die Grundebene Γ hat die Grundlinie g zur Spur und den Horizont h zur Fluchtlinie. H ist der Fluchtpunkt der Spurnormalen von Γ (Falllinien von Γ bezüglich Π), und der auf der Vertikallinie v liegende untere Distanzpunkt ist der Fluchtpunkt O^0 der Drehsehnen für jene Drehung von Γ nach Π, bei der die vordere Halbebene von Γ nach unten kommt. Man sucht nun auf die oben erörterte Weise die gedrehte Lage $1^0 2^0$

der Strecke *1 2*, indem man entweder die Spurnormalen durch diese Punkte verwendet oder die gedrehte Lage b^0 der Geraden $b = [1\,2]$ mit dem Fluchtpunkt $B_u{}^c = [1^c\,2^c \cdot h]$ und dem Spurpunkt $B = [1^c\,2^c \cdot g]$ aufsucht. b^0 geht durch B und ist parallel zu $[O^0\,B_u{}^c]$; ihre Schnittpunkte mit den Drehsehnenbildern $[O^0\,1^c]$ und $[O^0\,2^c]$ sind die Punkte $1^0, 2^0$. Dann zeichnet man über $1^0 2^0$ das regelmäßige Achteck $1^0\,2^0\,3^0\ldots\ldots 8^0$ und dreht seine Ecken wieder nach Γ zurück. Das Rückdrehen läßt sich auf verschiedene Weisen konstruktiv durchführen. Der Punkt 3^0 wurde mittels des Lotes auf g zurückgedreht. Die zu *1 2* parallele Seite *5 6* hat in $B_u{}^c$ ihren Fluchtpunkt und in $[5^0\,6^0 \cdot g]$ ihren Spurpunkt E; demnach ist $[E\,B_u{}^c]$ das Bild von $[5\,6]$, auf dem in den Schnittpunkten mit $[O^0\,5^0]$ und $[O^0\,6^0]$ 5^c und 6^c liegen. Um den Fluchtpunkt $D_u{}^c$ von $[4\,5]$ anzugeben, hat man durch O^0 die Parallele zu $[4^0\,5^0]$ zu legen und mit h zum Schnitt zu bringen. So wird man durch zweckmäßige Benutzung der Spur- oder Fluchtpunkte der Seiten oder Diagonalen leicht das Bild des Achteckes vervollständigen.

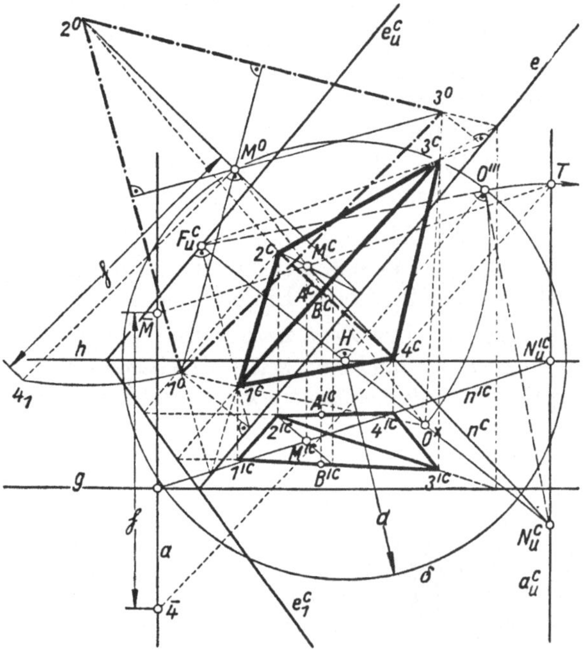

Aufgabe 7: *Gegeben ist eine Ebene ε durch ihre Bildspur e und das Bild $e_1{}^c$ ihrer Grundspur $[ε\,\Gamma]$, ferner das Bild einer in ε liegenden Strecke 1 2. Man stelle ein gleichseitiges Tetraeder im Zentral- und Zentralgrundriß dar, von dem eine Seitenfläche mit der Seitenkante 1 2 in ε liegt (Fig. 339).*

Fig. 339.

Durch $[h\,e_1{}^c]$ geht parallel zu e die Fluchtspur $e_u{}^c$ von ε. Wir drehen nun mittels des Fallinienfluchtpunktes $F_u{}^c = [e_u{}^c \cdot H \perp e_u{}^c]$ und des Drehsehnenfluchtpunktes $O^*\,(OF_u{}^c = O'''\,F_u{}^c = O^*\,F_u{}^c)$ die Ebene ε in die Bildebene, wodurch *1 2* in $1^0\,2^0$ übergeht. Nun zeichnen wir über $1^0\,2^0$ ein gleichseitiges Dreieck $1^0\,2^0\,3^0$, ferner seinen Mittelpunkt M^0 und konstruieren auf die aus Fig. 339 ersichtliche Weise die Höhe $\mathfrak{h} = M^0\,4_1$ des Tetraeders. Wir drehen nun die Ebene zurück und erhalten dadurch die Bilder von *3* und *M*. Der Zentralgrundriß der Punkte *1, 2, 3, M* kann leicht angegeben werden (Nr. 116). Es ist nun in *M* auf ε die Normale *n* zu errichten und darauf die Höhe $\mathfrak{h} = M4$ aufzutragen.

Zu diesem Zweck suchen wir (Aufg. 1) den Normalenfluchtpunkt $N_u{}^c$ der Ebene ε. Der lotrechte Ordner durch $N_u{}^c$ schneidet h im Fluchtpunkt $N_u{}'^c$ des Grundrisses von n; es ist demnach $[N_u{}'^c M'^c]$ der Zentralgrundriß n'^c von n. Um nun die Höhe $\mathfrak{h}$ auf n von M aus aufzutragen, legen wir (Aufg. 5) durch n die lotrechte Ebene α und ermitteln auf ihrer Fluchtlinie $a_u{}^c = [N_u{}^c \perp h]$ den Teilungspunkt T gemäß $N_u{}^c O = N_u{}^c O''' = N_u{}^c T$. n'^c schneidet die Grundlinie g in einem Punkt der zu h normalen Bildspur a von α. Man hat nun M^c aus T auf a nach $\overline{M}$ zu projizieren, von $\overline{M}$ aus auf a die Strecke $\mathfrak{h}$ abzutragen und den Endpunkt $\overline{4}$ aus T auf n^c nach 4^c zu projizieren. Zum Schluß ist noch die Sichtbarkeit der Kanten zu untersuchen. Dazu ist im vorliegenden Fall zu entscheiden, ob der Punkt A von $[2\,4]$, von O aus gesehen, vor oder hinter jenem Punkt B von $[1\,3]$ liegt, dessen Bild B^c sich mit A^c deckt. Da in unsrer Figur B'^c unterhalb A'^c liegt, befindet sich B vor A, weshalb im Zentralbild die Kante $1\,3$ sichtbar und die Kante $2\,4$ unsichtbar ist.

121. Abbildung von Kreisen. Der Zentralriß eines Kreises ist nach Nr. 43, Satz 1 eine Kurve zweiter Ordnung. Da Punkte der Verschwindungsebene unendlichferne Bilder haben, gilt der

Satz 1: *Der Zentralriß eines Kreises ist eine Ellipse, Hyperbel oder Parabel, je nachdem seine Schnittpunkte mit der Verschwindungsebene (Verschwindungspunkte) konjugiert komplex, reell getrennt oder zusammenfallend sind.*

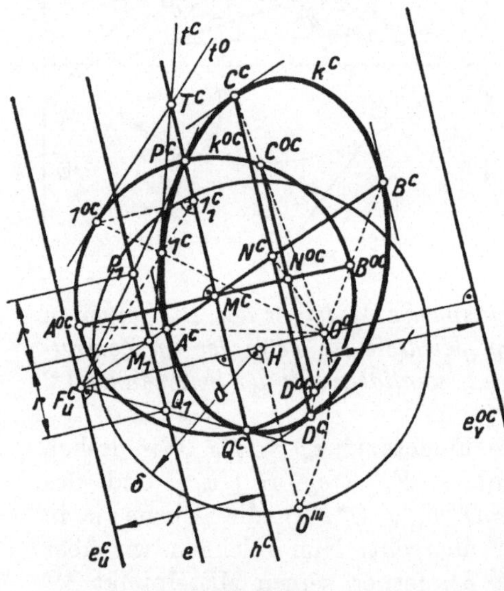

Fig. 340.

Wir stellen nun die

Aufgabe 1: *Man zeichne das Zentralbild des der Ebene $\varepsilon\,(e, e_u{}^c)$ angehörigen Kreises k vom Halbmesser r, dessen Mittelpunkt sein Bild in M^c hat (Fig. 340).*

Wir stellen zuerst den zu Π parallelen Durchmesser PQ von k dar, dessen Bild $[M^c \parallel e]$ angehört. Dazu verschieben wir ihn etwa in der Fallinienrichtung von ε nach e. M gelangt dabei in einen Punkt M_1, den man erhält, indem man M^c aus dem Fallinienfluchtpunkt $F_u{}^c = [e_u{}^c \cdot H \perp e]$ auf e projiziert. Trägt man von M_1 aus auf e beiderseits r bis P_1 bzw. Q_1 ab, so sind die Schnittpunkte von $[F_u{}^c P_1]$ und $[F_u{}^c Q_1]$ mit $[M^c \parallel e]$ die Bilder P^c und Q^c. *Nun drehen wir k um $[PQ]$ zu Π parallel.* Das Bild k^{0c} des parallelgedrehten Kreises k^0 ist der Kreis über $P^c Q^c$ als Durchmesser. Zur Durchführung der Rückdrehung ermitteln wir auf bekannte Weise (Nr. 120, Aufg. 4) den Fluchtpunkt O^0 der Drehsehnen. Das aus irgendeinem Punkt 1^0 von k^0 auf $[PQ]$ gefällte Lot, das sich als die aus 1^{0c} auf $[P^cQ^c]$ gefällte Normale $[1^{0c}\,1_1{}^c]$ darstellt, wird nach dem Rückdrehen eine Fallinie von ε; ihr Bild ist also $[1_1{}^cF_u{}^c]$. Der Schnittpunkt dieser Geraden mit dem Bild der Drehsehne durch 1^0 ist dann der Punkt 1^c. Man erhält auch leicht das Bild der Tangente t an k in 1. Denn die Tangente t^0 an k^0 in 1^0 schneidet $[PQ]$ in dem beim Rückdrehen festbleibenden Punkt T. Daher ist $t^c = [T^c1^c]$ die Tangente an k^c in 1^c.

Will man von k^c konjugierte Durchmesser oder Achsen ermitteln, so muß man zuerst die Art von k^c feststellen. Nach Satz 1 hat man dazu das Bild der parallelgedrehten Lage $e_v{}^0$ der Verschwindungslinie von ε zu zeichnen. Da das Bildfeld ε^c und das Bild ε^{0c} des parallelgedrehten Feldes perspektivkollinear sind, mit $h^c = [P^cQ^c]$ als Achse, O^0 als Zentrum, $e_u{}^c$ als Gegenachse des Feldes ε^c, so erhält man die gesuchte Gegenachse $e_v{}^{0c}$ (Nr. 4, Satz 3), indem man den Abstand $O^0e_v{}^{0c}$ gleich und gleichgerichtet mit dem Abstand $e_u{}^ch$ macht. Je nachdem k^{0c} die Gegenachse $e_v{}^{0c}$ in konjugiert komplexen, in reell getrennten oder in zusammenfallenden Punkten schneidet, ist k^c eine Ellipse, Hyperbel oder Parabel, in Fig. 340 also eine *Ellipse*. Da die Tangenten in den Endpunkten eines Kreisdurchmessers parallel sind, haben sie einen auf $e_u{}^c$ liegenden Fluchtpunkt. Nur wenn dieser Fluchtpunkt in den Fernpunkt von $e_u{}^c$ fällt, sind auch die beiden Tangentenbilder parallel und daher ihre Berührpunkte die Endpunkte eines Durchmessers des Kreisbildes k^c. Daher können wir sagen:

Der zu e normale Kreisdurchmesser ist der einzige, dessen Bild auch Durchmesser des Kreisbildes ist. Bezeichnet also A^0B^0 den zu e normalen Durchmesser von k^0, so ist sein auf obige Art zu konstruierendes Bild A^cB^c ein Durchmesser von k^c, und zwar der zur Richtung von e konjugierte Durchmesser. Die Mitte N^c von A^cB^c wird demnach der Mittelpunkt von k^c sein und $[N^c \| e]$ den zu A^cB^c konjugierten Durchmesser enthalten. Um dessen Endpunkte zu bekommen, suchen wir durch Paralleldrehen die Schnittpunkte von k mit der Geraden $[N \| e]$. Das Bild N^{0c} der gedrehten Lage N^0 von N erhalten wir im Schnitt von $[A^{0c}B^{0c}]$ mit dem Drehsehnenbild $[N^cO^0]$. Die zu e parallele Sehne $C^{0c}D^{0c}$ des Kreises k^{0c} ist demnach das Bild der parallelgedrehten Lage jener Sehne CD des Kreises k, deren Bild der gesuchte zu A^cB^c konjugierte Durchmesser C^cD^c ist. Aus diesem Durchmesserpaar lassen sich nun leicht die Achsen von k^c ermitteln. — *Man beachte, daß das Bild M^c des Mittelpunktes des Kreises vom Mittelpunkt N^c des Kreisbildes verschieden ist.*

Aufgabe 2: *Man zeichne das Zentralbild eines Kreises k, der zwei gegebene Gerade a, b einer Ebene $\varepsilon(e, e_u{}^c)$ berührt und sich als Parabel darstellt (Fig. 341).*

Drehen wir ε um e nach Π, so berührt der gedrehte Kreis k^0 die gedrehten Lagen a^0, b^0 von a, b und ferner die gedrehte Lage $e_v{}^0$ der Verschwindungslinie e_v der Ebene ε in einem Punkt U^0. Ist O^0 der Drehsehnenfluchtpunkt, den man durch Drehung von O um $e_u{}^c$ nach Π erhält, so ist wieder nach Größe und Richtung $e_u{}^c e = O^0{}_v e^0$. Durch die Tangenten a^0, b^0, $e_v{}^0$ ist k^0 bestimmt. Da der Fernpunkt von k^c das Bild des Berührpunktes U von k mit e_v ist, gibt das Drehsehnenbild $[O^0 U^0]$ die Achsen-

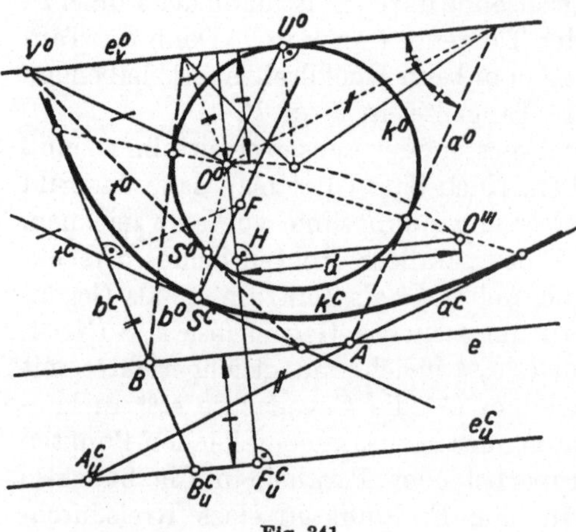

Fig. 341.

richtung der Parabel an. In der perspektiven Kollineation zwischen k^c und k^0 entspricht daher dem Fernpunkt der Scheiteltangente der Schnittpunkt V^0 von $e_v{}^0$ mit dem Kollineationsstrahl $[O^0 \perp O^0 U^0]$ (vgl. Fig. 128). Legt man daher aus diesem Punkt die zweite Tangente t^0 an k^0, so ist die ihr entsprechende Gerade t^c die Scheiteltangente und der dem Berührpunkt S^0 von t^0 entsprechende Punkt S^c der Scheitel der Parabel. Durch den Scheitel, die Scheiteltangente und eine Tangente, etwa b^c, ist die Parabel k^c bestimmt.

Aufgabe 3: *Man zeichne das Zentralbild eines Kreises, der in einer waagerechten Ebene liegt, wenn das Bild seines zu Π parallelen Durchmessers PQ gegeben ist (Fig. 342).*

Wir zeichnen wieder zuerst den um PQ zu Π parallel gedrehten Kreis k^{0c} und die Gegenachse $e_v{}^{0c}$, so daß $O^0 H = e_v{}^{0c} [P^c Q^c]$ ist. Da in Fig. 342 $e_v{}^{0c}$ den Kreis k^{0c} in zwei reellen, getrennten Punkten U^{0c}, V^{0c} schneidet, so ist k^c eine *Hyperbel*. Man ermittelt am besten zuerst die Asymptoten von k^c als die Bilder der Tangenten u und v von k in U und V. Wir haben daher in der perspektiven Kollineation zwischen k^{0c} und k^c die u^{0c}, v^{0c} entsprechenden Geraden u^c, v^c zu suchen; u^c geht durch $U_1{}^c = [P^c Q^c \cdot u_0{}^c]$ und ist zu $[O^0 U^{0c}]$ parallel; analog ergibt sich v^c. Der Mittelpunkt $N^c = [u^c v^c]$ von k^c entspricht dem Tangentenschnittpunkt

Fig. 342.

$N^{0c} = [u^{0c} v^{0c}].^1)$ Die Winkelsymmetralen von $u^c v^c$ sind die Achsen von k^c. Bezeichnet a^c jene Symmetrale, auf der reelle Punkte von k^c liegen,

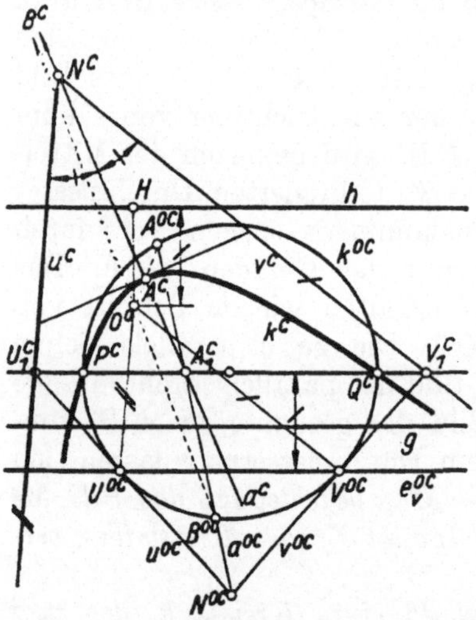

---

1) N^{0c} ist demnach der Pol von $e_v{}^{0c}$ bezüglich k^{0c}, was auch daraus folgt, daß im andern Feld N^c als Mittelpunkt von k^c der Pol der unendlichfernen Geraden ist. Diese Bemerkung gilt auch, wenn k^c eine Ellipse ist.

und schneidet sie $[P^c Q^c]$ in $A_1{}^c$, so ist $a^{0c} = [N^{0c} A_1{}^c]$. Den Schnittpunkten A^{0c}, B^{0c} von a^{0c} mit k^{0c} entsprechen auf a^c die reellen Scheitel A^c, B^o von k^c. Aus den Asymptoten und der Hauptachse läßt sich nun k^o zeichnen.

Aufgabe 4: *Man stelle für $L_u{}^c$ als Fluchtpunkt der Lichtstrahlen den Schlagschatten $k_s{}^o$ des durch seine Ebene und sein Bild k^c gegebenen Kreises k auf eine Ebene ε_1 dar (Fig. 343).*

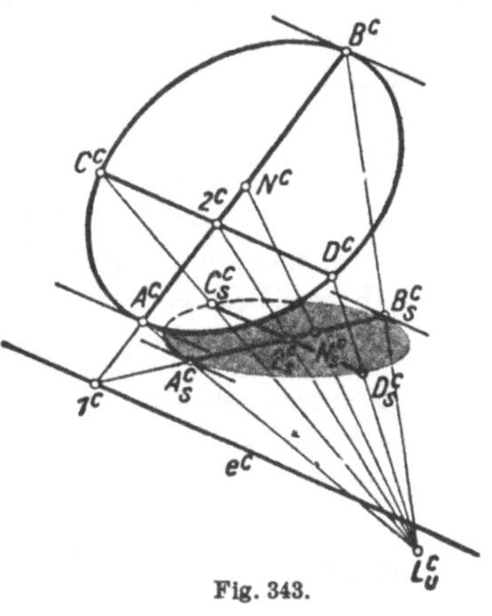

Fig. 343.

Wir setzen voraus, daß das Bild e^c der Schnittlinie $e = [\varepsilon\, \varepsilon_1]$, ferner das Bild des Schattens N_s des Punktes N, dessen Bild N^c der Mittelpunkt von k^c ist, bereits gezeichnet seien. Um konjugierte Durchmesser des Schattenbildes zu erhalten, beachte man, daß jede Gerade der Ebene ε ihren Schlagschatten auf ε_1 in einem Punkt von e schneidet. Jene Geraden in ε, deren Bilder zu e^c parallel sind, werfen daher auf ε_1 Schatten, deren Bilder auch zu e^c parallel sind. Zieht man also die zu e^c parallelen Tangenten an k^c, die in A^c und B^c berühren mögen, so sind die Bilder der Schlagschatten A_s, B_s der Punkte A, B die Endpunkte eines Durchmessers von $k_s{}^c$. Bezeichnet 1^c den Schnittpunkt von $[A^c B^c]$ mit e^c, so ist $A_s{}^c = [1^c N_s{}^c \cdot A^c L_u{}^c]$ und $B_s{}^c = [1^c N_s{}^c \cdot B^c L_u{}^c]$. Die Mitte $2_s{}^c$ von $A_s{}^c B_s{}^c$, also die Mitte von $k_s{}^c$, ist der Schatten eines Punktes 2 von $[A B]$. Die durch 2 gehende Kreissehne $C D$, deren Bild zu e^c parallel ist, wirft nun auf ε_1 einen Schatten, dessen Bild $C_s{}^c D_s{}^c$ der zu $A_s{}^c B_s{}^c$ konjugierte Durchmesser von $k_s{}^c$ ist. — Im Falle daß C, D nicht reell sind, lassen sich aus 2 an k reelle Tangenten legen, deren Schattenbilder die Asymptoten von $k_s{}^c$ sind. — $k_s{}^c$ und k^c sind perspektivkollinear mit e^c als Achse und $L_u{}^c$ als Zentrum.

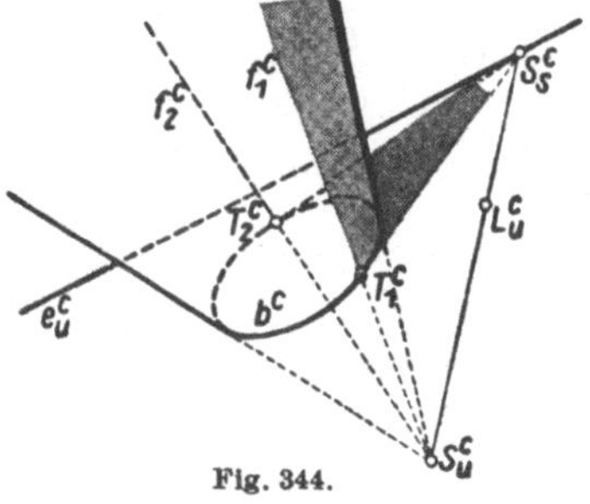

Fig. 344.

Die Abbildung von Kegel- und Zylinderflächen wurde bereits in Nr. 44 besprochen. Es ist zu beachten, daß eine perspektive Darstellung eines Zylinders i. allg. ebenso aussieht wie die eines Kegels, weil die Erzeugenden eines Zylinders einen gemeinsamen Fluchtpunkt besitzen. Überhaupt läßt sich bei allen Lagenaufgaben ein Zylinder als Kegel mit unendlichferner Spitze behandeln. Als Beispiel konstruieren wir die *Eigenschattengrenze eines Zylinders bei Parallelbeleuchtung* (Fig. 344). Wir nehmen die Fluchtlinie $e_u{}^c$ der Basisebene ε, das Bild der in ihr liegenden Basiskurve b, den Fluchtpunkt $S_u{}^c$ der Erzeugenden und den Fluchtpunkt $L_u{}^c$ der Lichtstrahlen als gegeben an. Die aus $S_u{}^c$ an b^c legbaren Tangenten bilden den *scheinbaren Umriß* des Zylinders. Die zu den Zylindererzeugenden und den Lichtstrahlen parallelen Ebenen haben $[S_u{}^c L_u{}^c]$ zur Fluchtlinie; die Schnittgeraden dieser Ebenen mit ε haben also $S_s{}^c = [S_u{}^c L_u{}^c \cdot e_u{}^c]$ zum Fluchtpunkt. Die aus $S_s{}^c$ an b^c gelegten Tangenten sind daher die Bilder der Basisspuren der zur Lichtrichtung parallelen Tangentialebenen des Zylinders, und durch die Berührpunkte $T_1{}^c$, $T_2{}^c$ mit b^c gehen die Bilder der Eigenschattengrenzen f_1, f_2 des Zylinders. Die Tangenten selbst sind die Bilder der Grenzen des Schlagschattens, den der Zylinder auf ε wirft. — Man sieht, daß diese Konstruktion so verläuft, als ob es sich um die Eigenschattengrenze eines Kegels mit der Spitze S_u für den Lichtpunkt L_u handelte. Der durch S_u gehende Lichtstrahl $[S_u L_u]$ schneidet nämlich, weil er sich unendlichfern befindet, die Basisebene ε in einem Punkt S_s von e_u. Als Anwendung dieser Betrachtung lösen wir die Aufgabe:

Von einem die Grundebene berührenden hohlen Drehzylinder vom Halbmesser $r = 3\ cm$ sei die Berührerzeugende $A B$ durch ihr Bild $A^c B^c$ gegeben, so daß die Randkreise durch A und B gehen. Man stelle den Zylinder dar und ermittle für $L_u{}^c$ als Fluchtpunkt der Lichtstrahlen die an ihm auftretenden Schatten sowie den Schlagschatten auf die Grundebene (Fig. 345).

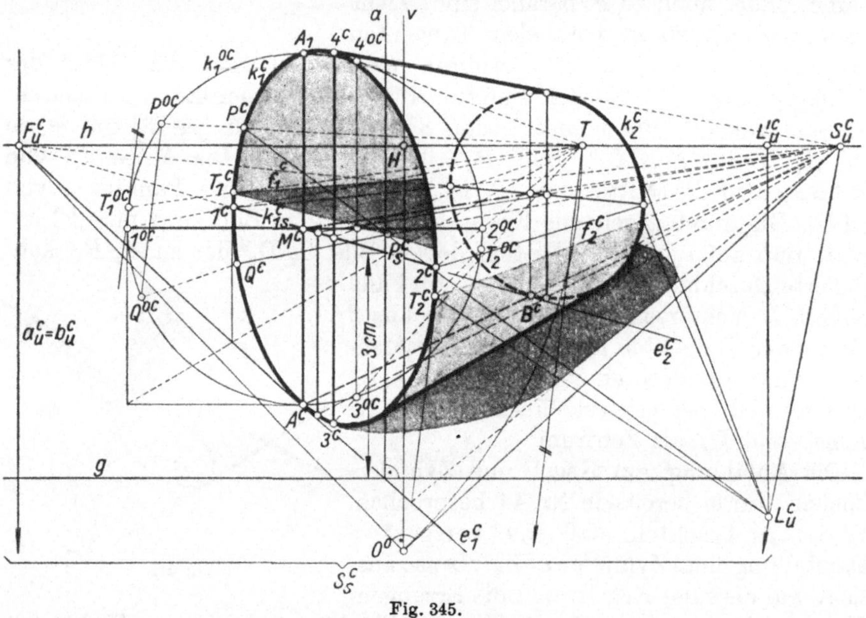

Fig. 345.

Wir stellen zuerst die die Randkreise k_1, k_2 enthaltenden, zu $[A B]$ normalen Ebenen α und β dar. Ihre Fluchtlinie $a_u{}^c = b_u{}^c$ erhält man (Nr. 120, Aufg. 1a) aus dem h angehörigen Fluchtpunkt $S_u{}^c$ von $[A B]$, indem man auf der Vertikallinie v von H aus die Distanz bis O^0 abträgt, in diesem Punkt die Normale auf $[O^0 S_u{}^c]$ errichtet und durch deren Schnittpunkt $F_u{}^c$ mit h die Normale zu h zieht. $[F_u{}^c A^c] = e_1{}^c$ und $[F_u{}^c B^c] = e_2{}^c$ sind dann die Bilder der Grundspuren der beiden Ebenen:

durch ihre Schnittpunkte mit g gehen ihre zu $a_u{}^c$ parallelen Bildspuren a, b. Der Mittelpunkt M von k_1 ergibt sich, wenn man auf der Lotrechten durch A den Halbmesser r von A aus (Nr. 117) abträgt, etwa durch Verschieben nach a. Das Bild des Randkreises k_1 konstruieren wir durch Paralleldrehen von k_1 um den lotrechten Durchmesser $A A_1$ Für diese Drehung ist der auf h liegende, zum Fluchtpunkt $F_u{}^c$ gehörige Teilungspunkt T $(F_u{}^c O^0 = F_u{}^c T)$ der Fluchtpunkt der Drehsehnen. Zur Vermeidung schleifender Schnitte bei der Ermittlung der konjugierten Durchmesser $1^c 2^c$ und $3^c 4^c$ kann man die perspektiven Grundrisse ihrer Endpunkte verwenden. Ebenso läßt sich auch der Randkreis k_2 darstellen, wobei wieder T Fluchtpunkt der Drehsehnen ist. Man kann aber auch, wie in Fig. 345 geschehen, den Umstand verwerten, daß $k_1{}^c$ und $k_2{}^c$ perspektivkollineare Figuren mit $S_u{}^c$ als Zentrum und $a_u{}^c = b_u{}^c$ als Achse sind. Man verfalle jedoch nicht in den vielleicht naheliegenden Irrtum, die Mittelpunkte von $k_1{}^c$ und $k_2{}^c$ als entsprechende Punkte dieser Kollineation anzusehen.

Die Eigenschattengrenze konstruieren wir nach Fig. 344. Da im vorliegenden Fall $S_s{}^c = [S_u{}^c L_u{}^c \cdot a_u{}^c]$ weit außerhalb der verfügbaren Zeichenfläche liegt, verwenden wir zur Konstruktion der Berührpunkte $T_1{}^c$, $T_2{}^c$ von $k_1{}^c$ mit den aus $S_s{}^c$ an $k_1{}^c$ zu legenden Tangenten die parallelgedrehte Lage $k_1{}^0$ von k_1. Verbinden wir T mit dem unerreichbaren, aber als Schnitt zweier zugänglichen Geraden (etwa nach Fig. 320) bestimmten Punkt $S_s{}^c$, so ist der Fernpunkt dieser Geraden die parallelgedrehte Lage von S_s. Die zu dieser Richtung parallelen Tangenten des Keises $k_1{}^{0c}$ berühren diesen daher in jenen Punkten $T_1{}^{0c}$, $T_2{}^{0c}$, durch deren entsprechende $T_1{}^c$, $T_2{}^c$ auf $k_1{}^c$ die Eigenschattengrenzen $f_1{}^c$, $f_2{}^c$ des Zylinders gehen. Punkte des Schlagschattens $k_{1\,s}$ von k_1 ins Zylinderinnere lassen sich auf die in Nr. 47 erläuterte Weise finden. Sei etwa P ein Punkt von k_1, so hat man den zweiten Schnitt P_s des Lichtstrahls $[P L_u]$ mit dem Zylinder aufzusuchen, wozu man die Ebene $[P L_u S_u]$ verwendet. Trifft die Schnittlinie $[P S_s]$ dieser Ebene mit der Ebene des Kreises k_1 diesen zum zweitenmal in Q, so liegt auf der Erzeugenden $[Q S_u]$ im Schnitt mit dem Lichtstrahl $[P L_u]$ der Punkt P_s. Da hier S_s unzugänglich ist, kann man zur Ermittlung von Q^c wieder den parallelgedrehten Kreis $k_1{}^{0c}$ verwenden, also durch P^{0c} die Parallele zu $[T S_s{}^c]$ ziehen und zu deren Schnitt Q^{0c} mit $k_1{}^{0c}$ den entsprechenden Punkt auf $k_1{}^c$ suchen. $k_{1\,s}{}^c$ ist ein Kegelschnitt; seine Tangenten in $T_1{}^c$, $T_2{}^c$ lassen sich nach Nr. 86, Satz 5 finden. Wollte man auch konjugierte Durchmesser von $k_{1\,s}{}^c$ ermitteln, so könnte man die Tatsache verwerten, daß $k_{1\,s}{}^c$ und $k_1{}^c$ perspektivkollinear für $[T_1{}^c T_2{}^c]$ als Achse und $S_u{}^c$ (oder $L_u{}^c$) als Zentrum sind.

Der Schlagschatten der Randkreise k_1, k_2 auf die Grundebene Γ läßt sich punktweise unter Verwendung des perspektiven Grundrisses konstruieren. Man kann sich aber auch konjugierte Durchmesser der Schlagschatten von k_1, k_2 auf Γ nach Fig. 343 verschaffen.

122. Zentralumriß der Kugel. Der wahre Umriß u einer Kugel $\varkappa = (M, r)$ für ein in ihrem Außengebiet liegendes Auge O ist der Berührkreis des $\varkappa$ aus O umschriebenen Drehkegels. Die Schnittpunkte von u mit der Verschwindungsebene Π_v sind die Berührpunkte der aus O an den Schnittkreis $k_v = [\varkappa \Pi_v]$ gelegten Tangenten. Je nachdem k_v nullteilig, einteilig (Nr. 43) oder ein Punkt (Nullkreis) ist, sind die Verschwindungspunkte von u konjugiert komplex, reell getrennt oder zusammenfallend. Da der scheinbare Umriß von $\varkappa$ das perspektive Bild von u ist, gilt der

Satz 1: *Liegt das Auge außerhalb einer Kugel, so ist ihr Zentralumriß u^c eine Ellipse, Hyperbel oder Parabel, je nachdem sie die Verschwindungsebene nicht (reell) schneidet, schneidet oder berührt.*

u^c ist dann und nur dann ein Kreis, wenn die Kugelmitte dem Hauptsehstrahl angehört. — Dem aus O der Kugel umschriebenen Kegel lassen sich unendlich viele Kugeln einschreiben, deren Mitten auf der Kegelachse $[OM]$ liegen; diese Kugeln haben alle denselben scheinbaren Umriß u^c, und ihre Mitten haben dasselbe Bild M^c. Eine dieser Kugeln, $\varkappa_1$, hat ihre Mitte in M^c, wird also von Π nach einem Hauptkreis (M^c, r_1) geschnitten. Fassen wir nun den zu Π parallelen Hauptkreis der darzustellenden Kugel (M, r) und dessen Bildkreis $(M^c, \bar r)$ ins Auge, so gilt $r : \bar r = OM : OM^c$. Anderseits gilt für die Radien der beiden Kugeln $\varkappa$ und $\varkappa_1$ $r : r_1 = OM : OM^c$, daher ist $r_1 = \bar r$, und es besteht mithin der

Satz 2: *Betrachtet man das perspektive Bild des zu Π parallelen Hauptkreises einer Kugel $\varkappa$ als Hauptkreis einer Kugel $\varkappa_1$, so besitzt diese denselben scheinbaren Umriß wie $\varkappa$.*

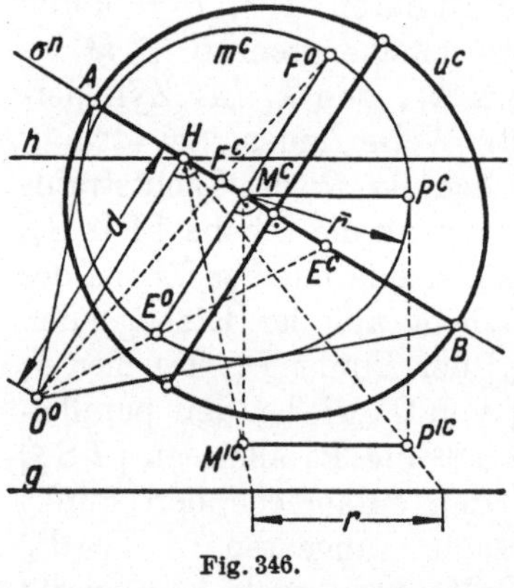

Fig. 346.

Handelt es sich demnach um die Lösung der Aufgabe, *den scheinbaren Umriß einer Kugel $\varkappa = (M, r)$ zu konstruieren, wenn ihr Mittelpunkt $M(M^c, M'^c)$ und ihr Halbmesser r gegeben sind* (Fig. 346), so zeichnen wir zuerst das Bild m^c ihres zu Π parallelen Hauptkreises m, indem wir mittels des Grundrisses das Bild des zu Γ parallelen Halbmessers MP von m aufsuchen (vgl. Fig. 346). m^c sehen wir nun als Hauptkreis einer Kugel $\varkappa_1$ an und ermitteln deren scheinbaren Umriß u^c, der nach Satz 2 mit jenem von $\varkappa$ übereinstimmen muß.[1])

Für die Umrißermittlung verwenden wir den in Nr. 36 bewiesenen

Satz 3: *Die Zentralrisse der Endpunkte des zur Bildebene normalen Durchmessers sind die Brennpunkte des scheinbaren Kugelumrisses.*

Klappen wir die zu Π normale Ebene σ durch $[OM]$ in die Bildebene um, so geht der zu Π normale Durchmesser E, F von $\varkappa_1$ in den zu

---

1) E. **Koutny**, Kugelperspektive, Z. öst. Ing.- u. Architekten-Ver. 18 (1866), S. 200.

$\sigma^n = [M^c H]$ normalen Durchmesser $E^0 F^0$ des Kreises m^c über, während O in jenen Punkt O^0 von $[H \perp \sigma^n]$ gelangt, der von H um d entfernt ist. Die Sehstrahlen durch E und F gehören σ an und treffen daher Π in den Schnittpunkten E^c, F^c von σ^n mit $[O^0 E^0]$ und $[O^0 F^0]$. Sie sind nach Satz 3 die Brennpunkte des scheinbaren Kugelumrisses u^c, dessen Hauptachse demnach auf σ^n liegt. Aus der Umklappung ist auch ersichtlich, daß $\varkappa_1$ im vorliegenden Fall Π_v nicht reell schneidet, u^c also eine *Ellipse* sein wird. Die auf σ^n liegenden Endpunkte A, B der Hauptachse von u^c ergeben sich, wenn man aus O an den σ angehörigen Hauptkreis von $\varkappa_1$ die Tangenten legt. Man findet sie in der Umklappung als die Schnittpunkte von σ^n mit den aus O^0 an m^c gelegten Tangenten, weil der genannte Hauptkreis nach der Umklappung mit m^c zusammenfällt. Durch die Brennpunkte E^c, F^c und die Hauptscheitel A, B ist u^c bestimmt.

Diese Konstruktion läßt sich ebenso durchführen, wenn u^c eine *Hyperbel* oder *Parabel* wird.

Das Zentralbild der Eigenschattengrenze k der Kugel $\varkappa$ für parallele Lichtstrahlen ergibt sich, indem man jenen Großkreis der Kugel darstellt, der sich in der zur Lichtrichtung normalen Ebene ε durch M befindet. Sind $L_u{}^c$ der gegebene Fluchtpunkt der Lichtstrahlen und $e_u{}^c$ die daraus nach Nr. 120 gefundene Fluchtlinie von ε, so erhält man k^c (Nr. 121) durch Paralleldrehen von k um seinen zu Π parallelen Durchmesser. m^c ist dabei schon das Bild der gedrehten Lage von k. Um den Schlagschatten k_s von $\varkappa$, also von k, auf Γ nach Fig. 343 zu konstruieren, braucht man das Bild der Grundspur e_1 von ε. Sucht man den Grundspurpunkt des zu Π parallelen Durchmessers von k, so ist die Verbindungslinie seines Bildes mit $[e_u{}^c h]$ die Gerade $e_1{}^c$. Die weitere Konstruktion von $k_s{}^c$ geschieht nach Fig. 343.

123. Abbildung von Drehflächen.[1]) Der wahre perspektive Umriß u einer krummen Fläche Φ ist ihre Berührkurve mit dem ihr aus dem Auge O umschriebenen Sehkegel. Der scheinbare Umriß u^c ist der Schnitt dieses Sehkegels mit der Bildebene Π. Irgendeine für O als Zentrum zu Φ zentrisch-ähnliche Fläche Φ_1 ist demselben Sehkegel eingeschrieben und besitzt daher denselben scheinbaren Umriß u^c. Daher gilt der

S a t z 1: *Der scheinbare perspektive Umriß einer Drehfläche Φ mit zu Π paralleler Achse ist identisch mit dem scheinbaren Umriß jener Drehfläche Φ_1, die als Hauptmeridian das Bild des Hauptmeridians von Φ hat* (vgl. Nr. 122).

Wir setzen voraus, die Drehfläche Φ habe eine lotrechte Achse a, und a^c sowie das Bild m^c des Hauptmeridians seien gegeben (Fig. 347). *Von der Drehfläche Φ_1, die m^c als Meridian hat, ist nun nach dem Gesagten der scheinbare Umriß $u_1{}^c = u^c$ zu konstruieren* (Fig. 347). Man beginnt am besten mit der Ermittlung gewisser besonderer Punkte.

---

1) R. Niemtschik, S. B. Ak. (math.-nat.) Wien, 52 (1865), S. 573—622.

a) Die Punkte auf dem projizierenden Meridian. Dieser Meridian s (Sehmeridian) von Φ_1 gehört der Ebene $\sigma = [aO]$ an, sein Bild ist a^c. σ ist Symmetrieebene von u_1; die in σ liegenden (regulären) Punkte S_i der Kurve u_1 haben daher Tangenten, die zu σ normal sind. Die S_i sind die Berührpunkte von s mit den Tangenten aus O. Um ihre Bilder S^c zu finden, drehen wir σ samt s und O in die Bildebene. Die gedrehte Lage s^* von s deckt sich mit m^c, und O kommt nach O^* in den Horizont.

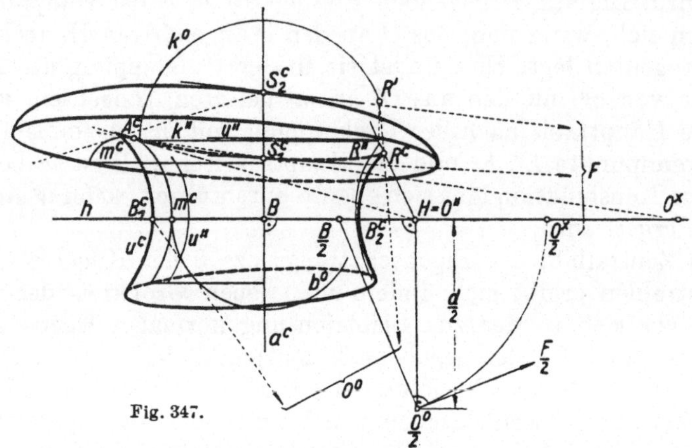

Fig. 347.

Die aus O^* an m^c gelegten Tangenten schneiden a^c in den gesuchten Punkten S_1^c, S_2^c. In Fig. 347 rührt S_2^c von der rechten Meridianhälfte her. Ohne diese zeichnen zu müssen, erhält man S_2^c, indem man aus dem zu O^* bezüglich a^c symmetrischen Punkt an die linke Hälfte die Tangente legt und diese mit a^c schneidet. Ist $B = [a^c h]$ und F der auf h liegende Fluchtpunkt der zu σ normalen Geraden ($\sphericalangle\, BO^0F = 90^0$), so sind $[S_1^cF]$, $[S_2^cF]$ die Tangenten an $u^c = u_1^c$ in den Punkten S_i^c.

b) Die Punkte auf dem Hauptmeridian m^c. Die Tangentialebenen von Φ_1 längs m^c sind zur Bildebene normal. Geht eine solche Tangentialebene durch O, so enthält sie auch H. Somit gehören die Berührpunkte A^c der aus H an m^c legbaren Tangenten dem scheinbaren Umriß $u^c = u_1^c$ der Fläche an. Diese Tangenten berühren u^c in den genannten Punkten A^c.

c) Die Punkte in der Horizontebene. Schneidet Φ_1 die Horizontebene $[hO]$ in einem reellen Kreis b, so erhält man die Bilder der auf b liegenden Punkte von u_1, wenn man aus O an b die Tangenten legt und deren Schnittpunkte B_1^c, B_2^c mit h aufsucht. Die Ausführung geschieht durch Umklappen der Horizontebene in die Bildebene, wo man aus O^0 an b^0 die Tangenten legt und auf diesen im Schnitt mit h die Punkte B_1^c, B_2^c erhält. Die Tangente an u^c in irgendeinem dieser Punkte ist der Zentralriß einer beliebigen Tangente an Φ_1 in $B_{1,2}$ also auch der Meridiantangente. Ist nun J die Spitze des der Fläche Φ_1 längs b umschriebenen Kegels, also der Schnitt von a^c mit jener Tangente von m^c, deren Berührpunkt dem Kreis b angehört, so sind $[B_1{}^c J]$ und $[B_2{}^c J]$ die Bilder der Meridiantangenten in B_1 und B_2, mithin zugleich die Tangenten an u^c in $B_1{}^c$, $B_2{}^c$.

Zur *Konstruktion beliebiger Punkte von* $u^c = u_1{}^c$ (Fig. 348) bevorzugen wir das *Kugelverfahren* (vgl. Nr. 70). Ist 1^c ein beliebiger Punkt von m^c, und sollen die Bilder jener Punkte P, Q des wahren Umrisses u ermittelt werden, die auf dem durch 1^c gehenden Parallelkreis p liegen, so be-

stimmt man zuerst die Φ_1 längs p berührende Kugel $\varkappa$. Dann hat man bloß die Schnittpunkte P, Q von p mit der Ebene des Zentralumrisses der Kugel $\varkappa$ zu ermitteln und deren Bilder P^c, Q^c zu zeichnen. Fig. 348 zeigt die Konstruktion unter der Annahme, daß H außerhalb des in Π befindlichen Kugelgroßkreises k von $\varkappa$ liegt. Bezeichnet ε die Ebene des wahren Umrisses t von $\varkappa$, so haben wir demnach die

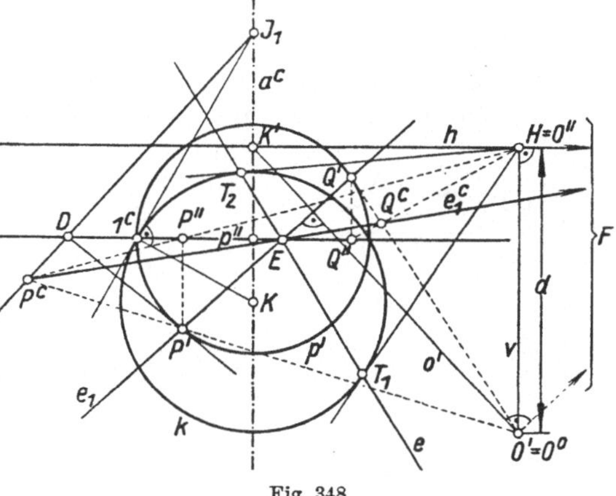

Fig. 348.

Schnittpunkte P, Q von ε mit dem durch seinen Aufriß p'' gegebenen Parallelkreis p zu ermitteln. Da k der Normalumriß (Aufriß) von $\varkappa$ und H der Aufriß O'' des Auges ist, so gehören die Berührpunkte T_1, T_2 der aus H an k gelegten Tangenten dem Kreis t, also auch der Bildspur $e = [T_1 T_2]$ seiner Ebene an. *e ist demnach die Polare (Nr. 39) von H bezüglich des Großkreises k der berührenden Kugel und demnach als solche auch konstruierbar, falls H im Innern von k liegt.* Denkt man sich die Ebene Π_1 des Parallelkreises p nach Π umgeklappt, so geht die Spur $e_1 = [\varepsilon \Pi_1]$ durch $E = [e p'']$ und ist normal zum Grundriß o' der Verbindungslinie o von O mit der Kugelmitte K auf irgendeine waagerechte Ebene, z. B. auf die Horizontebene $[Oh]$. Der Grundriß K' von K ist der Schnitt von h mit $[K \perp h]$, und der Grundriß O' von O ist der eine sonst mit O^0 bezeichnete Distanzpunkt auf v. Es ist also $o' = [O'K']$ und $e_1 = [E \perp o']$. Ist p' der nach Π geklappte Parallelkreis p, so sind die Schnittpunkte von e_1 mit p' die Grundrisse P', Q' von P, Q, deren Aufrisse P'', Q'' in p'' liegen. Das Bild P^c von P gehört nun dem Zentralriß der Geraden $[P \perp \Pi]$, also der Geraden $[P''H]$ an, ferner dem Zentralbild $[P'O^0]$ der durch P gehenden Drehsehne für die Umklappung von Π_1 nach Π (Nr. 120, Aufg. 6); also ist $P^c = [HP'' \cdot O'P']$ und entsprechend $Q^c = [HQ'' \cdot O'Q']$. Die Geraden e_1 sind für alle Parallelkreisebenen parallel; ihr Fluchtpunkt F ist der Schnitt von h mit $[O' \perp o']$. Ist dieser Punkt erreichbar, so erhält man P^c leichter als $P^c = [EF \cdot O'P']$ und Q^c als $[EF \cdot O'Q']$.

Die Tangente an u^c in P^c ist das Bild jeder Tangente von Φ_1 in P. Wählen wir als solche die Tangente an den Parallelkreis p, so ist ihr Bildspurpunkt ihr Schnitt D mit p''. $[D\,P^c]$ ist ihr Bild und somit die Tangente an u^c in P^c. Wählen wir als Flächentangente in P die Meridiantangente, die durch den Schnittpunkt J_1 von a^c mit der Tangente an m^c in 1^c geht, so ist $[J_1\,P^c]$ die gesuchte Umrißtangente.

Stellen sich der Ausführung des Kugelverfahrens praktische Schwierigkeiten entgegen, so versucht man es mit dem folgenden *Kegelverfahren*

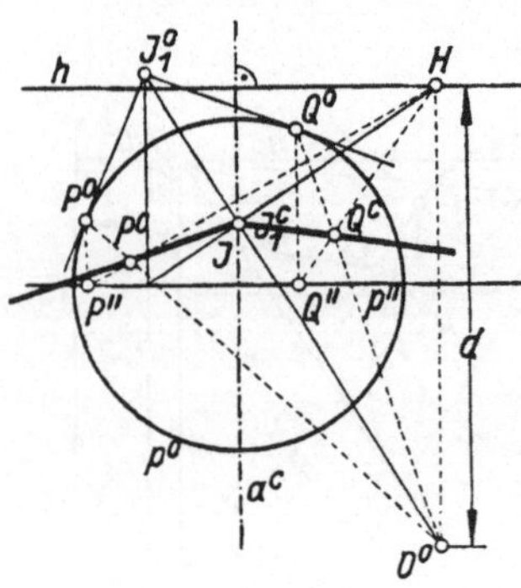

Fig. 349.

(Fig. 349). Man umschreibt der Drehfläche Φ_1 längs des Parallelkreises p den Drehkegel, dessen Spitze J heiße, und sucht die auf p liegenden Punkte P, Q des wahren Kegelumrisses, die bekanntlich (Nr. 70) auch dem wahren Umriß von Φ_1 angehören. Schneidet der Sehstrahl $[OJ]$ die Ebene Π_1 von p in J_1, so berühren die aus J_1 an den Kreis p gelegten Tangenten diesen in den Umrißpunkten P, Q. Da J_1 auf dem Sehstrahl durch J liegt, fällt $J_1{}^c$ mit $J^c = J$ zusammen. Zur Ausführung der Konstruktion drehen wir p in die Bildebene nach p^0 und ermitteln die gedrehte Lage $J_1{}^0$ von J_1 mittels O^0 als Drehsehnenfluchtpunkt (nach Nr. 120, Fig. 335). Die Berührpunkte der aus $J_1{}^0$ an p^0 gelegten Tangenten sind dann die Punkte P^0, Q^0, aus denen man durch Rückdrehung, wie früher erklärt, die gesuchten Punkte P^c, Q^c findet. $[J\,P^c]$ und $[J\,Q^c]$ sind wieder die Tangenten an u^c in P^c und Q^c.

Die Umrißkurve u ist, wie eingangs erwähnt wurde, bezüglich der Sehmeridianebene $\sigma = [O\,a]$ geradsymmetrisch. Sind A, A_1 zwei zu σ symmetrische Punkte von u, A_σ der Schnittpunkt von $[A\,A_1]$ mit σ und F das Bild des Fernpunktes U von $[A\,A_1]$, so liegen A, A_1 zu A_σ, U harmonisch (Nr. 3, Satz 1). Daher werden auch im Bild $A^c, A_1{}^c$ von F und dem auf a^c liegenden Punkt $A_\sigma{}^c$ harmonisch getrennt. Es besteht daher der

Satz 2: *Die Punkte von u^c entsprechen einander in jener perspektiven Kollineation mit F als Zentrum und a^c als Achse, in der je zwei entsprechende Punkte durch F und a^c harmonisch getrennt werden (harmonische Kollineation).*

Geht eine Tangente von u durch O, so ist (Nr 16, Satz 4) ihr Zentralriß i. allg. eine *Spitze* von u^c. Zeichnet man in Fig. 347 durch Verbinden der nach Fig. 348 bzw. 349 konstruierten Punkte P_i'' bzw. Q_i'' den Aufriß u'' des wahren Umrisses und legt daran aus $H = O''$ die Tangenten, so sind die Berührpunkte die Aufrisse jener Punkte von u, deren Zentralrisse die Spitzen von u^c bilden. Für die in Fig. 347 rechts von a^c auftretende Spitze R^c ist die Konstruktion gezeigt.

Sollen an der dargestellten Drehfläche auch die Schatten konstruiert werden, so sucht man aus dem gegebenen Fluchtpunkt $L_u{}^c$ der Lichtstrahlen Auf- und Grundriß der Lichtstrahlrichtung ($l'' = [H\,L_u{}^c]$, $l' = [O^0\,L_u{}'{}^c]$) und mittels der eingeschriebenen Kugeln Punkte der Eigenschattengrenze von Φ_1 sowie der allenfalls auftretenden Schlagschattengrenzen und leitet schließlich daraus wie oben die perspektiven Bilder ab.

Fünftes Kapitel.

Geometrische Grundbegriffe der Photogrammetrie.

124. Vorbemerkungen. Die Photogrammetrie[1]) beschäftigt sich mit der geometrischen Ermittlung räumlicher Objekte nach Gestalt, Größe und Lage im Raum auf Grund vorgegebener Photographien und anderer zweckdienlicher Angaben. Da sie u. a. mit großem Erfolg zur Geländeaufnahme verwendet wird, hat sie sich zu einem wichtigen Teilgebiet der Geodäsie entwickelt. Sie wird aber auch zur Vermessung von Bauwerken und anderen wissenschaftlichen, insbesondere biologischen Zwecken verwendet. Wenngleich die moderne Photogrammetrie die konstruktiven und rechnerischen Verfahren durch die Entwicklung optisch-mechanischer Instrumente stark in den Hintergrund gedrängt hat, gründet sich ihr Lehrgebäude auf geometrische Grundlagen,[2]) die hauptsächlich der darstellenden und projektiven Geometrie angehören. Die nachfolgenden Ausführungen sind als eine Vorschulung für das Studium der Photogrammetrie gedacht.

Vom geometrischen Standpunkt gesehen, handelt es sich bei der Photogrammetrie im wesentlichen um die Umkehrung der Aufgabe der Perspektive. Während bei dieser das Raumgebilde gegeben ist und das Zentralbild gesucht wird, hat die Photogrammetrie die geometrischen Objekte aus Photographien zu bestimmen, die (Nr. 111, Fig. 303) mit großer Genauigkeit als Zentralbilder angesehen werden können, wobei der optische Mittelpunkt des Objektivs der Aufnahmekamera das Projektionszentrum ist. Seine Entfernung von der lichtempfindlichen Schicht der Platte, der Bildebene, ist die *Augdistanz d*, hier auch *Bildweite* genannt.

125. Entzerrung der Perspektive einer geraden Punktreihe oder eines Strahlbüschels. Projektive Grundgebilde 1. Stufe. Bereits in Nr. 2, Fig. 5, wurde die Aufgabe gelöst: *Gegeben ist die Zentralprojektion A^c, B^c, C^c,*

---

1) Encykl. d. math. Wissenschaften VI., 1, 2 (S. Finsterwalder) Photogrammetrie. Hartner-Doležal, Lehrbuch der niederen Geodäsie, 2. Bd. Wien 1910. S. 455. K. Schwidefsky, Einführung in die Luft- und Erdbildmessung. Leipzig, Berlin 1939. R. Finsterwalder, Photogrammetrie (Berlin 1939).

2) S. Finsterwalder, Die geometrischen Grundlagen der Photogrammetrie. Jhrsb. Dtsch. Math.-Ver. 6 (1899). F. Schilling, Über die Anwendungen der darst. Geometrie, insbesondere über die Photogrammetrie. Leipzig, Berlin 1904.

D^c, E^c .... *einer Reihe von Punkten A, B, C, D, E* .... *einer Geraden g;*
man rekonstruiere die Punktreihe aus ihrem Bild, unter der Annahme,
daß die Entfernungen AB und BC auf g bekannt sind.

Die in Nr. 2 gegebene Lösung beruht auf dem Satz 3, Nr. 2, nach
dem das Doppelverhältnis von vier Punkten einer Geraden g bei Zentral-

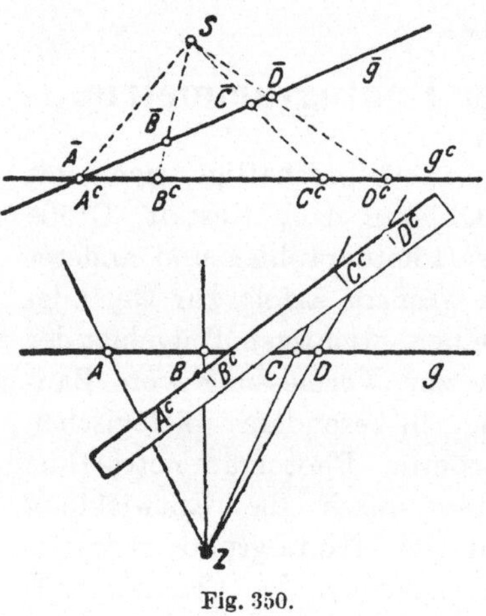

Fig. 350.

projektion invariant ist. Es ist also $(A\,B\,C\,D) = (A^c\,B^c\,C^c\,D^c)$. Bringen wir daher (Fig. 350) die Gerade g in eine solche Lage $\bar{g}$, daß A als $\bar{A}$ mit A^c zusammenfällt und B, C nach $\bar{B}$, $\bar{C}$ gelangen, so schneiden sich $[\bar{B}B^c]$ und $[\bar{C}C^c]$ in einem Punkt S. Projiziert man nun D^c aus S auf $\bar{g}$ nach $\bar{D}$, so ist $(A^c\,B^c\,C^c\,D^c) = (\bar{A}\,\bar{B}\,\bar{C}\bar{D})$. Führt man nun $\bar{g}$ nach g zurück, so gelangen $\bar{A}$, $\bar{B}$, $\bar{C}$ nach A, B, C und $\bar{D}$ in den gesuchten Punkt D.

Mittels eines *Papierstreifens* läßt sich D auch folgendermaßen finden: Wir übertragen die Punktreihe A^c, B^c, C^c, D^c ....
auf einen Papierstreifen und bringen ihn
in eine solche Lage, daß die Punkte A^c, B^c, C^c der Reihe nach auf den
Strahlen a, b, c liegen, die einen willkürlich gewählten Punkt Z mit A,
B, C verbinden. Der Strahl $[Z D^c] = d$ schneidet dann g im gesuchten
Punkt D, da nach dem genannten Satz tatsächlich $(A^c\,B^c\,C^c\,D^c) = (A\,B\,C\,D)$
ist.

So kann zu jedem Punkt X^c von g^c der entsprechende X von g konstruiert werden. In dieser „*Verwandtschaft*" der beiden Punktreihen
g und g^c entspricht dem Fernpunkt G_u von g der *Fluchtpunkt* G_u^c auf g^c
und dem Fernpunkt V^c von g^c der *Verschwindungspunkt* V auf g. Da
die betrachtete Verwandtschaft zwischen g und g^c durch Zentralprojektion
entstanden ist, haben vier beliebige Punkte von g stets dasselbe Doppelverhältnis wie die entsprechenden auf g^c. Eine solche Beziehung
zwischen zwei durch ihre Fernpunkte ergänzte Geraden — man nennt
sie dann *projektive Geraden* — heißt eine *Projektivität*. *Unter einer
Projektivität zwischen zwei projektiven Geraden g, g^c versteht man demnach
eine solche umkehrbar eindeutige (eineindeutige) Zuordnung ihrer Punkte,
daß die je vier beliebigen Punkten von g zugeordneten Punkte von g^c dasselbe Doppelverhältnis haben. g und g^c sind dann projektive Punktreihen:*
$g\,(A, B, C \ldots) \barwedge g^c\,(A^c, B^c, C^c \ldots)$.
Aus der voranstehenden Betrachtung entnehmen wir den

Satz 1: *Eine Projektivität zwischen zwei Punktreihen kann dadurch
bestimmt werden, daß man drei Punkten der einen Reihe willkürlich drei
Punkte der andern zuordnet.*

Wenn in einer Projektivität $g\,(A, B, C\ldots) \barwedge g^c\,(A^c, B^c, C^c\ldots)$ dem Fernpunkt U von g der Fernpunkt U^c von g^c entspricht, so folgt aus $(A\,B\,C\,D) = (A^c\,B^c\,C^c\,D^c)$ nach Nr. 2, Satz 5, $A\,C:B\,C = A^c\,C^c:B^c\,C^c$. Es gilt also der

Satz 2: *Wenn in einer Projektivität zwischen zwei geraden Punktreihen die Fernpunkte einander entsprechen, so sind sie ähnlich oder kongruent.*

Man bezeichnet in der projektiven Geometrie die geraden, durch ihre Fernpunkte ergänzten Punktreihen, die Strahlbüschel (d. s. die Geraden einer Ebene durch einen gemeinsamen Punkt) und die Ebenenbüschel (d. s. die Ebenen durch eine gemeinsame Gerade) als *Grundgebilde erster Stufe*. Da wir in Nr. 2 den Begriff „Doppelverhältnis" auch im Strahlbüschel und im Ebenenbüschel erklärt haben, können wir die eben ausgesprochene Definition der Projektivität zwischen Punktreihen sinngemäß auf irgend zwei Grundgebilde erster Stufe, sie mögen gleicher oder verschiedener Art sein, ausdehnen.

In Fig. 350 sind auch die Punktreihen $g^c\,(A^c, B^c\ldots)$ und $\bar g\,(\bar A, \bar B\ldots)$ projektiv. Diese Projektivität ist aber von der besonderen Art, daß der beiden Reihen gemeinsame Punkt $A^c = \bar A$ sich selbst entspricht, woraus dann folgt, daß die Verbindungsgeraden entsprechender Punkte durch ein festes Zentrum S gehen. In diesem Fall sagt man, daß die beiden Punktreihen *perspektiv* sind. Ein Sonderfall der Projektivität zwischen einer Punktreihe $g\,(A, B\ldots)$ und einem Strahlbüschel $Z\,(a, b\ldots)$ liegt offenbar vor (Fig. 350), wenn jeder Punkt von g auf dem ihm zugeordneten Strahl liegt. Die Punktreihe und das Strahlbüschel heißen dann *perspektiv*. Ein Sonderfall der Projektivität, die Perspektivität zwischen zwei Strahlbüscheln $S\,(a, b\ldots)$ und $\bar S\,(\bar a, \bar b\ldots)$ liegt offenbar vor, wenn die Schnittpunkte entsprechender Strahlen auf einer festen Geraden liegen. Diese ist, falls die Ebenen der beiden Büschel verschieden sind, ihre Schnittgerade.

Wird ein Strahlbüschel $S\,(a, b, x\ldots)$ aus einem Auge O, das nicht in seiner Ebene liegt, auf eine Bildebene Π nach $S^c\,(a^c, b^c, x^c\ldots)$ projiziert, so sind diese beiden Büschel perspektiv, da sich je zwei entsprechende Strahlen x, x^c auf der Bildspur der Ebene des Büschels S schneiden. Bringt man das Büschel $S\,(a, b, x\ldots)$ in irgendeine andere Lage, ohne die durch die Zentralprojektion vermittelte Zuordnung seiner Strahlen a, b, x zu den Strahlen a^c, b^c, x^c aufzuheben, so haben nach wie vor je vier Strahlen des einen Büschels dasselbe Doppelverhältnis wie die ihnen entsprechenden des anderen. Wir sagen demnach:

Satz 3: *Die Perspektive eines Strahlbüschels ist ein zu ihm projektives Strahlbüschel.*

126. Entzerrung der Perspektive einer ebenen Figur (ebenes Gelände). Allgemeine Kollineation zwischen ebenen Feldern. Das Ergebnis der nachfolgenden Betrachtung ist der

Satz 1: *Eine ebene Figur $\mathfrak{F}$ läßt sich aus einer Perspektive $\mathfrak{F}^c$ von $\mathfrak{F}$ rekonstruieren, wenn die Abmessungen eines in $\mathfrak{F}$ enthaltenen, nicht ausgearteten[1]) Viereckes A, B, C, D, dessen Bild A^c, B^c, C^c, D^c in $\mathfrak{F}^c$ erkennbar ist, bekannt sind.*

Zum Beweise dieses Satzes zeigen wir, wie man zu einem beliebigen Punkt X^c von $\mathfrak{F}^c$ den entsprechenden X von $\mathfrak{F}$ eindeutig konstruieren kann, wenn die beiden Vierecke $ABCD$ und $A^cB^cC^cD^c$ gegeben sind (Fig. 351). Nach Nr. 125 sind entsprechende Punktreihen in $\mathfrak{F}$ und $\mathfrak{F}^c$

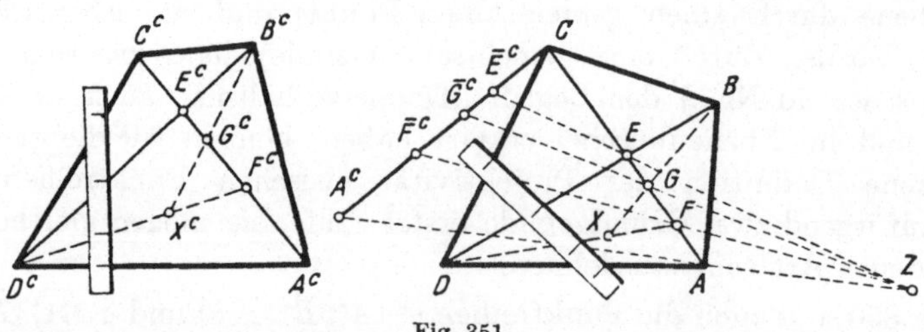

Fig. 351.

projektiv. Betrachten wir die projektiven Punktreihen auf $[AC]$ und $[A^cC^c]$, so sind (A, A^c) und (C, C^c) zwei Paare entsprechender Punkte. Ein drittes Punktepaar dieser Projektivität ist $(E = [AC \cdot BD]$, $E^c = [A^cC^c \cdot B^cD^c])$. Nach Nr. 125, Satz 1, ist sie dadurch bestimmt. Ist nun X^c ein beliebiger Punkt von $\mathfrak{F}^c$ und sind F^c und G^c die Schnittpunkte von $[A^cC^c]$ mit $[D^cX^c]$ und $[B^cX^c]$, so können wir nach dem in Fig. 350 gezeigten Verfahren die F^c und G^c projektiv entsprechenden Punkte F und G konstruieren. Der gesuchte Punkt X ist der Schnittpunkt von $[DF]$ mit $[BG]$.

Wir können die Ermittlung des X^c entsprechenden Punktes X auch auf projektive Strahlbüschel gründen (Nr. 125, Satz 3). Von den entsprechenden Strahlen der projektiven Büschel mit den Scheiteln D^c und D sind drei Paare bekannt, da die Strahlen 1^c, 2^c, 3^c, die D^c mit A^c, B^c, C^c verbinden, der Reihe nach den Strahlen 1, 2, 3 entsprechen, die D mit A, B, C verbinden. Der dem Strahl $x^c = [D^cX^c]$ entsprechende Strahl x durch D ist durch die Doppelverhältnisgleichheit $(1\,2\,3\,x) = (1^c\,2^c\,3^c\,x^c)$ bestimmt und kann, ohne die Zeichnung mit Konstruktionslinien zu belasten, mittels eines Papierstreifens gefunden werden. Wir markieren zu diesem Zweck an dem Rand des Streifens seine Schnittpunkte $\overline{1}$, $\overline{2}$, $\overline{3}$, $\overline{x}$ mit den Strahlen 1^c, 2^c, 3^c, x^c und bringen sie mit dem Streifen in eine solche Lage, daß $\overline{1}$, $\overline{2}$, $\overline{3}$ der Reihe nach auf den Strahlen 1, 2, 3 liegen. In dieser Lage des Streifens ist x der Verbindungsstrahl von D mit dem Punkt $\overline{x}$. Um nun den gesuchten auf x liegenden Punkt X zu erhalten, wiederholt man das Verfahren mittels der projektiven Strahlbüschel in einem anderen Paar entsprechender Ecken der beiden

---

1) Von den vier Eckpunkten sollen keine drei auf einer Geraden liegen.

Vierecke. Dadurch erhält man eine zweite durch X gehende Gerade. Durch abermalige Wiederholung des Verfahrens, vom dritten oder vierten Eckenpaar aus, überprüft man die Genauigkeit des erhaltenen X.

Enthält die zu entzerrende Perspektive viele Einzelheiten, wie z. B. eine Photographie einer ebenen Geländefläche, die etwa von einem Flugzeug aus aufgenommen wurde, so empfiehlt es sich, die Bildfigur mit dem Bild eines engmaschigen Netzes von kongruenten Parallelogrammen zu überziehen (Fig. 352). Dadurch wird es möglich, zu jedem Bildpunkt

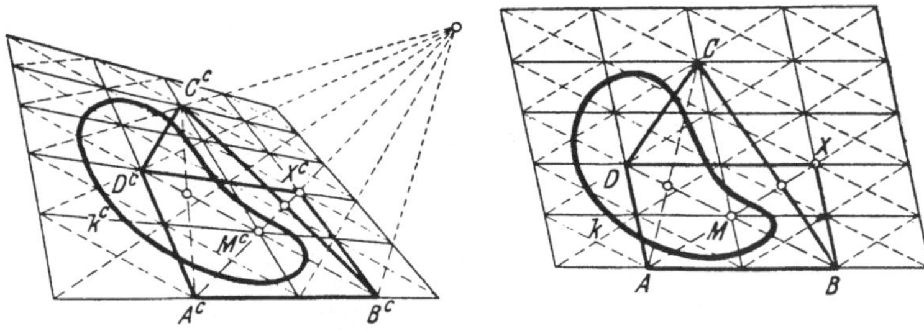

Fig. 352.

den Originalpunkt schätzungsweise in die entsprechende Masche des Originalnetzes einzutragen. Es ist daher zu zeigen, wie man das Bild eines solchen Netzes konstruiert und wie sich die Netzmaschen durch weitere Unterteilung beliebig verkleinern lassen. Es wird wieder gemäß Satz 1 angenommen, daß die Abmessungen eines Viereckes $ABCD$ mit dem Bild $A^c B^c C^c D^c$ bekannt sind. In der Ebene von $ABCD$ wählen wir ein aus Genauigkeitsgründen nicht zu kleines Parallelogramm, in Fig. 352 das Parallelogramm $ABXD$. Ermittelt man nach einem der zuletzt besprochenen Verfahren[1]) den X entsprechenden Punkt X^c, so ist $A^c B^c X^c D^c$ das Bild des Parallelogramms. Wir unterteilen es nun durch die Mittellinien. Ihre Bilder lassen sich ohne weiteres einzeichnen, da sie durch den Diagonalenschnittpunkt $[A^c X^c \cdot B^c D^c]$ und durch je einen Fluchtpunkt $[A^c B^c \cdot X^c D^c]$ bzw. $[B^c X^c \cdot D^c A^c]$ der Parallelogrammseiten gehen. Liegen sie außerhalb der Zeichenfläche, so hilft man sich wie in Fig. 320. Mittels der Diagonalen der soeben erhaltenen Teilparallelogramme und ihrer Bilder läßt sich das Netz und sein Bild auch über das ursprünglich angenommene Parallelogramm hinausführen. Durch Einschaltung weiterer Mittellinien verfeinert man das Netz so lange, bis die Eintragung der Punkte in der Entzerrung mit genügender Genauigkeit gewährleistet ist. Fig. 352 zeigt die Entzerrung des Bildes einer in sie geschlossenen Kurve, etwa des Ufers eines Sees. Daß die Entzerrung nicht in der wahren Größe, sondern in einem vorgeschriebenen Maßstab gezeichnet wird, ist nicht von Belang.

---

1) Welches der beiden Felder als Bildfeld angesehen wird, ist theoretisch belanglos.

Unter einem *Orientierungsproblem* versteht man in der Photogrammetrie die Aufgabe, die Lage der gegebenen Bilder zum dargestellten Objekt zu ermitteln, die jene bei der photographischen Aufnahme hatten. Diese Lagen der Bilder sind ihre *orientierten Lagen*. In der orientierten Lage liegt jedes Bild zum Objekt perspektiv, d. h. die Verbindungsstrahlen entsprechender Punkte X, X^c gehen durch das Projektionszentrum. Ist $\mathfrak{F}^c$ das Bild einer *ebenen Figur* $\mathfrak{F}$, so gilt der

Satz 2: *Die Aufgabe, das Bild $\mathfrak{F}^c$ einer ebenen Figur $\mathfrak{F}$ zu dieser in orientierte Lage zu bringen, hat zwei Lösungen, wenn die Augdistanz oder der Neigungswinkel der Ebenen $\mathfrak{F}$ und $\mathfrak{F}^c$ bekannt ist.*

Beweis: Es sei $\mathfrak{F}^c$ ($A^c B^c C^c D^c$) das Bild eines Viereckes $\mathfrak{F}$ ($A B C D$). Es wurde gezeigt (Fig. 351), wie man zu einem Punkt X^c von $\mathfrak{F}^c$ den

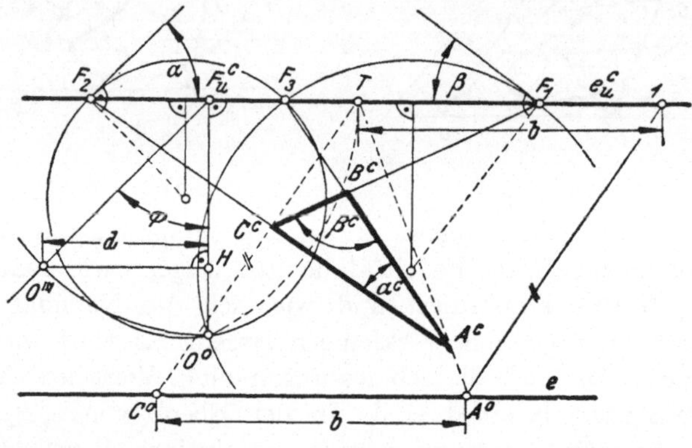

Fig. 353.

entsprechenden Punkt X von $\mathfrak{F}$ konstruiert. Umgekehrt läßt sich ebenso zu jedem X von $\mathfrak{F}$ das entsprechende X^c von $\mathfrak{F}^c$ ermitteln. Führt man diese Aufgabe für zwei Fernpunkte von $\mathfrak{F}$ aus, so liegen die ihnen in $\mathfrak{F}^c$ entsprechenden Fluchtpunkte auf der Fluchtlinie $e_u{}^c$ der Ebene ε von $\mathfrak{F}$. Wir können nun die weitere Durchführung des Orientierungsproblems auf die beiden entsprechenden Dreiecke $A B C$ und $A^c B^c C^c$ und auf die Fluchtlinie $e_u{}^c$ gründen, der die Ferngerade e_u von ε entspricht (Fig. 353). Es wäre auch zulässig gewesen, von vornherein von den Figuren ($A B C e_u$) und ($A^c B^c C^c e_u{}^c$) auszugehen. Die Seiten des Dreieckes $A^c B^c C^c$ schneiden $e_u{}^c$ in den Fluchtpunkten F_1, F_2, F_3 der Seiten des Dreieckes $A B C$. Dreht man die durch das noch unbekannte Auge O und durch $e_u{}^c$ gehende Ebene in die Bildebene ε^c, so muß der gedrehte Punkt O^0 so liegen, daß von ihm aus die Strecken $F_2 F_3$ und $F_3 F_1$ unter den bekannten Winkeln α und β des Dreieckes $A B C$ gesehen werden. Bekanntlich ist der Ort aller auf einer bestimmten Seite von $e_u{}^c$ liegenden Punkte, aus denen $F_2 F_3$ unter dem Winkel α gesehen wird, der Bogen k_α des durch F_2 und F_3 gehenden Kreises, dessen auf der anderen Seite von $e_u{}^c$ liegende Halbtangente in F_2 mit $\overrightarrow{F_2F_3}$ den Winkel α einschließt. Zeichnet man diese Tangente, so ergibt sich die Mitte von k_α als Schnitt der Symmetrale von F_2F_3 mit dem in F_2 auf der genannten Halbtangente errichteten Lot. Entsprechend findet man den mit k_α auf derselben Seite von $e_u{}^c$ liegenden Kreisbogen k_β, aus dessen Punkten die Strecke F_3F_1 unter dem Winkel β gesehen wird. k_α und k_β schneiden sich im gesuchten Punkt O^0. Der Fußpunkt des aus O^0 auf $e_u{}^c$ gefällten Lotes ist der Fluchtpunkt $F_u{}^c$ der Fallinien von ε, $[FO^0]$ daher der Normalriß ihres Parallelstrahls durch das Auge O. O befindet sich im Raum auf dem Kreis mit der Mitte $F_u{}^c$ und dem Halbmesser $F_u{}^cO^0$ in der zu $e_u{}^c$ normalen Ebene durch $F_u{}^c$. Da die Augdistanz d gegeben ist, ist O auf diesem Kreis, abgesehen von der Spiegelung an der Zeichenebene, zweideutig bestimmt. Klappt man ihn um, so läßt sich die umgeklappte Lage O''' von O und der Hauptpunkt H leicht einzeichnen. $\sphericalangle\, O'''F_u{}^cH$ ist der Neigungswinkel φ von ε. Ist nicht d, sondern φ gegeben, so erhält man wieder O''' und damit O.

Um nun die Spur e von ε zu ermitteln, hat man (Fig. 337) auf $e_u{}^c$ den zum Fluchtpunkt F_2 gehörigen Meßpunkt (Teilungspunkt) T $(F_2O^0 = F_2T)$ zu ermitteln. Projiziert man nun A^cC^c aus T auf die noch unbekannte Spur e nach A^0C^0, so muß $A^0C^0 = AC$ sein. Aus dieser Bedingung folgt die Konstruktion von e. Man macht auf $e_u{}^c$ die Strecke $T\,1 = AC$ und zieht durch 1 die Parallele zu $[TC^c]$. Ihr Schnittpunkt mit $[TA^c]$ ist ein Punkt der zu $e_u{}^c$ parallelen Spur. Die Projektion von $A^cB^cC^c$ aus O auf die Ebene $\varepsilon = [e\,e_u]$ ist nach unserer Konstruktion die orientierte Lage des Dreieckes ABC. Daß es die verlangten Winkel und Seiten hat, folgt unmittelbar aus der Konstruktion.

Wir ziehen aus der voranstehenden Betrachtung noch einige geometrische Schlüsse. Wir haben bisher angenommen, daß $\mathfrak{F}^c\,(A^cB^cC^cD^c)$ eine Zentralprojektion des Viereckes $\mathfrak{F}\,(ABCD)$ war und konnten aus dieser Annahme zu jedem weiteren Punkt X^c von $\mathfrak{F}^c$ den entsprechenden Punkt X von $\mathfrak{F}$ angeben. Diese *Punktverwandtschaft* $X \longleftrightarrow X^c$ zwischen den beiden ebenen Punktfeldern ε und ε^c der beiden Vierecke läßt sich aber auch durch die in Fig. 351 durchgeführte Konstruktion definieren, wenn wir die beiden Vierecke $ABCD$ und $A^cB^cC^cD^c$ *willkürlich* wählen. Es entsteht dann die Frage, ob sie sich auch dann in perspektive Lage bringen lassen. Nach den obigen Überlegungen ist dies tatsächlich möglich, wobei der Winkel φ zwischen ε und ε^c unbestimmt bleibt. Die Punktverwandtschaft $X \longleftrightarrow X^c$ zwischen den beiden ebenen Feldern ε und ε^c heißt *Kollineation*. Die bereits in Nr. 4 erklärte Zentralkollineation ist ein Sonderfall dieser allgemeinen Kollineation. Die Theorie der Kollineation, auf die hier nicht näher eingegangen werden kann, geht von der folgenden Definition aus:

Satz 3: *Zwei durch ihre Ferngeraden ergänzte (projektive) Ebenen ε, ε^c heißen kollinear, wenn die Punkte X von ε den Punkten X^c von ε^c*

umkehrbar eindeutig und stetig[1]) derart zugeordnet sind, daß den Punkten jeder Geraden x von ε die Punkte einer Geraden x^c von $ε^c$ entsprechen.

Es gilt der

Satz 4: *In zwei kollinearen Feldern sind entsprechende Grundgebilde projektiv; es ist demnach das Doppelverhältnis von vier Punkten einer Geraden, ebenso von vier Strahlen eines Büschels, bei Kollineationen invariant.*

Die Aufsuchung kollinear entsprechender Punkte erfolgt daher nach Fig. 351 und auf Grund der Sätze 3 und 4. Weiter können wir nach den durchgeführten Überlegungen unmittelbar sagen:

Satz 5: *Eine Kollineation zwischen zwei ebenen projektiven Feldern ist durch die Annahme von vier Paaren entsprechender Punkte bestimmt, vorausgesetzt, daß von ihnen in keinem der beiden Felder mehr als zwei auf einer Geraden liegen.*

Satz 6: *Wenn in einer Kollineation zwischen zwei ebenen Feldern die Ferngeraden einander entsprechen, so ist die Kollineation eine Affinität* (S. 16, Fig. 17).

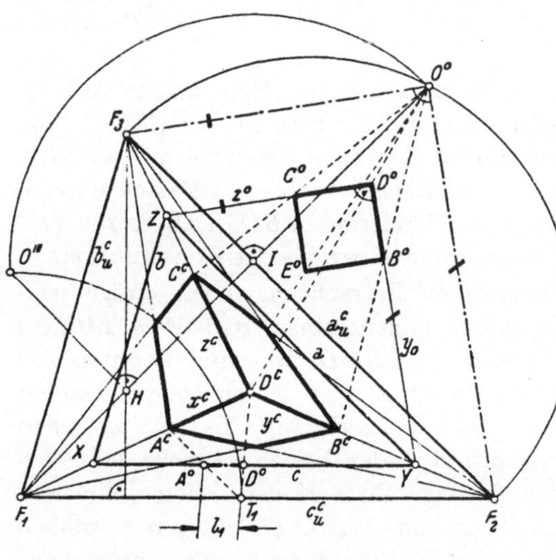

Fig. 354.

Satz 7: *Zwei kollineare, nicht affine Felder[2]) können immer in perspektive Lage gebracht werden, wobei der Winkel der beiden Felder unbestimmt bleibt. Dreht man bei perspektiver Lage der beiden Felder ε, $ε^c$ das Feld ε um die Schnittlinie e nach $ε^c$, so bleiben sie perspektiv, und das Projektionszentrum dreht sich im gleichen Sinn durch denselben Winkel um die in $ε^c$ liegende Fluchtlinie $e_u{}^c$.*

127. Entzerrung der Perspektive eines Quaders (eines Hauses). *Gegeben sei* (Fig. 354) *eine Perspektive eines Quaders unter der Annahme, daß keine Kante zur Bildebene parallel sei. Ist ferner die Länge einer Kante bekannt, so läßt sich das Auge und der Quader in seiner perspektiven Lage zum Bild rekonstruieren. Die Parallelen*

---

1) „Stetig" bedeutet, daß aus $\lim\limits_{i \to \infty} X_i = X$ stets $\lim\limits_{i \to \infty} X_i{}^c = X^c$ folgt.

2) Für affine Felder ist die Aufgabe, sie in perspektive Lage zu bringen, quadratisch und hat daher nicht immer reelle Lösungen (vgl. E. Müller, Lehrbuch d. darst. Geometrie f. Techn. Hochschulen. Leipzig, Berlin. 1. Aufl. 1908, Nr. 39).

zu den Quaderkanten durch das Auge schneiden die Bildebene in den durch das Bild gegebenen Fluchtpunkten F_1, F_2, F_3 der Kanten. Sie bilden, da die Kanten paarweise aufeinander normal sind, ein spitzwinkliges Dreieck, dessen Höhenschnittpunkt der Hauptpunkt H der Perspektive ist. Die Augdistanz d und das um $[F_3 F_2]$ in die Bildebene nach O^0 gedrehte Auge O lassen sich ebenso konstruieren, wie dies in der normalen Axonometrie (Fig. 267) für den Nullpunkt des Achsenkreuzes erklärt wurde. Klappt man die zu $[F_2 F_3]$ normale Ebene durch O um, so kommt O nach O'''. Ist I der Fußpunkt des Lotes von F_1 auf $[F_2 F_3]$, so ergibt sich O''' aus $IO^0 = {} = IO'''$ HO''' ist die Augdistanz d.

Es sei AD die Kante des Quaders, deren Länge l_1 bekannt ist, F_1 ihr Fluchtpunkt. Ist F_2 der Fluchtpunkt von $[BD]$, so ist $[F_1 F_2]$ die Fluchtspur $c_u{}^c$ der Seitenebene $[ABD] = \gamma$. $[AD]$ hat als Gerade von γ auf $c_u{}^c$ einen Meßpunkt T_1, der sich aus $F_1 O''' = F_1 T_1$ ergibt. Nun ist die zu $c_u{}^c$ parallele Spur c von γ durch die Bedingung zu konstruieren, daß die Projektion von $A^c D^c$ aus T_1 auf c die Länge l_1 habe. c schneidet $[A^c L^c]$ und $[E^c L^c]$ in den Spurpunkten X, Y der Kanten $x = [AD]$, $y = [BD]$. Die Spuren der beiden anderen durch D gehenden Quaderflächen sind die Geraden $a = [Y \| F_2 F_3]$ und $b = [X \| F_1 F_3]$; sie schneiden sich im Spurpunkt Z der Kante $z = [DC]$. Um die Längen der Kanten DB und DC und die Lage des Quaders im Raum zu ermitteln, drehen wir die Ebene $[BDC]$ um ihre Spur $a = [YZ]$ in die Bildebene. Der zugehörige Drehsehnenfluchtpunkt ist der schon ermittelte Punkt O^0. y und z gehen dabei in die Geraden $y^0 = [Y \| F_2 O^0]$ und $z^0 = [Z \| F_3 O^0]$ über, die von den Bildern der Drehsehnen durch B und C in B^0 und O^0 geschnitten werden. — Nebenbei bemerkt, enthält Fig. 354 die Elemente zur Grundlegung der *zentralen Axonometrie*[1]) bei allgemeiner Lage des Achsenkreuzes.

Besitzt der Quader eine zur Bildebene parallele Kante z, so ist ihr Fluchtpunkt F_3 unendlich fern, und der Hauptpunkt H, als Höhenschnittpunkt im Dreieck $F_1 F_2 F_3$, wird auf $[F_1 F_2]$ unbestimmt. Zur Rekonstruktion des Quaders aus seinem Bild können in diesem Fall zwei Kantenlängen vorgeschrieben werden. Wir führen (Fig. 355) die Rekonstruktionsaufgabe unter der Annahme lotrechter und waagrechter Kanten durch. Die Fluchtpunkte der waagrechten Kanten liegen auf dem Horizont h. Da $\sphericalangle F_1 O F_2 = 90°$ beträgt, liegt das mit der Horizontebene nach abwärts umgeklappte Auge O^0 auf dem Halbkreis unterhalb des Durchmessers $F_1 F_2$. Wir unterscheiden die beiden Fälle:

a) *Gegeben sind die Abmessungen der Grundfläche $ABCD$.* Ist F_3 der Fluchtpunkt der Diagonale $[BD]$, so muß O^0 auf dem genannten Halb-

---

1) G. Hauck, Grundzüge einer allg. axon. Theorie d. darst. Perspektive, Dissertation, Dresden 1876. G. Loria, Vorl. üb. darst. Geometrie. I. Leipzig, Berlin 1907, S. 196ff. E. Kruppa, Zur axonometrischen Methode der darst. Geometrie. S. B. Ak. Wien (math. nat.), Abt. IIa, 119 (1910), S. 487—506. ·

kreis so ermittelt werden, daß $\sphericalangle FO^0F_3 = \sphericalangle ABD) = \beta$ ist. Der Ort aller Punkte O^0, aus denen FF_3 unter dem Winkel β gesehen wird, ist ein F mit F_3 verbindender Kreisbogen, dessen Konstruktion bereits in Fig. 353 erklärt wurde. Er schneidet den schon gezeichneten Halb-

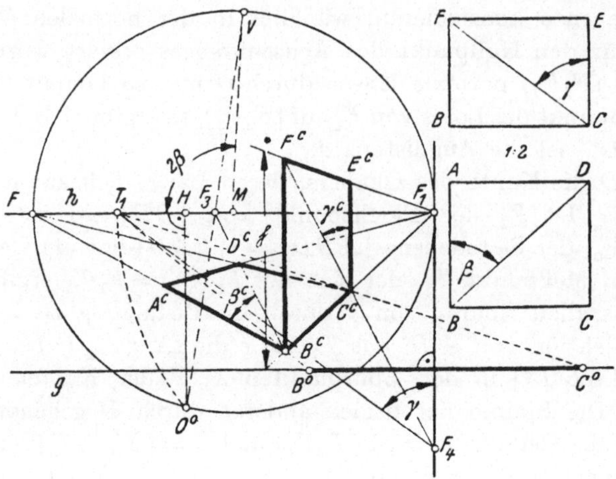

Fig. 355.

kreis durch F_1F_2 im gesuchten Punkt O^0. Wir können O^0 aber auch folgendermaßen erhalten: Da $\sphericalangle FO^0F_3$ ein Peripheriewinkel im genannten Halbkreis ist, kann sein Zentriwinkel $2\beta = \sphericalangle FMV - V$ auf dem Halbkreis oberhalb F_1F_2 mit dem Mittelpunkt M — unmittelbar gezeichnet werden. $[VF_3]$ schneidet nun den Kreis im gesuchten O^0. Nun ergibt sich der zu F_1 gehörige Meßpunkt T_1 gemäß $F_1O^0 = F_1T_1$. Die zu h parallele Spur g (Grundlinie) der Basisebene des Quaders findet man durch die Bedingung, daß die Projektion der Strecke B^cC^c aus T_1 auf g die gegebene Länge $l = BC$ hat. Schließlich wurde in Fig. 355 die Höhe $\mathfrak{h}$ des Quaders durch Parallelverschiebung der Kante CE in die Bildebene ermittelt.

b) *Gegeben sind die Abmessungen der Seitenfläche $BCEF$.* O^0 liegt wie im Falle a) auf dem Halbkreis unterhalb des Durchmessers F_1F. Die Fluchtlinie $e_u{}^c$ der Seitenfläche $BCEF$ ist die in F_1 zum Horizont h normale Gerade. Sie schneidet $[C^cF^c]$ im Fluchtpunkt F_4 der Diagonale CF. Es ist der Winkel F_1F_4O gleich dem Winkel γ, den die lotrechte Kante CE mit der Diagonale CF einschließt. Dreht man nun $[OF_4]$ um $e_u{}^c$ in die Bildebene, so gelangt O in den Meßpunkt T_1, da $F_1O = F_1T_1$ ist. Um T_1 zu erhalten, hat man daher den $\sphericalangle F_1F_4T_1 = \gamma$ zu machen. Nun ergibt sich O^0 auf dem Halbkreis gemäß $F_1T_1 = F_1O^0$. Die Grundlinie g erhält man aus der bekannten Länge $\overline{BC}$ oder aus der bekannten Höhe $\mathfrak{h} = \overline{CE}$ nach dem schon erklärten Verfahren. Schließlich hat man die Länge AB mittels des Meßpunktes T_2 zu konstruieren. Wil man die Lage des Quaders feststellen, so klappt man die Basisebene in die Bildebene um (Fig. 338).

Liegt in Fig. 354 außer F_3 auch einer der beiden Fluchtpunkte F_1 oder F_2 unendlich fern, so ist der andere der Hauptpunkt. Die Behandlung dieses Sonderfalles sei dem Leser überlassen.

Die obigen Überlegungen gestatten die Rekonstruktion eines Objektes aus einer einzigen Photographie, falls das Objekt einen im Bild sichtbaren Quader enthält, von dem die Länge einer Kante (Fig. 354) bzw. zweier Kanten (Fig. 355) gegeben sind, und wenn die übrigen Teile des Objektes zu diesem Quader in bekannten Beziehungen stehen. Diese Bedingungen sind in der Architekturphotogrammetrie oft erfüllt. Fig. 356 zeigt ein Lichtbild eines Wohnhauses auf einer lotrechten Bildebene. Wir nehmen an, daß entweder die Abmessungen des Grundrißrechteckes $ABCD$ (Fig. 356 d) oder der Seitenwand $BCEF$ (Fig. 356 e) bekannt sind. Es sollen die im Lichtbild sichtbaren Teile des Hauses im Maßstab 1 : 300 im Auf- und Kreuzriß dargestellt werden. Wir ersetzen das darzustellende Objekt Φ durch das zu ihm bezüglich des Auges O zentrisch-ähnliche im Verhältnis 1 : 300 verkleinerte Objekt Φ_1. Da Φ und Φ_1 dasselbe Bild haben, ist die Aufgabe auf die Rekonstruktion von Φ_1 zurückgeführt. Für die praktische Durchführung zeichnet man zweckmäßig auf einem über dem befestigten Lichtbild aufgespannten Pauspapier. Zunächst ermittelt man den Horizont h als Verbindungsgerade der Fluchtpunkte F_1, F_2 der zu den Seiten des Grundrißrechteckes parallelen Kanten. Dann zeichnen wir einen Zentralgrundriß $A_1{}^c B_1{}^c C_1{}^c D_1{}^c$ des Basisrechteckes auf eine zunächst noch unbestimmte Grundebene, indem wir auf dem Ordner durch A^c den Punkt $A_1{}^c$ unterhalb A^c willkürlich wählen. Mittels F_1, F_2 und der Ordner durch $B^c C^c$ lassen sich $B_1{}^c$, $C_1{}^c$, $D_1{}^c$ leicht finden. Nun erfolgt die Rekonstruktion des Quaders nach den zu Fig. 355 gegebenen Erläuterungen. Zur weiteren Rekonstruktion ergänzt man den perspektiven Grundriß und hat im übrigen bloß wahre Längen aufzusuchen (Nr. 117).

128. Rekonstruktion eines Objektes aus zwei Perspektiven. Kernpunkte, Hauptsatz. Die Rekonstruktion von Objekten aus Perspektiven wird wesentlich vereinfacht, wenn man auch noch Angaben über die Lage der Projektionszentren und Bildebenen heranziehen kann. Diese Daten nennt man die *Orientierung* der Bilder. Die *innere Orientierung* eines Bildes ist die Kennzeichnung der Lage des zugehörigen Auges in bezug auf das Bild durch Hauptpunkt und Augdistanz (*Bildweite*). Als *äußere Orientierung* bezeichnet man die Gesamtheit aller Abmessungen über die Lage der Projektionszentren (Standpunkte) zu einander und zu bekannten Objektpunkten und die Richtungen der Hauptsehstrahlen (*Aufnahmerichtungen*). Die für photogrammetrische Bildaufnahmen gebauten Apparate sind daher mit Einrichtungen versehen, die die Bestimmung der Elemente der inneren und äußeren

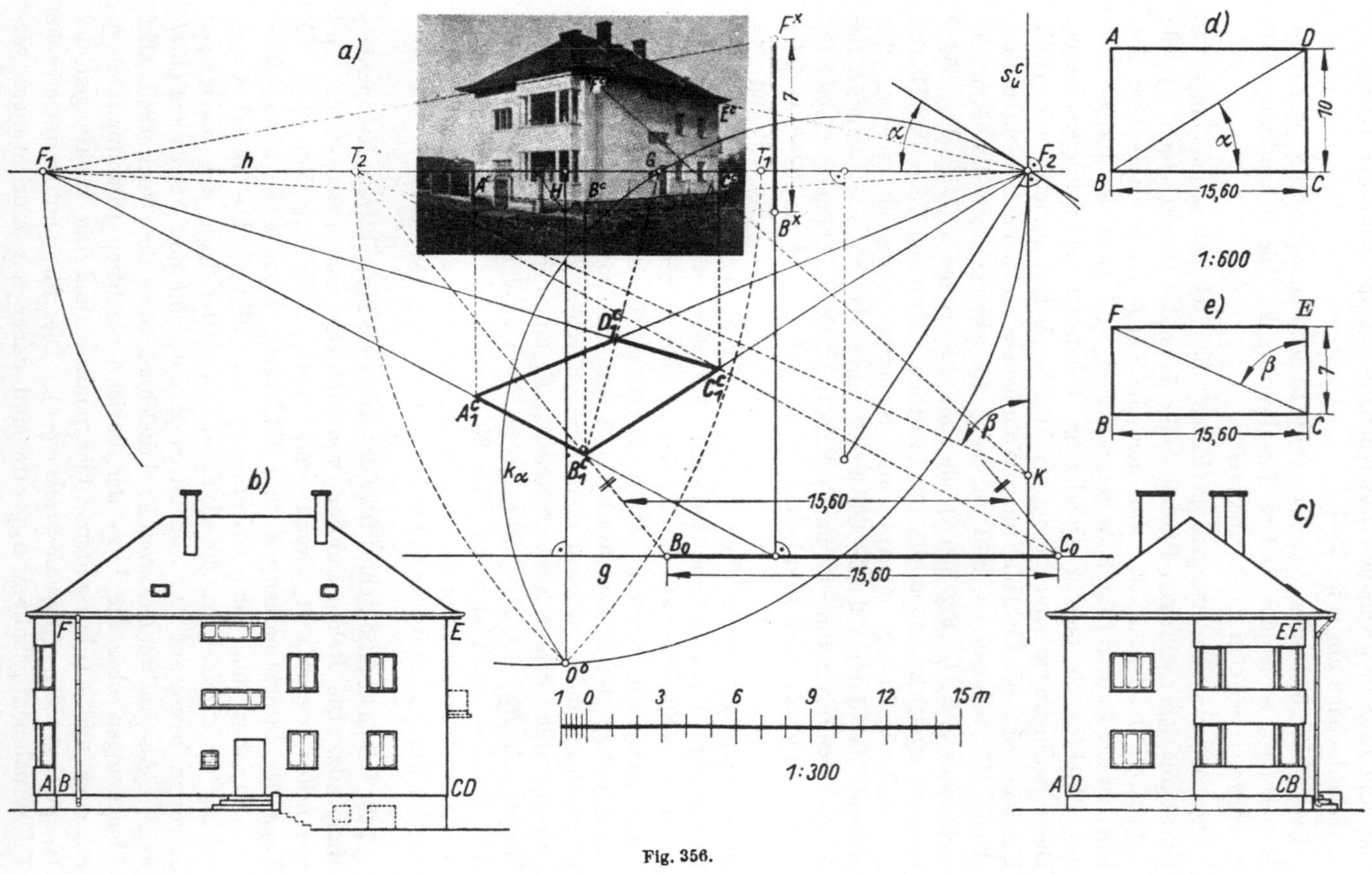

Fig. 356.

Orientierung gestatten. Zur Kennzeichnung des Hauptpunktes wird an den Rand der lichtempfindlichen Platte ein Rahmen gepreßt, dessen innerer Rand mit vier paarweise gegenüberliegenden Marken versehen ist (Fig. 357), die mitphotographiert werden. Ihre Verbindungsgeraden schneiden sich im Hauptpunkt. Weiterhin gestattet eine Skala die Ablesung der Augdistanz d. Um die zur äußeren Orientierung gehörigen Winkelmessungen zu erlauben, muß der Aufnahmeapparat zugleich als Theodolit (Phototheodolit) eingerichtet sein.

Es wird nun die Rekonstruktion eines Objektes in dem Sonderfall besprochen, daß zwei Lichtbilder mit waagrechten Aufnahmerichtungen und bekannter innerer und äußerer Orientierung vorliegen. Fig. 357

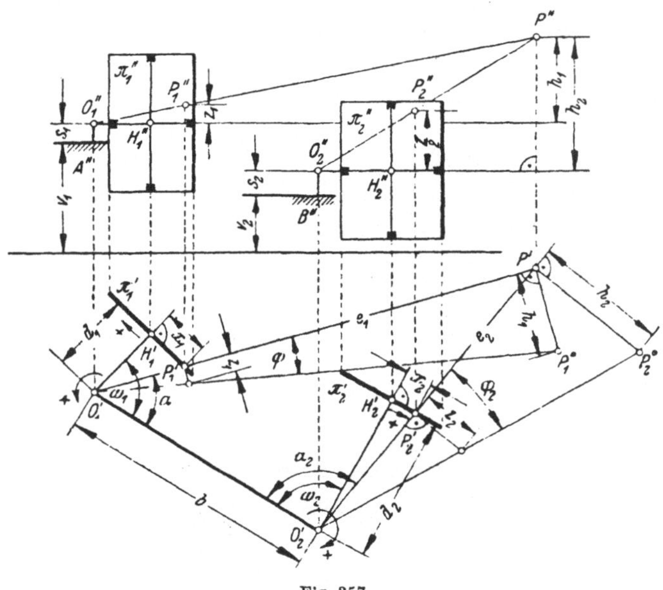

Fig. 357.

zeigt im Grund- und Aufriß den Zusammenhang eines Raumpunktes P mit seinen beiden Bildern P_1 und P_2. Die Standpunkte A, B der Aufnahmen haben über einer Vergleichsebene die Höhen v_1, v_2. Die Stativhöhen der Phototheodoliten sind s_1, s_2. d_1, d_2 sind die Augdistanzen. Die Horizontalentfernung *(Basis)* der beiden Standpunkte ist b; die Winkel der Aufnahmerichtungen gegen die Basisstrecke sind ω_1, ω_2. Bei der Lichtbildaufnahme liegt das Projektionszentrum zwischen dem Objekt und der Platte, auf der deshalb bei der Blickrichtung gegen das Objekt rechts und links, oben und unten vertauscht erscheint. In Fig. 357 sind daher die Bildebenen durch die zu den Zentren O_1, O_2 zentrisch symmetrischen Ebenen ersetzt. In jedem der beiden Bilder bilden der Horizont und die Vertikallinie durch den Hauptpunkt ein rechtwinkeliges Achsenkreuz. Die Koordinaten der Bildpunkte P_1, P_2

in bezug auf diese Achsenkreuze seien x_1, z_1 bzw. x_2, z_2. — Die Rekonstruktion kann konstruktiv und rechnerisch durchgeführt werden. In der Grundrißebene schneiden sich $[O_1'P_1']$ und $[O_2'P_2']$ im Grundriß P' des Objektpunktes P. Nun ermitteln wir die Höhe von P über der Horizontebene von O_1, indem wir den Sehstrahl $[O_1P_1]$ in diese Horizontebene umklappen. Mittels der Ordinate z_1 läßt sich der umgeklappte Sehstrahl zeichnen. Wird er durch $[P' \perp O_1'P']$ in P^0_1 geschnitten, so ist $P'P_1{}^0 = h_1$ die Kote von P bezüglich der Horizontebene durch O_1. Ermittelt man entsprechend die Kote $h_2 = P'P^0_2$ von P bezüglich der Horizontebene durch O_2, so ist $|h_2 - h_1|$ der Betrag des Höhenunterschiedes der Zentren O_1, O_2.

Der Grundriß wird meist in einem verkleinerten Maßstab gezeichnet werden müssen (z. B. Geländefläche). Da sich das Bild eines Gegenstandes bei Parallelverschiebung der Bildebene nur *ähnlich* ändert, können die Bildweiten d_1, d_2 und die Koordinaten der Bildpunkte in natürlicher Größe oder in einem beliebig gewählten Maßstab in den Grundriß eingezeichnet werden.

Bei rechnerischer Behandlung verfügt man zuerst über den positiven Drehsinn um O_1' und O_2' und orientiert dementsprechend die x-Richtungen in den Bildern. Setzt man die Strecken $O_1'P' = e_1$, $O_2'P' = e_2$, so liest man unmittelbar aus Fig. 357 die folgenden Beziehungen ab:

$$\operatorname{tg}(\alpha_i - \omega_i) = x_i : d_i,$$ woraus sich α_1 und α_2 ergeben.

Nach dem Sinussatz ist $e_1 = b \sin \alpha_2 : \sin(\alpha_1 + \alpha_2)$ und $e_2 = b \sin \alpha_1 : \sin(\alpha_1 + \alpha_2)$. Die Höhen h_1 und h_2 ergeben sich aus den Proportionen $h_i : z_i = e_i : \sqrt{d_i{}^2 + x_i{}^2}$ für $i = 1, 2$.

Als *Hauptsatz* der Theorie der Photogrammetrie kann der folgende Satz von S. Finsterwalder bezeichnet werden:

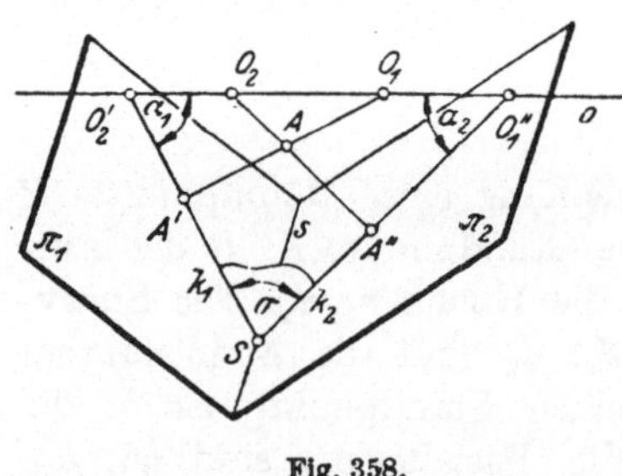

Fig. 358.

Satz 1: *Durch zwei Perspektiven mit innerer Orientierung ist das Objekt bis auf den Maßstab bestimmt.*[1])

Zum Beweise dieses Satzes müssen wir zunächst den Zusammenhang von zwei Perspektiven des Raumes aus zwei Zentren O_1, O_2 auf zwei diesen zugeordnete Bildebenen Π_1, Π_2 betrachten (Fig. 358). Der Doppelsehstrahl $o = [O_1O_2]$ schneidet Π_1 im ersten Bild O_2' von O_2 und Π_2 im zweiten Bild O_1'' von O_1. O_2' und O_1'' nennt man nach G. Hauck[2]) die *Kernpunkte* der Bilder. Ist nun A ein beliebiger, nicht auf o liegender Raumpunkt, so schneidet die doppelprojizierende Ebene $[O_1O_2A]$

---

1) S. Finsterwalder, a. a. O. S. 15.
2) G. Hauck, Neue Konstruktionen der Perspektive und Photogrammetrie, Crelle J. f. Math. 95 (1883), S. 1—35.

Π_1 nach einer Geraden durch O_2', auf der das erste Bild A' liegt, und Π_2 nach einer Geraden durch O_1'', auf der das zweite Bild A'' liegt. Diese beiden Geraden durch die Kernpunkte, die *Kernstrahlen*, schneiden sich in einem Punkt S der Schnittgeraden s der beiden Bildebenen. Ordnen wir je zwei Kernstrahlen, die sich auf s schneiden, einander zu, so sind die beiden Kernstrahlbüschel zu s und zueinander perspektiv. Wir können daher sagen, daß bei orientierter Lage die Bilder A', A'' der Raumpunkte A an die Paare entsprechender Strahlen der perspektiven Kernstrahlbüschel gebunden sind. Wird die orientierte Lage der Bilder aufgehoben, so geht die perspektive Zuordnung der Kernstrahlen in eine Projektivität (Nr. 125) über. Es gilt daher der

Satz 2: *Die Bilder der Raumpunkte werden aus den Kernpunkten durch projektive Strahlbüschel projiziert, d. h. es ist* $O_2'\,(A',\,B',\,\ldots.)\,\overline{\wedge}\,O_1''\,(A'',\,B'',\,\ldots.)$.

Die Aufgabe der projektiven Geometrie, zu zwei Gruppen von Punkten $A_1',\,A_2'\ldots.A_n''$ und $A_1',\,A_2''\ldots.A_n''$ für $n = 4,\,5,\,6,\,7$ die Punkte O_2' und O_1'' so zu ermitteln, daß $O_2'\,(A_1',\,A_2'\ldots.A_n')\,\overline{\wedge}\,O_1''\,(A_1'',\,A_2''\ldots.A_n'')$ ist, bezeichnet man als *Problem der Projektivität.*[1] Erst für $n = 7$ sind sowohl O_2' als auch O_1'' bestimmt, und zwar als Lösung einer kubischen Aufgabe dreideutig. Die Kernpunkte sind daher mit Zirkel und Lineal nicht exakt konstruierbar.[2] Sind alle drei Lösungen reell, so hat man durch Hinzunahme eines achten Punktes die wahre Lösung auszuwählen.

Für den Beweis des Hauptsatzes nehmen wir an, daß die Kernpunkte O_2', O_1'' bekannt sind. Durch die innere Orientierung sind die Lagen von O_1 und O_2 in bezug auf die Bildebenen Π_1 bzw. Π_2 bestimmt. $[O_2'O_1]$ ist daher die Lage des Doppelsehstrahls o in bezug auf Π_1, und ebenso ist $[O_1''O_2]$ seine Lage in bezug auf Π_2. Ist A', A'' das Bildpaar eines Raumpunktes A, so sind (Fig. 358) die Winkel $\alpha_1 = \sphericalangle\,O_1O_2'\,A'$ und $\alpha_2 = \sphericalangle\,O_2O_1''\,A''$ bekannt. Somit ist im Dreieck $O_1''O_2'S$ auch der Winkel σ bei S, dem Schnittpunkt der Kernstrahlen $k_1 = [O_2'A']$ und $k_2 = [O_1''A'']$), bekannt. Von dem Dreikant mit dem Scheitel S, das k_1, k_2 mit der Schnittgeraden $s = [\Pi_1\Pi_2]$ bilden, sind daher die Seite σ und die ihr anliegenden Winkel, die Neigungswinkel der Ebene $\alpha = [O_1O_2S]$ gegen Π_1 und Π_2 gegeben. Somit ist das Dreikant $S\,(s,\,k_1,\,k_2)$ konstruierbar. Wir legen nun das erste Bild so in die Ebene $\Pi_1 = [k_1s]$, daß $[O_2'A']$ auf k_1 liegt. Der durch die innere Orientierung des ersten Bildes bestimmte Doppelsehstrahl o muß dann, allenfalls nach einer Umwendung um k_1 durch $180°$ k_2 im Kernpunkt O_1'' schneiden.

---

1) R. Sturm, Die Lehre von den geometrischen Verwandtschaften (Leipzig, Berlin 1909), I. § 35.

2) Zur rechnerischen Ermittlung der Kernpunkte: H. v. Sanden, Die Bestimmung der Kernpunkte in der Photogrammetrie, Dissertation, Göttingen 1908.

Auf o ist nun O_2 durch die innere Orientierung des zweiten Bildes bestimmt. Ist überdies die Entfernung, die O_1 und O_2 bei den photographischen Aufnahmen hatten, bekannt, so kann auch diese Bedingung durch eine Parallelverschiebung von (Π_2, O_2) in der Richtung von o erfüllt werden. Bei dieser Lage der Bilder und Augpunkte gehört nun zu ihnen ein zum photographierten Objekt Φ kongruentes Objekt Φ^x; vor der zuletzt genannten Parallelverschiebung jedoch ein zu Φ ähnliches Objekt. Um dies einzusehen, brauchen wir bloß auf die aus Φ^x, O_1, O_2, Π_1, Π_2 bestehende Raumfigur eine Ähnlichkeit auszuüben und nachher durch Parallelverschiebungen der Bildebenen die ursprünglichen Augdistanzen wieder herzustellen. Wir sehen daraus, daß sich bei Unkenntnis der Entfernung $\overline{O_1 O_2}$ die Unbestimmtheit von O_2' auf k_1 nur auf den Maßstab des Objektes auswirkt, womit der Satz bewiesen ist.

Es kann gezeigt werden, daß die Kernpunkte bereits durch die Bildpunktpaare von fünf Punkten allgemeiner Lage bestimmt sind, wenn man zu ihrer Ermittlung auch die innere Orientierung heranzieht.[1])

129. Die stereoskopische Abbildung. Stereophotogrammetrie. *Wird der Raum aus zwei Zentren O_1, O_2 auf eine Bildebene Π projiziert und liegen O_1, O_2 in gleichen Distanzen d auf derselben Seite von Π, so heißt diese Abbildung stereoskopische Projektion.* Sie ist offenbar eine vereinfachte geometrische Nachbildung des Sehprozesses mit zwei Augen bei normaler Blickrichtung in die Ferne.

Zur Festlegung dieser Abbildung wählen wir (Fig. 359) die beiden Distanzkreise (H_1, d), (H_2, d). Die Entfernung der Augpunkte $O_1 O_2 =$ $= H_1 H_2$ sei b. Jeder Raumpunkt P hat zwei Bilder P', P'', die auf einem zu $[H_1 H_2]$ parallelen Ordner liegen. *Sie fallen zusammen, dann und nur dann, wenn P in der Bildebene liegt. P ist ein Fernpunkt, dann und nur dann, wenn $P' P'' = H_1 H_2$ nach Länge und Richtung gilt.* Eine Gerade hat daher zwei Fluchtpunkte G_u', G_u'', für die $\overrightarrow{G_u' G_u''} = \overrightarrow{H_1 H_2}$ gilt. Eine Ebene E hat zwei Fluchtspuren e_u', e_u'', die so liegen, daß e_u' durch Parallelverschiebung mit der Schiebstrecke $\overrightarrow{H_1 H_2}$ in e_u'' übergeht.

---

1) E. Kruppa, Zur Ermittlung eines Objektes aus zwei Perspektiven mit innerer Orientierung. S. B. Ak. Wien, Math.-nat. Kl. 122 Abt. IIa (1913), S. 1939ff. Weitere Untersuchungen über die Konstruktion der Kernpunkte in der Arbeit: E. Kruppa, Über einige Orientierungsprobleme der Photogrammetrie, ebenda, 121 Abt. IIa (1912), S. 3ff.

In einer Reihe von Arbeiten hat J. Krames [Zur Ermittlung eines Objektes aus zwei Perspektiven (Ein Beitrag zur Theorie der „gefährlichen Örter"), Mh. Math. Phys. 49 (1941), S. 327ff., ebenda 50 (1941), S. 1ff., ebenda 50 (1941), S. 65ff. Über die bei der Hauptaufgabe der Luftphotogrammetrie auftretenden „gefährlichen" Flächen, Bildmessung und Luftbildwesen 17 (1942), Heft 1/2] gezeigt, daß die Lösung der „Hauptaufgabe" nicht eindeutig ist, wenn das Objekt gewissen Flächen 2. Ord. angehört und auf diesen die Augpunkte gewisse Lagen haben. Dazu auch: W. Wunderlich, Zur Eindeutigkeitsfrage der Hauptaufgabe der Photogrammetrie, Mh. Math. Phys. 50 (1941), S. 151ff.

Ist P', P'' das Bildpaar eines Punktes P (Fig. 359), so sind $[P'H_1]$ und $[P''H_2]$ die Bilder der zur Bildebene Π normalen Geraden durch P. Sie schneiden sich daher im Normalriß P^n von P. Sein Abstand läßt sich durch die Umklappung des ersten Sehstrahls PO_1 erhalten. Ist g eine durch P gehende Gerade, so ist $[g'g''] = G$ der Spurpunkt von g und $[gP^n]$ ihr Normalriß g^n auf Π. Ihren zweiten Fluchtpunkt G_u'' erhält man nach dem oben Gesagten, indem man auf g' die Parallelverschiebung $\overrightarrow{H_1H_2}$ ausübt und die dadurch erhaltene Gerade d_u'' mit g'' schneidet. $g' = d_u'$, d_u'' ist das Bild der Ferngeraden der erstprojizierenden Ebene durch g. Irgend eine durch g gehende Ebene ε hat eine durch G gehende Bildspur e und zu e parallele Fluchtspuren e_u', e_u'' durch G_u' bzw. G_u''.

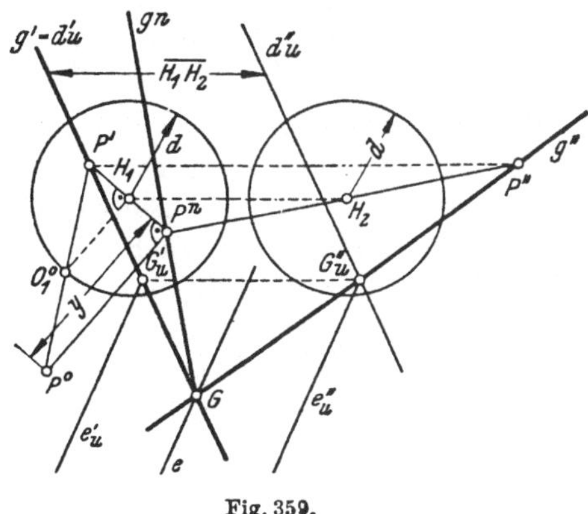

Fig. 359.

Besonders einfach gestaltet sich die Rekonstruktion eines Objektes aus einem stereoskopischen Bildpaar mit bekannter innerer Orientierung auf rechnerischem Wege. Der einfacheren Sprechweise halber treffen wir die unwesentliche Annahme, daß die Bildebene lotrecht und $[O_1O_2]$ waagrecht sei. $[H_1H_2] = h$ ist für beide Bilder der Horizont. In Fig. 360 ist die Horizontebene als Grundrißebene angenommen. Die beiden Bildfelder beziehen wir auf die vom Horizont und den Vertikallinien durch H_1 und H_2 gebildeten Achsenkreuze und bezeichnen mit x_1, z bzw. x_2, z die Koordinaten der Bildpunkte A_1, A_2 eines Raumpunktes A. Den Raum beziehen wir auf das Achsenkreuz, das von $[O_1O_2]$ als X-Achse, dem Hauptsehstrahl $[O_1 \perp \Pi]$ als Y-Achse und der Lotrechten durch O_1 als Z-Achse gebildet ist. Für die Berechnung der Koordinaten X, Y, Z von A aus den Koordinaten seiner Bildpunkte erweist sich die Differenz $p = x_1 - x_2$ von besonderer Wichtigkeit. Sie wird die *Parallaxe* von A genannt. Legt man durch O_2 die Parallele zum Grundriß O_1A' des ersten Sehstrahls, so schneidet sie den Horizont in einem Punkt A^*, und man entnimmt aus Fig. 360 $x_1 = H_1A_1'$, $x_2 = H_2A_2'$, $H_1A_1' = H_2A^*$, woraus

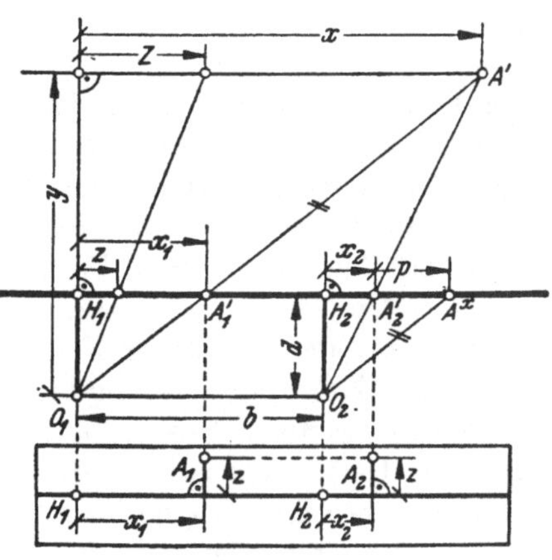

Fig. 360.

$p = A_2' A^*$ folgt. Aus der Ähnlichkeit der Dreiecke $O_1 O_2 A'$ und $A^* A_2' O_2$ folgt $Y : d = b : p$. Ferner entnimmt man aus Fig. 360 (x, y, durch X, Y ersetzen) die Proportionen $X : Y = x_1 : d$ und $Z : Y = z : d$. Aus diesen drei Gleichungen folgt

$$(1) \qquad X = \frac{b\,x_1}{p}; \quad Y = \frac{b\,d}{p}; \quad Z = \frac{b\,z}{p}.$$

Werden stereoskopische Bilder mittels eines *Stereoskop* genannten optischen Apparates betrachtet, so verschmelzen die beiden Bilder zu einer einzigen räumlichen Bildwirkung *(stereoskopische Bildwirkung)*, die das Objekt auch hinsichtlich seiner Tiefenerstreckung vortäuscht. Die Möglichkeit, aus zwei Bildern eines Objektes auf optischem Wege die stereoskopische Bildwirkung zu erzielen, wird durch die *Stereophotogrammetrie* weitgehend ausgenützt. Die Formeln (1) sind die *Grundformeln der Stereophotogrammetrie für den Normalfall*.

Der zuerst von C. Pulfrich 1901 konstruierte *Stereokomparator* nutzt die stereoskopische Bildwirkung zur mechanischen Bestimmung der Parallaxen der Raumpunkte aus. Das in den Stereokomparator gebrachte Bildpaar wird durch ein Doppelmikroskop betrachtet. In ihm ist für jedes Auge je eine Marke eingebaut, die beim zweiäugigen Sehen als einziger Raumpunkt erscheinen, mit dem sich durch Verschiebungen der Bilder das stereoskopische Scheinobjekt abtasten läßt. Jede besondere Lage dieser „wandernden Marke" gestattet die Parallaxe p des eingestellten Raumpunktes auf einer Skala abzulesen. Auch die Koordinaten x_1, z können auf Skalen abgelesen werden. Der Stereokomparator liefert also die zur Berechnung der Koordinaten X, Y, Z der Raumpunkte nach (1) notwendigen Werte x_1, z, p.

Eine Weiterbildung des Stereokomparators ist der *Stereoautograph*,[1] eine Erfindung des österreichischen Offiziers E. v. Orel (1909), die von den *Zeiß-Werken* in Jena ausgeführt wurde. Dieser Apparat besorgt auch die Auswertung der Formeln (1) automatisch. Die Bewegung der wandernden Marke wird durch ein Hebelwerk auf einen Zeichenstift übertragen, der auf einer Zeichenebene den Grundriß des jeweils eingestellten Raumpunktes angibt, während die Höhe auf einem Maßstab abgelesen werden kann. Wird dabei bei einer stereophotogrammetrischen Geländeaufnahme bei festgehaltener Höhenkote die wandernde Marke so bewegt, daß sie längs des stereoskopischen Scheingeländes gleitet, so zeichnet der Zeichenstift den Grundriß der Schichtenlinie dieser Kote.

Eine andere Anwendung stereoskopischer Bildpaare zur Vortäuschung eines Raumobjektes sind die *Anaglyphen*[2] von Rollmann (1850) und

---

1) E. v. Orel, Der Stereoautograph als Mittel zur automatischen Verwertung von Komparatordaten, Mitt. d. k. u. k. Militärgeogr. Instituts in Wien, 30 (1910), S. 62ff.

2) H. Vuibert, Les Anaglyphes géométriques, Paris 1912. Köhler-Graf-Calov, Mathematische Raumbilder 1938. Verlag Ehlermann, dazu Mappen mit Beispielen aus verschiedenen Stoffgebieten.

d'Almeida (1856). Das dem linken Auge entsprechende Bild wird rot, das dem rechten entsprechende grün (Komplementärfarbe) ausgeführt. Man betrachtet nun das Bildpaar von den Projektionszentren O_1, O_2 aus mit einer Brille, die links ein grünes und rechts ein rotes Planglas hat. Das stereoskopische Scheinobjekt erscheint dann schwarz mit guter räumlicher Wirkung. Ein stereoskopisches Scheinobjekt entsteht aber nicht nur für das Augenpaar O_1, O_2, sondern in jedem Fall, in dem O_1 und O_2 auf einer Parallelen zur Verbindungsgeraden der Hauptpunkte H_1, H_2 liegt. Bei einer solchen zulässigen Veränderung der Betrachtungsstellung O_1, O_2 erfährt das Scheinobjekt eine affine oder kollineare, nicht affine Transformation, je nachdem die Basisstrecke $\overline{O_1 O_2}$ erhalten bleibt oder nicht.[1])

Sechstes Kapitel.

Reliefperspektive.

130. Perspektive Kollineation im Raum. Die in Nr. 4 ausführlich behandelte perspektive Kollineation in der Ebene läßt die folgende naheliegende räumliche Verallgemeinerung zu. Es sei (Fig. 361) im Raum eine Ebene Π und ein nicht in Π liegender Punkt O gegeben. Jedem beliebigen, von O verschiedenen Raumpunkt A ordnen wir einen Raumpunkt A' durch die folgenden Bedingungen zu: 1) *A' soll auf der Verbindungsgeraden $[OA]$ liegen.* 2) *Ist A^* der Schnittpunkt von $[OA]$ mit Π, so soll das Doppelverhältnis $(A A'O A^*)$ gleich einer gegebenen Konstanten δ sein.* Man nennt die so definierte Punktverwandtschaft eine *perspektive Kollineation im Raum, Π die Kollineations- oder Spurebene, O das Kollineationszentrum, δ das charakteristische Doppelverhältnis.*

---

1) Ausführliche Untersuchungen darüber von U. Graf, Deutsche Mathematik 3 (1938), S. 438ff., 4 (1939), S. 432ff., 5 (1940), S. 317ff., 6 (1942), S. 394.

Es ist leicht, die Eigenschaften dieser Verwandtschaft aus dieser Definition zu gewinnen. Lassen wir A eine Gerade c beschreiben, die Π in einem Punkt D_3 schneiden möge, so ist das Doppelverhältnis der vier Strahlen, die D_3 mit A, A', O, A^* verbinden, auch gleich δ (Nr. 2). Gelangt A in irgendeinen Punkt B von c und schneidet $[OB]$ die Ebene Π in B^* und die Gerade $c' = [D_3 A']$ in B', so ist auch das Doppelverhältnis

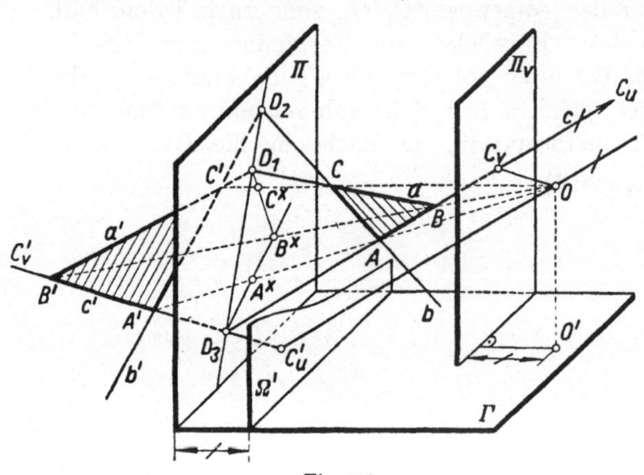

Fig. 361.

$(BB'OB^*) = \delta$, B' also der B entsprechende Punkt. *Wir sehen demnach, daß den Punkten irgendeiner Geraden c die Punkte einer Geraden c' entsprechen und daß sich entsprechende Geraden auf Π schneiden.* Weiter folgt daraus: *Jeder zu Π parallelen Geraden entspricht eine ebensolche Gerade.* Aus der Bedingung 1) folgt unmittelbar: *Jede durch O gehende Gerade (Kollineationsstrahl) entspricht sich selbst.* Daraus folgt, *daß O sich selbst entspricht. Außer O entspricht jeder Punkt der Kollineationsebene Π sich selbst.*

Ist b irgendeine durch A gehende Gerade, so entspricht ihr eine durch A' gehende Gerade b', die b im Spurpunkt $D_2 = [b\Pi]$ trifft. Irgendeiner Geraden a, die b und c in den Punkten C und B schneidet, entspricht eine Gerade a', die b' und c' in den entsprechenden Punkten C' und B' trifft. Man sieht daraus: *Einer Ebene ε, die nicht durch O geht, entspricht eine Ebene ε', die ε in einer Geraden von Π schneidet und auch nicht durch O geht.* Ferner: *Jede Ebene durch O entspricht sich selbst.* Die voranstehenden Überlegungen sind auch auf die Fernpunkte anwendbar. Diese müssen sogar herangezogen werden, wenn die perspektive Kollineation eine umkehrbar-eindeutige Transformation sein soll. Da sich entsprechende Ebenen auf Π schneiden müssen, gilt: *Jede zu Π parallele Ebene, auch die unendlichferne Ebene Ω, geht in eine zu Π parallele Ebene über.*

Wir haben die den Punkten A, B, ... entsprechenden Punkte mit denselben Buchstaben unter Beifügung eines Striches (Akzentes) bezeichnet. Entsprechend soll der Raum als Gesamtheit der „ungestrichenen" Punkte mit Σ, als Gesamtheit der „gestrichenen" Punkte mit Σ' bezeichnet werden. Rechnet man die Fernebene Ω zu Σ, so entspricht ihr in Σ' eine zu Π parallele Ebene Ω', die wir *Fluchtebene* nennen. Parallelen Geraden g von Σ, die durch den Fernpunkt G_u gehen, entsprechen Gerade g', die sich in einem Punkt G_u' von Ω' schneiden; G_u' liegt nur dann unendlichfern, wenn die Geraden $g \parallel \Pi$ sind. Rechnet man dagegen die Fernebene zu Σ', als solche möge sie mit Π_v' bezeichnet werden, so entspricht ihr in Σ eine zu Π parallele Ebene Π_v, die wir *Verschwindungsebene* nennen. Geraden g, die sich in einem Punkt von Π_v treffen, entsprechen parallele Gerade g'. Ω' und Π_v heißen die *Gegenebenen* der perspektiven Kollineation. Sind (Fig. 361) C_u und C_v' die Fernpunkte der einander entsprechenden Geraden c und c', C_u' und C_v die ihnen entsprechenden eigentlichen Punkte und D_3 der gemeinsame Spurpunkt von c und c' in Π, so bilden $O C_u' D_3 C_v$ die Ecken eines Parallelogramms. Da D_3 in Π, C_u' in Ω' und C_v in Π_v liegt, so gilt (analog zu Nr. 4, Satz 3) der

Satz 1: *Der Abstand der Kollineationsebene von der einen Gegenebene ist entgegengesetzt gleich dem Abstand des Kollineationszentrums von der anderen Gegenebene.*

Ist das Zentrum O einer perspektiven Kollineation im Raum ein Fernpunkt O_u, so geht sie in eine *perspektive Affinität im Raum* über. Entsprechende Punkte haben dann Verbindungsgeraden *(Affinitätsstrahlen)*, die zur festen Richtung O_u parallel sind; entsprechende Geraden und ebenso entsprechende Ebenen schneiden sich auf einer festen Ebene, der *Affinitätsebene* Π; parallele Geraden und Ebenen werden in parallele Geraden bzw. Ebenen übergeführt. An Stelle des charakteristischen Doppelverhältnisses tritt hier, weil O_u ein Fernpunkt ist (Nr. 2, Satz 5), das konstante Teilverhältnis, in dem die Paare entsprechender Punkte von der Affinitätsebene Π geteilt werden.

131. Reliefperspektive; Grund- und Aufriß eines Reliefs. Zwei perspektivkollineare Objekte Φ und Φ' entsprechen nach Nr. 130 einander punktweise in der Art, daß die Verbindungslinien entsprechender Punkte durch das Kollineationszentrum O gehen. Wir wollen nun O als ein Auge eines Beschauers auffassen und die Frage aufwerfen, ob der dem Körper Φ entsprechende Körper Φ' im Auge O einen ähnlichen Gesichtseindruck hervorzurufen vermag wie der Körper Φ selbst, oder anders ausgedrückt, ob Φ' dem Auge O die geometrische Gestalt von Φ in demselben Sinn vortäuschen kann, wie ein perspektives Bild ein Raumobjekt veranschaulicht. Diese Frage ist offenbar zu bejahen, *falls Φ' dieselbe Gliederung nach rückwärts besitzt wie Φ*; d. h. genauer gesprochen: Wenn sich ein Punkt P auf einem Sehstrahl s vom Auge O entfernt, so soll sich auch der entsprechende Punkt P' auf s von O entfernen. Es sollen also P und P' auf s gleichlaufende Punktreihen beschreiben. *Diese Bedingung läßt sich dadurch erfüllen, daß die Spurebene Π zwischen dem Zentrum O und der Fluchtebene Ω^r angenommen wird* (Fig. 362). Wir nennen in diesem Fall den einem Gegenstand Φ entsprechenden Gegenstand Φ^r ein *Relief* oder *Reliefbild* von Φ und kennzeichnen dieses durch den hochgestellten Index r. Diese Abbildung von Φ durch einen perspektivkollinearen

Körper Φ^r nennt man *Reliefperspektive*[1]); ihr Anwendungsgebiet ist die Reliefplastik und die Bühnendekoration (Theaterperspektive). Wir nehmen (Fig. 362, 363) die Spurebene lotrecht und frontal zum Beschauer an und nennen den zu Π normalen Sehstrahl o den Hauptsehstrahl, seine Schnittpunkte mit Π, Ω^r, Π_v den *Hauptpunkt H*, den *Hauptfluchtpunkt $H_u{}^r$* und den *Hauptverschwindungspunkt H_v*. Nach Nr. 130, Satz 1 ist

$$\overrightarrow{H_u{}^r H} = \overrightarrow{O H_v}.$$

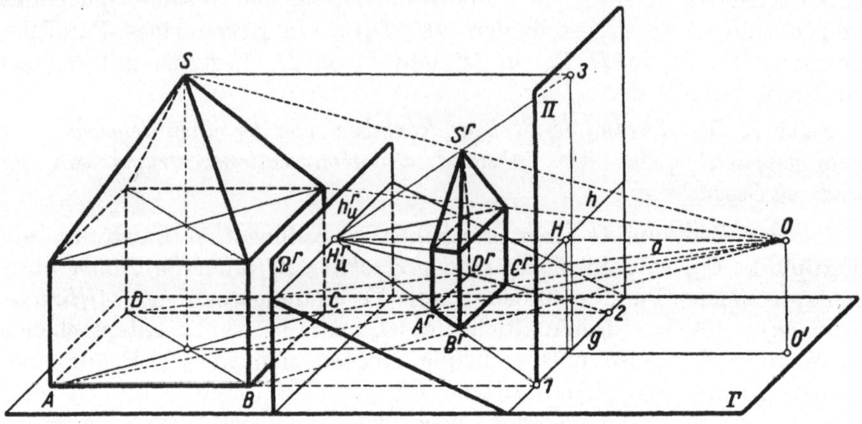

Fig. 362.

Fig. 362 zeigt in Parallelperspektive die Konstruktion des Reliefs eines Körpers, bestehend aus einem Quader und einer aufgesetzten geraden Pyramide in Parallelstellung zu Π. Die Ebene Γ des Basisrechteckes $ABCD$ schneidet Π in einer Geraden g. Beachtet man, daß dem Fernpunkt des Hauptsehstrahls o der Hauptfluchtpunkt $H_u{}^r$ entspricht, so sieht man, daß der Basisebene Γ die Ebene $[g H_u{}^r]$ entspricht. Ist $1 = [g \cdot AB]$, so entspricht der Geraden $[AB]$ die Gerade $[1H_u{}^r]$; auf ihr liegen im Schnitt mit den Sehstrahlen $[OA]$ und $[OB]$ die A, B entsprechenden Punkte A^r, B^r. Zur Aufsuchung der Reliefbilder der übrigen Ecken wird man beachten, daß das Reliefbild einer Kante, die zu Π parallel ist (hier die lotrechten und gewisse waagerechte Kanten), zu dieser Kante selbst parallel ist, daß demnach jeder zu Π parallelen ebenen Figur eine zu ihr ähnliche Figur entspricht und daß schließlich die Reliefbilder aller zu Π normalen Geraden durch den Hauptfluchtpunkt $H_u{}^r$ gehen.

<hr>

1) Geschichte und Literatur: Chr. Wiener, Lehrb. d. darst. Geom. Leipzig 1884, 1. Bd., S. 47ff. R. Staudigl, Grundzüge der Reliefperspektive. Wien 1868. L. Burmester, Grundzüge der Reliefperspektive nebst Anwendung zur Herstellung reliefperspektivischer Modelle. Leipzig 1883. L. Burmester, Grundlehren der Theaterperspektive, Allgem. Bauzeitung 1884, S. 39, 44, 53. E. Müller, Vorlesungen üb. darst. Geom. 1. Bd.: Die linearen Abbildungen, bearb. v. E. Kruppa, Wien 1923, S. 229—234. A. Stuhlmann, Lehrbuch der Reliefperspektive, Hamburg 1914.

Die durch O gehende waagerechte Ebene, *die Horizontebene*, schneidet (Fig. 363) Π, Ω^r und Π_v in dem *Spurhorizont h*, dem *Fluchthorizont* $h_u{}^r$ und dem *Verschwindungshorizont* h_v. Das Reliefbild irgendeiner waagerechten Geraden schneidet $h_u{}^r$, und irgendeiner h_v schneidenden Geraden entspricht eine waagerechte Gerade im Relief.

Zum Abschluß beweisen wir zwei Sätze, die uns ein Verfahren liefern, um *ein Relief eines Körpers in einfacher Weise in Auf- und Grundriß darzustellen.* Wir wählen (Fig. 363) eine zunächst beliebige waagerechte

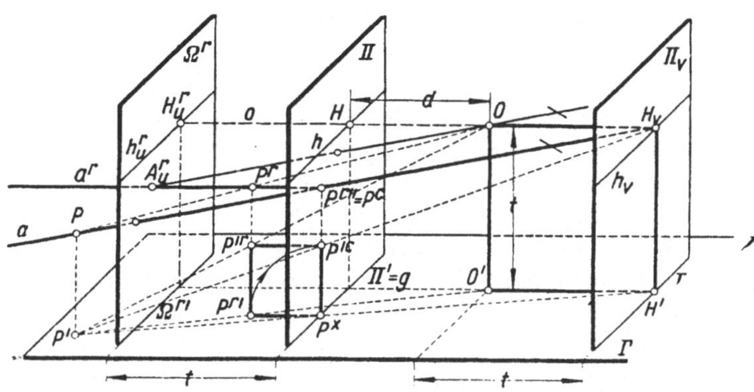

Fig. 363.

Ebene Γ, die *Grundebene*, als Grundrißebene. Π, Ω^r, Π_v stellen sich im Grundriß als parallele Geraden $\Pi', \Omega^{r\prime}, \Pi_v'$ dar, O' ist der Grundriß des Auges O. Die Gerade $g = [\Pi\Gamma]$ heiße *Grundlinie*. Nun betrachten wir einen Raumpunkt P und seine Verbindungslinie a mit dem Hauptverschwindungspunkt H_v. P' sei der Grundriß von P. Den Schnittpunkt $P^{r\prime\prime}$ von a mit Π können wir dadurch erhalten, daß wir $[P'H_v']$ mit g in P^* zum Schnitt bringen und hierauf $[P^* \perp \Gamma]$ mit a in $P^{r\prime\prime}$ schneiden. Da die Gerade a durch H_v geht, so entspricht ihr die Gerade $a^r = [P^{r\prime\prime} \perp \Pi]$. a^r wird vom Sehstrahl $[OP]$ im Reliefbild P^r von P geschnitten. Aus Fig. 359 entnimmt man nun, daß $P^{r\prime\prime}$ eine doppelte Bedeutung hat: 1) $P^{r\prime\prime}$ ist der Aufriß von P^r, wenn man Π als Aufrißebene wählt, 2) $P^{r\prime\prime}$ ist zugleich der Zentralriß P^c von P für H_v als Auge. Es besteht demnach der Satz von J. de la Gournerie[1]):

Satz 1: *Der Aufriß des Reliefs auf die Spurebene ist zugleich der Zentralriß des Gegenstandes für den Hauptverschwindungspunkt als Auge.*

Aus der Fig. 363 erkennt man weiter, daß der ganze hinter Π (von O aus betrachtet) liegende Halbstrahl von a sich im Relief als die zwischen Π und Ω^r liegende Strecke $P^{r\prime\prime}A_u{}^r$ von a^r abbildet. Bewegt sich P auf diesem Halbstrahl ins Unendliche, so bewegt sich P^r gegen $A_u{}^r$. P und P^r be-

---

1) Traité de perspective linéaire. Paris 1859, S. 230. (Von Chr. Wiener und E. Papperitz irrtümlich R. Morstadt zugeschrieben.)

wegen sich daher zugleich nach hinten, wie es oben für eine Reliefbildung vorgeschrieben wurde. Aus dieser Überlegung geht hervor, daß der ganze hinter Π liegende Halbraum sich in die zwischen Π und Ω^r liegende Parallelschicht abbildet. Man nennt daher den Abstand $t = \Pi\Omega^r$ die *Tiefe des Reliefs.*

Das Reliefbild P'^r *des Grundrisses* P' von P ist der Schnitt des Sehstrahls $[OP']$ mit der Lotrechten durch P^r. $[P^r P'^r]$ schneidet Γ in $P^{r\,\prime}$, dem Grundriß von P^r. Schließlich bezeichnen wir den Zentralriß von P' auf Π aus H_v mit P'^c. P'^c ist der Schnittpunkt von $[P' H_v]$ mit der Lotrechten durch P^*. Da $[P' P'^c]$ durch H_v geht, ist $[P'^r P'^c] \perp \Pi$. Die beiden Rechtecke $O H_v H_v{'} O'$ und $P'^r P'^c P^* P^{r\,\prime}$ sind ähnlich, weil sie in parallelen Ebenen liegen und die Verbindungslinien entsprechender Ecken durch einen gemeinsamen Punkt P' gehen. *Wir nehmen nun an, daß die Grundebene* Γ *unterhalb* O *liege und von* O *einen Abstand habe, der der Relieftiefe* t *gleich ist.* Die beiden eben genannten Rechtecke sind dann Quadrate. Klappt man daher die als Grundrißebene verwendete Grundebene Γ um g nach Π, derart, daß der vordere Teil von Γ nach abwärts gelangt, so kommt $P^{r\,\prime}$ mit P'^c zur Deckung. Beachtet man, daß P'^c sich als der Zentralgrundriß von P für eine Perspektive aus dem Auge H_v auffassen läßt, so hat man den Satz von Staudigl[1]):

Satz 2: *Wählt man die Grundebene so, daß sie um die Relieftiefe unterhalb* O *liegt, so fällt der nach* Π *geklappte Grundriß des Reliefs mit dem Zentralgrundriß des Gegenstandes für* H_v *als Auge zusammen.*

Die Sätze 1 und 2 geben zusammen ein überraschend einfaches Verfahren an, Auf- und Grundriß des Reliefs eines Gegenstandes Φ zu ermitteln: Man hat zu diesem Zwecke Φ aus dem Auge H_v nach dem Zentral- und Zentralgrundrißverfahren auf die Spurebene Π abzubilden unter Verwendung einer Grundebene, die sich um die Relieftiefe unterhalb O befindet. Wird daher die Reliefbildung dadurch bestimmt, daß die Augdistanz $d = O\Pi$ und die Relieftiefe t vorgeschrieben werden, so hat man für die durchzuführende zentralprojektive Abbildung von Φ den Horizont h, die Grundlinie g und das um den

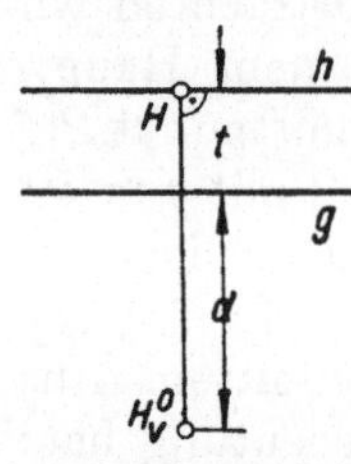

Fig. 364.

Horizont nach $H_v{}^0$ gedrehte Auge H_v in der aus Fig. 364 ersichtlichen Weise anzunehmen. *Nach den Sätzen 1 und 2 ist dann das Zentralbild von* Φ *der Aufriß, der Zentralgrundriß von* Φ *der Grundriß des Reliefs* Φ^r.

---

1) R. Staudigl, a. a. O. S. 69. L. Hofmann, Abstrakte Standpunkte in der darst. Geom. usw. S. B. Ak. Wien (math.-nat.) Abt. IIa, 135 (1926), S. 531—546.

Siebentes Kapitel.

Landkartenentwürfe.

132. Grundbegriffe. Da die Erde nahezu die Gestalt einer Kugel hat, läßt sie sich in guter Annäherung *ähnlich* auf eine Kugel abbilden. Eine solche Abbildung nennt man einen *Globus*. Das der geographischen Ortsbestimmung dienende Gradnetz der Erde geht dabei in das Gradnetz des Globus über, das einerseits aus den Großkreisen besteht, die durch zwei diametral gegenüberliegende Punkte, den *Nordpol N* und den *Südpol S*, gehen und *Meridiane* heißen, und anderseits aus den Parallelkreisen, die die Meridiane rechtwinklig schneiden, deren Ebenen demnach zur *Erdachse* $[NS]$ normal sind. Zur Ortsbestimmung dient die *geographische Länge* λ und die *geographische Breite* φ. Zur Messung von λ und φ wird der Halbmeridian von *Greenwich* und der *Äquator*, d. i. der Großkreis unter den Parallelkreisen, ausgezeichnet, ebenso wie man in der Ebene ein Achsenkreuz zum Zwecke einer Koordinatenbestimmung auszeichnet. Es sei A der Schnittpunkt des Halbmeridians von Greenwich mit dem Äquator und P ein beliebiger, von den Polen verschiedener Punkt. Wenn nun der Halbmeridian von P den Äquator in P_a schneidet, dann ist der im Intervall $0^0 \leq \lambda \leq 180^0$ gemessene Zentriwinkel des Äquatorbogens $A P_a$ die *geographische Länge* λ von P. Je nachdem P auf der westlichen oder östlichen Halbkugel liegt, spricht man von *westlicher* bzw. *östlicher Länge*. Der Zentriwinkel zum Bogen $P_a P$ heißt die *geographische Breite* φ von P und wird im Intervall $0 \leq \varphi \leq 90^0$ gemessen. Je nachdem P der nördlichen oder südlichen Halbkugel angehört, spricht man von *nördlicher* bzw. *südlicher Breite*.

Der Umstand, daß Globen schwierig und bloß ungenau herstellbar sind, ruft das Verlangen nach *ebenen Abbildungen der Kugel* wach. Diese Aufgabe wäre eindeutig, wenn die Kugel mit den abwickelbaren Flächen (Nr. 80) die Eigenschaft teilen würde, sich wenigstens stückweise ohne Dehnung und Zerrung in eine Ebene ausbreiten zu lassen. Eine solche Verebnung der Kugel wäre gleichzeitig *winkeltreu, längentreu* und *flächentreu;* sie würde also zugleich alle Wünsche erfüllen, die man an eine Landkarte offenbar gern stellen wird. Da aber die abwickelbaren Flächen die einzigen Flächen sind, die eine Verebnung zulassen, werden die Abbildungen einer Kugel auf eine Ebene die genannten Wünsche gar nicht oder nur in beschränkter Weise erfüllen.

Es gibt *flächentreue Landkartenentwürfe*, d. s. solche Abbildungen des Globus auf eine Ebene, bei der einander entsprechende Flächenstücke gleichen Flächeninhalt haben. Sie heißen auch *äquivalente Entwürfe*. Es ist aber unmöglich, daß ein solcher Entwurf zugleich winkeltreu ist. Dagegen gibt es *winkeltreue* (konforme) *Landkartenentwürfe*, d. s. solche, bei denen der Winkel, den irgend zwei sich schneidende Kurven des

Globus bilden, dem Winkel gleich ist, den ihre Bilder einschließen. Es ist aber, wie schon erwähnt, ausgeschlossen, daß ein solcher Entwurf zugleich flächentreu ist. Längentreue Abbildungen des Globus auf die Ebene sind überhaupt unmöglich, da eine solche Abbildung zweier Flächen stets zugleich flächentreu und winkeltreu ist. Doch kann von einem Landkartenentwurf verlangt werden, daß er gewisse Linien des Globus längentreu abbilde.

Auch die scheinbare Himmelskugel wird auf einen Globus abgebildet, dessen ebene Abbildungen *Sternkarten* ergeben.

Es gibt eine große Zahl von Gradnetzentwürfen, die in der Geographie und Astronomie verwendet werden. Je nach dem besonderen Zweck, dem die Land- oder Sternkarte dienen soll, wird man das Abbildungsverfahren passend auswählen müssen. Wir können uns hier nur darauf beschränken, einige besonders wichtige Gradnetzentwürfe zu behandeln. Es ist naheliegend, das Gradnetz durch Parallel- oder Zentralprojektion auf die Ebene abzubilden. Doch erfüllen solche Bilder die Bedingung der Flächentreue gar nicht und die Bedingung der Winkeltreue bloß in einem besonderen Fall (Nr. 129). Es müssen demnach in der Lehre vom Kartenentwurf auch andere Abbildungsverfahren herangezogen werden.[1])

133. Die orthographische Projektion. Ein Normalriß des Globus auf eine Ebene wird *orthographischer Entwurf* genannt. Als Bildebene Π wählen wir eine Tangentialebene des Globus; sie ist die *Horizontebene* ihres Berührpunktes P, der, weil die Sehstrahlen zu Π normal sind, der Mittelpunkt des Bildes ist. Je nachdem P a) ein Pol, b) ein Punkt des Äquators, c) ein von den genannten Punkten verschiedener Punkt ist, heißt der Entwurf a) normal, b) transversal, c) schiefachsig.[2])

Fig. 365 zeigt die Konstruktion der Bilder des Äquators, des Wendekreises des Krebses, des Nullmeridians ($\lambda = 0$) und eines Kugelgroßkreises, der zwei gegebene Punkte verbindet, in schiefachsiger orthographischer Darstellung, wobei als Kartenmitte der Punkt $P(\lambda = 45°$ östliche Länge, $\varphi = 30°$ nördliche Breite) gewählt wurde. Als Hilfsfigur benutzen wir einen Kreuzriß auf die durch die Achse $[NS]$ gehende zu Π normale Ebene. Wir zeichnen der besseren Übersichtlichkeit halber den Kreuzriß in einer in der Richtung der Ordner parallel verschobenen Lage und kennzeichnen seine Punkte in der üblichen Weise durch drei Striche; dagegen bezeichnen wir die Punkte in der Karte ebenso wie

---

1) Aus der umfangreichen Literatur dieses Gebietes seien hervorgehoben: H. Gretschel, Lehrbuch der Kartenprojektion. Weimar 1873; N. Herz. Lehrbuch der Landkartenprojektionen. Leipzig 1885; K. Zöppritz-A.Bludau, Leitfaden der Kartenentwurfslehre, 3. Aufl. I. Teil. Leipzig u. Berlin 1912; Driencourt-Laborde, Traité des projections des cartes géographiques, 4 Bde. Paris 1932; G. Scheffers, Wie findet und zeichnet man Gradnetze von Land- und Sternkarten, Math. Phys. Bibl. Bd. 85/86. Leipzig u. Berlin 1934. Enc. d. math. Wissensch. VI 1, 4 Kartographie von R. Bourgeois und Ph. Furtwängler.

2) Man spricht auch von orthographischer Polar-, Äquatorial- bzw. Horizontalprojektion.

die ihnen entsprechenden Raumpunkte. Der Umriß der Kugel im Kreuzriß ist der Meridian des Punktes $P\,(\lambda = 45^{\circ})$. Ist M die Kugelmitte, so fallen in der Karte M und P zusammen und P''' liegt auf dem Ordner $[M\,M''']$ im Schnitt mit dem Umrißkreis. Auf diesem ist N'''' so zu bestimmen daß $\sphericalangle\,P'''\,M'''\,N'''' = 60^{\circ}$ beträgt, worauf sich die Bilder N, S der Pole sofort ergeben. *Man beachte, daß N und S nicht auf dem Umrißkreis liegen*, eine Tatsache, gegen die in Erläuterungsfiguren in Lehrbüchern und Abhandlungen oft verstoßen wird. Der Äquator erscheint im Kreuzriß als der zu $[N'''' S'''']$

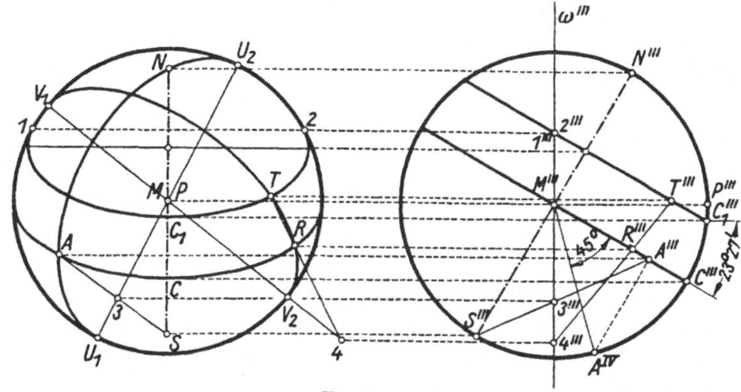

Fig. 365.

normale Durchmesser, und die Parallelkreise stellen sich daselbst als die zu ihm parallelen Sehnen dar. Mittels des Kreuzrisses lassen sich die Achsen der Bildellipsen des Äquators und der Parallelkreise sofort angeben. Um insbesondere den Wendekreis des Krebses darzustellen, tragen wir im Kreuzriß auf dem Umrißmeridian vom Äquator aus den Bogen $C'''\,C_1'''$ ab, dessen Zentriwinkel $23^{\circ}\,27'$ beträgt; dann ist die zu $N'''\,S'''$ normale Sehne durch C_1''' der Kreuzriß des Wendekreises. Da in der Karte nur eine Hälfte des Globus sichtbar ist, müssen wir die Umrißpunkte der dargestellten Kreise ermitteln. Sie ergeben sich mittels des Kreuzrisses durch die Bemerkung, daß der wahre Umriß der Kugel der zu Π parallele Großkreis ist, dessen Ebene ω sich im Kreuzriß als die zu den Ordnern normale Gerade ω''' durch M''' darstellt. Fig. 365 zeigt die so ermittelten Umrißpunkte *1, 2* des Wendekreises.

Um den Nullmeridian darzustellen, ermitteln wir zuerst seinen Schnittpunkt A mit dem Äquator. Dazu klappen wir die Äquatorebene in die Kreuzrißebene um und fassen sie als neue (vierte) Projektionsebene Π_4 auf. Im vierten Riß stellt sich jeder Meridian als Strecke durch M''' dar, insbesondere der Nullmeridian als jene, die mit $[C'''\,M''']$ einen Winkel von 45° einschließt, weil für $P\,\lambda = 45^{\circ}$ angenommen ist. Bei der Umklappung von Π_4 kommt der Äquator in den Umrißkreis des Kreuzrisses. Dadurch erhält man zunächst den vierten Riß A^{IV} von A, dann A''' und schließlich auf dem Ordner durch A''' das Kartenbild A durch die Überlegung, daß im Bild $A^{\mathrm{IV}}\,A'''$ gleich dem Abstand des Punktes A

von $[NS]$ sein muß. MA und MN sind nun konjugierte Halbmesser des Nullmeridianbildes, aus denen sich die Achsen mittels der Rytzschen Achsenkonstruktion finden ließen. Wir ziehen es aber vor, die Hauptscheitel U_1, U_2 dieser Ellipse direkt zu ermitteln. U_1 und U_2 liegen auf dem Umriß der Kugel. Sie sind die Bilder der Punkte, in denen der Meridian die Ebene ω des wahren Umrisses schneidet. ω schneidet die Meridianebene in einer Geraden, die leicht ermittelt werden kann. Ein Punkt derselben ist M und einen zweiten 3 erhalten wir, indem wir etwa $[AS]$ mit ω zum Schnitt bringen. Es ist $3''' = [\omega''' \cdot A''' S''']$; daraus findet man 3 mittels des Ordners auf $[AS]$. $[M3]$ schneidet aus dem scheinbaren Umriß die gesuchten Punkte U_1, U_2 aus. Die Nebenachse der Ellipse kann nun durch die Papierstreifenkonstruktion aus der Hauptachse $U_1 U_2$ und einem der beiden Punkte N oder A gefunden werden.

Schließlich konstruieren wir das Bild des Großkreises des Globus, der durch zwei vorgegebene Punkte R und T geht. In Fig. 365 wurde R auf dem Äquator, T auf dem nördlichen Wendekreis gewählt. Wir konstruieren nach dem soeben besprochenen Verfahren die Hauptscheitel V_1, V_2 der Bildellipse. Zu diesem Zweck ermitteln wir den Schnittpunkt 4 von $[RT]$ mit der Ebene ω des wahren Umrisses. Die Verbindungsgerade des Bildpunktes 4 mit M liefert im Schnitt mit dem Umrißkreis die Scheitel V_1, V_2 der Ellipse, die sich nun aus diesen und R oder T nach der Papierstreifenkonstruktion ermitteln läßt.

134. Die stereographische Projektion. Diese ist die Zentralprojektion der Kugel aus einem Auge O, das auf der Kugel liegt, auf eine Bildebene Π, die zu dem durch O gehenden Durchmesser normal ist. Gewöhnlich wählt man Π als die Tangentialebene der Kugel in dem O diametral gegenüberliegenden Punkt P. Die stereographische Projektion des Gradnetzes heißt wieder *normal, transversal* oder *schiefachsig*, je nachdem P ein Pol, ein Punkt des Äquators oder keines von beiden ist.

Wir untersuchen zunächst die Eigenschaften dieser Abbildung. In Fig. 366 ist die Kugel im Aufriß gezeichnet und O als ihr höchster, P als tiefster Punkt gewählt worden. Die Aufrißebene Π_2 legen wir durch $[OP]$. Der Aufriß Π'' der Bildebene ist die Tangente an den Umrißkreis u in P. Wir beweisen nun den

Satz 1: *Die stereographische Projektion ist winkeltreu (konform).*

Es sei S ein Punkt von u; dann ist $S^c = [\Pi'' \cdot OS]$ sein stereographisches Bild. Wir bezeichnen mit σ die (zweitprojizierende) Tangentialebene der Kugel in S und beweisen zunächst, daß S^c mit jenem Punkt S^0 identisch ist, den man erhält, wenn man S um die Spur $s = [\sigma \Pi]$ in die Bildebene Π nach jener Seite dreht, bei der S im Außengebiet der Kugel bleibt. In Fig. 366 sind die mit α bezeichneten Winkel gleich. Daraus folgt, daß die Winkel des Dreiecks $S S^c s''$ bei S und S^0 $90° - \alpha$ betragen. Daher ist es gleichschenklig mit dem Scheitel s''. Wegen $s'' S = s'' S^c$

geht demnach tatsächlich bei der Drehung um s der Bahnkreis des Punktes S durch S^c. Also ist $S^c = S^0$. Es seien nun t_1 und t_2 zwei Kugeltangenten in S. Werden nun t_1, t_2 einerseits aus O auf Π nach $t_1{}^c, t_2{}^c$ projiziert, anderseits mit σ nach Π in die Lagen $t_1{}^0, t_2{}^0$ gedreht, so folgt aus $S^c = S^0$, daß auch $t_1{}^c$ mit $t_1{}^0$ und $t_2{}^c$ mit $t_2{}^0$ zusammenfällt, weil die Spurpunkte der Tangenten auf s bei der Drehung festbleiben und mit ihren Zentralbildern zusammenfallen. Wenn daher zwei auf der

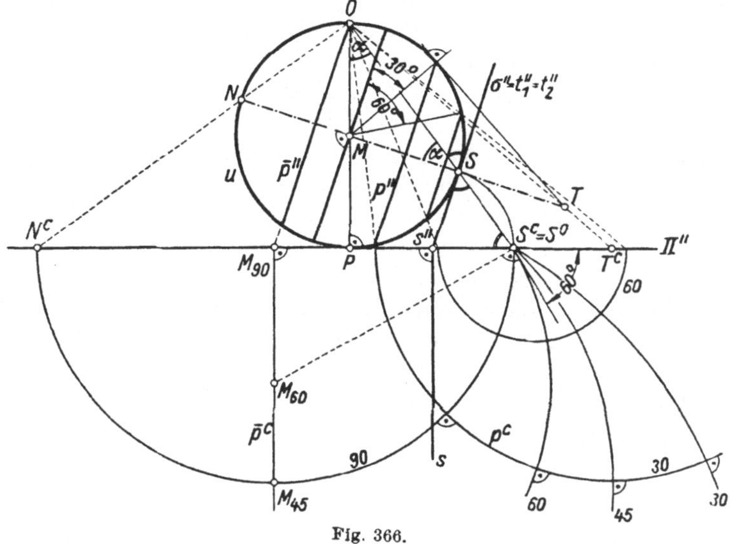

Fig. 366.

Kugel liegende Kurven in S einen gewissen Winkel φ bilden, der durch den Winkel ihrer Tangenten t_1, t_2 bestimmt wird, so schließen die Bilder dieser Kurven in S^c denselben Winkel ein, w. z. b. w.

Es sei nun p irgendein auf der Kugel liegender Kreis. In Fig. 366 wurde seine Ebene normal zu $[MS]$ angenommen, so daß er sich im Aufriß als eine zu $[MS]$ normale Sehne p'' des Umrißkreises darstellt. Die Spitze T des der Kugel längs p umschriebenen Drehkegels liegt auf $[MS]$ und jede Erzeugende dieses Kegels schneidet in ihrem Berührpunkt mit der Kugel den Berührkreis p rechtwinklig. Da ferner die Zentralrisse der Erzeugenden auf Π durch T^c gehen, folgt aus dem Gesagten und aus Satz 1, daß das Zentralbild p^c von p ein Kegelschnitt ist, der die Geraden durch T^c rechtwinklig schneidet. p^c ist daher ein Kreis. Es gilt demnach der

Satz 2: *Jeder nicht durch das Projektionszentrum gehende Kreis p der Kugel bildet sich stereographisch als Kreis p^c ab, dessen Mitte T^c der Zentralriß der Spitze T des der Kugel längs p umschriebenen Drehkegels ist.*

Die durch O gehenden Kugelkreise bilden sich natürlich als Geraden ab.

Wir fassen nun die Kugel in Fig. 366 als Globus auf mit S als Südpol, suchen den Nordpol N und sein stereographisches Bild N^c. Nach Satz 2 bilden sich die Meridiane als die durch N^c und S^c gehenden Kreise ab. Die Meridianbilder ergeben demnach ein *elliptisches Kreisbüschel* $(N^c S^c)$ mit den Grundpunkten N^c, S^c. Die Parallelkreise p, von denen wir vorhin einen abgebildet haben, bilden sich als Kreise p^c ab, die alle Kreise des Büschels $(N^c S^c)$ rechtwinklig schneiden. Ihre Mittelpunkte liegen auf der Geraden Π'', in welcher die Ebene $[OSN]$ die Bildebene schneidet. Man sagt, daß die Parallelkreisbilder das zum elliptischen Büschel der Meridianbilder *konjugierte hyperbolische Kreisbüschel* bilden. Unter den Kreisen dieses Büschels artet das Bild des durch O gehenden Parallelkreises $\bar{p}$ in eine Gerade aus.

Nach dem Gesagten kann ein Gradnetz für äquidistante Werte von φ und λ leicht hergestellt werden. Der Kreis p^c in Fig. 366 ist das Bild des Parallels 30^0; außerdem ist daselbst der Parallel 60^0 eingezeichnet. Um auch die einer gleichmäßigen Skala von λ-Werten entsprechenden Meridiane darzustellen, beachte man, daß der Winkel, unter dem sich zwei Meridianbilder in N^c bzw. S^c schneiden, dem Winkel gleich ist, nach dem sich die entsprechenden Meridiane auf dem Globus schneiden. Man hat demnach den vollen Winkel bei S^c in die der Skala entsprechende Anzahl gleicher Teilwinkel zu teilen. So erhält man für jedes Meridianbild auch noch die Tangente in S^c, wodurch es dann bestimmt ist. Fig. 366 zeigt die Meridianbilder 30^0, 45^0, 60^0, 90^0 unter der Annahme, daß P auf dem Nullmeridian liegt.

135. Die gnomonische Projektion. Diese ist die Zentralprojektion des Globus aus seinem Mittelpunkt O auf irgendeine Ebene, die wir uns wieder als Tangentialebene eines Punktes P denken. Bezüglich der Wahl von P sind wieder die drei oben gekennzeichneten Fälle möglich. Wir behandeln hier ebenso wie in Nr. 133 und 134 den allgemeinen Fall, nämlich den schiefachsigen (Fig. 367). Als Hilfsfigur führen wir so wie in Fig. 365 einen Kreuzriß ein und beschriften ebenso wie dort. Als Kreuzrißebene wird die zur Bildebene normale Meridianebene durch P gewählt und der Kreuzriß in einer in der Ordnerrichtung parallel verschobenen Lage gezeichnet. Als *Bildmitte P*, d. i. der Berührpunkt der Bildebene, wählen wir den Punkt mit $\lambda = 10^0$ östliche Länge und $\varphi = 50^0$ nördliche Breite. Der Kreuzriß N'''' des Nordpols ist dann durch $\sphericalangle\, P'''O'''N'''' = 40^0$ bestimmt. Da die Meridianebenen alle durch das Auge O gehen, bilden sie sich als die Geraden ab, die durch den Schnittpunkt N der Globusachse $[NS]$ mit der Bildebene gehen.[1]) Als eine Gerade a bildet sich auch der Äquator ab, dessen Ebene wir mit α bezeichnen. α''' ist die zu $N''''S'''$ normale Durchmessergerade, die a in einem Punkt A''' des Kreuzrisses Π''' der Bildebene schneidet. Der Meridian 10^0 des Punktes P hat die auf a normale Gerade $m = [PN]$ als Bild. Um nun den Nullmeridian oder andere Meridiane darzustellen, klappen wir die Ebene α mit dem Äquator in die Kreuzrißebene. Ihre Spur a gelangt dadurch in die Gerade a^0, die

---

1) N bezeichnet den Nordpol und zugleich sein Bild.

in A''' auf α''' normal steht. Sucht man nun auf dieser den Punkt B^0 derart, daß $\sphericalangle\,A'''O'''B^0 = 10^0$ ist, und trägt man die Strecke $A'''B^0$ vom Punkt $A = [am]$ aus auf a nach links ab, so erhält man einen Punkt des Nullmeridianbildes. Um nun das Meridiannetz für das Längenintervall 10^0 zu zeichnen, teilt man den vollen Winkel um O''', ausgehend vom Nullstrahl $O'''B^0$, in 36 gleiche Teile, schneidet a^0 mit den dadurch

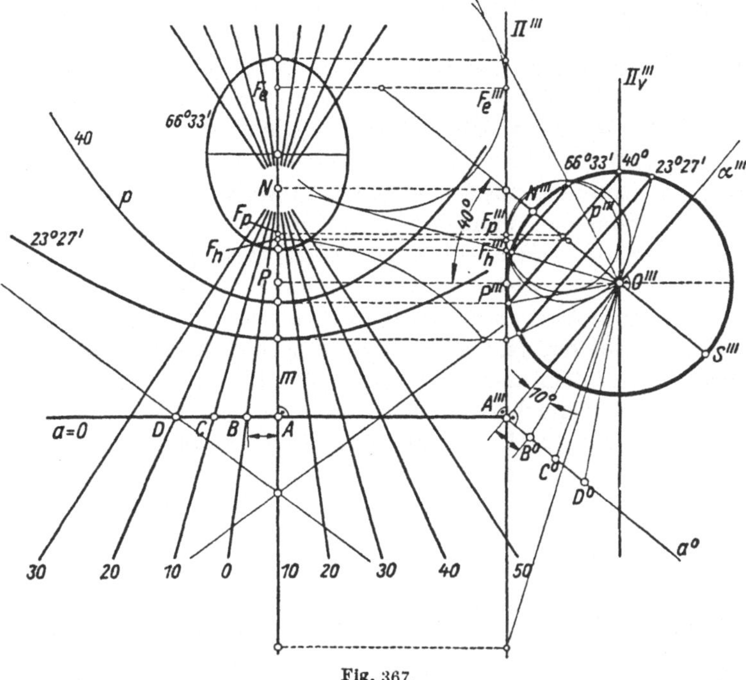

Fig. 367.

entstehenden Durchmessergeraden in den Punkten $C^0, D^0, \ldots$ und überträgt diese Punktreihe kongruent auf die Gerade a, so daß A''' mit A und B^0 mit B zur Deckung kommt. So erhält man Punkte $C, D, \ldots$, durch die die gesuchten Meridianbilder gehen.

Die Bilder der Parallelkreise p, die sich im Kreuzriß als die zu α''' parallelen Sehnen des Umrißkreises darstellen, sind Kegelschnitte. Der Charakter eines solchen Parallelkreisbildes hängt davon ab, ob der projizierende Kegel $[Op]$ von der Verschwindungsebene $\Pi_v = [O\,\|\,\Pi]$ nach zwei reellen, zusammenfallenden oder konjugiert komplexen Erzeugenden geschnitten wird, wonach sich eine Hyperbel, Parabel bzw. Ellipse ergibt (Nr. 36). Der Kreuzriß von Π_v ist die Gerade $\Pi_v''' = [O'''\,\|\,\Pi''']$. Nach dem Gesagten erkennt man mittels des Kreuzrisses sofort, daß das Bild des nördlichen Wendekreises ($\varphi = 23^0\,27'$) eine *Hyperbel* und das Bild des nördlichen Polarkreises ($\varphi = 66^0\,33'$) eine *Ellipse* ist. Da die geographische Breite von P 50^0 beträgt, erkennt man leicht, daß der Parallel 40^0 eine *Parabel* als Bild hat. Projiziert man den Kreuzriß eines

Parallelkreises aus O''' auf Π''' und hierauf die erhaltene Strecke normal auf m, so erhält man eine Achse des Parallelkreisbildes. Einen auf ihr liegenden Brennpunkt F erhält man mittels einer *Dandelinschen* Kugel (Nr. 36). Schreibt man nämlich dem projizierenden Drehkegel durch den Parallelkreis eine Kugel ein, die die Bildebene Π berührt, so ist ihr Berührpunkt ein Brennpunkt des Parallelkreisbildes. Die Dandelinschen Kugeln lassen sich im Kreuzriß sofort zeichnen. Lotet man die Berührpunkte ihrer Umrißkreise mit Π''' oder ihre Mitten auf m, so erhält man die gesuchten Brennpunkte. In Fig. 367 wurden auf diesem Wege die Brennpunkte F_e, F_p, F_h der Ellipse, der Parabel bzw. der Hyperbel gewonnen.

Gnomonische Netzentwürfe haben die wichtige Eigenschaft, daß in ihnen nicht bloß die Meridiane und der Äquator, sondern alle Kugelgroßkreise als gerade Linien erscheinen. Man wird sie demnach dann mit Vorteil verwenden, wenn ein besonderes Bedürfnis nach der Konstruktion von Großkreisen auf dem Globus vorliegt. So gibt dem Seefahrer, der auf dem kürzesten Weg von einem Punkt des Ozeans zu einem andern, weit entfernten fahren will, die gerade Verbindungslinie dieser beiden Punkte auf der gnomonischen Karte den einzuschlagenden Weg seines Schiffes an; denn diese Strecke ist das Bild des die beiden Punkte verbindenden Großkreisbogens, also ihrer kürzesten Verbindungskurve.

136. Der flächentreue Lambertsche Zylinderentwurf. Als *Lambertsche Zylinderprojektion* ist die folgende Abbildung bekannt (Fig. 368). Wir umschreiben dem Globus längs des Äquators einen Zylinder und ordnen jedem Punkt P der Kugel einen Punkt P' des Zylinders dadurch zu, daß wir ihn mittels des auf der Erdachse normal stehenden Halbstrahls auf den Zylinder

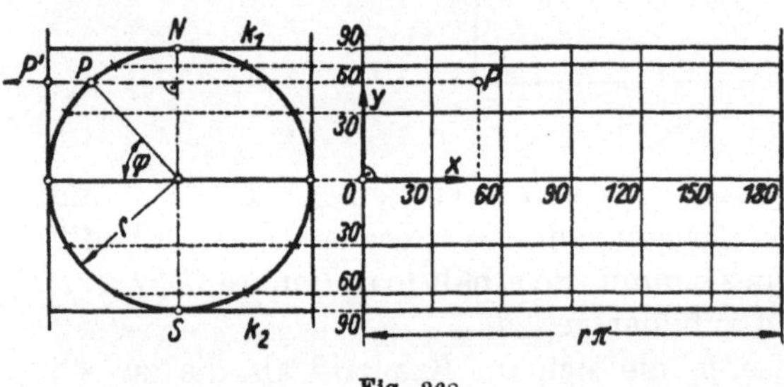

Fig. 368.

projizieren. Die von N, S verschiedenen Punkte der Kugel werden dadurch eindeutig auf eine Zone des Zylinders abgebildet. Diese wird von den Parallelkreisen k_1, k_2 begrenzt, die von den Berührebenen des Globus in N und S aus dem Zylinder ausgeschnitten werden. In N und S artet die Abbildung aus, da offenbar jeder Punkt von k_1 als Bild von N und jeder Punkt von k_2 als Bild von S angesehen werden kann. Zu einer ebenen Abbildung der Kugel gelangen wir nun, indem wir die Zylinderzone verebnen, nachdem wir sie zunächst etwa längs einer Erzeugenden aufschneiden. Es ist einleuchtend, wie das Gradnetz in dieser Abbildung aussieht. Die einer gleichmäßigen Leiter von λ-Werten entsprechenden Meridiane gehen durch die Abbildung auf den Zylinder in Erzeugende über, die in gleichen Abständen aufeinander folgen. Wird die Zylinderzone aufgerollt, nachdem man sie längs der Erzeugenden aufgeschnitten hat, die dem Halbmeridian 180° entspricht, so geht sie in ein Rechteck von der Grundlinie $2r\pi$ und der Höhe $2r$ über, wenn r den Halbmesser des Globus bedeutet. Dieses Rechteck wird nun durch die ausgewählten Meridianbilder, die zur Höhe parallel sind, gleichmäßig geteilt. Der Äquator, geht in die zur Grundlinie parallele Mittellinie des Rechteckes über. Die Parallelkreise bilden sich auf die Parallelen zur Grundlinie ab und zwar so, daß der Abstand eines Parallelkreises von der Äquatorebene gleich ist dem Abstand seines Bildes von der Mittellinie des Rechteckes. Auf Grund eines bekannten Satzes, den wir *Archimedes* verdanken, läßt sich sofort einsehen, daß dieser *Lambertsche* Zylinderentwurf flächentreu ist. Es ist nämlich nach diesem Satz von Archimedes die Kugelzone, die von irgend zwei Parallelkreisen begrenzt wird, stets flächengleich mit der Zone des Zylinders, die aus ihm von den Ebenen dieser beiden Parallelkreise ausgeschnitten wird. Betrachten wir also in einem Lambertschen Zylinderentwurf das Rechteck zwischen zwei Parallelkreisbildern, so ist es flächengleich mit der entsprechenden Kugelzone. Wegen der gleichmäßigen Verteilung der Meridiane ist jede Netzmasche des Gradnetzes auf der Kugel flächengleich mit dem entsprechenden Rechteck der Karte. Da schließlich dieses Ergebnis richtig bleibt, wenn das Gradnetz beliebig dicht gemacht wird, so folgt durch eine aus der Integralrechnung bekannte Schlußweise, daß entsprechende Flächenstücke der Kugel und der Karte flächengleich sind.

Der Lambertsche Zylinderentwurf ist von den früher betrachteten Abbildungen in zweifacher Hinsicht grundsätzlich verschieden: Einerseits ist an dem Zustandekommen des Bildes kein Sehstrahlenbündel beteiligt, wird doch der Übergang von der Kugel zum Zylinder durch die Halbstrahlen vollzogen, die auf der Globusachse normal stehen; anderseits tritt an die Stelle der Bildebene zunächst ein Zylinder, auf den die Kugel abgebildet wird. Es ist daher richtig, eine solche Abbildung nicht als Projektion zu bezeichnen, obwohl in der Literatur das Wort Projektion auch vielfach in diesem allgemeineren Sinn gebraucht wird. Da Parallel- und Zentralprojektion für die Abbildung der Gradnetze eine verhältnismäßig untergeordnete Bedeutung haben, ist die Bezeichnung *Kartenentwurf* dem Ausdruck *Kartenprojektion* vorzuziehen.

Aus der Betrachtung über den Lambertschen Zylinderentwurf geht ohne weiteres hervor, daß diese Abbildung nur ein Sonderfall einer Klasse von Abbildungen ist, die alle darin übereinstimmen, daß man die Kugel zuerst in irgendeiner zweckmäßigen Art auf einen der Kugel umschriebenen Zylinder abbildet, worauf man den Zylinder verebnet. Die Entwürfe dieser Klasse heißen *Zylinderentwürfe*.

Eine weitere, besonders wichtige Klasse von Landkartenentwürfen sind die *Kegelentwürfe*. Bei diesen wird die Kugel zunächst auf einen Drehkegel oder einen Teil eines solchen abgebildet. Dabei wird dieser Kegel so gewählt, daß er die Kugel längs eines Kreises berührt oder sie nach zwei Kreisen in parallelen Ebenen schneidet. Läßt man die Punkte dieser Kreise mit ihren Bildern zusammenfallen, so werden sie bei der nun folgenden Verebnung des Kegels längentreu auf Kreisbögen abgebildet.

Wir kehren noch einmal zum Lambertschen Zylinderentwurf zurück und stellen die *Abbildungsgleichungen* auf, die von der Kugel zur Karte führen. Wir beziehen die Karte auf ein rechtwinkliges Achsenkreuz, dessen x-Achse im Äquatorbild und dessen y-Achse im Bild des Halbmeridians Null liegt (Fig. 368). Hat ein Punkt P auf der Kugel die geographischen Koordinaten λ, φ und sein Bild P die Koordinaten x, y, so folgt aus der Abbildung ohne weiteres

$$(1) \qquad x = r\lambda, \quad y = r\sin\varphi,$$

worin r den Halbmesser des Globus bedeutet und λ im Bogenmaß gemessen wird.

137. Die winkeltreue Mercatorsche Seekarte.[1]) Wird in den soeben aufgestellten Abbildungsgleichungen (Nr. 131, Gln. (1)) des Lambertschen Zylinderentwurfes die Funktion $\sin\varphi$ durch irgendeine andere Funktion $f(\varphi)$ ersetzt, so entsteht ein neuer Zylinderentwurf, bei dem das Netz der Meridianbilder mit jenem für den Lambertschen Entwurf übereinstimmt. Diese Zylinderentwürfe haben also die Abbildungsgleichungen:

$$(1) \qquad x = r\lambda, \quad y = rf(\varphi).$$

Wir stellen nun die Aufgabe, *die Funktion $f(\varphi)$ in (1) so zu bestimmen, daß die Abbildung winkeltreu ist.* Dazu setzen wir zunächst fest, daß λ und φ im Bogenmaß gemessen werden sollen, und zwar λ im Intervall $-\pi \leqq \lambda \leqq \pi$ und φ im Intervall $-\frac{\pi}{2} \leqq \varphi \leqq \frac{\pi}{2}$. Es seien c eine Kurve auf dem Globus mit der Gleichung $\varphi = \varphi(\lambda)$ und P, Q zwei Punkte auf ihr mit den geographischen Koordinaten (λ, φ) bzw. $(\lambda + \varDelta\lambda, \varphi + \varDelta\varphi)$. Q sei so nahe an P gewählt, daß $\varDelta\lambda$ und $\varDelta\varphi$ dem Betrage nach kleiner als $\frac{\pi}{2}$ sind. $\varDelta\lambda$ kann dann als Zentriwinkel eines Bogens PQ_1 des durch P gehenden Parallelkreises angesehen werden; Q_1 liegt auf dem Meridian von Q, und es ist $\varDelta\varphi$ der Zentriwinkel des Meridianbogens Q_1Q. Um von P nach Q zu gelangen, kann man daher zuerst den Parallelkreisbogen $\widehat{PQ_1}$ und dann den Meridianbogen $\widehat{Q_1Q}$ zurücklegen. Der Halbmesser des Parallelkreises von P ist $\varrho = r\cos\varphi$, daher gilt $\widehat{PQ_1} = r\cos\varphi\cdot\varDelta\lambda$ und $\widehat{Q_1Q} = r\varDelta\varphi$. Wir betrachten nun das Verhalten des Dreiecks PQ_1Q, wenn Q auf c gegen P konvergiert. Aus $[PQ]$ wird die Tangente von c, aus $[PQ_1]$ die Parallelkreistangente und aus $[Q_1Q]$ die Meridiantangente in P. Der Winkel PQ_1Q konvergiert daher gegen einen rechten, und es ist $\lim \operatorname{tg} \sphericalangle QPQ_1 = \lim \frac{Q_1Q}{PQ_1}$. Nun geht aber der Winkel QPQ_1 in den Winkel α über, den die Tangente an c in P mit dem Parallel durch P einschließt. Daraus folgt, wenn man in der letzten Gleichung

---

1) **Mercator** ist der Gelehrtenname von **Gerhard Kremer**, geb. 1517.

statt der Kreissehnen Q_1Q und PQ_1 die Bögen setzt (was nach Nr. 9 gestattet ist),

$$(2) \qquad \operatorname{tg} \alpha = \lim \frac{\varDelta \varphi}{\cos \varphi \cdot \varDelta \lambda} = \frac{1}{\cos \varphi} \cdot \frac{d\varphi}{d\lambda}.$$

Hat die Bildkurve von c die Gleichung $y = y(x)$, so hat ihr Richtungstangens in dem P entsprechenden Punkt den Wert $\operatorname{tg}\alpha_1 = \frac{dy}{dx}$. Soll daher die Abbildung winkeltreu sein, so folgt aus dem Umstand, daß sich der Parallelkreis des Punktes P als die Parallele zur x-Achse durch den Bildpunkt von P abbildet, die Bedingung $\operatorname{tg}\alpha = \operatorname{tg}\alpha_1$ oder

$$(3) \qquad \frac{dy}{dx} = \frac{1}{\cos\varphi} \cdot \frac{d\varphi}{d\lambda}.$$

Nun ist nach (1) $dx = r\,d\lambda$. Dies in (3) eingesetzt, ergibt

$$(4) \qquad dy = \frac{r}{\cos\varphi}\,d\varphi, \qquad\qquad \text{woraus}$$

$$(5) \qquad y = r \int\limits_0^\varphi \frac{d\varphi}{\cos\varphi} = r \ln \operatorname{tg}\left(\frac{\pi}{4} + \frac{\varphi}{2}\right)$$

folgt, worin die Grenzen des bestimmten Integrals so gewählt sind, daß für $\varphi = 0$ auch $y = 0$ ist, so daß sich der Äquator auf die x-Achse abbildet. Damit haben wir den winkeltreuen *Mercatorschen Entwurf*

$$(6) \qquad x = r\lambda, \quad y = r \ln \operatorname{tg}\left(\frac{\pi}{4} + \frac{\varphi}{2}\right)$$

gewonnen. Um diesen Entwurf zu zeichnen, benötigt man eine Tabelle der Funktionswerte der Funktion (5) für $r = 1$. Die nachstehende Tabelle gibt diese Werte für eine Winkeldifferenz von 10^0 an:

φ^0	0^0	10^0	20^0	30^0	40^0	50^0	60^0	70^0	80^0	90^0
$\ln \operatorname{tg}\left(45^0 + \dfrac{\varphi^0}{2}\right)$	0	0,1754	0,3564	0,5493	0,7629	1,0100	1,3170	1,7354	2,4362	∞

Fig. 369 zeigt den Mercatorentwurf für die nördliche Hälfte der östlichen Halbkugel. Die darunter stehende Strecke r ist der Globushalbmesser. Nach (6) ist das Bild des halben Äquators eine Strecke von der Länge $r\pi$, und die Höhen y der Parallelkreisbilder über dem Äquatorbild gewinnt man, indem man mit r als Längeneinheit einen Maßstab (Transversalmaßstab) konstruiert und diesem die den obenstehenden Funktionswerten ent-

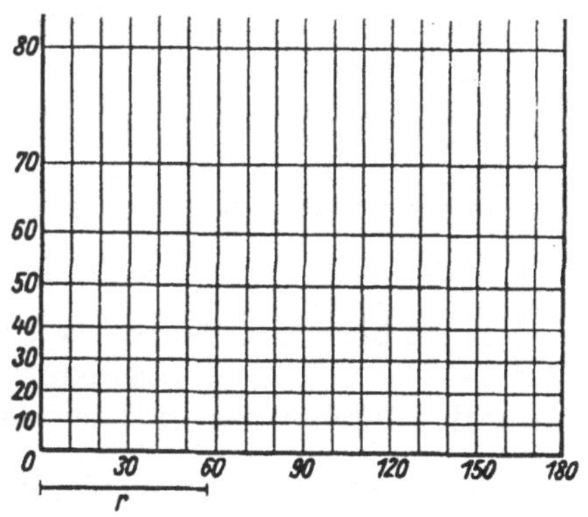

Fig. 369.

sprechenden Längen entnimmt. Die Meridianbilder für konstante Längendifferenz folgen in gleichen Abständen aufeinander.

Die Mercatorkarte ist als Seekarte von Wichtigkeit, wenn der Seefahrer einen solchen Kurs nehmen will, bei dem die Meridiane unter einem konstanten Winkel geschnitten werden. Da die Magnetnadel die Meridianrichtung angibt, ist diese Wahl des Schiffskurses offenbar besonders naheliegend. Man nennt eine Kurve des Globus, die alle Meridiane unter konstantem Winkel schneidet, eine *Loxodrome*. Da sich die Meridiane als parallele Geraden abbilden und der Mercatorentwurf winkeltreu ist, muß das Bild einer Loxodrome eine Linie sein, die ein Büschel paralleler Geraden unter konstantem Winkel schneidet. *Im Mercatorentwurf stellen sich demnach die Loxodromen als gerade Linien dar*, woraus nach dem Gesagten die Bedeutung des Mercatorentwurfes als Seekarte erhellt.

138. Der Entwurf von Mollweide.[1]) Zu diesem Entwurf gelangen wir durch die folgenden Bedingungen: 1. Der Entwurf soll flächentreu sein. 2. Eine bestimmte, von einem Meridian begrenzte Globushälfte soll auf das Innengebiet eines Kreises k abgebildet werden. In Fig. 370 wurde dazu die Globushälfte gewählt, die vom Halbmeridian 0° gehälftet wird. 3. Die Pole sollen sich auf die Endpunkte N, S eines Durchmessers von k abbilden. 4. Die Bilder der Parallelkreise sollen die zu $[NS]$ normalen Sehnen von k sein, insbesondere soll das Äquatorbild der zu NS normale Durchmesser von k sein.

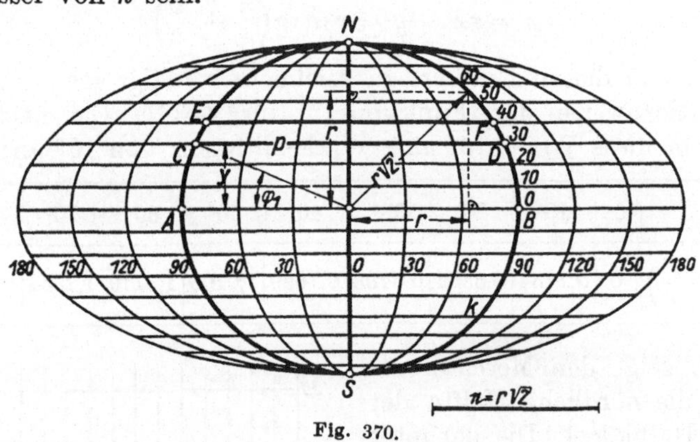

Fig. 370.

Die Globushälfte hat den Flächeninhalt $2r^2\pi$. Ist R der Halbmesser des mit ihr flächengleichen Kreises k, so findet man sofort

$$(1) \qquad\qquad R = r\sqrt{2}.$$

Wir zeichnen nun den Kreis k mit dem Halbmesser $r\sqrt{2}$ und wählen auf ihm N und S als Endpunkte eines Durchmessers. Der auf $[NS]$ normale Durchmesser AB ist das Äquatorbild. Da die abzubildende

---

1) 1805 von K. B. Mollweide angegeben, auch *homalographische Projektion* genannt.

Globushälfte vom Meridian $90°$ begrenzt wird und den Halbmeridian $0°$ enthält, ist k das Meridianbild $90°$ und aus Symmetriegründen NS das Meridianbild $0°$. Wir wählen nun auf dem Globus einen Parallelkreis p mit der geographischen Breite φ. Ihm entspricht in der Karte eine gewisse zu AB parallele Sehne CD von k. Wir haben nun CD durch die Bedingung zu ermitteln, daß die vom Äquator, dem Parallel p und dem Meridian $90°$ begrenzte Hälfte einer Kugelzone flächengleich sein muß mit dem Kreisstreifen, den AB und CD auf der Fläche des Kreises k abgrenzen. Bezeichnen wir mit φ_1 (Bogenmaß) den zu den Kreisbögen AC bzw. BD gehörigen Zentriwinkel, so liefert die obige Bedingung die Gleichung

$$(2) \qquad 2\varphi_1 + \sin 2\varphi_1 = \pi \sin\varphi.$$

Die dem Parallel p mit der Breite φ entsprechende Sehne CD hat demnach von $[AB]$ den Abstand $y = r\sqrt{2}\sin\varphi_1$.

Die folgende Tabelle gibt die den äquidistanten φ-Werten $0°$, $10°$, $20°$, ... entsprechenden Werte $\sin\varphi_1$ an:

$\varphi°$	$0°$	$10°$	$20°$	$30°$	$40°$	$50°$	$60°$	$70°$	$80°$	$90°$
$\sin\varphi_1$	0	0,1368	0,2720	0,4040	0,5310	0,6511	0,7624	0,8619	0,9454	1

Um also die diesen φ-Werten entsprechenden Parallelkreisbilder zu zeichnen, hat man die den angeschriebenen Werten von $\sin\varphi_1$ entsprechenden Strecken auf einem mit der Längeneinheit $r\sqrt{2}$ entworfenen Maßstab als y-Abstände zu ermitteln.

Um nun die etwa den λ-Werten $0°, 10°, 20°, \ldots$ entsprechenden Meridianbilder zu erhalten, teilen wir die Sehnen CD in 18 gleiche Teile und verbinden die entsprechenden Teilpunkte. Es entstehen so Ellipsen als Meridianbilder; denn nach unserer Konstruktion entsteht ein solches Meridianbild dadurch, daß die Abstände der Punkte des Kreises k von $[NS]$ in einem bestimmten Verhältnis verkürzt werden (Nr. 32). In Fig. 370 wurden bloß die Halbmeridiane $0°, 30°, 60°$ eingezeichnet. Daß diese Konstruktion der Meridianbilder richtig ist, ergibt sich aus folgender Überlegung. Ist $CDFE$ das Bild einer Kugelzonenhälfte, so wird durch die Ellipsenbögen der Streifen $CDFE$ tatsächlich in flächengleiche Bogenvierecke zerlegt, die demnach auch mit den entsprechenden Gradbogenvierecken der Kugelzone flächengleich sein müssen.

Man kann diese Abbildung der gewählten Globushälfte durch eine Abbildung der andern Hälfte ergänzen, indem man die gleichmäßige Skala, die die Meridianbilder aus den Parallelkreisbildern CD ausschneiden, von C und D aus nach auswärts fortsetzt. Bei einer λ-Differenz von $10°$ wird man, um die Abbildung des ganzen Globus zu erhalten, noch je neun Intervalle nach beiden Seiten aufzutragen haben. In Fig. 370 wurden auf diese Weise bloß die Halbmeridiane $120°, 150°, 180°$ eingezeichnet.

Anhang.

I. Konstruktion eines Schrägrisses mittels des Einschneideverfahrens.

Ein zur schiefaxonometrischen Darstellung besonders zweckmäßiges Verfahren[1]) gründet sich auf den folgenden

Satz 1: *Gibt man jedem von zwei zugeordneten Normalrissen $\mathfrak{F}'$ $(A', \cdots)$, $\mathfrak{F}''$ $(A'', \cdots)$ einer Raumfigur $\mathfrak{F}$ $(A, \cdots)$ eine willkürliche Lage[2]) in der Zeichenebene Π und wählt man in Π zwei Richtungen U_1, U_2, so liefern die Schnittpunkte $A^s = [A'U_1 \cdot A''U_2]$ der Geraden $[A'U_1]$ und $[A''U_2]$ durch die Bildpaare A', A'' der Raumpunkte A einen Schrägriß einer zu $\mathfrak{F}$ ähnlichen Raumfigur.*

A^s entsteht also durch „*Einschneiden*" der Ordner $[A'U_1]$, $[A''U_2]$.

Zum Beweise dieses Satzes betrachten wir zunächst das Ergebnis dieses Verfahrens für ein rechtwinklig-gleichschenkliges Dreibein $U(ABC)$. In Fig. 371 ist $U' = C'$, A', B' der Grundriß, $U'' = B''$, A'', C'' der Aufriß des Dreibeins, das ein Achsenkreuz x, y, z bestimmt. Das Verfahren liefert die Punkte U^s, A^s, B^s, C^s. Da der Aufriß der y-Achse der Punkt $U'' = B''$ ist, liefert das Verfahren $y^s = [U^s B^s]$. Ebenso folgt aus $U' = C'$ $z^s = [U^s C^s]$. Für einen Punkt P_x der x-Achse ist $U'P_x' = U''P_x'' = x$; daher ist nach dem Verfahren P_x^s ein Punkt von $[U^s A^s]$. Also ist $[U^s A^s]$ die Bildgerade x^s von x. Da aber $U^s(A^s B^s C^s)$ nach dem Pohlkeschen Satz (Nr. 89) der Schrägriß eines rechtwinklig - gleichschenkligen Dreibeins ist, ist der Satz zunächst für diese Raumfigur bewiesen. — Es sei nun P ein Raumpunkt allgemeiner Lage, P_1 sein Normalriß auf die xy-Ebene und P_x sein Normalriß auf die x-Achse. Wir zeichnen nun diese drei Punkte im Grund- und Aufriß ein und bilden durch Einschneiden des ersten Ordners durch $P' = P_1'$ mit den zweiten Ordnern durch P'' und P_1'' die Punkte P^s, P_1^s. Sind x, y, z die Koordinaten von P, so gilt nach der Konstruktion:

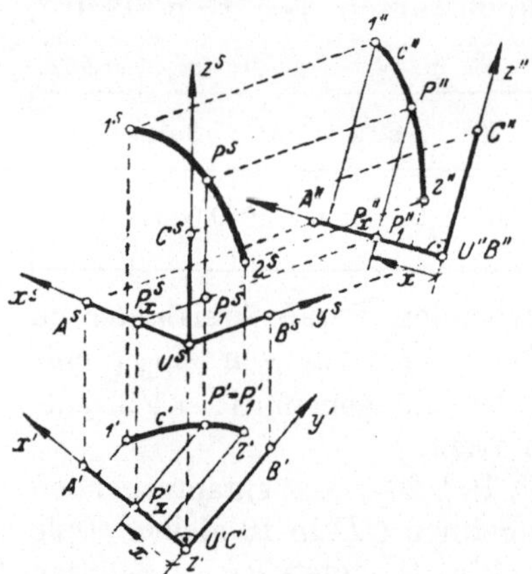

Fig. 371.

---

1) Das Verfahren findet sich andeutungsweise in: G. Hauck, Theorie der parallelprojektiv-trilinearen Verwandtschaft ebener Systeme, J. f. r. u. a. Math. 128 (1905), § 6. Aus diesem größeren Zusammenhang wurde es herausgehoben und als Konstruktionsverfahren für Schrägrisse ausgebildet von: L. Eckhart, Affine Abbildung und Axonometrie, S. B. Ak. Wien, math. nat. Kl. Abt. IIa 146 (1937), S. 51f.

2) Im technischen Zeichnen befinden sich oft die zugeordneten Normalrisse des Objektes auf verschiedenen Blättern.

$$\frac{U^s P_x{}^s}{U^s A^s} = \frac{U' P_x'}{U' A'} = x; \qquad \frac{P_x{}^s P_1{}^s}{U^s B^s} = \frac{P_x' P_1'}{U' B'} = y; \qquad \frac{P_1{}^s P^s}{U^s C^s} = \frac{U_1'' P''}{U'' C''} = z,$$

weil das Verhältnis von zwei Strecken auf derselben oder auf parallelen Geraden bei einer Parallelprojektion auf eine oder auf zwei parallele Geraden ungeändert bleibt. Demnach ist der durch das Einschneideverfahren erhaltene Punkt P^s tatsächlich der Schrägriß des zu den Koordinaten x, y, z gehörigen Punktes P.

Das Verfahren ist besonders zweckmäßig, wenn das darzustellende Objekt Kurven enthält, die sich in zugeordneten Normalrissen leicht konstruieren lassen. Es seien (Fig. 371) c', c'' Grund- und Aufriß einer Kurve c. Wir wählen auf c' eine hinreichende Anzahl von Punkten $1'$, $2'$, ... und ermitteln durch Übertragung ihrer x-Koordinatenstrecken die zugehörigen Aufrißpunkte $1''$, $2''$,.... auf c''. Nun liefert das Einschneideverfahren die Punkte 1^s, 2^s, ... von c^s.

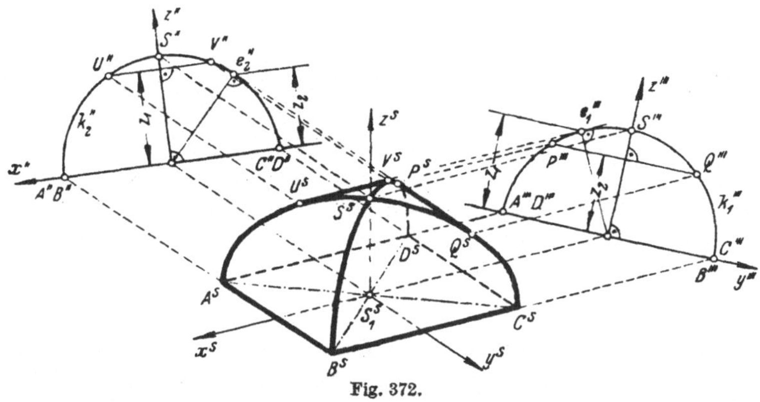

Fig. 372.

In Fig. 372 wird das Verfahren zur Konstruktion eines Schrägrisses eines Klostergewölbes über einem quadratischen Grundriß (Fig. 132a) herangezogen. Die x-Achse und die y-Achse legen wir in die Mittellinien des Quadrates $ABCD$, die z-Achse geht durch den Gewölbescheitel S. Wir nehmen den Aufriß (Halbkreis k_2'') und den Kreuzriß (Halbkreis k_1''') des Gewölbes an und ermitteln zuerst durch Einschneiden der Ordner A^s, B^s, C^s, D^s, S^s. Die punktweise Konstruktion des aus zwei Ellipsen über den Quadratdiagonalen als großen Achsen bestehenden Schnittes der beiden zylindrischen Gewölbetonnen besprechen wir für die auf den Umrißerzeugenden e_1, e_2 liegenden Punkte. e_1''' ist der Berührpunkt des k_1''' berührenden Ordners in der x^s-Richtung. Durch Übertragung der Koordinatenstrecke z_1 von e_1''' erhält man auf k_2'' die Aufrisse U'', V'' der gesuchten Punkte U, V und schließlich durch Einschneiden der Ordner U^s, V^s. Entsprechend werden die Punkte P, Q der Gratlinien des Gewölbes auf der Umrißerzeugenden e_2 gefunden.

Aus dem Beweis des Satzes 1 ergibt sich unmittelbar, daß es nicht wesentlich ist, daß die beiden zugeordneten Normalrisse in demselben

Maßstab gezeichnet werden. An die Stelle der Streckengleichheit $U'P_x' = U''P_x''$ tritt dann die Verhältnisgleichheit $U'P_x' : U'A' = U''P_x'' : U''A'' = x$. Diese Bemerkung ermöglicht es, das Ein-

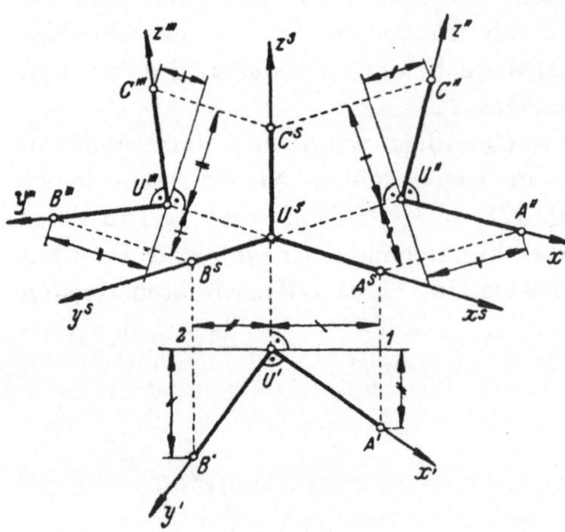

Fig. 373.

schneideverfahren anzuwenden, wenn das Pohlkesche Dreibein $U^s(A^s B^s C^s)$ und damit die Ordnerrichtungen parallel zu x^s, y^s bzw. z^s vorgeschrieben sind. Man hat dann (Fig. 373) das rechtwinklig-gleichschenklige Zweibein $U'(A'B')$ so zu konstruieren, daß U' auf z^s und B', C' auf Parallelen zu z^s liegen. Zu diesem Zweck schneidet man diese drei Ordner mit einer zu ihnen normalen Geraden in 1, U', 2 und macht $1A' = 2U'$ und $2B' = 1U'$, sodaß auch die Hypotenusen der beiden kongruenten Dreiecke $U'1A'$ und $B'2U'$ aufeinander normal sind. Entsprechend findet man $U''(A''C'')$ und $U'''(B'''C''')$. Die Schenkellängen dieser drei Zweibeine sind freilich im allgemeinen verschieden.

Die Einführung von $U'(A'B')$ in der besprochenen Weise ist sehr zweckmäßig, wenn es sich um die Darstellung einer in der xy-Ebene liegenden Figur $\mathfrak{F}(P,\cdot\cdot)$ handelt. Zeichnet man sie mit $U'A' = U'B'$ als Längeneinheit, wodurch $\mathfrak{F}'(P',\cdot\cdot)$ entstehe, so stehen entsprechende Punkte P', P^s von $\mathfrak{F}'$ und dem Schrägbild $\mathfrak{F}^s$ in folgendem Zusammenhang: Es ist $[P'P_x']\,\|\,y'$, $[P^s P_x^s]\,\|\,y^s$ und $[P'P^s]\,\|\,[P_x'P_x^s]\,\|\,z^s$. $\mathfrak{F}'$ und $\mathfrak{F}^s$ sind perspektiv affin. Dieses Verfahren ist besonders für die Konstruktion des axonometrischen Grundrisses eines räumlichen Objektes zweckmäßig. Da man U' auf z^s beliebig wählen darf, kann man ein Überdecken von $\mathfrak{F}'$ und $\mathfrak{F}^s$ leicht vermeiden.

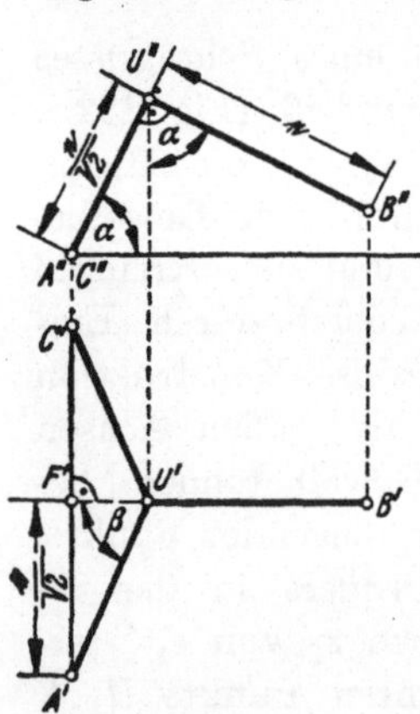

Fig. 374.

II. Zur Konstruktion des normalaxonometrischen Dreibeins für die Verkürzungsverhältnisse $1 : \frac{1}{2} : 1$.

Fig. 374 zeigt Grund- und Aufriß eines rechtwinklig-gleichschenkligen Dreibeins $U(ABC)$. Die Annahme ist so getroffen, daß A'' und C'' zusammenfallen. Die Ebene $[UAC]$ sei unter dem Winkel α gegen die Grundrißebene geneigt. F' sei die Mitte von $A'C'$ und $\sphericalangle A'U'F' = \beta$. Ist e die Schenkellänge, so ist $U'B' = e\sin\alpha$, $U'A' = e : \sqrt{2}\sin\beta$. Durch Berechnung

von $F'U'$ auf zwei Arten erhält man $\cos\alpha = \cot\beta$. Stellt man nun die Bedingung $U'A' = 2\,U'B'$, so ist nach Obigem $2\sqrt{2}\,\sin\alpha\,\sin\beta = 1$. Nach der vorletzten Gleichung ist $\sin\alpha = \sqrt{1 - \cot^2\beta}$, wodurch die letzte nach naheliegenden Umformungen $\sin\beta = 3:4$ liefert. Daraus folgt $A'C' : A'U' = 3:2$. *In dem normalaxono-*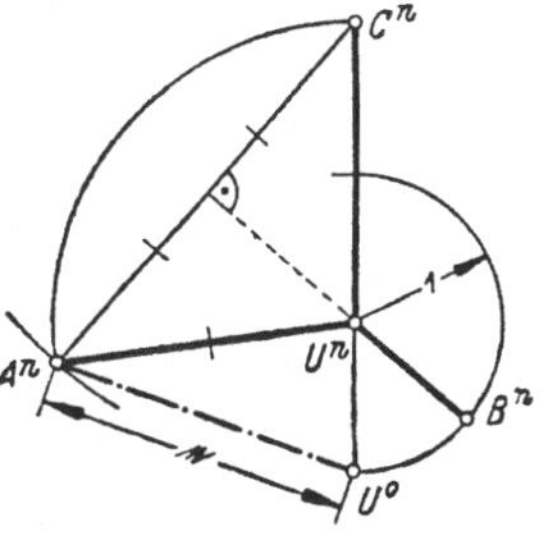
metrischen Dreibein U^n ($A^n B^n C^n$) (Fig. 375) ver-
hält sich demnach im gleichschenkligen Dreieck
$A^n U^n C^n$ die Grundlinie $A^n C^n$ zu den Schenkeln
$A^n U^n$, $C^n U^n$ wie $3:2$. B^n liegt auf dem aus U^n
auf $A^n C^n$ gefällten Lot so, daß $U^n A^n = 2\,U^n B^n$ ist.

Weiter gilt: *Liegt U^0 auf der Verlängerung der*
Strecke $C^n U^n$ so, daß $U^n U^0 = U^n B^n$ ist, so ist
$X U^0 = e$. Um diese Behauptung zu beweisen, wenden wir den Kosinussatz auf das Dreieck

Fig. 375.

$A^n U^n U^0$ an. Nach dem Voranstehenden ist $A^n U^n = 4\,e : 3\sqrt{2}$, $U^n U^0 = 2\,e : 3\sqrt{2}$, $\sphericalangle A^n U^n U^0 = 180° - 2\beta$, demnach $\cos \sphericalangle A^n U^n U^0 = -\cos 2\beta = 2\sin^2\beta - 1 = 1:8$. Mit diesen Werten ergibt sich $A^n U^0 = e$.

Für die durch A und C gehende Bildebene ist daher U^0 der mit der xy-Ebene in die Bildebene gedrehte Nullpunkt U des Achsenkreuzes. Für dieses besondere Achsenbild sind demnach die in Fig. 268 enthaltenen vorbereitenden Konstruktionen überflüssig. Die obige von A. Praetorius (Wien) stammende Konstruktion[1]) ist der im Normblatt DIN 5 gemachten Angabe von Näherungswerten der Winkel, die $U^n A^n$ und $U^n B^n$ mit einem Lot auf $U^n C^n$ bilden, vorzuziehen.

---

1) Dem Verfasser mündlich mitgeteilt; der Schriftleitung d. Z. a. Math. u. Mech. im Jahre 1944 eingesendet. Eine andere Konstruktion: Th. Schmid, Darst. Geometrie (S. Schubert), 3. Aufl. 1922, Fig. 157. Die obige Beziehung $A^n C^n : A^n U^n = 3:2$ hat auch L. Eckhart 1936 in einer Vorlesung an der Techn. Hochschule in Wien angegeben.

Übungsaufgaben zum dritten Teil.

a) Anwendungsbeispiele findet man in der Aufgabensammlung E. Kruppa, Technische Übungsaufgaben für darstellende Geometrie (Verlag F. Deuticke, Wien, Leipzig, 3 Mappen, Blätter auch einzeln erhältlich). Für Axonometrie eignen sich die Blätter 4—12, 18—24, 28—30, 33—36, für Perspektive die Blätter 4—9, 18—24, 27, 31, 32.

b) **Theoretische Aufgaben.**

A. Schiefe Axonometrie.

1. Gegeben sind der Schrägriß des Achsenkreuzes, das Spurendreieck einer Ebene ε und der Schrägriß $A^s B^s$ einer dieser Ebene angehörigen Strecke. Man stelle jenes regelmäßige fünf- (oder sechs-) seitige Prisma dar, dessen Grundfläche ε angehört, das AB zur Seite hat und dessen Höhe doppelt so lang als AB ist.

2. $U^s A^s$, $U^s B^s$, $U^s C^s$ seien die Schrägrisse dreier von derselben Ecke ausgehenden Kanten eines Würfels. Man zeichne die dem Würfel eingeschriebene Kugel und für eine Würfeldiagonale als Lichtrichtung die Eigenschattengrenze der Kugel.

3. Gegeben sind der Schrägriß eines Achsenkreuzes und die Bildpaare $M^s M'^s$, $P^s P'^s$ zweier Punkte. Man stelle die Kugel mit der Mitte M dar, die durch P geht, und zeichne ihren zu $[MP]$ normalen Hauptkreis.

4. Vier Punkte der Zeichenebene samt ihren Verbindungsstrecken bilden den Schrägriß eines regelmäßigen Tetraeders. Man zeichne die ihm umschriebene Kugel und deren Schnitt mit einer Tetraederfläche.

5. Man stelle eine auf der $[xy]$-Ebene liegende Kreisringfläche dar.

6. $A^s B^s C^s$ ist der Schrägriß einer Seitenfläche eines Oktaeders und in der Bildebene seine Mitte M. Man suche die Kantenlänge des Oktaeders und dessen Schnitt mit der Bildebene.

B. Normale Axonometrie.

1. Gegeben seien der Normalriß $x^n y^n z^n$ des Achsenkreuzes und die Bilder der Spuren einer Ebene ε auf den Achsenebenen. Man stelle einen Drehkegel dar, dessen Basiskreis die drei Spuren berührt und dessen Höhe gleich dem Durchmesser dieses Kreises ist.

2. Gegeben seien der Normalriß des Achsenkreuzes (U, xyz) und die Bilder A^n, A'^n eines Punktes A. Man zeichne jene mit ihrem Randkreis auf der $[xy]$-Ebene liegende Halbkugel, die ihre Mitte in U hat und durch A geht, und ermittle für die Lichtrichtung l^n, l'^n den Eigenschatten der Halbkugel sowie ihren Schlagschatten auf die $[xy]$-Ebene.

3. $x^n y^n z^n$ sei der Normalriß eines von der hohlen Seite gesehenen Achsenkreuzes. Man zeichne eine die Achsenebenen berührende Kugel mit gegebenem Halbmesser und ermittle für die Lichtrichtung l^n, l'^n ihren Eigenschatten sowie ihren Schlagschatten auf die $[xy]$-Ebene.

4. $x^n y^n z^n$ sei der Normalriß eines von der hohlen Seite gesehenen Achsenkreuzes. Man zeichne eine hohle Halbkugel, deren Randkreis zur $[xy]$-Ebene parallel ist und die diese Ebene von oben berührt; ferner ermittle man die bei Parallelbeleuchtung auftretenden Schatten.

5. Gegeben seien der Normalriß eines Achsenkreuzes, auf dessen x-Achse ein Punkt A und auf dessen z-Achse, zu verschiedenen Seiten von U, die Punkte N und S. Man zeichne den scheinbaren Umriß jenes Drehellipsoids, das NS zur Drehachse hat und durch A geht. Ferner stelle man den Äquator und einen Meridian dar.

6. Man wähle ein Achsenkreuz für normale Axonometrie so, daß die Verkürzungseinheiten sich wie $5:4:6$ verhalten, und stelle Kristallgestalten des tesseralen Systems dar, etwa ein Rhombendodekaeder, einen Pyramidenwürfel usw.

C. Parallelperspektive (Projektionsdreieck gegeben).

1. Die durch ihre Schrägbilder gegebene Gerade f soll erste Fallinie einer Ebene ε, der ebenfalls gegebene Punkt M^s der Schrägriß des Mittelpunktes M eines in ε liegenden Kreises k von gegebenem Radius sein. Man stelle k und seinen Schlagschatten auf die Grundebene für Zentralbeleuchtung dar.

2. Eine zur Grundebene parallele und durch ihre Schrägbilder gegebene Strecke AB ist die Achse eines hohlen Drehzylinders von gegebenem Halbmesser. Man stelle diesen Zylinder samt seinen zu $[AB]$ normalen Randkreisen mit den Mitten A und B dar und konstruiere für eine gegebene Lichtrichtung die an ihm und auf der Grundebene auftretenden Schatten.

3. Gegeben sind durch ihre Schrägbilder eine Gerade g, ein Punkt S auf ihr und ein Punkt P außerhalb g. Man stelle einen Drehkegel mit der Spitze S und der Achse g dar, dessen Basiskreis durch P geht.

4. Eine Kugel von gegebenem Halbmesser berühre die Grundebene (oder die Bildebene) in einem gegebenen Punkt. Man stelle die Kugel dar und konstruiere für eine im Endlichen liegende Lichtquelle ihren Eigenschatten sowie ihren Schlagschatten auf die Grundebene.

5. Die lotrecht gedachte Erdachse NS sei im Schrägriß gegeben. Man stelle die Erdkugel samt Äquator, Wende- und Polarkreisen, einem Meridian und einem die Wendekreise berührenden Hauptkreis dar.

6. Gegeben ist in einer zu Π parallelen Ebene eine zur Grundebene normale Gerade a und ein Kreisbogen $\overset{\frown}{AB}$ mit der Mitte in a. Man stelle jene Kugelzone mit der Achse a dar, die durch Drehung von $\overset{\frown}{AB}$ um a entsteht.

D. Perspektive.

a) **Hauptpunkt, Distanz, Horizont und Grundlinie gegeben.**

1. Eine Gerade a und ein Punkt P sind durch ihre Bildpaare gegeben. Man zeichne den Zentralriß jenes regelmäßigen Sechseckes mit der Ecke P, dessen Ebene auf a normal steht und dessen Mitte a angehört.

2. Eine Ebene ε sei durch Bild- und Fluchtspur und ein Punkt M in ε durch sein Bild gegeben. Man konstruiere ein in ε liegendes regelmäßiges Sechseck von gegebener Seitenlänge mit M als Mitte, von dem eine Seite zur Bildebene parallel ist, und errichte über dem Sechseck als Basis ein gerades Prisma von vorgegebener Höhe. Hierauf suche man für Parallelbeleuchtung den Schlagschatten des Prismas auf ε.

3. Es ist ein Parallelepiped darzustellen, von dem drei Kanten sich in drei zueinander windschiefen gegebenen Geraden befinden. (Sonderfälle: Eine oder zwei der Geraden $\parallel \Pi$; eine der Geraden projizierend oder in Π_v gelegen.)

4. Gegeben ist eine Ebene ε durch e und $e_u{}^c$ und ein Punkt S durch S^c und S'^c. S ist die Spitze, ε die Basisebene eines Drehkegels, dessen Basiskreis sich als Parabel darstellen soll. Der Kegel ist samt seinem Schatten auf ε zu zeichnen.

5. Eine hinter der Bildebene und über der Grundebene liegende Kugel von gegebenem Halbmesser berührt Bild-, Grund- und Vertikalebene. Man zeichne den Zentralumriß der Kugel und für eine passend gewählte Lichtrichtung ihren Eigenschatten sowie ihren Schlagschatten auf die Grundebene.

6. Man zeichne den scheinbaren Umriß einer gegebenen Drehfläche zweiten Grades, deren Achse zur Bildebene normal steht.

b) **Umkehraufgaben.**

7. Ein in der Zeichenebene gegebenes Viereck soll der Zentralriß eines Quadrates von gegebener Seitenlänge und gegebener Tafelneigung sein. Man suche das Bild eines der Würfel, die das Quadrat zur Seitenfläche haben.

8. Ein beliebiges Viereck der Zeichenebene ist der Zentralriß eines Rechteckes von gegebener Gestalt und Tafelneigung. Man ermittle die Spur der Rechteckebene und stelle den dem Rechteck umschriebenen Kreis dar.

9. Ein beliebiges Viereck in der Zeichenebene sei der Zentralriß eines in wahrer Größe gegebenen Vierecks, dessen Ebene eine vorgegebene Tafelneigung hat. Man ermittle daraus Hauptpunkt, Distanz und die Lage des in die Bildebene umgeklappten Vierecks.

10. Die in der Zeichenebene gegebenen Punkte A^c, B^c, C^c, M^c bilden den Zentralriß eines gleichseitigen Dreiecks ABC samt seinem Mittelpunkt M; die Dreiecksebene habe die Tafelneigung $\alpha = 30^\circ$. Man stelle eines der regelmäßigen Tetraeder mit der Seitenfläche ABC dar.

11. Gegeben sind in der Zeichenebene die Ecken F_1, F_2, F_3 eines spitzwinkligen Dreiecks und auf einer durch F_1 gehenden Geraden auf derselben Seite von F_1 die Punkte A^c, B^c. Man zeichne den Zentralriß jenes Würfels von gegebener Kantenlänge, der F_1, F_2, F_3 zu Kantenfluchtpunkten und $A^c B^c$ als Bild einer Kante hat. Ferner stelle man die dem Würfel umschriebene Kugel dar.

12. Man konstruiere als Kreisbild (als kollineare Transformation eines Kreises)

a) jene Hyperbel, die durch drei gegebene Punkte geht und eine gegebene Asymptote hat,

b) jene Parabel, die durch drei gegebene Punkte geht und eine gegebene Achsenrichtung hat,

c) jene Parabel, die vier gegebene Gerade berührt,

d) jenen Kegelschnitt, der zwei gegebene Gerade in gegebenen Punkten berührt und durch einen weitern gegebenen Punkt geht.

Namenverzeichnis.

Sachverzeichnis.